PRÉCIS

DE

CHIMIE ORGANIQUE.

TOME SECOND.

Paris. Imprimerie de Bourgogne et Martinet, rue Jacob, 30.

PRÉCIS

DE

CHIMIE ORGANIQUE

PAR

M. CHARLES GERHARDT,

Professeur à la Faculté des Sciences de Montpellier, membre correspondant
de la Société philomatique de Paris, etc.

—

TOME SECOND.

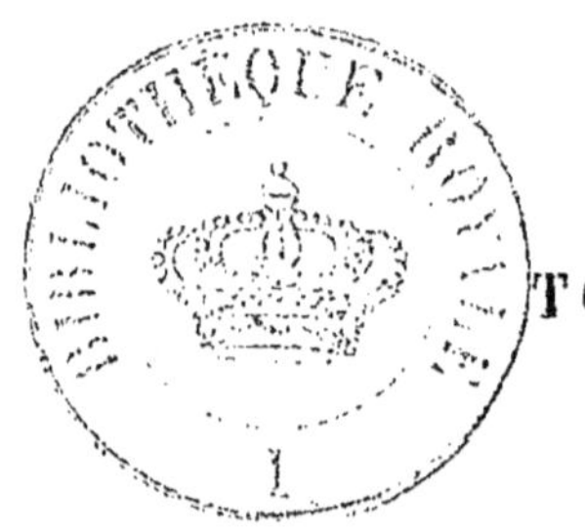

PARIS.

CHEZ FORTIN, MASSON ET Cie, LIBRAIRES,
1, PLACE DE L'ÉCOLE-DE-MÉDECINE.
MÊME MAISON, CHEZ L. MICHELSEN, A LEIPZIG.
Juin 1845.

J'appelle l'attention du lecteur sur le chapitre intitulé *Théorie des Homologues*, à la fin de ce volume. Il y trouvera quelques généralités nouvelles, accompagnées de tableaux, qui lui faciliteront l'étude des métamorphoses organiques.

C. G.

PRÉCIS

DE

CHIMIE ORGANIQUE.

QUATRIÈME PARTIE.

HISTOIRE ET CLASSIFICATION.

(SUITE.)

—

SIXIÈME FAMILLE (1).

GENRES.	FONCTIONS chimiques DES GENRES.	RAPPORTS DE TRANSFORMATION entre les genres de la SIXIÈME FAMILLE.	RAPPORTS DE TRANSFORMATION entre les genres DE LA SIXIÈME et d'autres familles.
Oléène R.	Hydrocarbure.	?	Distillation sèche de l'acide hydroléique (18ᵉ famille).
Benzilène R.	Hydrocarbure.	Le benzène normal, en fixant Cl^6, devient benzilène sexchloré.	?
Mésitylène R-4.	Hydrocarbure.	?	2 éq. d'acétone (3ᵉ f.) éliminent ensemble $2H^2O$.
Benzène R-6.	Hydrocarbure.	Les espèces chlorées ou bromées du g. benzilène donnent, par les alcalis, des espèces du g. benzène.	L'acide benzoïque (7ᵉ fam.) élimine CO^2 ; l'ac. phtalique (8ᵉ f.) élimine $2CO^2$ pour produire du benzène normal.
Ptéléol R$-^2$O.	?	?	Act. de la potasse sur le ptéléène chloré (3ᵉ fam.).

(1) Elle a été décrite dans le tome Iᵉʳ.

GENRES.	FONCTIONS chimiques DES GENRES.	RAPPORTS DE TRANSFORMATION entre les genres de la SIXIÈME FAMILLE.	RAPPORTS DE TRANSFORMATION entre les genres DE LA SIXIÈME et d'autres familles.
Allyle $R^{-2}O$ (1).	?	?	Essence d'ail.
Valérol $R^{-2}O$.	?	?	Essence de valériane.
Phénate $R^{-6}O$.	Sel unibasique.	L'aniline norm. donne par l'acide nitriq. du phénate trinitrique.	Le salicylate normal (7e f.) élimine CO^2 et devient phénate normal.
Caproate RO^2.	Sel unibasique.	?	Rancissem. de beurre.
Butyralcool RO^2.	Éther unialcooliq.	?	Éthérificat. de l'alcool (2e fam.) par l'acide butyrique (4e fam.).
Pyrotérébilate $R^{-2}O^2$ (1).	Sel unibasique ?	?	Distill. sèche du térébate normal (7e f.).
Pyroquinol $R^{-6}O^2$.	?	Act. des corps réduct. sur le quinoïle norm.	Distill. sèche de l'acide quinique (7e fam.).
Quinoïle (anile) $R^{-8}O^2$ (1).	Aldéhyde ?	Action des corps oxygénants sur différ. espèces des g. pyroquinol, phénate, aniline, etc.	Distill. d'un mélange d'acide quiniq., d'acide sulfurique et de peroxyde de manganèse.
Carbamilate RO^3.	Sel copulé unibas.	?	Action du sulfure de carbone sur l'amylol normal (5e fam.).
Elaldéhyde RO^3 (1)	?	?	Réunion de 3 molécul. d'acétol nor. (2e f.).
Gaïate $R^{-4}O^3$.	Sel unibasique.	?	Dans la résine de gaïac.
Alcosuccinol $R^{-4}O^3$.	Éther unialcooliq.	?	L'éther succinique (8e f.) élimine C^2H^6O.
Adipate $R^{-2}O^4$.	Sel bibasique.	?	Act. de l'acide nitriq. sur les corps gras.
Oxalcool $R^{-2}O^4$.	Éther bialcooliq.	?	Éthérificat. de l'alcool par l'acide oxalique.
Succiméthol $R^{-2}O^4$.	Éther bialcooliq.	?	Éthérificat. de l'esprit de bois par l'acide succinique.
Anilate $R^{-8}O^4$ (1).	Sel bibasique.	Action des alcalis sur le g. quinoïle.	?
Lactide $R^{-4}O^4$.	Anhydride.	Le lactate normal élimine $2H^2O$ par la chaleur.	?
Coménate $R^{-8}O^5$.	Sel bibasique.	?	Les méconates (7e f.) éliminent CO^2 sous l'influence de la chaleur.
Mannite $R+^2O^6$.	?	?	Fermentat. du sucre, de l'amidon, etc.
Lactate RO^6.	Sel bibasique.	?	Fermentat. du sucre, de l'amidon, etc.

(1) Voyez les additions à la fin du volume.

GENRES.	FONCTIONS chimiques DES GENRES.	RAPPORTS DE TRANSFORMATION entre les genres de la SIXIÈME FAMILLE.	RAPPORTS DE TRANSFORMATION entre les genres DE LA SIXIÈME et d'autres familles.
Tartrovinate. $R-^2O^6$.	Sel copulé unibas.	?	Accouplem. de l'alcool et de l'acide tartriq. (4ᵉ fam.).
Aconitate $R-^6O^6$.	Sel tribasique.	Le citrate normal élimine H^2O par la chaleur.	Produit de la végétation.
Citrate $R-^4O^7$.	Sel tribasique.	?	Produit de la végétation.
Mucate $R-^2O^8$.	Sel bibasique.	?	Action de l'acide nitriq. sur la gomme, le lactose, etc.
Saccharate $R-^2O^8$.	Sel bibasique.	Action de l'acide nitrique sur la mannite.	Action de l'acide nitrique sur le sucre.
Platimésitate $RPtO^2$.	?	?	Action du bichlorure de platine sur l'acétone norm. (3ᵉ f.).
Sulfobenzidate $R-^6SO^3$.	Sel copulé unibas.	Accoupl. du benzène normal avec l'acide sulfurique.	Action de l'acide sulfurique sur le sulfobenzide normal (12ᵉ fam.).
Sulfophénate $R-^6SO^4$.	Sel copulé unibas.	Accoupl. du phénate normal avec l'acide sulfurique.	?
Sulfomannitate $R+^2S^3O^{15}$ (1).	Sel copulé tribasiq.	Accouplement de la mannite.	?
Aniline $R-^5N$.	Alcaloïde, amide.	Action de l'ammoniaq. sur le phénate normal, de l'hydrogène sulfuré sur le benzène nitrique.	L'anthranilate normal (7ᵉ f.) élimine CO^2 par l'action de la chaleur.
Azobenzide $R-^7N$.	?	Action de la potasse sur le benzène nitrique.	?
Anilam $R-^7NO^3$.	Amide, sel unibas.	Act. de l'ammoniaque aqueuse sur le quinoïle quadrichloré.	?
Anilamide $R-^5N^2O^2$ (1).	Amide.	Act. de l'ammoniaque alcooliq. sur le quinoïle quadrichloré.	?
Euchronate $R-^{10}NO^4$.	Sel bibas., amide.	?	Produit de décompos. des g. mellate et paramide (4ᵉ fam.).
Polycyanure $R-^6N^6$.	Sel polybasique.	?	Réunion de 6 moléc. de cyanure (1ʳᵉ f.).
Paracyanogène $R-^{12}N^6$.	?	?	Réunion de plusieurs moléc. de cyanogèn.

(1) Voyez-en la description dans les additions.

SEPTIÈME FAMILLE.

GENRES.	FONCTIONS chimiques DES GENRES.	RAPPORTS DE TRANSFORMATION entre les genres de la SEPTIÈME FAMILLE.	RAPPORTS DE TRANSFORMATION entre les genres DE LA SEPTIÈME et d'autres familles.
Pyrobutyrène R.	Hydrocarbure.	Le perchlor. de phosphore, en agissant sur la butyrone normale, produit du pyrobutyr. chloré.	?
Benzoénilène R.	Hydrocarbure.	Par l'action du chlore sur le benzoène normal, il se produit du benzoénilène octochloré.	?
Benzoène $R-^6$.	Hydrocarbure.	?	Distillation sèche de la résine de Tolu.
Butyrone RO.	Acétone.	?	2 éq. de butyrate normal donnent, sous l'infl. de la chaleur, 1 éq. de butyrone norm. et CO_2, H_2O.
Anisol $R-^6O$.	?	?	L'acide anisique (8e f.) élimine CO_2.
Benzoïlol $R-^8O$.	Aldéhyde.	?	Action de la synaptase sur l'amygdal. (20e fam.), etc.
Acétamylol RO_2.	Éther unialcooliq.	?	Éthérificat. de l'huile de pommes de terre par l'acide acétique.
Valéralcool RO_2.	Éther unialcooliq.	?	Éthér. de l'alcool par l'ac. valérianique.
Gaïacile $R-^6O_2$.	?	?	Distillat. de la résine de gaïac.
Saligénine $R-^6O_2$.	?	?	Action de la synaptase sur la salicine (26e fam.).
Salicylol $R-^8O_2$.	Aldéhyde.	Action des oxydants sur la saligénine.	Décomposition de la salicine par les oxydants.
Benzoate $R-^8O_2$.	Sel unibasique.	Oxydation des g. benzoïlol, benzamide, etc.	Oxydation des g. cinnamol (9e f.), cinnamate, etc.
Alizarine $R-^{10}O_2$.	?	?	Produit naturel.
Pyromucyle $R-^2O_3$.	?	Le chlore, en se fixant sur le pyromucalcool normal, produit du pyromucyle quadrichloré.	?

GENRES.	FONCTIONS chimiques DES GENRES.	RAPPORTS DE TRANSFORMATION entre les genres de la SEPTIÈME FAMILLE.	RAPPORTS DE TRANSFORMATION entre les genres DE LA SEPTIÈME et d'autres familles.
Pyromucalcool $R-^6O^3$.	Éther unialcoolig.	?	Éthérificat. de l'alcool par l'acide pyromucique (5e fam.).
Salicylate $R-^8O^3$.	Sel unibasique.	Le g. salicylol fixe O.	Action de la potasse sur la salicine (26e fam.).
Pimélate $R-^2O^4$.	Sel bibasique.	?	Action de l'acide nitrique sur les corps gras.
Térébate $R-^4O^4$.	Sel unibasique.	?	Action de l'acide nitrique sur l'essence de térébenth. (10e fam.).
Gallide $R-^{10}O^4$.	Anhydride.	Le gallate normal élimine H^2O.	?
Gallate $R-^8O^5$.	Sel bibasique.	?	Décomposition du tannin (9e fam.).
Quinate $R-^2O^6$.	Sel bibasique.	?	Produit naturel.
Méconate $R-^{10}O^7$.	Sel bibasique.	?	Produit naturel.
Sulfobenzoénate $R-^6SO^3$.	Sel copulé unibas.	Accouplement du benzoène normal avec l'acide sulfurique.	?
Sulfobenzoate $R-^8SO^5$.	Sel copulé bibasiq.	Accouplement du benzoate normal avec l'acide sulfurique.	?
Benzonitrile $R-^9N$.	Amide.	Le benzoate ammoniacal élimine $2H^2O$; la benzamide normale élimine H^2O.	?
Benzamide $R-^7NO$.	Amide.	L'ammoniaq., en agissant sur le benzoïlol chloré, donne HCl et de la benzamide normale.	L'ammoniaq., en agissant sur le benzalcool normal (9e f.), donne de l'alcool et de la benzamide.
Salhydramide $R-^7NO$.	Amide.	Act. de l'ammoniaque sur le salicylol normal.	Décomposit. de l'hydrosalamide norm. (21e fam.).
Anthranilate $R-^7NO^2$.	Sel unibasique.	?	Décompos. de l'indigo (8e f.) par la potasse.
Salicylamide $R-^7NO^2$.	Amide, sel unibas.	?	Décompos. de l'éther salicylique (9e fam.) par l'ammoniaque.
Sinapoline $R-^2N^2O$.	Alcaloïde.	?	Désulfur. de l'essence de moutarde (4e f.) par un alcali.

Genre Pyrobutyrène R (1).

403. Hydrocarbure, homologue du g. ptéléène (3e fam.), et probablement aussi des g. éthérène (2e fam.), butyrène (4e fam.), paramilène (5e fam.), etc. ; isomère du g. benzoénilène (404) ; produit par l'action des chlorures sur la butyrone normale (406).

Pyrobutyrène chloré (chloro-butyrène). — $C^7(H^{13}Cl)$. — Lorsqu'on distille la butyrone normale avec du perchlorure de phosphore, on obtient du P. chloré, sous la forme d'un liquide incolore et plus léger que l'eau, dans laquelle il est insoluble. Ce corps se dissout en toutes proportions dans l'alcool ; il bout à 116° ; son odeur est pénétrante. Sa formule correspond à 2 vol. de vapeur (Chancel).

Genre Benzoénilène R.

404. Hydrocarbure, homologue du g. benzilène (367).

Benzoénilène octochloré. — $C^7(H^6Cl^8)$. — A la lumière diffuse, le chlore agit avec énergie sur le benzoène normal ; il se dégage de l'acide hydrochlorique, et l'on finit par avoir une assez grande quantité de cristaux de B. octochloré ; on les purifie par cristallisation dans l'éther.

La liqueur visqueuse contenant les cristaux précédents, ayant été chauffée dans un courant de chlore, a donné à l'analyse les rapports $C^7(H^7Cl^5)$. Quand on fait passer du chlore dans du benzoène normal à la lumière diffuse un peu forte, jusqu'à ce qu'il ne se dégage plus d'acide hydrochlorique, on obtient une liqueur incolore d'une grande fluidité et renfermant $C^7(H^6Cl^4)$ (Deville). Ces deux derniers composés n'appartiennent donc plus au même type que les cristaux de B. octochloré.

Genre Benzoène R⁻⁶.

405. Hydrocarbure, homologue du g. benzène (369).

Lorsqu'on soumet à la distillation sèche la résine de Tolu $C^{18}H^{20}O^5$ ou $C^{36}H^{40}O^{10}$, il passe un mélange d'acide carbonique et

---

(1) MM. Pelletier et Walter ont extrait du naphte naturel un hydrogène carboné $C^7H^{13} = 2$ vol., ou peut-être plutôt C^7H^{14}, qui est probablement l'homologue des g. éthérène, butyrène, paramilène, oléène, etc. **Voyez** *Huitième Famille*, g. naphtène.

d'oxyde de carbone, beaucoup d'acide benzoïque, une petite quantité d'acide cinnamique, et une huile qui est un mélange de benzalcool normal (éther benzoïque) et de B. normal. Ces deux corps huileux passent les derniers, et se séparent facilement, à cause de la grande différence de leur point d'ébullition. Il reste beaucoup de charbon dans la cornue (Deville).

En fractionnant les produits provenant du traitement de la résine pour l'éclairage au gaz, MM. Pelletier et Walter ont obtenu un hydrogène carboné liquide (rétinaphte) dont les propriétés et la composition coïncident (1) entièrement avec le produit de M. Deville.

Le B. normal se forme aussi, dans la distillation sèche de la résine de sang-dragon, en société de plusieurs autres corps, parmi lesquels on remarque surtout l'acide carbonique, l'oxyde de carbone, l'acide benzoïque et une huile oxygénée que la potasse convertit en benzoate (Glenard et Boudault).

Benzoène normal (dracyle, rétinaphte). — C^7H^8. — Pour l'obtenir pur, on distille le mélange des deux huiles qui se produisent dans l'action du feu sur la résine de Tolu. On recueille à part tout ce qui passe au-dessous de 180°, puis après une nouvelle distillation, dans laquelle on ne dépasse pas 130 ou 140°, on rectifie plusieurs fois sur la potasse concentrée.

Le B. normal est incolore, d'une fluidité très grande, inso-

____

(1) MM. Glenard et Boudault (*Comptes-rendus de l'Académie*, t. XIX, p. 505) ont pris pour un corps nouveau, qu'ils appellent *dracyle,* l'un des hydrogènes carbonés qui se développent dans la distillation sèche du sang-dragon; mais il est aisé d'y reconnaître la substance déjà obtenue par MM. Pelletier et Walter, et par M. Deville. Dans une première communication à l'Académie, ils l'avaient d'abord exprimé par une autre formule; il faut donc rectifier ce que nous avons dit à cet égard t. I, pag. 167 et 190.

Soumis à l'action de la chaleur, le sang-dragon fond d'abord, et, jusqu'à 210°, n'abandonne que de l'eau qui rougit le tournesol et qui contient un peu d'acide benzoïque, ainsi qu'un peu d'acétone. Au-dessus de cette température, la résine se boursoufle et entre en décomposition : il se dégage de l'acide carbonique et de l'oxyde de carbone, de l'eau continue à se former, d'épaisses vapeurs blanches se manifestent, et un liquide oléagineux rouge-noirâtre se condense dans le récipient. Ce dernier est un mélange d'acide benzoïque, de deux carbures d'hydrogène *dracyle* et *draconyle* (voyez g. cinnamène, 8e fam.), et d'un composé liquide qui donne du benzoate quand on le traite par la potasse.

luble dans l'eau , peu soluble dans l'alcool et plus soluble dans l'éther. Son odeur est presque la même que celle du benzène normal (369). Sa densité à l'état liquide est de 0,87 ; à l'état de vapeur elle a été trouvée par expérience égale à 3,260 (Deville ; 3,23 Pelletier et Walter). Il bout à 114°, d'après ma détermination.

Il se dissout rapidement dans l'acide sulfurique fumant, en s'accouplant avec lui. L'acide nitrique le convertit à chaud en deux espèces dérivées du même genre. Le chlore l'attaque vivement ; si l'on fait intervenir en même temps la chaleur, on obtient des espèces chlorées du genre B. ; si l'on ne distille pas les produits, ils présentent une composition qui n'est plus du même type.

Une seule fois M. Deville est parvenu à transformer le B. normal en acide benzoïque , en le distillant avec un mélange de bichromate de potasse et d'acide sulfurique.

Benzoène chloré (chlorobenzoénase). — $C^7(H^7Cl)$. — Le liquide qu'on recueille à la distillation du premier produit formé par l'action du chlore sur le B. normal , est incolore, très fluide, et bout à 170° sans se décomposer.

Benzoène bichloré. — $C^7(H^6Cl^2)$. — En faisant passer du chlore dans le rétinaphte maintenu en ébullition et cohobé plusieurs fois, MM. Pelletier et Walter ont obtenu un liquide oléagineux, très dense, d'une odeur très forte , et qui paraissait présenter la composition du B. bichloré.

Benzoène sexchloré. — $C^7(H^2Cl^6)$. — Quand on soumet à la distillation dans un courant de chlore les cristaux de benzoénilène octochloré (404), on finit par avoir une petite quantité de cristaux soyeux et nacrés de B. sexchloré , en même temps qu'il se dégage de l'acide hydrochlorique (Deville).

Benzoène nitrique (protonitro-benzoène, nitrobenzoénase, nitrodracyle). — $C^7(H^7X)$. — On obtient ce corps en versant, dans de l'acide nitrique fumant et refroidi , du B. normal jusqu'à ce que celui-ci ne se dissolve plus immédiatement. On l'en sépare alors en y ajoutant beaucoup d'eau. C'est un liquide dont l'odeur rappelle celle des amandes amères ; sa saveur est sucrée, puis un peu amère et piquante. Sa densité est de 1,180 à 16°5 ; à l'état de vapeur elle est de 4,95. Il bout à 225°. Quand on le distille avec de la potasse alcoolique, il donne une huile rougeâtre (Deville).

Benzoène binitrique (nitrobenzoénèse). — $C^7(H^6X^2)$. — Cristaux aigüillés et prismatiques qui fondent à 70°. Ils entrent en ébullition à 300° en se colorant (Deville).

L'action prolongée de l'acide nitrique concentré sur le rétinaphte paraît donner un acide (Pelletier et Walter).

Genre Butyrone RO.

406. Acétone, homologue du g. acétone de la troisième famille (266).

Butyrone normale. — $C^7H^{14}O$. — Si l'on chauffe une petite quantité de butyrate calcique (306) pur et anhydre, il se décompose en carbonate de chaux et en B. normale à peine colorée.

A l'état de pureté, ce dernier corps est incolore et limpide, d'une odeur pénétrante et particulière; sa saveur est brûlante; sa densité, à l'état liquide, est de 0,83. Il entre en ébullition à 144° environ; la densité de sa vapeur a été trouvée égale à 4,0 = 2 vol. Soumis au froid produit par un mélange d'acide carbonique solide et d'éther, il se prend en une masse cristalline (Chancel).

Il est plus léger que l'eau, et y est presque insoluble; il se dissout en toutes proportions dans l'alcool. Il est très inflammable et brûle avec une flamme lumineuse.

Il s'enflamme immédiatement au contact de l'acide chromique (1); évaporé au contact de l'air, il absorbe beaucoup d'oxygène.

Lorsqu'on fait un mélange de volumes égaux d'acide nitrique de concentration ordinaire et de B. normale, celle-ci se rassemble à la partie supérieure en se colorant fortement en rouge; par un échauffement modéré, il s'y effectue alors une réaction très vive, accompagnée d'un dégagement de vapeurs rutilantes et de celles d'un corps huileux, dont l'odeur a quelque analogie avec celle de l'éther butyrique; l'eau sépare du résidu un acide

---

(1) Il est probable qu'en employant de l'acide chromique dilué on obtiendrait de l'acide butyrique; l'acétone, du moins, donne, dans ces circonstances, de l'acide acétique.

azoté, huileux, plus pesant que l'eau, et que M. Chancel appelle *acide butyronitrique* (1).

Distillée avec du perchlorure de phosphore, la B. normale donne du pyrobutyrène chloré (403), homologue du ptéléène chloré (265).

Genre *Anisol* $R^{-6}O$.

407. Produit de décomposition des espèces normales des g. anisate et saliméthol, sous l'influence de la chaux ou de la baryte caustiques :

$$C^8H^8O^3 = CO^2 + C^7H^8O.$$

Anisol normal (dracole). — C^7H^8O. — Lorsqu'on distille l'anisate normal avec un excès de baryte caustique, il passe un liquide incolore, très mobile, entrant en ébullition au-dessus de 150°, doué d'une odeur aromatique agréable, insoluble dans l'eau, soluble dans l'alcool et l'éther. Le même corps s'obtient en distillant le saliméthol normal (salicylate de méthylène) sur de la baryte caustique.

Mis en contact avec le chlore, le brome ou l'acide nitrique, il produit des composés cristallisables appartenant au même genre. L'acide sulfurique de Nordhausen le dissout en s'échauffant, et prend une couleur d'un rouge vif; si l'on ajoute de l'eau à ce produit, il se précipite des aiguilles soyeuses en même temps qu'un acide copulé reste en dissolution. Distillé sur de l'acide phosphorique anhydre, l'A. normal passe sans altération (Cahours).

Anisol bibromé (bibromanisole). — $C^7(H^6Br^2)O$. — Il cristallise en tables volumineuses douées d'un grand éclat. Il fond à 54° et se volatilise sans altération à une température élevée.

Anisol binitrique (binitranisole). — $C^7(H^6X^2)O$. — L'acide ni-

---

(1) M. Chancel assigne à ce corps la formule $C^7H^{16}N^2O^7$, d'après laquelle il résulterait de la butyrone, par une simple fixation des éléments de l'acide nitrique ($C^7H^{14}O + 2NHO^3$). Une semblable réaction est jusqu'à présent sans exemple en chimie organique. Ne connaissant pas les détails des analyses de M. Chancel, je renvoie le lecteur à l'extrait qui a paru de son mémoire dans les *Comptes-rendus de l'Académie*, t. XVIII, p. 1023.

trique fumant attaque vivement l'A. normal à la température
ordinaire ; l'eau précipite du mélange une huile pesante qui ne
tarde pas à se prendre en une masse butyreuse d'apparence cristalline. Quand on reprend ce produit par l'alcool bouillant, ce
véhicule prend une teinte d'un beau vert, comparable, pour la
richesse, aux dissolutions des sels de chrome, et laisse déposer,
par le refroidissement, des aiguilles parfaitement incolores d'A.
binitrique (Cahours). Dans les produits de l'action de l'acide
nitrique sur l'A. normal, on rencontre encore deux autres corps
cristallisés qui paraissent dériver du g. phénate (Laurent).

Genre Benzoïlol R^{-8}O.

408. Aldéhyde, homologue du g. cuminol (10e fam.). L'espèce
normale se produit par la fermentation de l'amygdaline sous
l'influence de la synaptase (191) ; par l'action des oxydants sur
les cinnamates, les amygdalates, etc. Toutes les espèces du g.
benzoïlol se convertissent en benzoates par l'action des corps
oxygénants.

Benzoïlol normal (hydrure de benzoïle, essence d'amandes
amères ou de laurier-cerise). — C^7H^6O. — L'huile volatile qui se
produit lorsque les amandes amères sont mises en digestion avec
de l'eau, n'est pas un principe pur ; elle renferme toujours de
l'acide prussique ; et si elle a été abandonnée pendant quelque
temps au contact de l'air, on y trouve en outre de l'acide benzoïque. Pour en extraire le B. normal à l'état de pureté, on agite
cette huile avec de la potasse et avec du perchlorure de fer, puis
on soumet le mélange à la distillation ; on en complète la purification par de nouvelles rectifications sur de la chaux éteinte
(Wœhler et Liebig).

Le B. normal est une huile incolore qui réfracte fortement la
lumière ; sa saveur est âcre et aromatique, son odeur diffère peu
de celle de l'huile primitive. Sa densité est de 1,043. Il prend
feu aisément, et brûle avec une flamme fuligineuse. Il bout à
180°.

Peu de corps se métamorphosent d'une manière aussi variée
que le B. normal. Abandonné au contact de l'air, surtout quand
il est humide, il fixe O et se convertit en acide benzoïque ; chauffé

avec de l'hydrate de potasse, il dégage de l'hydrogène et se convertit en benzoate ; mis en contact avec une dissolution alcoolique d'hydrate de potasse, il se dissout, et, si l'on a soin d'éviter l'accès de l'air, il se précipite un benzoate en paillettes cristallines ; quand on y verse ensuite de l'eau, ce sel se dissout, et il se sépare une huile particulière qui n'a pas encore été examinée.

L'acide nitrique ne le transforme que difficilement en acide benzoïque. L'acide sulfurique concentré le dissout également ; à une température élevée, ce dernier, en devenant rouge, noircit et finit par dégager du gaz sulfureux. L'acide sulfurique fumant s'accouple avec lui ; il produit également des cristaux particuliers (benzoate d'hydrure de benzoïle) dont la nature chimique n'est pas encore bien établie (1) ; ces mêmes cristaux se produisent dans l'action du chlore humide sur le B. normal.

L'ammoniaque l'attaque en produisant plusieurs composés parmi lesquels on remarque surtout l'hydrobenzamide (21ᵉ fam.).

Le B. normal a une grande tendance à se modifier moléculairement et à se convertir en des corps polymères doués de propriétés nouvelles (89, 154).

Quand on le fait passer sur de la pierre ponce chauffée au rouge, il se décompose en oxyde de carbone et benzène normal (369) (Barreswill et Boudault) :

$$C^7H^6O = CO + C^6H^6.$$

Benzoïlol chloré (chlorure de benzoïle). — $C^7(H^5Cl)O$. — Quand on fait passer du chlore dans le B. normal sec, ce corps s'échauffe considérablement, et il se produit une huile qui possède une odeur extrêmement pénétrante, semblable à celle du raifort. Sa

(1) Robiquet et Boutron-Charlard ont obtenu ce corps en faisant passer du chlore humide dans le B. norm. ; il se produit aussi, suivant M. Laurent, quand on traite cette huile par de l'acide sulfurique fumant. Il forme de très beaux cristaux prismatiques, insolubles dans l'eau, solubles dans l'alcool, et peu solubles dans l'éther à froid. L'alcool saturé de potasse le convertit rapidement en benzoate. Il est fusible et se volatilise sans décomposition. M. Liebig le représente par $C^{24}H^{18}O^4$; les dernières analyses de M. Laurent (*Revue scientif.*, t. XVI, p. 386) semblent conduire à la formule $C^{28}H^{24}O^5$, mais qui ne rend pas compte de la formation du benzoate par la potasse.

densité est de 1,196 ; son point d'ébullition est extrêmement élevé. Chauffé avec un alcali, il se convertit en chlorure et en benzoate. Si l'on fait passer du chlore dans le B. normal chargé d'eau, il se convertit peu à peu en acide benzoïque.

Le gaz ammoniac convertit le B. chloré en benzamide normale. Le B. chloré donne aussi des composés particuliers par la distillation avec les sulfures et les cyanures (Liebig et Wœhler).

Le B. chloré se produit aussi par l'action du chlore sur le benzométhol (8ᵉ fam.) et le benzalcool normal (9ᵉ fam.).

Benzoïlol bromé (bromure de benzoïle). — $C^7(H^5Br)O$. — Feuilles cristallines qui fondent à une douce chaleur et dont l'odeur est analogue à celle du B. chloré. Les alcalis le décomposent comme ce dernier.

Benzoïlol iodé (iodure de benzoïle). — $C^7(H^5I)O$. — On l'obtient en distillant le B. chloré avec de l'iodure de potassium ; il constitue des tables très fusibles qui s'altèrent facilement.

409. *Benzoïlol sulfuré* (sulfure de benzène, hydrure de sulfobenzoïle La.). — C^7H^6S. — M. Laurent prépare ce corps en dissolvant 1 vol. de B. normal dans 8 ou 10 vol. d'alcool, et ajoutant peu à peu à cette solution 1 vol. d'hydrosulfate d'ammoniaque. Le mélange se trouble au bout de quelque temps en déposant un corps blanc et pulvérulent, sans indice de cristallisation. Ce produit est insoluble dans l'eau et l'alcool ; il communique aux doigts une odeur d'ail persistante. Lorsqu'on y verse de l'éther, il devient subitement liquide et transparent ; par l'addition de quelques gouttes d'alcool, il reprend sa forme solide. Il se ramollit vers 95°. Soumis à la distillation sèche, il se décompose en CS^2,H^2S, stilbène normal $C^{14}H^{12}$ et en essale sulfuré (*sulfessale*) $C^{26}H^{18}S$. On a donc :

$$8C^7H^6S = 2C^{14}H^{12} + C^{26}H^{18}S + 2CS^2 + 3H^2S.$$

L'acide hydrochlorique dégage du B. sulfuré, un peu de gaz sulfhydrique. L'acide nitrique le décompose à chaud en B. norm. ou acide benzoïque et en acide sulfurique. Une dissolution alcoolique de potasse l'attaque lentement (Laurent).

Dans la préparation du corps précédent, il se produit souvent quelques autres substances à la fois azotées et sulfurées, mais dont la composition ne me paraît pas bien établie (1).

(1) Voyez *Annal. de chim. et de phys.*, 3ᵉ série, t. I, p. 291.

Genre *Acétamylol* RO².

410. Éther unialcoolique, homologue des g. formalcool, acétalcool, butyralcool, acéméthol, etc.

Acétamylol normal (acétate d'amylène). — $C^7H^{14}O^2$. — M. Cahours prépare cet éther en soumettant à la distillation un mélange de 2 parties d'acétate de potasse, 1 p. d'huile de pommes de terre et 1 p. d'acide sulfurique concentré, lavant le produit avec de l'eau alcalisée, séchant le produit sur du chlorure de calcium et le distillant ensuite sur du massicot.

C'est un liquide incolore, très limpide, volatil sans décomposition, bouillant vers 125°. La densité de sa vapeur a été trouvée égale à 4,458. Il possède une odeur éthérée et aromatique qui rappelle un peu celle de l'éther acétique ordinaire; il est plus léger que l'eau et insoluble dans ce liquide. Mis en contact avec une dissolution alcoolique de potasse, il produit rapidement de l'acétate et de l'huile de pommes de terre.

Acétamylol bichloré. — $C^7(H^{12}Cl^2)O^2$. — Lorsqu'on fait passer un courant de chlore dans le corps précédent bien desséché, on finit par obtenir une huile incolore, assez mobile, douée d'une odeur agréable, insoluble dans l'eau, plus pesante que ce liquide, soluble dans l'alcool et plus soluble encore dans l'éther; elle s'altère complétement par la distillation.

En plaçant ce produit dans un flacon rempli de chlore sous l'influence de la lumière solaire, il finit par se transformer en petites aiguilles cristallines (Cahours).

Genre *Valéralcool* RO².

411. Éther unialcoolique, homologue des g. formalcool, acétalcool, etc., isomère du g. précédent.

Valéralcool normal (éther valérianique). — $C^7H^{14}O^2$. — Lorsqu'on distille un valérate avec un mélange d'alcool et d'acide sulfurique, on obtient beaucoup de V. norm. qui se sépare du produit distillé par l'addition de l'eau. Cet éther a une densité de 0,894 à 13°; son odeur pénétrante rappelle celle des fruits et de la valériane; il bout à 133,5; la densité de sa vapeur a été trouvée, par expérience, égale à 4,558 (Otto et Grote).

Genre Gaïacile R−6O².

412. Isomère du g. saligénine, produit de la distillation sèche de la résine de gaïac (1).

Gaïacile normal (acide pyrogaïque , hydrure de gaïacile). — C⁷H⁸O². — Pour préparer ce corps, on lave à l'eau distillée le produit brut de la distillation du gaïac, et on le soumet à une nouvelle distillation à un feu modéré. Il passe d'abord une huile légère , et le G. normal commence à distiller quand on renforce le feu. Ce produit se purifie avec la plus grande difficulté (Deville).

Le G. normal est parfaitement incolore et inaltérable à l'air lorsqu'il est pur ; mais en contact avec la potasse aqueuse à l'air, il passe peu à peu par différentes nuances , depuis le rose le plus pâle jusqu'au vert foncé, qui est la teinte définitive (Deville).

Sa densité est de 1,119 à + 22° ; à l'état de vapeur elle a été trouvée égale à 4,9. Il bout à + 210°. Il est peu soluble dans l'eau , et se dissout en toutes proportions dans l'alcool et l'éther. Il brûle avec une flamme blanche et fuligineuse. Il ne se dissout pas sensiblement dans le gaz ammoniac et ne décompose pas les carbonates alcalins (Sobrero). Il se combine avec les bases et produit ainsi des sels cristallisés qui , à l'air et à l'humidité, se transforment en un corps noir analogue à l'acide mélanique de M. Piria (p. 18).

Sa dissolution alcoolique réduit les sels d'or et d'argent ; les deutosels de fer et de cuivre en sont ramenés à l'état de protosels.

L'acide nitrique l'attaque avec violence, même à l'état dilué,

____

(1) Nous avons déjà indiqué , t. I , p. 544 , les produits de la distillation sèche du gaïac. Le corps que nous avons appelé *pyrogaïol normal* (gaïacène , Deville) résulte de la décomposition d'un acide particulier (acide gaïacique , Thierry) qui existe dans la résine de gaïac et qu'on en retire par la sublimation. Cet acide renferme C⁶H⁸O³ ; on a donc :

$$C^6H^8O^3 = CO^2 + C^5H^8O.$$

La composition que nous adoptons pour le gaïacile ou acide pyrogaïque de M. Sobrero a été établie par les nouvelles analyses de M. Deville ; nous avions raison, comme on le voit, de révoquer en doute l'exactitude de la formule de M. Sobrero.

et à la température ordinaire il se produit de l'acide oxalique ; le chlore et le brome le convertissent en deux corps cristallisables.

Sa solution alcoolique est précipitée par le sous-acétate de plomb (t. I, p. 545, note).

Gaïacile quadrichloré. — $C^7(H^4Cl^4)O^2$. — Acide cristallisable formé par l'action du chlore sur le G. normal (Deville).

Gaïacile quadribromé. — $C^7(H^4Br^4)O^2$. — Acide cristallisable produit par l'action du brome sur le G. normal (Deville).

Genre Saligénine $R^{-6}O^2$.

413. Isomère du g. gaïacile, produit de décomposition de la salicine (26ᵉ fam.).

Saligénine normale. — $C^7H^8O^2$. — Lorsqu'on abandonne la salicine (26ᵉ fam.), pendant quelques heures, avec une solution de synaptase (199), la salicine se dédouble en glucose et en saligénine en fixant les éléments de l'eau. On agite le mélange avec de l'éther, et après avoir décanté la solution éthérée, on l'abandonne à l'évaporation spontanée ; le glucose reste dissous dans l'eau.

La S. norm. cristallise en larges tables nacrées. Les persels y développent une couleur bleue d'indigo très riche. Les acides étendus, à chaud, le transforment en salirétine, sans autre produit. Les corps oxydants le convertissent en salicylol normal $C^7H^6O^2$, l'acide nitrique en phénate trinitrique (Piria).

Quand on fait bouillir la S. normale dans l'eau, elle se transforme en une autre matière qui n'a pas encore été analysée.

La salicine (1) fixe $2H^2O$ pour se dédoubler en 2 éq. de saligénine et en 1 éq. de glucose :

$$C^{26}H^{36}O^{14} + 2H^2O = 2C^7H^8O^2 + C^{12}H^{24}O^{12}.$$

Genre Salicylol $R^{-8}O^2$.

414. Aldéhyde, isomère du g. benzoate, probablement homo-

____

(1) La formule que nous adoptons pour la salicine exige : carbone 54,6, hydrog. 6,3 ; elle a été proposée en dernier lieu par M. Piria (*Comptes-rendus de l'Académie des sciences*, t. XVII, p. 186) et s'accorde le mieux avec les analyses et avec les réactions.

logue du g. quinoïle (378). L'espèce normale se produit par l'action des oxydants sur la salicine, la saligénine, etc. Toutes les espèces se convertissent par les oxydants en salicylates ou en phénates.

Salicylol normal (hydrure de salicyle, acide salicyleux, acide spiroïleux, essence d'ulmaire ou de reine des prés). — $C^7H^6O^2$. — Les fleurs du *Spiraea ulmaria* donnent par la distillation avec de l'eau une huile essentielle (Pagenstecher) qui se compose d'un mélange de S. normal, d'un hydrogène carboné qui présente la composition de l'essence de térébenthine, et d'une matière cristalline semblable au camphre (Ettling). Quand on l'agite avec de la potasse, celle-ci dissout le S. normal, qui peut en être séparé au moyen d'un acide.

On l'obtient en plus grande quantité en distillant la salicine avec un mélange de bichromate de potasse et d'acide sulfurique (Piria). Les meilleures proportions sont : 3 p. de salicine, 3 p. de bichromate de potasse, 4 1/2 p. d'acide sulfurique concentré et 36 p. d'eau (1); on mélange intimement le bichromate avec la salicine, et, après y avoir versé les deux tiers de l'eau, le tout étant bien agité dans la cornue, on y ajoute, en une fois, l'acide sulfurique étendu de l'autre tiers d'eau, et l'on agite de nouveau. Peu à peu il se manifeste une faible réaction accompagnée d'un léger dégagement de gaz qui dure à peu près une demi-heure ou trois quarts d'heure, lorsqu'on a employé une once pour chaque partie; en même temps le liquide prend une teinte émeraude et s'échauffe. Dès que cette réaction a cessé, on met la cornue sur le feu et l'on chauffe modérément (Ettling). La formation du S. normal est accompagnée d'un dégagement d'acide carbonique et d'acide formique.

Ce corps se forme aussi en petite quantité, et mélangé d'autres produits, par une distillation pure et simple de la salicine (Gerhardt).

Le S. normal se présente sous la forme d'une huile colorée en rouge plus ou moins intense; son odeur aromatique et agréable ressemble un peu à celle de l'essence d'amandes amères; une simple distillation suffit pour le priver de sa cou-

(1) Une demi-livre de salicine fournit 2 onces de S. normal (Ettling).

leur, qui reparaît bientôt par le contact de l'air. Sa saveur est âcre et brûlante.

L'eau en dissout une quantité assez notable ; la solution est sans action sur le tournesol ; elle se colore par les persels de fer en violet foncé. L'alcool et l'éther le dissolvent en toutes proportions. Sa densité est de 1,173 à 13°,5 ; à l'état de vapeur elle est de 4,276. Il bout à 196°,5 (Piria).

Il décompose les carbonates alcalins même à froid. Les alcalis caustiques le dissolvent en se combinant avec lui. Chauffé avec un excès d'hydrate de potasse, il se convertit en salicylate avec dégagement d'hydrogène :

$$C^7H^6O^2 + (KH)O = C^7(H^5K)O^3 + H^2.$$

L'ammoniaque le convertit en hydrosalamide normale (21e fam.). Le chlore, le brome et l'acide nitrique le convertissent en espèces dérivées du même genre ; par une action prolongée de l'acide nitrique, il est converti en phénate trinitrique (6e fam.) (Piria).

Salicylol potassique (salicylure de potassium, salicylite de potasse). — $C^7(H^5K)O^2 + 2$ aq. — Lorsqu'on mélange le S. normal avec une dissolution concentrée de potasse, il se prend en une masse jaune et cristalline qu'on dissout à chaud dans une petite quantité d'alcool absolu. Le S. potassique s'y dépose alors en tables carrées, jaune doré et d'une grande régularité. Sa dissolution aqueuse précipite les sels de plomb, d'argent, de baryte, de mercure. A l'état humide, ce sel noircit peu à peu au contact de l'air (1) (Piria).

Salicylol barytique (salicylure de baryum). — $C^7(H^5Ba)O^2 +$ aq. — Poudre cristalline, peu soluble dans l'eau froide.

Salicylol cuivrique. — $C^7(H^5Cu)O^2.$ — Pour l'obtenir, on agite une solution de S. normal avec de l'hydrate de cuivre récemment précipité. C'est une poudre verte, très légère, insoluble dans l'eau et dans l'alcool (Piria). Lorsqu'on le chauffe à 400°, il fournit du S. normal, de l'acide carbonique et un corps indiffé-

_____

(1) Il se produit dans ces circonstances de l'acétate potassique, ainsi qu'une matière noire, insoluble dans l'eau, très soluble dans l'alcool, l'éther et les alcalis ; M. Piria l'appelle *acide mélanique* $C^{10}H^8O^5$; or,
$$2C^7(H^5K)O^2 + 2H^2O + O^3 = C^{10}H^8O^5 + 2C^2(H^3K)O^2.$$

rent cristallisable, tandis qu'il reste un sel de cuivre rouge, d'où le gaz sulfhydrique expulse à chaud un corps acide qui cristallise en longues aiguilles (Ettling).

415. *Salicylol chloré* (chlorure de salicyle ou de spiroïle, acide chlorosalicylique). — $C^7(H^5Cl)O^2$. — Le chlore agit très vivement sur le S. normal ; le produit de la réaction constitue des tables rectangulaires d'un aspect nacré. Il est insoluble dans l'eau et les acides ; soluble, au contraire, dans l'alcool, l'éther et les alcalis fixes. Il n'est pas décomposé par une dissolution bouillante de potasse. Il fond par l'échauffement et se volatilise en grande partie (Piria).

Salicylol chloro-barytique. — $C^7(H^4ClBa)O^2$. — Le S. chloré se combine directement avec les alcalis et les oxydes métalliques La combinaison chloro-potassique cristallise en paillettes rouges groupées en masses radiées. Le S. chloro-barytique s'obtient, par double décomposition, à l'aide de la combinaison précédente ; il a l'aspect d'une poudre jaune cristalline (Piria).

Salicylol bromé (bromure de salicyle, acide bromosalicylique). — $C^7(H^5Br)O^2$. — Il cristallise en petites aiguilles incolores, qui se comportent comme le S. chloré.

Salicylol iodé. — On l'obtient en distillant le S. chloré avec l'iodure de potassium.

416. *Salicylol nitrique* (nitrosalicylide, acide spiroïlique). — $C^7(H^5X)O^2$. — On le prépare en chauffant le S. normal avec de l'acide nitrique d'une force moyenne. Il cristallise en prismes jaunes et transparents, peu solubles dans l'eau : leur dissolution aqueuse communique aux persels de fer une teinte cerise ; elle précipite les sels de plomb en jaune et ceux de cuivre en vert. Le S. nitrique se dissout aussi dans les alcalis, en produisant des composés cristallisables qui explosionnent par l'échauffement.

Genre Benzoate $R^{-8}O^2$.

417. Sel unibasique, isomère du g. salicylol, produit d'oxydation des g. benzoïlol, hippurate, cinnamate, amygdaline, etc. Sous l'influence de la chaleur, les B. se dédoublent en CO^2 et en espèces dérivées du g. benzène (369) ou du g. benzone (13e fam.).

Benzoate normal (acide benzoïque). — $C^7H^6O^2$. — Ce corps se rencontre tout formé dans le benjoin, dans le baume de Tolu, dans le sang-dragon et dans d'autres résines. On le trouve aussi dans l'urine putréfiée de l'homme et des animaux (Liebig).

On l'extrait du benjoin par trois procédés différents : le premier consiste à chauffer cette résine dans une terrine sur laquelle on a fixé un cornet en papier, de manière que l'acide benzoïque puisse s'y sublimer. D'après un autre procédé, on fait bouillir le benjoin en poudre avec du lait de chaux pendant quelques heures, on filtre le mélange, et, après avoir concentré le liquide filtré, on en précipite l'acide benzoïque par de l'acide hydrochlorique ; on purifie le produit par une nouvelle sublimation. Enfin M. Wœhler propose la méthode que voici : on dissout à chaud la poudre de benjoin dans son volume d'alcool concentré ; on y ajoute, pendant que le liquide est encore chaud, assez d'acide hydrochlorique pour précipiter la résine ; ensuite on soumet le tout à la distillation, et quand la consistance du liquide ne permet plus de distiller, on y ajoute de l'eau et l'on continue l'opération. L'acide benzoïque passe alors à l'état d'éther ; celui-ci étant décomposé par la potasse caustique, puis chauffé avec de l'acide hydrochlorique, donne du B. normal à l'état de pureté. L'eau qui reste dans la cornue en dépose aussi une certaine quantité.

Le B. normal (1) se forme en outre dans une foule de circonstances : par l'action de l'air sur l'essence d'amandes amères, par celle de l'eau sur le benzoïlol chloré ou bromé, par celle de l'acide nitrique sur l'acide hippurique ou cinnamique, etc.

Il cristallise en aiguilles ou en lames flexibles, incolores, diaphanes et nacrées. A l'état de pureté, il n'a point d'odeur ; sa saveur est âcre et acide. Il rougit le tournesol, fond à 120°, se sublime à 145°, et bout à 239° ; la densité de sa vapeur a été trouvée égale à 4,27. L'eau bouillante en dissout 1/12 de son poids à 100°, et 1/200 seulement à la température ordinaire ; l'acide benzoïque se volatilise avec les vapeurs d'eau quand on chauffe la solution.

L'acide sulfurique le dissout, l'eau le précipite sans altération

____

(1) L'*acide carbo-benzoïque* de M. Plantamour ne paraît être qu'un mélange d'acide benzoïque et d'acide cinnamique.

de la solution ; l'acide sulfurique fumant le convertit en acide sulfobenzoïque. L'acide nitrique ordinaire l'altère peu à l'ébullition, mais l'acide fumant le convertit en B. nitrique.

Le chlore l'attaque sous l'influence solaire en donnant un acide particulier.

Lorsqu'on le fait passer sur de la pierre ponce chauffée au rouge, il se convertit en benzène normal et en acide carbonique ; ce même dédoublement s'effectue par la distillation du B. normal avec de la chaux ou de la baryte caustique :

$$C^7H^6O^2 = CO^2 + C^6H^6.$$

Quand on le fait fondre avec de l'hydrate de potasse à 300° environ, il se développe du gaz hydrogène, tandis qu'il se produit un sel de potasse qui prend par les persels de fer une teinte violacée, et qui est probablement du salicylate.

Benzoate potassique. — $C^7(H^5K)O^2$. — Sel déliquescent ; il est presque insoluble dans l'alcool et très soluble dans l'eau ; le cinnamate à même base se dissout bien dans le premier véhicule et moins bien que le B. dans le second (Deville).

Benzoate calcique. — $C^7(H^5Ca)O^2 + 2$ aq. — Il cristallise en aiguilles brillantes, solubles dans l'eau, et qui s'effleurissent dans l'air sec. Soumis à la distillation sèche, il donne du carbonate calcique, de l'oxyde de carbone, ainsi qu'un mélange liquide composé de trois substances organiques : la benzone normale $C^{13}H^{10}O$, le benzène normal C^6H^6, et le naphtalène normal $C^{10}H^8$ (Péligot). Il est probable que les deux derniers corps, ainsi que l'oxyde de carbone, ne sont que des produits secondaires de la décomposition de la benzone ; on a en effet :

$$2[C^7(H^5Ca)O^2] = CO^2,Ca^2O + C^{13}H^{10}O$$
$$3[C^{13}H^{10}O] = 3CO + C^6H^6 + 3C^{10}H^8.$$

Benzoate plombique. — $C^7(H^5Pb)O^2 + $ aq. — Poudre blanche qui cristallise dans l'acide acétique en lamelles.

Benzoate cuivrique. — $C^7(H^5Cu)O^2 + 2$ aq. — Cristaux verts, assez peu solubles dans l'eau et insolubles dans l'alcool.

Benzoate argentique. — $C^7(H^5Ag)O^2$. — Il constitue des feuillets allongés et brillants, peu solubles dans l'eau.

418. *Benzoate nitrique* (acide nitro-benzoïque). — $C^7(H^5X)O^2$. — Le B. normal traité par un excès d'acide nitrique s'y dissout

en prenant une couleur rouge et en dégageant du bioxyde d'azote. Si l'on maintient l'ébullition pendant plusieurs heures, la formation du gaz diminue constamment, cesse enfin, et la coloration disparaît. La dissolution refroidie laisse déposer peu à peu des cristaux de B. nitrique qu'on purifie par de nouvelles cristallisations (Mulder).

Le même corps se produit par l'action prolongée de l'acide nitrique sur le cinnamate (1) et le cinnamol normal (Plantamour, Marchand).

Les cristaux se dissolvent aisément dans l'eau bouillante; ils fondent dans l'eau à une température inférieure à 100°. L'alcool et l'éther les dissolvent aussi; toutes ces dissolutions ont une réaction acide très prononcée.

Les cristaux secs fondent à 127°, mais se subliment déjà à 110°, et sans altération s'ils sont entièrement purs. L'acide nitrique et l'acide hydrochlorique ne les altèrent pas à l'ébullition.

Les B. nitriques à base de métaux explosionnent par l'action de la chaleur et développent du benzène nitrique (369) :

$$C^7(H^5X)O^2 = CO^2 + C^6(H^5X).$$

Benzoate nitro-calcique (nitro-benzoate de chaux). — $C^7(H^4CaX)O^2 + aq.$ — Cristaux blancs et brillants qui développent, à 130°, 9 p. c. $= 1$ éq. d'eau de cristallisation (Mulder).

Benzoate nitro-barytique. — $C^7(H^4BaX)O^2 + 2\,aq.$ — Cristaux brillants qui renferment 13 p. c. $= 2$ éq. d'eau (Mulder).

Benzoate nitro-argentique. — $C^7(H^4AgX)O^2.$ — Feuilles nacrées peu solubles et anhydres qui font explosion à 250°, en développant du benzène nitrique; on obtient une grande quantité de ce dernier produit en faisant la décomposition dans un appareil distillatoire et en ménageant la chaleur (Mulder).

(1) M. Plantamour (*Annal. der Pharm.*, t. XXIX, p. 349) avait pris pour un acide nouveau le corps qui se produit par l'action de l'acide nitrique sur l'acide cinnamique ; mais il avait négligé d'y chercher l'azote. Ses combustions donnent exactement le carbone et l'hydrogène contenus dans l'acide nitro-benzoïque.

Genre Alizarine $R-^{10}O^2$.

419. *Alizarine normale* (1). — $C^7H^4O^2$? — Cette substance paraît constituer le principe colorant de la garance. Plusieurs procédés ont été proposés pour son extraction : d'après M. Zennek, on épuise par l'éther la poudre de garance directement, ou bien après l'avoir préalablement traitée par l'eau froide et l'acide sulfurique, puis on chasse l'éther par l'évaporation et l'on sublime le résidu. On obtient alors des aiguilles brillantes, d'un jaune rougeâtre, peu solubles dans l'eau froide, plus solubles dans l'eau bouillante, l'alcool et l'éther ; leur solution réagit légèrement acide. Elles se dissolvent aussi dans les alcalis avec une teinte violacée ou bleue ; ces solutions sont précipitées par les acides, les précipités se dissolvent dans l'ammoniaque avec une couleur rouge foncé. Leur solution aqueuse donne par l'alun et la potasse une laque rose.

L'histoire chimique de l'alizarine est tout entière à faire.

Genre Pyromucyle $R-^2O^3$.

420. *Pyromucyle quadrichloré* (éther chloropyromucique). — $C^7(H^8Cl^4)O^3$. — Le pyromucalcool normal fond dans le chlore sec en s'échauffant considérablement, et si les matières sont sèches, il ne se dégage pas d'acide hydrochlorique. On finit par obtenir un liquide parfaitement transparent, d'une consistance sirupeuse, d'une odeur forte et agréable de calicantus, d'une saveur amère, lente à se développer, mais intense et persistante. Sa densité est de 1,496 à 19°,5. On ne peut pas le distiller sans qu'il se décompose. Il se dissout aisément dans l'alcool et l'éther ; à l'air humide, il s'altère. La potasse bouillante en développe des vapeurs d'alcool, mais ne donne pas de pyromucate (Malaguti) (83).

(1) Robiquet a trouvé dans l'alizarine : carbone 69,7 (nouv. poids al.) hydrog. 3,7 ; notre formule exige : carbone 70,0, hydrog. 3,4. Elle exige, d'ailleurs, de nouvelles vérifications (Robiquet avait adopté la formule $C^{37}H^{24}O^{10}$).

Genre *Pyromucalcool* $R^{-6}O^3$.

421. Éther unialcoolique.

Pyromucalcool normal (éther pyromucique). — $C^7H^8O^3$. — On prépare cet éther en distillant la moitié du volume et en cohobant 4 ou 5 fois 10 p. d'acide pyromucique, 20 p. d'alcool à 0,814 et 5 p. d'acide hydrochlorique. A la dernière cohobation on pousse la distillation jusqu'à ce qu'on remarque que le liquide qui distille commence à se colorer ; on verse ensuite de l'eau sur le produit de la distillation. Il se précipite alors une matière huileuse qui se prend bientôt en cristaux. On purifie ceux-ci par une nouvelle distillation (Malaguti).

Le P. normal cristallise en prismes à base tantôt hexagone ou octogone, tantôt carrée ; il est incolore, fort gras au toucher, d'une odeur forte et d'une saveur âcre. Sa densité est de 1,297 à 20° ; il fond à 34°, bout entre 208 et 210, et donne une vapeur dont la densité est égale à 4,859. Il s'altère à la longue. La potasse et les acides le décomposent comme les autres éthers. Les eaux de chaux et de baryte occasionnent dans sa solution alcoolique un précipité qui disparaît par l'addition de quelques gouttes d'eau. Le chlore s'y combine directement (Malaguti).

Genre *Salicylate* $R^{-8}O^3$.

422. Sel unibasique, produit d'oxydation du g. salicylol ; il donne, par la distillation sèche, des corps dérivés du g. phénate (6ᵉ f.), en dégageant de l'acide carbonique :

$$C^7H^6O^3 = CO^2 + C^6H^6O.$$

Salicylate normal (acide salicylique ou hyperspiroïlique). — $C^7H^6O^3$. — On chauffe le salicylol normal avec un excès de potasse, tant qu'il se dégage de l'hydrogène ; on dissout le produit dans l'eau, et on le précipite par l'acide hydrochlorique. Le S. normal se précipite alors en houppes cristallines qu'on purifie par de nouvelles cristallisations dans l'eau bouillante (Piria).

Lorsqu'il s'agit de préparer cet acide en grande quantité, il est préférable d'employer de la salicine. On fait fondre de la potasse dans une bassine d'argent, et l'on y introduit la salicine par petites portions en agitant le mélange. La masse développe alors beaucoup d'hydrogène en se boursouflant ; il faut avoir soin de ne pas chauffer trop fort, et d'employer toujours un excès de potasse par rapport à la salicine : autrement il se produit une résine, et l'on perd beaucoup de matière. On dissout la masse dans l'eau et on la précipite par l'acide hydrochlorique (Gerhardt).

Quand on fait fondre de l'indigo avec de la potasse, et qu'on distille ensuite la masse avec de l'acide sulfurique, le liquide qui passe présente les réactions du S. normal ; ce dernier se dépose quelquefois dans la cornue sous forme cristalline (Cahours).

Le S. normal est un acide peu soluble dans l'eau froide, beaucoup plus soluble dans l'eau chaude, très soluble dans l'alcool et l'éther ; il rougit le tournesol et décompose les carbonates avec effervescence ; il se sublime sans altération (Piria). Lorsqu'il est impur et qu'on le distille rapidement, ou après l'avoir mélangé avec de la chaux, il se décompose en phénate normal et en acide carbonique (372) ; sa solution aqueuse prend une couleur d'encre par l'addition d'un persel de fer (Gerhardt).

Le brome le convertit à froid en S. bromé ; l'acide nitrique fumant, en S. nitrique (Gerhardt). Quand on le chauffe avec de l'acide nitrique concentré, il finit par se convertir en phénate trinitrique (Piria).

Salicylate argentique. — $C^7(H^5Ag)O^3$. — Poudre blanche, insoluble.

Salicylate bromé (acide bromosalicylique). — $C^7(H^5Br)O^3$. — Le brome attaque le S. normal en produisant une masse résineuse qui, dissoute dans l'eau bouillante, dépose une poudre blanche et cristalline fort soluble dans l'alcool, et s'y déposant par l'évaporation en cristaux assez volumineux. Le S. bromé est fort peu soluble dans l'eau (Gerhardt).

Salicylate nitrique (acide nitro-salicylique, indigotique ou anilique). — $C^7(H^5X)O^7$ + aq. — Lorsqu'on verse de l'acide nitrique fumant sur du S. normal, la réaction est extrêmement vive, et ce dernier se convertit en une masse rougeâtre et résinoïde. On la lave d'abord à l'eau froide pour enlever l'excédant d'acide nitrique, et on la dissout ensuite dans l'eau bouillante, qui la dépose, par le refroidissement, sous forme d'aiguilles déliées et jaunâtres (Gerhardt).

On obtient également le S. nitrique en introduisant de l'indigo bleu pur dans un mélange bouillant de 1 p. d'acide nitrique et de 10 à 15 p. d'eau ; le S. nitrique s'y dépose par le refroidissement, mais il a besoin d'être purifié par de nouvelles cristallisations, et même il faut le transformer en sel de plomb et décomposer celui-ci par l'acide sulfurique (Buff).

Il cristallise en aiguilles jaunâtres, et se fond aisément en donnant par le refroidissement une masse cristalline composée de tables hexagones ; il rougit le tournesol, et se sublime à une douce chaleur. Il est fort peu soluble dans l'eau froide, mais l'eau bouillante le dissout aisément (Buff). Il cristallise avec 1 éq. d'eau qu'il perd par la dessiccation (Marchand).

Sa dissolution se colore en rouge de sang par les persels de fer.

L'acide nitrique concentré le convertit en phénate trinitrique.

Salicylate nitro-ammoniacal (indigotate ou anilate d'ammoniaque). — $C^7(H^5X)O^3,NH^3$. — Ce sel, fort bien cristallisé et très beau, s'obtient en sursaturant le S. nitrique par l'ammoniaque, et abandonnant les liqueurs chaudes et saturées au refroidissement ou à l'évaporation spontanée. Il cristallise alors en belles aiguilles dorées ou orangées (Dumas).

Salicylate nitro-potassique. — $C^7(H^4KX)O^3$. — Cristaux soyeux peu solubles dans l'eau froide (Marchand).

Salicylate nitro-barytique. — $C^7(H^4BaX)O^3 + 3$ aq. — Aiguilles brillantes, peu solubles dans l'eau froide, insolubles dans l'alcool, et qui dégagent à 200° 12,7 p. c. d'eau de cristallisation (Marchand).

Salicylate nitro-argentique. — $C^7(H^4AgX)O^3$. — On l'obtient très bien en décomposant le S. nitro-ammoniacal par le nitrate d'argent ; le précipité dissous dans l'eau bouillante cristallise aisément en aiguilles couleur de paille (Dumas, Marchand).

Salicylate nitro-plombique. — $C^7(H^4PbX)O^3$. — Précipité cristallin fort soluble dans l'eau chaude. Il paraît exister aussi deux sels de plomb surbasiques.

Genre Pimélate $R^{-2}O^4$.

423. Sel bibasique, homologue des g. oxalate (2ᵉ fam.), succinate (4ᵉ fam.), adipate (6ᵉ fam.), subérate (8ᵉ fam.), etc.

Pimélate normal (acide pimélique). — $C^7H^{12}O^4$. — Cet acide a été découvert par M. Laurent dans les eaux-mères provenant de l'action de l'acide nitrique sur l'acide oléique; on l'obtient aussi avec la cire, le blanc de baleine et avec d'autres corps gras. M. Sacc l'a obtenu dans l'action de l'acide nitrique sur l'huile de lin.

Il est blanc, formé de grains de la grosseur d'une tête d'épingle, et qui, vus à la loupe, se présentent comme un agglomérat de cristaux dont il est impossible de reconnaître la forme. Il est sans odeur, et possède une saveur acide. Il fond vers 114° (d'après M. Bromeis à 134°), et distille à une température plus élevée (1). Il est très soluble dans l'eau bouillante; à 18°, une partie d'acide se dissout dans 35 p. d'eau. L'alcool, l'éther et l'acide sulfurique le dissolvent facilement à l'aide de la chaleur (Laurent).

Lorsqu'on le fait fondre avec de l'hydrate de potasse, il développe de l'hydrogène sans noircir; les acides minéraux dégagent alors du résidu un acide volatil qui possède tous les caractères de l'acide valérianique (Gerhardt).

Pimélate biammoniacal. — Ce sel, versé dans les solutions suivantes, ne donne pas de précipité : chlorures de baryum, de strontium, de manganèse, de zinc; mais il précipite le perchlorure de fer en rouge clair, le sulfate de cuivre en vert, le nitrate de plomb, le nitrate d'argent et le bichlorure de mercure en blanc.

Pimélate biargentique. — $C^7(H^{10}Ag^2)O^4$. — Précipité blanc, insoluble dans l'eau.

Genre *Oxalamylate* $R^{-2}O^4$.

424. Sel copulé unibasique, homologue du g. oxalovinate (312); isomère du g. pimélate.

Les O. se décomposent, par l'ébullition, en amylol normal (345) et en oxalates :

$$C^7H^{12}O^4 + H^2O = C^5H^{12}O + C^2H^2O^4.$$

Oxalamylate calcique. — $C^7(H^{11}Ca)O^4 + aq$.— Quand on traite

(1) En donnant probablement un anhydride.

l'amylol normal par un assez grand excès d'acide oxalique cristallisé, et qu'on fait chauffer le mélange, on obtient à la partie inférieure du vase un liquide aqueux, solution d'acide oxalique saturée à chaud, et une liqueur huileuse, à odeur de punaise très prononcée, qui laisse, par son refroidissement, déposer aussi de l'acide oxalique. Cette liqueur huileuse, saturée par du carbonate de chaux, donne lieu à la production de l'O. calcique, soluble plus à chaud qu'à froid, et qui cristallise, par le refroidissement de la liqueur, en belles écailles cristallines. Il est peu stable; quand on essaie d'en déterminer l'eau, par un courant d'air sec à 100°, il se décompose en amylol normal et oxalate. Il renferme 1 éq. d'eau de cristallisation.

La dissolution de ce sel peut servir à préparer d'autres O. (Balard).

Oxalamylate potassique. — Belles lames nacrées, qu'on obtient en précipitant le sel précédent par le carbonate de potasse.

Oxalamylate argentique. — $C^7(H^{11}Ag)O^4$. — Lamelles nacrées, anhydres, peu solubles et fort onctueuses au toucher; ce corps, même à l'état sec, s'altère à la longue, surtout au contact de la lumière.

Genre *Térébate* $R-^4O^4$.

425. Sel unibasique, produit de l'action de l'acide nitrique sur l'essence de térébenthine (10ᵉ fam., g. camphène).

L'acide nitrique n'agit pas toujours de la même manière sur l'essence de térébenthine; les produits varient suivant la concentration de l'acide ou suivant qu'il est employé en quantité insuffisante ou en excès. On obtient une ou deux résines azotées, de l'oxalate normal et quelquefois ammoniacal (Rabourdin), et les eaux-mères sirupeuses retiennent un autre acide particulier que nous allons décrire.

Térébate normal (acide térébique). — $C^7H^{10}O^4$. — Si l'on abandonne au repos le produit de l'action de l'acide nitrique sur l'essence de térébenthine, après l'avoir évaporé à consistance de sirop, on y trouve, au bout de quelques semaines, de petits cristaux réguliers qu'on peut isoler aisément en les lavant avec de l'eau froide et en les étalant sur du papier joseph. Les cristaux sont assez réguliers; leurs faces latérales ont beaucoup d'éclat;

quand on les examine à la loupe, on les trouve composés de prismes quadrangulaires à face terminale oblique (Bromeis).

Ce corps ne fond que fort difficilement ; il fume un peu quand on le chauffe, ne se sublime pas, et se décompose en se boursouflant légèrement. Il ne précipite pas l'acétate de plomb surbasique ; de même son sel ammoniacal neutre ne précipite ni le chlorure de calcium, ni l'acétate de plomb, ni le nitrate d'argent (Bromeis).

M. Rabourdin attribue à ce corps (acide térébilique) la même composition, mais des propriétés un peu différentes. Cet acide, suivant lui, est peu soluble dans l'eau froide, beaucoup plus soluble dans l'eau bouillante, qui en abandonne la plus grande partie, par le refroidissement, en très petits cristaux groupés en choux-fleurs. L'alcool et l'éther le dissolvent très bien et l'abandonnent, par l'évaporation spontanée, en prismes droits à base rectangle ou en octaèdres cunéiformes. Sa saveur est franchement acide sans arrière-goût. Si on le soumet à la distillation sèche, il fond vers 200°, sans rien perdre de son poids, et ne tarde pas à entrer en ébullition. En même temps qu'il passe du gaz acide carbonique, il distille un liquide incolore $C^6H^{10}O^2$ (acide pyro-térébilique (1)), sans qu'il reste de résidu :

$$C^7H^{10}O^4 = CO^2 + C^6H^{10}O^2.$$

L'acide nitrique n'agit pas sur le T. normal, même à la température de l'ébullition (Rabourdin).

Térébate argentique. — $C^7(H^9Ag)O^4$. — On obtient ce sel en décomposant le T. ammoniacal par un léger excès de nitrate d'argent, évaporant et laissant refroidir doucement la solution neutre. Il se présente en houppes soyeuses très belles (Bromeis).

Térébate plombique (térébilate de plomb). — $C^7(H^9Pb)O^4$. — En saturant une solution aqueuse de T. normal par du massicot et évaporant le liquide à une douce chaleur, on obtient une croûte cristalline. Ce sel est blanc et très soluble dans l'eau ; il peut dissoudre une assez grande quantité d'oxyde de plomb pour former un sel surbasique (Rabourdin).

Les T. à base de métaux alcalins ou terreux sont très solubles et cristallisent fort difficilement.

(1) Voyez les additions, *G. Pyrotérébate.*

Genre Gallide $R^{-10}O^4$.

426. Anhydride.

Gallide normal. — $C^7H^4O^4$. — Robiquet a obtenu ce corps par l'action de l'acide sulfurique concentré sur le gallate normal. On chauffe le mélange à 140°, de manière qu'il prenne une teinte cramoisie ; on laisse ensuite refroidir et l'on verse le produit dans de l'eau froide. Il se forme alors un précipité brun-rouge et cristallin ; ces cristaux perdent à 120° 10,5 p. c. de leur poids. Chauffés à feu nu, ils se charbonnent en se recouvrant de petits cristaux prismatiques couleur de cinabre.

Le G. normal est fort peu soluble dans l'eau ; l'eau bouillante n'en dissout que 0,0003 de son poids. Il se dissout dans la potasse en la neutralisant (Robiquet).

Dans la formation de l'acide gallique par une infusion de noix de galle, on observe ordinairement la production simultanée d'une poudre grise à laquelle M. Chevreul a donné le nom d'*acide ellagique*. Ce corps se dissout dans la potasse caustique en donnant des paillettes nacrées insolubles dans l'eau pure et solubles dans un excès de potasse ; traitée par un acide minéral, cette combinaison dépose l'acide ellagique sous la forme d'une poudre insipide et brunâtre, qui, suivant M. Pelouze, aurait la même composition que les cristaux en lesquels l'acide gallique se convertit par l'action de l'acide sulfurique.

Genre Gallate $R^{-8}O^5$.

427. Sel bibasique ; produit de décomposition du tannin (9ᵉ f.) ; se trouve tout formé dans les graines de mango (1).

Gallate normal (acide gallique). — $C^7H^6O^5 +$ aq. — Lorsqu'on abandonne à l'air une solution aqueuse très étendue de tannin, elle perd peu à peu sa transparence et laisse précipiter une matière cristalline légèrement colorée en gris, et dont le G. normal constitue la presque totalité. Il suffit, pour se procurer cet acide dans un état de pureté parfaite, de traiter la solution bouillante

(1) Selon M. Avequin, les graines de mango donnent par livre 2 onces 2 gros d'acide gallique, à l'aide d'une simple macération dans l'eau.

par un peu de noir animal. La transformation du tannin en acide gallique est beaucoup favorisée par une température de 25 à 30° (Braconnot, Pelouze). Le contact de l'oxygène n'est pas nécessaire dans cette métamorphose (Robiquet); mais il suffit que le tannin se trouve en contact avec un ferment quelconque, soit avec celui qui se trouve naturellement dans les noix de galle, soit avec la levûre de bière, avec la chair putréfiée ou avec toute autre substance putrescible (Larocque). Il ne se dégage pas de gaz dans cette métamorphose (1).

Le G. normal cristallise en longues aiguilles soyeuses, d'une saveur légèrement acidule et styptique, et qui exigent 100 p. d'eau froide pour se dissoudre. Chauffés à 100°, les cristaux perdent 9,5 p. c. d'eau. Il est plus soluble dans l'alcool; l'éther le dissout aussi, mais en moindre quantité (Braconnot, Pelouze).

Il ne trouble pas la solution de gélatine, ni celle des sels d'alcaloïdes. Il forme, avec les eaux de baryte, de strontiane et de chaux, des précipités blancs qui se redissolvent dans un excès d'acide et cristallisent en aiguilles prismatiques, satinées, inaltérables à l'air.

Sa solution est colorée en bleu foncé par les persels de fer; le mélange se décolore par l'ébullition en développant de l'acide carbonique et en produisant un protosel de fer.

A l'abri de l'air, la solution du G. normal se conserve sans altération; mais en présence de l'oxygène, elle dépose peu à peu un sédiment noir, en développant de l'acide carbonique; cette altération est encore plus rapide en présence d'un alcali ou d'un acide minéral.

Elle réduit les sels d'or et d'argent.

L'acide sulfurique concentré transforme le G. normal en gallide normal (425) :

$$C^7H^6O^5 = H^2O + C^7H^4O^4.$$

Lorsqu'on chauffe le G. normal dans une solution de chlorure de calcium, il s'y dissout et développe bientôt de l'acide carbo-

____

(1) Voyez les expériences de Robiquet. (*Annal. de chim. et de phys.*, t. LXIV, p. 385.) — Suivant M. Pelouze, il se développe de l'acide carbonique; voyez plus bas, 9ᵉ fam., g. *Tannate*.

nique ; à 120°, le liquide dépose une poudre jaune et cristalline qui rougit les couleurs bleues végétales; abandonnée pendant quelque temps sur du papier, elle communique aux points de contact une teinte noire (Robiquet).

Nous avons déjà parlé (308) de l'action de la chaleur sur l'acide gallique, et en particulier de l'*acide pyrogallique* (1).

Gallate ammoniacal (gallate d'ammoniaque acide). — $C^7H^6O^5$, NH^3. — Prismes raccourcis, peu solubles dans l'eau froide, très solubles à chaud, et qu'on obtient en saturant à moitié le G. normal par de l'ammoniaque et abandonnant le mélange à l'évaporation spontanée. Ce sel ne perd pas d'eau à 100° (Otto).

Gallate biplombique (gallate de plomb unibasique, Lieb.). — $C^7(H^4Pb^2)O^5$. — Si l'on ajoute de l'acétate plombique à une dissolution aqueuse et chaude de G. normal, en ayant soin que ce dernier soit en excès, il se produit un précipité blanc qui, abandonné dans la liqueur, se transforme bientôt en une poudre cristalline et brillante. Desséchée à 160°, elle présente la composition indiquée (Otto).

Si l'on maintient le sel de plomb en excès par rapport à l'acide gallique, on obtient un précipité blanc et floconneux qui devient jaune et cristallin par l'ébullition; il paraît constituer un sel surbasique $C^7(H^4Pb^2)O^5,Pb^2O$.

L'histoire des gallates est encore fort incomplète et aurait besoin d'être soumise à une nouvelle étude.

Genre *Quinate* $R^{-2}O^6$.

428. Sel bibasique. Le Q. calcique se trouve tout formé dans les différents quinquinas, et forme la partie essentielle de l'extrait de quinquina préparé à froid ; c'est à son aide qu'on prépare tous les autres Q. L'aubier de beaucoup d'arbres paraît aussi contenir du Q. (Berzélius).

Les Q. dégagent, par une légère calcination, des vapeurs de quinoïle normal (379); celui-ci s'obtient encore en plus grande quantité lorsqu'on les chauffe avec un mélange de peroxyde de manganèse et d'acide sulfurique.

Quinate normal (acide quinique). $C^7H^{12}O^6$. — Pour l'obtenir,

(1) Il sera question de l'*acide métagallique* de M. Pelouze, dans la DOUZIÈME FAMILLE, *G. Ulmate.*

on décompose 6 1/5 p. de quinate calcique par 1 p. d'acide sulfurique étendu d'eau. Le sulfate de chaux se précipite en majeure partie, tandis que le Q. normal reste en dissolution. Pour séparer les dernières portions de sulfate de chaux, on y ajoute de l'alcool et on concentre à petit feu le liquide spiritueux. Le Q. normal cristallise alors en prismes à base rhombe, souvent assez volumineux, solubles dans l'eau et l'alcool.

Par la distillation sèche, il donne les espèces normales des g. pyroquinol (1), phénate, benzoate, benzène et salicylol (377).

Quinate calcique. — $C^7(H^{11}C^n)O^6 + 5$ aq. — Il s'obtient comme produit accessoire dans la préparation de la quinine et de la cinchonine. On épuise le quinquina avec de l'acide hydrochlorique ou sulfurique, et l'on précipite l'extrait par du lait de chaux. La dissolution ayant été filtrée et concentrée à consistance de sirop, on l'abandonne au repos. Peu à peu il s'y dépose des cristaux de Q. calcique qu'on purifie des matières étrangères par des lavages à l'alcool, où il est insoluble. On complète la purification en traitant la dissolution aqueuse par du charbon animal.

Ce sel est blanc et d'un éclat soyeux ; il se présente ordinairement à l'état de petites lamelles rhomboïdales, transparentes et renfermant 29,5 p. c. = 5 éq. d'eau de cristallisation (Liebig).

Quinate argentique. — $C^7(H^{11}Ag)O^6$. — Lorsqu'on mélange un Q. soluble avec du nitrate d'argent, le liquide noircit, et il s'y dépose bientôt de l'argent métallique. Cependant on peut aisément obtenir le Q. argentique en saturant une solution faible d'acide quinique avec du carbonate d'argent récemment lavé et encore humide. Par l'évaporation dans le vide, on obtient des cristaux mamelonnés, d'une parfaite blancheur, mais qui noircissent facilement à la lumière (Woskresensky).

Quinate bicuivrique (dit sel basique). — $C^7(H^{10}Cu^2)O^6 + 3$ aq. — On l'obtient directement en attaquant l'hydrate ou le carbonate de cuivre par le Q. normal ; mais il est encore préférable de décomposer le Q. barytique avec du sulfate de cuivre, en ajoutant à la solution claire quelques gouttes d'eau de baryte (Liebig).

(1) M. Wœhler vient de publier quelques nouvelles observations sur ce produit, ainsi que sur le quinoïle normal (*Annal. der Chem. u. Pharm.*, t. LI. p. 145) ; on en trouvera l'extrait à la fin du volume, dans les *Additions.*

Le Q. bicuivrique s'obtient alors cristallisé, renfermant 3 éq. d'eau de cristallisation qu'il perd par la dessiccation à 155° (Woskresensky).

Quinate barytique. — Il cristallise en prismes hexagones renfermant 3 éq. d'eau de cristallisation.

Quinate plombique. — Lorsqu'on sature l'acide quinique par de l'oxyde de plomb, on obtient un liquide qui se prend en aiguilles. L'ammoniaque y produit un précipité blanc renfermant à 200° $C^7(H^8Pb^4)O^6$? (Woskresensky).

Genre *Méconate* $R^{-10}O^7$.

429. Sel tribasique renfermé dans l'opium. Il n'a pas encore été produit artificiellement.

Méconate normal (acide méconique). — $C^7H^4O^7 + 3$ aq. — Pour l'obtenir, on dissout le M. bipotassique dans 16 à 20 p. d'eau chaude et l'on y ajoute 2 ou 3 p. d'acide hydrochlorique ; le M. normal cristallise alors par le refroidissement. On le purifie par de nouvelles cristallisations. Dans cette opération, il faut se garder de faire bouillir le produit avec un acide minéral ou de filtrer la dissolution à travers du papier contenant des sels de fer (Robiquet).

L'acide méconique cristallise en paillettes nacrées, douces au toucher, d'une saveur à la fois aigre et astringente ; il renferme 21,5 p. c. $= 3$ éq. d'eau de cristallisation qu'il perd complétement à 120° ; il est peu soluble dans l'eau froide ; 4 parties d'eau bouillante suffisent pour le dissoudre ; il se dissout également dans l'alcool. Sa solution rougit par les persels de fer ; portée à l'ébullition, à l'état concentré, elle développe de l'acide carbonique en brunissant et en se transformant en acide coménique (382).

L'acide hydrochlorique bouillant le décompose avec effervescence en CO^2 et acide coménique ; l'acide sulfurique concentré lui fait éprouver la même métamorphose. A chaud, l'acide nitrique le décompose avec violence.

Chauffé avec de la potasse en excès, il se décompose complétement en carbonate, oxalate et une matière brune.

Nous avons déjà parlé des produits auxquels le M. normal donne naissance sous l'influence de la chaleur (353 et 382).

Méconate ammoniacal. — Lorsqu'on neutralise le M. normal par de l'ammoniaque, il se produit deux sels cristallisables qui ont une réaction acide ; à l'aide d'un excès d'ammoniaque, on obtient le M. triammoniacal.

Méconate bipotassique. — $C^7(H^2K^2)O^7$. — Aiguilles soyeuses qu'on obtient en ajoutant une lessive de potasse à une solution de M. calcique ; elles sont peu solubles dans l'eau froide et assez solubles dans l'eau chaude.

Méconate tripotassique. — $C^7(HK^3)O^7$. — Il se produit par l'addition d'un excès de potasse au sel précédent ; porté en ébullition avec de la potasse, il se prend, après le refroidissement, en une bouillie d'oxalate bipotassique mélangée de carbonate et d'une matière brune.

Méconate potassique. — $C^7(H^3K)O^7$. — Aiguilles brillantes qu'on obtient en traitant une solution de M. bipotassique par une quantité d'acide hydrochlorique insuffisante pour une neutralisation complète.

Méconate calcique. — $C^7(H^3Ca)O^7 + aq.$ — On obtient ce sel en ajoutant une solution de chlorure de calcium à une infusion d'opium, dont on a préalablement séparé les alcaloïdes par une addition de potasse ou d'ammoniaque ; après avoir saturé le mélange par de l'acide hydrochlorique ou acétique, on l'abandonne à lui-même. Il se produit alors un précipité de M. calcique impur qu'on fait cristalliser dans l'eau chaude aiguisée d'acide hydrochlorique.

Une solution de M. bipotassique, saturée à froid, ne trouble pas la solution du chlorure de calcium ; mais, si elle est chaude et concentrée, on obtient un précipité blanc qui cristallise, dans l'eau bouillante acidulée, en lamelles incolores et brillantes (Liebig).

Méconate bicalcique. — $C^7(H^2Ca^2)O^7 + aq.$ — Sursaturée d'ammoniaque, la solution du M. bipotassique donne par le chlorure de calcium un précipité jaunâtre et gélatineux de M. bicalcique.

Méconate bibarytique. — Sel peu soluble dans l'eau pure, et qui se dissout aisément, avec une couleur jaune, dans l'eau de baryte.

Méconate ferrique. — Lorsqu'on mélange un M. soluble avec un persel de fer, il devient d'un rouge de sang, mais il ne se forme pas de précipité, lors même que les liquides sont concentrés ; les agents réducteurs (acide sulfureux , protochlorure d'étain) le décolorent ; les oxydants font reparaître cette teinte.

Méconate triplombique. — $C^7(HPb^3)O^7$ + aq. — Le M. normal, ajouté en excès à une solution d'acétate neutre de plomb , donne un précipité blanc et floconneux, insoluble dans l'eau à froid et à chaud (Stenhouse).

Méconate biargentique. — $C^7(H^2Ag^2)O^7$. — Une solution de nitrate d'argent étant mélangée avec une solution de M. normal, saturée à chaud, on obtient du M. biargentique sous la forme d'une poudre blanche insoluble dans l'eau et soluble dans les acides. Chauffé dans l'eau bouillante , ce sel jaunit et se convertit en M. triargentique (Liebig).

Méconate triargentique. — $C^7(HAg^3)O^7$. — Le nitrate d'argent précipite la solution du M. normal, légèrement sursaturée d'ammoniaque , en une bouillie jaune de M. triargentique. Le sel sec se décompose par la chaleur avec une légère explosion (Liebig).

Méconate cuivrique. — Ce sel s'obtient sous la forme d'un précipité vert-jaunâtre, lorsqu'on ajoute du M. normal à une solution d'acétate cuivrique. Soumis à la distillation sèche , il donne de l'acide pyroméconique (353) en grande quantité (Stenhouse).

Genre *Sulfobenzoénate* $R^{-6}SO^3$.

430. Sel copulé unibasique, homologue du g. sulfobenzidate (6ᵉ fam.).

Sulfobenzoénate normal (acide sulfobenzoénique). — $C^7H^8SO^3$+ aq. — Pour l'obtenir à l'état de pureté, on sature par du carbonate de plomb la dissolution du benzoène normal (405) dans l'acide sulfurique fumant, après l'avoir étendue d'eau ; on y fait passer un courant d'hydrogène sulfuré et l'on concentre dans le vide. Le S. normal cristallise en petits feuillets cristallins, fort déliquescents. En même temps que cet acide, il se forme, par l'action de l'acide sulfurique, une petite quantité d'une matière cristalline qui n'a pas encore été analysée (Deville).

Sulfobenzoénate barytique. — $C^7(H^7Ba)SO^3$. — Écailles cristallines, très solubles dans l'eau, mais non déliquescentes.

Les S. ne sont précipités ni par le nitrate d'argent ni par le nitrate de cuivre.

Genre *Sulfobenzoate* R−^{8}SO^5.

431. Sel copulé bibasique.

Sulfobenzoate normal (acide sulfobenzoïque ou hyposulfo-benzoïque). — C^{7}H^{6}SO^5. — Lorsqu'on dirige les vapeurs d'acide sulfurique anhydre sur de l'acide benzoïque sec, il se produit une masse visqueuse qu'on reprend par l'eau pour la saturer ensuite avec du carbonate de baryte, après avoir enlevé, à l'aide du filtre, l'excédant d'acide benzoïque. On concentre le liquide et l'on y ajoute de l'acide hydrochlorique; le S. barytique cristallise alors par le refroidissement. En le décomposant par une quantité convenable d'acide sulfurique, on peut obtenir le S. normal. Celui-ci donne des cristaux confus très acides et déliquescents (Mitscherlich).

Sulfobenzoate barytique. — C^7(H^{5}Ba)SO^5 + 2 aq. — Il cristallise en prismes obliques à base rhombe, incolores et transparents, fort solubles dans l'eau, et qui perdent leur eau de cristallisation à 100°.

Sulfobenzoate bibarytique. — C^7(H^{4}Ba^2)SO^5. — On l'obtient en faisant bouillir le sel précédent avec du carbonate de baryte; il est très soluble et ne se prend que difficilement en cristaux réguliers (Fehling).

Sulfobenzoate biplombique. — C^7(H^{4}Pb^2)SO^5 + 2 aq. — On le prépare en faisant bouillir le S. normal avec du carbonate de plomb; il est peu soluble dans l'eau froide, et fournit des cristaux très fins, semblables à la wawellite, renfermant 8 p. c. d'eau de cristallisation.

Sulfobenzoate biargentique. — C^7(H^{4}Ag^2)SO^5 + aq. — Petits cristaux, fort solubles dans l'eau, et qui perdent par la dessiccation 1 éq. d'eau.

Genre *Benzonitrile* R−^{9}N.

432. Amide, produite par l'action de la chaleur sur le benzoate ammoniacal :

$$C^7H^6O^2.NH^3 = 2H^2O + C^7H^5N.$$

Benzonitrile normal. — C^7H^5N. — Lorsqu'on distille doucement du benzoate ammoniacal préalablement desséché, il passe une eau ammoniacale, de l'acide benzoïque, et une huile incolore qui possède l'odeur des amandes amères ; elle est fort soluble dans l'eau, et se dissout en toutes proportions dans l'alcool et l'éther. Sa densité à 15° est de 1,0073 ; à l'état de vapeur, elle a été trouvée, par expérience, égale à 3,70. Ce corps bout à 191° et distille sans altération ; il brûle avec une flamme fuligineuse. Les alcalis et les acides concentrés le convertissent en benzoate et en ammoniaque (Fehling).

La benzamide normale paraît aussi donner ce corps par des distillations réitérées ; elle n'en diffère d'ailleurs que par les éléments d'un équivalent d'eau.

Genre Benzamide R—⁷NO.

433. Amide, produite par l'action de l'ammoniaque sur le benzoïlol chloré ou sur le benzalcool normal :

$$C^7(H^5Cl)O \;+\; NH^3 \;=\; HCl \;+\; C^7H^7NO.$$
$$C^9H^{10}O^2 \;+\; NH^3 \;=\; C^2H^6O \;+\; C^7H^7NO.$$

Benzamide normale. — C^7H^7NO. — Quand on fait passer du gaz ammoniac sec sur du benzoïlol chloré, la température s'élève, et il se produit une masse blanche qu'on lave à l'eau froide pour enlever le sel ammoniac, et qu'on fait ensuite cristalliser dans l'eau chaude. Pour que la réaction soit complète, on est obligé de retirer plusieurs fois la masse du vase, de l'exprimer et de la soumettre de nouveau à l'action du gaz (Wœhler et Liebig).

Le benzalcool normal (éther benzoïque) et l'ammoniaque un peu alcoolisée, dissous l'un dans l'autre, laissent déposer, au bout de quelques mois, de la B. normale en cristaux (Deville).

L'hippurate normal $C^9H^9NO^3$ donne le même corps par l'action du peroxyde puce de plomb (161) (Fehling).

La B. normale cristallise en prismes droits rhomboïdaux ; sa solution, refroidie brusquement, la dépose en cristaux brillants semblables au chlorate de potasse. Elle fond à 117°, et bout à une température élevée sans s'altérer. Elle est presque insoluble dans l'eau froide ; l'alcool et l'éther la dissolvent aisément.

Bouillie avec une dissolution de potasse, elle dégage de l'ammoniaque en se transformant en benzoate :

$$C^7H^7NO + (KH)O = C^7(H^5K)O^2 + NH^3.$$

Si on la fait dissoudre dans un acide concentré et bouillant, elle
donne de l'acide benzoïque et un sel ammoniacal.

Chauffée avec un excès de baryte caustique sec, elle dégage
de l'ammoniaque, et donne du benzoate ainsi que du benzène
normal (6ᵉ fam.). Avec le potassium, elle donne du cyanure et
le même hydrogène carboné (Liebig et Wœhler).

Abandonnée dans un flacon avec du brome, elle donne des
cristaux d'un rouge de rubis qui renferment $C^7H^7NO + Br^2$;
l'ammoniaque les décompose immédiatement en mettant en
liberté de la B. normale ; l'eau exerce la même décomposition,
mais avec plus de lenteur (Laurent).

Genre *Salhydramide* $R^{-7}NO$.

434. Amide, isomère du g. benzamide ; produit de l'action de
l'ammoniaque sur le salicylol normal. L'espèce normale de ce g.
n'a pas encore été obtenue. Les espèces métalliques se décomposent par les acides concentrés en séparant du salicylol normal.

Salhydramide cuivrique. — $C^7(H^6Cu)NO$. — Lorsqu'on dissout
à froid du salicylol normal dans 3 ou 4 fois son volume d'alcool,
et qu'on y ajoute de l'ammoniaque aqueuse, il se dépose des
aiguilles d'hydrosalamide normale (21ᵉ f.). Quand on mélange
une solution alcoolique de ce dernier corps, très étendue et
légèrement refroidie, avec de l'acétate de cuivre ammoniacal,
la liqueur prend immédiatement une belle couleur émeraude,
et dépose peu à peu des lamelles brillantes de même couleur,
en même temps que la solution se décolore.

$$3C^7H^6O^2 + 2NH^3 = 3H^2O + C^{21}H^{18}N^2O^3.$$
$$C^{21}H^{18}N^2O^3 + 3C^2(H^3Cu)O^2 + NH^3 = 3C^7(H^6Cu)NO + 3C^2H^4O^2.$$

Quand on chauffe ce sel avec des acides concentrés, il donne
un sel de cuivre et un sel ammoniacal, en mettant en liberté du
salicylol normal (Ettling).

Salhydramide ferrique. — $C^7(H^6Fe\beta)NO$. — Corps rouge et grenu qui s'obtient de la même manière que le précédent.

Genre Salicylamide $R^{-7}NO^2$.

435. Amide, isomère du g. anthranilate, produit de l'action de l'ammoniaque sur différentes espèces du g. saliméthol (8ᵉ f.).

$$C^8H^8O^3 + NH^3 = CH^4O + C^7H^7NO^2.$$

Les espèces appartenant à ce genre se dédoublent, sous l'influence des acides ou des alcalis concentrés, en salicylate et en ammoniaque.

Salicylamide normale. — $C^7H^7NO^2$. — Lorsqu'on place dans un flacon bouché 1 vol. de saliméthol normal et 5 ou 6 vol. d'une dissolution d'ammoniaque aqueuse et concentrée, on voit l'éther disparaître peu à peu. On évapore le liquide à siccité, et on le soumet à la distillation. Il passe alors un liquide qui se condense en une masse cristalline d'un jaune de soufre qu'on purifie par la cristallisation dans l'éther.

La S. normale est à peine soluble dans l'eau froide, beaucoup plus soluble dans l'eau bouillante, qui l'abandonne, par le refroidissement, sous forme de longues aiguilles ; elle est encore plus soluble dans l'alcool et l'éther. Elle rougit assez fortement le tournesol, possède une odeur aromatique particulière qui se rapproche beaucoup de la réglisse anisée, et se volatilise, sous l'influence d'une chaleur ménagée, sans éprouver de décomposition sensible. Traitée par l'acide nitrique fumant, elle donne de la S. nitrique. Le chlore et le brome l'attaquent également. Sous l'influence des acides ou des alcalis forts et employés en excès, elle se décompose en salicylate et en ammoniaque (Cahours).

Salicylamide nitrique (anilamide). — $C^7(H^6X)NO^2$. — Le saliméthol nitrique, mis en digestion avec de l'ammoniaque liquide, donne de la S. nitrique qui s'obtient en cristaux jaunes, très brillants, volatils en partie sans décomposition, solubles dans l'eau bouillante, dans l'alcool et dans l'éther. Leur solution aqueuse colore en rouge-cerise les persels de fer. La potasse caustique les convertit, par l'ébullition, en salicylate nitro-potassique et en ammoniaque (Cahours).

Genre Anthranilate R—$^7NO^2$.

436. Sel unibasique, isomère du g. salicylamide, produit par l'action de la potasse sur l'indigo (147). Toutes les espèces de ce g. donnent de l'aniline normale (393) quand on les soumet à la distillation sèche.

Anthranilate normal (acide anthranilique). — $C^7H^7NO^2$. — On maintient en ébullition une solution concentrée de potasse caustique avec de l'indigo bleu, en remplaçant l'eau à mesure qu'elle s'évapore. Avant la disparition de tout l'indigo, on ajoute du peroxyde de manganèse à la liqueur bouillante, jusqu'à ce qu'elle ne dépose plus d'indigo bleu par le repos à l'air; on dissout la masse dans l'eau, on sursature par de l'acide sulfurique dilué, et, après avoir séparé le précipité à l'aide du filtre, on neutralise la liqueur filtrée par de la potasse. Ensuite on évapore à siccité et l'on reprend le résidu par l'alcool, qui ne dissout que l'A. potassique; l'alcool ayant été chassé de ce liquide, il reste ce dernier sel à l'état impur. On le dissout dans l'eau et l'on y ajoute de l'acide acétique. L'A. normal se précipite alors en cristaux jaunes ou brunâtres que l'on purifie par le charbon animal et par de nouvelles cristallisations (Fritzsche, Liebig).

Cet acide cristallise en feuillets ou en aiguilles incolores, transparents, très brillants et souvent assez gros. Il fond à une douce chaleur et se sublime sans altération. Mélangé avec du verre en poudre grossière et soumis à la distillation, il se dédouble en CO^2 et aniline normale C^6H^7N. Il est peu soluble dans l'eau froide, fort soluble dans l'alcool et l'éther; ses dissolutions possèdent une réaction acide (Fritzsche).

Anthranilate calcique. — $C^7(H^6Ca)NO^2$. — Cristaux rhomboédriques peu solubles dans l'eau froide et assez solubles dans l'eau bouillante.

Anthranilate argentique. — $C^7(H^6Ag)NO^2$. — Une solution d'A. calcique, diluée et mélangée à l'ébullition avec du nitrate d'argent, dépose des lamelles cristallines et brillantes d'A. argentique.

Genre *Oxamylane* $R^{-1}NO^3$.

437. Améthane, homologue du g. oxaméthane (327).

Oxamylane normal. — $C^7H^{13}NO^3$. — Lorsqu'on fait agir sur l'oxamylol normal (12ᵉ fam.), de l'ammoniaque gazeuse ou en dissolution dans l'alcool, il se produit de l'amylol et de l'O. normal. Ce dernier est soluble dans l'alcool, d'où il se sépare, par l'évaporation, en rudiments de cristaux mal déterminés (Balard).

Il se convertit, au contact de l'eau bouillante, en amylol et oxamate normal (255) :

$$C^7H^{13}NO^3 + H^2O = C^5H^{12}O + C^2H^3NO^3.$$

Genre *Sinapoline* $R^{-2}N^2O$.

438. Alcaloïde, produit par la désulfuration de l'essence de moutarde au moyen de l'oxyde de plomb hydraté (159) :

$$2[C^4H^5NS] + H^2O = CS^2 + C^7H^{12}N^2O \ (1).$$

Sinapoline normale. — $C^7H^{12}N^2O$. — Elle cristallise dans l'eau en feuillets brillants, gras au toucher, et fusibles à la température de l'eau bouillante.

Chauffée à 100°, elle ne perd rien de son poids ; mais à une température élevée, elle se décompose en se volatilisant en partie. Sa dissolution aqueuse possède une réaction alcaline.

Elle se dissout aisément dans l'acide acétique et dans l'acide sulfurique. Chauffée dans le gaz hydrochlorique, elle fond en s'échauffant considérablement et en séparant de l'eau ; la combinaison portée à l'air humide exhale des vapeurs hydrochloriques et se décompose par l'eau ; elle donne des précipités avec les bichlorures de mercure et de platine (Warrentrapp et Will).

(1) En commençant la rédaction du premier volume, je croyais que l'équivalent de l'essence de moutarde se représentait dans mes formules par $C^8H^{10}N^2S^2$, mais cette expression correspond à 4 volumes de vapeur ; je suis donc obligé de la dédoubler et de ranger l'essence de moutarde dans le 4ᵉ échelon. Voyez les *Additions* à la fin de ce volume.

HUITIÈME FAMILLE.

GENRES.	FONCTIONS chimiques DES GENRES.	RAPPORTS DE TRANSFORMATION entre les genres de la HUITIÈME FAMILLE.	RAPPORTS DE TRANSFORMATION entre les genres DE LA HUITIÈME et d'autres familles.
Naphtène R.	Hydrocarbure.	?	Dans le naphte natur.
Cinnamilène $R-^6$.	Hydroc. hyperhal.	Action du brome sur le cinnamène normal.	?
Cinnamène $R-^8$.	Hydrocarbure.	?	Le cinnamate normal (9e f.) élimine CO^2, sous l'influence de la baryte.
Subérone $R-^2O$.	?	Distillation sèche du subérate calcique.	?
Caprylate RO^2.	Sel unibasique.	?	Dans le beurre.
Capronalcool RO^2.	Éther unialcooliq.	?	Éthérificat. de l'acide caproïque (6e f.).
Anisyle $R-^8O^2$.	Aldéhyde.	?	Action de l'acide nitrique sur l'essence d'anis (10e f.).
Benzométhol $R-^8O^2$.	Éther unialcooliq.	?	Éthérificat. de l'acide benzoïque (7e fam.) avec l'esprit de bois (1re fam.).
Orcine $R-^8O^2$.	?	?	Décomposition de la lécanorine (9e f.).
Dracylate $R-^{10}O^2$.	Sel unibasique.	Action de l'acide nitrique sur le cinnamène norm. ?	Action de l'acide nitrique sur les prod. du sang-dragon.
Anisate $R-^8O^3$.	Sel unibasique.	Oxydat. du g. anisyle.	Action de l'acide nitrique sur l'essence d'anis (10e f.).
Saliméthol $R-^8O^3$.	Éther unialcooliq.	?	Éthérificat. de l'acide salicyl. (7e f.) avec l'esp. de bois (1re f.).
Formobenzoïlate $R-^8O^3$.	Sel unibasique ?	?	Décomp. du benzoïlol norm. (7e f.) avec le cyanure n. (1re f.).
Phtalide $R-^{12}O^3$.	Anhydride.	Le g. phtalate élimine H^2O.	?
Métaldéhyde RO^4.	?	?	Réunion de 4 moléc. d'acétol n. (2e f.).
Subérate $R-^2O^4$.	Sel bibasique.	Oxydation du g. subérone.	Action de l'acide nitrique sur les g. stéarate (19e fam.), margarate (17e f.), etc.
Succinalcool $R-^2O^4$.	Éther bialcooliq.	?	Éthérificat. de l'acide succinique (4e f.).

GENRES.	FONCTIONS chimiques DES GENRES.	RAPPORTS DE TRANSFORMATION entre les genres de la HUITIÈME FAMILLE.	RAPPORTS DE TRANSFORMATION entre les genres DE LA HUITIÈME et d'autres familles.
Adipométhol $R-{}^2O^4$.	Éther bialcooliq.	?	Éthérificat. de l'acide adipique (6e f.) avec l'esp. de bois (1re f.).
Fumaralcool $R-{}^4O^4$.	Éther bialcooliq.	?	Éthérificat. de l'acide fumarique (4e f.).
Phtalate $R-{}^{10}O^4$.	Sel bibasique.	Le g. phtalide fixe H^2O.	Action de l'ac. nitriq. sur le g. naphtalène (10e f.).
Muciméthol $R-{}^2O^8$.	Éther bialcooliq.	?	Éthérificat. de l'acide mucique (6e f.) avec l'esp. de bois (1re f.).
Conine $R-{}^1N$.	Alcaloïde.	?	Dans la ciguë.
Indigo $R-{}^{11}NO$.	?	?	Oxygénation du g. indigogène (16e f.).
Orcéine $R-{}^7NO^2$.	?	Action simultanée de O et NH^3 sur l'orcine.	?
Isatine $R-{}^{14}NO^2$.	?	L'indigo normal fixe O.	Action de l'acide nitrique sur le g. indigogène.
Phtalamide $R-{}^{11}NO^2$.	Amide.	Le phtalate ammon. élimine $2H^2O$.	?
Isatate $R-{}^9NO^3$.	Sel unibasique.	Le g. isatine fixe H^2O.	?
Phtalamate $R-{}^9NO^3$.	Amide, sel unibas.	Le phtalide n. fixe NH^3.	?
Imésatine $R-{}^{10}N^2O$.	Amide.	Le g. isatine fixe NH^3 et élimine H^2O.	?
Subéramide RN^2O^2.	Amide.	Le subérate biamm. élimine $2H^2O$.	Action de l'ammon. sur l'éther subér. (12e f.)
Alcyane RN^2O^4.	?	?	Action du cyanure chloré sur l'alcool normal (2e f.).
Théine $R-{}^6N^4O^2$.	Alcaloïde.	?	Dans le thé, le café, etc.
Sulfindylate $R-{}^{11}NSO^4$.	Sel copulé unibas.	L'indigo n. fixe SH^2O^4 et élimine H^2O.	?
Isatosulfite $R-{}^9NSO^5$.	Sel copulé unibas.	Le g. isatine fixe H^2O et SO^2.	?

(*a*) Combinaisons non azotées.

Genre *Naphtène* R.

439. Hydrocarbure, homologue des g. éthérène (2ᵉ fam.), butyrène (4ᵉ fam.), paramilène (5ᵉ fam.), oléène (6ᵉ fam.), etc.

Le liquide qu'on rencontre dans la nature, et auquel les minéralogistes ont donné le nom de *naphte*, commence à bouillir déjà vers 130°, mais ce point s'élève peu à peu jusqu'au-dessus de 300°. Les premières portions de la distillation sont parfaitement fluides, les dernières se figent en prenant la consistance du beurre. Il reste enfin du charbon. Les portions liquides de la distillation sont des mélanges de plusieurs hydrogènes carbonés, parmi lesquels MM. Pelletier et Walter ont particulièrement examiné le naphte C^7H^{13} bouillant à 88°, le naphtène C^8H^{16} bouillant à 115°, et le naphtole $C^{12}H^{22}$ bouillant à 190°; la portion la moins volatile, et qui se concrète par le refroidissement, se compose en plus grande partie de paraffine (24ᵉ fam.).

Il me paraît très probable que ces hydrogènes carbonés sont tous les trois des homologues du gaz oléfiant et renferment C^7H^{14}, C^8H^{16} et $C^{12}H^{24}$. Leur étude est encore à faire.

Genre *Cinnamilène* R⁻⁶.

440. Hydrocarbure hyperhalide.
Cinnamilène bibromé (bromo-cinnamène). — $C^8(H^8Br^2)$. — Par l'action du brome sur le cinnamène normal, on obtient des aiguilles qu'on purifie par la cristallisation dans l'éther. Elles sont attaquées par une dissolution alcoolique de potasse (Gerhardt et Cahours).

Genre *Cinnamène* R⁻⁸.

441. Hydrocarbure.
Sous l'influence de la baryte caustique et de la chaleur, le cinnamate normal élimine CO^2 et se convertit en cinnamène normal :

$$C^9H^8O^2 = CO^2 + C^8H^8.$$

Cinnamène normal (styrole, cinnamomine). — C^8H^8. — On obtient ce corps en soumettant à la distillation un mélange intime de 1 p. d'acide cinnamique et de 4 p. de baryte. C'est un liquide incolore, d'une odeur aromatique qui ressemble beaucoup à celle du benzène normal. Il entre en ébullition à 140°. La potasse est sans action sur lui. L'acide sulfurique fumant paraît s'accoupler avec lui. Le chlore et le brome s'y unissent directement. L'acide nitrique le transforme à la longue en un corps cristallisable et acide (Gerhardt et Cahours).

MM. Glenard et Boudault paraissent avoir obtenu le même corps par le sang-dragon. Cette résine donne, en effet, par la distillation sèche (405), un hydrogène carboné (*draconyle*) qui est solide et blanc, et qui se transforme, sous l'influence de la chaleur, sans dégagement de gaz, en un isomère (1) présentant exactement la composition et le point d'ébullition du C. normal.

Lorsqu'on soumet le styrax liquide à la distillation avec une dissolution de carbonate de soude , il passe une huile (*styrole* de M. E. Simon) qui ne paraît être que du C. normal ; du moins elle en a la composition (Marchand) et les propriétés (2). Elle se transforme peu à peu à l'air en un corps résineux.

Cinnamène nitrique (nitro-styrole). — $C^8(H^7X)$? — Quand on chauffe le styrole avec précaution avec de l'acide nitrique, il se transforme en une masse résineuse dont on peut décanter la liqueur acide. La résine soumise ensuite à la distillation avec de l'eau donne une huile qui se concrète dans l'alcool ; on purifie ce produit à l'aide de l'alcool. Suivant la concentration de l'acide nitrique, il se forme aussi un acide cristallisable (benzoïque, nitrobenzoïque ou nitrodracylique?), de l'acide prussique et une matière résineuse (Simon). Le C. nitrique n'a d'ailleurs pas encore été analysé.

---

(1) Voyez, pour plus de détails, le *Journ. de pharm.* Octobre 1844.

(2) Le même corps paraît avoir été obtenu par M. F. d'Arcet en dirigeant la vapeur du camphre sur du fer rouge (*Ann. de chim. et de phys.*, t. LXVI, p. 119) , et par M. Mulder en faisant passer l'essence de cannelle ou de cassia à travers un tube chauffé au rouge clair (*Bulletin des scienc. phys. en Néerlande*, 1838, 72 , et *Journal f. prakt. Chem.*, 1838, t. XV, p. 307).

Genre Subérone R⁻²O.

442. *Subérone normale* (hydrure de subéryle). — $C^8H^{14}O$. —
Lorsqu'on distille l'acide subérique avec un excès de chaux, il
passe une huile brune et épaisse douée d'une odeur agréable.
Elle renferme de la S. normale, ainsi que des hydrogènes carbonés
dont la composition n'est pas connue (1). On soumet le produit
à la distillation jusqu'à ce que son point d'ébullition se soit
élevé à 170°; les hydrogènes carbonés passent alors les premiers,
et la subérone reste dans la cornue avec une masse noire et poisseuse dont on la purifie par une nouvelle distillation.

C'est un liquide incolore, doué d'une odeur aromatique, bouillant à 186° (176 Tilley), et qui ne se solidifie pas par un froid de
— 12°. La densité de sa vapeur a été trouvée, par expérience,
égale à 4,392 = 2 volumes. Il s'acidifie peu à peu au contact de
l'air (Boussingault).

Lorsqu'on fait bouillir cette substance avec de l'acide nitrique,
il se produit de l'acide subérique (Boussingault), ainsi qu'une
assez forte quantité d'un autre acide qui cristallise en fines
aiguilles (Tilley).

Le chlore l'attaque vivement, et, si l'on ne refroidit pas, la
masse noircit. Le produit chloré ne peut pas être distillé non
plus sans qu'il noircisse; si l'on traite ce produit par une solution
alcoolique de potasse, et qu'on y ajoute ensuite de l'eau, il se
précipite un corps huileux qui possède tous les caractères de
l'éther benzoïque (Tilley).

Genre Caprylate RO².

443. Sel unibasique, homologue des g. formiate, acétate,
butyrate, valérate, caproate, etc.

Suivant les expériences de M. Lerch, le sel qui a été décrit
par M. Chevreul sous le nom de *caprate de baryte* (375) serait un

____

(1) Les analyses que M. Tilley a faites de la subérone s'accordent parfaitement avec celles de M. Boussingault; mais, sans connaître la composition des hydrogènes carbonés (benzène? suivant M. Tilley) qui
accompagnent la formation de ce corps, il est impossible de se rendre
compte de la réaction.

mélange de deux sels $C^8(H^{15}Ba)O^2$ et $C^{10}(H^{19}Br)O^2$. On les sépare par la cristallisation; le premier est le plus soluble.

Caprylate normal (acide caprylique). — C'est un corps onctueux à la température ordinaire et cristallisant à + 10° en fines aiguilles; il est peu soluble dans l'eau; la solution est très âcre, acide, et présente l'odeur de la sueur.

Caprylate barytique. — $C^8(H^{15}Ba)O^2$. — Il cristallise d'une solution faite à chaud, en paillettes brillantes ou en grains incolores. Il est peu soluble dans l'eau et ne perd pas d'eau à 100° (Lerch).

Caprylate argentique. — $C^8(H^{15}Ag)O^2$. — Précipité blanc, presque insoluble dans l'eau.

Caprylate plombique. — $C^8(H^{15}Pb)O^2$. — Précipité blanc peu soluble dans l'eau, inaltérable à l'air, et fusible au-dessous de 100°.

Genre *Capronalcool* RO^2.

444. Éther unialcoolique, isomère du g. caprylate, homologue des g. formalcool, acétalcool, formométhol, butyralcool, etc.

Capronalcool normal (éther caproïque). — $C^8H^{16}O^2$. — On l'obtient en distillant un mélange de caproate barytique (375), d'alcool normal et d'acide sulfurique. C'est une huile limpide, d'une odeur semblable à celle de l'éther butyrique, et bouillant à 120° (Lerch).

Genre *Anisyle* $R^{-8}O^2$.

445. Aldéhyde, homologue du g. salicylol (414).

L'espèce normale se produit, par l'action de l'acide nitrique sur l'essence d'anis (10ᵉ fam.), en même temps que l'acide oxalique :

$$C^{10}H^{12}O + O^6 = H^2O + C^8H^8O^2 + C^2H^2O^4.$$

Les espèces de ce g. se convertissent, par l'oxydation, en anisates.

Anisyle normal (hydrure d'anisyle). — $C^8H^8O^2$. — Lorsqu'on fait agir sur l'essence d'anis de l'acide nitrique affaibli, il se produit, au commencement de la réaction, une huile pesante de couleur rougeâtre, qui se précipite au fond de la liqueur nitrique, et qui présente, à la température ordinaire, la consistance d'une huile épaisse. On lave ce produit avec de l'eau, et on le soumet à une distillation ménagée; il passe de l'A. normal mélangé de beaucoup d'acide anisique. On lave le produit avec une lessive faible de potasse, et on le rectifie dans un courant d'acide carbonique (Cahours).

C'est une huile incolore, mais qui jaunit rapidement à l'air en se fonçant de plus en plus; elle est plus pesante que l'eau. Abandonnée au contact de l'air, elle se convertit peu à peu en acide anisique; cette transformation se fait immédiatement avec dégagement d'hydrogène, si on laisse l'A. normal tomber sur de la potasse en fusion :

$$C^8H^8O^2 + (KH)O = C^8(H^7K)O^3 + H^2.$$

L'ammoniaque caustique la convertit, par un séjour prolongé, en une substance cristalline; le chlore la convertit en

Anisyle chloré (chlorure d'anisyle). — $C^8(H^7Cl)O^2$. — On obtient de même, par le brome, l'A. bromé (Cahours).

Genre Benzométhol $R^{-8}O^2$.

446. Éther unialcoolique, homologue des g. benzalcool (9ᵉ f.), cuminalcool (12ᵉ fam.), etc.; isomère du g. orcine.

Benzométhol normal (benzoate de méthylène). — $C^8H^8O^2$. — Ce corps s'obtient en distillant 2 p. d'acide benzoïque, 2 p. d'acide sulfurique, 1 p. d'esprit de bois, et précipitant par l'eau le produit de la distillation. On le prépare aussi en distillant un mélange de benzoate de soude et de sulfométhol normal (247).

C'est un corps huileux, incolore, doué d'une odeur balsamique agréable; sa densité est égale à 1,10 à la température de 17° c. Il bout à 198°,5. Il est presque insoluble dans l'eau. La densité de sa vapeur a été trouvée égale à 4,717 = 2 vol. d'après notre formule (Dumas et Péligot).

Il absorbe le chlore; quand on chauffe le produit dès que l'absorption est complète, il se dégage de l'acide hydrochlorique mêlé d'un peu de formène chloré (197); peu à peu ces produits cessent de se développer, et vers 194° il passe du benzoïlol chloré (408);

il ne faut pas chauffer au-delà de 105°, car le résidu noircirait et le produit de la distillation serait très coloré ; le résidu est un mélange d'acide benzoïque, de benzométhol normal et probablement de benzométhol chloré (Malaguti).

Genre *Orcine* $R^{-8}O^2$.

447. L'espèce normale (1) de ce g. s'obtient par la décomposition de la lécanorine normale (9e fam.) sous l'influence de la chaleur ou d'autres agents (Schunck) :

$$C^9H^8O^4 = CO^2 + C^8H^8O^2.$$

Orcine normale. — $C^8H^8O^2$? — Nous avons vu, t. I, p. 197, que la matière colorante de l'orseille (2) est un produit de l'action simultanée de l'eau, de l'air et de l'ammoniaque sur un principe particulier auquel Robiquet a donné le nom d'*orcine ;* comme ce dernier résulte lui-même de la décomposition de la lécanorine, et que celle-ci a été rencontrée toute formée dans les lichens colorants, il est à supposer que l'orcine n'y préexiste pas. Nous ver-

(1) Malgré les analyses nombreuses de Robiquet, Dumas, Kane, et celles plus récentes de Schunck, Rochleder et Heldt, la composition de l'orcine, de la lécanorine, et des corps qui s'y rattachent, est loin d'être bien établie. Il m'a été impossible de mettre d'accord ces analyses avec les réactions que présentent ces substances : aussi n'est-ce que provisoirement que j'ai adopté la formule $C^8H^8O^2$, proposée par M. Liebig, pour l'orcine anhydre. Voici, d'ailleurs, les résultats de ces analyses, calculées d'après l'ancien poids atomique du carbone :

	Lécanorine.		*Orcine cristallisée.*		*Orcine anhyd.*
	Rochleder et Heldt.	Schunck.	Dumas.	Will.	Dumas.
Carbone,	60,22	60,25—60,95	57,7—58,4.	58,5	67,78
Hydrogène,	4,8	4,5 — 4,8	6,8— 6,98.	6,8	6,5

(2) L'*orseille* est une matière tinctoriale qu'on prépare avec plusieurs lichens, tels que *Lichen Roccella*, *parietinus*, *tartareus*, *deustus*, *dealbatus*, etc. Le *tournesol* en pains, à l'aide duquel on prépare les papiers réactifs, s'obtient avec les mêmes lichens ; le tournesol en drapeau est fourni, dit-on, par le *Croton tinctorium.* Suivant Peretti et M. Kane, la matière colorante du tournesol serait rouge, et sa couleur bleue dépendrait de la présence de l'ammoniaque.

rons plus bas sous quelles influences s'opèrent les métamorphoses de la lécanorine en O. normale.

Une solution aqueuse, concentrée jusqu'à consistance de sirop, dépose cette dernière sous la forme de gros prismes quadrangulaires, d'ordinaire légèrement colorés en rouge jaunâtre; ces cristaux renferment de l'eau qu'ils perdent à une température élevée. L'O. normale anhydre distille à 287 — 290° c., et, si l'on opère brusquement, elle passe, sans s'altérer, sous la forme d'un sirop incolore. Celui-ci attire l'humidité de l'air et se concrète peu à peu au contact de l'eau. La densité de la vapeur de l'O. normale anhydre a été trouvée égale à 5,7 (Dumas).

Les solutions métalliques neutres ne précipitent pas l'O. normale, mais l'acétate de plomb surbasique y occasionne un précipité blanc (1) ; le même composé s'obtient si l'on précipite par le nitrate de plomb une solution bouillante d'O. additionnée d'ammoniaque.

Mélangée avec de l'ammoniaque et exposée à l'air, l'O. devient peu à peu d'un rouge de sang foncé, par suite de la formation de l'orcéine ammoniacale :

$$C^8H^8O^2 + O^2 + 2NH^3 = C^8H^9NO^3,NH^3 + H^2O.$$

Robiquet a prouvé qu'il ne se développe pas d'acide carbonique dans cette métamorphose.

Mélangée avec la solution d'un alcali fixe, l'O. brunit peu à peu en absorbant l'oxygène de l'air.

L'étude de l'O. et de ses congénères aurait besoin d'être complétement reprise.

Genre Dracylate $R^{-10}O^2$.

448. Sel unibasique, dont l'espèce nitrique a été obtenue par l'action prolongée de l'acide nitrique sur le produit huileux de la distillation sèche du sang-dragon.

Dracylate nitrique (acide nitrodracylique). — $C^8(H^5X)O^2$. —

---

(1) M. Dumas représente l'O. normale cristallisée par $C^{18}H^{26}O^8$, et le précipité plombique par $C^{18}H^{16}O^3,5Pb^2O = C^{18}(H^{16}Pb^{10})O^8$.

Cet acide (1) reste dans les eaux-mères de l'action de l'acide nitrique et cristallise, par le refroidissement, à l'état impur. Purifié, il est blanc, brillant, cristallisé en petites aiguilles groupées en étoiles; à peine soluble dans l'eau froide, l'eau bouillante ne le dissout qu'en petite quantité; il est très soluble dans l'alcool. Il se sublime en fines aiguilles. Il se comporte avec les bases comme un acide faible et déplace l'acide carbonique; les sels à base alcaline qu'il produit sont tous solubles; les autres sont insolubles ou peu solubles (Glénard et Boudault).

Dracylate nitro-plombique. — Il s'obtient en faisant bouillir un excès de carbonate de plomb avec le D. nitrique; il cristallise en belles aiguilles radiées, parfaitement blanches, et assez solubles.

Dracylate nitro-argentique. — Cristaux mamelonnés, assez solubles.

Les D. nitriques à base de métaux détonent quand on les chauffe.

Genre Anisate $R^{-8}O^3$.

449. Sel unibasique. Lorsqu'on fait bouillir l'essence d'anis concrète (badianol normal, 10ᵉ fam.) avec de l'acide nitrique de 23 ou 24°, il se produit une matière jaune résinoïde et de l'anisate normal qui se dépose par le refroidissement à l'état cristallisé. Par l'emploi d'un acide nitrique de 34 ou 36°, on obtient de l'anisate nitrique; enfin si l'on prend un acide plus concentré encore, il se produit une résine jaune (Cahours). L'essence d'estragon donne les mêmes produits. Dans cette réaction, il se produit en même temps de l'acide oxalique (Laurent) :

$$C^{10}H^{12}O + O^7 = H^2O + C^8H^6O^3 + C^2H^2O^4.$$

Anisate normal (acide anisique ou draconique). — $C^8H^6O^3$. —

(1) MM. Glénard et Boudault représentent cet acide par $C^{16}H^{12}N^2O^8$, ce qui serait dans notre notation $C^8(H^6X)O^2$, correspondant à une espèce normale $C^8H^7O^2$: or, une semblable formule répugne à toutes les analogies. Ensuite ce composé ne dérive point du dracyle (405), comme ils l'admettent, mais il résulte évidemment du draconyle ou de son isomère C^8H^8, dont les mêmes chimistes ont observé la présence dans les produits de la distillation sèche du sang-dragon (405). Ce sujet a d'ailleurs besoin d'être soumis à de nouvelles études.

On l'obtient à l'état de pureté en lavant le produit brut à l'eau distillée froide qui ne le dissout qu'en proportion très faible ; on le dissout ensuite dans l'ammoniaque et l'on fait cristalliser à plusieurs reprises le sel ammoniacal ; en décomposant ce sel par l'acide nitrique, on en précipite l'A. normal. On en achève la purification en le sublimant. Il cristallise en prismes incolores, à peine solubles dans l'eau froide, assez solubles dans l'eau bouillante, très solubles dans l'alcool et l'éther. Ses dissolutions rougissent le tournesol.

Il fond à 175° et se prend, par le refroidissement, en une masse aciculaire.

Le chlore, le brome et l'acide nitrique le transforment en d'autres espèces du même genre. Distillé sur de la baryte caustique, il donne de l'anisol normal (407).

Anisate ammoniacal (draconate d'ammoniaque). — $C^8H^8O^3$, NH^3. — Ce sel cristallise en tables qui appartiennent au prisme droit à base rhombe ; versé dans les solutions métalliques, il y occasionne ordinairement des précipités cristallisés, lorsqu'elles sont concentrées (Laurent).

Anisate argentique. — $C^8(H^7Ag)O^3$. — Précipité blanc, que l'eau bouillante laisse déposer, par le refroidissement, en écailles nacrées (Cahours).

Anisate plombique. — $C^8(H^7Pb)O^3$. — Précipité blanc soluble dans l'eau bouillante et cristallisable.

Anisate nitrique (acide nitranisique ou nitrodraconésique). — $C^8(H^7X)O^3$. — On le purifie en transformant en sel ammoniacal le produit de l'action de l'acide nitrique sur l'essence d'anis ou d'estragon, et décomposant ce sel par un autre acide.

L'A. nitrique est très peu soluble dans l'eau, même chaude. L'eau bouillante qui en est saturée l'abandonne, par le refroidissement, sous forme de petites aiguilles brillantes.

Soumis à une distillation ménagée, il se sublime en partie, tandis qu'une autre portion noircit et se décompose. Il produit, avec la potasse, la soude et l'ammoniaque, des sels très solubles ; avec la baryte, la chaux, la magnésie, des sels peu solubles ; avec les oxydes de plomb et d'argent, des sels insolubles. Le chlore, le brome et l'acide nitrique sont sans action sur lui.

Anisate nitro-argentique. — $C^8(H^6AgX)O^3$. — Sel blanc, insoluble.

Anisate nitro-ammoniacal (nitrodraconésate d'ammoniaque). — Il est soluble dans l'eau et l'alcool, et cristallise en aiguilles fines groupées en boules (Laurent).

Anisate chloré (acide chlorodraconésique). — $C^8(H^7Cl)O^3$. — Il se produit par l'action du chlore sur l'A. normal en fusion ; il est incolore, inodore, presque insoluble dans l'eau ; l'alcool et l'éther le dissolvent bien. Il entre en fusion vers 180°, et se sublime sous la forme d'aiguilles à base rhombe. Combiné avec l'ammoniaque, il précipite les sels d'argent et de plomb, et donne des précipités cristallins dans les sels de baryum et de calcium médiocrement étendus (Laurent).

Anisate bromé (acide bromodraconésique). — $C^8(H^7Br)O^3$. — Aiguilles blanches et brillantes, inodores, insolubles dans l'eau, asssez solubles dans l'éther et dans l'alcool bouillants. Il entre en fusion à 205°, et se sublime en très belles lames rectangulaires ou rhomboïdales, légèrement irisées (Laurent).

Anisate bromo-ammoniacal. — Il forme des précipités blancs avec les sels de baryum, strontium, calcium, plomb et argent. Si les trois premiers sont un peu étendus, il s'y dépose peu à peu des aiguilles (1).

Genre *Saliméthol* $R^{-8}O^3$.

450. Éther unialcoolique, isomère des g. anisate et formobenzoïlate. La potasse bouillante convertit les espèces de ce genre en espèces du g. salicylate (422) et en méthol normal (198) ; l'ammoniaque caustique les convertit en espèces du g. salicylamide (435) et en méthol normal :

$$C^8H^8O^3 + (KH)O = C^7(H^5K)O^3 + CH^4O.$$
$$C^8H^8O^3 + NH^3 = C^7H^7NO^2 + CH^4O.$$

Saliméthol normal (salicylate de méthylène, acide gaulthé-

---

(1) Il paraît que l'A. nitrique peut cristalliser avec l'A. normal, chloré ou bromé, du moins M. Laurent a décrit plusieurs acides cristallisés (*ac. nitrodraconasique, nitrobromodraconésique, nitrochlorodraconésique*) qui se représentent exactement par 1 éq. d'A. normal plus 1 éq. d'une de ces autres espèces.

rique). — $C^8H^8O^3$. — Depuis quelque temps on emploie dans la parfumerie une essence désignée sous le nom d'*huile de Winter-green*, et qui est fournie par le *Gaultheria procumbens*, plante de la famille des bruyères qu'on rencontre en abondance dans la Nouvelle-Jersey. Cette essence réside dans les fleurs, d'où on peut l'extraire par une macération dans l'alcool ou dans l'éther ; elle est un mélange de S. normal qui en constitue environ les 9/10, et d'un hydrogène carboné $C^{10}H^{16}$ ayant la même composition que l'essence de térébenthine (Cahours).

On peut obtenir artificiellement le S. normal en soumettant à la distillation un mélange de 2 p. d'acide salicylique cristallisé, 2 p. d'esprit de bois anhydre, et 1 p. d'acide sulfurique à 66°.

Quel qu'en soit le mode de préparation, cet éther présente les propriétés suivantes : c'est un liquide incolore ou légèrement jaunâtre, d'une odeur forte et suave très persistante; sa densité, à l'état liquide, est de 1,18 environ à 10°; à l'état de vapeur, elle a été trouvée, par expérience, égale à 5,42 = 2 vol.; elle bout à 222° (l'huile de gaultheria brute commence à bouillir à 200°); elle est peu soluble dans l'eau, mais l'alcool et l'éther la dissolvent en toutes proportions (Cahours).

Sa solution aqueuse prend une teinte violacée par l'addition d'un persel de fer.

Mise en contact avec une lessive concentrée de potasse ou de soude, elle se prend en une masse cristalline de S. potassique ou sodique, entièrement soluble dans l'eau, et d'où les acides séparent de nouveau le S. normal; mais si l'on chauffe le mélange d'alcali et de cet éther, il se dédouble en méthol normal et en salicylate.

Le S. normal donne aussi des composés insolubles avec la baryte, l'oxyde de plomb et de cuivre. Lorsqu'on le distille avec un excès de baryte, il se convertit en anisol normal (407) :

$$C^8H^8O^3 = CO^2 + C^7H^8O.$$

Le chlore, le brome et l'acide nitrique fumant y agissent avec énergie en produisant des espèces dérivées du même genre.

Mis en digestion en vase clos avec de l'ammoniaque liquide, le S. normal ne se dissout pas immédiatement, comme dans le cas de la potasse ou de la soude ; ce n'est que par un contact prolongé qu'il disparaît, et l'on trouve alors en solution de la salicylamide normale.

Saliméthol potassique (gaulthérate de potasse). — $C^8(H^7K)O^3$. — Ce composé s'obtient en agitant une solution de potasse pure à 45°, bien débarrassée de carbonate et étendue de son volume d'eau, avec un léger excès de S. normal. Il se précipite sous forme d'écailles nacrées douées de beaucoup d'éclat. Sa solution aqueuse précipite les sels de plomb, de cuivre, de zinc et de mercure (Cahours).

Saliméthol barytique (gaulthérate de baryte). — $C^8(H^7Ba)O^3$. —Écailles cristallines d'un beau blanc; par la distillation sèche elles fournissent de l'anisol normal (Cahours).

Saliméthol bromé (salicylate de méthylène monobromé). — $C^8(H^7Br)O^3$. — Le brome, en agissant sur le S. normal, donne naissance à deux produits bien définis, suivant la durée de la réaction. L'un d'eux, le S. bromé, s'obtient en lamelles ou en prismes doués de beaucoup d'éclat, presque insolubles dans l'eau, et très solubles dans l'alcool. Il fond à 55°. Traité par une dissolution froide et concentrée de potasse, il se dissout en produisant une combinaison qui renferme probablement $C^8(H^6KBr)O^3$; si l'on opère à chaud, on obtient du méthol normal et du salicylate bromo-potassique. Une dissolution concentrée d'ammoniaque l'attaque aussi peu à peu et le convertit en salicylamide bromée (Cahours).

Saliméthol bibromé (salicylate de méthylène bibromé). — $C^8(H^6Br^2)O^3$. — Le S. bromé mis en contact avec un excès de brome, donne du S. bibromé qui cristallise en prismes assez volumineux, fusibles à 145°, et qui se volatilisent à une température plus élevée. Ils se comportent avec la potasse comme l'espèce précédente.

Saliméthol bichloré (salicylate de méthylène bichloré). — $C^8(H^6Cl^2)O^3$. — Le chlore se comporte avec le S. normal absolument de la même manière que le brome. Un excès de chlore produit une substance qui cristallise dans l'alcool bouillant en aiguilles prismatiques incolores, fusibles à 100° environ, et se volatilisant à une température supérieure sans subir d'altération.

Saliméthol nitrique (indigotate de méthylène). — $C^8(H^7X)O^3$.

— Lorsqu'on traite le S. normal par l'acide nitrique fumant, la température s'élève à un tel point que si l'on n'avait pas soin de refroidir le vase, une partie de la matière serait projetée. Au moyen de cette précaution, le liquide se prend peu à peu en une masse cristalline de S. nitrique, qu'on lave à l'eau bouillante pour la faire cristalliser ensuite dans l'alcool.

A l'état de pureté, le S. nitrique se présente en aiguilles très fines, d'un blanc légèrement jaunâtre, fusibles à 90°, et se volatilisant en grande partie sans altération par une chaleur ménagée. La potasse et la soude le dissolvent très bien ; l'ammoniaque le transforme à la longue en salicylamide nitrique. Une dissolution bouillante de potasse le convertit en méthol normal et en salicylate nitro-potassique.

Si l'on ajoute au S. nitrique de l'acide nitrique fumant en léger excès, en chauffant légèrement, la liqueur se trouble et des gouttes oléagineuses se déposent au fond du vase ; cette huile se concrète par le refroidissement, se dissout dans l'eau bouillante et cristallise en aiguilles fines et longues renfermant $C^{16}H^{13}N^3O^{12}$. Lorsqu'on la décompose par la potasse bouillante, elle donne une solution qui ne rougit pas par les persels de fer et qui ne renferme pas de salicylate nitrique (Cahours).

Enfin, par une ébullition prolongée avec l'acide nitrique, le S. nitrique se convertit en phénate trinitrique (374).

Genre Formobenzoïlate R—$^8O^3$.

431. Les formobenzoïlates, isomères des composés dérivant des g. anisate et saliméthol, se décomposent sous l'influence des agents oxygénants en développant de l'acide carbonique et du benzoïlol ou du benzoate normal :

$$C^8H^8O^3 + O = CO^2 + H^2O + C^7H^6O.$$

Formobenzoïlate normal (acide formobenzoïlique). — $C^8H^8O^3$. — Pour l'obtenir, on évapore au bain-marie un mélange d'essence d'amandes amères brute avec de l'acide hydrochlorique étendu d'eau ; quand la masse est sèche, on la reprend par l'éther qui dissout le F. normal, sans toucher au sel ammoniac qui s'est formé en même temps. On sait que l'essence d'amandes amères brute renferme toujours de l'acide prussique ; les éléments de ce corps interviennent donc dans la formation de l'acide formobenzoïlique ; on a en effet :

$$C^7H^6O + CHN + 2H^2O = NH^3 + C^8H^8O^3.$$

La solution éthérée dépose le F. normal à l'état cristallisé ; si ce produit n'est pas incolore, on le purifie par le charbon animal (Winckler).

Il cristallise en paillettes incolores et brillantes, douées d'une saveur très acide et d'une odeur faible rappelant celle des amandes. Il fond à une douce chaleur, en émettant de l'eau et en se transformant en une huile jaunâtre ; une chaleur plus élevée le charbonne (1), en même temps qu'elle développe une odeur de benjoin ou de fleurs d'aubépine ; si l'on condense les produits volatils, on recueille du benzoïlol normal.

Il décompose les carbonates avec effervescence, et se dissout aisément dans l'eau, l'alcool et l'éther.

Quand on chauffe sa dissolution avec du peroxyde de manganèse, elle développe de l'acide carbonique et du benzoïlol normal. Chauffée avec de l'acide nitrique, elle dégage des vapeurs nitreuses accompagnées d'acide carbonique et de benzoïlol normal, et par le refroidissement du liquide on obtient des cristaux d'acide benzoïque (Liebig).

Dissous dans l'acide sulfurique, il développe, par un léger échauffement, du gaz oxyde de carbone (Laurent).

Formobenzoïlate potassique. — Sel fort soluble dans l'eau et cristallisant difficilement ; quand on y fait passer un courant de chlore, il se convertit en benzoate.

Formobenzoïlate barytique. — $C^8(H^7Ba)O^3$. — Il cristallise en petits prismes, durs et incolores.

Formobenzoïlate argentique. — $C^8(H^7Ag)O^3$. — Poudre blanche qu'on obtient en cristaux assez volumineux par la dissolution dans l'eau bouillante (Winkler).

---

(1) Comme l'acide formobenzoïlique n'est pas volatil sans décomposition, il serait possible que ce fût un acide bibasique $C^{16}H^{16}O^6$, dérivant de la benzoïne (14ᵉ fam.).

Genre *Phtalide* $R^{-12}O^3$.

452. Anhydride formé par la déshydratation du g. phtalate.

Phtalide normal (acide phtalique ou naphtalique anhydre). — $C^8H^4O^3$. — Pour obtenir cet anhydride, il suffit de distiller le phtalate normal. Il se sublime en belles aiguilles élastiques dont la section est un rhombe de 52 et 128°. Il est peu soluble dans l'eau ; par l'ébullition, il s'y dissout en régénérant du phtalate normal. Il est très soluble dans l'alcool et dans l'éther, fond à 105° et cristallise, par le refroidissement, en une masse fibreuse (Laurent).

Suivant M. Marignac, le phtalide normal se dissout complétement dans l'ammoniaque liquide en s'échauffant beaucoup, mais la dissolution ne fournit pas de phtalate ammoniacal par l'évaporation. On obtient une masse composée d'aiguilles fines et flexibles qui se dissolvent dans l'eau en lui communiquant une légère réaction acide (phtalamate normal).

Phtalide trichloré (acide chlophtalisique anhydre). — $C^8(HCl^3)O^3$. — M. Laurent a obtenu ce corps par la distillation sèche du phtalate trichloré. Il est incolore et cristallise par la fusion en aiguilles. Il se combine avec l'ammoniaque en formant un sel qui précipite le nitrate d'argent en blanc.

Phtalide nitrique (acide nitrophtalique ou nitronaphtalique anhydre.) — $C^8(H^3X)O^3$. — On l'obtient en sublimant le phtalate nitrique. Il cristallise en longues aiguilles blanches très peu solubles dans l'eau (1).

Genre *Métaldéhyde* RO^4.

453. Polymère de l'acétol normal (233), produit par la réunion de plusieurs molécules de ce corps (2).

---

(1) M. Schunck a obtenu, dans l'action de l'acide nitrique sur l'aloès, un acide qu'il appelle *chrysammique* et qui paraît renfermer $C^8H^2N^2O^7$ $= C^8(H^2X^2)O^3$. Analyse : carb. 39,8 (nouv. p. atom.) — hydrog. 1,2 — azote 11,8. — Calcul : carb. 40,3 — hydrog. 0,8 — azote 11,7. M. Schunck adopte la formule $C^{15}H^4N^4O^{13}$. (Voyez, pour plus de détails, le Traité de M. Liebig, t. II, p. 541.)

(2) J'admets provisoirement, pour le métaldéhyde, la formule $C^8H^{16}O^4$, en considérant que ce corps bout à 120°, tandis que l'élaldéhyde $C^6H^{12}O^3$ $= 2$ vol. bout à 94°.

Métaldéhyde normal. — $C^8H^{16}O^4$. — Lorsqu'on conserve l'acétol normal dans des tubes fermés, ce corps éprouve une modification moléculaire dont les conditions ne sont pas encore connues; il s'y forme des prismes allongés, transparents, doués d'un grand éclat, sans odeur ni saveur, insolubles dans l'eau, fort solubles dans l'alcool. Ce corps se sublime à 120°, sans se fondre d'abord, en aiguilles soyeuses, très longues (Liebig). Sa vapeur se condense dans l'air en flocons lanugineux, très légers (Fehling).

Dans d'autres circonstances, l'acétol normal se convertit en une modification polymère $C^6H^{12}O^3$ (1).

Genre Subérate R^{-2}O^4.

454. Sel bibasique, homologue des g. oxalate (2ᵉ fam.), succinate (4ᵉ fam.), adipate (6ᵉ fam.), pimélate (7ᵉ fam.), etc.; produit de l'action de l'acide nitrique sur les corps gras (g. stéarate, margarate, oléate, etc.).

Soumis à la distillation sèche avec un excès de chaux, les S. donnent de la subérone normale (442).

Subérate normal (acide subérique). — $C^8H^{14}O^4$ (Bussy, Boussingault, Laurent). — Cet acide, qui avait été obtenu pour la première fois par l'action de l'acide nitrique (2) sur le liége (écorce du *Quercus-Suber*), se prépare le mieux avec l'huile d'olive (Laurent), avec l'huile de ricin (Tilley), ou bien aussi avec l'acide stéarique ou margarique (Bromeis). On fait bouillir ces matières grasses avec de l'acide nitrique concentré, jusqu'à dissolution complète de la substance huileuse, ensuite on évapore la plus grande partie de l'acide nitrique, et l'on abandonne le liquide au repos. Le S. normal s'y dépose alors à l'état d'une masse caillebotteuse qu'on lave à l'eau froide sur un entonnoir. Il ne faudrait pas trop prolonger l'action de l'acide nitrique, car on détruirait ainsi le S. normal.

---

(1) On a oublié de donner la description de ce corps dans la *Sixième famille*. Voyez dans les additions à la fin du volume.

(2) Le liége renferme une matière cireuse qui se convertit probablement en acide subérique sous l'influence prolongée de l'acide nitrique. (Voyez VINGTIÈME FAMILLE, *G. Subéricérine.*) La même matière cireuse paraît être contenue dans l'écorce du bouleau, du cerisier, du prunier, etc.; du moins cette écorce donne aussi de l'acide subérique impur.

Ce corps est un acide blanc, et s'obtient souvent en grains durs et réguliers, sans forme bien définie. A l'état sec, il fond à 120° en un liquide qui se prend par le refroidissement en une masse cristalline.

Il est peu soluble dans l'eau froide ; 100 p. d'eau à 9° n'en dissolvent qu'une partie, mais l'eau bouillante en dissout environ la moitié de son poids. Une partie de cet acide exige 0,87 d'alcool bouillant pour s'y dissoudre ; il est moins soluble dans l'éther. La solution rougit légèrement le tournesol.

A une température élevée, il distille sans altération en donnant des gouttes huileuses qui se concrètent en aiguilles allongées (1) et en laissant un léger résidu charbonneux.

Fondu avec de l'hydrate de potasse, l'acide subérique dégage de l'hydrogène, sans noircir, et l'acide sulfurique développe alors du résidu un acide liquide et volatil dont l'odeur ressemble à celle de l'acide acétique.

Sa dissolution aqueuse ne précipite que l'acétate de plomb neutre ; le précipité est entièrement insoluble dans l'eau et l'alcool. Saturée par de l'ammoniaque, elle ne précipite les solutions de chlorure de baryum, de chlorure de calcium, de chlorure de strontium, que par une addition d'alcool ; elle occasionne immédiatement des précipités blancs dans les solutions des sels neutres d'argent, de mercure, de zinc et d'étain ; elle précipite en vert bleuâtre le sulfate de cuivre, et en rouge-brun le persulfate de fer (Bromeis).

Subérate bisodique. — $C^8(H^{12}Na^2)O^4$. — Masse blanche qui n'a pas été obtenue cristallisée.

Subérate biargentique. — $C^8(H^{12}Ag^2)O^4$. — Poudre blanche, insoluble.

Subérate biplombique. — $C^8(H^{12}Pb^2)O^4$. — On l'obtient aisément en décomposant le sel ammoniacal par de l'acétate de plomb neutre. Il existe aussi un sel surbasique $[C^8(H^{12}Pb^2)O^4 + 2Pb^2O]$.

_____

(1) Ne serait-ce pas un anhydride, homologue du succinide normal (309) ?

Genre *Succinalcool* R$-^2$O^4.

455. Éther bialcoolique, homologue des g. oxalcool, subéralcool, etc.; isomère du g. subérate.

Succinalcool normal (éther succinique). — C^{8}H^{14}O^4. — En distillant ensemble 10 p. d'acide succinique, 20 p. d'alcool et 5 p. d'acide hydrochlorique concentré, on obtient une huile jaunâtre qu'on purifie par la distillation sur du massicot (F. D'Arcet). On obtient aussi le même produit en faisant passer un courant de gaz hydrochlorique sec à travers une dissolution d'acide succinique dans l'alcool absolu (Cahours).

Sa densité est de 1,036; il bout à 214° et brûle avec une flamme jaune. La densité de sa vapeur a été trouvée égale à 6,22.

Le potassium en dégage de l'hydrogène et le convertit en S. potassique.

Succinalcool potassique. — C^8(H^{13}K)O^4. — Substance molle et tenace, d'un jaune foncé. Bouillie avec de l'eau, elle se convertit en potasse caustique, alcool et alcosuccinol normal (voyez t. I, p. 634):

$$C^8(H^{13}K)O^4 + H^2O = (KH)O + C^2H^6O + C^6H^8O^3.$$

Succinalcool tridecichloré (éther succinique perchloruré de M. Cahours). — C^8(HCl^{13})O^4. — Lorsqu'on fait passer du chlore dans le corps précédent, exposé à l'action directe des rayons solaires, le liquide se prend bientôt en une masse cristalline qu'on exprime entre des doubles de papier joseph pour la faire cristalliser dans l'éther. Le produit est d'un blanc de neige et cristallisé en petites aiguilles qui se feutrent facilement. Il se dissout dans l'alcool et l'éther, surtout à l'aide de la chaleur; mais ces liquides finissent par l'altérer. Il fond entre 115 et 120°; il s'altère en grande partie par la distillation sèche.

Genre *Fumaralcool* R$-^4$O^4.

456. Éther bialcoolique.

Fumaralcool normal (éther fumarique). — C^{8}H^{12}O^4. — Cet éther constitue un liquide plus pesant que l'eau, d'une odeur légèrement aromatique, et s'obtient en distillant une solution d'acide fumarique dans l'alcool saturé par du gaz hydrochlorique (Hagen).

Genre *Phtalate* $R^{-10}O^4$.

457. Sel bibasique, produit d'oxydation des g. naphtalène et naphtessarène (10ᵉ fam.) par l'acide nitrique :

$$C^{10}H^{16} + O^8 = C^2H^2O^4 + C^8H^6O^4.$$

Phtalate normal (acide phtalique ou naphtalique). — $C^8H^6O^4$. — L'acide nitrique bouillant attaque assez lentement le naphtessarène quadrichloré (1) ; celui-ci finit par se dissoudre en même temps qu'il se développe des vapeurs nitreuses. Si l'on évapore la dissolution pour chasser la plus grande partie de l'acide nitrique, il se dépose du P. normal qu'on fait cristalliser à plusieurs reprises dans l'eau bouillante. L'eau-mère renferme de l'acide oxalique. Les mêmes produits s'obtiennent aussi dans l'action de l'acide nitrique sur le naphtalène normal (Laurent).

Ce corps se présente sous la forme de lamelles réunies en groupes arrondis. Il est peu soluble dans l'eau froide, très soluble dans l'alcool et dans l'éther.

Soumis à la distillation, il se décompose en eau et en phtalide normal.

Par la distillation avec la chaux, il se décompose en acide carbonique et en benzène normal (Marignac) :

$$C^8H^6O^4 = 2CO^2 + C^6H^6.$$

Phtalate ammoniacal. — $C^8H^6O^4,NH^3$. — Il cristallise en prismes terminés par des pyramides à 4 ou à 8 faces, souvent aussi en tables hexagones. Il est très soluble dans l'eau et peu dans l'alcool. Distillé, il se décompose en eau et en phtalamide normale (Laurent).

Phtalate bipotassique. — Sel très soluble, cristallisant en paillettes.

Phtalate bibarytique. — Ce sel étant peu soluble, on peut le préparer en versant dans le chlorure de baryum une dissolution concentrée de P. ammoniacal. Il cristallise en paillettes.

___

(1) Il se produit aussi, dans cette réaction, un liquide volatil observé par M. Marignac, et que nous avons déjà décrit. (Voir, PREMIÈRE FAMILLE, *G. Formène*, t. I, p. 286.)

Phtalate biplombique. — $C^8(H^4Pb^2)O^4$. — Il s'obtient en paillettes blanches, par double décomposition, à l'aide d'une dissolution bouillante d'acétate plombique et de P. ammoniacal (Laurent).

Phtalate biargentique. — $C^8(H^4Ag^2)O^4$. — En précipitant une solution bouillante du P. ammoniacal par du nitrate d'argent, on obtient une poudre blanche, cristalline et légère qui présente cette composition (Marignac).

Phtalate trichloré (acide chlophtalisique de M. Laurent). — $C^8(H^3Cl^3)O^4$. — En traitant le naphtalène sexchloré par l'acide nitrique bouillant, on obtient, outre du naphtalol sexchloré (10ᵉ fam.), une dissolution aqueuse qui se prend, par la concentration, en une bouillie blanche et cristalline. On jette celle-ci sur un filtre, et, après l'avoir exprimée à plusieurs reprises entre des feuilles de papier, on la fait redissoudre dans l'eau bouillante qui dépose, par le refroidissement, des grains cristallins. Ceux-ci sont très solubles dans l'eau bouillante, dans l'alcool et dans l'éther, ainsi que dans les alcalis.

Ce corps se décompose par la distillation sèche en eau et en phtalide trichloré (452).

460. *Phtalate nitrique* (acide nitrophtalique). — $C^8(H^5X)O^4$. — Les eaux-mères provenant de l'action de l'acide nitrique sur le naphtalène normal, et d'où se sont déposées les espèces nitriques du naphtalène, renferment du P. nitrique qu'on sépare en évaporant la dissolution à consistance sirupeuse, reprenant par l'eau, filtrant et évaporant de nouveau ; les dernières eaux-mères renferment aussi du P. normal.

Le P. nitrique se dépose en tables rhomboïdales jaunâtres qui dérivent d'un prisme oblique ; mais ordinairement, par la troncature des angles aigus du rhombe, ces tables deviennent hexagonales.

Il est assez soluble dans l'eau bouillante, mais peu dans l'eau froide. L'alcool et l'éther le dissolvent facilement.

Lorsqu'on le chauffe légèrement dans un tube, il donne un sublimé de phtalide nitrique, ainsi que de l'eau ; par un échauffement brusque, la masse se charbonne en développant des vapeurs nitreuses (Laurent et Marignac).

Phtalate nitro-biammoniacal (nitrophtalate neutre d'ammoniaque). — $C^8(H^5X)O^4,2NH^3$. — Si l'on abandonne à l'évaporation spontanée une dissolution de P. nitrique dans l'ammoniaque, il se dépose principalement des lamelles brillantes d'un sel acide, au milieu duquel on trouve quelquefois des cristaux plus épais et moins larges d'un sel neutre biammoniacal ; on peut les séparer à l'aide d'une pince. Ce dernier cristallise en prismes obliques à base rhombe dont les angles obtus sont ordinairement tronqués.

Ce sel donne, avec le chlorure de baryum, même très étendu et bouillant, un précipité blanc, cristallin ; avec les chlorures de strontium et de calcium, un précipité blanc qui n'a plus lieu si la dissolution est étendue ; avec le protonitrate de mercure, le nitrate d'argent et le nitrate de plomb, des précipités blancs. Il ne précipite pas le sulfate de magnésie, le sulfate de fer et le sulfate de cuivre (Laurent).

Phtalate nitro-ammoniacal (sel acide). — $C^8(H^5X)O^4,NH^3$. — M. Marignac a obtenu ce sel en prismes terminés par des pyramides quadrangulaires, et plus souvent en tables hexagones rhomboïdales. Il ne dégage pas d'eau par la dessiccation à 120°.

Phtalate nitro-biargentique. — $C^8(H^3XAg^2)O^4$. — Le précipité blanc qu'on obtient avec les sels d'argent et le P. nitro-biammoniacal, se décompose brusquement quand on le chauffe à l'état sec ; il y a en même temps production de lumière accompagnée d'une légère explosion.

Genre Muciméthol $R^{-2}O^8$.

461. Éther bialcoolique.

Muciméthol normal (mucate de méthylène). — $C^8H^{14}O^8$. — Il s'obtient par le même procédé que son homologue le mucalcool normal (10e fam.). Il est solide, cristallisé, incolore, fixe et insipide ; on peut l'obtenir cristallisé, dans l'alcool et dans l'eau, en lamelles ou en prismes à six pans aplatis. Il est très soluble dans l'eau bouillante, et très peu soluble dans l'alcool bouillant. Il se décompose à 163° avant de fondre, et se change alors en un liquide noir qui se boursoufle et dégage du gaz carburé (Malaguti).

(*b*) Combinaisons azotées.

Genre Conine R^{-1}N.

462. Alcaloïde, renfermé dans toutes les parties de la ciguë (*Conium maculatum*).

Conine normale (cicutine, conicine). — $C^8H^{15}N$ (1). — On l'obtient en distillant les semences de ciguë avec de l'eau alcalisée par de la potasse caustique ; on chauffe tant qu'il passe des vapeurs alcalines, on sature le produit condensé par de l'acide sulfurique, on évapore à consistance de sirop, et l'on épuise le résidu par de l'éther alcoolisé. On évapore l'extrait à siccité et on le chauffe ensuite avec de la potasse caustique dans une cornue ; on rectifie le produit huileux par la distillation. On procède de la même manière pour extraire cet alcaloïde des feuilles et des tiges de ciguë recueillies avant la floraison ; il faut que la plante soit encore verte et ait atteint une certaine hauteur (Liebig).

C'est une huile incolore et transparente, d'une densité de 0,89, d'une odeur pénétrante, âcre et désagréable. A l'état de pureté, elle distille sans altération ; son point d'ébullition est à 212° c. Elle est extrêmement vénéneuse, même à la dose de 1/8 de grain ; sa vapeur incommode beaucoup la tête.

Elle s'altère promptement au contact de l'air, en brunissant ; elle est peu soluble dans l'eau, et, ce qui est remarquable, plus à froid qu'à chaud ; l'alcool se mélange avec elle en toutes proportions, ainsi que l'éther, les essences et les huiles grasses.

Sa solution possède une réaction alcaline très prononcée ; comme l'ammoniaque, elle produit des précipités dans les protosels d'étain et de mercure, et dans les persels de fer ; elle paraît même expulser l'ammoniaque de ses combinaisons. Les sels d'argent en sont réduits. Avec le sulfate de cuivre, elle donne un

---

(1) Pages 128 et 130 du t. I, nous avons donné par erreur la formule $C^8H^{17}N$. Les analyses de M. Ortigosa donnent un peu moins d'hydrogène qu'il n'en faudrait d'après la formule $C^8H^{16}N$, que ce chimiste a proposée.

précipité peu soluble dans l'eau, fort soluble, au contraire, dans l'alcool et l'éther (Ortigosa).

Lorsqu'on ajoute une solution de sulfate d'alumine à une solution aqueuse de C. normale, il se forme peu à peu des octaèdres renfermant de la matière organique.

Elle neutralise parfaitement les acides ; ses sels ne cristallisent qu'avec difficulté, leur solution aqueuse se décompose promptement au contact de l'air, en déposant des flocons bruns. Ils sont vénéneux.

Le chlore et l'iode attaquent la C. normale. Le gaz hydrochlorique sec la colore en pourpre, qui passe peu à peu à l'indigo foncé. L'acide sulfurique concentré s'échauffe avec elle en se colorant ; l'acide nitrique l'attaque vivement, en la colorant en rouge foncé.

Conine hydrochlorique. — Grosses lames incolores et transparentes qui tombent rapidement en déliquescence à l'air humide. Évaporé à l'air, leur solution se colore en rouge, puis en indigo foncé (Liebig).

Conine chloro-mercurique. — Le précipité obtenu en mélangeant la C. normale avec une solution de bichlorure de mercure est insoluble dans l'eau, l'alcool et l'éther ; cette combinaison est blanche, pulvérulente, et se décompose déjà à $100°$, en jaunissant.

Conine chloro-platinique. — $C^8H^{15}N,HCl,PtCl^2$. — On l'obtient cristallisé en ajoutant du bichlorure de platine à une solution alcoolique de C. hydrochlorique ; il est d'un beau jaune orangé, soluble dans l'eau, insoluble dans l'alcool et l'éther (Ortigosa).

Genre Indigo $R^{-11}NO$.

463. Produit d'oxydation du g. indigogène (16⁰ fam.) :

$$C^{16}H^{12}N^2O^2 + O = H^2O + 2C^8H^5NO.$$

Indigo normal (indigo bleu, indigotine). — C^8H^5NO (W. Crum, Dumas, Laurent). — L'indigo du commerce renferme, outre l'I. normal, des substances étrangères dont la nature et la quantité sont fort variables : telles sont une matière brune et résinoïde (*brun d'indigo*), une matière colorante rouge (*rouge d'in-*

digo), une substance gluante, de l'alumine, du sulfate de chaux, etc. Pour en extraire l'I. normal, il faut soumettre le produit commercial à l'opération de la *cuve*, c'est-à-dire qu'il faut le transformer en indigogène à l'aide d'un solvant réducteur, comme on le fait en grand pour la teinture en bleu.

Parmi les cuves, il faut surtout nommer la *cuve à froid* ou *cuve au vitriol*; on la prépare en mettant en digestion, à la température ordinaire, 1 p. d'indigo en poudre, 2 p. de protosulfate de fer, 3 p. de chaux éteinte, 150 à 200 parties d'eau. Ce mélange, abandonné en vase clos, donne une solution jaune qui, filtrée et exposée à l'air, dépose de l'I. normal à l'état de pureté. On en complète la purification en l'épuisant par l'alcool, l'acide hydrochlorique et l'eau.

Le meilleur procédé a été proposé par M. Fritzsche : il consiste dans l'emploi de l'alcool en place de l'eau comme solvant, et dans celui du sucre de raisin combiné avec la soude ou avec la potasse comme moyen de réduction.

Lorsqu'on ajoute de l'indigo à une solution alcoolique et bouillante de l'alcali, qu'on y mélange une solution également alcoolique et chaude de sucre de raisin, l'indigo se réduit, et l'on obtient, l'air étant entièrement intercepté, une solution rouge qui attire promptement l'oxygène de l'air et dépose de l'I. normal à l'état cristallin, en parcourant toutes les nuances du rouge et du violet jusqu'au bleu. Lorsque l'oxydation est terminée, on a une liqueur brune où nagent des cristaux d'I. normal.

M. Fritzsche verse 125 grammes d'indigo brut en poudre sur de l'alcool bouillant de 75 p. c., dans un flacon de la capacité de 6 kilogrammes, puis il ajoute 200 grammes d'une solution très concentrée de soude dans l'alcool bouillant ; il remplit entièrement le flacon d'alcool bouillant, l'agite et l'abandonne au repos. Le liquide clair surnageant, étant décanté, donne, par le repos à l'air, 60 grammes d'I. normal en cristaux. On achève la purification du produit en le lavant d'abord avec de l'alcool, puis avec de l'eau bouillante, jusqu'à ce que le liquide passe clair.

L'I. normal possède une couleur bleu foncé qui acquiert, par le frottement, un éclat métallique et cuivré. Il est tout-à-fait in-

soluble dans l'eau, l'alcool, les huiles grasses, les huiles essen
tielles, l'acide hydrochlorique et les alcalis étendus.

Il se volatilise en répandant des vapeurs pourpres, si on en
projette quelques parcelles sur une lame de platine chauffée au
rouge sombre; mais quand on le chauffe en vase clos, il se décompose en plus grande partie. Soumis à la distillation sèche, il
donne une petite quantité de substance non altérée, du carbonate et du cyanure ammoniacal, une huile empyreumatique, de
l'aniline normale (393) et beaucoup de charbon.

Les métamorphoses de l'I. normal sont extrêmement nombreuses; elles ont été plus particulièrement étudiées par MM. Erdmann, Dumas, Fritzsche et Laurent.

Nous avons déjà exposé ailleurs (147) l'action de la potasse.
Quand on introduit de l'indigo brut dans de la potasse fondante,
il se développe beaucoup d'hydrogène et d'ammoniaque; si l'on
distille ensuite le résidu avec de l'acide sulfurique, il passe de
l'acide valérianique (Gerhardt), et, suivant les circonstances, de
l'acide acétique (Muspratt); il est probable, d'ailleurs, que ces
produits sont dus à la décomposition des substances étrangères
renfermées dans l'indigo brut. Dans un essai, j'ai également
obtenu, avec ce dernier, de l'acide formique et de l'acide prussique. Souvent il se condense dans le récipient une matière acide
cristallisée en aiguilles et qui est de l'acide salicylique (Cahours).

D'ailleurs, l'acide nitrique affaibli convertit l'I. normal, par
l'ébullition, en acide carbonique, ammoniaque et acide nitro-
salicylique ou indigotique (422). L'acide nitrique concentré agit
sur lui avec beaucoup d'énergie, si bien que souvent le mélange
s'enflamme et fait explosion; si l'action est calme, il se produit
d'abord de l'isatine normale, et ensuite du phénate trinitrique
(acide picrique) et de l'oxalate normal. Or, on a :

$$\text{Isat. norm.}$$
$$C^8H^5NO + O = C^8H^5NO^2.$$

De même,

$$\text{Salicyl. norm.}$$
$$C^8H^5NO^2 + 2H^2O + O = CO^2 + NH^3 + C^7H^6O^3.$$
$$C^8H^5NO^2 + 3H^2O = C^2H^2O^4 + NH^3 + C^6H^6O.$$
$$\text{Phén. norm.}$$

On comprend ensuite comment les espèces normales sont converties en espèces nitriques.

L'acide chromique convertit aussi l'I. en isatine normale; mais
l'action ne se borne pas là, et il se produit en même temps une
effervescence d'acide carbonique.

L'acide sulfurique dissout l'I. avec une couleur bleue et produit deux sels copulés que nous décrirons plus bas dans les g.
sulfindylate (8ᵉ fam.) et sulfopurpurate (16ᵉ fam.).

A l'état sec, le chlore et l'I. ne réagissent pas l'un sur l'autre,
ni à une température basse, ni à 100°. Si, au contraire, on délaie l'I. dans l'eau, de manière à le réduire en bouillie, et qu'on
y dirige alors un courant de chlore, il se produit l'espèce chlorée
ou bichlorée du g. isatine (465). Le chlore aqueux agit donc d'abord comme corps oxydant. Les produits qui naissent de l'I.
sous l'influence du brome sont tout-à-fait semblables aux précédents, et appartiennent aussi au genre isatine.

Plusieurs corps réducteurs agissant en présence de l'eau, convertissent l'I. en indigogène normal ou indigo blanc ; cette métamorphose a lieu par l'effet des matières organiques en putréfaction, des protosels de fer, de manganèse, d'étain, en présence
d'un alcali soluble, etc. ; elle s'accomplit aussi par l'action d'une
solution alcaline de sucre de raisin, etc. Il est évident que dans
ces circonstances il s'effectue une décomposition de l'eau; l'hydrogène se porte sur l'I. normal, tandis que la matière réductrice
s'oxyde davantage ; le sucre, par exemple, se transforme en
acide formique (1).

Genre Isatine $R-^{11}NO^2$.

464. Produit d'oxydation des g. indigo et indigogène, sous

(1) Comme l'indigo bleu ne diffère de l'indigo blanc que par H, et que
l'eau renferme H^2O, il est évident que, dans toutes les réactions, on
verra toujours C^8H^5NO se convertir en $2C^8H^6NO$. Cela me semble indiquer que $2C^8H^6NO = C^{16}H^{12}N^2O^2$ est, dans ma notation, le véritable
équivalent de l'indigo blanc. De semblables doublements de molécules
se présentent d'ailleurs fort souvent sous l'influence de l'hydrogène sulfuré, de l'ammoniaque et d'autres substances réductrices. J'aurais donc
dû doubler la formule de l'alloxantine (tome I, p. 516), et placer ce
corps dans la HUITIÈME FAMILLE.

l'influence de l'acide nitrique ou chromique, ou du chlore aqueux.

$$C^8H^5NO + O = C^8H^5NO^2.$$

L'hydrogène sulfuré et l'hydrosulfate d'ammoniaque convertissent les espèces de ce g. en espèces du g. isathyde (16ᵉ fam.) ; la potasse les transforme à chaud en espèces du g. isatate (468).

Isatine normale. — $C^8H^5NO^2$. — Voici comment M. Laurent prescrit de préparer ce corps. On réduit en poudre 1 kilogramme d'indigo du commerce, de bonne qualité ; on le met dans une grande capsule de porcelaine avec de l'eau pour obtenir une bouillie très liquide. La capsule étant placée sur un feu modéré, on y verse peu à peu de l'acide nitrique ordinaire, en agitant de temps en temps la bouillie. Il se produit une assez vive effervescence ; on continue d'ajouter l'acide et de faire bouillir le tout, jusqu'à ce que la couleur bleue ait disparu. Il faut environ 6 à 700 gr. d'acide nitrique pour détruire complétement l'indigo. La liqueur est alors colorée en jaune, et l'I. est mêlé avec une grande quantité d'une matière brune. On verse plusieurs litres d'eau dans la capsule, on porte le tout à l'ébullition, et on filtre rapidement la liqueur bouillante. Au bout de quelques heures l'I. se dépose sous la forme de petits cristaux mamelonnés rougeâtres. On verse l'eau-mère sur le résidu, on fait de nouveau bouillir, on filtre, et l'on recommence deux ou trois fois cette opération. On purifie les cristaux en les lavant avec de l'eau additionnée de quelques gouttes d'ammoniaque, puis en les faisant cristalliser dans l'eau pure et dans l'alcool (Laurent).

L'I. normale forme tantôt de gros prismes aurore foncé, tantôt de petits prismes rouge jaunâtre doués de beaucoup d'éclat (Erdmann). Les cristaux de ce corps ressemblent beaucoup à ceux de l'I. chlorée ; toutefois, leurs angles ne sont tout-à-fait les mêmes. Ils appartiennent au quatrième système cristallin, et sont formés par des combinaisons d'un prisme vertical à base rhombe, et tronqué sur les arêtes latérales aiguës, avec un prisme horizontal qui est terminé par un biseau placé symétriquement sur les troncatures des arêtes latérales aiguës. Ces troncatures représentent les plus grandes faces ; l'inclinaison des faces du prisme vertical a été trouvée de 133° 50′ — 55, et celle des faces du prisme horizontal de 127°15′ — 30′ (G. Rose).

Elle est inodore, inaltérable à l'air, peu soluble dans l'eau froide, plus soluble dans l'eau et l'alcool bouillants. Sa solution ne rougit pas le tournesol. Elle est fusible et répand des vapeurs jaunes extrêmement irritantes; par le refroidissement, elle cristallise en une masse aciculaire. Chauffée sur une lame de platine, elle se volatilise en grande partie sans se décomposer; mais quand on la distille dans un tube, elle donne un abondant résidu de charbon. Jetée sur un charbon ardent, elle répand la même odeur que l'indigo dans ces circonstances (Laurent, Erdmann).

La potasse caustique convertit l'I. normale en I. potassique, et à chaud en isatate potassique.

L'ammoniaque, en agissant sur l'I. normale, donne naissance à plusieurs produits dont la nature varie suivant la concentration de l'ammoniaque et suivant le dissolvant de l'I. Voici ceux que M. Laurent a obtenus :

Amides produites par 1 éq. d'isatine.

$$C^8H^5NO^2 \;+\; NH^3 = H^2O + C^8H^6N^2O. \quad \text{Imésatine.}$$

Amides produites par 2 éq. d'isatine.

$$2[C^8H^5NO^2] + NH^3 = H^2O + C^{16}H^{11}N^3O^3. \quad \text{Imasatine}$$
$$2[C^8H^5NO^2] + NH^3 = C^{16}H^{13}N^3O^4. \quad \text{Isamate.}$$
$$2[C^8H^5NO^2] + 2NH^3 = H^2O + C^{16}H^{14}N^4O^3. \quad \text{Isamide ou amasatine.}$$

Amides produites par 3 éq. d'isatine.

$$3[C^8H^5NO^2] + NH^3 = H^2O + C^{24}H^{16}N^4O^5. \quad \text{Isatilime.}$$
$$3[C^8H^5NO^2] + 2NH^3 = 2H^2O + C^{24}H^{17}N^5O^4. \quad \text{Isatimide.}$$

D'autres espèces, chlorées ou bromées, appartenant aux genres précédents, s'obtiennent avec l'ammoniaque et les espèces chlorées ou bromées du genre I. La formation de ces nombreux produits est d'ailleurs fort simple; on la conçoit aisément en considérant que l'ammoniaque, par son hydrogène, agit toujours comme corps réducteur sur la moitié de l'oxygène de l'isatine, de telle sorte qu'il se produit de l'eau, tandis que le résidu NH reste en place pour chaque O enlevé (1).

Le chlore et le brome convertissent l'I. normale en espèces chlorées ou bromées du même genre.

L'acide sulfurique de Nordhausen la dissout en se colorant en brun rouge ; par la chaleur il la décompose rapidement.

L'acide nitrique concentré la dissout en très grande quantité ; à l'aide d'une douce chaleur, il se colore en rouge brun , et, par le refroidissement, il la laisse cristalliser. Quand on fait bouillir, la réaction est très vive, on obtient une matière résinoïde, ainsi que de l'acide oxalique ; M. Laurent n'a pas obtenu d'acide picrique (phénate trinitrique, 374).

L'hydrogène sulfuré et l'hydrosulfate d'ammoniaque convertissent l'I. normale en isathyde normale ou bisulfurée (16ᵉ fam.).

Isatine potassique. — $C^8(H^4K)NO^2$. — Lorsqu'on verse une dissolution concentrée de potasse sur de l'I. normale, celle-ci se dissout à froid, en donnant une liqueur d'un rouge violacé très foncé. Si l'on étend d'eau et qu'on fasse bouillir, la couleur devient jaune pâle, et la dissolution renferme alors de l'isatate potassique (Laurent).

(1) En mettant $NH = Am$, et $C^8H^5NO = \Delta$, on peut très bien faire ressortir les relations qui présentent entre eux ces différents produits.

ACIDE.	ACIDE moins H^2O.	SEL D'AMMONIAQUE ou Acide plus H^2Am.	SEL D'AMMONIAQUE moins H^2O ou Amide.
$[\Delta O], H^2O$ Acide isatique.	$[\Delta O]$ Isatine.	$[\Delta O]H^2O, H^2Am$ Isatate d'ammon.	$[\Delta O]H^2Am$ Isatine ammon.
. . . .	$[\Delta Am]$ Imésatine.	. . . .	. . . .
$[\Delta O, \Delta Am], H^2O$ Acide isamique.	$[\Delta O, \Delta Am]$ Imasatine.	$[\Delta O, \Delta Am] H^2O, H^2Am.$ Isamate d'ammoniaq.	$[\Delta O, \Delta Am]H^2Am$ Isamide.
. . . .	$[\Delta O, \Delta O, \Delta Am]$ Isatilime.	. . . .	. . . .
. . . .	$[\Delta O, \Delta Am, \Delta Am]$ Isatimide.	. . . .	. . . .

Isatine argentique (isatite d'argent). — $C^8(H^4Ag)NO^2$. — Quand on verse du nitrate d'argent dans une solution d'I. normale dans l'alcool, légèrement ammoniacal, il se forme un précipité non cristallin, d'un rouge vineux, et qui a la composition indiquée.

Isatine argento-ammoniacale (isatite d'argentammonium). — $C^8(H^4Ag)NO^2,NH^3$. — Si l'on verse du nitrate d'argent, dissous dans l'ammoniaque, dans une solution alcoolique d'I. normale, fortement ammoniacale, il se produit un précipité rouge et cristallin.

Avec l'I. chlorée, on obtient, par le nitrate d'argent et l'ammoniaque, deux précipités, l'un cristallin, l'autre non cristallin, et qui offrent les mêmes nuances que les deux espèces précédentes (Laurent).

Isatine cupro-ammoniacale (isatite de cuprammonium). — $C^8(H^4Cu)NO^2,NH^3$. — Si l'on verse l'I. ammoniacale dans de l'acétate de cuivre dissous dans l'ammoniaque, il se forme un précipité bleu clair renfermant 28,0 p. c. de cuivre.

465. *Isatine chlorée* (chlorisatinase, chlorisatine). — $C^8(H^4Cl)NO^2$ (Laurent, Erdmann). — La matière jaune rougeâtre qui se forme en grande quantité par l'action du chlore sur l'indigo bleu délayé dans l'eau, se compose d'un mélange d'I. chlorée et d'I. bichlorée qu'on sépare par des cristallisations dans l'alcool; l'I. chlorée se dépose la première (Erdmann).

Le même corps se produit quand on fait passer du chlore dans de l'I. normale, délayée dans l'eau, pendant que le liquide est légèrement chauffé.

Pour purifier le produit, on le fait dissoudre dans l'alcool bouillant, qui le dépose, par le refroidissement, sous la forme de jolis prismes lamelleux, très éclatants (Laurent).

L'I. chlorée cristallise en prismes à base rhombe de 131°, dont les arêtes latérales sont d'ordinaire fortement tronquées, et qui sont terminés par un biseau de 134° 12'; ce biseau repose symétriquement sur les faces de troncature des arêtes latérales aiguës (G. Rose).

Elle est sans odeur et présente une saveur amère. Sa poussière irrite les organes respiratoires et excite l'éternument. Chauffée à l'air libre, elle fond en un liquide brun, et exhale des vapeurs jaunes dont l'odeur est analogue à celles de l'indigo en combustion. A une température élevée, elle se sublime en partie, tandis qu'une autre portion se charbonne.

A froid, elle est presque insoluble dans l'eau; dans l'eau bouillante, elle se dissout avec une teinte jaune rougeâtre. Elle se dissout bien mieux dans l'alcool; la solution communique à la peau une odeur désagréable, très persistante. Elle ne rougit pas le tournesol (Erdmann).

La potasse caustique communique à l'I. chlorée une teinte plus foncée en la transformant en I. chloro-potassique; quand on chauffe la solution, la coloration disparaît, et le liquide renferme alors de l'isatate chloro-potassique.

L'ammoniaque la transforme en imésatine chlorée ou imasatine bichlorée.

L'action prolongée du chlore sur une dissolution alcoolique d'I. chlorée ou bichlorée donne de l'anile bichloré (269).

Avec l'acide nitrique, on obtient une matière résineuse, de l'acide oxalique, et un autre acide jaunâtre et cristallisable (Erdmann).

Isatine chloro-argentique ammoniacale (chlorisatite d'argentammonium). — $C^8(H^3AgCl)NO^2,NH^3$. — On prépare ce sel en versant du nitrate d'argent ammoniacal dans une dissolution alcoolique d'I. chlorée et d'ammoniaque. Il se forme un précipité lie de vin, cristallin.

Isatine bichlorée (bichlorisatine, chlorisatinèse). — $C^8(H^3Cl^2)NO^2$ (Laurent, Erdmann). — Cette matière se trouve dans les solutions alcooliques du produit de l'action du chlore sur l'indigo, d'où l'I. chlorée s'est déjà déposée; on la purifie par plusieurs cristallisations dans l'alcool.

Elle cristallise dans l'alcool en aiguilles ou en lamelles raccourcies, brillantes et de couleur aurore. On y reconnaît quelquefois des prismes à quatre faces.

Lorsqu'on la chauffe en vase clos, elle se sublime en partie: cependant elle se fond en grande partie en une masse noire et charbonneuse.

L'I. bichlorée est un peu plus soluble dans l'eau que l'I. chlorée; dans l'alcool, elle l'est bien davantage. La solution se comporte, avec les réactifs, comme celle de l'I. chlorée (Erdmann).

Isatine bromée (bromisatine). — Elle se forme par l'action du brome sur l'indigo, en quantité moindre cependant que l'espèce suivante.

Isatine bibromée (bibromisatine, bromisatinèse). — $C^8(H^3Br^2)$ NO^2. — Ce corps reste dans les eaux-mères de la dissolution alcoolique de l'indigo traité par le brome, après que l'I. bromée s'y est déposée (Erdmann). On l'obtient aussi en versant du brome sur l'I. normale tant qu'il se dégage des vapeurs de HBr. On le purifie par la cristallisation dans l'alcool; les cristaux ainsi obtenus sont des prismes droits à base rectangulaire (Laurent).

Isatine bibromo-potassique (bibromisatite de potasse). — $C^8(H^2KBr^2)NO^2$. — Il est cristallisé en paillettes noires qui sont bleues par transmission. On l'obtient en faisant légèrement chauffer l'I. bibromée avec de l'alcool absolu, puis en y versant une dissolution chaude de potasse dans l'alcool; il se forme immédiatement une bouillie noire et cristalline de ce sel (Laurent).

Genre Phtalamide R−¹¹NO²

466. Amide, isomère du g. isatine. L'espèce normale se produit par la déshydratation du phtalate ammoniacal sous l'influence de la chaleur (457) :

$$C^8H^6O^4, NH^3 = 2H^2O + C^8H^5NO^2.$$

Phtalamide normale (phtalimide, naphtalimide, oxyde d'imaphtalèse). — $C^8H^5NO^2$. — Lorsqu'on distille du phtalate ammoniacal (sel acide), il se dégage de l'eau et il se sublime des lamelles très légères sans forme déterminable. Il ne reste pas de charbon dans la cornue (Laurent).

La P. normale est entièrement incolore, insipide, presque insoluble dans l'eau froide. L'eau bouillante la dissout un peu. Par le refroidissement elle cristallise en longues aiguilles. Elle est assez soluble dans l'alcool et l'éther bouillants. Ce dernier l'abandonne par l'évaporation spontanée sous forme de prismes à 6 pans dérivant d'un rhombe dont les angles sont de 113°. Elle se dissout dans l'acide sulfurique concentré ; en étendant la dissolution avec de l'eau, il se dépose du phtalate normal.

Une dissolution bouillante et alcoolique de potasse la change en ammoniaque et en phtalate bipotassique :

$$C^8H^5NO^2 + 2(KH)O = NH^3 + C^8(H^4K^2)O^4.$$

Phtalamide argentique. — $C^8(H^4Ag)NO^2$? — Une dissolution alcoolique de P. normale ne précipite pas le nitrate d'argent ; mais si l'on y ajoute de l'ammoniaque, il se produit un dépôt blanc pulvérulent renfermant 41 p. c. d'argent. Lorsqu'on chauffe ce précipité (il serait possible que ce fût du phtalamate [470]), il fond en se boursouflant ; il se forme d'abord une masse noire qui, par une plus forte chaleur, prend une belle couleur de cantharides verte et dorée ; il se sublime en même temps de la P. normale (Laurent).

Genre *Orcéine* R—$^7NO^3$.

467. Matière colorante de l'orseille et du tournesol, produit de l'action simultanée de l'air et de l'ammoniaque sur l'orcine (447) :

$$C^8H^8O^2 + O^2 + 2NH^3 = C^8H^9NO^3,NH^3 + H^2O.$$

Orcéine normale. — $C^8H^9NO^3$? — Lorsqu'on abandonne à l'air l'orcine n. mélangée d'ammoniaque, elle devient peu à peu d'un rouge de sang, sans qu'il se dégage d'acide carbonique (Robiquet). L'ammoniaque retient en dissolution l'O. ammoniacale ; l'acide acétique en précipite l'O. normale à l'état d'une poudre rouge brunâtre.

Ce corps est renfermé dans l'orseille du commerce (orcéine béta de M. Kane), à l'état de mélange avec une autre matière colorante semblable (orcéine alpha) et qui n'en diffère que par 1 éq. d'oxygène (1). Il entre aussi dans la composition du *tournesol en pains*, avec lequel on prépare les papiers réactifs (2).

(1) La formule $C^8H^9NO^2$ s'applique très bien aux analyses que M. Kane a faites de cette matière.

(2) *L'azolitmine* de M. Kane se rapproche beaucoup de l'orcéine par sa composition.

Il est d'une belle couleur rouge ; il est peu soluble dans l'eau, qu'il colore toutefois, et d'où il est entièrement précipité par l'addition d'un sel neutre. Il est fort soluble dans l'alcool, qu'il colore en écarlate, et d'où l'eau le précipite. Il est à peine soluble dans l'éther. Il se dissout aisément dans la potasse et dans l'ammoniaque, en donnant une belle liqueur, qui est pourpre comme l'orseille ordinaire, et d'où l'on peut extraire la matière colorante par une addition de sel commun. Les solutions alcalines donnent avec les sels métalliques (1) des laques pourpres différemment nuancées, et qui perdent beaucoup de leur éclat par la dessiccation (Kane).

Une solution ammoniacale d'O., rendue légèrement acide par l'acide hydrochlorique, se décolore parfaitement si l'on y plonge un morceau de zinc ; mais il reprend bientôt sa couleur rouge au contact de l'air ; si l'on y ajoute ensuite de l'ammoniaque, il se produit un abondant précipité blanc (*leucorcéine*), qui devient violet à l'air, et en dernier lieu pourpre. La décoloration a aussi lieu par l'hydrogène sulfuré dans une solution alcaline de tournesol ou d'orseille (Kane).

Il paraîtrait, d'après cela, que l'O. offre quelque ressemblance avec l'indigo bleu.

Orcéine chlorée. — Quand le chlore est mis en contact avec l'O. mêlée à l'eau, ou en solution ammoniacale, la couleur s'altère peu à peu, et l'on obtient enfin une substance jaune brun insoluble dans l'eau, mais soluble dans l'alcool et l'éther. Les analyses de M. Kane ne présentent pas assez de netteté pour qu'on puisse établir la formule de l'O. chlorée.

Genre Isatate $R-^9NO^3$.

468. Sel unibasique, isomère du g. phtalamate. Sous l'influence de l'hydrate de potasse, les espèces du g. isatine fixent (KH)O, et se convertissent en espèces du g. isatate.

$$C^8H^5NO^2 + (KH)O = C^8(H^6K)NO^3.$$

(1) M. Dumas a analysé un semblable produit obtenu avec le nitrate d'argent ; M. Kane en a examiné d'autres, obtenus avec les sels de plomb et de cuivre, mais les résultats de ces chimistes sont loin de s'accorder.

Isatate normal (acide isatique). — $C^8H^7NO^3$. — Cet acide ne s'obtient pas facilement à l'état isolé. Si l'on verse de l'acide hydrochlorique dans une solution d'I. potassique, il ne se forme pas de précipité dans le premier moment; mais, par le repos, il se dépose des cristaux d'isatine normale.

$$C^8H^7NO^3 = H^2O + C^8H^5NO^2.$$

Isatate ammoniacal (isatate d'ammonium). — $C^8(H^7NO^3,NH^3)$. — Ce sel ne paraît pouvoir exister qu'en dissolution; car, par la dessiccation, il développe de l'eau et se transforme en isamate :

$$2[C^8H^7NO^3,NH^3] = 2H^2O + NH^3 + C^{16}H^{13}N^3O^4.$$

Isatate potassique. — $C^8(H^6K)NO^3$. — Lorsqu'on verse une dissolution concentrée de potasse sur l'isatine normale, celle-ci se dissout à froid, en donnant une liqueur rouge violacé très foncée. Quand on étend d'eau et qu'on fait bouillir, la couleur devient d'un jaune pâle. Par l'évaporation de la solution, on obtient de l'I. potassique en cristaux légèrement jaunâtres (Laurent, Erdmann).

Sa solution donne, avec le chlorure de barium, un précipité qui ne se forme pas si les sels sont étendus; avec l'acétate de plomb, un précipité jaune floconneux, passant peu à peu au rouge.

Isatate barytique. — $C^8(H^6Ba)NO^3$. — On obtient ce sel en faisant bouillir l'isatine normale avec de l'eau de baryte; la réaction n'est pas aussi rapide que par la potasse. Il s'obtient en paillettes peu solubles.

Isatate argentique. — $C^8(H^6Ag)NO^3$. — Ce sel est soluble dans l'eau, et cristallise en beaux prismes jaunes. Pour le préparer, on mêle deux dissolutions bouillantes et assez concentrées de nitrate d'argent et d'I. potassique (Laurent, Erdmann).

469. *Isatate chloré* (acide chlorisatique ou chlorisatinasique). — $C^8(H^6Cl)NO^3$. — L'I. chloré ne peut pas être isolé; car si l'on ajoute de l'acide hydrochlorique à une solution d'I. chloro-potassique, il se précipite de l'isatine chlorée (Erdmann).

Isatate chloro-potassique (chlorisatinate de potasse). — $C^8(H^5KCl)NO^3$. — Lorsqu'on mélange une solution d'isatine chlorée avec de la potasse caustique, il se produit immédiatement une coloration rouge foncé ; après quelque temps, cette teinte disparaît pour faire place à une coloration jaune pâle. Si la solution est quelque peu concentrée, elle dépose, par le refroidissement, des cristaux d'I. chloro-potassique ; on les purifie par la cristallisation dans l'alcool (Erdmann).

Il forme des paillettes jaune clair très brillantes, ou des aiguilles quadrilatères aplaties. Il est fort soluble dans l'eau, à laquelle il communique une teinte jaune clair. Sa saveur est très amère. Par la chaleur, il se décompose subitement.

Isatate chloro-argentique. — $C^8(H^5AgCl)NO^3$. — On l'obtient par double décomposition de l'I. chloro-potassique et du nitrate d'argent.

C'est un précipité jaune clair, soluble dans l'eau bouillante, et cristallisant, par le refroidissement, en aiguilles groupées en faisceaux ou en végétations dendritiques de couleur jaunâtre (Erdmann).

Isatate chloro-barytique. — $C^8(H^5BaCl)NO^3 + aq$. — Il cristallise en aiguilles jaune pâle, déliées, groupées en faisceaux ou en feuillets jaune foncé, très brillants.

Isatate chloro-plombique. — $C^8(H^5PbCl)NO^3 + aq$. — Si l'on ajoute de l'acétate ou du nitrate de plomb à une solution d'I. chloro-potassique, il se forme un précipité gélatineux d'un jaune brillant, lequel, au bout de quelques minutes, et surtout par l'agitation du liquide, devient floconneux, et acquiert une belle couleur écarlate, presque aussi éclatante, que celle du periodure de mercure. Si l'on observe ce phénomène à l'aide du microscope, on trouve que le précipité jaune est pulvérulent, sans aucun indice de cristallisation, et que les flocons rouges sont des végétations dendritiques. Ces derniers renferment 1 éq. d'eau de cristallisation, qu'ils développent à 160°.

La formation de l'I. chloro-cuivrique, au moyen de l'I. chloro-potassique et du nitrate de cuivre, présente les mêmes phénomènes (Erdmann).

Isatate bichloré (acide bichlorisatique ou chlorisatinésique). — $C^8(H^5Cl^2)NO^2$. — Si l'on ajoute un acide minéral à une solution aqueuse et concentrée d'I. bichloro-potassique, il se forme un précipité jaune d'I. bichloré. Quoique celui-ci soit plus stable que l'I. chloré, on ne parvient que difficilement à l'obtenir pur;

car, lorsqu'on le dessèche dans le vide, même à une température basse, il se convertit aisément en isatine bichlorée et en eau.

L'I. bichloré se dissout dans l'eau avec une teinte jaune clair ; et quand on la chauffe à 60°, elle se trouble en déposant de l'isatine bichlorée (Erdmann).

Isatate bichloro-potassique. — $C^8(H^4KCl^2)NO^3$ + aq. — L'isatine bichlorée se dissout à froid dans la potasse caustique avec une couleur rouge foncé. Par l'échauffement du mélange, la coloration disparaît, et l'on obtient, après le refroidissement, une masse de lamelles jaunes et brillantes, qu'on purifie par la cristallisation dans l'alcool. Elles renferment 6,4 p. c. = 1 éq. d'eau de cristallisation, qui ne se dégage complétement qu'à 130° (Erdmann).

Isatate bichloro-barytique. — $C^8(H^4BaCl^2)NO^3$ + aq. — Aiguilles jaune doré et brillantes, contenant 5,5 p. c. = 1 éq. d'eau de cristallisation.

Isatate bichloro-cuivrique. — $C^8(H^4CuCl^2)NO^3$. — Lorsqu'on précipite de l'I. bichloro-potassique par du sulfate ou du nitrate de cuivre, on obtient d'abord un abondant précipité rouge-brun, qui devient bientôt jaune verdâtre, et enfin cramoisi. Ce changement de nuance n'est que l'effet de la cristallisation du sel, au sein du mélange.

Isatate bichloro-argentique. — $C^8(H^4AgCl^2)NO^3$. — Il s'obtient par double décomposition de l'I. bichloro-potassique et du nitrate d'argent, sous la forme d'un précipité jaune clair, soluble dans beaucoup d'eau bouillante. Il cristallise, par le refroidissement, en aiguilles jaunâtres, transparentes et groupées en aigrettes. Chauffées à l'air, elles fondent en une masse brune, d'où se sublime de l'isatine bichlorée (Erdmann).

Isatate bromo-potassique (bromisatinate de potasse). — Il se produit déjà à froid, lorsqu'on abandonne à lui-même un mélange d'isatine bromée et de potasse aqueuse.

Isatate bibromé (acide bibromisatique). — Lorsqu'on décompose par l'acide hydrochlorique la solution concentrée de l'I. bibromo-potassique, l'I. bibromé s'en précipite à l'état d'une poudre jaune, soluble dans un excès d'eau. Par la dessiccation dans le vide, déjà à la température ordinaire, il se convertit en isatine bibromée (Erdmann).

Isatate bibromo-potassique (bibromisatinate de potasse). — $C^8(H^4KBr^2)NO^3 + aq.$ — L'isatine bibromée se dissout dans la potasse avec une teinte rouge; au bout de quelque temps, le mélange se décolore et dépose des cristaux d'I. bibromo-potassique renfermant 5,0 p. c. $= 1$ éq. qui s'envont à 155°. Ce sel constitue des aiguilles jaune-paille, brillantes, moins solubles dans l'eau et l'alcool que l'I. bichloro-potassique.

L'I. bibromo-potassique donne avec les sels métalliques les mêmes réactions que ce dernier.

Genre Phtalamate R—$^9NO^3$.

470. Amide, sel unibasique, produit par l'union directe du phtalide normal (452) avec l'ammoniaque :

$$C^8H^4O^3 + NH^3 = C^8H^7NO^3.$$

L'espèce normale se convertit par la sublimation en phtalamide normale (466) :

$$C^8H^7NO^3 = H^2O + C^8H^5NO^2.$$

Le g. phtalamate est isomère du g. isatate.

Phtalamate normal (naphtalamide, phtalamide, oxyde d'a-maphtalèse, etc.). — $C^8H^7NO^3$. — Suivant M. Marignac, l'anhydride phtalique se dissout complétement dans l'ammoniaque liquide en s'échauffant beaucoup; mais la dissolution ne donne pas de phtalate ammoniacal par l'évaporation. On obtient une masse composée d'aiguilles fines et flexibles qui se dissolvent dans l'eau en lui communiquant une légère réaction acide.

Ce corps (1) perd de l'eau à 100 ou à 120° en se transformant en phtalamide normale, qui se sublime par un plus fort échauffement.

Lorsqu'on maintient en ébullition sa solution aqueuse pendant quelque temps, on obtient par l'évaporation du phtalate ammoniacal :

$$C^8H^7NO^3 + H^2O = C^8H^6O^4, NH^3.$$

(1) M. Marignac représente ce corps par $C^{16}H^{12}N^2O^5 = C^8H^6NO^2 1/2$; mais il est probable que la dessiccation l'avait déjà transformé en partie en phtalamide.

Phtalamate argentique. — $C^8(H^6Ag)NO^3$ (Marignac). — Lorsqu'on verse du nitrate d'argent dans une solution de P. normal, on obtient un précipité blanc. Si l'on emploie des liqueurs bouillantes, le précipité se compose de paillettes cristallines; il est entièrement insoluble dans l'eau, fond par l'échauffement, et se décompose sans faire explosion.

Genre *Imésatine* $R^{-10}N^2O$.

471. Amide, produite par l'ammoniaque et le g. isatine :

$$C^8H^5NO^2 + NH^3 = H^2O + C^8H^6N^2O.$$

Imésatine normale. — $C^8H^6N^2O$. — Pour préparer ce composé, on dissout de l'isatine normale dans l'alcool absolu et bouillant; on ajoute même un léger excès d'isatine pulvérisée. On fait ensuite passer dans cette dissolution chaude un courant de gaz ammoniac sec. L'I. normale se présente sous la forme de prismes droits à base rectangulaire, incolores, inodores et insolubles dans l'eau; l'alcool bouillant la dissout assez bien, l'éther très difficilement. Quand on la chauffe avec un peu d'alcool et d'acide hydrochlorique, elle se dissout facilement et donne des cristaux d'isatine, ainsi que du sel ammoniac; la potasse détermine la même transformation (Laurent).

Imésatine chlorée (iméchlorisatinase). — $C^8(H^5Cl)N^2O$. — L'isatine chlorée, traitée en dissolution alcoolique par de l'ammoniaque sèche, donne un composé entièrement semblable au précédent (Laurent).

Genre *Subéramide* RN^2O^2.

472. Amide, homologue des g. oxamide (2ᵉ fam.), succinamide (4ᵉ fam.), etc.

Subéramide normale. — $C^8H^{16}N^2O^2$. — Le subériméthol normal (10ᵉ fam.), mis en contact avec de l'ammoniaque, se change au bout de quelques jours en une substance blanche et cristalline. Lorsqu'on fait passer un courant de gaz ammoniac dans du subéralcool normal (12ᵉ fam.) dissous dans l'alcool absolu, il se forme une petite quantité d'un dépôt cristallin semblable au précédent. Pour purifier ce corps, on le lave avec un peu d'alcool, puis on le fait dissoudre à chaud dans ce liquide et on le fait cristalliser (Laurent). Ce produit n'a pas encore été analysé, mais il présente probablement la composition que nous lui avons assignée.

Genre Alcyane RN^2O^4.

473. L'espèce bichlorée de ce g. se produit par l'action du cyanure chloré, ou d'un autre cyanure et du chlore, sur l'alcool normal :

$$2CHN + 3C^2H^6O + H^2O + Cl^{10} = C^8(H^{14}Cl^2)N^2O^4 + 8HCl.$$

Il se produit, dans les mêmes circonstances, de l'acide carbonique et du sel ammoniac, mais ce sont des produits secondaires, car :

$$CClN + 2H^2O = CO^2 + NH^3,HCl.$$

Alcyane bichloré. — $C^8(H^{14}Cl^2)N^2O^4$. — Lorsqu'on sature une dissolution de cyanure mercurique dans l'alcool par du chlore sec, en ayant soin de refroidir le liquide par de l'eau froide, ce gaz est absorbé. A la longue, il se produit une quantité abondante de cristaux de sel ammoniac, en même temps que la masse s'échauffe et dégage de l'acide carbonique avec effervescence. Le liquide retient en dissolution de l'A. bichloré ainsi que du bichlorure de mercure. On chauffe la dissolution avec de l'eau qui dissout le sel ammoniac et le sel mercuriel (sel alembroth, combinaison de bichlorure de mercure avec le sel ammoniac), et qui laisse déposer l'A. bichloré à l'état d'aiguilles blanches et brillantes. Si l'on prend de l'eau bouillante, les cristaux se forment lentement et deviennent d'autant plus beaux. 6 onces de cyanure mercurique ont donné sensiblement 1 once d'A. bichloré (Stenhouse).

Il faut avoir soin d'éviter l'échauffement du liquide pendant le passage du chlore, et de cesser d'en faire passer dès qu'il ne se dépose plus de sel ammoniac; autrement il se produit des composés secondaires.

Un procédé plus économique consiste à préparer de l'acide prussique concentré à l'aide du polycyanure biferroso-quadripotassique (ferrocyanure), à faire absorber l'acide prussique par de l'alcool, et à y diriger ensuite le chlore bien doucement. On cesse d'y introduire ce gaz dès l'apparition des cristaux de sel ammoniac et de l'effervescence d'acide carbonique.

L'A. bichloré cristallise en longues aiguilles incolores et brillantes qui ressemblent beaucoup au sulfate de quinine. Il n'est ni acide ni alcalin, sans saveur ni odeur, et fond à 120° c. en se sublimant en partie. Il est peu soluble dans l'eau froide, fort soluble, au contraire, dans l'alcool et l'éther.

Une lessive aqueuse de potasse le décompose avec dégagement d'ammoniaque, en même temps que le liquide devient d'un brun foncé. L'ammoniaque n'y agit pas à froid; l'A. bichloré se dissout par l'échauffement et s'en sépare dès que le liquide est refroidi. L'acide sulfurique et l'acide nitrique le dissolvent également (Stenhouse).

Genre *Théine* $R-^6N^4O^2$.

473 *a*. Alcaloïde, se trouve tout formé dans le café, le thé et le fruit de *Paullinia sorbilis*.

Théine normale (caféine, guaranine). — $C^8H^{10}N^4O^2 +$ aq. — Voici la meilleure méthode pour extraire ce corps du thé (1) : on ajoute à l'infusion de thé chaude un léger excès de sous-acétate de plomb, puis de l'ammoniaque ; on fait bouillir quelque temps, et on lave avec soin, à l'eau bouillante, le précipité

(1) Voici les quantités de théine obtenues par M. Péligot avec différentes sortes de thé :

Thé hyson. . . .	3,40 p. c.	—	2,56
Poudre à canon.	4,40	—	2,20

Suivant les observations de Robiquet et Boutron, 1 kilogr. de café de la Martinique donne 3,58 grammes de caféine ; le café de Moka en donne 2,06, et celui de Cayenne 2,0 gr.

Les feuilles d'*Ilex paraguayensis* (thé du Paraguay) en ont donné à M. Stenhouse environ 0,13 p. c.

Le thé renferme de 0,5 à 1,0 p. c. d'une huile essentielle fort âcre ; de 13 à 18 p. c. de tannin; environ 25 p. c. d'une matière azotée semblable à la caséine ; environ 10 p. c. d'une matière gommeuse. Il donne de 5 à 6 p. c. de cendres. (Voyez, pour plus de détails, PÉLIGOT, *Annal. de chim. et de phys.*, 3e série, t. XI, p. 129.)

Le guarana des Brésiliens est un mélange de tannin, de gomme, d'amidon, d'huile grasse et de théine.

plombique recueilli sur le filtre. En traitant la liqueur filtrée par un courant d'hydrogène sulfuré, on sépare l'excès de plomb, et en concentrant à une douce chaleur le liquide débarrassé du sulfure de plomb, on obtient, par le refroidissement de ce liquide, une abondante cristallisation de T. normale presque pure; l'eau-mère concentrée par la chaleur fournit une nouvelle quantité de cristaux (Péligot).

Le café fournit ce corps par un procédé semblable.

Les Brésiliens préparent avec la graine de *Paullinia sorbilis* une espèce de pâte qu'ils appellent *guarana*, et qu'ils emploient pour combattre la dysenterie, les rétentions d'urine et d'autres maladies. Il résulte des recherches de M. Th. Martius, confirmées par celles de MM. Jobst, Berthemot et Dechastelus, que ce produit renferme aussi de la caféine. On épuise le guarana, réduit en poudre, par de l'alcool bouillant, et l'on ajoute à l'extrait du lait de chaux ou de l'oxyde de plomb hydraté. De cette cette manière, le liquide se décolore en même temps qu'il se précipite du tannate de chaux ou de plomb; après avoir décanté la liqueur, on en éloigne l'alcool par la distillation; ensuite on y ajoute un peu d'eau, de manière à séparer l'huile grasse; on enlève celle-ci, et l'on évapore à cristallisation. On purifie les cristaux à l'aide du charbon animal et par de nouvelles cristallisations (Berthemot et Dechastelus).

La T. normale cristallise en fines aiguilles, qui ressemblent à de la soie blanche; elle renferme 8,4 p. c. d'eau de cristallisation = 1 éq., qui ne se développe complétement que vers 150° (Mulder). Elle possède une légère saveur amère, fond à 178°, et se sublime à 384°, sans altération: toutefois, si elle n'est pas bien pure, et que l'on opère sur de plus grandes quantités, elle s'altère en partie par la chaleur. Elle se dissout à froid dans l'eau et l'alcool, moins bien dans l'éther; l'eau bouillante la dissout fort bien, et la solution saturée se prend en bouillie par le refroidissement.

Sa solution aqueuse n'est pas précipitée par les solutions métalliques; toutefois elle donne une combinaison soluble et cristalline avec le nitrate d'argent.

La T. est un alcaloïde faible; ses combinaisons salines sont

difficiles à obtenir et se décomposent promptement pour la plupart.

L'acide sulfurique concentré la décompose à chaud. L'acide
nitrique concentré, maintenu en ébullition avec elle, développe
des vapeurs nitreuses et donne un liquide jaune, qui prend une
teinte pourpre par l'addition d'une goutte d'ammoniaque, comme
dans la formation de la murexide; si l'on continue l'ébullition,
le liquide devient incolore, ne se colore plus par l'ammoniaque,
et dépose, par l'évaporation, des cristaux incolores (1), nageant
dans une eau-mère chargée d'un sel ammoniacal (Stenhouse).

La potasse caustique la décompose à chaud. Quand on la fait
bouillir avec de la baryte caustique, il se développe de l'ammoniaque, et il se produit du carbonate, du formiate et du cyanate (2) barytiques (Mulder).

Théine nitro-argentique (combinaison de nitrate d'argent et de
théine). — $C^8H^{10}N^4O^2$, $NAgO^3$. — Cette combinaison a été obtenue par M. Péligot.

Théine hydrochlorique (hydrochlorate de théine). — $C^8H^{10}N^4O^2$,
HCl. — Pour préparer ce corps il faut employer de l'acide hydrochlorique liquide entièrement concentré, et ne l'étendre ni d'eau
ni d'alcool; autrement il se précipite de la T. normale. Il faut
laver les cristaux avec de l'éther; ils s'effleurissent aisément
dans l'air chaud, en perdant de l'acide hydrochlorique (3);
toutefois on ne parvient pas à en chasser complétement le HCl
en y faisant passer de l'air chaud (Herzog). La T. normale sèche
absorbe jusqu'à 31 ou 35 p. c. d'acide hydrochlorique gazeux
(Mulder).

(1) M. Stenhouse (*Annal. der Chem. u. Pharm.*, t. XLV, p. 374, et
XLVI, p. 229) appelle ce corps *nitro-théine;* il cristallise dans l'eau
avec un éclat nacré, et se sublime sans altération. La potasse bouillante
en développe de l'ammoniaque. M. Stenhouse y a trouvé 41,87 — 42,15
carbone et 4,24 — 4,28 hydrogène; une détermination qualitative de
l'azote a donné un rapport de $CO^2 : N :: 5 : 1$.

(2) Je ne pense pas que cette formation de cyanate soit exacte ;
M. Mulder n'a fait qu'une détermination d'argent, sans analyser le sel.
D'ailleurs il est impossible de mettre les produits en équation; il y a dans
la théine bien plus d'hydrogène qu'il n'en faudrait pour obtenir ce produit.

(3) La forme cristalline de ce beau sel a été complétement décrite par
M. Herzog. (*Annal. der Pharm.*, t. XXIX, p. 174.)

Théine chloro-platinique. — $C^8H^{10}N^4O^2$, HC*l*, P*t*C*l*². — La T. hydrochlorique donne, avec le bichlorure de platine, un sel bien plus stable que lui ; on l'obtient en petits cristaux orangés en opérant avec des solutions chaudes (Stenhouse).

Théine sulfurique. —Sel difficile à obtenir cristallisé (Herzog).

(*c*) Combinaisons azo-sulfatées.

Genre Sulfindylate R—^{11}NSO⁴.

475. Sel copulé unibasique, produit par l'accouplement de l'indigo bleu (463) avec l'acide sulfurique.

$$C^8H^5NO + SH^2O^4 = H^2O + C^8H^5NSO^4.$$

Lorsqu'on délaie de l'indigo bleu dans l'acide sulfurique fumant, il se développe de la chaleur, et il se produit une dissolution bleue (*bleu de Saxe* ou de *composition*) qui renferme du S. normal ; la solution s'effectue aussi d'une manière complète si on emploie de l'acide sulfurique concentré, et qu'on porte le mélange à 50 ou 60°. La solution est d'un bleu foncé, et peut être étendue d'eau sans se troubler ; toutefois, si l'on ne prend pas un excès d'acide sulfurique, il reste ordinairement une poudre pourpre d'acide sulfopurpurique, insoluble dans les acides étendus et soluble dans l'eau pure, avec une couleur bleue.

Les S. sont tous bleus ; ils se décolorent au contact de l'hydrogène sulfuré en déposant du soufre, de même qu'au contact des autres corps réducteurs.

Les S. à base d'alcali sont insolubles dans les solutions salines et solubles dans l'eau pure ; ils se dissolvent à froid dans la potasse caustique, en devenant jaunes. Saturée par un acide, la solution redevient bleue ; mais si on la fait bouillir préalablement, elle développe de l'ammoniaque, et alors elle ne bleuit plus.

Sulfindylate normal (acide sulfindylique ou sulfindigotique, sulfate d'indigo). — $C^8H^5NSO^4$. — Il est fort soluble dans l'eau et l'alcool ; il se décolore au contact de l'hydrogène sulfuré en précipitant du soufre, mais la solution reprend à l'air la couleur bleue.

Sulfindylate potassique (sulfindigotate de potasse, céruline de W. Crum, indigo soluble, blauer Carmin des Allemands). — $C^8(H^4K)NSO^4$. — On fait agir un excès d'acide sulfurique sur l'indigo bleu, et après avoir séparé, par le filtre, l'acide sulfopurpurique, on sature la liqueur bleue par de l'acétate de potasse; on jette le précipité bleu sur un filtre, et on le lave avec de l'acétate de potasse jusqu'à ce que le liquide qui passe commence à bleuir; puis on lave le sel avec de l'alcool, qui enlève l'acétate (Dumas). L'eau froide dissout 1/140 de S. potassique en se colorant en bleu foncé; l'eau bouillante le dissout aisément, et si la solution est saturée, l'excès du sel se dépose, par le refroidissement, en flocons bleus. A l'état sec, le sel présente un reflet cuivré.

Chauffé en vase clos avec de l'eau de chaux, le S. potassique se colore en vert et peu à peu en pourpre, en produisant des corps qui n'ont pas encore été analysés (1).

Sulfindylate barytique. — $C^8(H^4Ba)NSO^4$ (Dumas). — Pour se procurer ce sel, il faut dissoudre dans une grande quantité d'eau distillée bouillante du S. potassique pur, y ajouter un excès de chlorure de barium, filtrer la liqueur bouillante, et laver le filtre à l'eau bouillante. Le S. barytique qui se forme est assez soluble à chaud pour que les liqueurs qui passent soient fortement colorées; mais il est peu soluble à froid, de sorte que du jour au lendemain ces liqueurs se prennent en une sorte de gelée (Dumas).

Sulfindylate plombique. — Sel floconneux bleu foncé, qu'on obtient en précipitant le S. potassique par l'acétate de plomb.

---

(1) M. Berzélius a désigné sous les noms de *Viridin-Schwefelsaeure, Purpurin-S., Flavin-S., Fulvin-S.*, et *Rufin-S.*, différents produits verts, rouges ou jaunes qui résultent de la décomposition des sulfindylates. Il admet aussi que la solution sulfurique de l'indigo renferme deux acides, l'*acide sulfindigotique* et l'*acide hyposulfindigotique*, dont les sels différeraient par leur plus grande solubilité dans l'eau. Lorsqu'on trempe de la laine dans une solution sulfurique d'indigo bleu, le liquide se décolore en même temps que la laine prend une belle couleur bleue qui résiste à l'eau et à l'alcool; mais elle se dissout dans le carbonate d'ammoniaque; la solution, évaporée à siccité, donnerait, suivant M. Berzélius, deux sels, dont l'un, insoluble dans l'alcool, serait le ulfindigotate, et l'autre soluble, l'hyposulfindigotate.

Genre *Isatosulfite* R—^{9}NSO^5.

476. Sel copulé unibasique, produit par l'accouplement de l'acide sulfureux avec différentes espèces des g. isatine ou isatate, sous l'influence des alcalis hydratés :

$$C^8H^5NO^2 + (KH)O + SO^2 = C^8(H^6K)NSO^5.$$

Les alcalis concentrés développent des I. du gaz sulfureux, et mettent en liberté l'isatine ou l'isatate.

Isatosulfite potassique. — C^8(H^{6}K)NSO^5+ 3 aq. — Le gaz sulfureux n'exerce aucune action sur l'isatine normale ; mais dissoute dans la potasse, et saturée par ce gaz, elle donne par l'évaporation un sel cristallisé en larges lamelles. La dissolution de l'isatate potassique donne encore le même résultat. Enfin on peut aussi préparer l'I. potassique en faisant bouillir de l'isatine normale en poudre avec du bisulfite de potasse jusqu'à dissolution complète (Laurent).

L'I. potassique est un sel légèrement coloré en jaune, assez soluble dans l'eau, et cristallisant en lames allongées assez brillantes. Il est neutre, assez soluble dans l'alcool bouillant, mais très peu à froid dans ce liquide. Ses dissolutions sont jaunes. Soumis à l'action de la chaleur, il devient d'un rouge orangé, se boursoufle, et laisse dégager de l'eau. Par une chaleur plus forte, il noircit et développe une matière rouge, épaisse, qui se solidifie sans cristalliser.

L'iode le décompose par l'ébullition ; il se précipite de l'isatine normale, et la liqueur renferme alors de l'acide sulfurique. Le chlore le décompose également avec formation de ce dernier acide ; mais il se dépose de l'isatine chlorée ou bichlorée, suivant que l'action du chlore a été plus ou moins prolongée.

L'acide hydrochlorique, versé dans une dissolution bouillante d'I. potassique, dégage aussitôt du gaz sulfureux avec effervescence, et il se précipite de l'isatine normale :

$$C^8(H^6K)NSO^5 + HCl = KCl + SO^2 + H^2O + C^8H^5NO^2.$$

Sa solution ne précipite pas les chlorures de baryum, de strontium et de calcium, ni l'acétate de cuivre. Le nitrate d'ar-

gent et l'acétate de plomb y occasionnent des précipités de sulfites et d'isatine (Laurent).

Isatosulfite ammoniacal. — $C^8H^7NSO^5$, NH^3. — Pour le préparer, on fait bouillir l'isatine normale avec du bisulfite d'ammoniaque, et on concentre la solution par l'évaporation. L'I. ammoniacal se présente sous la forme de petites tables rhomboïdales,
colorées en jaune pâle, peu solubles dans l'eau froide, mais très
solubles dans l'eau bouillante (Laurent).

Isatosulfite chloro-potassique (chlorisatinasulfite de potasse). —
$C^8(H^5ClK)SO^5$. — On l'obtient en faisant passer un courant de
gaz sulfureux dans une dissolution d'isatate chloro potassique.
Par l'évaporation de la solution, on obtient un sel jaune paille,
fibro-lamellaire, et peu soluble dans l'eau froide. Les acides le
décomposent en précipitant de l'isatate chloré, et en dégageant
du gaz sulfureux (Laurent).

Isatosulfite bichloro-potassique (chlorisatinésulfite de potasse).
$C^8(H^4Cl^2K)NSO^5$. — Petites aiguilles jaunes, qu'on obtient en
faisant bouillir de l'isatine bichlorée avec du bisulfite de potasse.

Isatosulfite bibromo-potassique (bromisatinésulfite de potasse).
— $C^8(H^4Br^2K)NSO^5$. — En faisant passer du gaz sulfureux dans
une dissolution d'isatate bibromo-potassique, on obtient un précipité jaune, très peu soluble dans l'eau.

NEUVIÈME FAMILLE.

GENRES.	FONCTIONS chimiques DES GENRES.	RAPPORTS DE TRANSFORMATION entre les genres de la NEUVIÈME FAMILLE.	RAPPORTS DE TRANSFORMATION entre les genres DE LA NEUVIÈME et d'autres familles.
Élaïlène $R+^2$.	Hydrocarbure.	L'élaène n. fixe Cl^2 et donne de l'élaïlène bichloré.	?
Élaène R.	Hydrocarbure.	?	Distillation sèche de l'acide hydroléique (18ᵉ f.).
Campholène $R-^2$.	Hydrocarbure.	?	Action de l'acide phosphorique sur l'acide camphol. (10ᵉ f.).
Cumène $R-^6$.	Hydrocarbure.	?	L'ac. cuminiq. (10ᵉ f.) élimine CO^2.
Valérone RO.	Acétone.	?	Décomp. du valérate calc. (5ᵉ f.) par la chaleur.
Péruvine $R-^8O$.	?	Le cinnamol n. fixe H^2 ?	?
Cinnamol $R-^{10}O$.	Aldéhyde.	?	Essence de cannelle.
Benzalcool $R-^8O^2$.	Éther unialcooliq.	?	Éthérification de l'ac. benzoïque (7ᵉ f.).
Cinnamate $R-^{10}O^2$	Sel unibasique.	Le cinnamol n. fixe O.	?
Coumarine $R-^{12}O^2$	?	?	Dans les fèves de Tonka.
Anisométhol $R-^8O^3$.	Éther unialcooliq.	?	Éthér. de l'ac. anisiq. (8ᵉ f.) avec l'esprit de bois.
Salialcool $R-^8O^3$.	Éther unialcooliq.	?	Éthérificat. de l'acide salicylique (7ᵉ f.).
Coumarate $R-^{10}O^3$	Sel unibasique.	Le g. coumarine fixe H^2O.	?
Piméliméthol $R-^2O^4$.	Éther bialcooliq.	?	Éthérificat. de l'acide pimél. (7ᵉ f.) avec l'esprit de bois.
Pyrotartralcool $R-^2O^4$.	Éther bialcooliq.	?	Éthérificat. de l'acide pyrotart. (5ᵉ f.) avec l'alcool.
Citraconalcool $R-^4O^4$.	Éther bialcooliq.	?	Éthérificat. de l'acide citraconique (5ᵉ f.).
Térébalcool $R-^4O^4$	Éther unialcooliq.	?	Éthérificat. de l'acide térébique (7ᵉ f.).
Vératrate $R-^8O^4$.	Sel unibasique.	?	Dans la graine de cévadille.
Lécanorine $R-^{10}O^4$.	Sel unibasique ?	?	Dans différ. lichens.

GENRES.	FONCTIONS chimiques DES GENRES.	RAPPORTS DE TRANSFORMATION entre les genres de la NEUVIÈME FAMILLE.	RAPPORTS DE TRANSFORMATION entre les genres DE LA NEUVIÈME et d'autres familles.
Térétinate $R-^4O^5$.	Sel bibasique.	?	L'essence de térébenthine (10e f.) se dédouble par l'oxyde de plomb en térétinate et formiate.
Tartramylate $R-^2O^6$.	Sel copulé unibas.	?	Accouplem. de l'acide tartriq. (4e f.) avec l'amylol n. (5e f.).
Sulfocuménate $R-^6SO^3$.	Sel copulé unibas.	Le cumène n. s'accouple avec l'acide sulfurique.	?
Sulfocinnamate $R-^{10}SO^5$.	Sel copulé bibasiq.	L'acide cinnam. s'accouple avec l'acide sulfurique.	?
Sulfocamphorate $R-^2SO^6$.	Sel copulé bibasiq.	?	Le camphoride norm. (10e f.) se dissout dans SH^2O^4 en éliminant CO.
Quinoléine $R-^9N$.	Alcaloïde.	?	Action de la potasse sur la quinine, la cinchonine, etc.
Hippurate $R-^9NO^3$.	Sel unibasique.	?	Dans l'urine.

(*a*) Combinaisons non azotées.

Genre *Élaïlène* R+².

477. Hydrocarbure, homologue des g. éthérilène (222), butyrilène (296), etc.

Élaïlène bichloré (chlorure d'élaïle). — $C^9H^{18}Cl^2$. — L'élaène normal se combine à froid avec le chlore, en produisant de l'É. bichloré, qui est huileux, plus pesant que l'eau, et d'une odeur assez agréable, qui ressemble beaucoup à celle de l'essence d'anis (Frémy).

Genre *Élaène* R.

478. Hydrocarbure, homologue des g. éthérène (225), butyrène (297), paramilène (344), oléène (366), etc.

L'hydroléate normal (18ᵉ fam.), soumis à la distillation sèche, donne de l'acide carbonique, de l'eau, de l'éthérène, de l'oléène et de l'élaène normal :

$$C^{18}H^{36}O^3 = CO^2 + H^2O + C^2H^4 + C^6H^{12} + C^9H^{18}.$$

Élaène normal. — C^9H^{18}. — Pour être entièrement débarrassé d'oléène, l'É. normal doit avoir été exposé pendant longtemps à une température de 100°, ensuite distillé plusieurs fois. Il retient ordinairement de petites quantités d'une huile empyreumatique, qu'on enlève par la distillation sur la potasse (Frémy).

L'É. normal est incolore, insoluble dans l'eau, soluble dans l'alcool et l'éther. Il a une odeur pénétrante; il brûle avec une belle flamme blanche, bout vers 110°, et est plus léger que l'eau. La densité de sa vapeur a été trouvée, dans deux expériences,

égale à 4,488—4,071; la formule $\dfrac{C^9H^{18}}{2}$ exige 4,338.

L'acide sulfurique concentré ne paraît pas exercer d'action sur lui. Le chlore le convertit en élaïlène bichloré.

Genre *Campholène* R−².

479. Hydrocarbure, produit par l'action de l'acide phosphorique anhydre sur le campholate normal (10ᵉ fam.).

$$C^{10}H^{18}O^2 = H^2O + CO + C^9H^{16}.$$

Campholène normal. — C^9H^{16}. — Liquide qui bout à 135°. La densité de sa vapeur a été trouvée égale à 4,353 $=$ 2 vol. (Delalande).

Genre Cumène R−6.

480. Hydrocarbure, homologue des g. benzène (369), benzoène (405), etc.

Le cuminate normal (10ᵉ fam.) élimine CO^2 sous l'influence de la baryte ou de la chaux caustique :

$$C^{10}H^{12}O^2 = CO^2 + C^9H^{12}.$$

Cumène normal. — C^9H^{12}. — Lorsqu'on soumet à la distillation sèche un mélange intime de 6 parties d'acide cuminique cristallisé (10ᵉ fam.), et 24 parties de baryte caustique, on voit passer un liquide parfaitement incolore, d'une odeur suave fort agréable, et volatil sans altération. Son point d'ébullition est constant à 151°,4; la densité de sa vapeur a été trouvée égale à 3,96. Il est insoluble dans l'eau, fort soluble, au contraire, dans l'alcool, l'éther et les huiles essentielles.

L'acide nitrique ne l'altère pas à froid ; mais à chaud, lorsqu'il est concentré, il produit une huile plus pesante que l'eau ; en prolongeant l'ébullition, on obtient un corps cristallin. Avec l'acide sulfurique fumant, il donne de l'acide sulfocuménique (Gerhardt et Cahours).

MM. Pelletier et Walter ont décrit, sous le nom de *rétinylène*, un hydrogène carboné qui se produit, dans les usines à gaz, par la distillation des résines, et qui présente la même composition et les mêmes caractères que le C. normal. Lorsqu'on distille la colophane à la chaleur rouge, dans des appareils à gaz, il passe, outre les hydrocarbures gazeux, environ 30 p. c. d'une huile brune ou noire, et qui est connue dans le commerce sous le nom de *brai sec*. Ce produit, soumis à des distillations fractionnées, donne plusieurs hydrogènes carbonés ; entre 130 et 160°, on recueille un produit qui a reçu des fabricants le nom de *vive essence*, et qui contient, outre le rétinaphte (405), le rétinylène de MM. Pelletier et Walter. Ces chimistes décrivent ce dernier comme une huile parfaitement limpide, d'une densité de 0,87, bouillant à 150°, et renfermant C^9H^{12}; la densité de sa vapeur a été trouvée égale à 4,244, qui est un peu plus forte que celle que nous avons observée pour le C. normal (la formule $\dfrac{C^9H^{12}}{2}$ correspond à 4,12), mais cela tenait peut-être à la présence d'une petite quantité d'un autre hydrocarboné, que la distillation seule ne pouvait pas éloigner d'une manière complète.

Genre *Valérone* RO.

480ᵃ. Acétone, homologue des g. acétone (3ᵉ fam.), butyrone (7ᵉ fam.), etc., produit de la distillation sèche du valérate calcique (348) :

$$2C^5(H^9Ca)O^2 = CO^2,Ca^2O + C^9H^{18}O.$$

Valérone normale. — $C^9H^{18}O$. — M. Lœwig a obtenu ce corps en soumettant à la distillation sèche de l'acide valérianique avec un excès de chaux. On l'obtient pur en le rectifiant sur de la chaux caustique.

La V. normale se présente sous la forme d'un liquide incolore d'une odeur éthérée agréable, qui rappelle un peu celle de l'acide valérianique. Elle est plus légère que l'eau et ne s'y dissout pas ; elle se dissout très bien dans l'éther et l'alcool (Lœwig).

Genre *Péruvine* R⁻⁸O.

481. La potasse liquide convertit le cinnamol normal en cinnamate potassique et en péruvine normale (Frémy) :

$$2C^9H^8O + (KH)O = C^9(H^7K)O^2 + C^9H^{10}O.$$

Péruvine normale. — $C^9H^{10}O$ (1). — Quand on met le cinnamol normal (cinnaméine) en contact avec une dissolution très concentrée de potasse, elle ne tarde pas à changer d'aspect, elle

______

(1) MM. Frémy et Plantamour me paraissent avoir opéré sur de la péruvine encore humide ; de là leur excédant d'hydrogène (leur formule est $C^9H^{12}O$). Ma formule se déduit des analyses faites par M. Malder (*Répert. de chim.*, t. III, p. 20) sur le produit de l'action de la potasse sur l'huile de cassia et de cannelle.

s'épaissit et devient peu à peu solide; la réaction se fait sans dégagement de gaz; pour avoir une décomposition complète, il faut prolonger le contact des deux corps pendant vingt-quatre heures; si, après ce temps, on traite la masse par l'eau, la plus grande partie se dissout à l'état de cinnamate potassique, et il surnage de la P. normale (Frémy). On peut aussi employer une dissolution alcoolique et concentrée de potasse; le mélange donne un savon qui se dissout dans l'eau; l'acide hydrochlorique en sépare des flocons d'acide cinnamique, mélangés de P. huileuse, qui vient se rendre à la surface par l'échauffement; mais la P. est ordinairement mélangée d'éther cinnamique, plus pesant que l'eau et bien plus volatil que la P. normale (Plantamour).

Ce corps est plus léger que l'eau, et s'y dissout en petite quantité; il est soluble dans l'alcool et l'éther, et a une odeur assez agréable.

L'acide nitrique l'attaque facilement, en formant un peu de benzoïlol normal (Frémy).

Genre *Cinnamol* R^{-10}O.

482. Aldéhyde; il se rencontre tout formé dans les essences de cannelle et de cassia, et, selon toute vraisemblance, dans les baumes du Pérou et de Tolu; il s'oxyde avec facilité, en se transformant en cinnamate, en benzoate ou en benzoïlol.

Le commerce fournit deux huiles de cannelle faciles à distinguer : l'essence de Chine est d'une odeur désagréable, rappelant celle de la punaise; elle est moins estimée que celle de Ceylan, qui coûte aussi bien plus cher. Toutes deux cependant renferment les mêmes principes, seulement en proportions différentes; on y distingue surtout deux principes huileux (1), le C. normal, plus pesant que l'eau et ayant la propriété de se concréter avec l'acide nitrique concentré, et une substance plus légère que

______

(1) Lorsqu'on agite l'huile de cannelle avec de l'eau de baryte, celle-ci s'empare de l'huile pesante (cinnamol n.), tandis que l'huile plus légère vient surnager et peut en être séparée par la distillation (Blanchet et Sell). L'huile brute a été soumise à l'analyse ; elle bout à 220° ; M. Mulder y a trouvé de 84,5 à 82,7 carbone, et de 6,9 à 7,4 hydrogène : il en calcule la formule $C^{20}H^{22}O^2$, qui n'a évidemment aucune valeur, puisqu'il s'agit d'un mélange.

II.

l'eau qui parait appartenir au genre camphène (10ᵉ fam.); cette dernière, toutefois, en petite quantité. Outre ces deux principes, l'huile de cannelle renferme de l'acide cinnamique et de la résine, provenant tous deux de l'action de l'air sur les matières huileuses.

Les baumes du Pérou et de Tolu paraissent renfermer les mêmes corps, seulement la résine y prédomine ; la *cinnaméine* de M. Frémy (1) est évidemment du C. normal plus ou moins impur; le *tolène* de M. Deville (2) est l'hydrogène carboné $C^{10}H^{16}$ du genre camphène. La résine qui entre dans la composition de ces baumes résulte très probablement de l'oxydation lente, au contact de l'air et de l'humidité, du C. normal qui y était primitivement contenu ; nous la décrirons dans la 18ᵉ fam. sous le nom de tolurétine; elle renferme, suivant M. Deville, $C^{18}H^{20}O^5$, c'est-à-dire 2 éq. de C. normal, plus 2 éq. d'eau et 1 éq. d'oxygène :

$$2[C^9H^8O + H^2O] + O = C^{18}H^{20}O^5.$$

Cinnamol normal (huile de cannelle oxygénée, hydrure de cinnamyle, essence de Tolu, cinnaméine). — C^9H^8O. — Pour l'obtenir entièrement pur, on met à profit la propriété que possède ce corps de se concréter avec l'acide nitrique concentré ; on mélange donc peu à peu l'huile de cannelle brute avec cet acide, et l'on abandonne la masse à l'abri de l'humidité; on la laisse ensuite égoutter sur des papiers, afin d'en imbiber l'huile hydro-

---

(1) Voici les analyses de cette cinnaméine :

	FRÉMY.	PLANTAMOUR.	DEVILLE.
	(anc. poids at.)	(anc. poids at.)	(nouv. poids at.)
Carbone.	78,7 — 79,5	80,8	79,96 — 81,12
Hydrog.	6,1 — 6,5	6,2	7,62 — 8,83

La formule C^9H^8O exige : carbone 84,8, hydr. 6,1. Aucun de ces chimistes n'indique si la cinnaméine se concrète ou non avec l'acide nitrique.

(2) M. Deville admet pour ce corps la formule $C^{24}H^{36}$; mais elle n'est pas contrôlée par la densité de la vapeur, ni par l'analyse d'un produit de décomposition. $C^{10}H^{16}$ exige : carbone 88,4, hydr. 11,6 ; M. Deville a obtenu : carbone 88,58 — 88,62; hydr. 11,35 — 11,30 ; il n'avait, d'ailleurs, que fort peu de substance à sa disposition.

carbonée. Les cristaux décomposés par l'eau fournissent le C. normal parfaitement pur ; celui-ci se prend immédiatement en masse par l'acide nitrique, tandis que les huiles de cannelle du commerce ne se solidifient jamais tout-à-fait et mettent souvent pour cela plusieurs heures (Dumas et Péligot).

Si, comme je le suppose, les baumes du Pérou et de Tolu renferment le même corps (cinnaméine), on pourra l'en extraire par le procédé de M. Richter : on agite le baume avec une lessive de potasse (1 p. de baume, 1 p. de potasse et 1 p. d'eau) ; il se produit ainsi un savon solide qui se dissout complétement dans l'eau (2 p.) et se sépare, au bout de quelques minutes, en deux couches, dont la supérieure renferme l'huile en question (1).

Le C. normal est un peu plus dense que l'eau ; il est incolore à l'état de pureté, mais il jaunit rapidement au contact de l'air en se résinifiant et en devenant acide ; l'oxygène gazeux est rapidement absorbé par lui, surtout quand il est humide ; il se produit alors de l'acide cinnamique :

$$C^9H^8O + O = C^9H^8O^2.$$

C'est le même acide qui prend naissance dans l'huile de cannelle ancienne, ou dans l'eau de cannelle exposée à l'air.

M. Plantamour indique le point d'ébullition de l'essence de Tolu à 305° ; la matière passe sans altération ; toutefois l'ébullition s'établit plus tôt, et ne demeure constante qu'au degré indiqué.

Quand on le soumet à l'action de l'acide nitrique à chaud, il se développe beaucoup de benzoïlol normal, et quand on épuise l'action de l'acide, on trouve dans le résidu du benzoate (Dumas et Péligot). L'oxyde puce de plomb donne, à peu de chose près, les mêmes réactions que l'acide nitrique (Frémy).

Bouilli avec une dissolution de chlorure de chaux, il se produit du benzoate (Dumas et Péligot).

Le chlore agit d'abord en donnant un composé liquide, qui se

(1) C'est la cinnaméine ainsi préparée qui a donné à M. Plantamour des nombres qui se rapprochent sensiblement de la composition C^9H^8O. L'hydrogène obtenu à l'analyse cadre parfaitement ; le charbon est un peu trop faible, mais M. Plantamour n'avait pas complété sa combustion par un courant d'oxygène.

prend en masse par une dissolution concentrée de potasse; cette propriété disparaît à mesure que l'action du chlore se prolonge et qu'il se forme du C. quadrichloré (Dumas et Péligot). Par l'influence simultanée de la chaleur et du chlore, on obtient aussi du benzoïlol chloré (Frémy).

Quand on abandonne de l'eau de cannelle à 0° avec de l'iode et de l'iodure de potassium, il se produit, selon Apjohn, une combinaison cristallisable, renfermant $C^9H^8O + 6J + KJ$; ce corps cristallise dans l'alcool et l'éther ; mais l'eau le décompose en mettant le C. normal en liberté.

L'ammoniaque gazeuse convertit le C. normal en cristaux d'hydrocinnamide normale (Karls, Dumas et Péligot, Laurent) :

$$3C^9H^8O + 2NH^3 = 3H^2O + C^{27}H^{24}N^2.$$

Une dissolution de potasse ou de baryte dissout le C. normal ; il s'en sépare sans altération par l'acide sulfurique affaibli (Blanchet). Quand on met le C. normal (cinnaméine) en contact avec une dissolution très concentrée de potasse, il se produit du cinnamate potassique soluble dans l'eau, et une huile insoluble, appelée *péruvine* par M. Frémy (481). Voici comment je conçois cette réaction :

$$2C^9H^8O + (KH)O = C^9(H^7K)O^2 + C^9H^{10}O.$$

La réaction paraît s'établir encore mieux par la potasse alcoolique (Plantamour). Si on fait fondre le C. normal avec de l'hydrate de potasse, il se produit du cinnamate, avec dégagement d'hydrogène :

$$C^9H^8O + (KH)O = C^9(H^7K)O^2 + H^2.$$

Le C. normal absorbe beaucoup de gaz hydrochlorique (1 éq.), en prenant une teinte verte, et en s'épaississant (Dumas et Péligot). L'acide sulfurique agit sur le C. normal même à froid, et le transforme en une matière résineuse renfermant $C^9H^{10}O^2$, c'est-à-dire C. n. plus 1 éq. d'eau (1).

On sait que l'huile de cannelle brute se concrète à quelques degrés au-dessous de 0°, et ne se fluidifie ensuite qu'à + 5 ou

(1) Suivant M. Frémy, $C^{54}H^{60}O^{12} = 6C^9H^{10}O^2$.

même plus tard; ce caractère est probablement dû au C. normal. M. Frémy a observé dans la cinnaméine la présence d'une petite quantité d'un corps cristallisé, qui se dépose quand on la soumet à l'action d'un grand froid; il l'appelle *métacinnaméine;* c'est probablement une modification polymère formée par la réunion de plusieurs molécules de C. normal; d'ailleurs, il renferme aussi C^9H^8O, et est converti, par la potasse, en cinnamate (1).

483. *Cinnamol nitrique* (nitrate d'huile de cannelle). — C^9H^8O, NHO^3, ou peut-être $C^9(H^7X)O + aq$. — Il s'obtient en prismes obliques à base rhomboïdale, qui ont souvent deux ou trois pouces de long. Ces cristaux égouttés peuvent se conserver quelques heures; mais la moindre chaleur, l'humidité atmosphérique les détruisent bientôt. Traités par l'eau, ils laissent déposer du C. normal pur, car celui-ci cristallise instantanément par l'acide nitrique, et se prend en masse (Dumas et Péligot).

Lorsqu'on conserve ce composé dans des flacons mal bouchés, il donne, au bout de quelques jours, une liqueur rouge, qui exhale l'odeur caractéristique du benzoïlol normal. L'ammoniaque gazeuse donne naissance à du nitrate d'ammoniaque et à une résine rouge. L'acide sulfurique concentré le dissout; l'eau précipite de la solution de l'acide cinnamique (Mulder).

Cinnamol quadrichloré (chloro-cinnose). — $C^9(H^4Cl^4)O$. — Lorsqu'on distille à plusieurs reprises le C. normal dans le chlore gazeux, on finit par obtenir de longues aiguilles blanches, tout-à-fait volatiles. Ces cristaux fondent à une douce chaleur, et se subliment sans s'altérer ; ils se dissolvent dans l'alcool. L'acide sulfurique concentré et bouillant ne les altère pas. Ils peuvent être volatilisés dans un courant de gaz ammoniac sec sans subir de décomposition (Dumas et Péligot).

La formation de ce corps est précédée de celle de plusieurs substances liquides, dont l'une se concrète avec une lessive de potasse.

Genre Benzalcool $R-^8O^2$.

484. Éther unialcoolique, homologue des g. benzométhol (8ᵉ fam.), cumiméthol (11ᵉ fam.), cuminalcool (12ᵉ fam.), etc.

____

(4) M. Plantamour n'a pas obtenu de métacinnaméine, même en refroidissant son produit jusqu'à — 12°.

On en obtient l'espèce normale par les procédés d'éthérification ou par l'action du benzoïlol chloré (408) sur l'alcool normal :

$$C^7(H^5Cl)O + C^2H^6O = HCl + C^9H^{10}O^2.$$

Benzalcool normal (éther benzoïque, benzoate d'oxyde d'éthyle). — $C^9H^{10}O^2$. — On le prépare en distillant un mélange de 4 p. d'alcool ordinaire, 2 p. d'acide benzoïque cristallisé, et 1 p. d'acide hydrochlorique concentré ; on peut éthérifier presque tout l'acide benzoïque en cohobant le produit plusieurs fois ; on change de récipient dès que le liquide qui passe se trouble par l'addition de l'eau. On purifie le produit par des lavages à l'eau et au carbonate de soude ; la purification se complète par une rectification sur la litharge.

Il s'obtient aussi en chauffant à une douce chaleur un mélange de volumes égaux d'alcool absolu et de benzoïlol chloré.

Le B. normal est incolore, et possède une odeur aromatique fort agréable ; sa densité est de 1,0539 à + 10°,5. Il bout à + 209°, et distille sans altération ; la densité de sa vapeur a été trouvée égale à 5,407 (Dumas et Boullay).

Il est insoluble dans l'eau froide, mais il s'y dissout un peu à chaud. Il se dissout dans l'alcool en toutes proportions.

Il dissout beaucoup d'acide benzoïque, et, quand il en est saturé, il se fige à + 21°.

La potasse caustique le convertit peu à peu en benzoate potassique et alcool normal.

Distillé sur du chlorure de zinc fondu, il dégage beaucoup de gaz acétène chloré (éther hydrochlorique), et donne du benzoate zincique, qui se décompose à son tour quand on élève davantage la température, en donnant de l'acide benzoïque mélangé de benzène normal (Gerhardt) :

$$C^9H^{10}O^2 + ZnCl = C^2(H^5Cl) + C^7(H^5Zn)O^2.$$

Quand on y fait passer du chlore à une température de 60 ou 70°, il se dégage beaucoup de HCl et d'acétène chloré, et l'on obtient un liquide chloré, ainsi que du benzoïlol chloré (Malaguti). Ce dernier est sans doute un produit secondaire, né sous l'influence de HCl, car :

$$C^9H^{10}O^2 + 2HCl = H^2O + C^7(H^5Cl)O + C^2(H^5Cl).$$

Genre Cinnamate $R{-}^{10}O^2$.

485. Sel unibasique, produit de l'oxydation directe du g. cinnamol (482) :

$$C^9H^8O + O = C^9H^8O^2.$$

Distillé avec de l'acide nitrique, les C. développent des vapeurs rutilantes, ainsi que du benzoïlol normal.

Cinnamate normal (acide cinnamique). — $C^9H^8O^2$. — Les vieilles essences de cannelle déposent souvent des cristaux prismatiques d'un grand volume, qui ne sont autre chose que ce corps. On le prépare en traitant l'huile de cannelle par de la potasse fondue, et précipitant le C. potassique par un acide. On peut aussi dissoudre l'huile de Tolu ou du Pérou dans une solution alcoolique de potasse, évaporer à siccité, reprendre le résidu par l'eau bouillante, et précipiter le C. normal par de l'acide hydrochlorique. On le purifie par de nouvelles cristallisations dans l'eau ; comme il est moins soluble que l'acide benzoïque, il se dépose toujours dans les premières portions qui se précipitent par le refroidissement de la solution.

Il s'obtient en lamelles nacrées parfaitement incolores, ou en prismes souvent très volumineux. Il fond à 120°, et bout à 293°, en distillant sans aucune altération. Il est fort peu soluble dans l'eau froide ; l'alcool le dissout fort bien (Dumas et Péligot).

L'acide nitrique concentré le convertit en C. nitrique, si l'on a soin d'éviter l'échauffement du mélange ; autrement il se développe des vapeurs nitreuses, et l'on obtient de l'essence d'amandes amères, et, en épuisant l'action, de l'acide benzoïque ou nitrobenzoïque (Mulder, Marchand).

L'acide sulfurique fumant le convertit en acide sulfo-cinnamique (500). Le chlore et le brome l'attaquent également (Herzog).

Distillé avec un excès de baryte caustique ou de chaux, il se métamorphose en cinnamène normal (Gerhardt et Cahours).

$$C^9H^8O^2 = CO^2 + C^8H^8.$$

Chauffé avec du peroxyde puce de plomb, il développe une

odeur d'amandes amères, et donne du benzoate plombique (Stenhouse).

Distillé avec un mélange de bichromate de potasse et d'acide sulfurique, il donne de l'huile d'amandes amères (E. Simon).

Cinnamate plombique. — Poudre cristalline et grenue.

Cinnamate argentique. — $C^9(H^7Ag)O^2$. — Flocons presque insolubles dans l'eau (Dumas et Péligot).

Les C. à base alcaline sont très solubles dans l'eau (1).

486. *Cinnamate nitrique* (acide nitro-cinnamique) — $C^9(H^7X)O^2$. — Pour obtenir ce corps, on broie du C. normal avec de l'acide nitrique, exempt d'acide hyponitrique, et assez refroidi pour que le mélange ne s'échauffe pas au-dessus de 60°. On verse de l'eau sur le produit, de manière à enlever l'excédant d'acide nitrique, et on dissout le résidu dans l'alcool bouillant; le C. nitrique s'en sépare presque complétement par le refroidissement. On le purifie par des lavages à l'alcool froid (Mitscherlich).

Le C. nitrique est blanc ou légèrement jaunâtre; ses cristaux sont si petits, qu'il est difficile d'en déterminer la forme. Il fond vers 270°, et se prend, par le refroidissement, en une masse cristalline; chauffé au-dessus de 270°, il entre en ébullition et se décompose.

Il est presque insoluble dans l'eau froide; l'eau bouillante ne le dissout qu'en petite quantité; dans l'alcool, il est bien moins soluble que le C. normal.

Il décompose les carbonates avec effervescence.

Cinnamate nitro-potassique. — Cristaux mamelonnés, fort solubles, neutres au papier, et qui font explosion par l'échauffement.

Cinnamate nitro-magnésique. — Groupes mamelonnés fort solubles.

Les C. solubles donnent, avec d'autres solutions métalliques, tels que ceux d'argent et de plomb, des précipités pulvérulents.

Cinnamate nitro-argentique. — $C^9(H^6XAg)O^2$. — Précipité pulvérulent très peu soluble dans l'eau. Si on le chauffe avec pré-

(1) M. Herzog a publié une espèce de monographie des cinnamates (*Archiv der Pharm.*, t. XX, p. 159); mais, comme il n'en donne pas d'analyses, nous ne saurions nous servir de ses résultats.

caution, il se décompose d'une manière instantanée, en laissant de l'argent métallique pur (Mitscherlich).

Genre Coumarine $R-^{12}O^2$.

487. Ce g. n'a pas encore été produit artificiellement; on en rencontre l'espèce normale dans les fèves de tonka (*Dipterix odorata*, Willsdr.), et en petite quantité dans les fleurs de mélilot (*Melilotus officinalis*).

Coumarine normale. — $C^9H^6O^2$? — Pour l'extraire, il suffit de couper les fèves de tonka en petites tranches, et de les soumettre à froid, à un lavage par l'alcool à 36°. On évapore la liqueur jusqu'à consistance de sirop, et on l'abandonne au refroidissement. La C. normale cristallise alors en petits prismes jaunâtres, qu'on purifie par une nouvelle cristallisation.

Ainsi obtenue, elle est d'une blancheur parfaite; elle fond à 50° c., et bout à 270°, sans s'altérer sensiblement. Elle possède une odeur aromatique très agréable et une saveur brûlante; sa vapeur exerce une action très énergique sur le cerveau. Ses cristaux sont durs et craquent sous la dent (Delalande).

Elle est à peine soluble dans l'eau froide; l'eau bouillante en dissout une assez grande quantité, qu'elle abandonne, par le refroidissement, en aiguilles très fines (1).

Elle se dissout sans altération dans les acides étendus, même bouillants. L'acide sulfurique concentré la charbonne sur-le-champ. L'acide nitrique concentré la convertit en C. nitrique; par une ébullition prolongée, il la transforme en phénate trinitrique (374).

Elle ne précipite pas l'acétate de plomb. Le chlore et le brome agissent sur elle, en donnant des composés blancs cristallisés; l'iode en dissolution alcoolique la transforme en une matière cristalline, d'un vert bronzé, avec un reflet doré.

Le perchlorure d'antimoine agit sur elle en donnant naissance à des cristaux jaunes, qui contiennent, outre la matière organique, du chlore et de l'antimoine.

____

(1) Delalande exprime la coumarine par $C^{18}H^{14}O^4 = C^9H^7O^2$; l'hydrogène trouvé à l'analyse a été de 4,4 — 4,7 — 4,8 — 4,7; la formule de Delalande exige 4,8; la nôtre, 4,1.

Une dissolution de potasse la dissout rapidement en lui faisant perdre son odeur; les acides l'en précipitent intacte. Une lessive de potasse concentrée et bouillante la convertit en coumarate (490); la potasse en fusion la convertit en salicylate avec dégagement d'hydrogène (Delalande); il est probable que, dans ce dernier cas, il se produit en même temps de l'oxalate, car :

$$C^9H^6O^2 + H^2O = C^9H^8O^3$$
$$C^9H^8O^3 + 4H^2O = C^7H^6O^3 + C^2H^2O^4 + 4H^2.$$

Coumarine nitrique (nitro-coumarine). — $C^9(H^5X)O^2$? — Si l'on projette peu à peu la C. normale à froid dans de l'acide nitrique fumant, elle s'y dissout presque instantanément sans dégagement de gaz. Par l'addition d'une grande quantité d'eau, il se dépose une matière floconneuse, blanche comme de la neige. Ce produit semble capable de se volatiliser sans décomposition; il se dissout dans l'alcool bouillant, et y cristallise en petites aiguilles blanches et soyeuses. La potasse les colore, à froid, en rouge foncé; par l'échauffement du mélange, il développe de l'ammoniaque, et se fonce de plus en plus (Delalande).

Genre Anisométhol $R^{-8}O^3$.

488. Éther unialcoolique, homologue du g. anisalcool (10ᵉ f.), isomère du g. salialcool (489).

Anisométhol normal (anisate de méthylène). — $C^9H^{10}O^3$. — Éther parfaitement neutre, qu'on obtient avec l'acide anisique et l'esprit de bois (Cahours).

Genre Salialcool $R^{-8}O^3$.

489. Éther unialcoolique, homologue du g. saliméthol (450).
Salialcool normal (éther salicylique). — $C^9H^{10}O^3$. — Cet éther s'obtient facilement en soumettant à la distillation un mélange de 2 p. d'alcool absolu, 1 1/2 p. d'acide salicylique cristallisé, et 1 p. d'acide sulfurique à 66°. C'est un liquide incolore, d'une odeur suave, plus pesant que l'eau, et bouillant vers 225°. Il est peu soluble dans l'eau; avec la potasse et la soude, il forme des combinaisons cristallisées, solubles dans l'eau. La baryte anhydre

l'attaque vivement, et donne, par la distillation sèche, un liquide particulier, homologue sans doute de l'anisol normal (407). Le chlore et le brome agissent vivement sur le S. normal, en donnant naissance à des produits cristallisés dérivés par substitution. L'ammoniaque ne le dissout qu'à la longue, en le transformant en salicylamide normale (435) et en alcool normal.

L'acide nitrique fumant le convertit en :

Salialcool nitrique (éther indigotique). — $C^9(H^9X)O^3$. — Il cristallise en aiguilles soyeuses, que les alcalis bouillants convertissent en alcool normal et en salicylate nitrique. L'ammoniaque le convertit à la longue en salicylamide nitrique et en alcool normal (Cahours).

Salialcool bibromé (éther salicylique bibromé).—$C^9(H^8Br^2)O^3$.— Traité par un excès de brome, le S. normal développe de l'acide hydrobromique, et donne du S. bibromé, qui cristallise en larges écailles nacrées. Elles fondent par une douce chaleur, et se volatilisent à une température élevée. La potasse les dissout (Cahours).

Genre Coumarate $R^{-10}O^3$.

490. Sel unibasique, produit par la fixation de H^2O sur le g. coumarine.

Coumarate normal (acide coumarique). — $C^9H^8O^3$. — Quand on fait bouillir la coumarine avec une dissolution concentrée de potasse, il se produit un sel de potasse (avec dégagement d'hydrogène (1), Delalande) qu'il suffit de dissoudre dans l'eau et de précipiter par un acide. Le C. normal s'en précipite en lamelles transparentes qui possèdent un grand éclat et se distinguent aisément de la coumarine, en ce que cette dernière cristallise dans les mêmes circonstances en aiguilles blanches et soyeuses. Cet acide se dissout dans l'eau et cristallise par le refroidissement ; il possède un goût amer, rougit le tournesol et sature parfaitement les bases.

Quand on le chauffe, il répand des vapeurs âcres ; toutefois

---

(1) Ce dégagement d'hydrogène peut venir d'une action secondaire, ayant pour résultat la formation d'une certaine quantité de salicylate (487).

il n'est pas volatil sans décomposition, et paraît se décomposer par la chaleur en une huile volatile et en une résine qui reste pour résidu ; l'huile semble se combiner avec la potasse et rougit les persels de fer (Delalande).

Coumarate argentique. — $C^9(H^7Ag)O^3$. — En faisant bouillir une solution aqueuse de C. normal avec de l'ammoniaque jusqu'à ce que la liqueur soit neutre, et ajoutant ensuite du nitrate d'argent, on obtient un précipité jaune qui présente la composition indiquée (Delalande).

Genre *Piméliméthol* $R^{-2}O^4$.

491. Éther bialcoolique, homologue des g. oxalcool, oxaméthol, succinalcool, etc.

Piméliméthol normal (pimélate de méthylène). — $C^9H^{16}O^4$. — Cet éther n'a pas encore été préparé.

Genre *Pyrotartralcool* $R^{-2}O^4$.

492. Éther bialcoolique, homologue et isomère du g. précédent.

Pyrotartralcool normal (éther pyrotartrique). — $C^9H^{16}O^4$. — On l'obtient en éthérifiant l'acide pyrotartrique (356) par l'alcool et l'acide hydrochlorique. C'est un liquide incolore, transparent, d'une odeur aromatique et d'une saveur amère. Sa densité est de 1,016 à 18,5° ; il bout à 218°, en se décomposant en partie. Il se dissout en toutes proportions dans l'alcool et l'éther ; l'eau en dissout fort peu. Le contact de l'eau l'acidifie peu à peu en régénérant de l'alcool (Malaguti).

Genre *Citraconalcool* $R^{-4}O^4$.

493. Éther bialcoolique, isomère du g. térébalcool (494).

Citraconalcool normal (éther pyrocitrique, itaconique, citraconique). — $C^9H^{14}O^4$. — On l'obtient en éthérifiant l'acide citraconique au moyen de l'alcool et de l'acide hydrochlorique (Malaguti), ou bien en distillant un mélange d'alcool, d'acide citrique et d'acide sulfurique concentré, de manière à décomposer l'éther citrique, qui se produit en premier lieu (Marchand).

C'est un liquide incolore, amer, d'une densité de 1,040 à 18°5.
Il bout à 225°, en se décomposant en partie. Il se mélange en
toutes proportions avec l'alcool et l'éther ; d'une manière à peine
sensible avec l'eau. Par un contact prolongé avec ce dernier liquide, il s'acidifie et régénère de l'alcool (Malaguti, Crasso).

Genre *Térébalcool* R$-^4$O^4.

494. Éther unialcoolique, isomère du précédent.

Térébalcool normal (éther térébique). — C^{9}H^{14}O^4. — On obtiendra sans doute cet éther avec l'acide térébique (425).

Genre *Vératrate* R$-^8$O^4.

495. Sel unibasique, trouvé par **M.** Merck dans la graine de
cévadille (*Veratrum Sabadilla*).

Vératrate normal (acide vératrique). — C^{9}H^{10}O^4 (Schrœtter).—
On se procure ce corps en épuisant la graine de cévadille (1) par
de l'alcool mélangé d'acide sulfurique, et précipitant l'extrait par
de l'hydrate de chaux ; il se produit alors un précipité de véra-
trine et de sulfate de chaux, qu'on sépare par le filtre ; le **V.**
calcique reste en dissolution ; on en chasse l'alcool par la distillation, et l'on ajoute de l'acide hydrochlorique ou sulfurique au
résidu ; le **V.** normal cristallise alors par le refroidissement du
mélange ; on le purifie en traitant sa solution alcoolique par du
charbon animal.

Il s'obtient, par l'évaporation spontanée, en aiguilles quadrilatères. A 100°, ces cristaux perdent de l'eau, et deviennent d'un
blanc mat ; ils fondent, à une température supérieure, en un
liquide incolore, et se subliment plus tard sans s'altérer. Il est
peu soluble dans l'eau froide.

L'acide nitrique et l'acide sulfurique concentrés ne l'attaquent
pas beaucoup.

Les **V.** à base d'alcali sont fort solubles dans l'eau et l'alcool,
et cristallisables.

---

(1) MM. Pelletier et Caventou ont extrait de la graine de cévadille un
acide qu'ils appellent *acide cévadique*, et qui fond déjà à 20° et se sublime. L'analyse de ce corps n'a pas encore été faite.

Vératrate argentique. — $C^9(H^9Ag)O^4$. — Précipité blanc légèrement soluble dans l'eau.

Le V. plombique est insoluble dans ce liquide.

Genre Lécanorine $R^{-10}O^4$.

496. Sel unibasique.

Lécanorine normale (érythrine de Heeren?). — $C^9H^8O^4$. — Ce principe (1) a été extrait par M. Schunck de différents lichens appartenant aux genres *Lecanora* et *Variolaria;* voici comment on se le procure. Après avoir réduit les lichens en poudre fine, on les épuise par l'éther dans un appareil de déplacement; on chasse l'éther de l'extrait, et l'on obtient ainsi un résidu, qu'on recueille sur un grand entonnoir pour le laver avec de l'éther jusqu'à ce qu'il soit incolore; on l'épuise ensuite avec de l'eau, et on le fait dissoudre et cristalliser dans l'alcool (Schunck).

Il est avantageux d'employer, dans cette préparation, de l'ammoniaque caustique pour traiter les lichens; du moins c'est à l'aide de ce solvant que MM. Rochleder et Heldt sont parvenus à extraire ce corps de l'*Evernia prunastri*. Ces chimistes épuisent le lichen par un mélange d'ammoniaque et d'alcool, ajoutent à l'extrait un tiers de son volume d'eau, et le saturent par l'acide acétique. La L. se précipite alors en flocons gris, qu'on sèche à 100°, après les avoir lavés, et qu'on fait dissoudre dans une petite quantité d'alcool absolu et bouillant. Les cristaux s'obtiennent purs par de nouvelles cristallisations.

Ainsi obtenue, la L. est parfaitement blanche, et se compose d'aiguilles groupées en étoiles; elle est insoluble dans l'eau, peu soluble dans l'alcool froid, assez soluble dans l'alcool bouillant, fort soluble dans l'éther et dans l'acide acétique. Elle est très soluble dans les alcalis aqueux fixes, ainsi que dans l'ammoniaque; la solution récemment préparée donne, avec les acides, un précipité de L. non altérée; mais si elle a été abandonnée pendant quelques heures, les acides y déterminent une effervescence d'acide carbonique, et alors on trouve de l'orcine (447) dans le liquide (Schunck).

Bouillie longtemps avec de l'eau, la L. finit par s'y dissoudre,

(1) La formule de ce corps est fort douteuse. (Voyez, p. 50, la note.)

mais alors elle se trouve aussi transformée en orcine. Cette métamorphose est très rapide lorsqu'on fait bouillir la L. avec de l'eau de baryte; il se dépose alors du carbonate de baryte, et, par l'évaporation du liquide, on obtient des cristaux d'orcine. La distillation sèche de la L. donne naissance aux mêmes produits; il distille alors de l'orcine, et le résidu ne noircit que si la distillation est trop brusque.

Abandonnée à l'air, en dissolution dans l'ammoniaque aqueuse, la L. prend peu à peu une couleur pourpre très belle.

Bouillie avec de l'acide nitrique, elle développe des vapeurs rouges, et fournit beaucoup d'acide oxalique.

Lorsqu'on fait passer un courant de gaz hydrochlorique dans une solution de lécanorine dans l'alcool absolu, saturée à l'ébullition, et qu'on chauffe ensuite le produit au bain-marie pour en chasser les parties les plus volatiles, l'eau sépare du résidu une masse résinoïde (*pseudérythrine* de Heeren, *érythrine* de M. Kane, 22ᵉ fam.), qu'on obtient pure en la faisant cristalliser dans l'eau bouillante. La L. donne le même produit quand on la fait bouillir avec un mélange d'alcool et d'acide sulfurique (Schunck, Rochleder et Heldt).

Lécanorine calcique. — Une solution ammoniacale de L. normale donne, avec le chlorure de calcium, un précipité gélatineux, soluble en faible proportion dans l'alcool et l'eau; les acides précipitent, de la solution de ce produit, la L. normale en flocons blancs.

Lécanorine plombique. — $C^9(H^7Pb)O^4$. — Lorsqu'on ajoute une solution de L. normale dans l'alcool, il se produit un précipité (1) légèrement soluble dans l'alcool.

Genre *Térétinate* R⁻⁴O⁵.

497. Sel bibasique? Au contact de la litharge, l'essence de térébenthine (10ᵉ fam.) s'oxyde et se dédouble en acide formique et acide térétinique :

$$C^{10}H^{16} + O^7 = CH^2O^2 + C^9H^{14}O^5.$$

(1) MM. Rochleder et Heldt en représentent la composition par $C^{18}H^{16}O^8,Pb^2O = C^9(H^8Pb)O^4 1/2$; ma formule s'accorde parfaitement avec leur analyse.

Térétinate normal (acide térétinique). — $C^9H^{14}O^5$ (Kolbe). — Quand on chauffe doucement de l'essence de térébenthine avec de la litharge, elle se colore en absorbant beaucoup d'oxygène ; peu à peu elle se décolore de nouveau, et alors on trouve au fond du vase un précipité jaune et volumineux (1). On jette celui-ci sur un filtre, et on l'épuise par l'alcool bouillant, jusqu'à ce que ce liquide ne soit plus troublé par l'eau ; on dessèche le précipité, et on le décompose, dans un tube, par de l'hydrogène sulfuré ; l'alcool extrait alors du produit un corps résinoïde dont la solution réagit acide, et qui dépose, par l'évaporation spontanée au soleil, de petits groupes de cristaux blancs et déliés. Si l'on évapore trop promptement, on n'obtient qu'une masse brune et visqueuse, sans apparence cristalline (Weppen).

La solution alcoolique des cristaux précipite la plupart des solutions métalliques, et est également précipitée par l'eau ; un excès d'alcool dissout les précipités (2).

Genre *Tartramylate* $R-{}^2O^6$.

498. Sel copulé unibasique, homologue des g. tartrométhylate (360) et tartrovinate (385).

Les T. se convertissent, par l'ébullition de leur solution aqueuse, en amylol normal et en tartrates :

$$C^9H^{16}O^6 + H^2O = C^5H^{12}O + C^4H^6O^6.$$

Tartramylate calcique. — Quand on traite l'acide tartrique par l'amylol normal dans un appareil distillatoire, on obtient un résidu sirupeux qui, dans l'espace de vingt-quatre heures, laisse déposer une matière blanche qu'on peut priver, au moyen de l'éther, de la liqueur visqueuse au milieu de laquelle il s'est formé. Cette dernière est très amère ; traitée par le carbonate de chaux, elle donne un sel qui cristallise en lamelles nacrées, gras au toucher.

Tartramylate argentique. — $C^9(H^{15}Ag)O^6$. — La dissolution du

(1) L'eau en extrait du formiate de plomb surbasique.

(2) M. Caillot a extrait de la térébenthine de Strasbourg, provenant du *Pinus picea* et *abies*, une matière résineuse et cristallisable, à laquelle il donne le nom d'*abiétine* (résine-gamma de Berzélius), et qui présente quelque analogie avec le corps de M. Weppen.

T. calcique, précipitée par une dissolution concentrée de nitrate d'argent, donne du T. argentique peu soluble et d'un aspect nacré (Balard).

(b) Combinaisons sulfatées.

Genre *Sulfocuménate* $R^{-6}SO^3$.

499. Sel copulé unibasique, homologue des g. sulfobenzidate (391), sulfobenzoénate (430), etc.; produit par l'accouplement du cumène normal (480) avec l'acide sulfurique.

Sulfocuménate normal (acide sulfocuménique). — $C^9H^{12}SO^3$. — On verse dans un verre à pied environ 1 p. de cumène et 2 p. d'acide sulfurique de Nordhausen; on agite le tout avec une baguette de verre, jusqu'à ce que le cumène se soit dissous dans l'acide. En opérant sur de grandes quantités, on peut abandonner le mélange dans un flacon bouché; la dissolution s'effectue alors peu à peu d'elle-même. Elle est d'un brun foncé; quand on l'étend d'eau, la coloration disparaît entièrement, et la nouvelle dissolution est parfaitement incolore. Si l'on a laissé les deux corps assez longtemps en contact, tout le cumène demeure en dissolution (Gerhardt et Cahours).

Sulfocuménate barytique. — $C^9(H^{11}Ba)SO^3$. — On sature la solution précédente par du carbonate de baryte, et si elle est assez étendue, on peut chauffer le mélange, afin que la réaction s'achève plus rapidement. Le sulfate ayant été recueilli sur un filtre, on a une solution de S. barytique, qui se prend en masse par la concentration, en donnant de belles lames nacrées, très brillantes, semblables à des écailles de poisson.

La solution de ce sel ne se décompose pas par l'ébullition. Elle ne produit point de précipité dans les solutions de chlorure de calcium, d'acétate de plomb, de bichlorure de mercure, de chlorure de cuivre, de chlorure de nickel, de bismuth, etc.

MM. Gerhardt et Cahours ont décrit, sous le nom de *rétinylate de baryte*, un sel qu'ils ont obtenu avec l'acide sulfurique fumant et le rétinyle de MM. Pelletier et Walter; ce sel présentait la même composition que le S.; toutefois il ne possédait pas tout-à-fait les mêmes caractères physiques. Il était bien moins soluble que le S. , et sa solution , concentrée par l'évaporation, ne se prenait pas en masse par le refroidissement, mais abandonnait peu à peu des croûtes cristallines, qui se rassemblaient à la surface du liquide , et n'offraient point l'éclat nacré du S. Le sel renfermait d'ailleurs quelques impuretés , et il est possible qu'elles l'aient empêché de bien cristalliser.

Genre *Sulfocinnamate* $R-{}^{10}SO^5$.

500. Sel copulé bibasique , produit par l'accouplement du g. cinnamate (484) avec l'acide sulfurique.

Sulfocinnamate normal (acide sulfocinnamique). — $C^9H^8SO^5$ + 3 aq. — Lorsqu'on verse de l'acide sulfurique concentré sur de l'acide cinnamique en évitant un excès du premier, une partie de l'acide cinnamique se sépare de nouveau par l'addition de l'eau. Mais si l'on prend , pour 1 p. d'acide cinnamique, 8 à 12 p. d'acide fumant de 1,92 à 1,87 de densité, il ne s'en dépose presque plus rien. La dissolution s'effectue avec chaleur sans dégagement de gaz sulfureux. On sature par du carbonate de baryte le mélange étendu d'eau; après avoir filtré , on décompose le liquide par de l'acétate de plomb basique, et l'on traite le précipité par l'hydrogène sulfuré (Herzog).

Le S. normal se prend dans le vide en une masse amorphe, un peu hygroscopique, fort soluble dans l'eau et l'alcool. Par l'évaporation spontanée de la solution alcoolique, il se prend en prismes allongés contenant 3 éq. d'eau de cristallisation.

Il précipite les solutions de l'acétate de plomb surbasique, du protonitrate de mercure, et, au bout de quelque temps, celle du chlorure de baryum. La plupart des S. métalliques sont d'ailleurs solubles dans l'eau.

Sulfocinnamate bipotassique (sel neutre). — $C^9(H^6K^2)SO^5$. — Obtenu par double décomposition, ce sel est amorphe, et fort soluble dans l'eau.

Sulfocinnamate potassique (sel acide). — $C^9(H^7K)SO^5$. — Lorsqu'on ajoute de l'acide hydrochlorique à la solution aqueuse du S. bipotassique, il cristallise un sel acide en aiguilles agglomérées.

Sulfocinnamate bibarytique (sel neutre). — $C^9(H^6Ba^2)SO^5$ + aq.

— Il est presque insoluble dans l'eau ; lorsqu'on le chauffe dans un tube de verre, il dégage une légère odeur, semblable à celle de l'huile de cannelle.

Sulfocinnamate barytique (sel acide). — $C^9(H^7Ba)SO^5 + aq.$ — Bouilli avec de l'eau aiguisée d'acide nitrique, le sel précédent dépose des aiguilles fort jolies de S. barytique. Ce sel est inaltérable à l'air, peu soluble dans l'eau. et l'alcool ; il perd son éclat à 100°, en développant 1 éq. d'eau de cristallisation.

Lorsqu'on verse sur les cristaux une solution d'ammoniaque diluée, ils se dissolvent aisément, et déposent bientôt après des prismes qui, à l'air, dégagent de l'eau et de l'ammoniaque (Herzog).

Sulfocinnamate biargentique. — $C^9(H^6Ag^2)SO^5$. — On ne peut l'obtenir ni en forme régulière ni sous forme de précipité; mais on le prépare en décomposant le S. bibarytique par du sulfate d'argent, évaporant au bain-marie et dans le vide. Il s'y dessèche en une croûte grise amorphe et brillante. Si l'on opère à feu nu, il faut faire attention que le sel ne se réduise pas ; car, à une certaine concentration, le tout se prend subitement en une masse gélatineuse.

Genre *Sulfocamphorate* $R^{-2}SO^6$.

501. Sel copulé bibasique, produit par l'échauffement d'un mélange de camphoride normal (10° fam.), en même temps que CO est éliminé :

$$C^{10}H^{14}O^3 + SH^2O^4 = C^9H^{16}SO^6 + CO.$$

Sulfocamphorate normal (acide sulfocamphorique). — $C^9H^{16}SO^6$ $+ 2$ aq. — Si l'on introduit par petites portions du camphoride normal (acide camphorique dit anhydre) dans de l'acide sulfurique concentré et pris en excès, le camphoride se dissout, et la dissolution reste parfaitement limpide; le mélange, étant étendu d'eau, précipite tout le camphoride inaltéré. Mais si l'on chauffe le mélange jusqu'à 65°, il s'effectue un dégagement fort tumultueux d'oxyde de carbone, sans acide carbonique ni gaz sulfureux; dès qu'il a cessé, on étend d'eau, et on laisse reposer pendant quelque temps, afin qu'il puisse déposer le camphoride

qui n'aurait pas été attaqué. Filtré et exposé dans le vide, le liquide dépose bientôt des cristaux, quelquefois colorés en vert,
qu'on fait égoutter dans un entonnoir bouché avec de l'amiante,
et qu'on exprime ensuite entre des doubles de papier joseph. On
les fait redissoudre dans l'alcool, et on les fait cristalliser de
nouveau jusqu'à ce qu'ils ne soient plus colorés (Walter).

Le S. normal cristallise en prismes à 6 pans, incolores et fort
amers, fort solubles dans l'eau, l'alcool et l'éther. Ils perdent
dans le vide 2 éq. d'eau de cristallisation.

Cet acide fond entre 160 et 165°, et s'altère à une température plus élevée. L'acide nitrique le dissout à froid, mais avec
lenteur ; bouillant, il le dissout promptement, sans l'attaquer, et
sans répandre de vapeurs rutilantes. L'acide sulfurique concentré
le dissout, et finit par le charbonner.

Sulfocamphorate biammoniacal. — $C^9H^{16}SO^6$, $2\ NH^3 + aq$. —
Cristaux groupés en étoiles très solubles dans l'eau, et rougissant
le tournesol.

Sulfocamphorate bipotassique. — $C^9(H^{14}K^2)SO^6$. — Lorsqu'on
abandonne à l'évaporation spontanée une dissolution aqueuse de
S. normal sursaturée par de la potasse, on obtient, par l'évaporation, des aiguilles très fines, douées d'une saveur styptique et
rafraîchissante. Ce sel est neutre au papier, très soluble dans
l'eau, et fort peu soluble dans l'alcool. Quelquefois on obtient
aussi des choux-fleurs qui paraissent constituer un sel acide.

Sulfocamphorate bibarytique. — $C^9(H^{14}Ba^2)SO^6$. — Il s'obtient
sous la forme d'une masse gommeuse, incolore ou légèrement
jaunâtre, rougissant très légèrement le papier de tournesol, très
soluble dans l'eau, et peu soluble dans l'alcool.

Sulfocamphorate biplombique. — $C^9(H^{14}Pb^2)SO^6$. — Masse amorphe, d'une saveur sucrée, soluble dans l'eau, insoluble dans l'alcool, et rougissant le papier de tournesol.

Sulfocamphorate biargentique. — $C^9(H^{14}Ag^2)SO^6$. — En saturant une dissolution de S. normal par l'oxyde d'argent, on obtient une dissolution incolore, qui, évaporée au bain-marie,
dépose des croûtes cristallines, solubles dans l'eau, peu solubles
dans l'alcool à froid, et un peu solubles à chaud. Ce sel rougit
aussi le tournesol.

Sulfocamphorate cupro-barytique. — $C^9(H^{14}CuBa)SO^6$. — En

précipitant à froid du S. bibarytique par une dissolution de deutosulfate de cuivre, on obtient, à ce qu'il paraît, un sel qui présente cette composition (Walter).

(c) Combinaisons azotées.

Genre Quinoléine $R-^{11}N$ (1).

502. **Alcaloïde.** Produit de l'action de la potasse fondante sur
la quinine, la cinchonine et la strychnine :

$$C^{20}H^{24}N^2O^2 + 2H^2O = 2C^9H^7N + 2CO^2 + 7H^2$$
$$C^{20}H^{24}N^2O + 3H^2O = 2C^9H^7N + 2CO^2 + 8H^2$$
$$C^{22}H^{24}N^2O^2 + 6H^2O = 2C^9H^7N + 4CO^2 + 11H^2$$

Quinoléine normale (leucole). — C^9H^7N. — Pour obtenir ce
corps, on chauffe quelques fragments de potasse caustique dans
une cornue tubulée, avec très peu d'eau, et on y verse de la cinchonine en poudre par petites portions ; en chauffant ensuite plus
fort, de manière à faire rougir l'alcaloïde, on voit bientôt se dé-

(1) Dans le mémoire que j'ai publié sur ce corps, j'avais calculé de mes
analyses une formule plus compliquée qui se trouve aussi rapportée t. I,
p. 127 et 134 ; mais je viens de m'assurer, contrairement à ma première
opinion, que la quinoléine distille sans altération et appartient à la
classe des alcaloïdes volatils semblables à la conine, à l'aniline, etc. On
a d'ailleurs dû remarquer que ma formule du chloroplatinate, où figu-
raient 2 éq. de bichlorure de platine, présentait une anomalie pour ces
sortes de sels ; ma nouvelle formule la fait disparaître.

Le leucole de Runge, analysé récemment par M. Hofmann, me semble
être le même corps : M. Hofmann pense qu'il y a une différence, parce
que, dit-il, l'acide chromique précipite la quinoléine en beau jaune
orangé, tandis qu'il convertit le leucole en une masse noire et résinoïde. Mais je viens aussi de constater que la réaction dépend de la concentration de l'acide chromique, et que la quinoléine obtenue par la
cinchonine donne tout aussi bien une résine noire. Du reste, la substance analysée par M. Hofmann ne me semble pas avoir été bien pure,
car l'hydrogène a oscillé entre 6,55 et 6,09.

M. Bromeis (*Annal. der Chem. u. Pharm.*, t. LI, p. 136), a fait deux
analyses de la quinoléine libre qui lui ont donné : carbone (avec 75)
82,7 — 82,8 ; hydrog. 6,11 — 5,88 ; il en déduit la formule $C^{19}H^{16}N^2$ qui
exige : carbone 83,8 ; hydrogène 5,9. Ma nouvelle formule C^9H^7N, d'accord avec celles des autres alcaloïdes, me paraît préférable ; elle exige :
carbone 83,7 ; hydrogène 5,42.

velopper des vapeurs âcres, accompagnées de gaz hydrogène, et qui se condensent dans le récipient avec de l'eau. De temps à autre il faut renouveler l'eau qui se vaporise avec l'alcaloïde. Il est bon de ne pas employer trop de cinchonine à la fois, mais de l'y ajouter successivement. La quinine, et surtout la strychnine, sont moins avantageuses pour la préparation dé cet alcaloïde (Gerhardt).

L'huile du goudron de houille renferme, suivant M. Hofmann, un mélange d'aniline et d'un autre alcaloïde, le leucole, que je considère comme identique avec la Q. obtenue par la cinchonine; la description que ce chimiste en donne s'applique entièrement à la Q.; la voici :

C'est une huile incolore, d'une odeur désagréable, rappelant celle de l'essence d'amandes amères, et d'une saveur fort âcre. Elle bout à 239°, et brûle avec une flamme fuligineuse; elle se résinifie à l'air. On ne peut la distiller sans qu'il reste dans la cornue un léger résidu jaune, c'est ce qui empêche de prendre la densité de la vapeur de ce corps. Sa densité à l'état liquide est de 1,081 à 10°.

La Q. est peu soluble dans l'eau, cependant elle s'y dissout un peu à chaud; l'éther l'enlève à sa dissolution aqueuse. M. Bromeis a analysé deux hydrates de Q., mais ce n'étaient que de simples mélanges.

Sa solution aqueuse tue les sangsues. Elle ne se colore pas, comme l'aniline, avec l'hypochlorite de chaux. Elle produit, dans le sulfate de cuivre, un précipité bleu; elle précipite aussi les sels d'or, de mercure, de platine.

Elle se dissout aisément dans tous les acides, en dégageant l'odeur du jus d'herbes; mais tous ses sels ne cristallisent pas avec facilité.

Le chlore la convertit en une résine noire. L'acide nitrique, même fumant, ne l'attaque qu'avec beaucoup de lenteur; par une action prolongée, on finit par avoir une matière résineuse. Le permanganate de potasse le convertit en acide oxalique et en ammoniaque. En général, les réactions de cet alcaloïde sont bien peu nettes (Gerhardt, Hofmann).

Quinoléine hydrochlorique (chlorhydrate de leucole). — A peine peut-on l'obtenir cristallisée; le mélange destiné à produire ce sel se dessèche dans le vide en un sirop épais. Si l'on fait arriver du gaz hydrochlorique sec à la surface d'une solution de leucole dans l'éther, la combinaison se sépare en gouttes qui, se déposant au fond du vase, s'y réunissent en un liquide lourd et gluant, qui, après un temps très long, se prend enfin en une masse cristalline (Hofmann). Quand on fait passer du gaz hydrochlorique sur de la Q. normale, il est vivement absorbé et la matière s'échauffe; si l'on a soin de refroidir, il se produit un sel cristallin, mais qui absorbe encore plus de HCl en se liquéfiant. Les cristaux tombent à l'air en déliquescence (Bromeis).

Quinoléine chloro-platinique. — C⁹H⁷N, HCl, PtCl². — C'est de tous les sels de Q. celui qu'on obtient le plus aisément à l'état de pureté. Le bichlorure de platine détermine une précipitation abondante dans la Q. hydrochlorique; le précipité est presque insoluble dans l'eau froide et dans l'alcool; mais il se dissout dans l'eau bouillante, et s'y dépose, par le refroidissement, à l'état cristallin. Si la dissolution hydrochlorique ne contient que fort peu de Q., ou si elle est fort étendue, il ne se produit pas immédiatement de précipité; mais, du jour au lendemain, on voit s'y former de fort belles aiguilles aciculaires et jaunes, qui se composent du même sel. Lorsqu'on emploie de la Q. brute, telle qu'elle s'obtient avec la quinine, toutes les impuretés restent sur le filtre par la dissolution du précipité jaune dans l'eau bouillante; une seconde cristallisation suffit alors pour l'obtenir entièrement pur. La pureté du sel se reconnaît quand, en se déposant par le refroidissement de l'eau bouillante, il se précipite au fond à l'état cristallin, et que le liquide surnageant reste limpide (Gerhardt).

Le Q. chloroplatinique est insoluble dans l'éther.

Quinoléine chloromercurique (bichlorure de mercure et de leucole). — C⁹H⁷N, 2 HgCl. — C'est un précipité blanc cristallin qu'on obtient en ajoutant du sublimé corrosif à une solution alcoolique de leucole. Il faut se garder d'employer trop peu d'alcool pour cette préparation, parce que le sel s'attache alors sous la forme d'une masse graisseuse aux parois du vase (Hofmann).

Quinoléine sulfurique (sulfate de leucole). — Sel cristallisable et déliquescent.

Quinoléine nitrique (nitrate de leucole). — C'est de tous les sels de leucole celui qui cristallise le mieux; on le prépare en abandonnant à lui-même, sous une cloche, un mélange de leucole et d'acide nitrique étendu. Après quelque temps, le sel se sépare de cette solution jaune d'ambre en aiguilles entrelacées et concentriques, qu'on obtient blanches en les exprimant entre des doubles de papier joseph. Il est extrêmement soluble dans l'eau et l'alcool; il cristallise aisément dans ce dernier. Il est insoluble dans l'éther. A l'air, il se colore promptement en rouge. Chauffés avec précaution, les cristaux fondent, et, à une température plus élevée, ils répandent un gaz incolore, qui se condense en étoiles (Hofmann).

Quinoléine oxalique. — Sel qui cristallise difficilement.

Genre Hippurate.

503. Sel unibasique. Les H. (normal, sodique) se trouvent tout formés dans l'urine fraîche de l'homme et des animaux, tant carnassiers qu'herbivores (Liebig.).

Par la putréfaction, ainsi que par les agents oxygénants, ils se convertissent en benzoates.

Hippurate normal (acide hippurique). — $C^9H^9NO^3$. — Il résulte des expériences de M. Liebig que toutes les urines provenant d'individus dont la nourriture est mixte, contiennent, en même temps que de l'acide urique, une quantité aussi grande d'acide hippurique. Voici comment il a obtenu ce dernier avec de l'urine d'homme récente : on évapore celle-ci au bain-marie à consistance de sirop, et, après y avoir ajouté un peu d'acide hydrochlorique, on l'agite avec un même volume d'éther qui dissout l'acide hippurique. Il arrive ordinairement que le mélange ne se sépare pas en deux couches, il faut alors l'abandonner pendant une heure, et y ajouter ensuite 1/20e de son volume d'alcool ; la séparation s'effectue ainsi, et la couche supérieure retient l'acide hippurique en même temps que l'urée. On enlève cette couche éthérée à l'aide d'un siphon, et on l'agite avec de petites portions d'eau qui dissolvent l'alcool et l'urée, tandis que l'acide hippurique reste dissous dans l'éther. L'acide hippurique cristallise alors par l'évaporation ; on le décolore par du charbon animal.

L'urine de cheval ou de vache est plus riche en H. que celle d'homme ; on la concentre à chaud avec la précaution de ne pas la laisser entrer en ébullition ; puis on y ajoute un léger excès d'acide hydrochlorique , et on l'abandonne. Le produit qui cristallise alors est coloré ; mais on peut l'avoir pur à l'aide du charbon animal , ou mieux encore en le traitant à chaud par un courant de chlore jusqu'à disparition de toute odeur et couleur ; on peut également employer pour cette purification du chlorure de chaux et de l'acide hydrochlorique (Liebig).

Une fois putréfiées , ces urines ne donnent plus que de l'acide benzoïque.

L'H. n. cristallise en prismes à quatre faces terminés par des sommets dièdres ; les cristaux sont souvent assez gros , transparents et doués de beaucoup d'éclat. Ils ont une saveur légèrement amère et rougissent fortement le tournesol. Cet acide ne se volatilise pas à la température à laquelle l'acide benzoïque se sublime, mais il fond à une température plus élevée en un liquide rouge-brun , et donne à la distillation une huile colorée en rouge et douée d'une odeur de fèves de Tonka, de l'ammoniaque, de l'acide benzoïque et un fort résidu de charbon (Liebig).

Il est soluble dans 400 p. d'eau froide, et plus soluble dans l'alcool :

L'acide nitrique le dissout à chaud et le convertit en acide benzoïque qui se dépose par le refroidissement ; il est probable qu'il se produit en même temps de l'acide oxalique et de l'ammoniaque, car on a :

$$C^9H^9NO^3 + H^2O + O^2 = C^7H^6O^2 + C^2H^2O^4 + NH^3.$$

L'acide sulfurique concentré le dissout à une chaleur modérée sans se colorer ; mais le mélange noircit , si l'on chauffe davantage, et alors il se sublime de l'acide benzoïque en même temps que SO^2 se dégage. L'acide hydrochlorique le dissout sans l'altérer.

A chaud, un mélange de peroxyde de manganèse et d'acide sulfurique le transforme en CO^2, acide benzoïque et NH^3. Chauffé avec du peroxyde puce de plomb, il se convertit en benzamide normale en développant de l'acide carbonique (161) (Fehling) :

$$C^9H^9NO^3 + O^3 = H^2O + 2CO^2 + C^7H^7NO.$$

Distillé avec de la baryte ou de la chaux caustiques, l'H. normal donne de l'ammoniaque et du benzène normal (voyez la note 1, t. I, p. 127).

L'H. normal se dissout avec la plus grande facilité dans l'eau contenant du phosphate de soude ordinaire ; il en est de même de l'acide urique à chaud. Ces acides s'y dissolvent même en si grande quantité que le phosphate de soude perd sa réaction alcaline et devient acide ; cette circonstance explique la réaction acide de l'urine, à l'état récent, de l'homme et des animaux (Liebig).

L'H. normal dissout aisément la plupart des oxydes métalliques ; les combinaisons solubles précipitent les persels de fer en couleur de rouille, le nitrate d'argent et le protonitrate de mercure en flocons blancs et caséeux.

Les H. à base de sodium, de potassium, de magnésium et d'ammonium, sont très solubles et cristallisent difficilement.

Hippurate barytique. — En faisant bouillir de l'H. normal avec du carbonate de baryte, on obtient un liquide alcalin qui se prend en gelée par l'évaporation ; cette gelée se dessèche en une masse fusible semblable à la porcelaine.

Hippurate calcique. — $C^9(H^8Ca)NO^3$. — On l'obtient en chauffant l'H. normal avec du carbonate de chaux ; il cristallise, par le refroidissement, en prismes rhomboédriques, et, par l'évaporation, en larges feuilles, brillantes, et qui ne renferment pas d'eau de cristallisation (Liebig).

Hippurate plombique. — $C^9(H^8Pb)NO^3$. — Cristaux feuilletés, doués d'un éclat nacré.

Hippurate cuivrique. — Le carbonate et l'hydrate de cuivre sont très solubles dans l'H. normal ; l'H. cuivrique cristallise en aiguilles bleu d'azur, réunies en forme de rayons. A une température élevée, il perd de l'eau de cristallisation en devenant vert.

Genre *Théobromine* $R^{-8}N^6O^2$.

503 *a*. L'espèce normale est contenue dans les fèves de cacao.

Théobromine normale. — $C^9H^{10}N^6O^2$. — Quand on épuise les fèves de cacao par de l'eau, et qu'on traite l'extrait par de l'acétate de plomb ajouté avec précaution, on obtient un précipité qu'on sépare du liquide. Celui-ci, purifié de l'excès de plomb, fournit, par l'évaporation, la T. normale qu'on fait cristalliser dans l'alcool bouillant (Woskresensky).

Elle se précipite alors à l'état d'une poudre cristalline, douée d'une saveur amère. Elle ne s'altère pas à l'air ; à 100° elle ne perd que 0,81 de son poids ; à 250°, elle commence à brunir, et, à une température plus élevée, elle se volatilise en produisant un sublimé cristallin et en laissant un peu de charbon.

Elle est peu soluble dans l'eau bouillante ; elle est encore moins soluble dans l'alcool et dans l'eau. Ni les acides ni les alcalis ne la décomposent et ne forment de combinaison avec elle.

Le tannin donne avec elle une combinaison qui se dissout dans un excès d'acide, dans l'alcool et même dans l'eau bouillante.

La solution aqueuse de la T. produit, avec une solution étendue de perchlorure de mercure, un précipité blanc, cristallin, peu soluble dans l'eau et l'alcool.

DIXIÈME FAMILLE.

GENRES.	FONCTIONS chimiques DES GENRES.	RAPPORTS DE TRANSFORMATION entre les genres de la DIXIÈME FAMILLE.	RAPPORTS DE TRANSFORMATION entre les genres DE LA DIXIÈME et d'autres familles.
Amilène R.	Hydrocarbure.	?	Action de l'ac. phosphorique sur l'amylol normal (5e f.).
Citréhydrène R.	Hydroc. halhyd.	Le camphène n. fixe $2HCl$ ou $2HBr$.	?
Téréhydrène R^{-2}.	Hydroc. halhyd.	Le camphène n. fixe HCl ou HBr.	?
Menthène R^{-2}.	Hydrocarbure.	Le menthol norm. élimine H^2O.	?
Camphène R^{-4}.	Hydrocarbure.	Le bornéol norm. élimine H^2O.	Dans beaucoup d'essences naturelles.
Cymène R^{-6}.	Hydrocarbure.	Le camphol norm. élimine H^2O.	Dans l'essence de cumin naturelle.
Naphtessarène R^{-8}.	Hydroc. hyperhal.	Le g. naphtalène fixe Cl^4.	?
Naphduène R^{-10}.	Hydroc. hyperhal.	Le g. naphtalène fixe Cl^2.	?
Naphtalène R^{-12}.	Hydrocarbure.	Décomposition des g. naphtessarène et naphduène par les alcalis.	Action de la chaleur sur la benzoate calcique (7e fam.), etc.
Amyléther $R+^2O$.	Pseudéther.	?	Décomp. de 2 éq. de valérène chloré (5e fam.) par (KH)O ou (KH)S.
Menthol RO.	Aldéhyde?	?	Dans l'ess. de menthe.
Bornéol $R^{-2}O$.	?	Le camphène normal fixe H^2O.	Dans le camphre de Bornéo, l'ess. de valériane.
Camphol $R^{-4}O$.	?	Le bornéol n. élimine H^2 sous l'influence de l'acide nitrique.	Act. de l'ac. nitriq. sur l'ess. de valériane, le succin, etc.
Carvacrol $R^{-6}O$.	?	?	Dans l'ess. de carvi.
Cuminol $R^{-8}O$.	Aldéhyde.	?	Dans l'ess. de cumin.
Anéthol $R^{-8}O$.	?	?	Dans l'essence d'anis, de fenouil, etc.
Caprate RO^2.	Sel unibasique.	?	Dans le beurre rance.
Valéramylol RO^2	Éther unialcooliq.	?	Éthérific. de l'amylol n. par l'acide valérianique (5e f.).
Térébol RO^2.	?	Le camphène normal fixe $2H^2O$.	?
Campholate $R^{-2}O^2$.	Sel unibasique.	Le camphol norm. fixe H^2O.	?
Eugénol $R^{-8}O^2$.	Aldéhyde?	?	Dans l'huile de girofle.
Santonine $R^{-8}O^2$.	?	?	Dans le semen contra.

GENRES.	FONCTIONS chimiques DES GENRES.	RAPPORTS DE TRANSFORMATION entre les genres de la DIXIÈME FAMILLE.	RAPPORTS DE TRANSFORMATION entre les genres DE LA DIXIÈME et d'autres familles.
Cuminate $R-^8O^2$.	Sel unibasique.	Le cuminol n. fixe O.	?
Sassafrol $R-^{10}O^2$.	?	?	Dans l'huile de sassafras.
Naphtalol $R-^{14}O^2$.	Aldéhyde.	Oxyd. des g. naphtalène et naphtessar.	?
Camphoride $R-^6O^3$.	Anhydride.	Le camphorate norm. élimine H^2O par la chaleur.	Le camphovinate n. (12e f.) se décomp. par la chaleur en H^2O, camphalcool n. et camphoride n.
Anisalcool $R-^8O^3$.	Éther unialcooliq.	?.	Éthérification du g. anisate (8e fam.).
Rhéine $R-^{12}O^3$.	?	?	Dans la rhubarbe, certains lichens, etc.
Naphtalate $R-^{14}O^3$.	Sel unibasique.	Le g. naphtalol fixe O.	?
Sébate $R-^2O^4$.	Sel bibasique.	?	Distillation sèche de l'ac. oléiq. (18e f.)
Subériméthol $R-^2O^4$.	Éther bialcooliq.	?	Éthérificat. de l'acide subérique (8e fam.) avec l'esprit de bois.
Camphorate $R-^4O^4$.	Sel bibasique.	Le camphol n. fixe O^3 sous l'influence de l'acide nitrique.	?
Méconine $R-^{10}O^4$.	?	?	Dans l'opium.
Naphtésate $R-^{14}O^4$.	Sel bibasique ?	Oxydation du naphtalène normal.	?
Opianate $R-^{10}O^5$.	Sel unibasique.	?	Oxydation de la narcotine (23e f.).
Hémipinate $R-^{10}O^6$.	Sel bibasique.	L'opianate n. fixe O.	Oxydation de la narcotine.
Mucalcool R^2-O^8.	Éther bialcooliq.	?	Éthérificat. de l'acide mucique (10e f.).
Sulfocyménate $R-^6SO^3$.	Sel copulé unibas.	Le cymène norm. fixe SO^3.	?
Sulfonaphtalate $R-^{12}SO^3$.	Sel copulé unibas.	Le naphtalène n. fixe SO^3.	?
Sulfanéthate $R-^8SO^4$.	Sel copulé unibas.	L'anéthol normal fixe SO^3.	?
Opianosulfite	Sel copulé unibas.	L'opianate n. fixe SO^2.	?
Sulfonaphtinate $R-^{10}S^2O^7$.	Sel copulé bibasiq.	Act. de l'ac. sulfuriq. sur le naphtalène n.	?
Naphtalidam $R-^{11}N$.	Alcaloïde.	Act. de l'hyd. sulf. sur le naphtalène nitriq.	?
Camphamate $R-^3NO^3$.	Amide, sel unibas.	Comb. de l'amm. aq. avec le camphor. n.	?
Camphamide $R-^2N^2O^2$	Amide.	Comb. de l'am. sèche avec le camphor. n.	?

(a) Combinaisons non azotées.

Genre Amilène R.

504. Hydrocarbure, homologue du g. éthérène (2e fam.), butyrène (4e fam.), paramilène (5e fam.), oléène (6e fam.), élaène (9e fam.), etc. Produit de l'action de l'acide sulfurique et phosphorique ou du chlorure de zinc sur l'amylol normal (345).

$$2[C^5H^{12}O] = 2H^2O + C^{10}H^{20}.$$

Amilène normal. — $C^{10}H^{20}$. — A froid, l'amylol normal ne se dissout pas dans une solution de chlorure de zinc, même concentrée ; mais si l'on chauffe ces deux corps, le mélange a lieu, et le liquide homogène qui en résulte commence à distiller à la température d'environ 130°. Si l'on redistille le produit obtenu, son ébullition, qui commence à se manifester à 60°, continue sans interruption, la température s'élevant graduellement jusque vers 300°. Si l'on fractionne les produits, on obtient, comme produit le plus volatil, du paramilène normal (344) ; vers 160°, on obtient un autre liquide, polymère de ce dernier, et possédant une odeur légèrement camphrée, semblable à celle de l'essence de térébenthine altérée : c'est l'A. normal, obtenu par M. Cahours, en faisant agir l'acide phosphorique anhydre sur l'amylol normal. Enfin, entre 240 et 280°, on obtient un troisième hydrogène carboné, doué d'une odeur aromatique très agréable, et dont la molécule est double de celle de l'A. normal (Balard).

L'A. normal est incolore, limpide, plus léger que l'eau, et bout vers 160°. La densité de sa vapeur a été trouvée égale à 5,061 (Cahours).

Genre Citréhydrène R.

505. Hydrocarbure halhydride (1) ; isomère du g. amilène ; homologue du g. copahydrène (15e fam.). L'espèce bichlorée se

---

(1) Pour cette dénomination, ainsi que pour quelques autres qu'on trouvera dans ce volume, voyez à la fin dans la *Théorie des Homologues.*

produit par la combinaison directe du gaz hydrochlorique avec le camphène normal (essence de citron, etc.) :

$$C^{10}H^{16} + 2HCl = C^{10}(H^{18}Cl^2).$$

Citréhydrène bichloré. — $C^{10}(H^{18}Cl^2)$. — On en connaît les modifications suivantes :

(*a*) Camphre de citron solide, hydrochlorate de citrène ou de citronyle. Le gaz hydrochlorique est vivement absorbé par l'essence de citron, en produisant une matière camphrée (*a*), qui nage dans un liquide (*b*) de même composition. Le camphre cristallise en prismes droits rectangulaires, quelquefois très aplatis; son odeur est aromatique, et rappelle celle du thym. Il fond vers 41°, et se décompose partiellement à la distillation (Blanchet et Sell).

Il se produit aussi quand on traite le térébol n. par du gaz hydrochlorique. Traité par du potassium, le C. bichloré donne naissance à une huile qui présente l'odeur, la composition et toutes les propriétés de l'essence de citron. Si on fait la décomposition à la température la plus basse possible, le produit a dans son odeur un peu de cette suavité qui appartient au zeste du citron; si, au contraire, on a fait souvent bouillir la substance encore chlorhydratée, et que la décomposition s'effectue lentement et à une température élevée, l'odeur du produit est plutôt celle du citrène, résultant de l'action de la chaux sur le camphre de citron (Deville).

(*b*) Camphre de citron liquide, hydrochlorate de citrilène. Liquide très altérable.

(*c*) Camphre d'élémi. La quantité d'acide hydrochlorique qu'absorbe l'essence d'élémi est énorme : pour obtenir le camphre cristallisé, il faut continuer le courant de gaz jusqu'à ce qu'on ait dépassé de beaucoup le moment où la saturation est complète. La matière est alors liquide, mais le camphre solide se dépose facilement après que l'excès d'acide s'est échappé au contact de l'air. La rotation de ce camphre est nulle comme celle du camphre de citron (Deville).

(*d*) Camphre de Gomart. L'essence de Gomart, traitée par le gaz hydrochlorique, donne deux produits difficiles à séparer, l'un solide, l'autre liquide. On obtient le premier sous forme d'aiguilles soyeuses, d'un blanc éclatant (Deville).

(e) Hydrochlorate de carvène. Le carvène (508, *p*) absorbe le gaz hydrochlorique en développant beaucoup de chaleur; peu à peu le tout se prend en masse. Le produit ayant été exprimé et dissous dans l'alcool tiède, donne des cristaux radiés, d'un blanc de neige, d'une odeur et d'une saveur faibles. Ils sont très solubles dans l'eau, mais la solution se décompose par l'échauffement. Ils fondent à 50°5, et ne se concrètent de nouveau qu'à 41°. On ne peut pas les sublimer sans qu'ils se décomposent (Schweizer).

Genre *Téréhydrène* R—2.

506. Hydrocarbure halhydride; homologue du g. cubéhydrène (15ᵉ fam.). Les espèces chlorée, bromée et iodée, s'obtiennent par la combinaison directe des gaz hydrochlorique, hydrobromique, hydriodique avec le camphène normal (essence de térébenthine, etc.):

$$C^{10}H^{16} + HCl = C^{10}(H^{17}Cl).$$

Téréhydrène chloré. — $C^{10}(H^{17}Cl)$. — On en connaît deux modifications, qui s'obtiennent quand on fait passer du gaz hydrochlorique dans l'essence de térébenthine refroidie à 0°. Tantôt toute l'essence se prend en masse (Dumas), tantôt on n'obtient qu'un liquide fumant, tenant des cristaux en suspension (185). Les cristaux et le liquide présentent la même composition et les mêmes propriétés chimiques.

(a) Camphre artificiel solide, hydrochlorate de camphène ou de dadyle. Ce composé se présente sous la forme de cristaux souvent assez volumineux, et transparents. Il se dissout aisément dans l'alcool et l'éther, et s'y dépose à l'état cristallisé. Il fond à 115°, et bout à 165°, en se volatilisant et en émettant des vapeurs d'acide hydrochlorique. Sa solution alcoolique n'est pas précipitée par le nitrate d'argent. Elle dévie à gauche les rayons de lumière polarisée.

L'acide nitrique le dissout à chaud, en développant des vapeurs nitreuses. Il brûle avec une flamme verte sur les bords, en dégageant des vapeurs d'acide hydrochlorique.

L'action prolongée du chlore le convertit en camphène quadrichloré.

(b) Camphre artificiel liquide, hydrochlorate de peucyle, bichlorhydrate de térébène. Liquide visqueux d'une densité de 1,017, et n'ayant plus de pouvoir rotatoire.

Ces deux modifications se décomposent, sous l'influence de la chaux et d'une température élevée, en acide hydrochlorique et camphène normal (modific. *c* et *d*).

L'essence qu'on obtient avec les feuilles d'*Athamanta oreoselinum* donne, par le gaz hydrochlorique, un camphre liquide, qui possède la même composition, présente une odeur forte de térébenthine, et bout à + 190° environ (Schedermann et Winkler).

Téréhydrène bromé. — $C^{10}(H^{17}Br)$. — On en connaît aussi deux modifications : (*a*) modific. solide (bromhydrate de camphène). En faisant passer de l'acide hydrobromique dans l'essence de térébenthine jusqu'à saturation complète, en ayant soin de refroidir à 0°, on obtient des cristaux de T. bromé, qui possèdent l'odeur, l'aspect et la forme des cristaux de T. chloré; ils dévient à gauche les rayons de la lumière polarisée. Ces cristaux nagent dans la modific. liquide (*b*) (bibromhydrate de térébène); celle-ci a une densité de 1,279, et ne possède plus de pouvoir rotatoire (Deville).

Téréhydrène iodé. — $C^{10}(H^{17}I)$. — Liquide très dense, qu'on obtient en faisant passer du gaz hydriodique dans l'essence de térébenthine; il s'altère promptement à l'air, en déposant de l'iode (Deville).

Genre Menthène R^{-2}.

507. Hydrocarbure; isomère du g. précédent; l'espèce normale se produit par la déshydratation du menthol normal.

$$C^{10}H^{20}O = H^2O + C^{10}H^{18}.$$

Menthène normal. — $C^{10}H^{18}$. — On fait fondre l'essence de menthe concrète dans une cornue tubulée, et l'on ajoute par petites portions de l'acide phosphorique anhydre jusqu'à ce que toute élévation de température ait cessé ; puis on distille la masse. On rectifie de nouveau sur de l'acide phosphorique anhydre le produit de la distillation (Walter).

Le M. normal est transparent, très fluide, d'une odeur agréable ; sa saveur est fraîche. Il est insoluble dans l'eau. Il bout à 163° ; sa densité, à l'état liquide, est de 0,851 à 21° ; à l'état de vapeur, elle a été trouvée égale à 4,93 et 4,95 $= \dfrac{C^{10}H^{18}}{2}$.

Le potassium ne l'attaque pas. L'acide sulfurique n'exerce, à froid, aucune action sur lui. Le chlore le convertit en M. quintichloré. L'acide nitrique finit par le convertir en un acide oléagineux, soluble dans l'eau et l'alcool, et qui n'a pas encore été étudié.

Menthène chloré (chloromenthène). — $C^{10}(H^{17}Cl)$. — Quand on fait fondre de l'essence de menthe concrète avec du perchlorure de phosphore, la réaction est très vive ; il passe, en dernier lieu, une huile légèrement ambrée, qu'on agite avec de l'eau, et qu'on rectifie sur une nouvelle quantité de perchlorure de phosphore.

Ainsi obtenu, le M. chloré est d'un jaune très pâle, plus léger que l'eau, plus pesant que l'alcool. Son odeur rappelle celle des fleurs de macis. Il se dissout un peu dans l'eau, et bien mieux dans l'alcool. Il bout vers 204°, en noircissant et en répandant des vapeurs de HCl.

Le potassium l'attaque avec violence. Une dissolution très concentrée de potasse caustique dans l'alcool est sans action sur lui, même à l'ébullition (Walter).

Menthène quintichloré. — $C^{10}(H^{13}Cl^5)$. — Le chlore sec attaque le M. normal d'une manière très vive ; d'abord le mélange se colore en vert, puis en jaune. Quand on cesse d'y faire passer le gaz dès que le dégagement d'acide hydrochlorique s'arrête, on obtient un liquide sirupeux, coloré en jaune, plus dense que l'eau. Ce produit se dissout à froid dans l'alcool et l'esprit de bois, mais l'éther et l'essence de térébenthine le dissolvent plus facilement. L'acide sulfurique concentré le colore en rouge intense (Walter).

Genre Camphène R—4.

508. **MM.** Soubeiran et Capitaine ont désigné, sous le nom

générique de *camphènes*, les essences hydrocarbonées dans lesquelles les équivalents de carbone et d'hydrogène sont entre eux comme 5 : 8, comme dans l'essence de térébenthine. Ces essences se ressemblent beaucoup, sous le rapport de leurs caractères chimiques ; elles se combinent toutes avec le gaz hydrochlorique en donnant des *camphres artificiels* (185), tantôt solides, tantôt liquides ; dans certaines circonstances, elles fixent aussi les éléments de l'eau, en produisant des *stéaroptènes* semblables au camphre des laurinées. Plusieurs d'entre elles sont chimiquement identiques, et ne diffèrent que par quelques caractères physiques (161), trop peu importants pour faire considérer ces essences comme autant de principes particuliers.

Nous serons cependant obligé d'établir quelques distinctions, en nous fondant sur leur densité à l'état de vapeur ou sur leur point d'ébullition. Ainsi nous placerons dans la 10ᵉ famille, sous le nom générique de *camphènes* les hydrocarbures renfermant $C^{10}H^{16} = 2$ vol. de vapeur, point d'ébullition à 160° environ ; dans la 15ᵉ, sous celui de *paracamphènes*, ceux qui contiennent $C^{15}H^{24} = 2$ vol., point d'ébullition 260°, comme les essences de cubèbe et de copahu ; dans la 20ᵉ, sous le nom de *métacamphènes*, les hydrogènes carbonés $C^{20}H^{32} = 2$ vol, point d'ébullition 310°, comme le colophène de M. Deville.

Camphène normal. — $C^{10}H^{16}$. — Il offre les modifications suivantes :

(*a*) Essence de térébenthine, camphène. On l'extrait en distillant avec de l'eau la térébenthine, c'est-à-dire le mélange de résine et d'huile essentielle qu'exsudent les différentes espèces de *Pinus ;* le résidu privé d'huile essentielle constitue la colophane. Telle qu'on la rencontre dans le commerce, l'essence contient plus ou moins de résine formée par l'action de l'air, et nécessite alors de nouvelles rectifications ; souvent elle renferme aussi de l'acide formique (Laurent, Weppen).

Elle est incolore, très fluide, d'une odeur très forte (94) ; sa densité est de 0,86 ; à l'état de vapeur, elle a été trouvée égale à 4,764. Elle bout à 160° ; elle se dissout fort bien dans l'alcool et l'éther.

Elle dissout la moitié de son poids de soufre, ainsi que le phosphore.

Le chlore agit vivement sur elle ; en produisant beaucoup de chaleur, qui peut occasionner l'inflammation du liquide; quand l'action est lente, on obtient des espèces chlorées dont nous parlerons plus bas. Le brome et l'iode se combinent également avec l'essence de térébenthine. Les gaz hydrochlorique et hydrobromique le convertissent en camphres, appartenant au g. téréhydrène (506).

L'essence humide renferme souvent une matière cristalline (térébol normal), qu'on peut produire à volonté, en abandonnant pendant quelque temps à lui-même un mélange d'essence de térébenthine, d'acide nitrique et d'alcool. Au contact de l'air, elle se résinifie peu à peu, devient visqueuse, et se transforme en colophane; il se produit aussi, dans ces circonstances, de l'acide formique (1). On obtient ce dernier d'une manière directe en distillant à plusieurs reprises l'essence avec un mélange de chromate de plomb et d'acide sulfurique; il se forme aussi, en même temps qu'un acide résinoïde particulier (térétinate normal, 497), quand on chauffe légèrement l'essence de térébenthine avec de la litharge (Weppen).

Au contact de l'acide sulfurique concentré, elle rougit, et se transforme peu à peu en deux modifications isomères (97), dont l'une présente un équivalent double de celui de l'essence; l'acide phosphorique anhydre produit le même effet (Deville).

Un mélange d'acide sulfurique et d'acide nitrique concentrés, versé sur cette essence, en détermine l'inflammation.

L'acide nitrique y agit avec beaucoup d'énergie en se résinifiant; il produit en outre un acide particulier, que nous avons déjà décrit (425).

L'essence de térébenthine dévie à gauche les rayons de lumière polarisée (Biot).

(1) M. Redtenbacher a observé la présence d'une grande quantité d'acide formique dans des branches de pinastre qui se trouvaient entassées les unes sur les autres et s'étaient pourries de manière à devenir toutes noires. On sait que les fourmis qui construisent leurs fourmilières dans le bois, s'établissent de préférence dans de vieux pins ou sapins déjà pourris, et, comme la réaction acide de l'essence de térébenthine provient de l'acide formique qui s'y produit par une combustion lente à l'air, il serait possible que l'acide excrété par les fourmis ne fût pas préparé par l'organisme de ces insectes, mais provînt directement de l'essence de térébenthine.

(*b*) Térébène de M. Deville. Ce produit d'une altération moléculaire de l'essence de térébenthine n'a pas de pouvoir rotatoire.
Sa préparation a été décrite tome I, page 163. Il est fluide
comme cette essence, mais son odeur est plus agréable, et rappelle celle du thym. Il bout à la même température que l'essence,
et possède aussi la même densité à l'état de vapeur et à l'état
liquide; mais il est infiniment plus stable, et résiste bien mieux
aux agents oxygénants. Il s'accouple avec l'acide sulfurique. Il
se combine avec le gaz hydrochlorique en produisant un liquide
$C^{20}H^{33}Cl$ (monochlorhydrate de térébène, Deville).

(*c*) Dadyle de MM. Blanchet et Sell, camphogène de M. Dumas,
térébène de MM. Soubeiran et Capitaine, camphilène de M. Deville. Cette modification, obtenue pour la première fois par
M. Oppermann, se produit quand on fait passer la vapeur du
téréhydrène chloré solide à travers un tube fortement échauffé, et
rempli de chaux vive. Elle présente tous les caractères du térébène de M. Deville, et n'est peut-être pas autre chose. Quand on y
fait passer du gaz hydrochlorique, elle donne un camphre liquide
et un camphre solide ($C^{10}H^{17}Cl$) dont la rotation est nulle (Soubeiran et Capitaine); le brome la solidifie; les procédés qui servent
à l'obtenir la donnent toujours souillée de colophène (Deville).

(*d*) Peucyle de MM. Blanchet et Sell, térébilène de M. Deville.
On obtient cette modification en décomposant par la chaux la
modification liquide du téréhydrène chloré. Sa densité, à 21°,
est de 0,843, c'est-à-dire un peu plus faible que celle de l'essence
de térébenthine (Deville).

(*e*) Essence de sabine. Les baies de sabine (*Juniperus Sabina*)
donnent une huile essentielle, dont la composition est la même
que celle de l'essence de térébenthine (Dumas, Laurent).

(*f*) Essence de genièvre, junipérilène. Les baies du genévrier
(*Juniperus communis*) donnent, par la distillation avec de l'eau,
une huile essentielle qui possède la même composition (Blanchet) et la même densité à l'état de vapeur (Soubeiran et Capitaine), que l'essence de térébenthine. Les baies vertes donnent
un mélange de deux huiles. Lorsqu'on abandonne l'essence hydrocarbonée avec une lessive de potasse, elle dépose des cristaux
qui ont les mêmes propriétés que ceux qu'on obtient avec l'essence de térébenthine (Zuebner et Buchner).

L'essence de genièvre bout à 160°; elle dévie à gauche les rayons de lumière polarisée, mais moins fort que l'essence de térébenthine.

Soumise à l'action du gaz hydrochlorique, elle ne donne pas de camphre solide; mais après l'absorption complète du gaz, on a un liquide qui paraît renfermer $C^{15}H^{26}Cl^2$ (Soubeiran et Capitaine).

(*g*) **Essence de persil.** Lorsqu'on distille avec de l'eau la graine d'*Apium petroselinum*, on obtient un mélange d'un hydrogène carboné liquide et d'une matière camphrée; on peut séparer ces deux corps par une nouvelle distillation. L'huile liquide bout à 160°, et présente la même composition que l'essence de térébenthine (Lœwig et Weidmann). Le camphre cristallise en prismes hexagones ou en aiguilles; il fond à 30° et bout vers 300°, en s'altérant en partie (Blanchet et Sell) (1).

(*h*) **Essence de bouleau.** Elle se compose en plus grande partie d'un hydrogène carboné $C^{10}H^{16}$, qui a la même densité de vapeur et bout à la même température que l'essence de térébenthine (Sobrero).

(*i*) **Bornéène**, camphre liquide de Bornéo, hydrogène carboné de l'essence de valériane. Le *Dryabalanops Camphora* sécrète un mélange camphré, qui se compose principalement de deux principes : l'un est liquide $C^{10}H^{16}$, et renferme en dissolution $C^{10}H^{18}O$ (bornéol normal G.); il est très recherché en Orient, où on l'emploie depuis longtemps pour combattre les affections rhumatismales. Ce liquide, après avoir été purifié par la distillation, a une odeur particulière, qui n'est pas camphrée, et qui se rapproche beaucoup de celle de l'essence de térébenthine. Il est plus léger que l'eau, presque insoluble dans ce liquide, et bout vers 165°. Il absorbe la même quantité d'acide hydrochlorique que l'essence de térébenthine (Pelouze). Il dévie le plan de polarisation des rayons lumineux, vers la gauche de l'observateur, comme l'essence de térébenthine, mais avec une énergie

____

(1) MM. Blanchet et Sell y ont trouvé : carbone 65,93 — 65,13 (anc. poids); hydrog. 6,35 — 6,41. — MM. Lœwig et Weidmann y indiquent au contraire : carbone 70,82 — 70,27 ; hydrog. 7,88 — 7,94 ; mais ces derniers chimistes n'avaient pas opéré sur des cristaux purs.

bien plus forte (Biot). Abandonné dans des vases mal fermés, il paraît s'oxygéner.

Le camphre de Bornéo solide, soumis à la distillation avec de l'acide phosphorique anhydre, donne également un hydrogène carboné $C^{10}H^{16}$ (Pelouze).

Lorsqu'on fractionne les produits de la distillation de l'essence de valériane (*voyez* t. I, p. 575), et qu'on soumet les premières portions à l'action de la potasse fondante, il passe un hydrogène carboné, qui possède exactement les propriétés du camphre liquide de Bornéo. La densité de sa vapeur a été trouvée égale à 4,60 ; son point d'ébullition est à 160°. Il absorbe le gaz hydrochlorique, en produisant une combinaison cristallisée. Abandonné pendant quelque temps dans l'eau, surtout en présence d'une lessive de potasse, il fixe H^2O, et se convertit en camphre de Bornéo solide (Gerhardt).

L'huile de camphre, décrite par MM. Martius et Ricker comme un oxyde $C^{20}H^{32}O$, n'est, suivant moi, qu'un mélange d'hydrogène carboné $C^{10}H^{16}$, et de camphre de Bornéo solide.

(*j*) Essence d'élémi. Les quantités d'essence qu'on peut extraire de la résine varient entre des limites très étendues. Les résines de bonne qualité en donnent jusqu'à 13 p. c. L'essence, convenablement rectifiée, a une densité de 0,849 à 11°,5, dévie beaucoup à gauche le plan de polarisation de la lumière, bout à 174°, et présente la même composition et la même densité de vapeur que l'essence de térébenthine (Deville, Stenhouse). Elle donne, avec le gaz hydrochlorique, un camphre liquide et un camphre solide, renfermant $C^{10}H^{18}Cl^2$ (Deville).

(*k*) Essence de gomart. Le gommier ou gomart des Antilles donne une résine d'où l'on extrait environ 4,7 p. c. d'huile essentielle $C^{10}H^{16} = 2$ vol., ayant l'odeur de l'essence de térébenthine, et donnant, par le gaz hydrochlorique, un camphre $C^{10}H^8Cl^2$ (Deville).

(*l*) Essence de citron. La paroi extérieure du fruit des différentes espèces de *Citrus* donne, par la distillation avec l'eau, une huile essentielle qui présente les plus grandes analogies chimiques avec l'essence de térébenthine ; elle bout généralement un peu plus tard (à 173°) que celle-ci (*voyez* t. I, p. 163). Sa densité est de 0,847 ; celle de sa vapeur est exactement la même que celle de l'essence de térébenthine (4,87 — 4,81 ; Soubeiran et Capitaine). Elle dévie à droite les rayons de lumière polarisée.

Lorsqu'on y fait passer du gaz hydrochlorique, elle donne un camphre liquide et un camphre solide (citréhydrène bichloré G.), qui diffère du camphre obtenu par l'essence de térébenthine, en ce qu'il renferme, pour la même quantité $C^{10}H^{16}$, le double d'acide hydrochlorique $= C^{10}H^{18}Cl^2$ (Dumas, Blanchet et Sell).

Abandonnée avec un mélange d'acide nitrique et d'alcool, elle donne exactement le même camphre (1) (térébol normal G.) que l'essence de térébenthine (Deville).

Traitée par l'acide sulfurique concentré, elle éprouve le même changement moléculaire que l'essence de térébenthine, en donnant du térébène (modific. b) et du colophène $C^{20}H^{32}$ (Deville).

(m) Citrène, citronyle. En distillant sur de l'hydrate de potasse, ou sur de la chaux vive, le camphre hydrochlorique de l'essence de citron, on obtient un liquide $C^{10}H^{16}$, d'une densité de 0,8569, bouillant à 165°, et possédant d'ailleurs les mêmes propriétés que l'essence primitive ; il absorbe le gaz hydrochlorique, et donne de nouveau une combinaison cristallisable (Blanchet et Sell). Sa densité, à l'état de vapeur, est la même que celle de l'essence de térébenthine, mais elle n'exerce aucun pouvoir rotatoire sur la lumière polarisée (Cahours, Soubeiran et Capitaine).

(n) Essence d'orange. Elle se comporte comme l'essence de citron ; la densité de sa vapeur est la même ; elle fournit, par le gaz hydrochlorique, un camphre liquide et un camphre solide, identique avec celui que donne l'essence de citron (Soubeiran et Capitaine).

(o) Essence de bergamotte. En soumettant à la presse le zeste de bergamottes, on obtient une huile essentielle, qui est un mélange de deux ou de trois principes particuliers, dont l'un, au moins, présente la composition $C^{10}H^{16}$; mais il est difficile d'isoler ce dernier par une simple distillation. Si l'on met l'essence rectifiée en contact avec de l'acide phosphorique anhydre, elle

______

(1) M. Mulder (*Annal. der Chem. u. Pharm.*, t. XXXI, p. 69) a trouvé, dans une très petite quantité de camphre qui s'était déposée dans l'essence de citron : carbone 55,0 (anc. poids), hydrog. 9,2. Mais il n'a opéré que sur 0gr,160 de matière ; ces nombres ne présentent donc aucune garantie.

s'échauffe, et donne alors à la distillation une huile d'ont l'odeur ressemble à celle du térébène (modific. *b*); cette huile renferme exactement $C^{10}H^{16}$. Le résidu de la distillation paraît contenir une combinaison copulée (*acide phospho-bergamique*), du moins il donne des composés solubles avec la chaux et l'oxyde de plomb (Soubeiran et Capitaine).

L'essence brute dépose souvent un stéaroptène (*bergaptène*), qui cristallise en aiguilles, fusibles à 206°, et volatiles sans décomposition (1); ces cristaux sont sans odeur, et se dissolvent dans l'eau bouillante, l'alcool et l'éther. L'acide sulfurique concentré les colore en rouge; l'acide nitrique les attaque à chaud sans produire d'acide oxalique (Mulder, Ohme).

L'essence de bergamotte brute renferme aussi de l'acide acétique (Ohme).

(*p*) Carvène. L'essence de carvi est un mélange d'un hydrogène carboné $C^{10}H^{16}$ et d'une huile oxygénée, qu'il est difficile de séparer par une distillation pure et simple. On obtient l'hydrogène carboné en distillant l'essence brute avec de l'acide phosphorique vitrifié, jusqu'à disparition complète de l'odeur de carvi; on purifie le produit sur de l'hydrate de potasse. C'est une huile d'une odeur agréable, bouillant à 173°, ayant sensiblement la même densité de vapeur que l'essence de citron et de térébenthine, et donnant, avec le gaz hydrochlorique, un camphre qui a la même composition que celui de l'essence de citron (Schweizer).

(*q*) Essence de poivre. Le poivre (*Piper nigrum*) donne une huile essentielle bouillant à 167°,5, et présentant la composition $C^{10}H^{16}$ (Dumas).

Elle absorbe beaucoup de gaz hydrochlorique sans donner de camphre cristallin.

La densité de sa vapeur est la même que celle de l'essence de térébenthine (Soubeiran et Capitaine).

(*r*) Gaulthérylène. Sous ce nom, M. Cahours désigne l'hydrogène carboné qui entre en faible proportion dans l'huile du *Gaultheria procumbens* (450); il est incolore, et bout à 160°; son

(1) Elles renferment, suivant les analyses de M. Ohme et de M. Mulder : carbone 67,2 (anc. poids), hydrog. 3,8, oxygène 29,0.

odeur, assez agréable, se rapproche de celle de l'essence de poivre. La densité de sa vapeur a été trouvée, par expérience, égale à 4,92. Il donne, avec l'acide nitrique, une masse résinoïde; avec le chlore et le brome, des produits visqueux.

(*s*) Caoutchine de Himly (1). Lorsqu'on fractionne les produits de la distillation sèche du caoutchouc, on obtient, entre 140 et 200°, une huile qui, rectifiée, bout à 171°, présente une densité de 0,842 à l'état liquide, et de 4,461 à l'état de vapeur. Cette huile renferme $C^{10}H^{16}$, donne, avec le gaz hydrochlorique, un camphre liquide $C^{10}H^{17}Cl$, et s'accouple avec l'acide sulfurique (Himly).

(*t*) Essence d'*Athamanta oreoselinum*. Les feuilles fraîches ont donné une essence dont l'odeur ressemblait à celle de genièvre, qui bouillait à 163°, avait une densité de 0,843, et la composition de l'essence de térébenthine. Il n'y avait qu'une faible quantité d'une huile oxygénée. Saturée avec du gaz hydrochlorique,

---

(1) La gomme élastique ou *caoutchouc* est le produit de la dessiccation d'un suc laiteux qu'on extrait, par incision, de plusieurs arbres, tels que *Hævea guianensis*, *Jatropha elastica*, *Ficus religiosa*, qui viennent dans l'Amérique du Sud. Elle se compose en plus grande partie de carbone et d'hydrogène, et renferme en outre des parties albumineuses. M. Faraday y indique 87,2 carbone et 12,8 hydrogène. Cette analyse n'est naturellement qu'approximative; il est possible que le caoutchouc soit lui-même un polymère des camphènes ou des hydrocarbures de la série homologue R.

Les meilleurs solvants du caoutchouc sont les huiles essentielles (essence de térébenthine), les huiles du goudron de houille, ainsi que les huiles qu'on obtient par la distillation sèche du caoutchouc lui-même. Par une longue ébullition avec de l'eau, le caoutchouc se ramollit, se gonfle, et devient plus facile à dissoudre dans les huiles et même dans l'éther absolu.

A l'état de pureté, le caoutchouc est incolore, transparent et très élastique; il fond vers 125°, et peut supporter une température supérieure sans se décomposer. Mais, après le refroidissement, il est gluant et visqueux, et se maintient dans cet état pendant des années entières.

Soumis à la distillation sèche, le caoutchouc donne naissance à des hydrocarbures nombreux qui ont été étudiés par M. Himly et M. Bouchardat; plusieurs d'entre eux sont polymères du gaz oléfiant et paraissent appartenir à la même série homologue (dans ce cas est, par exemple, le *caoutchène*, t. 1, p. 542, et l'*hévééne* $C^{20}H^{40}$).

On sait que le caoutchouc est d'un grand usage, dans les arts industriels, pour la fabrication des tubes élastiques, des tissus imperméables, etc.

cette essence a donné un camphre liquide $C^{10}(H^{17}Cl)$, probablement identique avec celui que fournit l'essence de térébenthine (Schnedermann et Winkler).

(*u*) Il faut encore ranger parmi les camphènes les hydrogènes carbonés qui sont contenus dans les essences extraites des clous de girofle, des fleurs d'ulmaire (Ettling), des feuilles de laurier (Stenhouse), et sans doute de beaucoup d'autres plantes.

L'huile décrite par M. Claus sous le nom de *camphine*, et obtenue par la distillation d'un mélange d'iode et de camphre des laurinées, appartient probablement aussi à la classe des camphènes; elle bouillait entre 167 et 170° (1).

508. *Camphène quadrichloré* (chlorure d'essence de térében-thine, chlorotérébène). $C^{10}(H^{12}Cl^{4})$. — L'essence de térébenthine absorbe le chlore, en s'échauffant considérablement et en développant de l'acide hydrochlorique. On finit par obtenir un liquide visqueux, incolore, d'une odeur particulière camphrée, et d'une saveur sucrée et amère en même temps. Sa densité est de 1,36. Le même produit s'obtient par l'action du chlore sur le térébène (modific. *b*).

Le C. quadrichloré se décompose par l'action de la chaleur; quand il a été préparé avec l'essence de térébenthine, il fournit, dans ces circonstances, beaucoup de téréhydrène chloré solide (*a*); obtenu avec le térébène (*b*), il donne du téréhydrène chloré liquide (*b*). Ces produits sont, en outre, accompagnés d'un dégagement d'acide hydrochlorique, ainsi que de C. bichloré, et laissent un résidu de charbon (Deville). Lorsqu'on fait agir du chlore longtemps sur le téréhydrène chloré (*a*), on finit par obtenir du C. quadrichloré à l'état solide (chlorocamphène); ce produit fond, sans se volatiliser, entre 110 et 115°. Si on le chauffe doucement en élevant progressivement la température, il dégage beaucoup d'acide hydrochlorique, en donnant des cristaux et des matières huileuses (Deville).

Camphène bichloré (monochlorotérébène). — $C^{10}(H^{14}Cl^{2})$. — Liquide d'une densité de 1,137.

Camphène quadribromé (bromure d'essence de térébenthine, bromotérébène). — Liquide visqueux, d'une densité de 1,975, et qui se décompose par la distillation (Deville).

(1) Voir, pour plus de détails, *Revue scient.*, t. IX, p. 181.

Genre Cymène R^{-6}.

509. Hydrocarbure; se rencontre tout formé dans l'essence de cumin (*Cuminum Cyminum*). On l'obtient aussi en distillant le camphol normal sur de l'acide phosphorique anhydre (Dumas, Delalande), ou sur du chlorure de zinc (Gerhardt) :

$$C^{10}H^{16}O = H^2O + C^{10}H^{14}.$$

Cymène normal (camphène, camphogène). — C^{10}H^{14}. — Ce principe, qui accompagne le cuminol normal dans l'essence de cumin, ne peut pas en être séparé, à l'état de pureté, par une simple distillation. Bien qu'il soit beaucoup plus volatil que le principe oxygéné de cette essence, il en entraîne toujours une certaine quantité, de sorte que, pour l'isoler, il faut rectifier, sur de la potasse en fusion, les premières portions de la distillation de l'essence de cumin. La potasse retient alors tout le cuminol à l'état de cuminate, et le C. normal passe parfaitement pur.

Ainsi obtenu, il se présente sous la forme d'un liquide incolore, réfractant fortement la lumière, et d'une odeur citronnée fort agréable. Sa densité, à l'état liquide, est de 0,861 à 14°. Il bout à 175° d'une manière constante ; la densité de sa vapeur a été trouvée égale à $4,59 - 4,70 = \dfrac{C^{10}H^{14}}{2}$. Il ne s'altère pas au contact de l'air (Gerhardt et Cahours).

Il est insoluble dans l'eau, et se dissout avec facilité dans l'alcool, l'éther et les huiles essentielles.

L'acide sulfurique concentré ne l'attaque pas à froid ; l'acide sulfurique fumant le dissout en produisant un acide copulé (voy. g. *Sulfocyménate*). L'acide nitrique de concentration moyenne ne l'attaque pas à froid ; mais quand on chauffe le mélange, il développe des vapeurs rutilantes, et le C. normal finit par se transformer en un acide particulier qui se précipite, par le refroidissement, sous la forme d'une masse caillebotteuse. L'attaque est très vive par l'acide nitrique fumant, mais alors il se produit en même temps une résine jaune.

La potasse caustique, sous quelque forme qu'on l'emploie,

est sans action sur le C.; le chlore et le brome l'attaquent déjà à froid en produisant un corps chloré ou bromé qui se décompose par la distillation. Enfin le C. est vivement attaqué par un mélange d'acide sulfurique et de bichromate de potasse; il distille une huile sur laquelle la potasse caustique est sans action (Gerhardt et Cahours).

Quand on distille le camphre des laurinées sur de l'acide phosphorique anhydre, on obtient un liquide qui présente la même composition, les mêmes densités et le même point d'ébullition que le corps qu'on vient de décrire. Le même produit s'obtient avec le camphre et le chlorure de zinc, et ce procédé de préparation est même plus expéditif. Il y a toutefois une différence d'odeur, mais on peut détruire l'odeur citronée du C. de l'essence de cumin en le dissolvant dans l'acide sulfurique et précipitant de nouveau par l'eau. Dans tous les cas, la différence n'est pas aussi grande que celle qui existe entre les différentes modifications du g. camphène.

Si l'on traite à chaud, par l'acide nitrique fumant, le produit que donne le camphre par l'acide phosphorique anhydre, il finit par se transformer, selon Delalande, en une matière blanche, solide et cristallisable, surtout au sein de l'acide nitrique. Cette matière exhale une odeur assez suave et contient une forte proportion d'azote.

Genre *Naphtessarène* R^{-8}.

510. Hydrocarbure hyperhalide, formé par l'action du chlore et du brome sur les différentes espèces du g. naphtalène; toutes les espèces qu'il renferme se dédoublent, par la distillation sèche ou par l'action des alcalis, en donnant des espèces du g. naphtalène.

Naphtessarène quadrichloré (chlorure de naphtaline, hydrochlorate de chloronaphtalèse, La.). — $C^{10}(H^8Cl^4)$. — On le prépare en faisant passer un courant de chlore sur du naphtalène normal à la température ordinaire. Celui-ci fixe alors 4 équivalents de chlore en entrant en fusion. Vers la fin de l'opération, la matière s'épaissit un peu et se prend en une masse semblable à l'huile d'olive figée, ou bien il se dépose des cristaux grenus recouverts d'une couche huileuse. Ce produit est un mélange d'espèces chlorées des genres N. et naphduène ; on y verse un peu d'éther pour rendre l'huile plus fluide, et l'on jette le résidu sur un filtre ; celui-ci, dissous dans l'éther bouillant, cristallise en prismes courts, obliques, à base rhombe, qui se présentent avec différentes modifications.

Il est incolore, transparent, inodore, insoluble dans l'eau, à peine soluble dans l'alcool, un peu plus dans l'éther. Il se décompose, par la distillation sèche, en acide hydrochlorique et espèces chlorées du g. naphtalène. Une dissolution alcoolique de potasse le décompose pareillement. L'acide sulfurique de Nordhausen dégage de l'acide hydrochlorique sous l'influence de la chaleur. Le liquide, étendu d'eau et neutralisé par la baryte, donne un sel chloré très soluble et cristallisant difficilement (Laurent).

Porté à l'ébullition avec de l'acide nitrique, le N. quadrichloré donne un liquide volatil que nous avons déjà décrit sous le nom de formène bichloro-binitrique (197), ainsi que du phtalate normal (457) qui reste dans le résidu (Marignac).

Naphtessarène quintichloré (chlorure de chlonaphtase, La.). — $C^{10}(H^7Cl^5)$. — Ce composé est fort remarquable par la beauté et la grosseur de ses cristaux. On peut l'obtenir en traitant par du chlore l'espèce précédente, ou bien aussi le naphduène bichloré.

Il cristallise en prismes droits à base rhombe, modifiés par plusieurs facettes. Il entre en fusion à 105°, se décompose entièrement par la distillation, ainsi que par la potasse alcoolique.

L'acide nitrique bouillant le convertit, suivant l'énergie de la réaction, en acide hydrochlorique et naphtalol bichloré, ou naphtalate chloré, ou phtalate et oxalate normal :

$$C^{10}(H^7Cl^5) \qquad + O^2 = 3HCl + C^{10}(H^4Cl^2)O^2.$$
$$C^{10}(H^7Cl^5) + H^2O + O^2 = 4HCl + C^{10}(H^5Cl)O^3.$$
$$C^{10}(H^7Cl^5) + 3H^2O + O^5 = 5HCl + C^8H^6O^4 \qquad + C^2H^2O^4.$$

Il existe aussi une modification huileuse du N. quintichloré, qui accompagne la modification solide (Laurent).

Naphtessarène sexchloré (chlorure de chlonaphtèse, La.). — — $C^{10}(H^6Cl^6)$. — M. Laurent en décrit trois modifications iso-

mères. On obtient la modification solide en traitant par le
chlore le naphtalène bichloré fondu. La combinaison s'opère
sans dégagement de HCl ; on lave le produit avec un peu d'é-
ther, puis on fait dissoudre le résidu dans ce liquide bouillant.
Il se produit des prismes obliques à base rhombe, incolores,
inodores, fusibles à 140°, et se décomposant par la distillation
en donnant du naphtalène quadrichloré (Laurent) :

$$C^{10}(H^6Cl^6) = 2HCl + C^{10}(H^4Cl^4).$$

Naphtessarène sexbromé (bromure de bronaphtèse, La.). —
$C^{10}(H^6Br^6)$. — On peut préparer ce composé en versant du brome
sur le naphtalène normal ou bibromé. Il est peu soluble dans
l'éther bouillant. Il se décompose, par la distillation sèche, en
dégageant de l'acide hydrobromique accompagné d'une petite
quantité de brome, et il se dépose dans le col de la cornue du
naphtalène quadribromé (Laurent).

Naphtessarène chloro-quintibromé (bromure de chlorobro-
naphtèse, La.). — $C^{10}(H^6ClBr^5)$. — M. Laurent l'obtient en traitant le naphtalène chloré par un excès de brome. Petits prismes
incolores, d'un éclat très vif, fondant à 110°, et dégageant alors
beaucoup de brome et d'acide hydrobromique.

Naphtessarène bichloro-quadribromé (bromure de chlonaphtèse).
— $C^{10}(H^6Cl^2Br^4)$. — Il se produit lorsqu'on verse du brome sur le
naphtalène bichloré.

Naphtessarène septibromé (bromure de bronaphtise, La.). —
$C^{10}(H^5Br^7)$. — Il se forme dans l'action du brome sur le naphtalène bibromé, et cristallise en prismes obliques à base oblique,
très voisins d'un prisme oblique à base rhombe, et qui en possèdent les modifications symétriques. Il est très peu soluble dans
l'éther. Par la distillation, il se décompose en dégageant du
brome, et il se forme un autre produit qui n'a pas été examiné.

Naphtessarène bibromo-quadrichloré (chlorure de bronaphtèse, La.). — $C^{10}(H^6Br^2Cl^4)$. — En faisant passer un courant de
chlore sur du naphtalène bibromé en fusion, M. Laurent a obtenu une huile épaisse qui, après avoir été traitée par l'éther, a
déposé une poudre cristallisant en longs prismes obliques à base
rhombe, incolores, très peu solubles dans l'alcool et l'éther. Ce
corps entre en fusion vers 155°, et en se solidifiant, cristallise en

prismes. Par la distillation, il se décompose en donnant du brome, de l'acide hydrochlorique et hydrobromique, ainsi qu'un mélange de naphtalène bromo-trichloré et de naphtalène tri-chloré :

$$2[C^{10}(H^6Br^2Cl^4)] = Br^2 + HBr + 2HCl + C^{10}(H^4BrCl^3) + C^{10}(H^5Cl^3).$$

Une dissolution alcoolique et bouillante de potasse le transforme en un produit qui est assez soluble dans l'éther et qui cristallise en aiguilles très fines (Laurent).

Naphtessarène bibromo-quintichloré (chlorure de broméchlonaphtise, La.). — $C^{10}(H^5Br^2Cl^5)$. — Il se produit à peu près dans les mêmes circonstances que l'espèce précédente et cristallise en prismes obliques à base oblique. Il est très peu soluble dans l'éther, et fond à 150°. Le chauffe-t-on un peu au-delà de son point de fusion, il reste mou et transparent après s'être refroidi, et ne se solidifie qu'en partie en formant une masse opaque sans apparence cristalline. Si on le chauffe alors très légèrement, il cristallise en tables rhombes.

Une dissolution alcoolique et bouillante de potasse le convertit en chlorure et en naphtalène bibromo-trichloré :

$$C^{10}(H^5Br^2Cl^5) = 2HCl + C^{10}(H^3Br^2Cl^3).$$

Genre Naphduène R^{-10}.

511. Hydrocarbure hyperhalide, produit par l'action du brome ou du chlore sur le g. naphtalène ; les espèces qu'il renferme se décomposent par la distillation sèche en acide hydrochlorique, acide hydrobromique ou brome, et en espèces dérivées du g. naphtalène ; les alcalis caustiques y déterminent une décomposition semblable.

Naphduène bichloré (sous-chlorure de naphtaline, La.). — $C^{10}(H^8Cl^2)$. — Ce composé, qui est liquide, s'obtient toujours en même temps que le naphtessarène quadrichloré par l'action du chlore sur le naphtalène normal. Il est difficile de l'obtenir pur. Il est soluble en toutes proportions dans l'éther, moins soluble dans l'alcool.

En le distillant plusieurs fois, on le convertit en acide hydrochlorique et en naphtalène chloré.

Une dissolution alcoolique de potasse opère assez promptement ce dédoublement. Le chlore le transforme en naphtessarène quintichloré (Laurent).

Naphduène quintibromé (sous-bromure de bronaphtise La.). — $C^{10}(H^5Br^5)$. — Ce composé se rencontre quelquefois avec le naphtessarène sexbromé, dans l'action du brome sur le naphtalène normal. Il se décompose, par la distillation, en donnant de l'acide hydrobromique, une matière cristalline et une petite quantité de brome (Laurent).

Naphduène bromo-bichloré (sous-chlorure de bronaphtase La.). — $C^{10}(H^7BrCl^2)$. — Lorsqu'on fait passer un courant de chlore dans du naphtalène bromé brut, celui-ci s'épaissit et laisse déposer une matière qui cristallise dans l'éther bouillant en petites tables rhomboïdales fusibles à 165° ; elles dégagent, par la distillation, du brome ainsi que de l'acide hydrochlorique et hydrobromique (Laurent).

Genre *Naphtalène* R—12.

512. **Hydrocarbure.** L'espèce normale se produit dans une foule de circonstances, quand on expose des matières organiques à une température fort élevée, en leur faisant, par exemple, traverser des tubes chauffés au rouge ; le goudron de houille en renferme une quantité notable. Elle se produit, dans la distillation sèche du benzoate calcique, par la décomposition de la benzone à une température élevée :

$$2[C^7(H^5Ca)O^2] = CO^2,Ca^2O + C^{13}H^{10}O.$$
$$4[C^{13}H^{10}O] = 2CO^2 + 5C^{10}H^8.$$

Les espèces de ce g. ont la propriété de fixer directement du Cl ou du Br de manière à se convertir en espèces dérivées des g. naphtessarène (510) et naphduène (511).

Naphtalène normal (naphtaline). — $C^{10}H^8$. — On extrait ce corps du goudron de houille en soumettant celui-ci à une nouvelle distillation ; il passe d'abord des matières huileuses renfermant du N., et plus tard elles en sont tellement chargées qu'elles se prennent en une masse molle et butyreuse ; les toutes dernières portions renferment de l'anthracène. On peut aussi détruire d'abord par le chlore les matières huileuses jusqu'à ce qu'elles soient devenues noires, puis distiller le mélange jusqu'à ce qu'il se carbonise, réfroidir à — 10° le produit qui passe, et soumettre le dépôt de N. à l'action de la presse. On le purifie par de nouvelles cristallisations dans l'alcool (Laurent).

Le N. normal est parfaitement incolore, et présente une odeur goudronneuse ; sa saveur est âcre et aromatique. En le faisant cristalliser, soit dans l'alcool, soit par sublimation, on l'obtient sous la forme de lames rhomboïdales extrêmement minces ; pour l'obtenir en cristaux plus gros, on le fait dissoudre dans l'éther, et on abandonne la dissolution à une évaporation spontanée dans une fiole à fond plat dont l'ouverture est légèrement bouchée à l'aide d'un cornet de papier ; au bout de plusieurs jours le fond de la fiole se trouve recouvert de cristaux, parmi lesquels on en trouve de très gros parfaitement nets. Leur forme est celle d'une table ou d'un prisme oblique à base rhombe ; les angles aigus sont tronqués (Laurent).

Il fond à 79° et bout à 220° ; la densité de sa vapeur a été trouvée égale à 4,528 $= \dfrac{C^{10}H^8}{2}$ (Dumas) ; à l'état solide elle est de 1,048. Il distille aisément avec les vapeurs d'eau et brûle avec une flamme très fuligineuse.

Il est insoluble dans l'eau froide, peu soluble dans l'eau bouillante ; il se dissout avec facilité dans l'alcool, l'éther, les huiles grasses et les huiles essentielles.

Soumis à l'action du chlore, le N. normal donne naissance au moins à deux produits, le naphtessarène quadrichloré et le naphduène bichloré :

$$C^{10}H^8 + Cl^4 = C^{10}(H^8Cl^4).$$
$$C^{10}H^8 + Cl^2 = C^{10}(H^8Cl^2).$$

Mais en même temps il se développe de l'acide hydrochlorique, attendu que l'action du chlore se porte aussi sur l'hydrogène des nouveaux produits de manière à donner d'autres combinaisons dérivées des mêmes genres ; ces combinaisons, soumises à la distillation ou traitées par la potasse, se dédoublent en HCl et produisent des espèces chlorées du genre N. C'est aux travaux infatigables de M. Laurent que nous devons la connaissance de ces nombreux composés (1).

Le brome, mis en contact avec le N. normal, produit immédiatement du N. bromé; par un excès de brome il se forme du N. bibromé.

L'acide nitrique ne l'attaque pas à froid; à chaud, on obtient successivement le N. nitrique, binitrique et trinitrique; une action prolongée donne aussi du phtalate normal ou nitrique (457) et de l'oxalate normal :

$$C^{10}H^8 + O^8 = C^8H^6O^4 + C^2H^2O^4.$$

La potasse ne l'attaque d'aucune manière.

L'acide sulfurique concentré dissout le N. normal à chaud en le transformant en un acide copulé que nous décrirons plus tard (g. *Sulfonaphtalate*); dans certaines circonstances, qui n'ont pas encore été bien déterminées, il se produit, suivant M. Berzélius, un second acide copulé (g. *Sulfonaphtinate*). L'acide sulfurique fumant, employé en excès, produit les mêmes acides copulés; si l'on prend plus de N., on obtient le sulfonaphtalide normal (20ᵉ fam.) :

$$2C^{10}H^8 + SO^3 = H^2O + C^{20}H^{14}SO^2.$$

Quand on fait chauffer du N. normal avec du bichromate de potasse en poudre, un peu d'eau et de l'acide sulfurique, l'attaque est tantôt fort violente, tantôt très faible; cela dépend de la quantité d'eau ajoutée. Une seule fois, M. Laurent est parvenu à obtenir un acide $C^{10}H^6O^4$ (g. *Naphtésate*).

513. *Naphtalène chloré* (chloronaphtalase, chloronaphtase La.). — $C^{10}(H^7Cl)$. — On obtient ce composé en faisant bouillir le naphduène bichloré avec une dissolution alcoolique de potasse; par l'addition de l'eau, il se dépose une huile que l'on soumet à la distillation pour la purifier. Il se produit aussi en petite quantité par la distillation du naphduène bichloré.

Le naphtalène chloré est huileux, incolore, soluble en toutes proportions dans l'éther; il distille sans altération, et n'est pas attaqué par la potasse. Le brome le décompose avec effer

(1) Ils se trouvent au complet dans la *Revue scientifique*. 1843.

vescence, en le transformant en acide hydrobromique et en naphtessarène chloro-quintibromé :

$$C^{10}(H^7Cl) + Br^6 = HBr + C^{10}(H^6ClBr^5).$$

Le chlore le transforme en une huile particulière, qui se change en N. trichloré, sous l'influence d'une dissolution bouillante de potasse. Si l'on fait agir le chlore à chaud, on obtient immédiatement du N. trichloré ou quadrichloré.

Naphtalène bichloré (chloronaphtalèse, chlonaphtèse La.). — $C^{10}(H^6Cl^2)$. — Ce composé s'obtient en plusieurs modifications isomères, suivant la manière dont on le produit.

Naphtalène trichloré (chloronaphtalise). — $G^{10}(H^5Cl^3)$. — Ce produit prend naissance dans plusieurs circonstances, principalement lorsqu'on distille ou qu'on traite par la potasse les espèces chlorées du g. naphtessarène. M. Laurent en a décrit plusieurs isomères.

Naphtalène quadrichloré (chlonaphtose La.). — $C^{10}(H^4Cl^4)$. — M. Laurent en a décrit quatre modifications isomères.

Naphtalène sexchloré (chlonaphtalase La.). — $C^{10}(H^2Cl^6)$. — On l'obtient en faisant passer longtemps du chlore dans l'espèce trichlorée, à une haute température. Prismes à 6 pans, mous comme de la cire, et se laissant tordre sans se briser ; peu solubles dans l'alcool et l'éther ; volatils sans être décomposables, et inaltérables par la potasse.

Le N. sexchloré est difficilement attaqué par l'acide nitrique bouillant ; toutefois, il finit par se transformer en naphtalol sexchloré (Laurent) :

$$C^{10}H^2Cl^6 + O^3 = H^2O + C^{10}Cl^6O^2.$$

Naphtalène perchloré (chlonaphtalise La.). — $C^{10}Cl^8$. — M. Laurent a obtenu ce corps en faisant passer un courant de chlore dans le N. trichloré maintenu en fusion. Aiguilles légèrement colorées en jaune pâle, et très cassantes, formant des prismes à 4 pans, dont les angles sont de 112° 30′ et 67° 30′. Ces cristaux sont très peu solubles dans l'éther bouillant, volatils sans décomposition, et inattaquables par la potasse.

Naphtalène bromé (bromonaphtalase, bronaphtase La.). —

$C^{10}(H^7Br)$. — Il s'obtient par l'action du brome sur le N. normal ; par l'action d'un excès de brome, il se produit du N. bibromé. Huile incolore, volatile sans décomposition, et inattaquable par une dissolution alcoolique de potasse ; le chlore se combine avec elle en produisant $C^{10}H^7BrCl^2$.

Naphtalène bibromé (bronaphtèse La.). — $C^{10}(H^6Br^2)$. — Longues aiguilles dont la section est un hexagone dérivant d'un rhombe de 66 à 67°, très solubles dans l'alcool et l'éther, fusibles à 59° ; volatiles sans décomposition et inattaquables par la potasse.

Naphtalène tribromé (bronaphtise La.) — $C^{10}(H^5Br^3)$. — Aiguilles plates, extrêmement déliées, fusibles vers 60°.

Naphtalène quadribromé (bronaphtose La.). — $C^{10}(H^4Br^4)$. — Prismes obliques, à base oblique, qui s'obtiennent par la distillation du naphtessarène sexbromé.

Naphtalène bromo - bichloré (chlorébronaphtise La.). — $C^{10}(H^5BrCl^2)$. — Il s'obtient par l'action du brome sur le N. bichloré. Il est mou comme de la cire, et cristallise en aiguilles par l'évaporation spontanée dans l'éther.

Naphtalène bibromo-bichloré (chlorébronaphtose, broméchlonaphtose La.). — $C^{10}(H^4Br^2Cl^2)$. — Aiguilles à peine solubles dans l'alcool et dans l'éther bouillants, et fusibles à 170°.

Naphtalène bromo-trichloré. — $C^{10}(H^4BrCl^3)$. — Prismes incolores à 6 pans, mous comme de la cire, et volatils sans décomposition.

Naphtalène bibromo - trichloré (broméchlonaphtuse La.) — $C^{10}(H^3Br^2Cl^3)$. — En faisant bouillir avec une dissolution alcoolique de potasse du naphtessarène bibromo-quintichloré, on obtient une poudre blanche, qu'on fait cristalliser dans l'éther. Prismes obliques ; à base oblique, très brillants, volatils sans décomposition, et inattaquables par la potasse.

En versant du brome sur du naphtessarène quadrichloré, et exposant le mélange pendant un mois au soleil, M. Laurent a obtenu une matière presque insoluble dans l'éther, volatile sans décomposition, et isomère du premier produit (chloribronaphtuse La.).

514. *Naphtalène nitrique* (nitro-naphtalase, ninaphtase). — $C^{10}(H^7X)$. — L'acide nitrique n'exerce à froid aucune action sur

le N. normal ; mais à l'ébullition, il le décompose rapidement, et il se produit une huile qui se solidifie par le refroidissement. En faisant cristalliser la matière solidifiée trois ou quatre fois dans l'alcool, on obtient le N. nitrique à l'état de pureté (Laurent).

Il est d'un jaune de soufre, insoluble dans l'eau, fort soluble à chaud dans l'alcool, l'éther, l'huile de pétrole et le chlorure de soufre. Par le refroidissement, il se dépose de toutes ses dissolutions, sous la forme d'aiguilles cassantes, qui sont des prismes à 6 pans, dérivant d'un rhombe de 100 et de 80° ; les arêtes aiguës sont tronquées.

Le N. nitrique fond à 43°, et, au moment où il se solidifie, le thermomètre remonte à 54°. Il est volatil sans décomposition ; mais quand on le chauffe brusquement, il se décompose avec production de lumière et dépôt de charbon.

Le chlore le convertit en naphduène quadrichloré ; à chaud, on obtient du N. trichloré ou quadrichloré. Le brome le transforme en N. bibromé.

Soumis à l'ébullition avec le soufre, il se décompose en développant du gaz sulfureux.

L'acide nitrique bouillant le change en N. binitrique. L'acide sulfurique de Nordhausen le transforme en sulfonaphtalate nitrique. Une dissolution alcoolique et bouillante de potasse ne le décompose pas ; mais quand on le chauffe dans une cornue avec de la baryte légèrement hydratée, il dégage de l'ammoniaque, du N. normal, une matière huileuse et un corps auquel M. Laurent a donné le nom de *naphtase* (1).

Naphtalène binitrique (nitro - naphtalèse, ninaphtèse). — $C^{10}(H^6X^2)$. — On obtient ce composé en faisant bouillir de l'acide

---

(1) On obtient ce corps en distillant par petites portions un mélange de N. nitrique avec 7 ou 8 fois son poids de chaux ou de baryte. Il reste attaché dans le col de la cornue sous forme de petites aiguilles ; on lave celles-ci avec de l'éther, puis on les distille et on les lave encore avec de l'éther. Il est jaune, insoluble dans l'eau et l'alcool, presque insoluble dans l'éther. La plus petite quantité de ce corps suffit pour colorer immédiatement en beau bleu violacé une très grande quantité d'acide sulfurique ; l'eau l'en précipite sans altération. M. Laurent représente ce corps par $C^{20}H^{14}O$; mais le calcul s'éloigne trop de l'analyse qu'il en a faite.

nitrique dans un grand ballon, et en y jetant peu à peu du N. normal, tant qu'il s'en dissout. Par le refroidissement, il se dépose des aiguilles à peine colorées en jaune. On les lave d'abord avec de l'acide nitrique, puis avec de l'eau et de l'alcool (Laurent).

Le N. binitrique est très peu soluble dans l'éther, encore moins dans l'alcool. Les cristaux qui se déposent d'une solution nitrique sont des prismes à 4 pans, et leur solution est un rhombe de 67 à 113°. Ils fondent à 185° ; en opérant sur une petite quantité, on peut les distiller sans les altérer, mais par un échauffement brusque le corps se décompose.

Le chlore, à chaud, en dégage des vapeurs nitreuses, et l'on obtient du N. bichloré ou trichloré. Une dissolution alcoolique de potasse le décompose à l'ébullition ; la liqueur devient rouge, puis brune ; il se dégage de l'ammoniaque, et, quand on sature la potasse par l'acide nitrique, il se produit un abondant précipité brun.

Chauffé avec de la chaux légèrement hydratée, le N. binitrique développe du N. normal, de l'ammoniaque et une huile brune.

Naphtalène trinitrique (nitro-naphtalise, ninaphtise, nitronaphtale). — $C^{10}(H^5X^3)$. — Pour préparer ce composé, on fait bouillir du N. normal pendant un ou deux jours avec de l'acide nitrique. On obtient ainsi des tables rhomboïdales obliques, ordinairement très irrégulières et dentées en scie, d'autres fois on l'obtient en aiguilles. Il fond au-dessus de 200°, et se volatilise sans résidu quand on le chauffe avec précaution, autrement il se décompose avec explosion. Il se dissout dans une solution alcoolique de potasse, en développant de l'ammoniaque et en la colorant en rouge ; les acides précipitent de la solution des flocons bruns ou noirs (Laurent, Marignac).

Genre *Amyléther* $R+^2O$.

515. **Pseudéther**, homologue des g. méther (231) et éther (298) ; produit par l'action de la potasse ou du sulfure de potassium sur le valérène chloré (343).

Amyléther normal (éther amylique). — $C^{10}H^{22}O$. — Le valé-

rène chloré, chauffé avec de la potasse alcoolique, sous l'influence d'une certaine pression, donne un liquide d'une odeur
suave, bouillant à 111 ou 112°, et qui paraît être ce composé
(Balard).

Amyléther sulfuré (éther sulfhydramylique). — $C^{10}H^{22}S$. —
Une solution alcoolique de valérène chloré n'éprouve aucune
action sensible à froid de la part d'une solution alcoolique de
monosulfure de potassium ; mais si l'on place le mélange sous
l'influence d'une certaine pression, dans un vase clos, la réaction s'accomplit (343). On isole l'A. sulfuré par une affusion
d'eau ; il bout à 216°, la densité de sa vapeur a été trouvée égale
à 6,3. Il possède à un haut degré l'odeur et l'arrière-goût si caractéristique de l'oignon (Balard).

Genre *Menthol* RO.

516. Aldéhyde ?

Menthol normal (essence de menthe concrète (1), essence de
rue ?). — $C^{10}H^{20}O$ (Blanchet, Walter). — Ce corps, qui forme
la partie essentielle de l'essence qu'on extrait de la menthe poivrée (*Mentha piperita L.*), se présente sous forme de prismes
incolores, d'une saveur et d'une odeur qui sont propres à cette
essence. Il est peu soluble dans l'eau, très soluble, même à
froid, dans l'esprit de bois, l'alcool, l'éther, le sulfure de carbone, moins soluble dans l'essence de térébenthine. Son point
de fusion est à 34° c. ; il bout à 213°,5 sous la pression de 0,76.
Par une ébullition prolongée, il s'altère un peu et prend une
couleur jaune brunâtre ; il brûle avec une flamme un peu fuligineuse. La densité de sa vapeur a été trouvée égale à 5,62
(Walter).

Le potassium donne avec ce corps une masse pâteuse que

____

(1) Il est probable que le menthol normal mélangé avec un hydrogène
carboné liquide de la classe des camphènes, constitue les différentes
essences de menthe. M. Kane a fait quelques analyses (*Répert. de chim.*,
2ᵉ série, t. I, p. 107) sur l'essence de pouliot (*Mentha puleghium*) et
l'essence de menthe verte (*Mentha viridis*) ; mais comme elles ont été
effectuées sur des liquides dont le point d'ébullition n'était pas constant,
il est clair que les formules de M. Kane se rapportent à des mélanges et
ne sauraient être adoptées.

l'eau décompose ; la potasse caustique n'y exerce aucune action ; le brome réagit avec violence.

L'acide phosphorique le convertit en menthène normal ; le perchlorure de phosphore le transforme en menthène chloré.

En broyant à froid une partie de M. normal et 2 p. d'acide sulfurique, on obtient une matière à demi fluide, d'une belle couleur rouge de sang, et que l'eau décompose en régénérant de l'essence. Si l'on chauffe le mélange, il se produit une certaine quantité de menthène normal, en même temps qu'une combinaison copulée d'acide sulfurique et de M.

L'action du chlore sur le M. normal donne naissance à des produits différents, suivant les conditions où l'on opère, soit dans l'obscurité, soit aux rayons solaires. M. Walter en a analysé deux liquides qui paraissent être, l'un un mélange de $C^{10}(H^{16}Cl^2)O$ + $C^{10}(H^{15}Cl^3)O$, et l'autre un mélange de $C^{10}(H^{12}Cl^6)O$ + $C^{10}(H^{13}Cl^5)O$.

Le M. normal absorbe beaucoup de gaz hydrochlorique en se transformant en une masse épaisse que l'eau décompose. Sous l'influence de l'acide nitrique, il produit un acide particulier qui n'a pas encore été examiné.

L'analyse de l'essence de rue (*Ruta graveolens L.*) a donné à M. Will (1) des nombres qui s'accordent parfaitement avec ceux que M. Walter a obtenus à l'analyse de l'essence de menthe ; il serait possible que ces deux corps fussent identiques. La densité de vapeur observée par M. Will me paraît beaucoup trop forte.

Genre Bornéol $R^{-2}O$.

517. L'espèce normale dérive du camphène normal (modif. *i*) par la fixation de H^2O :

$$C^{10}H^{16} + H^2O = C^{10}H^{18}O.$$

Bornéol normal (camphre solide de Bornéo). — $C^{10}H^{18}O$. — Il est sécrété par le *Dryabalanops Camphora* (Pelouze) et se rencontre aussi dans l'essence de valériane humide (Gerhardt).

Il se présente en petits cristaux ou plutôt en fragments de cris-

(1) *Revue scientif.*, t. IV, p. 35.

taux blancs, transparents, très friables, d'une odeur qui tient à la fois du camphre ordinaire et du poivre, d'une saveur chaude et brûlante comme celle des essences. Sa densité est inférieure à celle de l'eau. Il est insoluble dans ce liquide, très soluble, au contraire, dans l'alcool et dans l'éther.

Il entre en fusion vers 198°, et en ébullition vers 212°; à cette température il distille sans altération.

Chauffé légèrement avec de l'acide phosphorique anhydre, il donne du camphène normal (modif. i). Bouilli avec de l'acide nitrique concentré, il perd H^2 et se convertit en camphre des laurinées.

Genre *Camphol* R$-^4$O.

518. L'espèce normale dérive du bornéol normal par l'élimination de H^2 sous l'influence de l'acide nitrique (Pelouze):

$$C^{10}H^{18}O + O = H^2O + C^{10}H^{16}O.$$

On l'obtient aussi en petite quantité en traitant par l'acide nitrique les essences de tanaisie, de semen-contrà, de valériane (Gerhardt), de sauge (Rochleder). Comme l'expérience a démontré que l'essence de valériane renferme du bornéol n., il est probable que la formation du C. normal par les autres essences et l'acide nitrique est aussi due à la présence du bornéol. Toutefois, Proust, sans faire usage d'acide nitrique, a retiré directement une matière camphrée des essences de certaines labiées (romarin, marjolaine, lavande, sauge), et M. Dumas a constaté l'identité de composition du camphre ordinaire et du camphre de lavande préparé par Proust lui-même.

Quand on traite le succin par l'acide nitrique, dans une cornue, il se condense dans le récipient un liquide qui est aussi chargé de C.; on sature ce liquide par du carbonate de potasse et on l'agite avec de l'éther qui s'empare du C. (Dœpping).

Camphol normal (camphre des laurinées, oxyde de camphène). — $C^{10}H^{16}O$. — Le camphre des officines existe dans le bois et l'écorce de plusieurs laurinées, et c'est du *Laurus camphora* qu'on l'extrait généralement au Japon, à Sumatra et à Bornéo, pour les besoins du commerce et de la médecine.

Le C. normal cristallise, par la sublimation ou dans l'alcool, en octaèdres ou en segments d'octaèdres. Il est blanc et demi-transparent comme la glace, d'une densité de 0,986 — 0,996, d'une saveur chaude, amère et brûlante, et d'une odeur aromatique qui rappelle celle du romarin. Il fond à 175° et bout à 204°, c'est-à-dire plus tôt que le bornéol n. ; la densité de sa vapeur a été trouvée égale à $5,317 = \dfrac{C^{10}H^{16}O}{2}$ (Dumas).

Seul, il est difficile à réduire en poudre, mais la pulvérisation s'effectue aisément après qu'on l'a arrosé de quelques gouttes d'alcool.

Il se vaporise aisément à l'air déjà à la température ordinaire ; cette circonstance explique les mouvements giratoires auxquels il donne naissance, quand on en jette quelques légers fragments sur l'eau. Sa tendance à prendre l'état gazeux est si grande, qu'il se sublime en petits cristaux brillants à la partie supérieure des vases où on le conserve.

L'alcool le dissout aisément (eau-de-vie camphrée) ; l'éther, les huiles fixes et les huiles essentielles le dissolvent aussi avec facilité. L'eau n'en dissout que 1/1000 de son poids, et en acquiert l'odeur et la saveur. Le C. se dissout aussi dans l'acide acétique.

Les dissolutions alcalines paraissent être sans action sur le C. normal, ou du moins elles n'en dissolvent que très peu. Mais si on expose ce corps à l'action de l'hydrate de potasse, sous l'influence d'une température élevée et d'une forte pression, il se convertit en campholate (Delalande) :

$$C^{10}H^{16}O + (KH)O = C^{10}(H^{17}K)O^2.$$

En le dirigeant sur de la chaux chauffée au rouge brun, M. Frémy a obtenu un liquide qu'il appelle *camphrone* (1), bouillant à 75°, et dont la nature et la composition chimiques n'ont pas encore été étudiées. A une température encore plus élevée, le même chimiste a obtenu du gaz oxyde de carbone, des gaz hydrocarbonés, et le ballon condensateur s'est rempli de beaux cristaux de naphtalène normal (512).

En dirigeant de la vapeur de C. sur du fer rouge, M. Félix

(1) M. Frémy le représente par $C^{30}H^{44}O = 3C^{10}H^{16}O - 2H^2O$.

D'Arcet a obtenu une liqueur oléagineuse renfermant du naphtalène ainsi qu'un hydrogène carboné qui était probablement identique avec le cinnamène C^8H^8.

Le C. normal peut absorber près de 144 fois son volume de gaz hydrochlorique à la température de 10° et sous la pression de $0^m,726$, en produisant une huile liquide $(C^{10}H^{16}O,HCl)$ que l'eau décompose immédiatement en mettant le C. en liberté (Dumas).

L'acide nitrique concentré dissout à froid le C. en produisant une liqueur (huile de camphre) que l'eau décompose aussi. Si l'on fait réagir l'acide à chaud, il se développe des vapeurs rutilantes, et le C. se convertit peu à peu en camphorate normal :

$$C^{10}H^{16}O + O^3 = C^{10}H^{16}O^4.$$

Soumis à l'action de l'acide phosphorique anhydre (Dumas, Delalande), ou du chlorure de zinc fondu (Gerhardt), le C. se dédouble en H^2O et produit du cymène normal (509) :

$$C^{10}H^{16}O = H^2O + C^{10}H^{14}.$$

Le même hydrogène carboné paraît se produire en société d'autres produits, par la distillation du C. avec l'acide sulfurique concentré. Le C. se dissout en grande quantité dans l'acide sulfurique concentré ; l'eau l'en reprécipite en plus grande partie. Si l'on met du C. en digestion, au bain-marie, pendant deux ou trois jours, avec deux ou trois fois son poids d'acide sulfurique concentré, et qu'au bout de ce temps on verse de l'eau sur le mélange, on voit surnager une huile qui devient incolore par la purification. Elle possède la même composition (1) et le même état de condensation que le camphre solide. Sous l'influence de la potasse solide, elle régénère effectivement ce dernier (Dela-

(1) Il paraîtrait que plusieurs huiles essentielles présentent cette composition. L'*essence de camomille bleue* a donné à M. Wœhler des nombres qui se rapprochent aussi de la composition $C^{10}H^{16}O$. L'*essence de thuja*, rectifiée sur de l'hydrate de potasse, est dans le même cas, si l'on considère les analyses de M. Schweizer (*Journ. de pharm.* Avril 1844).

Quand on distille de l'acétate de chaux, on obtient, outre l'acétone normale (266), une petite quantité d'une huile empyreumatique, à laquelle M. Kane a donné le nom de *dumasine*, et qui offre aussi la composition $C^{10}H^{16}O$. C'est un liquide presque incolore, dont le point d'ébul-

lande). Ce changement d'état moléculaire, provoqué par l'acide sulfurique, est du même ordre que celui que ce dernier fait éprouver à l'essence de térébenthine.

Lorsqu'on verse du brome sur du C., celui-ci se dissout rapidement, et dépose, tantôt après quelques minutes, tantôt au bout de quelques heures seulement, de beaux cristaux rouges qui sont des prismes droits à base rhombe ou rectangulaire. Ces cristaux renferment $C^{10}H^{16}O + Br^2$, et se décomposent rapidement au contact de l'air en dégageant du brome et en laissant du C. (Laurent).

Le chlore sec n'attaque pas beaucoup le C. normal, même aux rayons solaires. Pour l'attaquer, il faut le dissoudre dans le perchlorure de phosphore et y faire passer le chlore. Il se produit alors des espèces chlorées du genre C. (Claus).

L'iode agit sur le C. normal autrement que le chlore et le brome. Parties égales de ces deux corps étant broyées ensemble, on obtient une masse brune et épaisse qui donne à la distillation sèche, outre du gaz hydrobromique, un ou deux hydrogènes carbonés et une huile oxygénée (1).

Camphol sexchloré — $C^{10}(H^{10}Cl^6)O$ (Claus). — C'est un produit incolore qui a la consistance de la cire blanche.

Il existe aussi des espèces chlorées qui se produisent avant le C. sexchloré, mais il est difficile de les obtenir d'une composition constante.

lition est constant à 221.°. Il possède une odeur éthérée très pénétrante, est insoluble dans l'eau et se dissout dans l'alcool et l'éther. Chauffé avec l'acide nitrique, il produit un acide particulier. M. Kane a trouvé la densité de sa vapeur égale à $5,204 = \dfrac{C^{10}H^{16}O}{2}$ Enfin les clous de girofle renferment un principe cristallisable (*caryophylline*) qu'on peut en extraire par l'alcool et qui présente aussi la même composition que le camphre des laurinées (Dumas, Ettling). Il est sans saveur ni odeur et se sublime en partie en cristaux blancs (Bonastre).

(1) M. Claus, qui a examiné cette réaction, donne à l'un des hydrogènes carbonés le nom de *camphine;* l'autre serait, selon lui, le colophène de M. Deville. Il appelle l'huile oxygénée *camphocréosote;* elle a la propriété de se dissoudre dans la potasse. Les formules que l'auteur indique ne me semblent offrir aucune garantie ; voyez, pour plus de détails, *Revue scientif.*, t. IX, p. 181.

Genre Camphoryle R−⁶O.

518 a. Produit de la distillation du camphorate bicalcique.

Camphoryle normal. — $C^{10}H^{14}O$? — Quand on distille du camphorate de chaux, il se dégage de l'eau et une huile légèrement brune. Le résidu se compose de carbonate de chaux noir comme du charbon; dans le col de la cornue, il reste une matière brune et épaisse. On dessèche l'huile sur du chlorure de calcium, puis on la distille en recueillant à part la première moitié, dont le point d'ébullition est entre 170 et 180°. C'est ce produit que M. Laurent appelle *camphoryle*.

Il est huileux, très fluide, incolore, insoluble dans l'eau, mais soluble dans l'alcool, et surtout dans l'éther. Il est volatil sans décomposition. L'acide nitrique l'attaque avec dégagement de vapeurs rouges. Son odeur, très forte, est caractéristique et rappelle au plus haut degré celle du pouliot (Laurent).

Genre Carvacrol R−⁶O.

519. On rencontre l'espèce normale dans l'huile essentielle de carvi (*Carum Carvi*)(1), où elle se trouve mélangée avec du camphène normal (modif. *p*, 508.)

Carvacrol normal (essence de carvi oxygénée). — $C^{10}H^{14}O$. — Par la distillation pure et simple, on ne parvient pas à effectuer la séparation des deux principes dont se compose l'essence de carvi; mais quand on la mélange avec de l'hydrate de potasse en poudre, elle brunit, et alors le C. normal se combine avec elle, et l'on peut en séparer l'hydrogène carboné en soumettant le mélange à la distillation. Dès que le résidu dans la cornue s'épaissit, on continue de distiller avec de l'eau; on dissout alors le résidu dans l'eau et on le précipite par de l'acide sulfu-

---

(1) M. Schweizer considère le carvacrol comme un produit de décomposition; mais en lisant son travail, on acquiert la certitude que ce corps préexiste dans l'essence de carvi. Quant à la formule $C^{40}H^{56}O^3$, qu'il lui attribue, elle est calculée sur un poids atomique inexact, et doit conséquemment être rejetée. Son analyse a donné : carbone 80,3 (nouv. poids at.) et 9,6; ma formule exige : carbone 80,0, hydrog. 9,3.

rique; le C. normal se sépare ainsi mélangé avec une matière résineuse. On le purifie par une nouvelle rectification.

L'acide phosphorique anhydre détermine le même dédoublement de l'essence de carvi ; M. Schweizer préfère même cet agent à la potasse.

A l'état de pureté, le C. normal est peu fluide, comme l'huile d'olive, et incolore ; il est plus pesant que l'eau et s'y dissout en petite quantité. Son odeur est désagréable, sa saveur est âcre et fort persistante.

Il bout à 232° ; ses vapeurs irritent les organes de la respiration. Il brûle avec une flamme claire très fuligineuse.

Il absorbe le gaz ammoniac, mais celui-ci s'en dégage en grande partie par l'échauffement.

L'acide nitrique l'attaque vivement en le résinifiant. Mélangé avec l'hydrate de potasse, le C. normal brunit immédiatement en s'échauffant ; par l'échauffement, le mélange s'épaissit et se résinifie en partie (Schweizer).

Carvacrol potassique. — $C^{10}(H^{13}K)O^2$. — A froid, le potassium n'agit que fort lentement sur le C. normal ; mais lorsqu'on chauffe, la décomposition s'effectue vivement avec dégagement d'hydrogène. La masse s'épaissit de plus en plus, brunit et durcit complétement par le refroidissement ; l'eau en sépare de nouveau le C. normal, mélangé d'un peu de résine.

Genre *Cuminol* $R^{-8}O$.

520. Aldéhyde, homologue du g. benzoïlol (408).

Cuminol normal (essence de cumin oxygénée). — $C^{10}H^{12}O$. — L'huile essentielle renfermée dans la graine de cumin (*Cuminum Cyminum*) est un mélange de cuminol et de cymène. Pour se procurer le premier corps à l'état de pureté, on distille l'essence dans un bain d'huile chauffé à 200°, en maintenant la chaleur à cette température jusqu'à ce qu'il ne passe plus rien, puis on distille rapidement le résidu dans un courant d'acide carbonique et on recueille le produit dans un flacon qui bouche convenablement (Gerhardt et Cahours).

C'est un liquide incolore ou légèrement jaunâtre, d'une odeur de cumin très forte et persistante, d'une saveur âcre et brûlante.

Il tache le papier comme toutes les huiles essentielles. Son point d'ébullition est à 220°; la densité de sa vapeur a été trouvée égale à 5,24.

Lorsqu'on le maintient longtemps en ébullition au contact de l'air, il se colore en se résinifiant et en produisant de l'acide cuminique.

L'hydrate de potasse le transforme en cuminate à la température de l'ébullition; cette transformation est presque instantanée, avec dégagement d'hydrogène, lorsqu'on fait tomber le cuminol sur de la potasse en fusion.

L'acide chromique et le chlore humide le transforment également en acide cuminique.

L'acide nitrique se comporte d'une manière semblable; l'acide sulfurique concentré lui communique une teinte rouge foncé; une addition d'eau au mélange en sépare une masse visqueuse et de couleur sale (Gerhardt et Cahours).

Cuminol potassé (potassio-cuminol). — $C^{10}(H^{11}K)O$. — Lorsqu'on chauffe un fragment de potassium dans le cuminol, il se produit un dégagement d'hydrogène, et l'on obtient une masse gélatineuse que l'eau décompose en C. normal et potasse. La potasse caustique solide produit le même composé quand on la chauffe au sein du C. normal.

Cuminol chloré (chloro-cuminol). — $C^{10}(H^{11}Cl)O$. — Lorsqu'on fait passer, à la lumière diffuse, du chlore sec dans du C. normal également sec, le gaz est absorbé en même temps qu'il se dégage de l'acide hydrochlorique. Le produit est jaunâtre, plus pesant que l'eau, et d'une odeur très forte; il s'altère rapidement à l'air humide en donnant de l'acide hydrochlorique et de l'acide cuminique. Il se décompose aussi par la distillation sèche. Lorsqu'on abandonne à l'air humide une goutte de C. chloré, on la trouve, du jour au lendemain, transformée en cristaux d'acide cuminique parfaitement blancs.

Cuminol bromé (bromo-cuminol). — $C^{10}(H^{11}Br)O$. — Le brome sec, en agissant sur le C. normal, donne une huile plus pesante que l'eau, qui se comporte de la même manière que l'espèce précédente.

Genre Anéthol R⁻⁸O.

521. Isomère du g. cuminol. On connaît aujourd'hui plusieurs huiles essentielles, dont le principe oxygéné présente la même composition et les mêmes réactions chimiques; deux de ces huiles s'extraient de plantes appartenant à la famille des ombellifères, ce sont les essences d'anis (*Pimpinella Anisum*) et de fenouil (*Anethum Fœniculum*); une troisième provient d'une magnoliacée, c'est l'essence de badiane ou d'anis étoilé (*Illicium anisatum*); une quatrième, enfin, s'extrait d'une composée, c'est l'essence d'estragon (*Artemisia Dracunculus*).

Ces huiles renferment en outre une certaine quantité d'un hydrogène carboné qui diffère probablement pour chacune d'elles. Elles offrent de légères différences sous le rapport de quelques caractères physiques; ainsi, par exemple, l'essence d'anis se concrète presque entièrement par le froid, tandis que les autres résistent à un froid bien plus intense avant de devenir solide; de plus, leur odeur n'est pas tout-à-fait la même. Mais elles se ressemblent par les propriétés suivantes : traité par l'acide nitrique, leur principe oxygéné se dédouble en acide anisique (449) et oxalique :

$$C^{10}H^{12}O + O^6 = C^8H^8O^3 + C^2H^2O^4.$$

Mélangé avec de l'acide sulfurique concentré ou avec certains chlorures, leur principe oxygéné s'y unit en les colorant en rouge, et l'eau décompose le produit en en séparant une nouvelle modification isomère, sous la forme de caillots blancs et résinoïdes.

Enfin, quand on distille leur principe oxygéné avec du chlorure de zinc, il passe une autre modification isomère, liquide, dont l'odeur est la même pour les quatre essences, et qui a la propriété de se dissoudre dans l'acide sulfurique concentré en produisant une combinaison copulée (g. *Sulfanéthate*).

Anéthol normal. — $C^{10}H^{12}O$ (Dumas, Cahours, Gerhardt). — Nous allons en décrire successivement les différentes modifications.

α. Essence concrète d'anis, de fenouil et de badiane. Suivant les observations de M. Cahours, l'essence d'anis brute du commerce renferme plus des 4/5 de matière solide. On exprime celle-ci entre des doubles de papier joseph, jusqu'à ce que celui-ci cesse d'être taché, puis on la fait cristalliser à plusieurs reprises dans de l'alcool de 0,85. On obtient ainsi des lamelles douées de beaucoup d'éclat, d'une densité à peu près égale à celle de l'eau; elle possède une odeur d'anis beaucoup plus faible et plus agréable que celle de l'huile brute. Elle est très friable, surtout à 0°, entre en fusion vers 18°, et bout à 222° en se volatilisant complétement; toutefois elle jaunit un peu (1).

Exposée à l'air à l'état solide, elle n'éprouve pas d'altération mais si elle est maintenue à l'état liquide, elle s'altère peu à peu et finit par perdre la propriété de cristalliser, et même par se résinifier complétement.

L'essence d'anis concrète absorbe l'acide hydrochlorique gazeux en produisant une combinaison $C^{10}H^{12}O,HCl$ renfermant 19,80 p. c. d'acide hydrochlorique.

Lorsqu'on agite cette essence avec de petites quantités d'acide sulfurique concentré, elle s'échauffe beaucoup en se colorant en rouge; l'eau décolore le produit en mettant en liberté la modification δ, que nous décrirons plus bas. L'acide phosphorique, le protochlorure d'antimoine, le bichlorure d'étain, se comportent de la même manière.

L'acide nitrique, en agissant sur l'essence d'anis, fournit,

(1) M. Cahours a déterminé cinq fois la densité de la vapeur de l'essence d'anis concrète; ses expériences lui ont donné les résultats suivants :

Températures.		Densités.
245 degrés.		5,93
260	. . . .	5,73
270	. . . .	5,64
325	. . . .	5,22
338	. . . .	5,19

La formule $\dfrac{C^{10}H^{12}O}{2}$ donne 5,11. On voit, d'après cela, qu'il faut prendre la densité de la vapeur de cette essence à une température supérieure de 100° à son point d'ébullition. J'ai observé la même chose avec l'essence d'estragon.

suivant son degré de concentration, de l'anisyle n. (445), de l'anisate normal ou de l'anisate nitrique (449) et de l'oxalate normal ; ordinairement on obtient aussi une matière résinoïde, l'A. binitrique.

Par l'action du chlore sur l'essence d'anis, on obtient successivement plusieurs corps chlorés appartenant au genre A., et parmi lesquels M. Cahours a observé l'A. trichloré. Le brome produit aisément de l'A. tribromé.

Les alcalis caustiques, en dissolution concentrée et bouillante, n'exercent aucune action sur l'essence d'anis; mais si on la chauffe avec de la chaux potassée à la température à laquelle elle entre en ébullition, il se produit une petite quantité d'un acide particulier qui n'a pas encore été examiné.

Tout ce qui vient d'être dit s'applique également à la matière concrète qui se dépose dans les essences de fenouil et de badiane, quand on les refroidit. L'A. normal est accompagné, dans ces essences, d'une plus grande quantité d'hydrogène carboné (Blanchet et Sell, Cahours).

β. Essence de fenouil amer. Cette essence se compose de deux principes huileux, dont l'un, le moins volatil, peut s'obtenir assez facilement à l'état de pureté à l'aide de la distillation. Cette modification de l'A. normal est liquide, même à la température de — 10° ; sa densité est un peu moindre que celle de l'eau ; elle entre en ébullition vers 225°, c'est-à-dire sensiblement à la même température que la modification α. Traitée par l'acide nitrique, elle donne les mêmes produits que la modification α. Avec le brome, elle a donné un produit liquide et visqueux, difficile à purifier.

Quant à la partie la plus volatile de l'essence de fenouil, elle constitue un hydrogène carboné qui paraît rentrer dans le g. camphène (508), et qui a la propriété singulière de s'unir directement au bioxyde d'azote en produisant une combinaison cristallisée $C^{15}H^{24}N^4O^4$.

γ. Essence d'estragon. Cette essence a été analysée par M. Laurent et par moi. J'ai constaté qu'elle se compose en plus grande partie d'une modification liquide de l'A. normal, modification qui se comporte, sous l'influence de l'acide nitrique, de l'acide sulfurique et des chlorures, absolument comme la modification solide α.

La proportion de l'hydrogène carboné contenu dans l'essence d'estragon n'est pas forte (1) : aussi l'essence brute bout seulement vers 200°, et ce point s'élève peu à peu.

δ. Anisoïne. Lorsqu'on verse du bichlorure d'étain sur l'essence d'anis ou d'estragon, elle s'épaissit immédiatement, et fournit une masse poisseuse et rouge dans laquelle on aperçoit quelques aiguilles cristallines. Cette combinaison se détruit par l'eau, l'alcool, l'éther et l'esprit de bois. On la délaie dans l'eau, qui en précipite la modification δ, que j'avais appelée *anisoïne*, et l'on dissout celle-ci dans l'éther bouillant.

Par l'évaporation spontanée, l'éther la dépose à l'état de cristaux mamelonnés tellement microscopiques, d'ailleurs, qu'on n'en reconnaît la texture cristalline qu'à l'aide de la loupe. Ces cristaux brûlent sur la lame de platine sans laisser de résidu.

Lorsqu'on ajoute de l'alcool à la dissolution éthérée, cette même modification δ s'en précipite à l'état d'un magma blanc et caillebotteux.

On peut aussi l'obtenir au moyen du protochlorure d'antimoine. A cet effet, on dissout à chaud ce chlorure dans l'essence tant qu'elle prend, en se colorant en rouge. Ensuite on fait bouillir la masse pendant quelques minutes avec beaucoup d'eau ; elle devient ainsi tout-à-fait blanche, et se dépose au fond du ballon. On recueille ce dépôt sur un filtre, et, après l'avoir bien lavé, on l'exprime entre des doubles de papier joseph ; il présente alors l'aspect d'une masse jaunâtre qui se laisse tirer en fils. On la délaie dans très peu d'éther, et l'on précipite la solution filtrée par de l'alcool faible (Gerhardt).

Le même corps se produit si l'on agite l'essence d'anis (Cahours) ou l'essence d'estragon (Gerhardt) avec de petites quantités d'acide sulfurique, et qu'on décompose la masse par l'eau. Mais l'emploi du chlorure d'étain est préférable.

Si l'on emploie de l'acide sulfurique en grand excès, il se produit un acide copulé (*acide sulfodraconique* de M. Laurent), qui

---

(1) J'ai trouvé dans l'essence recueillie avec la première portion de la distillation, et qui s'élevait à 1/4 environ de l'huile employée : carbone 84,25, hydrog. 8,61. La formule $C^{10}H^{12}O$ exige : carbone 84,0, hydrog. 8,1 ; les portions suivantes offrent exactement cette composition.

se dissout dans l'eau, en même temps qu'une portion d'essence plus ou moins altérée vient surnager.

Obtenue d'une manière ou de l'autre, la modification δ de l'A. normal se présente sous la forme d'une substance solide parfaitement blanche, inodore, fusible à une température supérieure à 100°, plus pesante que l'eau, insoluble dans ce liquide, à peine soluble dans l'alcool, même à chaud, plus soluble dans l'éther et dans les huiles essentielles. Elle se dissout dans l'acide sulfurique concentré avec une couleur rouge; l'eau la précipite de cette dissolution. Par l'évaporation spontanée, la dissolution éthérée l'abandonne sous forme d'aiguilles ou de mamelons cristallins (Cahours, Gerhardt).

Quand on la distille, elle se volatilise en partie, tandis qu'une autre portion passe à l'état huileux. Cette circonstance me fait présumer que l'équivalent de l'anisoïne devra être doublé ou triplé.

La partie huileuse qui passe à la distillation de cette modification δ me paraît identique avec la modification suivante.

Une dissolution bouillante de potasse caustique n'attaque pas la modification δ.

ε. Quand on fait fondre du chlorure de zinc et qu'on y laisse tomber goutte à goutte de l'essence d'anis concrète ou de l'essence d'estragon, il passe une huile dont l'odeur et les propriétés sont les mêmes, quelle que soit celle de ces deux essences qu'on a employée. Souvent cette huile laisse déposer des cristaux qui sont probablement la modification précédente.

Cette huile m'a présenté la composition $C^{10}H^{12}O$, et, dans une expérience, j'ai obtenu, pour sa densité de vapeur, le nombre 5,35. Elle se dissout aisément dans l'acide sulfurique concentré en le colorant en rouge cramoisi très beau; l'eau fait disparaître cette teinte, et dissout complétement le produit, sans qu'il se sépare rien de solide; le plus souvent la solution est laiteuse. (V. g. *Sulfanéthate.*)

Anéthol trichloré. — $C^{10}(H^9Cl^3)O$. — Quand on fait arriver du chlore dans l'essence d'anis, ce gaz est rapidement absorbé; il se dégage beaucoup de chaleur et d'abondantes vapeurs d'acide hydrochlorique. Si l'on analyse les produits de la réaction à différentes époques, on trouve qu'ils renferment d'autant plus de chlore que la matière a été plus longtemps soumise à l'action de ce gaz. L'A. trichloré est incolore, possède une consistance sirupeuse à froid, et se décompose complétement par la distillation ; si on le soumet à chaud à l'action du chlore, il se transforme dans d'autres espèces chlorées du même genre (Cahours).

Anéthol quadrichloré (chlorure de draconyle et chloro-draconyle). — $C^{10}(H^8Cl^4)O$. — En faisant passer un courant de chlore dans l'essence d'estragon, M. Laurent a obtenu des produits semblables à ceux qu'avait obtenus M. Cahours avec l'essence d'anis. L'un d'eux avait la consistance de la térébenthine ; il paraît constituer l'A. quadrichloré (1).

Anéthol tribromé (bromanisal). — $C^{10}(H^9Br^3)O$. — Lorsqu'on verse peu à peu du brome sur l'essence d'anis, le mélange s'échauffe en dégageant beaucoup de HBr ; il se prend en masse si l'on emploie un excès de brome et qu'on l'abandonne au repos. On traite le produit à froid par un peu d'éther, afin d'enlever une certaine quantité d'une huile bromée, et on le fait cristalliser ensuite dans l'éther bouillant.

L'A. tribromé s'obtient ainsi en cristaux assez volumineux qui possèdent beaucoup d'éclat ; il est sans odeur, craque sous la dent, et ne se dissout pas dans l'eau. Il est fort peu soluble dans l'alcool. Une température un peu supérieure à 100° suffit pour l'altérer ; à la distillation, il se détruit d'une manière complète en développant de l'acide hydrobromique. Un excès de brome ne paraît pas réagir sur lui (Cahours).

Anéthol binitrique (nitraniside). — $C^{10}(H^{10}X^2)O$. — La matière résinoïde et jaune qui se produit par l'action de l'acide nitrique sur l'essence d'anis paraît présenter cette composition. Elle fond à 100° environ en se transformant par la potasse en une matière noire, et développant beaucoup d'ammoniaque (Cahours).

Genre *Caprate* RO^2.

522. Sel unibasique, homologue des g. formiate, acétate, butyrate, caproate, caprylate, etc.

(1) M. Laurent le considère comme de l'essence d'estragon renfermant du chlore en sus comme les hyperhalides ; mais je ne pense pas qu'il en soit ainsi. D'ailleurs la détermination du chlore n'en a pas été faite.

Les acides gras volatils qui passent à la distillation, avec l'acide sulfurique, du produit de la saponification du beurre de vache, se séparent à l'aide de la différence de solubilité de leurs sels de baryte. Le butyrate et le caproate barytiques sont plus solubles que le caprylate et le caprate à même base (Lerch).

Caprate normal (acide caprique). — $C_{10}H_{20}O_2$ (Lerch). — Les propriétés de cet acide ressemblent à celles de l'acide caproïque (375). Sa densité est de 0,91; lorsqu'on l'agite à 11°,5, il se prend en une masse d'aiguilles qui se conservent encore à 16°5, et se liquéfient complétement à 18°. Il sent le bouc; il se dissout dans 6 p. d'eau à 20°, et dans l'alcool, en toutes proportions (Chevreul).

Il se pourrait que l'acide liquide qui se forme par l'action de l'acide nitrique sur l'essence de rue, fût identique avec l'acide caprique.

Caprate barytique. — $C_{10}(H_{19}Ba)O_2$. — Il cristallise, par le refroidissement, sous forme d'aiguilles ou de petites écailles brillantes. Par l'évaporation spontanée, on l'obtient en petites écailles qui, en se réunissant, prennent un aspect dentritique; ce caractère distingue le C. barytique du caprylate à même base (Lerch).

Il est très peu soluble dans l'eau, ne renferme pas d'eau de cristallisation, et ne s'altère pas à l'air. Sa solution aqueuse ne se décompose pas non plus par une exposition prolongée à l'air.

Le C. barytique examiné par M. Chevreul renfermait, à ce que prétend M. Lerch, du caprylate à même base.

Quant au *vaccinate de baryte* de M. Lerch, c'était probablement un mélange de butyrate et de caproate.

Genre *Valéramylol* RO²

523. Éther unialcoolique, isomère du g. caprate; produit par 'acide valérianique et l'alcool de la 5ᵉ famille.

Valéramylol normal (valéraldéhyde, éther valéramylique). — $C_{10}H_{20}O_2$ (Dumas et Stass, Balard). — Si l'on mêle du bichromate de potasse saturé à froid avec un excès d'acide sulfurique, et qu'on verse de l'amylol normal dans la liqueur ainsi composée, le mélange s'échauffe, il se produit de l'alun de chrome, et de l'acide valérianique reste dissous dans un liquide aqueux que surnage le V. normal sous forme huileuse. On l'obtient aussi d'une manière directe avec l'amylol normal et l'acide valérianique.

C'est un liquide dont l'odeur rappelle celle qui s'exhale de certaines vendanges en décomposition, et qui bout à 196° environ. La densité de sa vapeur a été trouvée égale à 6,17. La potasse le décompose en valérate potassique et amylol normal (Balard).

Genre *Térébol* RO^2.

524. Isomère des g. caprate, valéramylol. L'espèce normale dérive du g. camphène par la fixation de $2H^2O$:

$$C^{10}H^{16} + 2H^2O = C^{10}H^{20}O^2.$$

Térébol normal (hydrate d'essence de térébenthine, cristaux de Wiggers, camphre d'essence de laurier). — $C^{10}H^{20}O^2 + aq.$ — Lorsque l'essence de térébenthine est soumise à l'action d'un grand froid, il s'en sépare souvent des cristaux d'une matière camphrée. L'essence de térébenthine humide, abandonnée à elle-même, produit des cristaux qui se développent à chaque point du vase occupé par une gouttelette d'eau (Dumas).

On peut les obtenir à volonté, à l'aide d'un mélange d'essence de térébenthine, d'acide nitrique et d'alcool, qu'on abandonne à lui-même pendant quelque temps (Wiggers). Voici les proportions les plus convenables : 4 litres d'essence ordinaire, 3 litres d'alcool à 36° et 1 litre d'acide nitrique ordinaire du commerce. Au bout d'un mois ou de six semaines, surtout en été, on peut déjà obtenir 225 grammes de cristaux purs. L'essence continue à se transformer, et l'on obtient une quantité considérable de camphre. Les essences de citron et de bergamote donnent absolument le même produit (Deville) ; il a également été obtenu avec l'essence de laurier (Stenhouse).

Ces cristaux renferment 1 éq. d'essence de térébenthine et 3 éq. d'eau (Dumas et Péligot, Deville) ; par la sublimation, ils perdent les éléments de 1 éq. d'eau (Deville), et présentent alors la composition (1) $C^{10}H^{20}O^2$ (Blanchet et Sell).

Les cristaux qui se déposent dans l'essence de basilic et dans l'essence de cardamome humides offrent la même composition que ceux qui se déposent dans l'essence de térébenthine (Dumas et Péligot).

Par la cristallisation dans l'alcool, on les obtient en prismes à 4 pans et à base rectangle, d'une limpidité et d'un volume parfaits.

Ce corps fond à 103°, en laissant échapper un peu d'eau; il ne supporte pas une température supérieure sans perdre de l'eau. Lorsqu'il vient d'être fondu, il ne se solidifie pas entièrement par le refroidissement, mais reste filant, et ce n'est que peu à peu que la masse se concrète. Quand on chauffe rapidement les cristaux, ils se décomposent complétement en $C^{10}H^{20}O^2$, et en eau qui se vaporise avec lui sans laisser de résidu (Dumas).

Le T. normal sec fond à 150°, et bout à 254° d'une manière constante; toutefois il se sublime déjà avant de bouillir; il est volatil sans décomposition; la densité de sa vapeur a été trouvée par expérience égale à 6,257 = 2 vol. Il exige 200 p. d'eau froide pour se dissoudre, mais il se dissout dans 22 p. d'eau bouillante, et cristallise par le refroidissement. L'alcool et l'éther le dissolvent aussi (Dumas et Péligot).

Le T. normal se dissout à froid dans l'acide nitrique sans s'al-

---

(1) Dans le traité de M. Liebig, t. II, p. 311, il est dit par erreur que le camphre d'essence de térébenthine de MM. Blanchet et Sell renferme 2 at. d'eau, et celui de MM. Dumas et Péligot 6 atomes; il faut lire 2 atomes et 3 atomes, ou 4 at. et 6 atomes, suivant que l'essence de térébenthine est représentée par $C^{10}H^{16}$ ou par $C^{20}H^{32}$. Tous ces chimistes ont analysé le même corps; mais les uns l'ont analysé après l'avoir sublimé, les autres après l'avoir fait cristalliser dans l'alcool; de là la différence. Les cristaux décrits par MM. Boissenot et Persoz (*Annal. de chim. et de phys.*, t. XXX, p. 442) sont encore le même corps. Il est à remarquer, toutefois, que les cristaux qui se déposent spontanément dans l'essence de citron n'ont pas la même composition; ils fondent à 45° (Boissenot et Persoz, *Annal. de chim. et de phys.*, t. XLI, p. 434) et renferment, selon Mulder (*Ann. der Pharm.*, t. XXXI, 69), carbone 55,0, hydr. 9,16, c'est-à-dire $C^{10}H^{16} + H^4O^2 + O^3$. Ceux que ce dernier chimiste a extraits de l'essence de bergamote renfermaient : carbone 67,0 et hydr. 3,8.

térer ; à chaud, il en est décomposé. L'acide sulfurique concentré le dissout aisément avec une couleur rouge ; quand on étend d'eau la liqueur acide, elle laisse précipiter une matière rési-noïde. L'acide acétique dissout aisément les cristaux de T. nor-mal, même à froid ; l'acide hydrochlorique ne les dissout bien qu'à l'aide de la chaleur. Les dissolutions concentrées de potasse et de soude ne paraissent en aucune manière agir sur eux ; mais elles les dissolvent quand elles sont étendues (Boissenot et Persoz).

Lorsqu'on le traite par l'acide phosphorique anhydre, on obtient une huile incolore, que la distillation sépare en térébène $C^{10}H^{16}$ (modific. a) et en colophène $C^{20}H^{32}$.

Si on le traite par le gaz hydrochlorique, il se produit de l'eau et du citréhydrène bichloré solide a et une petite quantité du même corps liquide a.

Dans le traitement de l'essence de térébenthine par l'alcool nitrique, toute l'essence ne se convertit pas en T. normal. La portion qui reste liquide, quoique ayant subi pendant plus de deux ans le contact de la liqueur acide, n'en contient pas moins encore beaucoup d'essence non attaquée, ce dont on s'assure par la distillation. Pourtant il y a encore un produit dense, bouillant vers 220°, et doué d'une odeur particulière (Deville).

Genre *Campholate* $R^{-2}O^2$.

525. Sel unibasique, probablement homologue des g. acrylate (3ᵉ fam.), oléate (18ᵉ fam.), etc. (1). L'espèce potassique se produit par l'union directe de (KH)O avec le camphol normal (camphre des laurinées), sous l'influence d'une forte pression ; nous en avons déjà parlé (145).

Campholate normal (acide campholique). — $C^{10}H^{18}O^2$. — Pour l'obtenir, on décompose par un acide la solution du mélange provenant de l'action de la chaux potassée sur le camphre. Il se dépose alors une masse cristalline, qu'on purifie par la distil-lation.

(1) Si l'homologie de l'acide oléique ou élaïdique avec l'acide campho-lique est réelle, ce dernier se décomposera, sous l'influence de la potasse en fusion, en deux sels homologues RO^2 (acétate et caprylate ?).

Le C. normal est blanc, et cristallise très bien dans un mélange d'alcool et d'éther. Il entre en fusion à 80°, et bout sans altération vers 250°. Il est insoluble dans l'eau, à laquelle il communique néanmoins une légère odeur aromatique. La densité de sa vapeur a été trouvée égale à 6,058 (Delalande).

Distillé avec de l'acide phosphorique anhydre, il donne un hydrogène carboné C^9H^{16}.

Campholate argentique. — $C^{10}(H^{17}Ag)O^2$. — Obtenu en décomposant le C. neutre d'ammoniaque par le nitrate d'argent, le C. argentique se présente sous la forme de flocons caillebottés.

Campholate calcique. — $C^{10}(H^{17}Ca)O^2$. — Poudre cristalline d'un blanc de neige, qu'on obtient en traitant le C. normal par l'ammoniaque en excès, puis versant dans la liqueur presque bouillante une dissolution de chlorure de calcium.

Soumis à la distillation sèche, le C. calcique donne une huile $C^{19}H^{34}O$.

Genre Eugénol $R^{-8}O^2$.

526. C'est probablement un aldéhyde, homologue du g. salicylol, et isomère du g. cuminate.

L'huile qu'on extrait des clous de girofle et du piment de la Jamaïque par la distillation avec de l'eau, est un mélange de deux principes, dont l'un présente la composition de l'essence de térébenthine (Ettling), et rentre par conséquent dans les camphènes (508); l'autre principe est oxygéné, et constitue l'E. normal.

A l'état de pureté, l'huile brute est incolore, et ne se solidifie pas à — 18°; sa densité varie de 1,055 à 1,060, suivant M. Bonastre.

Eugénol normal (acide eugénique, essence de girofle oxygénée). — $C^{10}H^{12}O^2$ (1). — Pour séparer ce corps, on mélange l'huile brute avec une dissolution de potasse ou de soude caustique; il

(1) MM. Dumas et Ettling ont analysé, chacun de son côté, l'essence de girofle oxygénée; le premier a obtenu 2 1/2 p. c. de carbone et 2/10 p. c. d'hydrogène de moins que M. Ettling. Quelque temps après, ces analyses ayant été reprises par M. Bœckmann, ce chimiste est arrivé aux résultats de M. Ettling, c'est-à-dire : carbone 72,7 (anc. p. atom.) et

se produit alors une masse cristalline et butyreuse, qu'on soumet à la distillation, après l'avoir étendue d'eau. De cette manière, l'huile indifférente vient se condenser dans le récipient et surnager l'eau ; le résidu se prend, par le refroidissement, en une masse cristalline d'E. potassique, dont on sépare l'E. normal à l'aide d'un acide minéral.

Purifié par la distillation, l'E. normal se présente sous la forme d'un liquide incolore et oléagineux ; sa densité est de 1,079. Il rougit le tournesol (?), possède une saveur épicée, brûlante, et une forte odeur de girofle. Le contact de l'air l'altère promptement et le résinifie : aussi faut-il le rectifier dans un courant d'acide carbonique. Son point d'ébullition est à 243° (Ettling).

Il donne des sels cristallisables avec la potasse, la soude, l'ammoniaque et la baryte.

Les autres réactions de l'E. normal pur ne sont pas connues. L'huile de girofle brute absorbe beaucoup de chlore, en se colorant et en se transformant en une masse résineuse. L'acide sulfurique la colore en rouge, et la résinifie aussi en partie. L'acide nitrique concentré l'attaque vivement, même à froid, en produisant de l'acide oxalique et une matière résineuse.

Eugénol ammoniacal (eugénate d'ammoniaque).—$C^{10}H^{12}O^2,NH^3$. — Quand on fait passer du gaz ammoniac sec dans l'E. normal, il absorbe 9,85 p. c. de ce gaz (Dumas), s'épaissit et se convertit en une substance cristalline (1).

Cette combinaison se liquéfie à l'air (Bonastre). L'ammoniaque liquide donne également des cristaux, qui s'y déposent à l'état grenu.

Eugénol potassique. — $C^{10}(H^{11}K)O^2$? — Les cristaux que forme la potasse avec l'E. normal ont peu d'odeur, après qu'ils ont été exprimés ; leur saveur est à la fois alcaline et âcre comme celle

hydrog. 7,4. Si l'on considère que les combustions n'avaient pas été complétées par l'oxygène gazeux, on peut, je crois, exprimer ces nombres par la formule $C^{10}H^{12}O^2$ qui exige : carbone 73,17 (nouv. p. atom.), hydr. 7,32. Toute l'histoire de l'essence de girofle est d'ailleurs à reprendre.

(1) Ma formule exige une absorption de 10,3 p. c. d'ammoniaque.

de l'E. normal. Ils se dissolvent dans 10 à 12 p. d'eau froide (1).

Eugénol sodique. — $C^{10}(H^{11}Na)O^2$? — Fibres soyeuses et mamelonnées.

Eugénol barytique. — $C^{10}(H^{11}Ba)O^2$? — On obtient aisément cette combinaison en faisant bouillir l'E. normal avec de l'eau de baryte. Elle cristallise en aiguilles très minces, aplaties, quelquefois entrelacées, d'un blanc nacré et brillant (Bonastre). On les purifie par la cristallisation dans l'alcool (2).

L'eau de strontiane se comporte comme celle de baryte.

Eugénol calcique. — Il s'obtient en petites plaques minces, comme micacées, d'une couleur jaunâtre.

Eugénol magnésique. — La magnésie calcinée forme à froid, avec l'E. normal, une combinaison très solide et incristallisable. L'E. magnésique est entièrement insoluble dans l'eau.

Eugénol plombique. — Les espèces solubles du g. E. précipitent l'acétate de plomb surbasique, et donnent une masse jaunâtre et emplastique.

Les E. solubles précipitent le deutosulfate de cuivre en bleu céleste ou vert-de-gris ; ils colorent le protosulfate de fer en lilas, le persulfate du même métal d'abord en rouge, puis en violet, et même en bleu (Bonastre).

M. Bonastre a observé, dans l'eau distillée de girofle, des paillettes jaunâtres et nacrées, qu'il appelle *eugénine*, et qui présentent, suivant M. Dumas, la composition de l'E. normal ; peut-être ces cristaux sont-ils à ce dernier ce que la benzoïne est au benzoïlol normal.

Genre Santonine $R^{-8}O^2$.

527 *a.* Isomère des g. eugénol et cuminate. L'espèce normale

---

(1) M. Dumas y indique 12 p. c. de potasse, et les représente par $2[C^{40}H^{48}O^8]$, $K^2O + H^2O$; mais il est extrêmement rare de l'obtenir exempt d'huile.

(2) M. Liebig indique dans le sel cristallisé dans l'alcool 32 p. c. de baryte ; ma formule correspond à 32,8 p. c. Le même chimiste parle d'un autre sel de baryte n'en donnant que 17 p. c., et qu'on obtiendrait sans faire cristalliser dans l'alcool ; mais il me paraît évident que cet autre sel n'était qu'un mélange d'E. normal et d'E. barytique, et que ce dernier sel ne s'obtient pur que par la cristallisation dans l'alcool.

a été découverte, par MM. Kahler et Alms, dans les sommités fleuries de plusieurs variétés d'*Artemisia* et dans le semen-contra, qui n'est autre chose que la fleur non épanouie de ces plantes.

Santonine normale — $C^{10}H^{12}O^2$? — On obtient ce corps (1) en épuisant à chaud, par l'alcool, un mélange de semen-contra et d'un peu de chaux caustique; on chasse l'alcool par la distillation, et l'on sursature par de l'acide acétique. On purifie le produit qui se précipite, en le dissolvant dans l'alcool, et traitant la solution par le charbon animal (Trommsdorff le jeune).

La S. normale cristallise en prismes hexagones et aplatis, ou en houppes entrelacées, incolores, qui jaunissent au contact de la lumière. Elle est sans odeur; sa solution alcoolique est fort amère; sa densité est de 1,247.

Elle fond à 136° en un liquide incolore, qui se concrète, par le refroidissement, en une masse cristalline; elle se sublime sans altération. Elle est presque insoluble dans l'eau froide; l'eau bouillante la dissout un peu mieux, mais elle se dissout surtout dans l'alcool bouillant. Elle est moins soluble dans l'éther.

L'acide sulfurique concentré la dissout à froid sans la décomposer, l'eau l'en précipite de nouveau; la solution rougit à la longue, en donnant une matière résineuse. L'acide nitrique fumant la dissout également; l'acide étendu paraît la convertir, par l'ébullition, en acide oxalique.

Le chlore l'attaque à chaud en produisant une matière brune, fort soluble dans l'alcool et les alcalis.

Elle se dissout dans les alcalis caustiques et fixes, en donnant des combinaisons définies. L'ammoniaque ne paraît pas se combiner avec elle.

Santonine potassique (santonate de potasse). — La S. normale se dissout à l'ébullition dans la potasse caustique; les acides en reprécipitent la S. normale. Pour obtenir la S. potassique, on évapore à siccité une solution de carbonate de potasse avec de la S. normale, et l'on extrait la masse avec de l'alcool. La S. potassique est fort soluble dans l'eau et l'alcool, rougit par l'échauffement,

(1) Ma formule est calculée sur l'analyse de M. Ettling. Ce chimiste a obtenu : carbone 73,63 (anc. poids at.) et hydr. 7,24. Il est nécessaire de la vérifier par des réactions, et je ne la considère que comme fort provisoire.

présente une légère réaction alcaline et une saveur amère. Sa solution aqueuse se décompose par l'ébullition, en déposant de la S. normale à l'état cristallin.

Santonine sodique. — Aiguilles radiées, douées d'un éclat soyeux.

Santonine calcique. — Elle s'obtient en aiguilles soyeuses, si l'on évapore à siccité un mélange de S. normale, de chaux et d'alcool aqueux, évaporant à siccité, dissolvant le résidu dans l'eau, précipitant l'excès de chaux par un courant de gaz carbonique, et évaporant à cristallisation la solution filtrée.

La S. barytique s'obtient de la même manière.

Santonine zincique. — La solution aqueuse de la S. potassique précipite le sulfate de zinc en flocons blancs, solubles dans l'eau.

Santonine plombique. — La S. potassique précipite l'acétate de plomb en flocons blancs, qui cristallisent dans l'alcool en aiguilles incolores.

Les sels d'argent et les protosels de mercure en sont aussi précipités en blanc; les deutosels de mercure ne sont pas précipités.

Les persels de fer sont précipités en chamois.

Toutes les combinaisons métalliques du genre S. se décomposent par une ébullition prolongée avec de l'eau, en mettant en liberté de la S. normale (Trommsdorff).

Genre Cuminate R—^{8}O^2.

527. Sel unibasique, isomère des g. eugénol et santonine. Il se produit dans une foule de circonstances par l'oxydation du g. cuminol (Gerhardt et Cahours):

$$C^{10}H^{12}O + O = C^{10}H^{12}O^2.$$

Cuminate normal (acide cuminique). — $C^{10}H^{12}O^2$. — On fait fondre de la potasse caustique, et l'on y ajoute goutte à goutte de l'essence de cumin ou du cuminol; chaque goutte, en rencontrant la potasse, rougit et blanchit bientôt après en se concrétant et en dégageant de l'hydrogène. La masse dissoute dans l'eau, et mélangée avec de l'acide nitrique ou hydrochlorique, dépose des flocons abondants, qui cristallisent dans l'alcool en tables prismatiques très belles. Sa saveur est franchement acide; son odeur, quoique faible, rappelle celle des punaises.

A l'état pur, il fond à quelques degrés au-dessus de 100°, et bout au-dessus de 250°; lorsqu'on le fait bouillir avec de l'eau, il se volatilise en partie avec les vapeurs. Il se sublime aisément et sans altération en fort belles aiguilles; sa vapeur est acide et suffocante.

Il est presque insoluble dans l'eau froide; l'eau bouillante le dissout mieux. L'alcool et l'éther le dissolvent avec facilité.

Il se dissout, à l'état pur, dans l'acide sulfurique concentré sans le colorer. Soumis à la distillation sèche avec de la baryte ou de la chaux caustique, il se dédouble en acide carbonique et cumène C^9H^{12} (Gerhardt et Cahours).

Cuminate potassique. — $C^{10}(H^{11}K)O^2$. — Sel déliquescent, qui ne s'obtient pas sous forme régulière.

Cuminate ammoniacal. — Préparé directement par l'acide cuminique et l'ammoniaque caustique, ce sel se présente sous forme de houppes déliées, qui ternissent à l'air.

Cuminate barytique. — $C^{10}(H^{11}Ba)O^2$. — Ce sel s'obtient en paillettes nacrées, d'une blancheur éclatante, si l'on décompose du carbonate de baryte par une dissolution d'acide cuminique. Si l'on opère à chaud avec une dissolution concentrée, le sel se précipite immédiatement en traversant le filtre, et chaque cristal, au moment de paraître, réfléchit la lumière d'une manière très vive, en présentant toutes les nuances du spectre.

Cuminate argentique. — $C^{10}(H^{11}Ag)O^2$. — En ajoutant du nitrate d'argent à une solution de cuminate d'argent, on obtient un précipité blanc, caillebotteux, et qui noircit rapidement à la lumière. Ce sel laisse, par la calcination, un résidu de carbure d'argent CAg^2, de couleur jaune et mate. Par la distillation sèche, il donne de l'acide carbonique, de l'acide cuminique et du cumène (Gerhardt et Cahours).

Genre *Sassafrol* $R-{}^{10}O^2$.

528. L'huile essentielle qu'on extrait du bois du *Laurus Sassafras* se présente sous la forme d'un liquide légèrement coloré en jaune, d'une saveur âcre et d'une odeur qui rappelle celle du

fenouil. Sa densité est de 1,09 ; soumise à la distillation, elle commence à dégager des vapeurs vers 115°, mais le point d'ébullition s'élève ensuite rapidement jusqu'à 228°, où il reste stationnaire. Lorsqu'on la place dans un mélange réfrigérant (12 p. de glace, 5 p. de sel marin et 5 p. de nitrate d'ammoniaque), elle se remplit de cristaux volumineux, que nous appellerons

Sassafrol normal. — $C^{10}H^{10}O^2$. — Pour purifier les cristaux, on les comprime rapidement entre des doubles de papier buvard, et on les fait fondre et cristalliser une seconde fois par le même moyen (Saint-Èvre).

Sassafrol octobromé. — $C^{10}(H^2Br^8)O^2$. — Quand on verse du brome sur l'essence de sassafras, la réaction est très vive ; il se dégage d'abondantes vapeurs d'acide hydrobromique, et au moment où elles cessent, l'huile se solidifie tout-à-coup, et se transforme en une masse cristalline qui présente la composition indiquée (Saint-Èvre).

Genre Naphtalol $R—^{14}O^2$.

529. Aldéhyde, produit par l'oxydation de certaines espèces chlorées appartenant aux g. naphtessarène et naphtalène :

$$C^{10}(H^7Cl^5) + O^2 = 3HCl + C^{10}(H^4Cl^2)O^2.$$
$$C^{10}(H^2Cl^6) + O^3 = H^2O + C^{10}Cl^6O^2.$$

Les espèces du g. naphtalol se convertissent, par les alcalis, en espèces du g. naphtalate.

Naphtalol normal. — Cette espèce n'est pas connue.

Naphtalol bichloré (oxyde de chloroxénaphtose, La.). — $C^{10}(H^4Cl^2)O^2$. — Le naphtessarène quintichloré (510) cristallisé est assez lentement attaqué par l'acide nitrique bouillant ; il devient jaune et de plus en plus fusible. Si l'on arrête l'opération lorsque la matière jaune reste, par le refroidissement, sous la forme d'une huile très épaisse, on obtient une dissolution acide de phtalate normal, ainsi qu'une huile jaune épaisse, où il se forme un dépôt jaune et pulvérulent. Pour hâter la séparation de celui-ci, on verse un peu d'éther sur l'huile jaune ; au bout d'un ou de deux jours, on décante la solution éthérée, on filtre le dépôt sur un filtre, et, après l'avoir lavé avec de l'éther, on le fait dissoudre dans une grande quantité d'alcool bouillant. Par le refroidissement, il s'y dépose des aiguilles de naphtalol bichloré (Laurent).

Ce composé est jaune, insoluble dans l'eau, très peu soluble dans l'alcool et dans l'éther. Il se dépose de ces solvants sous la forme d'aiguilles coudées. Il distille sans altération. L'acide sulfurique concentré le dissout en se colorant en rouge acajou. L'acide nitrique bouillant le transforme en phtalate normal. Une dissolution alcoolique de potassse le colore immédiatement en rouge cramoisi ; alors tout se dissout dans l'eau, en donnant du chlorure de potassium et du naphtalate chloré.

Naphtalol sexchloré (oxyde de chloroxénaphtalise, La.). — $C^{10}Cl^6O^2$. — Le naphtalène sexchloré $C^{10}(H^2Cl^6)$ est très difficilement attaqué par l'acide nitrique bouillant ; il a fallu à M. Laurent trois à quatre jours d'ébullition pour en décomposer une dizaine de grammes. On finit par obtenir une matière résineuse jaune, qu'on traite par l'éther pour la purifier d'un peu de matière huileuse ; puis on la fait bouillir avec de l'huile de pétrole. Aussitôt que la température s'abaisse de quelques degrés au-dessous du point d'ébullition, il se précipite de belles paillettes jaune d'or très éclatantes. On les reprend par l'huile de pétrole bouillante.

A l'état de pureté, elles constituent le naphtalol sexchloré. Ce corps est insoluble dans l'eau et l'alcool. L'éther bouillant en dissout une petite quantité, qu'il abandonne, par le refroidissement, sous la forme de paillettes légères, douées d'un grand éclat. L'acide nitrique bouillant le transforme probablement en phtalate trichloré.

La potasse et l'ammoniaque le convertissent en chlorure et en naphtalate quintichloré.

Il entre en fusion à une température assez élevée, et se volatilise en grande partie sans altération (Laurent).

Genre *Camphoride* $R^{-6}O^3$.

530. Anhydride, obtenu par l'action de la chaleur sur le camphorate n. (Laurent). Si l'on distille le camphovinate n., on ob-

tient également de l'eau, du camphoride n. et du camphalcool n. (Malaguti) :

$$C^{10}H^{16}O^4 = H^2O + C^{10}H^{14}O^3.$$
$$2[C^{12}H^{20}O^4] = H^2O + C^{10}H^{14}O^3 + C^{14}H^{24}O^4.$$

Les alcalis fixes convertissent ce g. en camphorate ; l'ammoniaque en camphamate :

$$C^{10}H^{14}O^3 + (KH)O = C^{10}(H^{15}K)O^4.$$
$$C^{10}H^{14}O^3 + NH^3 = C^{10}H^{17}NO^3.$$

Camphoride normal (acide camphorique anhydre). — $C^{10}H^{14}O^3$. — On l'obtient aisément en distillant l'acide camphovinique et dissolvant le produit dans l'alcool bouillant.

Le C. normal se présente en beaux prismes, sans réaction acide, n'ayant aucun goût au premier abord, mais irritant la gorge d'une manière sensible, après quelque temps. Il est très peu soluble dans l'eau froide et un peu plus dans l'eau bouillante ; l'alcool bouillant le dissout en grande quantité et le dépose, par le refroidissement, en cristaux d'une longueur considérable. L'éther le dissout encore mieux.

A 130°, il commence à se sublimer en belles aiguilles blanches ; à 217°, il fond en un liquide incolore, entre en ébullition au-dessus de 270°, et distille sans laisser de résidu.

La densité des cristaux est de 1,194 à 20°5. Ils s'électrisent quand on les broie, comme les résines.

Sa solution ne précipite pas par l'acétate de plomb neutre.

Le C. normal ne s'hydrate pas par une ébullition de deux heures avec de l'eau (Malaguti) ; toutefois, si l'on continue de faire bouillir encore pendant quelques heures, il se dissout à mesure que la liqueur s'évapore, et l'on finit par le convertir en camphorate (Laurent). Cette transformation est beaucoup plus prompte par les alcalis.

Il ne paraît pas absorber l'ammoniaque sèche, mais l'ammoniaque aqueuse le convertit en camphamate ammoniacal (Malaguti).

Chauffé avec de l'acide sulfurique concentré, il développe de l'oxyde de carbone et se convertit en sulfocamphorate (501) :

$$C^{10}H^{14}O^3 + SH^2O^4 = CO + C^9H^{16}SO^6.$$

Genre Anisalcool $R^{-8}O^3$.

531. Éther unialcoolique.

Anisalcool normal (éther anisique). — $C^{10}H^{12}O^3$. — Cet éther se produit aisément si l'on dissout l'anisate normal (449) dans 5 ou 6 fois son poids d'alcool absolu, et qu'on y dirige un courant de gaz HCl pendant qu'on maintient le liquide à 80°. Il se sépare quand on ajoute de l'eau au liquide distillé à siccité. On le purifie par des lavages et par la distillation sur du massicot (Cahours).

Anisalcool chloré (éther chloro-anisique). — $C^{10}(H^{11}Cl)O^3$. — Ce composé s'obtient, soit en faisant passer jusqu'à refus un courant de HCl dans une solution alcoolique d'anisate chloré, soit en traitant l'A. normal par le chlore. On purifie l'A. chloré par la cristallisation dans l'éther. Il se présente en aiguilles blanches et brillantes (Cahours).

Anisalcool nitrique (éther nitranisique). — $C^{10}(H^{11}X)O^3$. — Il se produit aisément quand on fait passer du gaz HCl dans une solution alcoolique d'anisate nitrique. Il cristallise dans l'alcool absolu en belles lames, insolubles dans l'eau (Cahours).

Genre Rhéine $R^{-12}O^3$.

532. L'espèce normale se trouve toute formée dans la racine de rhubarbe, dans certains lichens, et particulièrement dans le *Lichen Parietinus*, L.

Rhéine normale (rhabarbarine, jaune de rhubarbe, rhéumine, acide chrysophanique, jaune du *Lichen Parietinus*, rhaponticine, rumicine). — $C^{10}H^8O^3$? — On met en digestion, à froid, le *Lichen Parietinus* avec une solution alcoolique de potasse, et, après avoir filtré l'extrait, on le précipite par de l'acide acétique. On purifie le précipité en le dissolvant et précipitant de nouveau, desséchant à 100°, et dissolvant dans une petite quantité d'alcool absolu et bouillant (Rochleder et Heldt).

La rhubarbe fournit ce corps par le procédé suivant : on traite cette racine par de l'ammoniaque caustique, et l'on met les extraits en digestion avec du carbonate de baryte; après avoir séparé la baryte par l'acide hydrofluosilicique, on évapore à sic-

cité et on reprend par l'ammoniaque et par l'alcool. On évapore
de nouveau et on reprend par de l'ammoniaque diluée ; on précipite la solution par l'acétate de plomb surbasique , et l'on décompose le sel de plomb délayé dans l'alcool par l'hydrogène
sulfuré. La solution alcoolique dépose alors la R. normale à l'état
cristallisé (Dulk).

Cette substance cristallise en aiguilles groupées en étoiles, d'un
éclat métallique , et orangées comme l'iodure de plomb. Elle est
soluble dans l'alcool et l'éther ; les alcalis aqueux la dissolvent
en petite quantité en se colorant en rouge. L'alcool additionné
d'ammoniaque ou de potasse en dissout des quantités notables ;
les acides précipitent la solution en flocons jaunes.

Soumise à la distillation sèche, elle se sublime en partie, tandis
qu'une autre portion se charbonne.

Sa solution dans la potasse peut être évaporée à siccité sans
qu'elle s'altère; mais à un certain point de concentration il s'y
dépose des flocons bleus ou violets qui se redissolvent dans l'eau
et l'alcool avec une couleur rouge.

L'acide nitrique concentré n'y paraît pas agir , même par une
ébullition prolongée ; l'acide concentré la convertit en une matière rouge.

Elle donne avec la baryte et l'oxyde de plomb des combinaisons si peu stables , que l'acide carbonique de l'air les décompose déjà. Si l'on mélange sa solution alcoolique avec une solution
d'acétate de plomb surbasique dans l'alcool , il se produit un
dépôt blanc et pulvérulent qui disparaît par l'ébullition , en
même temps qu'il se produit des flocons gélatineux d'un blanc
cramoisi, insolubles dans l'eau ; mais ces flocons se décomposent
aisément et ne présentent pas une composition constante (Rochleder et Heldt).

Genre *Naphtalate* R—^{14}O^3.

533. Sel unibasique, produit par l'action des alcalis sur le g.
naphtalol (529).

Naphtalate normal. — C^{10}H^{6}O^3. — Ce corps n'est pas connu.

Naphtalate chloré (acide chloronaphtalique ou chloronaphti-
sique). — C^{10}(H^{5}Cl)O^3. — Après avoir fait bouillir le naphtessa-

rène quintichloré avec de l'acide nitrique, on verse de l'éther sur la matière huileuse. Il s'en sépare alors du naphtalol bichloré qu'on fait bouillir avec une dissolution alcoolique de potasse. On étend d'eau et l'on neutralise par un acide. Si la liqueur est chaude et peu étendue d'eau ; il se dépose peu à peu des cristaux de naphtalate chloré.

Ce composé est jaune, inodore, insoluble dans l'eau. L'alcool et l'éther bouillant le dissolvent difficilement. Il entre en fusion à 200° environ. Par le refroidissement, la partie fondue s'entoure d'un réseau d'aiguilles. Il forme des cristaux dont les extrémités offrent toujours des angles rentrants, et peut distiller sans altération. Il est soluble dans l'acide concentré, d'où l'eau peut le précipiter.

C'est un réactif très sensible pour découvrir la présence des alcalis. Si l'on plonge un papier blanc dans sa dissolution alcoolique très étendue, et si on l'expose ensuite aux vapeurs ammoniacales, il prend à l'instant une couleur rouge plus ou moins foncée ; sous ce rapport il peut rivaliser avec le papier de tournesol ou de curcuma (Laurent).

Naphtalate chloro-potassique (chloro-naphtalate de potasse). — $C^{10}(H^4KCl)O^3$. — On l'obtient en saturant une dissolution bouillante un peu étendue de potasse dans l'eau ou l'alcool par le naphtalate chloré. Il se dépose alors un sel rouge cramoisi, cristallisé en aiguilles rayonnées. Il est très peu soluble.

Naphtalate chloro-ammoniacal. — $C^{10}(H^5Cl)O^3,NH^3$. — Il cristallise en aiguilles soyeuses semblables au sel précédent.

Naphtalate chloro-barytique. — $C^{10}(H^4BaCl)O^3$. — On l'obtient par double décomposition. Il cristallise en aiguilles soyeuses à reflets dorés.

Naphtalate chloro-argentique. — Précipité gélatineux d'un rouge de sang. A chaud, il se forme un précipité cristallin carminé.

La dissolution du sel ammoniacal donne avec le chlorure de strontium un précipité cristallisé en aiguilles jaune orangé ; avec le chlorure de calcium, des aiguilles de même couleur ; avec le bichlorure de mercure, un précipité rouge-brun ; avec l'acétate de plomb, un précipité gélatineux rouge-orangé ; avec le deutosulfate et le protosulfate de fer, un précipité brun ; avec l'acétate de cuivre, un précipité rouge-carmin et cristallisé (Laurent).

Naphtalate quintichloré (acide chloroxénaphtalésique). — $C^{10}(HCl^5)O^3$. — Lorsqu'on traite le naphtalol sexchloré par la potasse, il se transforme immédiatement en une matière rouge carminée très belle. Si l'on verse un acide sur celle-ci, il s'en sépare une nouvelle matière jaune qui est le produit en question. On la purifie en la faisant cristalliser dans l'éther, combinant avec la potasse et précipitant de nouveau par un acide.

Lorsqu'on le met en contact avec la potasse et l'ammoniaque, il produit des sels rouges ou rouges carminés qui sont insolubles dans l'eau ; il paraît cependant que l'eau bouillante en dissout un peu. Pour les obtenir cristallisés, il faut neutraliser une dissolution de l'acide dans l'alcool bouillant (Laurent).

Genre Sébate $R^{-2}O^4$.

534. Sel bibasique, homologue des g. oxalate (2ᵉ fam.), succinate (4ᵉ fam.), adipate (6ᵉ fam.), pimélate (7ᵉ fam.), subérate (8ᵉ fam.), etc.

Produit de la distillation sèche de l'acide oléique (18ᵉ fam.) ou de l'oléine.

Sébate normal (acide sébacique). — $C^{10}H^{16}O^4$ (Dumas et Péligot, Redtenbacher). — Lorsqu'on épuise par de l'eau bouillante le produit de la distillation des corps gras, il se précipite dans l'extrait, par le refroidissement, des cristaux feuilletés et minces de S. normal que M. Thénard a le premier observés. Comme c'est l'oléine ou l'acide oléique (Redtenbacher) qui produisent ce composé, il faut employer, pour cette préparation, de l'huile d'olive ou de l'acide oléique brut, tel qu'on l'obtient comme produit accessoire dans la fabrication des bougies stéariques. On fait cristalliser le produit dans l'eau bouillante.

Il se présente sous la forme de feuillets ou d'aiguilles, blanches, nacrées, fort légères, qui ressemblent à l'acide benzoïque. Il a une saveur acide et rougit légèrement le tournesol, ne perd rien de son poids à 100°, fond à 127°, se prend, par le refroidissement, en une masse cristalline, et se sublime à une température plus élevée. Sa vapeur irrite le palais et présente l'odeur particulière à celle de tous les corps gras.

Quand on le fait fondre avec de l'hydrate de potasse, il développe de l'hydrogène pur et donne un sel d'où l'acide sulfurique expulse un acide volatil et liquide (Gerhardt).

Sébate bipotassique. — $C^{10}(H^{16}K^2)O^4$. — On l'obtient en neutralisant le carbonate de potasse par le S. normal. Il cristallise de sa solution concentrée en petits mamelons, fort solubles dans l'eau, non déliquescents, et peu solubles dans l'alcool absolu (Redtenbacher).

Sébate biammoniacal. — Sel fort soluble dans l'eau, cristallisant d'une manière confuse et perdant de l'ammoniaque par la dessiccation.

Sébate bicalcique. — $C^{10}(H^{16}Ca^2)O^4$. — Le chlorure de calcium donne avec le S. biammoniacal un précipité de S. bicalcique assez peu soluble dans l'eau. Sa solution étendue cristallise, par l'évaporation spontanée à l'air, en paillettes blanches, très fines et brillantes.

Sébate biargentique. — $C^{10}(H^{16}Ag^2)O^4$. — Précipité blanc et caillebotteux qu'on obtient à l'aide du S. biammoniacal et un sel d'argent. Il est fort peu soluble dans l'eau ; quand on le chauffe dans un tube de verre, il donne de l'argent métallique et un sublimé blanc, cristallin.

Genre *Subériméthol* R—²O⁴.

535. Éther bialcoolique, homologue des g. oxaméthol (4ᵉ fam.), oxalcool (6ᵉ fam.), succinalcool (8ᵉ fam.), subéralcool (12ᵉ fam.), etc.

Subériméthol normal (subérate de méthylène). — $C^{10}H^{18}O^4$. — Cet éther se prépare avec 2 p. d'acide subérique (454), 1 p. d'acide sulfurique et 4 p. d'esprit de bois. Il a les mêmes propriétés que le subéralcool normal, son homologue. Sa densité est de 1,014 à 18° (Laurent).

Genre *Camphorate* R—⁴O⁴.

536. Sel bibasique, produit par l'oxydation directe du camphol normal (518) sous l'influence de l'acide nitrique.

$$C^{10}H^{16}O + O^3 = C^{10}H^{16}O^4.$$

Camphorate normal (hydrate d'acide camphorique).—$C^{10}H^{16}O^4$ (Laurent, Malaguti). — On obtient cet acide en chauffant du camphre ordinaire dans une cornue avec dix fois son poids d'acide nitrique concentré; on cohobe plusieurs fois, et de temps à autre on ajoute de nouvelles portions d'acide; enfin on évapore le résidu. Le C. normal cristallise par le refroidissement; on le purifie en le dissolvant dans le carbonate de potasse, de manière à en séparer un certaine quantité de camphre non décomposé, puis on précipite la solution concentrée par de l'acide nitrique. Le C. normal se dépose alors à l'état cristallisé par le refroidissement du mélange; on le purifie par de nouvelles cristallisations.

Cet acide cristallise en paillettes ou en aiguilles incolores et transparentes, qui fondent à 70°; il est d'une saveur aigre et amère à la fois. Peu soluble dans l'eau à froid, il s'y dissout mieux à l'ébullition; l'alcool, l'éther, les essences et les huiles grasses le dissolvent également avec facilité.

Sa solution précipite abondamment l'acétate de plomb neutre.

Soumis à la distillation sèche, le C. normal se dédouble complétement en eau et en camphoride normal :

$$C^{10}H^{16}O^4 = H^2O + C^{10}H^{14}O^3.$$

Il ne reste qu'une faible pellicule de charbon (Laurent).

Il se dissout sans altération dans l'acide nitrique et l'acide sulfurique concentrés.

Camphorate ammoniacal (sel acide). — $C^{10}H^{16}O^4$, $NH^3 + 3$ aq. ? —En projetant des cristaux de bicarbonate d'ammoniaque dans une dissolution bouillante de C. normal, M. Malaguti a obtenu un sel (1) en petits prismes très blancs, à réaction acide, ayant un goût légèrement aigrelet, fusibles à quelques degrés au-

____

(1) M. Malaguti considère ce sel comme renfermant $[1^1/^2C^{10}H^{16}O^4]$, $2NH^3 + 4^1/^2$ aq. Il est vrai que son analyse s'accorderait avec cette expression, mais celle-ci est si extraordinaire que je ne saurais l'adopter sans de nouvelles preuves. Ma formule pour le sel sec exige : carbone 55,3, hydrog. 8,7, azote 6,6; M. Malaguti a obtenu : carbone 53,57, hydrog. 8,97, azote 8,5. 3 éq. d'eau de cristallisation correspondent à une perte de 19,9 p. c. par la dessiccation ; la détermination de M. Malaguti s'élève à 19 p. c. On voit que la formule de ce chimiste cadre mieux que la mienne.

dessus de 100°, et aisément solubles dans l'eau froide. Séché à 100° dans un courant d'air, il a perdu 19 p. c. d'eau.

Si l'on traite le camphoride normal par du bicarbonate d'ammoniaque, on obtient du camphamate ammoniacal.

Camphorate biammoniacal (sel neutre). — $C^{10}H^{16}O^4$, 2 NH^3. — On l'obtient en exposant le C. normal à un courant de gaz ammoniac sec, et balayant le produit par un courant d'air sec. Il est très soluble dans l'eau ; la solution a une réaction légèrement acide, sans saveur bien prononcée (Malaguti).

Camphorate bipotassique. — Il cristallise en larges paillettes nacrées quand on le prépare avec le C. normal. Quand on fait dissoudre du camphoride normal dans la potasse, on obtient le même sel en petites aiguilles déliées, réunies en groupes (Malaguti).

Le C. à base de baryum est fort soluble et cristallisable.

Camphorate bicalcique. — Il cristallise en prismes obliques courts, à base de parallélogramme obliquangle (Laurent).

Tous ces C. sont précipités par les sels à base d'argent, de plomb et de cuivre.

Camphorate bicuivrique. — $C^{10}(H^{14}Cu^2)O^4$. — Le sel précipité présente cette composition après avoir été desséché à 100°.

Camphorate biargentique. — $C^{10}(H^{14}Ag^2)O^4$. — Précipité blanc (Laurent).

Genre Méconine $R^{-10}O^4$.

537. L'espèce normale a été découverte par M. Couerbe dans l'opium.

Méconine normale. — $C^{10}H^{10}O^4$ (Couerbe, Regnault). — Ce corps est peu abondant dans l'opium, celui de Smyrne en paraît renfermer le plus. On l'épuise par l'eau froide, et après avoir filtré l'extrait, on le concentre ; on le précipite complétement par l'ammoniaque, qui sépare la morphine et un peu de narcotine ; on concentre de nouveau la liqueur filtrée jusqu'à consistance de mélasse fluide, et on l'abandonne au repos pendant une quinzaine de jours dans un endroit frais. Il se dépose alors des cristaux, qu'on dessèche à une douce chaleur après les avoir exprimés ; outre la M. normale, ils renferment encore des méconates et d'autres substances. On les épuise par l'alcool bouillant de 36°, et on concentre les extraits jusqu'à ce qu'ils déposent des cristaux. Ceux-ci étant recueillis, on les dissout dans l'eau bouillante pour les traiter par le charbon animal ; enfin on complète la purification en les faisant cristalliser dans l'éther (Couerbe).

La M. normale cristallise en prismes hexagones terminés par un sommet dièdre ; elle est entièrement blanche, sans odeur, d'une saveur d'abord nulle, mais qui devient très âcre à mesure que la substance se dissout dans la bouche. Elle est soluble dans l'eau, l'alcool et l'éther, et cristallise fort bien dans ces véhicules ; elle exige 265,7 p. d'eau froide, et seulement 18,5 p. d'eau bouillante pour se dissoudre. L'alcool et l'éther la dissolvent encore mieux.

Elle fond à 90° en un liquide incolore, qui se conserve jusqu'à 75° ; à une température plus élevée (1), elle entre en ébullition et distille sans altération ; par le refroidissement, elle se prend en une masse semblable à de la graisse.

Sa solution aqueuse ne précipite pas l'acétate de plomb neutre, mais elle précipite l'acétate surbasique.

Les alcalis fixes la dissolvent, mais l'ammoniaque ne la dissout guère.

L'acide hydrochlorique la dissout sans l'altérer ; l'acide sulfurique l'altère à chaud. L'acide nitrique la convertit en M. nitrique.

Lorsqu'on fait passer du chlore sur la M. normale, celle-ci l'absorbe en grande quantité, et il se produit une matière jaune, qui est, suivant M. Couerbe, un mélange d'une matière résineuse et d'un corps cristallisable (*acide méchloïque* $C^{14}H^{14}O^{10}$?). Cette réaction aurait besoin d'être reprise.

Méconine nitrique (acide nitro-méconique ou hyponitro-méconique). — $C^{10}(H^9X)O^4$ (Couerbe). — Lorsqu'on traite à chaud la M. normale par l'acide nitrique, elle se convertit en M. nitrique fusible, et qui se prend en cristaux par le refroidissement. On la fait cristalliser dans l'eau bouillante.

La M. nitrique s'obtient sous la forme de longs prismes déliés à quatre pans et à base carrée ; elle est légèrement jaunâtre, fond

(1) M. Couerbe indique le point d'ébullition à 155° ; mais M. Regnault, en essayant d'en prendre la densité de vapeur, a pu porter la température jusqu'à 275°, sans que la substance se mît à bouillir.

à 150°, et se volatilise en grande partie à 190° (?), tandis qu'une autre portion se décompose.

Elle est soluble dans l'eau et l'alcool ; dans ce dernier liquide, elle cristallise le mieux. L'éther la dissout aussi. La solution aqueuse est légèrement acide.

Les acides la dissolvent aussi à une douce chaleur, et la laissent cristalliser.

La potasse, la soude, l'ammoniaque et tous les alcalis la dissolvent avec une grande facilité, en la colorant en rouge ; les acides en précipitent la M. nitrique.

Les sels de fer et de cuivre sont précipités par la solution de ce corps, les premiers en jaune rougeâtre, les seconds en vert tendre ; ceux de manganèse, de chaux, de mercure, d'or, de plomb n'en sont pas précipités (Couerbe).

$$\textit{Genre Naphtésate } R-^{14}O^4.$$

538. Sel bibasique? produit par l'action de l'acide chromique sur le naphtalène normal :

$$C^{10}H^8 + O^5 = H^2O + C^{10}H^6O^4.$$

Naphtésate normal (acide naphtésique). — $C^{10}H^6O^4$. — Nous avons déjà fait remarquer (512) que l'action de l'acide chromique sur le naphtalène n. varie extrêmement, suivant la concentration du mélange ; la plupart du temps, on ne trouve aucun nouveau produit. Dans une opération, M. Laurent a traité le résidu de l'attaque par l'eau, et il a filtré pour séparer le naphtalène non attaqué. La dissolution, abandonnée à elle-même pendant un ou deux mois, a laissé déposer de l'alun de chrome ; les cristaux étaient recouverts de petits grains blancs, de la grosseur d'une tête d'épingle ; on les a lavés avec de l'alcool. Celui-ci a laissé une matière blanche qu'on a purifiée par la sublimation.

Cette matière est un acide qui cristallise en aiguilles à quatre pans de 58 et 122° ; il est très peu soluble dans l'eau, fusible au-dessus de 100°. Une analyse a donné la formule précédente, mais il n'est pas encore prouvé que ce soit l'équivalent du corps Laurent).

Genre *Opianate* R—^{10}O^5.

539. Sel unibasique, produit de la décomposition de la narcotine (23e fam.).

Lorsqu'on dissout la narcotine (1) dans l'acide hydrochlorique,
et qu'on la fait bouillir avec du bichlorure de platine, elle se
dédouble (Blyth) en acide opianique C^{10}H^{10}O^5 et en un alcaloïde
nouveau, la *cotarnine* C^{13}H^{13}NO^3, d'après l'équation suivante (2) :

$$C^{23}H^{25}NO^7 + H^2O + 4PtCl^2 = 4PtCl + 4HCl + C^{10}H^{10}O^5 + C^{13}H^{13}NO^3.$$

Les mêmes produits se forment par l'action d'un mélange de
peroxyde de manganèse et d'acide sulfurique sur la narcotine
(Wœhler).

$$C^{23}H^{25}NO^7 + O^2 = H^2O + C^{10}H^{10}O^5 + C^{13}H^{13}NO^3.$$

Opianate normal (acide opianique). — C^{10}H^{10}O^5. — Voici comment M. Wœhler opère pour obtenir ce corps : on dissout la
narcotine dans un excès d'acide sulfurique dilué, on ajoute à la
dissolution du peroxyde de manganèse réduit en poudre fine, et
l'on chauffe jusqu'à l'ébullition, que l'on maintient pendant
quelque temps. On filtre la liqueur chaude; elle est d'un rouge
jaunâtre; par le refroidissement, elle laisse déposer l'O. normal
sous la forme de petits cristaux, qu'on sépare à l'aide du filtre,
et qu'on lave à l'eau froide. On les décolore en les faisant bouillir
avec un peu d'hypochlorite de soude, et l'on décompose de
nouveau cette dissolution par une addition d'acide hydrochlorique. L'O. normal cristallise ordinairement à l'état incolore par
le refroidissement du liquide.

M. Blyth prescrit la méthode suivante : on dissout la narcotine

---

(1) La formule C^{23}H^{25}NO^7 est calculée d'après les nouvelles analyses de
M. Blyth et de M. Hofmann (*Ann. der Chem. u. Pharm.*, t. L, p. 35;
elle s'accorde d'ailleurs aussi avec les expériences de M. Regnault.

(2) M. Wœhler représente l'acide opianique libre par C^{20}H^{18}O^{10} =
C^{10}H^{9}O^5; mais ses analyses donnent toujours plus d'hydrogène et s'accordent mieux avec la formule que nous avons adoptée. — Le même
chimiste a observé dans la formation de ce corps un dégagement d'*acide
carbonique;* de son côté, M. Blyth n'a vu s'en former qu'une quantité
très faible, et il paraît que la production de ce gaz est l'effet d'une réaction secondaire.

(50 gr. environ) dans de l'acide hydrochlorique dilué, on précipite par le bichlorure de platine, et, après avoir étendu d'eau, on fait bouillir la masse avec un excès de bichlorure de platine. Elle se colore bientôt en rouge foncé; on maintient l'ébullition pendant quelque temps jusqu'à ce qu'on voie paraître à la surface du liquide des prismes rouges de cotarnine chloroplatinique; puis on filtre et on laisse refroidir. La liqueur dépose alors de fines aiguilles d'acide opianique. Les eaux-mères fournissent des rhombes d'acide hémipinique.

L'O. normal cristallise en prismes minces et étroits, souvent enchevêtrés, de manière à former un réseau volumineux. Il est incolore, d'une faible saveur amère, et d'une légère réaction acide. Il est peu soluble dans l'eau froide, mais très soluble dans l'eau bouillante. Il se dissout également dans l'alcool et l'éther.

Il fond à 140° sans rien perdre; chauffé plus fort, il se volatilise en développant une odeur aromatique; il passe à la distillation. Sous l'influence de la chaleur, l'O. normal subit une modification très remarquable : il reste mou et transparent plusieurs heures après s'être refroidi; on peut alors le tirer en fils, comme de la térébenthine; peu à peu il devient opaque et durcit. Dans cet état, il est devenu insoluble dans l'eau et l'alcool, et même dans les alcalis étendus; il ne se dissout qu'à la longue dans une dissolution bouillante de potasse caustique.

Chauffé avec un excès de bichlorure de platine (Blyth) ou avec un peroxyde et de l'acide sulfurique (Wœhler), l'O. normal se convertit en acide hémipinique.

L'hydrogène sulfuré le convertit en O. sulfuré. Il s'unit directement au gaz sulfureux, en produisant de l'opianosulfite normal.

Sa dissolution bouillante dissout avec effervescence les carbonates de baryte, de chaux, de plomb et d'argent (Wœhler).

Opianate barytique. — $C^{10}(H^9Ba)O^5 + aq.$ — Prismes radiés, qui s'effleurissent à chaud en perdant 6 p. c. = 1 éq. d'eau.

Opianate plombique. — $C^{10}(H^9Pb)O^5 + aq.$ — Cristaux brillants, transparents, mamelonnés, peu solubles; ils contiennent 5,45 p. c. = 1 éq. d'eau de cristallisation, fondent à 150°, et commencent à se décomposer à 180°. A une certaine température, ce sel cristallise, à l'état anhydre, en petits prismes soyeux et réunis en faisceaux. Il est soluble dans l'alcool.

Opianate argentique. — $C^{10}(H^9Ag)O^5 +$ aq. — Il cristallise en prismes transparents et raccourcis, qui offrent toujours une teinte jaune quand on les voit en masse; il perd son eau à 100°. Il fond à 200° en se décomposant.

540. *Opianate sulfuré* (acide sulfopianique). — $C^{10}H^{10}(O^4S)$. — Quand on fait passer de l'hydrogène sulfuré dans une dissolution bouillante d'O. normal, il ne s'opère pas de réaction visible; mais, par le refroidissement, la liqueur perd sa transparence, et il se dépose de l'O. sulfuré.

C'est une masse amorphe d'un jaune de soufre, qui se ramollit au-dessous de 100°, et qui est complétement liquide à cette température. Si on l'échauffe davantage, elle se décompose et laisse échapper une fumée jaunâtre, qui se condense en fines aiguilles.

L'O. sulfuré se dissout avec une couleur jaune. Si, pendant sa préparation, on l'empêche de fondre, on peut l'obtenir en petits prismes transparents; il subit donc par la fusion une modification semblable à celle de l'O. normal.

Les alcalis le dissolvent avec une couleur jaune; les acides l'en précipitent sans altération; toutefois, au bout de quelque temps, les dissolutions alcalines renferment du sulfure.

Les précipités occasionnés par le nitrate d'argent ou de plomb dans la solution ammoniacale de l'O. sulfuré, se convertissent peu à peu, et surtout par l'ébullition, en sulfure (Wœhler).

Genre *Hémipinate* $R - {}^{10}O^6$.

541. Sel bibasique, produit d'oxydation du g. opianate (539) :

$$C^{10}H^{10}O^5 + O = C^{10}H^{10}O^6.$$

Hémipinate normal (acide hémipinique). — $C^{10}H^{10}O^6 + 2$ aq. — Cet acide se prépare difficilement, puisqu'il se détruit sous les mêmes influences que celles qui lui donnent naissance. Voici comment M. Wœhler le prépare : on chauffe de l'acide opianique et de l'oxyde puce de plomb dans l'eau jusqu'à l'ébullition; on y fait tomber alors, goutte à goutte, de l'acide sulfurique jusqu'à ce qu'il commence de se dégager de l'acide carbonique. Alors on laisse refroidir un peu le liquide, et on ajoute une quantité d'acide sulfurique capable de précipiter tout le plomb dissous; on filtre et l'on évapore. Il arrive souvent que les premiers cristaux soient formés d'acide opianique, qu'il est d'ailleurs aisé de séparer de l'acide hémipinique par cristallisation, celui-ci étant beaucoup plus soluble. L'oxyde puce de plomb seul n'attaque pas l'acide opianique.

L'H. normal cristallise très régulièrement en prismes obliques à 4 pans, incolores. Il possède une saveur légèrement acide et astringente ; il se dissout difficilement dans l'eau froide. L'alcool le dissout aisément. Les cristaux perdent, à 100°, 13,5 p. c. = 2 éq. d'eau de cristallisation.

Quand on le chauffe entre deux plaques de verre, il se sublime en lames brillantes (1). L'acide effleuri fond à 180°, et se prend, par le refroidissement, en une masse cristallisée.

Hémipinate biplombique. — Sel blanc et insoluble ; il se dissout dans l'acétate de plomb, et s'en sépare plus tard en mamelons cristallisés.

Hémipinate biargentique. — $C^{10}(H^8Ag^2)O^6$. — Sel blanc et insoluble (Wœhler).

Genre Mucalcool $R^{-2}O^8$.

543. Éther bialcoolique, homologue du g. muciméthol.

Mucalcool normal (éther mucique). — $C^{10}H^{18}O^8$. — Pour préparer cet éther, on dissout 1 p. d'acide mucique (388) dans 4 p. d'acide sulfurique concentré à l'aide d'une douce chaleur, et on laisse refroidir. Quand ce mélange est devenu noir, on le laisse refroidir, et l'on y verse 4 p. d'alcool d'une densité de 0,814. Après vingt-quatre heures de repos, la masse est figée ; on l'agite avec de l'alcool et on la jette sur un filtre. On obtient ainsi une masse cristalline, qu'on purifie par de nouvelles cristallisations dans l'alcool bouillant (Malaguti).

Cet éther cristallise en prismes tétraédriques, terminés par une seule face perpendiculaire aux côtés, et d'une limpidité parfaite. Il est insipide d'abord, cependant il laisse un arrière-goût d'amertume. Il fond à 150°, et se prend, à 135°, en une masse cristalline. Une plus forte chaleur le décompose en alcool, eau,

____

(1) En donnant probablement un anhydride.

acide carbonique, acide acétique, hydrogène carboné, acide pyromucique et charbon.

Il est insoluble dans l'éther, très soluble dans l'alcool bouillant, et très peu soluble dans l'alcool froid; il est très soluble dans l'eau bouillante, qui le dépose, par le refroidissement, en cristaux parfaitement déterminés.

Les alcalis hydratés le décomposent comme tous les éthers.

(b) Combinaisons sulfatées.

Genre Sulfocyménate $R-^6SO^3$.

544. Sel copulé unibasique, produit par l'accouplement du cymène normal (509) avec l'acide sulfurique.

Sulfocyménate normal (acide sulfocyménique ou sulfocamphique). — En traitant le S. plombique par l'hydrogène sulfuré, et évaporant la dissolution dans le vide, Delalande a obtenu de etits cristaux déliquescents.

Sulfocyménate barytique. — $C^{10}(\hat{H}^{13}Ba)SO^3 + 2$ aq. — Le cymène normal se dissout aisément, déjà à la température ordinaire, dans l'acide sulfurique de Nordhausen; si l'on évite l'échauffement, il ne se dégage pas de SO^2, et on obtient un liquide rouge-brun. On l'étend d'eau et on le sature à chaud par du carbonate de baryte en poudre. Le S. se dépose alors, par la concentration, en paillettes nacrées d'un grand éclat. Il cristallise avec une grande facilité, et se dissout fort bien dans l'eau, l'alcool et l'éther; sa saveur est amère, avec un arrière-goût douceâtre et nauséabond. Il renferme 2 éq. d'eau de cristallisation (Gerhardt et Cahours).

Dans certaines circonstances, on obtient quelquefois un sel $C^{20}(H^{27}Ba)SO^3$.

La solution du S. barytique peut être portée à l'ébullition sans se décomposer. Elle n'occasionne pas de précipités dans les solutions d'acétate de plomb, de bichlorure de mercure, de nitrate d'argent, etc.

Sulfocyménate plombique (sulfocamphate de plomb). — $C^{10}(H^{13}Pb)SO^3 + 2$ aq. — Il se présente sous la forme de paillettes nacrées, qui perdent, à 120°, 10,3 p. c. = 2 éq. d'eau de cristallisation (Delalande).

Genre *Sulfonaphtalate* $R-^{12}SO^3$.

545. Sel copulé unibasique, produit par l'union directe de différentes espèces du g. naphtalène (512) avec SH^2O^4, en même temps que H^2O est éliminé.

Soumis à l'action de la chaleur, les S. dégagent une quantité considérable de naphtalène et du gaz sulfureux, en laissant un résidu noirâtre de sulfate et de sulfure.

Sulfonaphtalate normal (acide naphtalique ou hyposulfonaphtalique). — $C^{10}H^8SO^3 +$ aq. (Regnault). — Lorsqu'on dissout du naphtalène normal à 90° dans de l'acide sulfurique concentré, jusqu'à saturation, et qu'on abandonne la masse à l'air, elle se concrète entièrement au bout de quelque temps ; on peut enlever la plus grande partie de l'acide sulfurique libre en exprimant le produit entre du papier joseph ; le produit se dissout complètement dans l'eau et l'alcool (Wœhler).

Pour obtenir le S. normal à l'état de pureté, on décompose le S. plombique par l'hydrogène sulfuré.

C'est un acide extrêmement soluble dans l'eau et dans l'alcool, fort peu soluble dans l'éther. Par l'évaporation d'une dissolution aqueuse ou alcoolique, il se prend en une masse cristalline irrégulière et déliquescente. Sa saveur est fort acide, astringente et métallique. Soumis à l'action de la chaleur, il fond d'abord entre 85 et 90° ; vers 120°, il noircit, et l'on commence à sentir une odeur de naphtalène. Chauffé plus fortement, il se boursoufle beaucoup, et laisse un charbon fort volumineux (Regnault).

Sulfonaphtalate potassique. — $C^{10}(H^7K)SO^3 +$ aq. — Il s'obtient facilement par double décomposition, et cristallise en petites paillettes blanches très brillantes (Regnault).

Sulfonaphtalate barytique. — $C^{10}(H^7Ba)SO^3 +$ aq. — On obtient ce sel en saturant par du carbonate de baryte la solution du naphtalène n. dans l'acide sulfurique concentré (1). Cristallisé par le refroidissement d'une solution saturée à chaud, ce sel se présente sous la forme de petites houppes cristallines ou de choux-fleurs ; mais par l'évaporation spontanée d'une dissolution froide, il cris-

---

(1) Voyez aussi plus bas g. *Sulfonaphtinate.*

tallise en paillettes irrégulières, qui se groupent en forme de crêtes. Desséché, il attire promptement l'humidité de l'air. Il est peu soluble dans l'eau froide ; 100 p. à 15° n'en dissolvent que 1,13 p.; à 100°, elles en dissolvent 4,76 p. ; ainsi la majeure partie du sel se dépose par le refroidissement d'une solution saturée à chaud.

Sulfonaphtalate calcique. — Il cristallise difficilement. Bouilli avec de l'acide nitrique, ce sel a donné un produit isomère du S. nitro-calcique (Laurent).

Sulfonaphtalate plombique. — $C^{10}(H^7Pb)SO^3$, — Ce sel cristallise moins régulièrement que le S. barytique. Soumis à l'action de la chaleur, il se décompose en poussant des ramifications dans tous les sens, et en augmentant beaucoup de volume (Regnault).

Sulfonaphtalate cuivrique. — Il cristallise en paillettes à peine verdâtres, renfermant de l'eau de cristallisation, qu'il perd en partie à l'air sec.

Sulfonaphtalate argentique. — $C^{10}(H^7Ag)SO^3$. — Il est assez soluble; 100 p. d'eau à 20° en dissolvent environ 10,3 p.; par l'évaporation lente, il se dépose en paillettes micacées. La solution peut être portée à l'ébullition sans qu'elle s'altère (Regnault).

545 *a.* Les S. nitriques s'obtiennent par la naphtalène nitrique; ils entrent en ignition lorsqu'on les chauffe en vase clos.

Sulfonaphtalate nitrique (acide nitrosulfonaphtésique). — Paillettes microscopiques rhomboïdales.

Sulfonaphtalate nitro-potassique. — Il forme, par l'évaporation spontanée, des cristaux irréguliers.

Sulfonaphtalate nitro-calcique. — $C^{10}(H^6XCa)SO^3$. — Lorsqu'on traite le naphtalène nitrique par l'acide sulfurique fumant, à l'aide de la chaleur, on obtient une dissolution rouge, qui passe peu à peu au brun. Quand on verse de l'eau dans cette dissolution, il se précipite plus ou moins de naphtalène nitrique non attaqué. En saturant la dissolution acide avec de la craie, filtrant et évaporant, on obtient du S. nitro-calcique. Ce sel est assez soluble dans l'eau ; pour le débarrasser du sulfate de chaux, on le fait dissoudre dans l'alcool, on filtre et l'on évapore (Laurent).

545 *b.* Par l'action de l'acide sulfurique sur le naphtalène chloré et le naphtalène bichloré, M. Zinin a produit deux acides, avec lesquels il a préparé les sels suivants :

Sulfonaphtalate chloro-potassique. — $C^{10}(H^6ClK)SO^3$. — Poudre blanche peu soluble dans l'eau et l'alcool.

Sulfonaphtalate chloro-barytique. — $C^{10}(H^6ClBa)SO^3$. — Sel semblable au précédent.

Sulfonaphtalate bichloro-potassique. — $C^{10}(H^5Cl^2K)SO^3$. — On obtient ce sel avec le naphtalène bichloré. Les S. bichloro-argentique et bichloro-barytique ont une composition semblable (Zinin).

Genre *Sulfanéthate* $R-^8SO^4$.

546. Sel copulé unibasique, produit par la combinaison de l'anéthol normal (modific. ε, 521) avec l'acide sulfurique.

Sulfanéthate barytique. — $C^{10}(H^{11}Ba)SO^4 +$ aq. — Sel blanc gommeux et assez soluble dans l'eau, obtenu en saturant la solution sulfurique de l'anéthol normal par le carbonate de baryte. Sa solution colore en violet foncé les persels de fer; les acides et les alcalis font disparaître cette teinte (Gerhardt).

Le *sulfodraconate de baryte*, obtenu par M. Laurent avec l'essence d'estragon, est évidemment identique avec ce sel, de même que celui qui se produit, selon M. Cahours, quand on traite l'essence d'anis concrète avec un excès d'acide sulfurique.

Genre *Opianosulfite* $R-^{10}SO^7$.

547. Sel copulé unibasique; produit de l'union directe de SO^2 avec l'acide opianique (539) :

$$C^{10}H^{10}O^5 + SO^2 = C^{10}H^{10}SO^7.$$

Opianosulfite normal (acide opianosulfureux). — $C^{10}H^{10}SO^7$. — L'acide opianique se dissout en quantité considérable dans une dissolution chaude d'acide sulfureux, sans se déposer par le refroidissement; cette dissolution possède une saveur amère et un arrière-goût douceâtre.

Quand on fait évaporer cette dissolution à une température modérée, l'O. normal reste à l'état d'une masse cristalline et transparente. Elle est sans odeur; quand on l'étend d'eau, elle développe du gaz sulfureux, et se trouble par de l'acide opianique mis en liberté.

Les carbonates de plomb et de baryte se dissolvent dans la solution de l'acide opianique dans SO^2, et forment des sels bien cristallisés (Wœhler).

Opianosulfite barytique. — $C^{10}(H^9Ba)SO^7 + aq.$? — Tables rhomboïdales incolores et brillantes. Il se dissout lentement dans l'eau ; il perd toute son eau de cristallisation à 180°, devient opaque et commence à se décomposer.

Opianosulfite plombique. — $C^{10}(H^9Pb)SO^7 + 2 aq.$? — Prismes à 4 faces, surmontés d'un biseau, et dont les arêtes sont remplacées par de larges faces, de telle façon que les cristaux forment ordinairement des tables hexaédriques. Ils ne s'altèrent pas à l'air libre ; à 130°, ils perdent 6,5 p. c. d'eau de cristallisation.

Genre *Sulfonaphtinate* $R^{-10}S^2O^7$.

548. Sel copulé bibasique ? Dans l'action de l'acide sulfurique sur le naphtalène normal, l'acide sulfo-naphtalique (545) n'est pas le seul produit, suivant M. Berzélius. Il se forme en outre un second acide, qui, à ce qu'il paraît, renferme une quantité de SO^3 double de celle qui est contenue dans les *sulfonaphtalates*.

Cet autre acide donne d'ailleurs des sels qui ressemblent beaucoup à ces derniers. Les sels métalliques sont amers, se décomposent par la chaleur, en dégageant du naphtalène normal et un peu de gaz sulfureux, se dissolvent aisément dans l'eau, et sont peu solubles dans l'alcool, ce qui permet de les séparer des sulfonaphtalates.

Sulfonaphtinate normal (acide sulfonaphtinique ou hyposulfonaphtinique). — $C^{10}H^{10}S^2O^7$? — On l'obtient en décomposant le S. plombique par l'hydrogène sulfuré. La solution aqueuse se dessèche en une masse lamellaire, colorée en brun, d'une saveur acide et amère. Il devient humide à l'air, et se colore davantage ; il se dissout aussi dans l'alcool.

Sulfonaphtinate bibarytique. — $C^{10}(H^8Ba^2)S^2O^7$? — On obtient ce sel en précipitant par l'alcool le sel de baryte brut, obtenu par la dissolution du naphtalène normal dans l'acide sulfurique. Il est blanc, pulvérulent, insoluble dans l'alcool, et soluble dans l'eau.

En traitant le naphtalène normal par l'acide sulfurique anhydre, M. Berzélius a obtenu, en S. bibarytique, environ 2 p. c. du poids du sel mélangé.

Il est fort probable qu'il existe entre les sulfonaphtalates et les S. un rapport semblable à celui que présentent les iséthionates et les éthionates, et que les sulfonaphtalates se produisent par la décomposition à chaud des S. ; la basicité de ces derniers vient d'ailleurs à l'appui de cette opinion (1).

(c) Combinaisons azotées.

Genre Naphtalidam $R-^{11}N$.

549. Alcaloïde, produit par l'action de l'hydrogène sulfuré sur le naphtalène nitrique (71).

Naphtalidam normal. — $C^{10}H^9N$. — On obtient aisément cet alcaloïde en mettant 1 p. de naphtalène nitrique (514) dans 10 p. d'alcool concentré, saturant le liquide par de l'ammoniaque et puis par de l'hydrogène sulfuré. Lorsque tout le naphtalène nitrique s'est dissous, et que la liqueur possède une couleur foncée d'un vert sale, on l'abandonne pendant un jour ; il se dépose alors quelques cristaux de soufre, l'odeur de l'hydrogène sulfuré disparaît presque entièrement, et l'on remarque alors une forte odeur ammoniacale. On chasse l'alcool par la distillation, en enlevant les cristaux de soufre à mesure qu'ils se déposent, et cela jusqu'à ce que le résidu se sépare en deux couches : la couche inférieure du N. normal impur est surnagée par une dissolution de ce corps dans l'alcool faible. On sature le tout par de l'acide sulfurique, et l'on purifie par plusieurs cristallisations le N. sulfurique, qui se dépose alors ; puis on sursature ce sel par de l'ammoniaque aqueuse (Zinin).

Le N. normal se dépose ainsi à l'état d'aiguilles blanches, fines, soyeuses et aplaties. Il fond à 50°, bout à environ 300°, et distille sans altération. Son odeur est forte et désagréable, sa saveur est amère et piquante. Il est presque insoluble dans l'eau,

(1) M. Berzélius a obtenu à l'analyse du S. barytique des quantités de sulfate de baryte qui oscillaient entre 50,7 et 50,9 ; ma formule exige 50,3. Celle de M. Berzélius est $C^{11}H^9O,Ba^2O,S^2O^5$; il est vrai que ses expériences ont donné un peu plus de carbone que n'exige ma formule, mais rien ne prouve qu'elles aient été faites sur un sel bien exempt de sulfonaphtalate.

mais très soluble dans l'alcool et l'éther. Conservé longtemps ; à 20 ou 25°, dans des flacons bouchés, il se sublime en paillettes minces et flexibles. Il n'exerce aucune action alcaline sur le tournesol.

Il s'altère légèrement à l'air en se colorant en violet. Il se dissout aisément dans tous les acides, en donnant des sels blancs, ordinairement très bien cristallisés. L'ammoniaque le sépare de ces combinaisons.

Le naphtalène binitrique donne, sous l'influence de l'hydrogène sulfuré, un alcaloïde semblable ; celui-ci cristallise en fines aiguilles rouges, et donne avec l'acide hydrochlorique un sel cristallisé en paillettes blanches.

Le chlore sec n'altère pas le N. normal à la température ordinaire ; mais à chaud il produit une matière résineuse.

Sa solution alcoolique précipite le sublimé corrosif en blanc ; le précipité est soluble dans l'alcool bouillant, et s'y dépose à l'état cristallin.

Naphtalidam nitrique (nitrate de naphtalidam). — Le N. normal se dissout, dans l'acide nitrique faible et bouillant, en un liquide incolore ou légèrement rougeâtre ; la solution dépose, par le refroidissement, de petites paillettes brillantes de N. nitrique. L'acide nitrique concentré colore en violet foncé tous les sels de N., et finit par les transformer en une poudre brune.

Naphtalidam hydrochlorique. — $C^{10}H^9N,HCl$. — Il cristallise d'une solution aqueuse en fines aiguilles, qui ont l'aspect de l'amiante ; il est fort soluble dans l'alcool et l'éther. Il se sublime aisément vers 200°. A l'état humide, il rougit promptement au contact de l'air. Il précipite le bichlorure de platine ; le précipité cristallise dans l'alcool bouillant.

Naphtalidam semi-sulfurique (sulfate neutre). — $(C^{10}H^9N)^2$, SH^2O^4. — Le N. normal se dissout dans l'acide sulfurique concentré, légèrement chauffé, en un liquide limpide, qui se remplit instantanément de cristaux quand on y ajoute un peu d'eau. A l'état humide, le sel rougit à l'air.

Naphtalidam semi-oxalique (oxalate neutre). — $(C^{10}H^9N)^2$, $C^2H^2O^4$. — Paillettes minces douées d'un éclat argentin, et groupées en étoiles.

Naphtalidam oxalique (oxalate acide). — $C^{10}H^9N,C^2H^2O^4$. — Il cristallise en mamelons ternes et blancs, solubles dans l'alcool et l'eau; il se décompose par la distillation sèche, et donne une poudre jaune-brunâtre, insoluble dans l'eau et soluble dans l'alcool.

Genre Camphamate $R^{-3}NO^3$.

550. **Amide**, sel unibasique. On obtient l'espèce ammoniacale en dissolvant le camphoride normal (530) dans l'ammoniaque.

Camphamate normal (acide camphamique, camphorate acide d'ammoniaque de M. Malaguti). — $C^{10}H^{17}NO^3$? — C'est, selon moi, le précipité gluant que forment les acides dans une solution de C. ammoniacal; ce précipité durcit au bout de quelque temps, et se dissout aisément dans l'alcool. Le C. normal est l'amide du camphorate ammoniacal (acide); c'est ce sel moins H^2O.

Camphamate ammoniacal. — $C^{10}H^{17}NO^3$, NH^3 + aq. (Malaguti). — C'est le sel (1) qu'on obtient en dissolvant le camphoride dans le bicarbonate d'ammoniaque ou dans l'ammoniaque caustique; la dissolution devient sirupeuse par une lente évaporation, et finit, au bout de quelques jours, par se prendre en une masse blanche cristalline. Ce sel a un goût légèrement acide, amer, très fugace, et fond à 100°.

Il diffère du camphorate biammoniacal, dont il a la composition centésimale, en ce qu'il ne précipite pas les sels de plomb, d'argent et de cuivre.

Genre Camphamide $R^{-2}N^2O^2$.

551. **Amide.**

Camphamide normal. — $C^{10}H^{18}N^2O^2$? — Lorsqu'on fait passer un courant de gaz ammoniacal dans une dissolution de camphoride normal dans l'alcool absolu, le liquide s'échauffe assez, et, par l'évaporation, on obtient une matière sirupeuse, qui est insoluble dans l'eau. L'acide hydrochlorique, à froid, ne décompose pas cette matière, tandis que la potasse en dégage de l'ammoniaque en produisant du camphorate. Il est probable que ce corps est le C. normal (Laurent).

(1) M. Malaguti n'a pas essayé si ce sel perd 1 éq. d'eau par la dessiccation; mais l'analogie indique qu'il en serait ainsi. Le sel ammoniacal produit par le camphoride est au véritable camphorate biammoniacal ce que l'oxamate ammoniacal de M. Balard est à l'oxalate biammoniacal (sel neutre); il n'y a qu'une différence dans la manière dont ces corps ont été obtenus.

ONZIÈME FAMILLE.

GENRES.	FONCTIONS chimiques DES GENRES.	RAPPORTS DE TRANSFORMATION entre les genres de la ONZIÈME FAMILLE.	RAPPORTS DE TRANSFORMATION entre les genres DE LA ONZIÈME et d'autres familles.
Cinnalcool $R^{-10}O^2$.	Éther unialcooliq.	?	Éthérificat. de l'acide cinnamique (9e f.).
Coumaralcool $R^{-10}O^3$.	Éther unialcooliq.	?	Éthérificat. de l'acide hippurique (9e f.).
Vératralcool $R^{-8}O^4$.	Éther unialcooliq.	?	Éthérificat. de l'acide vératrique (9e f.).
Hippuralcool $R^{-9}NO^3$.	Éther unialcooliq.	?	Éthérificat. de l'acide hippurique (9e f.).

Je n'ai pu recueillir, parmi les substances bien étudiées, que les quatre genres suivants :

Genre Cinnalcool $R^{-10}O^2$.

552. Éther unialcoolique.

Cinnalcool normal. — $C^{11}H^{12}O^2$. — On obtient aisément cet éther en distillant un mélange de 4 p. d'alcool absolu, 2 p. d'acide cinnamique et 1 p. d'acide sulfurique, et cohobant plusieurs fois le produit. Il reste enfin dans la cornue une huile qu'on agite avec de l'eau, et qu'on rectifie sur du massicot. C'est un liquide limpide, d'une densité de 1,13, et bouillant à 260°. Les alcalis hydratés le convertissent aisément en alcool et en cinnamate; l'acide nitrique fumant ne l'attaque que légèrement (Marchand, Herzog).

Cinnalcool nitrique (éther nitro-cinnamique). — $C^{11}(H^{11}X)O^2$. — Quand on fait bouillir pendant plusieurs heures de l'acide nitro-cinnamique avec 20 p. d'alcool, auxquelles on a ajouté un peu d'acide sulfurique, l'acide cinnamique se dissout complétement, si la température ne dépasse pas 80°. A mesure que la liqueur se refroidit, le C. nitrique s'en sépare en cristaux prismatiques. On l'obtient pur en le dissolvant dans l'alcool, auquel on a ajouté un peu d'ammoniaque, qui ne le décompose pas. Cet éther fond à 136°, et bout à 300° environ, en se décomposant. Bouilli avec une solution étendue de potasse, il donne du cinnamate nitro-potassique et de l'alcool normal (Mitscherlich).

Genre *Coumaralcool* $R^{-10}O^3$.

553. Éther unialcoolique. On ne l'a pas encore préparé.

Genre *Vératralcool* $R^{-8}O^4$.

554. Éther unialcoolique.

Vératralcool normal (éther vératrique). — $C^{11}H^{14}O^4$. — On obtient aisément cet éther en dissolvant l'acide vératrique dans l'alcool concentré, et en saturant la solution, moyennement concentrée, par du gaz hydrochlorique, pendant qu'on la chauffe. Il ne faut pas employer une solution trop concentrée : autrement l'acide vératrique s'en sépare dès que le gaz y arrive. Après avoir chassé par la distillation l'acide et l'éther hydrochloriques excédants, on ajoute de l'eau au résidu ; l'éther vératrique s'en sépare à l'état d'une huile épaisse qui finit par se concréter.

C'est une masse cristalline, rayonnée et très friable ; elle fond dans l'eau déjà à 42° c., et se concrète par le refroidissement. Elle est presque sans odeur, d'une saveur légèrement amère, brûlante et un peu aromatique. Elle est à peine soluble dans l'eau ; sa dissolution alcoolique la dépose en aiguilles brillantes, groupées en étoiles. Sa densité est de 1,141 à 18° c. La potasse caustique l'attaque à chaud en développant des vapeurs d'alcool (Will).

Genre *Hippuralcool* $R^{-9}NO^3$.

555. Éther unialcoolique.

Hippuralcool normal (éther hippurique). — $C^{11}H^{13}NO^3$. — On dissout l'acide hippurique dans l'alcool de 0,815, et l'on fait passer un courant de gaz HCl dans la solution bouillante ; on cohobe plusieurs fois, et l'on continue la distillation pendant quelques heures. Quand la matière s'est épaissie dans la cornue et a acquis une aspect huileux, on y ajoute de l'eau. L'H. normal se sépare alors à l'état d'une masse oléagineuse qui se concrète peu à peu.

L'A. normal cristallise en aiguilles allongées, entièrement blanches, d'un éclat soyeux, et grasses au toucher. Il n'a point d'odeur ; sa saveur est âcre, et rappelle celle de l'essence de térébenthine. Il est peu soluble à froid dans l'eau, mais dans l'alcool il se dissout en toutes proportions. Si l'on ajoute un peu d'eau à sa solution alcoolique, il se dépose souvent en cristaux très longs et groupés en étoiles.

Sa densité est de 1,043 à 23° ; il fond à 44°, et se concrète de nouveau à 32°. Il ne peut pas être distillé sans qu'il se décompose en répandant l'odeur des amandes amères ; quand on le chauffe au contact de l'air, il répand des vapeurs d'acide benzoïque.

Une solution bouillante de potasse le convertit en hippurate et alcool normal ; l'ammoniaque aqueuse se comporte de la même manière. A l'état de gaz, l'ammoniaque ne paraît pas l'altérer, même à chaud.

L'acide nitrique bouillant l'attaque en donnant de l'acide benzoïque ; l'acide sulfurique le charbonne à chaud, et produit le même acide.

Le chlore l'attaque surtout à chaud, en produisant probablement un H. plus ou moins chloré. Le produit est blanc, et cristallise, dans l'alcool et l'éther, en belles aigrettes, plus pesantes que l'eau. Ces cristaux s'attaquent par la potasse à chaud, en donnant du chlorure ainsi qu'un sel, d'où l'acide hydrochlorique précipite des cristaux qui ne ressemblent ni à l'acide hippurique ni à l'acide benzoïque (Stenhouse).

DOUZIÈME FAMILLE.

GENRES.	FONCTIONS chimiques DES GENRES.	RAPPORTS DE TRANSFORMATION entre les genres de la DOUZIÈME FAMILLE.	RAPPORTS DE TRANSFORMATION entre les genres DE LA DOUZIÈME et d'autres familles.
Naphtole R.	Hydrocarbure.	?	Dans le naphte.
Laurate RO^2.	Sel unibasique.	?	Par la saponification de la laurostéarine (27° f.).
Capralcool RO^2.	Éther unialcooliq.	?	Éthérificat. de l'acide caprique (10° f.).
Campholalcool $R-^2O^2$.	Éther unialcooliq.	?	Éthérificat. de l'acide campholiq. (10° f.).
Cuminalcool $R-^8O^2$.	Éther unialcooliq.	?	Éthérificat. de l'acide cuminique (10° f.).
Oxamylol $R-^2O^4$.	Éther bialcooliq.	?	Éthérificat. de l'acide oxalique (2° f.) avec l'huile de pommes terre (5° f.).
Subéralcool $R-^2O^4$	Éther bialcooliq.	?	Éthérificat. de l'acide subérique (8° f.).
Camphométhol $R-^4O^4$.	Éther bialcooliq.	?	Éthérificat. de l'acide camphoriq. (10° f.) avec l'esprit de bois.
Camphovinate $R-^4O^4$.	Sel copulé unibas.	?	Accouplem. de l'acide camphorique avec l'alcool.
Phtalalcool $R-^{10}O^4$.	Éther bialcooliq.	?	Éthérificat. de l'acide phtalique (8° f.).
Phlorétine $R-^{12}O^4$.	?	?	Act. des acides sur la phlorizine (24° f.).
Hydroquinone $R-^{14}O^4$.	?	?	Décomposition des g. pyroquinol et quinoïle (6° f.).
Opianalcool $R-^{10}O^5$.	Éther unialcooliq.	?	Éthérificat. de l'acide opianique (10° f.).
Picrotoxine $R-^{10}O^5$.	?	?	Dans la coque du Levant.
Aconitalcool $R-^6O^6$.	Éther trialcooliq.	?	Éthérificat. de l'acide aconitique (6° f.).
Citralcool $R-^4O^7$.	Éther trialcooliq.	?	Éthérificat. de l'acide citrique (6° f.).
Caramel $R-^6O^9$.	?	Le sucre n. élimine $2H^2O$; le glucose n. élimine H^2O , etc.	?
Saccharigène $R-^4O^{10}$.	?	?	Dans le bois, la fécule, etc.

GENRES.	FONCTIONS chimiques DES GENRES.	RAPPORTS DE TRANSFORMATION entre les genres de la DOUZIÈME FAMILLE.	RAPPORTS DE TRANSFORMATION entre les genres DE LA DOUZIÈME et d'autres familles.
Mucigène $R-^4O^{10}$.	?	?	Dans le lait, les gommes, les mucilages, etc.
Sucre $R-^2O^{11}$.	?	?	Dans la canne, la bettérave, etc.
Glucose RO^{12}.	?	Le saccharigène n. fixe $2H^2O$; le sucre n. fixe H^2O, etc.	Dans les fruits acides.
Sacchulmate RO^{12}.	Sel unibasique ?	Le sucre n. fixe H^2O sous l'influence des acides étendus.	?
Sulfobenzide $R-^{14}SO^2$.	?	?	Action de l'acide sulfurique anhydre sur le benzène normal (6e f.).
Sulfolignate RSO^{15}	Sel cop. unibasiq. ?	Action de l'acide sulfurique sur les g. saccharigène, glucose, etc.	?

Genre Naphtole R.

556. Hydrocarbure.

Naphtole normal. — $C^{12}H^{24}$? — Nous avons déjà fait remarquer (439) que l'un des hydrogènes carbonés, observés par MM. Pelletier et Walter dans le naphte naturel, paraît consituer ce corps.

On a trouvé dans certaines lignites, par exemple dans celles d'Utznach, en Suisse, un hydrogène carboné solide, qui a été appelé *schérerite;* M. Krauss y a constaté les mêmes proportions que dans le gaz oléfiant. Comme ce corps bout à 200°, il serait possible que son équivalent fût $C^{12}H^{24}$.

Genre Laurate RO^2.

557. Sel unibasique, homologue des g. formiate, acétate, bu-

tyrate, caproate, margarate, stéarate, etc.; produit dans la saponification d'un glycéride, la laurine normale (27ᵉ fam.), renfermé dans les baies de laurier :

$$C^{27}H^{50}O^4 + 2(KH_2O + H^2O = 2[C^{12}(H^{23}K)O^2] + C^3H^8O^3.$$

Laurate normal (acide laurique ou laurostéarique). — $C^{12}H^{24}O^2$. — On saponifie la laurostéarine par la potasse, on sépare le savon par du sel marin, on le redissout dans l'eau pour le décomposer à chaud par de l'acide tartrique. Le L. normal vient alors surnager, et se prend, par le refroidissement, en une masse transparente et cristalline.

Il est fort soluble dans l'alcool concentré, encore plus dans l'éther, mais il ne se sépare pas de ces solvants à l'état cristallisé. Son point de fusion est plus bas que celui de la laurostéarine, c'est-à-dire entre 42 et 43°. Sa solution alcoolique réagit fort acide.

Laurate sodique. — $C^{12}(H^{23}Na)O^2$. — Il ne cristallise distinctement ni dans l'eau ni dans l'alcool.

Laurate argentique. — $C^{12}(H^{23}Ag)O^2$. — Précipité blanc très volumineux, qui ne noircit pas aux rayons solaires, quand il est bien lavé (Marsson).

Genre *Capralcool* RO^2.

558. Éther unialcoolique, isomère du g. laurate, homologue des g. formométhol, formalcool, acétalcool, capronalcool, valéramylol, etc.

Capralcool normal (éther caprique). — $C^{12}H^{24}O^2$. — Il n'a pas encore été préparé.

Genre *Campholalcool* $R^{-2}O^2$.

559. Éther unialcoolique.
Campholalcool normal (éther campholique). — $C^{12}H^{22}O^2$. — On ne l'a pas encore obtenu.

Genre *Cuminalcool* $R^{-8}O^2$.

560. Éther unialcoolique, homologue des g. benzalcool, benzométhol, etc.

Cuminalcool normal (éther cuminique). — $C^{12}H^{16}O^2$. — On obtient cet éther en saturant par du gaz hydrochlorique sec une dissolution d'acide cuminique dans l'alcool absolu. Dès que le gaz n'est plus absorbé, on chauffe le liquide au bain-marie pour en chasser l'éther, ainsi que l'alcool excédant. Ensuite on distille le résidu à feu nu, et, après avoir lavé le produit avec du carbonate de soude, on le rectifie sur du massicot.

C'est un liquide incolore, plus léger que l'eau, et d'une odeur fort agréable de pommes de reinette. Il bout à 240°; sa vapeur s'enflamme facilement, et brûle avec une flamme bleuâtre. Son indice de réfraction est 1,504. La densité de sa vapeur a été trouvée égale à 6,65. Chauffé avec une dissolution aqueuse de potasse, il se décompose en alcool et en cuminate (Gerhardt et Cahours).

Genre Oxamylol $R{-}^2O^4$.

561. Éther bialcoolique, homologue des g. oxaméthol (314), oxalcool (380), etc.

Oxamylol normal (éther oxalamylique). $C^{12}H^{22}O^4$. — Quand on soumet à la distillation la liqueur huileuse, à l'aide de laquelle on prépare l'oxalamylate calcique (424), la température s'élève graduellement, et il distille de l'O. normal que l'on peut obtenir pur par une nouvelle distillation. Cet éther bout à 262°; son odeur de punaise est fort prononcée. La densité de sa vapeur a été trouvée égale à 8,4 (Balard).

Il se décompose au contact de l'eau, surtout en présence des solutions alcalines, en oxalate et en amylol normal.

$$C^{12}H^{22}O^4 + 2[(KH)O] = C^2K^2O^4 + 2C^5H^{12}O.$$

L'ammoniaque aqueuse le convertit en oxamide et amylol normal.

$$C^{12}H^{22}O^4 + 2NH^3 = C^2H^4N^2O^2 + 2C^5H^{12}O.$$

L'ammoniaque gazeuse ou en dissolution dans l'alcool absolu produit de l'oxamylane et de l'amylol normal :

$$C^{12}H^{22}O^4 + NH^3 = C^7H^{13}NO^3 + C^5H^{12}O.$$

L'O. normal, dont la température d'ébullition est si élevée,

peut servir à préparer d'autres composés éthérés par double dé
composition.

Genre *Subéralcool* $R^{-2}O^4$.

562. Éther bialcoolique, isomère et homologue du g. précédent ; homologue des g. oxaméthol (4e f.), oxalcool (6e f.),
succinalcool (8e f.), subériméthol (10e f.), etc.

Subéralcool normal (éther subérique). — $C^{12}H^{22}O^4$. — On obtient cet éther en faisant bouillir 2 parties d'acide subérique
(454) avec 1 p. d'acide sulfurique et 4 p. d'alcool ; l'éther reste
dans la cornue (Laurent). Ou bien on le prépare en saturant par
du gaz hydrochlorique la solution de l'acide subérique dans l'alcool (Bromeis).

Cet éther est très fluide, incolore ; il possède une odeur très
faible et une saveur qui rappelle celle de la noisette rance. Il est
soluble en toutes proportions dans l'alcool et l'éther. Sa densité
est de 1,003 à 18° ; il entre en ébullition à 260° environ, et distille sans altération.

L'acide nitrique à froid ne paraît pas l'attaquer ; mais à l'aide
de la chaleur il le décompose facilement, et par le refroidissement on obtient de l'acide subérique. L'acide sulfurique concentré le dissout à froid. A l'aide d'une douce chaleur, il le décompose. La potasse caustique en dissolution dans l'eau ne lui
fait presque pas subir d'altération ; mais si la potasse est dissoute
dans l'alcool, elle le convertit rapidement en subérate (Laurent).

Subéralcool bichloré (éther chlorosubérique). — $C^{12}H^{20}Cl^2)O^4$.
— Produit huileux obtenu à chaud par l'action du chlore sur le
S. normal (Laurent).

Genre *Camphométhol* $R^{-4}O^4$.

563. Éther bialcoolique, homologue du g. camphalcool (14e
fam.) ; isomère du g. camphovinate. On ne l'a pas encore préparé.

Genre *Camphovinate* $R^{-4}O^4$.

564. Sel copulé unibasique, produit par l'accouplement de
l'alcool n. avec l'acide camphorique (536) :

$$C^{10}H^{16}O^4 + C^2H^6O = H^2O + C^{12}H^{20}O^4.$$

Les alcalis bouillants convertissent les C. en camphorates et alcool ou camphalcool normal :

$$C^{12}H^{20}O^4 \ + \ 2(KH)O \ = \ H^2O \ + \ C^{10}(H^{14}K^2)O^4 \ + \ C^2H^6O.$$
$$2[C^{12}H^{20}O^4] \ + \ 2(KH)O \ = \ 2H^2O \ + \ C^{10}(H^{14}..^2)O^4 \ + \ C^{14}H^{24}O^4.$$

Camphovinate normal (acide camphovinique). — $C^{12}H^{20}O^4$. — Quand on fait bouillir un mélange de 10 p. d'acide camphorique, 20 p. d'alcool absolu et 5 p. d'acide sulfurique en cohobant plusieurs fois, on obtient un résidu qui, étendu d'eau, forme un dépôt huileux de C. normal (Malaguti).

A la température ordinaire, il a la consistance de la mélasse; il est transparent, incolore, possède une odeur particulière et une saveur amère très agréable, non acide. Il est très peu soluble dans l'alcool et l'éther. Sa densité est de 1,095 à 20,5.

Mis en contact avec du papier de tournesol, il ne le rougit qu'après quelque temps. Il se dissout dans les solutions alcalines, d'où il est précipité par les acides; mais par l'ébullition il se décompose. L'eau elle-même détermine ce dédoublement par suite d'un contact très prolongé ou d'une longue ébullition.

Soumis à la distillation sèche, le C. normal donne de l'eau, du camphoride et du camphalcool normal, et une très petite quantité d'alcool et de gaz carburés, provenant sans doute d'une décomposition secondaire. On a d'ailleurs :

$$2[C^{12}H^{20}O^4] \ = \ H^2O \ + \ C^{10}H^{14}O^3 \ + \ C^{14}H^{24}O^4.$$

Sa dissolution alcoolique précipite abondamment par l'acétate neutre de plomb.

Camphovinate ammoniacal. — On l'obtient en versant de l'ammoniaque dans une solution alcoolique de C. normal, en ayant soin qu'il y ait toujours un excès de cet acide ; pour se débarrasser ensuite de ce dernier, on verse de l'eau sur la masse, qui précipite alors l'excédant de C. normal sous la forme d'une huile épaisse. La solution du C. ammoniacal est limpide, sans odeur d'ammoniaque, et présente une réaction alcaline.

Camphovinate argentique. — $C^{12}(H^{19}Ag)O^4$ (Malaguti). — On obtient ce sel sous la forme d'un précipité gélatineux en versant du nitrate d'argent dans la solution du C. ammoniacal.

Les C. à base de calcium, de baryum, de strontium, de magnésium et de manganèse, sont solubles dans l'eau.

Ceux à base de fer, de zinc, de plomb, de cuivre et de mercure, y sont insolubles ou peu solubles.

Genre *Phtalalcool* R—^{10}O^4.

565. Éther bialcoolique.

Phtalalcool normal (éther phtalique). — C^{12}H^{14}O^4. — En faisant bouillir de l'alcool normal avec de l'acide phtalique (457) et de l'acide hydrochlorique, M. Laurent a obtenu pour résidu une matière huileuse qui est probablement ce composé.

Genre *Phlorétine* R—^{12}O^4.

566. La phlorizine normale (24e fam.) se dédouble, sous l'influence des acides hydratés, en glucose et phlorétine :

$$C^{24}H^{28}O^{12} + 4H^2O = C^{12}H^{24}O^{12} + C^{12}H^{12}O^4.$$

Phlorétine normale. — C^{12}H^{12}O^4. — Les acides minéraux étendus et l'acide oxalique lui-même dissolvent à froid la phlorizine normale ; mais il suffit d'élever la solution acide à environ 80 ou 90°, pour voir ces solutions perdre toute leur transparence, et précipiter de la P. normale sous forme cristalline (Stass).

Cette substance est blanche, cristallisée en petites lames, d'une saveur sucrée, presque insoluble dans l'eau froide, très peu soluble dans l'eau bouillante ainsi que dans l'éther anhydre ; elle est soluble en toutes proportions dans l'alcool, l'esprit de bois et l'acide acétique bouillants, d'où elle se dépose en grains brillants.

Elle ne perd pas d'eau jusqu'à 160° ; à 180°, elle se fond et se décompose à une température plus élevée.

Les acides concentrés la dissolvent sans altération. L'acide nitrique dilué la convertit en P. nitrique. L'acide chromique la décompose en acides formique et carbonique.

Les dissolutions alcalines la dissolvent sans altération ; ces dissolutions ont une saveur sucrée très prononcée. Au contact de l'air, elles absorbent l'oxygène et produisent un corps orangé.

La P. normale absorbe rapidement de 13 à 14 p. c. de gaz ammoniac sans perdre d'eau.

Si l'on verse de l'ammoniaque concentrée sur la P. normale,

celle-ci s'y dissout et se précipite, après quelques instants, en petits grains brillants et jaunes. Cette combinaison, abandonnée à l'air libre, y perd de l'ammoniaque ; la chaleur l'en chasse également. Sa dissolution précipite les sels de manganèse, de fer, de zinc, de cuivre, de plomb, d'argent, etc.

M. Stass a obtenu avec l'acétate de plomb surbasique une combinaison qui paraît renfermer $C^{12}(H^8Pb^4)O^4 + 2$ aq.

Phlorétine nitrique (acide phlorétique ou nitro-phlorétique). —$C^{12}(H^{11}X)O^4$.— L'acide nitrique dilué, comme les autres acides, dissout à froid la phlorizine normale sans lui faire subir d'altération ; cependant, par un contact longtemps prolongé, elle est détruite. L'acide nitrique concentré la détruit instantanément avec dégagement de bioxyde d'azote, d'acide carbonique, et production d'acide oxalique et d'une matière rouge foncé. Celle-ci, lavée avec de l'eau, dissoute dans un alcali et précipitée par un acide, constitue la P. nitrique (Stass).

Ce corps, d'une couleur puce, velouté, incristallisable, se détruit à 150° en développant du bioxyde d'azote ; il est insoluble dans l'eau, soluble dans l'alcool, l'esprit de bois et les alcalis, insoluble dans les acides dilués.

Il se dissout sans altération dans l'acide sulfurique concentré, en le colorant en rouge de sang.

L'acide nitrique concentré le détruit par une longue ébullition en produisant de l'acide oxalique et une trace d'une matière amère.

Genre *Hydroquinone* $R^{-14}O^4$.

567. Produit de l'action des substances réductrices sur le quinoïle normal $C^6H^4O^2$ ou des substances oxygénantes sur le pyroquinol normal $C^6H^6O^2$ (377, 378) :

$$2[C^6H^4O^2] + H^2 = C^{12}H^{10}O^4$$
$$2[C^6H^6O^2] + O = C^{12}H^{10}O^4 + H^2O.$$

Hydroquinone normal (cristaux verts, hydroquinone vert). — $C^{12}H^{10}O^4$. — Suivant M. Wœhler, on l'obtient le mieux en mélangeant le pyroquinol (1) normal avec du perchlorure de fer,

---

(1) Voyez les *Additions* à la fin du volume.

ou bien en faisant passer du chlore dans la solution de la même substance, ou enfin en la mélangeant avec de l'acide nitrique, du nitrate d'argent ou du chromate de potasse. Si l'on emploie le sel d'argent, il se dépose en même temps de l'argent métallique ; avec le sel de chrome, il se produit un dépôt d'oxyde de chrome vert.

Le quinoïle fournit le même corps si l'on mélange sa solution saturée avec du gaz sulfureux, qu'on a soin de ne pas prendre en excès, autrement il se produirait du pyroquino normal.

L'H. normal se produit aussi quand on mélange une solution de quinoïle avec du protochlorure d'étain, ou si l'on y place des cristaux de protosulfate de fer, si on l'aiguise avec de l'acide sulfurique et qu'on y place du zinc métallique, ou enfin si l'on y fait passer un courant galvanique.

Le mode de production le plus remarquable de l'H. normal, c'est l'action réciproque du pyroquinol et du quinoïle (voir t. I, p. 587).

L'H. normal est un des plus beaux corps de la chimie organique ; toutes les fois qu'il se sépare dans un liquide, il s'obtient sous forme cristallisée. Il forme des cristaux verts, minces et très longs qui ressemblent beaucoup à la murexide (338), mais ils sont encore plus beaux et plus brillants ; on en peut comparer l'éclat à celui des escarbots dorés ou des plumes de colibri.

Il a une saveur très styptique, fond très aisément en partie en se sublimant, en partie en dégageant du quinoïle qui se sublime en cristaux jaunes.

Il est peu soluble dans l'eau froide ; à chaud, il s'y dissout en grande quantité. Par l'ébullition de la solution, il se développe du quinoïle, et la liqueur brune retient du pyroquinol ainsi qu'une matière goudronneuse provenant d'une décomposition secondaire.

Il se dissout aisément dans l'alcool et l'éther avec une couleur jaune ; dans l'ammoniaque avec une teinte vert foncé qui brunit peu à peu à l'air, de manière qu'il reste, par l'évaporation, une masse brune entièrement amorphe.

Sa solution alcoolique n'est pas précipitée par l'acétate de plomb ; le nitrate d'argent ne la précipite pas non plus , mais par l'addition de l'ammoniaque l'argent en est immédiatement réduit.

L'acide sulfureux le dissout aisément et le convertit en pyroquinol (Wœhler) :

$$C^{12}H^{10}O^4 + H^2O + SO^2,H^2O = 2C^6H^6O^2 + SO^3,H^2O.$$

Genre *Opianalcool* $R^{-10}O^5$.

568. Éther unialcoolique.

Opianalcool normal (éther opianique). — $C^{12}H^{14}O^5$. — On ne peut pas obtenir cet éther en saturant par le gaz hydrochlorique une dissolution alcoolique de l'acide opianique (539) ; mais il se produit aisément lorsqu'on fait passer du gaz sulfureux dans une solution chaude d'acide opianique dans l'alcool. Par la concentration du liquide, l'éther cristallise en petits prismes réunis en faisceaux ou en boules (Wœhler).

Il est sans odeur ; sa saveur est légèrement amère ; il est insoluble dans l'eau et fond vers 100°. On peut le sublimer ; il supporte une température fort élevée sans se décomposer.

Quand on le chauffe pendant longtemps avec de l'eau , il finit par se dissoudre en se transformant en alcool et opianate normal. A froid , l'ammoniaque caustique ne l'altère pas.

Genre *Picrotoxine* $R^{-10}O^5$.

569. *Picrotoxine normale*. — $C^{12}H^{14}O^5$? — On obtient ce corps en épuisant par l'alcool la coque du Levant (*Menispermum Cocculus*) ; il cristallise dans l'extrait sous la forme de petits prismes quadrilatères qu'on purifie par le charbon animal.

Il est sans odeur , d'une saveur fort amère , et sans action sur les couleurs végétales. Il se décompose à une température élevée sans entrer en fusion.

L'alcool et l'éther le dissolvent aisément ; l'eau le dissout moins bien. Il se dissout également dans les acides et les alcalis.

Il n'a pas encore été étudié (1). Pris intérieurement, il agit comme poison.

Genre Aconitalcool R--⁶O⁶.

570. **Éther trialcoolique.**

Aconitalcool (éther aconitique). — $C^{12}H^{18}O^6$. — Cet éther, dont la préparation a été indiquée t. I, page 601, constitue un liquide incolore, d'une odeur aromatique et d'une saveur fort amère; sa densité est de 1,074 à 14°; il bout à 236°, en se décomposant (Crasso). La matière qui distille alors est probablement de l'éther citraconique.

On l'obtient aussi en distillant un mélange d'alcool, d'acide citrique et d'acide sulfurique, en cohobant plusieurs fois les produits. Par l'addition de l'eau au résidu, l'éther s'en sépare alors (Marchand).

Genre Citralcool R—⁴O⁷.

571. **Éther trialcoolique.**

Citralcool normal (éther citrique). — $C^{12}H^{20}O^7$. — Nous avons dit ailleurs (387) que les produits de l'éthérification de l'alcool par l'acide citrique sont sujets à varier, en raison de la décomposition que cet acide subit sous l'influence de la chaleur; cette circonstance explique les différences qu'on observe dans les analyses de l'éther citrique (2), faites par des chimistes également

(1) Voici les analyses qui en ont été faites; elles sont calculées avec l'ancien poids atomique du carbone.

PELLETIER ET COUERBE.	OPPERMANN.	REGNAULT.
Carbone. . . 60,94	61,4 — 61,5	60,2 — 60,5
Hydrogène . 6,00	6,1 — 6,2	5,8 — 5,7

Nous ne donnons la formule $C^{12}H^{14}O^5$ que comme extrêmement provisoire; rien n'en garantit l'exactitude.

(2) M. Dumas y a trouvé : carbone 52,3 (anc. p. at.), hydrog. 7,2 ; M. Malaguti : carb. 51,2, hydr. 7,3. La formule que nous adoptons est calculée d'après l'équation (227) qui s'applique aux éthers produits par les acides tribasiques : $E''' = a''' + 3A - 3H^2O$; elle exige : carb. 52,2 (nouv. p. at.), hydrog. 7,2, et s'accorde donc avec les analyses de M. Dumas.

habiles. Il résulte, en effet, des expériences de M. Marchand, qu'on obtient de l'éther aconitique ou de l'éther citraconique, quand le mélange d'acide sulfurique, d'acide citrique et d'alcool est porté à une température à laquelle l'éther citrique se détruit lui-même.

Voici les proportions qu'il convient d'employer dans la préparation de l'éther citrique : 90 p. d'acide cristallisé, 110 p. d'alcool 0,814, et 50 p. d'acide sulfurique concentré. On introduit dans une cornue tubulée l'acide citrique en poudre et l'alcool ; ensuite on y verse par petites portions l'acide sulfurique. On chauffe graduellement jusqu'à l'ébullition, et l'on arrête quand il se manifeste un dégagement très sensible d'éther ordinaire, ce qui arrive après qu'on a distillé un tiers environ du volume de l'alcool employé. On retire le résidu de la cornue, et l'on y ajoute deux fois son volume d'eau distillée ; l'éther citrique vient alors se réunir au fond, sous la forme d'une matière huileuse. On le lave plusieurs fois à l'eau chaude, ensuite à l'eau alcalisée ; puis on le dissout dans l'alcool ; on met la solution en digestion avec du charbon animal pour la décolorer ; on évapore au bain-marie, et l'on achève la dessiccation dans le vide. Si l'on agit sur une demi-livre d'acide citrique, l'expérience n'exige qu'une heure environ, jusqu'à l'achèvement des lavages. et le produit est de 15 grammes à peu près (Malaguti).

On peut aussi obtenir l'éther citrique (1) en faisant passer du gaz hydrochlorique dans une solution saturée et bouillante d'acide citrique dans l'alcool absolu (Heldt).

Cet éther constitue un liquide huileux, jaunâtre et transparent ; son odeur rappelle celle de l'huile d'olive ; sa saveur est amère et fort désagréable. Sa densité est de 1,142 à + 21°. On ne peut pas le distiller sans qu'il s'altère ; il se colore à 270°, et bout à 280°, en se décomposant. Il est fort soluble dans l'alcool et l'éther, et un peu soluble dans l'eau ; la solution aqueuse s'acidifie promptement. Les alcalis le convertissent en citrate et en alcool (Malaguti).

(1) M. Heldt a obtenu à l'analyse de cet éther : carbone 50,65 (poids atom. 75,8), hydrog. 7,4. La combustion, je suppose, n'avait pas été complète. D'ailleurs, l'hydrogène est le même que dans les analyses de M. Dumas et de M. Malaguti.

L'acide nitrique l'attaque vivement, et donne, entre autres produits, de l'acide oxalique. Le chlore n'y agit pas sensiblement à 115°.

Il est probable que cet éther se décompose, par la chaleur, en éther aconitique ou citraconique.

Genre Caramel R$^-$^{6}O^9.

572. L'espèce normale des g. sucre et glucose dégage de l'eau quand on les chauffe au-dessus de 200°, et se convertit en C. normal :

$$C^{12}H^{22}O^{11} = 2H^2O + C^{12}H^{18}O^9$$
$$C^{12}H^{24}O^{12} = 3H^2O + C^{12}H^{18}O^9.$$

Caramel normal (acide caramélique). — C^{12}H^{18}O^9 (Péligot). — Pour obtenir ce corps, on maintient du sucre normal dans un bain à 210 ou 220°, en ayant soin de ne pas dépasser cette température; le sucre brunit alors et se fonce de plus en plus, sans qu'il se dégage aucun gaz : seulement, les vapeurs d'eau qui se développent renferment des traces d'acide acétique et d'une matière huileuse. Quand le boursouflement a cessé, on trouve dans la cornue un produit noir qui se dissout entièrement dans l'eau. Pour l'obtenir pur, on le dissout dans une petite quantité de ce liquide, et on le précipite par l'alcool. Le glucose est moins avantageux pour le préparer.

A l'état de pureté, ce corps est insipide; sa dissolution aqueuse présente une riche teinte de sépia, et est insipide comme la gomme arabique. Sous l'influence de la levûre de bière, elle ne manifeste aucun signe de fermentation.

Le C. normal joue le rôle d'un acide faible; il précipite l'acétate de plomb ammoniacal très abondamment, ainsi que l'eau de baryte.

Quand on le porte à une température élevée, il donne un produit noir, insoluble dans l'eau, et dans lequel l'hydrogène est encore dans les proportions de l'eau. Enfin, par la distillation sèche, il donne les mêmes produits que le S. normal.

Caramel barytique. — (C^{12}H^{17}Ba)O^9. — Le C. normal forme avec la baryte, un précipité brun, volumineux, qui ne se dissout pas même dans l'eau chaude (1).

Genre Saccharigène R$-^4$O^{10}.

573. On a réuni en un même genre chimique plusieurs substances C^{12}H^{20}O^{10}, qui ne diffèrent que par leur état d'agrégation, et dont quelques unes forment pour ainsi dire la base de toutes les plantes. Sous l'influence des acides, les différentes variétés appartenant à l'espèce normale de ce genre peuvent toutes se transformer en glucose n. en fixant les éléments de 2 H^{2}O; par l'acide nitrique, elles ne donnent pas d'acide mucique, mais elles fournissent de l'acide saccharique, son isomère, ou de l'acide oxalique. Enfin, dans d'autres circonstances, toutes ces variétés se métamorphosent dans les mêmes corps.

Saccharigène normal. — C^{12}H O^{10}. — Nous distinguerons les variétés suivantes :

α. Variété insoluble dans l'eau à froid et à chaud, ou *cellulose*.

La membrane qui forme les parois des cellules et des vaisseaux chez les plantes, depuis les classes inférieures des cryptogames jusqu'aux familles les plus élevées parmi les phanérogames, cette membrane est constituée par la même substance chimique, désignée par M. Payen sous le nom de *cellulose*. C'est le *ligneux*, débarrassé des substances étrangères et incrustantes, à l'aide des différents solvants.

La composition et les réactions chimiques de cette cellulose sont partout les mêmes; mais les propriétés qui dépendent de son état d'agrégation présentent de grandes différences, suivant les plantes d'où on l'extrait. Le plus simple est de la prendre dans le vieux linge, dans le coton ou la moelle de sureau; après avoir traité ces substances par l'eau, on les fait bouillir avec une solution faible de potasse caustique; puis on les lave de nouveau et on les délaie dans l'eau, où l'on dirige un courant de chlore. Enfin, quand on les a traitées successivement par l'acide acé-

---

(1) M. Péligot a fait un grand nombre d'analyses du C. barytique qui lui ont toujours donné de 20 à 21 p. c. de baryte : or, ma formule correspond à 20,3 p. c. de baryte.

tique, l'alcool, l'éther et l'eau bouillante, et séchées à 100°, on les considère comme de la cellulose ou du ligneux à l'état de pureté.

Un procédé semblable s'emploie pour l'obtenir avec le chanvre, le lin, le coton, le papier, etc.

Dans beaucoup de tissus végétaux, dans le bois, par exemple, la cellulose est tellement pénétrée de substances étrangères, qu'il est difficile de l'en purifier complétement. Ces substances, qu'on désigne généralement sous le nom de *matière incrustante*, varient extrêmement quant à leur cohésion et à leur nature chimique; tantôt elles sont azotées, tantôt résinoïdes, tantôt elles présentent d'autres caractères. Nous ne pouvons pas nous occuper ici de ces détails, qui intéressent plus particulièrement la chimie physiologique.

La cellulose pure est blanche, solide, diaphane, insoluble dans l'eau froide, l'alcool, l'éther et les huiles. Son poids spécifique est ordinairement de 1,525 ; son état d'agrégation varie d'ailleurs suivant son origine.

Quand elle est pure, elle se conserve à l'air sans altération ; mais telle qu'elle se trouve dans le bois, où elle est en présence de matières azotées ou d'autres substances fort altérables, elle se détériore peu à peu dans une atmosphère humide. Elle éprouve alors une combustion lente, et se convertit en une matière friable, jaune ou brune, connue sous le nom de *pourri* (129).

La cellulose se désagrège souvent par l'influence seule de l'eau bouillante; d'autres fois, quand elle est très compacte, elle y résiste longtemps, et même aussi à d'autres solvants bien plus énergiques. Le produit de sa désagrégation complète est soluble dans l'eau ; c'est la dextrine ou modification γ.

Les acides sulfurique et phosphorique concentrés attaquent à froid la cellulose, et la désagrègent sans la colorer ; si l'on fait bouillir le produit après y avoir ajouté de l'eau, on finit par avoir du glucose. Cette expérience a été faite pour la première fois par M. Braconnot; on n'a qu'à prendre du coton, de la toile ou du papier coupés en petites bandes, et broyer ces substances avec de l'acide sulfurique concentré, qu'on y ajoute par gouttes ; elles se convertissent alors en une masse visqueuse et gluante de dextrine. Après l'avoir étendu d'eau, on fait bouillir ce produit, et il finit ainsi par se convertir en glucose. Dans cette réaction, il se produit aussi un acide copulé, très altérable, que nous décrirons plus bas (g. *Sulfolignate*).

Quand on chauffe de la toile avec de l'acide nitrique ou sulfurique, moyennement étendu, elle se convertit d'abord en une bouillie amylacée, qui ne se dissout pas sensiblement dans l'eau, mais qui renferme aussi $C^{12}H^{20}O^{10}$ (Payen, Hoffmann, Braconnot); c'est donc la modification β, avec la différence qu'elle n'offre pas ces granules quasi-organisés, particuliers à la fécule produite dans la végétation.

La potasse et la soude caustiques, à froid et à chaud, gonflent d'abord la cellulose, et ne la désagrègent que fort lentement; si la cellulose est très compacte, comme dans nos tissus textiles, cette désagrégation ne se fait que d'une manière superficielle. Si l'on chauffe parties égales de potasse et de cellulose humectée d'eau, dans un vase fermé, il se développe de l'hydrogène, et il distille de l'esprit de bois (198, Péligot) :

$$C^{12}H^{20}O^{10} + 12(KH)O = 2[CH^4O + C(HK)O^2 + C^2(H^3K)O^2 + 2CO^2,K^2O] + 16H.$$

La potasse retient du formiate, de l'acétate et du carbonate. L'hydrate de potasse fondu convertit la cellulose en oxalate, comme les autres modifications du S. normal.

L'acide nitrique très concentré agit sur elle à froid, en produisant d'abord de la dextrine, puis du S. nitrique, que l'eau précipite.

Sous l'influence prolongée du chlore, en présence de l'eau, la cellulose éprouve une véritable combustion, en développant de l'acide carbonique ; les hypochlorites de chaux, de potasse et de soude se comportent d'une manière semblable.

Quand elle est fortement agrégée, la cellulose ne colore pas la solution aqueuse de l'iode ; cependant les tissus de certaines plantes cryptogames en sont colorés en violet.

β. Variété soluble dans l'eau à chaud et insoluble à froid, ou *amidon*.

A part l'état d'agrégation, l'amidon ou fécule présente les mêmes réactions chimiques que la cellulose.

Lorsqu'on soumet la pomme de terre à l'action de la râpe, et qu'on dirige un filet d'eau sur la pulpe, placée dans un tamis, l'eau qui s'écoule dépose bientôt une matière blanche qui se tasse peu à peu, et acquiert une certaine cohérence, de manière qu'il est aisé d'en séparer l'eau surnageante. Si l'on examine avec soin les granules qui composent ce dépôt, on remarque qu'ils sont formés de couches concentriques, juxta-posées, et comme organisées, d'une nature chimique semblable, mais enveloppées d'une petite quantité de matières grasses ou cireuses, ainsi que d'une substance azotée (Jacquelain), dont il n'est pas aisé de les dépouiller d'une manière complète; si l'on ajoute à cela que ces couches présentent plus de cohésion et sont plus compactes à la surface qu'au centre, on comprend la résistance que les grains de fécule opposent à l'action de l'eau froide.

On sait, en effet, qu'ils y sont insolubles; lorsqu'on y jette de l'eau chaude, celle-ci, en pénétrant peu à peu dans l'intérieur des granules, les gonfle, et produit une masse gélatineuse, connue sous le nom d'*empois d'amidon*.

La forme et la dimension des grains de fécule sont très variées; tantôt ils sont sphériques, tantôt ovoïdes, tantôt sinueux et contournés en arc de cercle, ou bifurqués irrégulièrement. Les grains de la fécule de pommes de terre sont plus gros que ceux de la fécule de blé.

Telle qu'elle s'extrait de la pomme de terre, du blé, des haricots ou des lentilles, la fécule nécessite quelques purifications avant de pouvoir être considérée comme un corps unique. On la fait d'abord bouillir avec de l'alcool tenant en dissolution 0,001 de potasse caustique, de manière à enlever la matière grasse, et, finalement, on la lave avec de l'alcool pur et avec de l'eau.

L'amidon est une poudre très blanche, qui grince légèrement quand on la presse; elle est sans odeur ni saveur, ne s'altère pas à l'air, et présente un poids spécifique de 1,53. Elle est insoluble dans l'alcool et l'éther.

Elle se dessèche complétement dans le vide à 100°; mais à la température ordinaire, elle renferme toujours une certaine quantité d'eau (de 12 à 18 p. c.), mécaniquement interposée entre les granules.

Quand on chauffe l'amidon à 200°, surtout à l'état humide, elle se convertit dans la modification γ, soluble dans l'eau froide:

l'extrait d'orge germée, et tous les acides dilués produisent le même effet. A la distillation sèche elle donne les mêmes produits que le sucre et le glucose ; elle se comporte aussi comme eux en présence de la chaux et de la potasse caustiques.

L'empois d'amidon s'acidifie peu à peu au contact de l'air, et il s'y développe alors de l'acide lactique, produit par un simple dédoublement (384) ; bouilli avec un acide dilué, et surtout avec de l'acide sulfurique, il se convertit d'abord en dextrine, et finalement en glucose.

L'acide sulfurique concentré charbonne la fécule en s'échauffant ; si l'on évite l'échauffement, on obtient une masse gommeuse, qui renferme un acide copulé (voy. *Genre Sulfolignate*).

L'acide nitrique concentré la convertit en S. nitrique ; quand on la porte en ébullition avec cet acide, on obtient de l'acide oxalique.

Le phosphate de chaux récemment précipité est aisément dissous par l'empois d'amidon.

Une solution aqueuse d'iode colore en bleu foncé la solution de l'empois d'amidon ; cette coloration est l'effet d'une précipitation mécanique de l'iode, et non celui d'une combinaison chimique particulière de l'iode avec l'amidon. On peut décolorer le liquide par l'ébullition, en volatilisant l'iode ; toutefois, si l'on ne fait pas bouillir assez longtemps, de manière qu'il reste de l'iode en dissolution dans l'eau, la coloration bleue reparaît en partie par le refroidissement. On peut la faire disparaître aussi par l'alcool, par la potasse, par l'hydrogène sulfuré, et en général par tous les liquides qui dissolvent l'iode.

γ. Variété soluble dans l'eau froide, ou *dextrine*.

Quand on soumet la modification précédente à l'action d'une chaleur de 200°, ou qu'on la porte en ébullition avec un acide étendu, elle devient soluble dans l'eau froide, sans changer de composition ; la solution a la propriété de dévier à droite le rayon de lumière polarisée ; de là le nom du produit.

Si l'on continue l'ébullition de la dextrine avec un acide étendu, elle finit par se convertir entièrement en glucose.

La solution de la dextrine est parfaitement limpide, devient sirupeuse par la concentration, et prend par la distillation l'aspect de la gomme arabique.

Elle s'en distingue toutefois par la réaction suivante :

Quand on mélange une solution de dextrine avec un peu de potasse caustique, et qu'on y ajoute goutte à goutte une solution étendue de deutosulfate de cuivre, le mélange devient d'un bleu foncé, et reste limpide à froid; mais si on le chauffe au-dessus de 85°, il ne tarde pas à déposer un précipité rouge et cristallin de protoxide de cuivre. La gomme arabique ne présente pas cette réaction (Trommer).

D'ailleurs la dextrine ne donne pas d'acide mucique quand on la traite par l'acide nitrique.

La solution de la dextrine dans l'eau ou l'alcool aqueux ne précipite ni l'acétate de plomb neutre ni l'acétate surbasique; mais, par l'addition de l'ammoniaque, on obtient des combinaisons plombiques que nous décrirons tout-à-l'heure.

La dextrine présente, au reste, les autres propriétés chimiques des modifications précédentes du S. normal.

δ. Variété dite *inuline*. La racine d'aunée, les topinambours, les tubercules du dahlia renferment une modification du S. normal, qui est insoluble dans l'eau froide, comme l'amidon, mais qui se dissout dans l'eau bouillante sans donner d'empois. L'iode ne la colore pas non plus en bleu. D'ailleurs elle présente exactement la composition (Payen, Mulder, Croockewit) et les caractères chimiques des deux modifications précédentes.

La *lichénine* et la *saponine* de Trommsdorff sont également des variétés de fécule d'une agrégation plus ou moins différente.

Enfin le mucilage de certaines malvacées et borraginées ne paraît être aussi qu'une agglomération de granules de fécule homogènes et arrondis (Schmidt).

574. *Saccharigène bibarytique* (dextrinate de baryte). — $C^{12}(H^{18}Ba^2)O^{10}$. — On obtient ce composé (1) en précipitant une solution de dextrine dans l'alcool faible par une solution de baryte dans l'esprit de bois étendu d'eau. Il faut prendre des précautions particulières pour dessécher le produit à l'abri de l'acide carbonique de l'air (Payen).

Saccharigène quadriplombique (amilate ou dextrinate de plomb

____

(1) M. Payen a obtenu 32 p. c. de baryte; ma formule en exige 33,3, mais il est difficile d'obtenir ce corps parfaitement sec.

bibasique). — $C^{12}(H^{10}Pb^4)O^{10}$. — Pour obtenir ce composé (1), on dissout de l'amidon bien purifié dans 120 ou 150 fois son poids d'eau bouillante, et l'on ajoute à cette dissolution environ 1/100 de son volume d'ammoniaque. D'un autre côté, on prépare une solution d'acétate de plomb neutre, additionnée de quelques gouttes d'ammoniaque, et l'on mélange les deux liquides. On lave le précipité à l'abri du contact de l'air, et on le dessèche avec précaution à 150° dans le vide (Payen).

On obtient le même corps en employant la dextrine.

Saccharigène biplombique (dextrinate de plomb neutre). — $C^{12}(H^{18}Pb^2)O^{10}$. — En modifiant les circonstances de la préparation des corps précédents, M. Payen a obtenu un composé qui paraît constituer le S. biplombique. L'acétate ammoniacal, en solution aqueuse et froide, fut versé peu à peu et en agitant beaucoup, dans une solution chaude de dextrine; on continua ainsi jusqu'à ce qu'elle produisît un précipité permanent; le précipité fut lavé, dissous à chaud, et la solution fut ensuite évaporée dans une cornue. Refroidie alors, un excès d'ammoniaque y a produit un précipité de S. biplombique. On conçoit d'ailleurs qu'il pourrait aussi se former un corps intermédiaire, le S. triplombique, si l'on se plaçait dans d'autres conditions.

575. *Saccharigène nitrique* et *binitrique* (xyloïdine, nitramidine). — $C^{12}(H^{19}X)O^{10}$ et $C^{12}(H^{18}X^2)O^{10}$. — Si l'on fait un mélange d'amidon avec de l'acide nitrique d'une densité de 1,5, la disparition de l'amidon est complète au bout de quelques minutes; la liqueur, entièrement limpide, présente une teinte jaune, et aucun gaz ne se dégage. Si l'on y ajoute alors de l'eau, il se précipite une masse blanche et grenue, et la liqueur filtrée donne, par l'évaporation, un résidu à peine sensible (Braconnot). La réaction n'est pas si nette quand on abandonne le mélange longtemps à lui-même avant de précipiter par l'eau; il se développe alors du deutoxyde d'azote, et l'on n'obtient presque pas de S. binitrique. A sa place, on trouve alors un acide déliquescent (acide saccharique? 389), et il ne se produit ni acide carbonique ni acide oxalique pendant cette réaction (Pelouze).

(1) M. Payen représente ce corps par $C^{12}H^{18}O^9,2Pb^2O$; mais si l'on prend pour base le nouveau poids atomique du carbone, ses analyses conduisent exactement à ma formule.

On obtient le même produit avec la cellulose ; c'est à lui, en effet, que le papier ou les tissus qui ont subi l'action de l'acide nitrique doivent leur combustibilité extraordinaire.

Après la dessiccation, le corps blanc se présente sous la forme d'une poudre blanche, qui prend feu à 180°, et brûle avec beaucoup de vivacité.

Ce corps toutefois paraît être un mélange de S. nitrique et de S. binitrique ; du moins M. Buijs Ballot a observé qu'en le traitant par une lessive de potasse faible, on en dissout une partie, tandis qu'une autre ne s'y dissout pas, même après un contact de plusieurs jours. L'acide acétique précipite en flocons blancs la partie dissoute (1).

Genre Mucigène $R^{-4}O^{10}$.

576. Isomère du g. précédent.

Je réunis en un même genre chimique les matières gommeuses mucilagineuses ou sucrées qui présentent, à l'état sec, la composition $C^{12}H^{20}O^{10}$, se convertissent en glucose en fixant $2\,H^2O$, et donnent de l'acide mucique sous l'influence de l'acide nitrique.

Mucigène normal. — $C^{12}H^{20}O^{10}$. — Nous distinguerons les variétés suivantes :

α. Variété cristallisable ou *sucre de lait* : $C^{12}H^{20}O^{10} + 2\,aq.$ —

______

(1) Si la xyloïdine de MM. Braconnot et Pelouze était un corps unique (S. binitrique), elle devrait donner à l'analyse :

Carbone,   34,8
Hydrogène, 4,3
Azote,   6,7.

Or, M. Ballot a toujours obtenu les résultats suivants :

Carbone   (anc. p. at.), 36,2 — 38,2
Hydrogène,   4,4 — 5,0
Azote,   5,6 — 5,7.

Or, ces différences s'expliquent par la présence d'une certaine quantité de S. uninitrique, dont la formule exige :

Carbone,   39,0
Hydrogène, 5,1
Azote,   3,9.

Cette substance se rencontre en dissolution dans le lait des mammifères. On l'en extrait en traitant celui-ci par l'acide sulfurique étendu, qui précipite le caséum ; on filtre, et l'on évapore le petit-lait jusqu'à cristallisation. On purifie le produit en le traitant par du charbon animal et en lui faisant subir plusieurs cristallisations.

Le sucre de lait (appelé aussi *lactine* ou *lactose*) se dépose de ses dissolutions aqueuses sous la forme de parallélipipèdes, terminés par une pyramide triangulaire ; il est blanc, demi-transparent, dur, et craque sous la dent. Les cristaux perdent de l'eau quand on les chauffe au-dessus de 100°, et vers 150° ils sont en fusion complète ; mais la matière jaunit déjà (1).

Il exige, pour se dissoudre, 5 à 6 p. d'eau froide, et 2 1/2 p. d'eau bouillante. La solution a une saveur sucrée très faible. Il est insoluble dans l'alcool et l'éther. Il se dissout mieux dans les solutions acides ou alcalines que dans l'eau pure.

Sa solution, dans la potasse, se comporte, avec le sulfate de cuivre, comme celle du glucose ; elle réduit, en effet, le métal à l'état de protoxyde. D'autres sels ou oxydes métalliques aisément réductibles peuvent aussi être ramenés à un degré inférieur d'oxygénation, en même temps qu'il se produit de l'acide formique. La présence du sucre de lait dans les dissolutions métalliques empêche d'ailleurs la précipitation de plusieurs oxydes par les alcalis, comme le fait la gomme, le sucre et le glucose.

Quand on broie le sucre de lait avec de l'eau et de la chaux, il se dissout avec production de chaleur en produisant une liqueur brune d'où l'alcool précipite un mucilage amer et épais.

Celui-ci donne un précipité avec les solutions métalliques ; il est probable qu'en évitant l'échauffement on l'obtiendrait incolore comme avec la gomme, la pectine et les mucilages.

____

(1) On s'accorde généralement à admettre que le sucre de lait cristallisé renferme $C : H : O :: 1 : 2 : 1$; M. Berzélius exprime ces rapports par $C^{24}H^{38}O^{19} + 5$ aq. ; le corps sec serait, d'après cela, $C^{24}H^{38}O^{19} = C^{12}H^{19}O^{9} 1/2$. Les cristaux, dit le même chimiste, perdent 11,9 p. c. d'eau par la fusion : or, comme la matière jaunit alors, il est probable que cette perte est trop forte ; ma formule $C^{12}H^{20}O^{10}$ correspond à une perte de 10 p. c., celle du caramel $C^{12}H^{18}O^{9}$ correspond à 15 p. c. On voit que la détermination de M. Berzélius tient le milieu entre ces deux nombres.

Mise en digestion avec de l'oxyde de plomb, la solution du sucre de lait en dissout une certaine quantité, et l'on obtient ainsi une combinaison qui est probablement identique avec celle qui a été obtenue avec la gomme (voyez plus bas *Mucigène biplombique*). M. Berzélius a examiné deux ou trois composés plombiques qui ont donné 87,2 — 63,7 — et 18,1 p. c. d'oxyde de plomb ; c'étaient probablement des mélanges ; ils n'avaient pas été précipités à l'aide de l'alcool.

Les acides minéraux étendus, tels que l'acide sulfurique et l'acide hydrochlorique, convertissent rapidement le sucre de lait en glucose, à la température de l'ébullition. S'ils sont concentrés, ces acides produisent des matières brunes ou noires, comme avec la gomme, les mucilages, le sucre, le glucose.

Cette métamorphose du sucre de lait en glucose s'effectue aussi par le contact de certains ferments : on sait en effet que si l'on expose le lait à une température de 35 à 60°, il éprouve la fermentation alcoolique. C'est qu'avant de se dédoubler ainsi, une partie du sucre de lait, en présence du caséum qui s'altère, se convertit d'abord en acide lactique :

$$C^{12}H^{20}O^{10} + 2H^2O = 2C^6H^{12}O^6,$$

et cet acide détermine alors la métamorphose d'une autre portion de sucre de lait en glucose. Nous avons déjà indiqué t. I, p. 596, à l'aide de quel procédé MM. Boutron et Frémy dédoublent le sucre de lait en acide lactique.

A l'aide de la chaleur, l'acide nitrique convertit le sucre de lait en acides mucique et oxalique. 100 p. de sucre de lait chauffées avec 600 p. d'acide nitrique donnent 28,62 d'acide mucique (Guérin).

Les autres métamorphoses du sucre de lait n'ont pas encore été étudiées ; mais il est probable qu'elles se confondront avec celles que présentent l'amidon, le sucre, le glucose, la gomme, et en général les hydrates de carbone.

β. Variété incristallisable soluble dans l'eau froide, ou *arabine* : $C^{12}H^{20}O^{10}$ (Mulder). La gomme arabique (1) et celle du

(1) Les différences qui se présentent dans les nombreuses analyses que les chimistes ont faites des substances gommeuses et mucilagineuses

Sénégal se dissolvent presque en totalité dans l'eau froide, et donnent une solution qui devient sirupeuse par la concentration ; l'alcool absolu la précipite en flocons blancs et caillebotteux.

Ces flocons constituent l'*arabine* de M. Chevreul. Traitée à plusieurs reprises par l'alcool concentré et bouillant, la gomme arabique lui cède du malate calcique, des chlorures de calcium et de potassium, de l'acétate potassique et une matière semblable à la cire (chlorophylle). Mais l'alcool ne sépare pas toutes les matières étrangères, car, dans les cendres (2 à 3 p. c.) des gommes en général, on trouve aussi un peu de silice, du fer et du phosphate de chaux.

L'arabine est incolore, insipide et transparente ; sa cassure est vitreuse. Quand on la chauffe vers 200°, elle se ramollit et se tire en fils. Sa solution aqueuse s'acidifie peu à peu au contact de l'air ; elle est précipitée par l'alcool.

La potasse caustique coagule cette solution ; mais un excès de ce réactif lui rend sa limpidité. Si l'on ajoute quelques gouttes de deutosulfate de cuivre à la solution mélangée de potasse, il se produit un précipité bleu qui ressemble entièrement à l'hydrate d'oxyde de cuivre ; mais ce précipité, insoluble dans la solution, se dissout dans l'eau pure, et la solution peut être bouillie sans déposer de protoxyde de cuivre rouge. Cette réaction établit une distinction bien tranchée entre l'arabine et la dextrine (Trommer).

D'ailleurs l'arabine donne de l'acide mucique sous l'influence de l'acide nitrique, et avec la dextrine on n'en obtient pas. Traitée par 4 fois son poids d'acide nitrique, l'arabine fournit le maximum d'acide mucique (environ 17 p. c.) ainsi qu'un peu d'acide oxalique (Guérin).

En la traitant par 2 fois son poids d'acide nitrique, on obtient aussi de l'acide saccharique, isomère de l'acide mucique. Comme l'acide oxalique est lui-même un produit de décomposition des

---

s'expliquent si l'on considère que ces matières n'affectent aucune forme régulière, de manière qu'il est extrêmement difficile de les dépouiller entièrement de certains sels organiques (par exemple de malates) qui les accompagnent. La transformation de toutes ces matières en glucose indique positivement qu'elles renferment du carbone, plus les éléments de l'eau.

acides mucique et saccharique, on peut représenter la réaction
de la manière suivante :

$$C^{12}H^{20}O^{10} + O^6 = 2[C^5H^{10}O^8].$$

La solution aqueuse de l'arabine est très mal attaquée par
le chlore; il se développe de l'acide carbonique et de l'acide
hydrochlorique; si l'on abandonne le produit au repos, après y
avoir fait passer du chlore pendant une demi-heure, il s'y dépose des flocons blancs qui rougissent le tournesol et renferment
du chlore (Guérin).

Maintenue pendant quelques heures au bain-marie avec de
l'acide sulfurique étendu, la solution de l'arabine se convertit
en glucose (Brugnatelli, Biot et Persoz).

La solution aqueuse de l'arabine ne colore pas l'iode.

γ. M. Guérin donne le nom de *bassorine* à une substance gommeuse insoluble dans l'eau à froid et à chaud, et qui ne fait que
s'y gonfler. On considère cette substance comme formant la partie essentielle du salep (bulbe de certaines orchidées), de la
gomme de Bassora et de la gomme adragante.

Il n'y a évidemment, entre la bassorine et l'arabine, qu'une
différence d'agrégation. D'ailleurs il résulte des expériences
récentes de M. Schmidt que la bassorine du salep ne consiste
qu'en grains de fécule plus ou moins gonflés, et qui ne diffère
en rien de la fécule ordinaire.

Quant à la gomme adragante, elle renferme aussi des grains
de fécule qu'on peut aisément reconnaître à l'aide de la loupe et
d'une solution d'iode.

Soumise à une ébullition prolongée avec de l'eau, la bassorine
ne s'y dissout pas d'une manière complète, mais il est probable
que cette solution s'effectuerait entièrement sous une pression
plus forte.

δ. Quant à la *cérasine* de M. Guérin, ce n'est encore qu'une
variété différemment agrégée de la même substance chimique;
elle ne fait que se gonfler dans l'eau froide, s'y dissout bien à
chaud et constitue la presque totalité des gommes qui exsudent,
dans nos pays, des cerisiers, des amandiers, des pruniers, etc.
Quand on la fait longtemps bouillir avec l'eau, elle finit par devenir soluble à froid, et se trouve alors transformée dans la mo-

dification α. Cet effet se produit encore plus rapidement si l'eau est additionnée de quelques gouttes d'acide hydrochlorique ; mais alors il se produit aussi une certaine quantité de glucose (Schmidt).

ε. Plusieurs graines, telles que celles de lin, de coings, etc., donnent par l'eau chaude un *mucilage* épais qui n'est autre chose qu'un tissu de cellules emprisonnant une matière soluble, et gonflées par l'absorption de l'eau. Lorsqu'on met cette gelée en digestion avec de l'acide sulfurique étendu, à la température de 80° à 100°, le tout s'y dissout, et l'on obtient du glucose. Le mucilage est donc une matière quasi-organisée comme l'amidon ; il donne toujours des cendres, comme les gommes précédentes, et même en plus forte proportion.

Pour obtenir la partie soluble du mucilage, on agite la graine de lin à froid avec de l'eau distillée, on filtre et l'on chauffe à l'ébullition pour coaguler l'albumine ; puis on concentre et l'on précipite par l'alcool. Mais, par ce moyen, on est loin de séparer les sels calcaires et les autres substances minérales.

Le mucilage du lichen d'Islande, du *Sphærococcus Crispus Agardh*, etc., est évidemment le même corps.

ζ. Les difficultés qu'on éprouve dans la purification des gommes et des mucilages se présentent surtout pour la matière gélatineuse qu'on extrait du suc des pommes, des groseilles, des cerises, des carottes, des raves, etc., et qui a été désignée sous le nom de *gelée végétale* ou *pectine* et d'*acide pectique* (du grec πηκτις, coagulum). Un grand nombre de chimistes se sont occupés de l'analyse de cette substance, et cependant c'est encore un des sujets les plus obscurs de la chimie. J'ai comparé entre elles, avec le plus grand soin, toutes les expériences qui ont été faites, et partout je n'ai trouvé que des contradictions. La seule chose sur laquelle on s'accorde généralement, c'est que la pectine et l'acide pectique renfermeraient une proportion d'hydrogène moindre que celle qu'il faudrait pour constituer de l'eau avec l'oxygène ; la pectine et l'acide pectique sortiraient donc de la série des substances végétales organisatrices, dont la composition se représente par du carbone, plus les éléments de l'eau.

Je ne pense pas qu'il en soit ainsi, et voici mes raisons.

Il résulte des expériences récentes de M. Chodnew que la pectine et l'acide pectique se métamorphosent en glucose (1) sous l'influence de l'acide sulfurique, comme c'est le cas de la cellulose, de l'amidon et de la gomme; d'un autre côté, ces corps produisent de l'acide mucique quand on les traite par l'acide nitrique. Ces deux métamorphoses appartiennent aussi aux gommes et aux mucilages. On sait de plus que l'on n'a jamais analysé une pectine ou un acide pectique qui ne laissât des cendres dont la proportion allait quelquefois jusqu'à 8 et 9 p. c. Si l'on considère enfin que l'on ne connaît aucun moyen de séparer complétement toute matière étrangère de ces matières gélatineuses, et notamment les malates ou l'acide malique qui les accompagnent dans les fruits et dans beaucoup de racines; si l'on considère tous ces faits, on s'explique parfaitement pourquoi les expériences ont toujours donné moins d'hydrogène qu'il n'en faudrait pour une formule équivalente à celle des autres hydrates de carbone (2).

Dans mon opinion, la pectine, telle qu'on la sépare des pommes ou des poires, est un sel de chaux; l'acide pectique analysé par les chimistes est l'espèce normale correspondante,

---

(1) Cette transformation, dit M. Chodnew, est accompagnée de la formation d'une petite quantité d'un acide particulier qui forme un sel soluble avec la baryte. On sait que, dans les mêmes circonstances, l'amidon, la dextrine, la gomme, produisent un acide copulé dont le sel de baryte est aussi soluble.

(2) La formule $C^{12}H^{20}O^{10}$ exige :

Carbone,   44,4
Hydrogène,   6,17.

L'hydrogène étant remplacé par du calcium dans les sels de chaux, on a :

	Sel unicalcique. $C^{12}(H^{19}Ca)O^{10}$.	Sel bicalcique. $C^{12}(H^{18}Ca^2)O^{10}$.	Sel tricalcique. $C^{12}(H^{17}Ca^3)O^{10}$.
Carbone,	42,0	39,8	37,8
Hydrogène,	5,5	4,9	4,4.

De même l'acide malique renferme : carbone 35,8 et hydrogène 4,4. Le malate de chaux contient 3,2 p. c. d'hydrogène.

L'hydrogène obtenu dans les différentes analyses de pectine et d'acide pectique, les cendres n'étant pas déduites, varie de 5,0 à 5,8 p. c.; le carbone, de 42 à 43 p. c.

mais contenant encore plus ou moins de sels calcaires ou d'autres impuretés , et probablement de l'acide malique.

Ma supposition me paraît d'autant plus fondée que M. Mulder avait obtenu les mêmes nombres à l'analyse de la pectine et des mucilages, tandis que tout récemment M. Schmidt a prouvé l'identité de composition des mucilages et des gommes.

Voici comment on prescrit de préparer l'acide pectique : on réduit en pulpe des navets ou des carottes, au moyen d'un râpe ; on en exprime le suc, et on lave convenablement la pulpe avec de l'eau pure ; puis on la délaie dans six où huit fois son poids d'eau, additionnée de 0,1 de carbonate de soude cristallisé , ou de 0,02 de potasse caustique. On fait bouillir, on filtre et l'on précipite au moyen d'un acide minéral. L'acide pectique se précipite alors en gelée. On le redissout dans l'ammoniaque , et on filtre. La solution étant de nouveau précipitée par l'acide hydrochlorique ou nitrique , donne l'acide pectique dans un état de pureté plus grande ; on le lave ensuite avec de l'eau pure et avec de l'alcool. Cependant on ne parvient pas à le dépouiller ainsi de toute substance minérale (1).

Récemment précipité, il est gélatineux ; mais il perd cet aspect par la dessiccation , et devient alors fibreux. Il n'est presque pas soluble dans l'eau froide, mais il se dissout aisément dans les alcalis (2).

S'il y a une différence entre la gomme et l'acide pectique, cette différence est purement physique ; elle tient sans doute, soit à un état particulier d'agrégation, soit à la présence, dans l'acide pectique, d'une certaine quantité de parties membraneuses ou cellulaires, comme dans les mucilages. M. Chodnew a d'ailleurs constaté que l'acide pectique préparé avec les raves présente une texture cellulaire, et M. Poumarède est d'avis que la pectine qu'on obtient avec les racines et les fruits charnus est précisément la substance dont se compose le tissu cellulaire de ces parties végétales.

La solution de l'acide pectique dans les alcalis se comporte avec certaines solutions métalliques absolument comme la solu-

---

(1) L'acide pectique analysé par M. Chodnew donnait encore 1/2 p. c. de cendres ; il a donné à l'analyse 42,4 carbone et 5,3 hydrogène.

(2) C'est donc à la chaux que la pectine doit sa solubilité.

tion de l'arabine dans la potasse. Elle précipite ces solutions à l'état de gelées transparentes, incolores quand ces solutions le sont, et colorées comme elles dans le cas contraire.

M. Frémy a désigné sous le nom d'*acide métapectique* le produit qui se forme par l'ébullition de la solution de l'acide pectique dans la potasse. Ce produit serait un isomère de l'acide pectique, mais n'aurait pas la propriété de se prendre en gelée. M. Chodnew, qui a repris ces expériences, n'a pu obtenir ce nouvel isomère. Il résulte d'ailleurs des expériences de Vauquelin que la potasse concentrée finit par convertir l'acide pectique en oxalate.

Je ferai remarquer aussi que l'*acide pectineux* et l'*acide perpectinique* de M. Chodnew ne me paraissent être que de l'acide pectique plus ou moins impur.

Quant à l'*apiine*, matière gélatineuse obtenue par M. Braconnot avec le persil, c'est sans doute encore de la pectine ou de l'acide pectique, modifiés dans leurs propriétés par la présence de corps étrangers.

577. Nous allons dire quelques mots des M. métalliques, dont quelques uns sont connus sous le nom de *pectates;* il est à remarquer qu'on ne réussit que rarement à les obtenir d'une composition constante.

Mucigène ammoniacal (pectate d'ammoniaque). — On l'obtient sous forme de gelée en dissolvant l'acide pectique dans l'ammoniaque et précipitant par l'alcool.

Mucigène potassique (pectate de potasse). — On l'obtient sous la forme d'une gelée en dissolvant l'acide pectique dans un léger excès de potasse et précipitant par l'alcool; après avoir été lavé à l'alcool et séché à 120°, le sel est comme fibreux. Il se redissout dans l'eau en donnant une solution neutre (Chodnew).

Si l'on mélange une solution concentrée de gomme avec de la potasse caustique, il se produit une masse gélatineuse, qui se dissout dans un excès d'alcali; mais l'alcool l'en précipite complétement (Berzélius).

Mucigène sodique (pectate de soude). — C'est une gelée incolore qui s'obtient comme le M. bipotassique.

Mucigène barytique (pectate de baryte). — Gelée transparente qui s'obtient par le chlorure de calcium et une dissolution d'acide pectique dans l'ammoniaque.

M. Chodnew a constaté que les sels précédents développent de l'eau quand on les chauffe à 120 ou 150°; mais en même temps ils dégagent une odeur de caramel en jaunissant.

Mucigène calcique (pectine). — $C^{12}H^{19}Ca)O^{10} + x$ aq. ? — Si l'on porte à l'ébullition le suc des fruits charnus (pommes, poires, etc.), et qu'après avoir filtré le mélange, on y ajoute de l'alcool, celui-ci en précipite une gelée de pectine. Quelquefois la précipitation ne s'effectue pas immédiatement. Pour avoir le produit dans un plus grand état de pureté, on le redissout dans l'eau, et on le précipite une seconde fois dans l'alcool; toutefois la substance n'est jamais chimiquement pure (1), lors même qu'on répète plusieurs fois ces opérations. Quand on l'exprime avec la main, elle perd peu à peu son aspect gélatineux, devient opaque et comme fibreuse. Ainsi obtenue, la pectine, desséchée à 115°, se broie aisément, et se dissout entièrement en un liquide limpide. La solution est neutre.

Elle ne précipite pas le chlorure de baryum ni le chlorure de calcium, même par l'addition de l'ammoniaque. Avec l'acétate neutre ou surbasique, elle donne un précipité gélatineux. Le sulfate de cuivre se comporte de la même manière. Un excès de potasse ou d'eau de chaux en précipite une gelée transparente (Chodnew).

Si l'on fait intervenir un acide dans la préparation de la pectine, on lui enlève naturellement plus ou moins de chaux, et en général les matières minérales dont elle est mélangée, et on la transforme peu à peu en acide pectique (2).

En précipitant une dissolution d'acide pectique dans l'ammo-

---

(1) Si la pectine ainsi obtenue constituait du M. calcique sec et parfaitement pur, elle devrait donner 8,4 p. c. de chaux. La formule que j'adopte exige : carbone 42,0, hydrogène 5,5. Un échantillon de pectine préparé d'après le procédé indiqué a donné à M. Chodnew 8,76 et 8,5 p. de cendres (renfermant, outre la chaux, une trace de fer, de phosphate, de chlorure et de sulfate, comme la cendre de la gomme et des mucilages); par la combustion, ce même échantillon a donné 42,0 carbone et 5,2 hydrogène.

(2) Ayant fait usage d'acide hydrochlorique pour préparer la pectine, M. Chodnew a obtenu une substance qui laissait moins de cendres (un échantillon a donné 2,13 p. c. de cendres ; un autre 1,59 p. c.); si toutes les parties minérales eussent été enlevées, il est probable que le produit aurait présenté exactement la composition $C^{12}H^{20}O^{10}$.

niaque ou la potasse par du chlorure de calcium, on obtient une gelée incolore, qui renferme plus de calcium que la pectine naturelle, et paraît constituer un M. bicalcique.

La substance mucilagineuse que l'alcool précipite dans une dissolution de sucre de lait dans l'eau de chaux est probablement aussi le même corps.

Mucigène biplombique. — $C^{12}(H^{18}Pb^2)O^{10}$. — Lorsqu'on mêle une solution de gomme avec une solution de sous-acétate, ou de sous-nitrate de plomb, ou bien qu'on verse du nitrate de plomb dans une solution de gomme additionnée d'ammoniaque, il se produit un précipité caséiforme ; il se dissout dans un excès de gomme. Pour obtenir la combinaison à l'état de pureté, on évapore la solution, et on extrait par l'alcool l'excès du sel de plomb. Le M. biplombique (1) ainsi obtenu est parfaitement neutre, soluble dans l'eau, mais insoluble dans l'alcool ; l'acide carbonique de l'air le décompose déjà (Freidank).

On a obtenu de semblables combinaisons avec l'acide pectique, mais il a été impossible de les obtenir d'une composition constante.

Mucigène cuivrique. — C'est le précipité bleu et gélatineux, occasionné par le deutosulfate de cuivre dans la solution de gomme arabique additionnée de potasse (Trommer).

Une semblable combinaison a été obtenue avec l'acide pectique en grumeaux verts et gélatineux (Chodnew).

Quant au sucre de lait, la solution potassique réduit promptement celle du sulfate de cuivre à l'état de protoxyde hydraté.

Genre Sucre $R^{-2}O^{11}$.

578. L'espèce normale de ce g. n'a pas encore été obtenue artificiellement ; on la rencontre toute formée dans le suc de la canne à sucre, de la betterave, de l'érable, de la citrouille, des tiges du maïs, d'un grand nombre de fruits des tropiques, etc.

Sous l'influence des acides étendus et des ferments, elle se convertit en glucose, en fixant H^2O.

Sucre normal (sucre de canne). — $C^{12}H^{22}O^{11}$ (Gay-Lussac et

(1) M. Mulder le représente par $C^{12}H^{20}O^{10},Pb^2O$; mais ses analyses correspondent à ma formule, qui est isomère, on le voit, de celle du dextrinate et de l'amilate de plomb de M. Payen.

Thénard). — On extrait le S. du suc de la canne et d'autres plantes, en l'abandonnant à la cristallisation après l'avoir clarifié avec du sang, du lait, de la chaux, etc. Nous ne pouvons pas entrer ici dans les détails de cette fabrication, et nous nous bornerons à transcrire le procédé proposé par M. Péligot pour l'analyse de la betterave (1).

On pèse avec soin 25 ou 30 grammes de betterave découpée en tranches minces, prises dans la partie centrale, mais non médullaire, de la racine à analyser ; on les place dans une soucoupe de porcelaine, et on les soumet à une dessiccation telle, que le résidu soit cassant, pulvérisable, et ne perde plus de poids quand on cherche à l'amener à un plus grand état de siccité. Cette condition se réalise dans le vide sur de l'acide sulfurique, ou dans une étuve. On obtient ainsi un résidu blanc, dont on détermine le poids ; cette opération donne la proportion de l'eau et des matières solides contenues dans la betterave.

On réduit ce résidu en poudre, et on le soumet à plusieurs reprises à l'action de l'alcool bouillant, à 0,83 de densité ; celui-ci dissout la matière sucrée. Le produit qui a résisté à l'action dissolvante de l'alcool donne, par une nouvelle dessiccation, le poids de l'albumine végétale et de la matière ligneuse qui constitue les parois solides des cellules de la betterave.

En abandonnant la solution alcoolique dans le vide sur de la chaux vive, l'alcool se concentre peu à peu, et laisse ainsi déposer le S. à l'état de petits cristaux incolores et transparents ; l'alcool absolu qui reste au bout de quelques jours ne contient plus rien en dissolution.

Quand la betterave contient du nitrate de potasse, ce sel se dissout dans l'alcool bouillant en même temps que le S. ; bien qu'il cristallise ensuite avant ce dernier, il devient nécessaire d'incinérer à part, ou le S., ou un certain poids de la betterave à analyser, pour en avoir la proportion exacte (Péligot).

Le S. normal (*sucre candi*) cristallise en prismes obliques, à base carrée, ou bien en prismes à six faces, irréguliers, et terminés par un sommet dièdre. Les cristaux sont durs, et ont une pesanteur spécifique de 1,606. Quand on les broie dans l'obscu-

____

(1) *Recherches sur la betterave à sucre*, p. 4.

rité, ils répandent une lueur phosphorescente; ils ne s'altèrent pas à l'air sec, et ne renferment pas d'eau de cristallisation.

Ils fondent, à 180° (Péligot), en un liquide visqueux et incolore, qui se prend, par le refroidissement, en une masse transparente et amorphe (*sucre d'orge*); à la longue, celle-ci se trouble en reprenant une texture cristalline. Entre 210 et 220°, le S. brunit, se boursoufle et perd $2H^2O$, en se transformant en caramel :

$$C^{12}H^{22}O^{11} = 2H^2O + C^{12}H^{18}O^9.$$

A une température plus élevée, il dégage des gaz inflammables, de l'acide carbonique, des huiles brunes, de l'acide acétique, et laisse un abondant résidu de charbon.

Il se dissout dans le tiers de son poids d'eau froide, et en toutes proportions dans l'eau bouillante. Lorsqu'on maintient sa solution à une température voisine de l'ébullition, elle perd la propriété de cristalliser (*sirop*, *mélasse*, *sucre incristallisable*); à l'aide d'une très longue ébullition dans l'eau, on parvient à changer le sucre de canne en glucose et en sucre incristallisable (Pelouze et Malaguti). Le sucre de canne est insoluble dans l'alcool absolu et dans l'éther; mais l'alcool aqueux le dissout, surtout à chaud; l'éther le précipite de ses dissolutions.

Sa solution aqueuse dévie à droite, les rayons de lumière polarisée (Biot).

Distillé avec de la chaux vive, il se dédouble en acide carbonique, eau, acétone et mélacétone (370) :

$$C^{12}H^{22}O^{11} = 3CO^2 + 3H^2O + C^3H^6O + C^6H^{10}O.$$

On peut triturer le sucre de canne avec des bases alcalines sans qu'il brunisse; toutefois il se combine avec les alcalis et d'autres oxydes métalliques, en donnant des composés dérivés du même genre; le glucose brunit, au contraire, avec une grande facilité au contact des alcalis. Quand on fait fondre le sucre de canne avec de l'hydrate de potasse, il finit par se convertir en oxalate et carbonate, avec dégagement d'hydrogène. Toutefois, si l'on ne pousse pas la réaction si loin, on obtient aussi de l'acétate et du métacétonate (1); on n'a qu'à prendre une solution de potasse, et la concentrer assez à chaud pour qu'elle se solidifie

____

(1) Voyez les *Additions* à la fin du volume.

par le refroidissement; quand on y ajoute alors le S., la masse brunit en dégageant beaucoup d'hydrogène, et l'on remarque une odeur de caramel très sensible, qui disparaît pour faire place à une odeur aromatique. Quand la réaction est terminée, et qu'on traite le résidu par l'acide sulfurique concentré, il développe un mélange d'acide acétique $C^2H^4O^2$, et d'acide métacétonique (Gottlieb) $C^3H^6O^2$, homologue du premier. Il serait même possible qu'il se formât, suivant les circonstances, un autre homologue, soit l'acide butyrique $C^4H^8O^2$, soit l'acide valérianique $C^5H^{10}O^2$.

Quand on fait bouillir longtemps une dissolution de sucre, à l'abri de l'air, avec une petite quantité de potasse, celle-ci se sature peu à peu, et il se produit du sacchulmate; si l'on fait l'expérience au contact de l'air, on obtient aussi du formiate (Malaguti)..

Si l'on traite à froid une dissolution de sucre de canne par l'acide sulfurique faible, et qu'on abandonne le mélange à lui-même, le sucre se trouve, au bout de quelque temps, entièrement transformé en glucose :

$$C^{12}H^{22}O^{11} + H^2O = C^{12}H^{24}O^{12}.$$

Si l'on fait intervenir la chaleur, il se produit un corps noir (acide ulmique ou sacchulmique) dont la composition est la même que celle du glucose sec. Tous les acides, organiques ou minéraux, agissent de la même manière : seulement, il en faut plus ou moins, suivant leur énergie ou leur état de concentration. Si l'air y a de l'accès, il se produit en même temps une certaine quantité d'acide formique (Malaguti).

Humecté avec de l'acide sulfurique concentré, le sucre de canne s'échauffe considérablement, en développant du gaz sulfureux et de l'acide formique. Il se convertit alors en une bouillie noire renfermant de l'acide sacchulmique. Si l'on empêche le mélange de s'échauffer trop, on peut obtenir un acide copulé. L'acide hydrochlorique concentré attaque le sucre de canne, à l'aide de la chaleur, en produisant une pâte noire et épaisse.

Distillé avec un mélange d'acide sulfurique et de peroxyde de manganèse, le sucre de canne donne de l'acide formique, en même temps qu'une masse brune et charbonneuse dans le résidu.

Le S. normal exerce une action réductrice sur beaucoup de

solutions métalliques, surtout en présence des alcalis. Quand on le chauffe avec du nitrate d'argent, il en précipite une poudre noire; les solutions du deutochlorure de mercure et du deutochlorure de cuivre en sont réduites à l'état de protochlorure; le deuto-chlorure d'or précipite du métal; la solution du bichromate de potasse se décolore, et précipite de l'oxyde de chrome hydraté; l'hydrate de peroxyde de fer prend une couleur puce, s'il est chauffé assez longtemps avec de l'eau sucrée, etc. Le S. se convertit, dans ces circonstances, en une matière brune, en même temps qu'il se produit de l'acide formique.

Quand on mélange de l'eau sucrée avec un peu de potasse caustique, et qu'on y ajoute ensuite quelques gouttes de deuto-sulfate de cuivre, le mélange devient d'un bleu foncé et reste limpide à froid; si la potasse est en excès, on peut même faire bouillir la solution sans qu'il se précipite du protoxyde de cuivre; toutefois, par une ébullition prolongée, ce dernier finit par se précipiter. On sait que le glucose réduit le sulfate de cuivre déjà à froid (Trommer).

Un mélange d'eau sucrée et de potasse réduit aussi l'indigo bleu.

Le chlore sec n'attaque pas le S. normal (Liebig); si on le fait passer dans l'eau sucrée, l'action est lente; il se produit de l'acide hydrochlorique, une matière brune, de l'acide carbonique, et un acide organique incristallisable qui n'a pas encore été examiné.

Si l'on abandonne le S. avec 3 p. d'acide nitrique de 1,25 à 1,30, à la température de 50° c., il se convertit complétement en acide saccharique (Heintz) :

$$C^{12}H^{22}O^{11} + O^6 = 2[C^6H^{10}O^8] + H^2O.$$

A la température de l'ébullition, on n'obtient presque que de l'acide oxalique.

On admet généralement que le S. se dédouble, sous l'influence de la levûre de bière, en alcool et en acide carbonique. Mais il résulte des expériences de M. Henri Rose que le S. se convertit toujours d'abord en glucose. En effet, si l'on dissout les mêmes poids de S. et de glucose dans la même quantité d'eau distillée, et qu'on ajoute à chaque solution une même quantité, très faible, de levûre de bière, on remarque que le glucose entre en fermentation déjà à la température moyenne de l'été (à 20° c.), tandis que la solution du S. se conserve tout-à-fait sans altération, pendant des mois entiers, même à 30 ou 40°. Si l'on veut déterminer, dans le même temps, la fermentation de cette dernière, il faut y ajouter sept ou huit fois plus de levûre, et celle-ci commence alors par convertir le S. en glucose, comme on peut s'en assurer à l'aide d'une solution de deutosulfate de cuivre.

Toutes les fermentations qu'on attribue au S. reviennent donc, à proprement parler, au glucose.

579. Nous avons vu plus haut que le S. normal se combine avec les oxydes métalliques ; les combinaisons sont connues sous le nom de *saccharates* ou de *sucrates*.

Sucre potassique. — $C^{12}(H^{21}K)O^{11}$. — Lorsqu'on verse une solution concentrée de potasse dans une solution alcoolique de S. normal, il se produit un dépôt semi-fluide, qui prend plus de consistance quand on le broie avec de nouvelles quantités d'alcool. La combinaison (1) se détruit déjà en partie par l'acide carbonique de l'air ; elle est fort soluble dans l'eau, à peine soluble dans l'alcool, fort soluble dans une solution alcoolique de S. normal. A 110°, elle s'altère déjà en brunissant.

Sucre sodique. — $C^{12}(H^{21}Na)O^{11}$. — Cette combinaison est aussi difficile à purifier que la précédente, et lui ressemble tout-à-fait (2).

Sucre barytique — $C^{12}(H^{21}Ba)O^{11}$. — Cette combinaison paraît avoir été obtenue par M. Brendecke en ajoutant de l'alcool absolu à une solution de baryte et de S. normal ; le précipité renfermait 18,5 p. c. de baryte ; ma formule en exige 18,6.

Sucre bibarytiqae. — $C^{12}(H^{20}Ba^2)O^{11}$ (Stein). — Il s'obtient directement en mettant de l'eau de baryte avec une solution de S. normal (3). Si les liquides, après avoir été mélangés, sont

---

(1) M. Brendecke a analysé un S. potassique qui lui a donné 12,6 p. c. de potasse ; ce résultat correspond à notre formule.

(2) Elle a donné à M. Brendecke 8,2 p. c. de soude et à M. Soubeiran 7,4. Ma formule correspond à 8,5 p. c. pour le sel sec, et à 8,1 p. c. en y supposant 1 éq. d'eau de cristallisation.

(3) MM. Péligot et Soubeiran attribuent au S. bibarytique la formule $C^{12}H^{22}O^{11},Ba^2O$; mais je préfère les analyses de M. Stein, qui ont donné le plus de carbone, et qui conduisent à une formule mieux en harmonie avec les faits connus.

étendus, il faut les faire bouillir, et l'on voit bientôt naître au sein de la liqueur chaude de petits cristaux mamelonnés, qui s'attachent aux parois du vase qui la renferme. Si l'on opère avec des liqueurs plus concentrées, si l'on prend, par exemple, 1 p. de baryte caustique, qu'on dissout dans 3 p. d'eau, et si la liqueur filtrée est mêlée, encore chaude, avec un sirop formé de 2 p. de S. normal et de 4 p. d'eau, on voit bientôt le mélange se prendre en un magma cristallin, dont la consistance augmente encore par l'élévation de la température (Péligot).

Le S. bibarytique se présente en lamelles brillantes, qui rappellent l'aspect de l'acide borique cristallisé ; il est peu soluble dans l'eau froide ; sa saveur est caustique ; il ramène au bleu la teinture de tournesol rougie comme le ferait la baryte seule ; les acides le décomposent aisément en en séparant du S. normal, et même l'acide carbonique effectue cette décomposition très rapidement, de sorte qu'il faut toujours laver ce corps avec de l'eau récemment bouillie, et le dessécher à l'abri de l'air atmosphérique.

Il ne perd pas d'eau sous l'influence de la chaleur, et présente, après la dessiccation dans le vide, la même composition qu'à 220°. Il est insoluble dans l'esprit de bois.

Sucre bicalcique. — $C^{12}(H^{20}Ca^2)O^{11}$ + aq. ? — Ce composé[1] s'obtient moins aisément que le S. tricalcique. On mélange un lait de chaux assez limpide avec une solution de S. normal (2 p. de chaux pour 13 p. de S. normal), de manière à avoir ce dernier en léger excès ; on filtre et l'on précipite par l'alcool ; si l'on a pris trop de S. normal, le tout reste en dissolution (Soubeiran). On peut aussi ajouter au lait de chaux une solution concentrée de S. normal, jusqu'à dissolution de toute la chaux, et précipiter le liquide filtré par de l'alcool de 85° (Brendecke).

Exposée à l'air, la solution du S. bicalcique dépose des rhomboèdres réguliers et aigus de carbonate de chaux hydraté (Pelouze).

C'est un produit incolore, cassant, résiniforme. A la tempé-

_____

(1) M. Soubeiran y indique $2[C^{12}H^{22}O^{11}]$ + $2Ca^2O$. Il ne dit pas si le sel perd de l'eau à une température supérieure à 100° ; d'ailleurs le S. bicalcique et le S. tricalcique ne s'obtiennent pas cristallisés.

rature ordinaire, il se dissout dans l'eau en très grande proportion; mais si l'on chauffe la solution limpide, elle se coagule comme du blanc d'œuf; par le refroidissement, la liqueur redevient limpide (Péligot).

Sucre tricalcique. — $C^{12}(H^{19}Ca^3)O^{11} + 2$ aq.? — On l'obtient en mélangeant du S. normal avec du lait de chaux en excès, filtrant et précipitant par l'alcool. Il est blanc, incristallisable; la solution étant évaporée en couches minces, on obtient une masse écaillée, semblable à la gomme arabique. Il est fort soluble dans l'eau froide; quand on chauffe, la solution se trouble et le dépose; il est insoluble dans l'alcool absolu, mais soluble dans l'alcool aqueux et chargé de S. normal (Soubeiran).

Sucre cuivrico-calcique. — Le S. normal et les S. alcalins, pris isolément, n'exercent aucune action dissolvante sur les oxydes métalliques : ainsi, ni le S. normal ni le S. calcique ne dissolvent l'hydrate de cuivre. Mais si l'on fait agir le mélange de ces deux corps, si l'on ajoute, par exemple, du S. normal à une dissolution de S. bicalcique ou tricalcique, qu'on met alors en contact avec le même hydrate de cuivre, on voit ce dernier corps se dissoudre avec une singulière facilité; la liqueur qu'on obtient est alcaline, et présente une riche teinte d'un bleu violacé. Par la dessiccation dans le vide, elle donne un sel bleu non cristallin. Cette même liqueur, abandonnée à l'évaporation spontanée, s'altère et dépose peu à peu de l'hydrate jaune de protoxyde de cuivre (Péligot).

Cette formation du S. cuivrico-calcique, sel parfaitement soluble dans l'eau, explique jusqu'à un certain point pourquoi les solutions de cuivre, de fer, etc., une fois mélangées avec une certaine quantité de sirop de sucre, deviennent insensibles à l'action des alcalis qui les précipitent ordinairement.

Sucre quadriplombique. — $C^{12}(H^{18}Pb^4)O^{11}$ (Péligot, Soubeiran). — Ce composé, découvert par M. Berzélius, s'obtient aisément au moyen du S. normal et de l'acétate de plomb ammoniacal; par le contact des dissolutions de ces deux corps, on obtient un précipité gélatineux, qu'on lave à l'eau froide et qu'on dissout ensuite dans l'eau bouillante. En abandonnant cette nouvelle dissolution dans un flacon bouché à l'émeri, on voit, au bout de quelques jours, le S. quadriplombique se précipiter peu à peu sous la forme de cristaux blancs et mamelonnés. Il faut mettre le produit à l'abri de l'acide carbonique de l'air. On peut chauffer ce composé jusqu'à 200° sans qu'il s'altère (Péligot). Le même composé s'obtient par le mélange des solutions du S. bicalcique ou tricalcique avec celle de l'acétate de plomb neutre (Soubeiran).

Sucre chlorosodique (combinaison de sucre et de sel marin).— $C^{12}H^{22}O^{11},NaCl$. — Pour obtenir ce corps (1), on fait dissoudre ensemble 1 p. de chlorure de sodium et 4 p. de S. normal, et après avoir amené le mélange à consistance de sirop, on l'abandonne à l'évaporation spontanée dans un air sec. La forme et la saveur des cristaux qui se déposent les premiers permettent de les reconnaître pour du sucre candi; la dissolution, décantée à plusieurs reprises, finit par donner des cristaux, à arêtes vives, de S. chlorosodique; à l'air humide, ils tombent en déliquescence. Leur saveur est à la fois douce et salée (Péligot).

Genre Glucose RO^{12}.

580. L'espèce normale de ce genre se trouve toute formée dans le miel, dans les raisins et dans la plupart des fruits qui sont à la fois sucrés et aigres; on la rencontre en outre, en quantité notable, dans l'urine des malades affectés du diabète mellitique. On l'obtient artificiellement par l'action des acides aqueux ou de certains ferments sur le sucre, l'amidon, la cellulose, la salicine, la phlorizine, l'amygdaline, etc. Voici les équations qui rendent compte de ces métamorphoses :

Par l'amidon, la cellulose et le sucre,

$$C^{12}H^{20}O^{10} + 2H^2O = C^{12}H^{24}O^{12}$$
$$C^{12}H^{22}O^{11} + H^2O = C^{12}H^{24}O^{12}.$$

Par l'amygdaline,

$$C^{20}H^{27}NO^{11} + 2H^2O = C^{12}H^{24}O^{12} + C^7H^6O + CHN.$$

(1) M. Péligot le représente par $C^{24}H^{42}O^{21},2NaCl = C^{12}H^{21}\,{}^{1}O^{10\,1/2}$, $NaCl$. Ma formule exige : carbone 36,0 ; hydrog. 5,5 ; sel marin 14,5. Les analyses de M. Péligot s'accordent parfaitement pour l'hydrogène (5,8 — 5,6) et le sel marin (14,5 — 14,8); le carbone est un peu plus fort (36,8) que ne l'exige le calcul. Peut-être le corps avait-il été légèrement caramélisé par l'effet de la dessiccation à une trop haute température.

Par la phlorizine,

$$C^{24}H^{28}O^{12} + 4H^2O = C^{12}H^{24}O^{12} + C^{12}H^{12}O^4 \text{ (phlorétine)}.$$

Par la salicine,

$$C^{26}H^{36}O^{14} + H^2O = C^{12}H^{24}O^{12} + C^{14}H^{14}O^3 \text{ (salirétine)}.$$
$$C^{26}H^{36}O^{14} + 2H^2O = C^{12}H^{24}O^{12} + 2C^7H^8O^2 \text{ (saligénine)}.$$

Glucose normal (sucre de raisin, de fruits, de diabète, de ligneux ou de fécule). — $C^{12}H^{24}O^{12} + 2$ aq. — On peut, à l'aide de l'alcool, l'extraire du miel, où il se trouve en société d'une autre matière sucrée incristallisable. A froid, l'alcool dissout cette espèce de mélasse, et ne prend qu'une très petite quantité de G., qui reste donc en grande partie pour résidu; après avoir bien lavé celui-ci à l'alcool, on l'exprime, on le dissout dans l'eau, et l'on traite la solution par le charbon animal et le blanc d'œuf. Par l'évaporation dans une étuve, la solution dépose alors des grains cristallins de G. normal. Le même procédé s'emploie pour extraire ce corps des raisins secs.

S'agit-il de le retirer de l'urine des diabétiques, on la fait évaporer à cristallisation. Après avoir lavé les cristaux par l'alcool froid, on les redissout dans l'eau et on les soumet à une nouvelle cristallisation.

La transformation de la fécule en G. s'opère en grand dans les fabriques. Elle consiste à traiter la fécule par de l'eau aiguisée d'acide sulfurique, à une température maintenue, à l'aide d'un courant de vapeur d'eau, entre 100 et 104°; la fécule se convertit d'abord en une matière gommeuse appelée *dextrine*, et au bout de quelques heures sa transformation en G. se trouve effectuée. On sature alors l'excès d'acide sulfurique par de la craie, on filtre et l'on évapore à cristallisation.

Il est probable que l'acide sulfurique, dans cette saccharification de l'amidon, exerce une action semblable à celle qu'éprouve de sa part l'alcool dans l'éthérification. Le premier effet de cet acide consiste, sans doute, à produire une combinaison copulée avec l'amidon (Guérin, de Saussure); on peut affirmer, du moins, qu'une semblable combinaison s'obtient quand on abandonne l'amidon, le ligneux ou la gomme, avec de l'acide sulfurique concentré, et qu'on sature le produit par de la craie ou par du carbonate de baryte.

Par l'effet de la chaleur, la combinaison copulée est détruite, l'acide sulfurique devient libre de nouveau, et l'amidon, au lieu de se séparer comme tel, fixe les éléments de 2 éq. d'eau, et se sépare à l'état de G. normal. On connaît d'ailleurs beaucoup de substances qui se modifient ainsi sous l'influence de l'acide sulfurique.

Si cette interprétation est exacte, elle s'applique aussi à la transformation du sucre de canne, du ligneux et de la lactine en G. par l'effet du même acide.

J'ai remarqué, il y a quelques années, que si l'on fait bouillir pendant quelques heures la gélatine animale avec de l'acide sulfurique étendu, il se produit une quantité considérable de sulfate d'ammoniaque en même temps qu'une matière sucrée qui était probablement aussi du G.; du moins, elle se décomposait, comme lui, au contact de la levûre de bière, en alcool et en acide carbonique.

Il me reste à dire quelques mots sur la transformation de l'amidon en G. par l'effet d'une espèce de ferment albuminoïde contenu dans l'orge germée et dans la graine d'autres céréales au moment de la germination. Ce ferment, appelé *diastase* par MM. Payen et Persoz (1), surpasse de beaucoup l'acide sulfurique quant à la faculté de convertir la fécule en dextrine ou en G.; 1 p. de diastase suffit pour faire perdre à 2000 p. de fécule la consistance de l'empois, c'est-à-dire pour les transformer en un mélange de G. et de dextrine. Pour préparer le G. par cet agent, on arrose l'amidon avec un extrait d'orge germée, et l'on maintient le mélange à une température de 70 à 75°; bientôt il devient entièrement fluide, et si l'on a employé assez d'orge, la transformation s'accomplit dans l'espace de quelques heures; elle

______

(1) La diastase n'est pas un principe bien déterminé. C'est une matière azotée, comme l'albumine ou la caséine, et qui se trouve dans un état d'altération. Pour l'obtenir, on broie l'orge germée avec la moitié de son poids d'eau, on exprime l'extrait et on le précipite complétement par l'alcool; on redissout la masse dans l'eau, et, après avoir filtré, on précipite de nouveau, et ces opérations se répètent jusqu'à ce que le précipité se dissolve entièrement dans l'eau. On finit par le dessécher à 40 ou à 50°.

est complète quand la liqueur n'est plus colorée par l'iode, et que l'acétate de plomb et l'alcool ne la précipitent plus.

Passons aux propriétés du G. normal. Il cristallise lentement, dans les solutions moyennement concentrées, en mamelons demi-globulaires ou en choux-fleurs fibreux et indéterminables. En opérant sur de grandes masses, on réussit quelquefois à l'obtenir, dans une dissolution alcoolique, en tables carrées ou en cubes (de Saussure, Mollerat).

Il est bien moins soluble dans l'eau que le sucre de canne; il exige pour sa dissolution une fois et un tiers son poids d'eau froide; dans l'eau bouillante, il se dissout en toutes proportions en donnant un sirop dont la saveur est bien sucrée, mais qui n'est pas aussi filant que le sirop du sucre de canne. Porté en poudre sur la langue, il offre une saveur piquante et farineuse qui devient légèrement sucrée à mesure qu'il se dissout. Il en faut deux fois et demie autant que de sucre de canne pour sucrer au même degré le même volume d'eau (Dumas).

Sa solubilité dans l'alcool est également moins grande que celle du sucre de canne; la solution, saturée bouillante, dépose, par le refroidissement, des cristaux irréguliers qui retiennent assez fortement de l'alcool.

On a essayé, dans ces derniers temps, de subdiviser le genre sucre et le genre G. en plusieurs espèces distinctes, et cela en se fondant uniquement sur quelques dissemblances optiques que ces corps présentent, suivant leur mode de préparation. M. Biot a remarqué, en effet, qu'il existe des différences dans le pouvoir rotatoire du G. normal, selon qu'il a été extrait des fruits ou préparé par l'amidon et l'acide sulfurique. Cette distinction, toute judicieuse qu'elle est quand il s'agit des caractères physiques des corps, ne saurait être prise en considération dans une classification purement chimique; il y a, d'ailleurs, un grand nombre de substances reconnues chimiquement identiques, et qui présentent des différences physiques bien plus marquées (charbon et diamant, cinabre naturel et factice, etc.), sans que les chimistes songent pour cela à en faire des corps à part.

Le G. normal entre en fusion au bain-marie, c'est-à-dire à 100° ou un peu au-dessous, en perdant 9 p. c. = 2 éq. d'eau de cristallisation. Fondu, il constitue une masse jaunâtre et transparente qui attire l'humidité de l'air et cristallise de nouveau en une masse grenue quand elle a repris son eau de cristallisation.

Chauffé à 140°, il perd 3 éq. d'eau et se trouve alors converti en caramel normal :

$$C^{12}H^{24}O^{12} = 3H^2O + C^{12}H^{18}O^9.$$

Si on le chauffe davantage, il donne les mêmes produits de décomposition que le sucre de canne.

Il se combine avec les bases métalliques comme ce dernier, mais les combinaisons sont bien moins stables et se décomposent plus facilement.

Quand on met de la potasse en présence du G. normal, et qu'on chauffe le mélange seulement jusqu'à 60 ou 70°, la solution devient brune et répand une odeur de sucre brûlé. Il se produit aussi dans ces circonstances un ou deux acides particuliers (*glucique*, *mélasique*) qui réclament de nouvelles recherches.

Le G. normal réduit certains oxydes métalliques avec bien plus de facilité que le sucre de canne. Quand on ajoute à une solution de G. normal un peu de potasse caustique, puis, goutte à goutte, une solution étendue de deutosulfate de cuivre, il se produit une liqueur foncée, et au bout de quelques instants, sans qu'on élève la température, il se sépare du protoxyde de cuivre hydraté. Si l'on porte le mélange à l'ébullition, elle ne tarde pas à se décolorer, et tout le cuivre se précipite ainsi. Une liqueur qui ne renferme que 0,00001 de G. en solution donne encore un précipité rouge sensible, par l'addition de la potasse et de quelques gouttes de sulfate cuivrique; 0,000001 de G. suffit pour communiquer à la liqueur une teinte rouge qui est sensible suivant la position dans laquelle on la tient contre la lumière. Le sucre de canne ne détermine pas cette réduction à froid (Trommer).

Une semblable réduction s'effectue quand on fait bouillir l'acétate de cuivre avec une solution de G. ; il se dépose de l'hydrate de protoxyde de cuivre, de l'acide acétique se dégage, et la solution retient un sel de cuivre qui n'a pas encore été examiné. Le nitrate de cuivre n'est pas réduit.

Mais le protonitrate de mercure dépose du mercure métallique par l'ébullition avec le G.; de même le sublimé corrosif est réduit à l'état de calomel. Le nitrate d'argent et le chlorure d'or déposent également du métal en présence d'une solution bouillante de ce corps.

Les acides bouillants convertissent le G. en une matière brune (*sacchulmine*, *acide sacchulmique*), et si l'air intervient, il se forme aussi de l'acide formique (Malaguti).

Quand on broie du G. bien pur avec de l'acide sulfurique concentré, il se produit un acide copulé (*acide sulfosaccharique* de M. Péligot) qui n'a pas encore été étudié.

Bouilli avec du peroxyde puce de plomb, le G. donne du formiate et du carbonate.

581. Sous l'influence des ferments, le G. éprouve de nombreuses transformations; les produits varient suivant la nature des ferments et les circonstances où l'on opère.

Il paraît qu'une condition importante pour qu'un ferment détermine la *fermentation alcoolique*, c'est d'être acide aux papiers colorés; plusieurs acides organiques, tels que les acides tartrique, citrique, malique, et en général les acides organiques fixes contenus dans les sucs végétaux, favorisent cette fermentation (H. Rose); on connaît d'ailleurs depuis longtemps l'influence favorable qu'exerce sur elle la crème de tartre (Colin et Thénard). La levûre, telle qu'elle se sépare du moût de bière, possède au plus haut degré la propriété de décomposer le G. en acide carbonique et en alcool; voici de quelle manière le G. se dédouble alors :

$$C^{12}H^{24}O^{12} = 4[CO^2 + C^2H^6O].$$

Dans certaines circonstances, encore mal déterminées, on trouve dans les liquides fermentés un homologue de l'alcool, l'amylol normal, auquel les eaux-de-vie de marc doivent leur saveur désagréable. La présence de ce corps dans les produits de la fermentation du moût de vin, du moût de bière, des mélasses de betteraves et du sucre de fécule, ne permet pas de douter aujourd'hui que ce ne soit là un produit artificiel résultant de la métamorphose du G. dans une fermentation qui a cessé d'être franchement alcoolique et qui a dévié de sa marche normale par l'effet de la présence d'un excès de matières azotées. Si l'on com-

pare la composition du G. avec celle de l'amylol n., on est conduit à admettre que ce dernier se forme à la suite d'une oxygénation que ces matières azotées ou fermentées éprouveraient aux
dépens du G. lui-même, dans des circonstances où l'accès de
l'air n'est peut-être pas assez complet. Cette *fermentation amylique* pourrait alors se représenter de la manière suivante :

$$C^{12}H^{24}O^{12} = 2[CO^2 + C^5H^{12}O] + O^6,$$

O^6 servant à l'oxygénation des matières azotées.

Il paraît résulter des expériences de M. Blondeau de Carolles
que le G. peut se dédoubler directement en acide acétique sous
l'influence du caséum :

$$C^{12}H^{24}O^{12} = 6[C^2H^4O^2].$$

Cette *fermentation acétique* explique l'aigrissement des boissons
sucrées très pauvres en alcool (voyez t. I, p. 628).

On sait d'ailleurs, par les expériences de MM. Pelouze et Gélis,
que le G. peut se convertir en un homologue de l'acide acétique,
l'acide butyrique (306), si on le met en contact avec du fromage,
dans les circonstances convenables. Cette *fermentation butyrique*
se conçoit par l'équation suivante :

$$C^{12}H^{24}O^{12} = 2CO^2 + 2[C^4H^8O^2] + H^8.$$

On remarque qu'elle est accompagnée d'un dégagement d'hydrogène.

Lorsque les ferments, au lieu d'être acides, offrent, par une
altération spontanée, une réaction alcaline aux papiers, ils dédoublent le plus souvent le G. en acide lactique (1) :

$$C^{12}H^{24}O^{12} = 2[C^6H^{12}O^6],$$

sans qu'il se développe aucun gaz. Cette métamorphose est surtout déterminée par le contact du G. avec la diastase altérée,
avec les membranes animales putréfiées, avec le vieux fro-

____

(1) M. Rousseau (*Comptes-rendus de l'Académie des sciences*,
t. XVI, p. 943) affirme que, dans ces circonstances, le sucre de canne
se convertit d'abord en sucre de lait ; mais cette assertion ne se trouve
point appuyée par des résultats analytiques.

mage, etc. ; **MM. Boutron et Frémy** ont fait une étude spéciale de cette *fermentation lactique* (384).

Pour exciter la *fermentation visqueuse*, il suffit, suivant **M. Des**fosses, de faire bouillir de la levûre de bière avec de l'eau, et de dissoudre du sucre dans cette décoction préalablement filtrée. Le sucre se convertit alors en une matière visqueuse qui ressemble à la gomme arabique ; ce phénomène s'accomplit dans les vins blancs, lorsqu'ils deviennent filants et glaireux comme du blanc d'œuf ; on l'observe aussi en été dans des potions ou juleps contenant de l'eau, du sucre et quelques matières organiques. Souvent cette fermentation est accompagnée d'un dégagement de gaz très considérable, ainsi que de la formation d'une certaine quantité de mannite (383 et 384).

582. Nous avons vu que le G. normal est dissous par les alcalis et que la solution brunit bien plus rapidement que celle du sucre de canne ; toutefois, en opérant convenablement, on peut obtenir les combinaisons que nous allons décrire.

Glucose tribarytique (glucosate de baryte, combinaison de sucre de raisin avec la baryte). — $C^{12}(H^{21}Ba^3)O^{12} + 2$ aq. ? — On dissout séparément une certaine quantité de baryte et de G. normal dans de l'esprit de bois dilué ; puis on mêle les deux dissolutions, en ayant soin d'employer un petit excès de celle qui contient le G. ; on obtient immédiatement un précipité floconneux et blanc qu'on lave avec de l'esprit de bois ; on dessèche ensuite le produit dans le vide sur de la chaux vive. Ainsi obtenu, le G. tribarytique peut être chauffé à 100° dans le vide sans subir d'altération, il prend seulement une teinte jaune plus claire. Si l'on outrepasse cette température, une altération profonde se manifeste ; la matière se boursoufle et noircit en dégageant de l'eau (Péligot).

Glucose tricalcique. — Il s'obtient en précipitant par l'alcool une dissolution très récente de chaux éteinte dans le sirop de G. normal ; il est aussi altérable que le corps précédent.

Quand on dissout le G. normal dans l'eau, et qu'on y ajoute du lait de chaux, la solution, d'abord alcaline, devient peu à peu, par un repos prolongé, neutre, et alors l'acide carbonique n'en précipite plus la chaux. Si l'on sépare la chaux par l'acide oxalique, on obtient un acide qui, desséché, ressemble au tannin (*acide glucique* de M. Péligot).

Glucose sexplombique. — C¹²(H¹⁸Pb⁶)O¹² + 2 aq. (Stein). — On obtient cette combinaison en versant, dans une solution aqueuse de G. normal, une solution d'acétate de plomb ammoniacal. Le précipité qui tend à se former se redissout d'abord pendant un certain temps, puis devient permanent : il faut avoir soin de maintenir dans la liqueur un excès de G. normal. Le G. sexplombique qui a pris naissance est lavé et desséché à la température ordinaire, en prenant les précautions nécessaires pour éviter l'absorption de l'acide carbonique de l'air. Quand il ne perd plus d'eau dans le vide sec à froid, on peut alors le chauffer à 150° dans le vide sans l'altérer : seulement, de blanc qu'il était en se précipitant, il devient jaunâtre (Péligot).

Glucose chlorosodique (combinaison de sucre d'amidon avec le sel marin, sucre insipide). — C¹²H²⁴O¹²,NaCl + aq. (Erdmann, Lehmann). — Ce composé, observé pour la première fois par M. Galloud dans une urine diabétique, s'obtient très aisément en évaporant doucement une solution moyennement concentrée de 1 éq. de sel marin et de 1 éq. de G. normal. Il se dépose alors de belles pyramides doubles à 6 faces, dures et incolores ; si l'on prenait un excès de sel marin, celui-ci cristalliserait le premier.

On purifie le G. chlorosodique par de nouvelles cristallisations. Il est transparent, aisé à réduire en poudre, assez soluble dans l'eau, d'une saveur à la fois salée et douce. Il est fort peu soluble dans l'alcool de 96 centièmes. Par la dessiccation (1) à 100°, il perd 4,3 = 1 éq. d'eau de cristallisation (Erdmann et Lehmann).

(1) D'après les nouvelles analyses de M. Brunner, le G. chlorosodique possède à 110° la composition C¹²H²⁴O¹²,NaCl indiquée par MM. Erdmann et Lehmann. Suivant M. Péligot, la combinaison cristallisée perdrait 6,0 par la dessiccation dans le vide à 160°; mais M. Erdmann affirme qu'à cette température le produit se trouve complétement modifié.

D'après la formule que j'ai adoptée, le G. chlorosodique doit perdre 4,1 par la dessiccation à 100° ; ce nombre, comme on le voit, s'accorde avec les expériences de MM. Erdmann et Lehmann.

Genre Sacchulmate $\dot{R}O^{12}$.

583. Sel unibasique, isomère du g. glucose, produit de l'action des acides et des alcalis sur les g. sucre et glucose.

Sacchulmate normal (acide ulmique ou sacchulmique). — $C^{12}H^{24}O^{12}$. — Il résulte des expériences de Polydore Boullay et de M. Malaguti que les acides étendus et bouillants convertissent le sucre (1) en une substance noire ou brune, formée de petites paillettes, qu'ils désignent sous le nom d'*acide ulmique*; si l'opération a lieu au contact de l'air, il se produit en même temps de l'acide formique. On emploie, pour cette métamorphose, de l'acide hydrochlorique ou sulfurique; on recueille le dépôt noir sur un filtre, et, après l'avoir lavé avec de l'eau, on le fait dissoudre dans l'ammoniaque; celle-ci laisse quelquefois une certaine quantité d'une matière noire, insoluble (*ulmin* ou *sacchulmine*) en laquelle, d'ailleurs, l'acide ulmique se transforme par une ébullition prolongée (Malaguti); cette matière, insoluble dans les alcalis, présente la même composition que la partie soluble, précipitée de l'ammoniaque par un acide.

Les matières noires ou brunes qu'on rencontre dans le terreau, la terre d'ombre, la tourbe, les fumerons, les eaux de fumier, certaines eaux minérales (*acides crénique* et *apocrénique*), etc., présentent beaucoup de rapports avec l'acide ulmique du sucre. Elles se produisent en général par la pourriture ou la combustion lente des parties ligneuses au contact de l'air et de l'humidité; il y en a aussi qui se forment dans l'action des alcalis sur le bois, le sucre, la fécule, etc.; mais ces substances ne constituent pas des principes définis; leur composition est extrêmement variable, suivant leur origine et les circonstances de leur formation; il en existe même qui renferment de l'azote (Hermann).

Polydore Boullay et M. Malaguti ont obtenu les mêmes résultats à l'analyse de l'acide ulmique du sucre; c'est qu'en effet ce produit s'obtient en paillettes cristallines, et présente les carac-

(1) Le sucre se convertit d'abord en glucose, et c'est donc proprement ce dernier qui se métamorphose en acide sacchulmique.

tères d'une matière bien déterminée. Toutefois M. Stein n'est pas d'accord avec ces chimistes.

Sacchulmate potassique. — On l'obtient en traitant à chaud une solution de potasse avec un excès de S. normal. Il est fort soluble dans l'eau, et sert à préparer les sels suivants.

Sacchulmate argentique. — $C^{12}(H^{23}Ag)O^{12}$. — Le S. potassique donne un précipité rouge-marron dans le nitrate d'argent. Par la dessiccation, il se divise en petits fragments anguleux d'une nuance cuivreuse ; son aspect est celui du sulfure de fer grossièrement pulvérisé.

Sacchulmate cuivrique. — $C^{12}(H^{23}Cu)O^{12}$. — Précipité brun-noir obtenu par le S. potassique et le sulfate de cuivre.

Les S. métalliques prennent feu à une température bien inférieure au rouge (1).

Genre Sulfobenzide.

584. Produit de l'action de l'acide sulfurique anhydre sur le benzène normal (369) :

$$2[C^6H^6] + SO^3 = H^2O + C^{12}H^{10}SO^2.$$

Sulfobenzide normal. — $C^{12}H^{10}SO^2$. — Si l'on met du benzène normal en contact avec de l'acide sulfurique anhydre, il se produit un liquide épais qui se dissout entièrement dans un peu d'eau ; mais si l'on y verse beaucoup d'eau, il s'en sépare du S. à l'état cristallin. En même temps, il reste du sulfobenzidate nor-

---

(1) P. Boullay représente l'acide sacchulmique par $C^{15}H^{30}O^{15}$; mais les déterminations de M. Malaguti me semblent conduire à la formule $C^{12}H^{24}O^{12}$; celle-ci rend l'interprétation de la métamorphose encore plus simple. M. Malaguti a en effet obtenu :

Sel d'argent	$C^{12}(H^{23}Ag)O^{12}$
en 100 p.	

Argent : 24,5 — 24,14. . . . . 23,5.
(peut-être carburé).

Sel de cuivre	$C^{12}(H^{23}Cu)O^{12}$

Oxyde de cuivre : 10,9 — 10,8. . . . . . . 10,2.

Il est remarquable que l'acide noir (*acide métagallique*) qui se produit quand on chauffe le tannin ou l'acide gallique à 250°, possède la composition $C^6H^4O^2$ ou $C^{12}H^8O^4 = C^{12}H^{24}O^{12} — 8H^2O$; cependant le sel d'argent est $C^6(H^3Ag)O^2$. Peut-être ces acides noirs sont-ils polybasiques.

mal (391) en dissolution. La substance cristalline, qui n'est que fort peu soluble dans l'eau, peut être complétement purifiée de l'acide qu'elle retient par des lavages à l'eau. On la fait cristalliser dans l'éther, et on la soumet à la distillation (Mitscherlich).

Le S. normal cristallise aussi dans l'alcool; il fond à 100° en un liquide incolore, et bout à une température bien plus élevée. Il ne se dissout pas dans les alcalis; il se dissout dans les acides, et en est reprécipité par l'eau.

Quand on le dissout à chaud dans l'acide sulfurique concentré, il se convertit en sulfobenzidate:

$$C^{12}H^{10}SO^2 + SH^2O^4 = 2[C^6H^6SO^3].$$

A la température ordinaire, le chlore et le brome n'agissent pas sur lui; mais, à la température de l'ébullition, le chlore produit du benzilène sexchloré (367).

Nous avons déjà fait remarquer (95) que la formation du S. est semblable à celle du sulfométhol normal et à d'autres éthers formés par l'acide sulfurique.

Genre Sulfolignate RSO^{15}?

585. Sel copulé, produit par l'accouplement de la cellulose, de l'amidon, du glucose, etc., avec l'acide sulfurique.

Les S. se décomposent, par l'ébullition de leur solution aqueuse, en sulfate et en dextrine ou glucose.

Sulfolignate normal (acide sulfolignique, végétosulfurique, sulfamidonique, sulfosaccharique?). — $C^{12}H^{24}SO^{15}$, c'est-à-dire $C^{12}H^{24}O^{12},SO^3$. — On sait, depuis les expériences de M. Braconnot, qu'en broyant avec de l'acide sulfurique concentré du ligneux, du coton, des chiffons de toile, etc., on obtient un acide copulé qui donne des sels solubles avec la baryte et le plomb. Ce produit précède probablement le glucose dans la saccharification de la cellulose, des gommes et de l'amidon, au moyen de l'acide sulfurique.

M. Blondeau de Carolles a soumis à quelques expériences les sels qu'on obtient en saturant, par du carbonate de plomb, de baryte ou de chaux, le produit visqueux provenant de l'action de l'acide sulfurique sur le ligneux purifié et sur la fécule de pommes de terre, débarrassée aussi des substances étangères par des lavages à l'éther et à l'alcool.

On obtient le mieux le S. normal en décomposant le S. plombique par l'hydrogène sulfuré, et concentrant le liquide après l'avoir séparé du sulfure de plomb. On le purifie en précipitant sa solution aqueuse par un mélange d'alcool et d'éther, où il est tout-à-fait insoluble.

Ainsi préparé, le S. normal (1) se présente avec tous les caractères d'un acide énergique. Il agace fortement les dents, rappelle la saveur des fruits qui n'ont pas atteint la maturité. Il constitue ordinairement une masse sirupeuse, qui refuse obstinément de cristalliser, dans laquelle on remarque néanmoins de petits points blancs, qui sont de véritables rudiments de cristallisation. Il est fort déliquescent, attire fortement l'humidité de l'air, et sa solution se décompose avec la plus grande facilité, sous l'influence de la chaleur, en acide sulfurique et dextrine (ou glucose?). Il n'a pas été analysé (Blondeau de Carolles).

Sulfolignate calcique. — $C^{12}(H^{23}Ca)SO^{15} + x$ aq. ? — Il ressemble à la gomme arabique, est fort déliquescent, et se décompose aisément par la chaleur. Pour l'obtenir d'une composition constante, il faut laisser l'amidon et l'acide sulfurique assez longtemps en contact avant de saturer par la craie.

Sulfolignate barytique. — Masse gommeuse qui attire rapidement l'acide carbonique de l'air.

Sulfolignate plombique (sulfolignate ou sulfoamidonate de plomb). — $C^{12}(H^{23}Pb)SO^{15} +$ aq. — On broie du coton avec de l'acide sulfurique concentré jusqu'à ce que le produit soit devenu sirupeux; ensuite on le verse dans beaucoup d'eau, en

(1) Au dire de M. Blondeau, on obtiendrait des composés différents, suivant les circonstances de l'opération ; cela est possible, et je veux bien admettre qu'il existe deux ou trois acides sulfoligniques doués de basicités différentes :

$$C^{12}H^{24}O^{12}, SO^3. \text{ Acide unibasique.}$$
$$C^{12}H^{24}O^{12}, 2SO^3 \quad — \quad \text{bibasique.}$$
$$C^{12}H^{24}O^{12}, 3SO^3 \quad — \quad \text{tribasique.}$$

Mais, pour le moment, les expériences de M. Blondeau prouvent tout simplement, ce me semble, que si l'on néglige de prolonger assez longtemps le contact entre l'acide sulfurique et la matière organique, le produit ne donne pas des résultats concordants. D'ailleurs, les sels analysés par lui n'avaient été purifiés d'aucune manière. M. Blondeau s'est borné à saturer par un carbonate, à dessécher la partie soluble et à la brûler ; comment pouvait-il ainsi obtenir de bons résultats ?

ayant soin que la masse ne s'échauffe pas trop ; on sature le liquide par du carbonate de plomb, et on concentre dans le vide la solution du S. plombique à une température qui n'atteint pas 100°, autrement le produit s'altère. On obtient ainsi une masse blanche, friable, très déliquescente, et qui fond à l'air en une masse gommeuse. Ce composé, si soluble dans l'eau, est entièrement insoluble dans l'alcool ; quand on le place dans le vide, il est susceptible de donner lieu à une cristallisation semblable à des barbes de plume, qui disparaissent toutefois, au bout d'un certain temps, par la dessiccation complète du produit.

Soumis à la distillation sèche, le S. plombique, ainsi que les autres S., développe de l'oxyde de carbone, ainsi qu'un liquide volatil qui excite le larmoiement (Blondeau de Carolles).

La même combinaison s'obtient avec l'amidon ; il faut avoir soin de prolonger au moins pendant trente-six heures le contact de l'acide et de l'amidon broyé (1).

Peut-être faut-il aussi ranger ici le *sulfosaccharate de plomb* obtenu par M. Péligot avec le glucose. Ce chimiste fait fondre du glucose au bain-marie, et mélange la matière fondue avec 1 1/2 p. d'acide sulfurique concentré. Comme la température s'élève beaucoup, on n'opère le mélange que successivement sur de petites portions, en ayant soin de refroidir. On étend d'eau le produit, et on le sature par du carbonate de baryte ; après avoir filtré le produit, on ajoute de l'acétate de plomb surbasique, qui détermine la formation d'un précipité blanc. Mais ce dernier constitue évidemment un sel surbasique.

On pourrait, ce me semble, mettre à profit l'insolubilité des S. dans l'alcool, pour les préparer à l'état de pureté.

Les S. sont d'ailleurs des sels peu stables, et se décomposent souvent spontanément.

(1) Dans le produit ainsi obtenu, M. Blondeau a trouvé :

$$\text{Analyse :} \qquad C^{12}(H^{23}Pb)O^{12},SO^3 + aq.$$

Carbone.	24,98	25,6
Hydrogène.	4,48	4,4
Oxyde de plomb. . . .	19,62	19,8
Acide sulfurique (SO³).	14,11	14,2

TREIZIÈME FAMILLE.

GENRES.	FONCTIONS chimiques DES GENRES.	RAPPORTS DE TRANSFORMATION entre les genres de la TREIZIÈME FAMILLE.	RAPPORTS DE TRANSFORMATION entre les genres DE LA TREIZIÈME et d'autres familles.
Benzone $R-^{16}O$.	Acétonide.	?	Distillation sèche du benzoate calcique (7ᵉ fam.).
Cocinate RO^2.	Sel unibasique.	?	Dans le beurre de coco.
Benzanilide $R-^{15}NO$.	Alcalamide.	?	Action réciproque de l'aniline (6ᵉ f.) et du benzoïlol chloré (7ᵉ f.).
Cotarnine $R-^{13}NO^3$.	Alcaloïde.	?	Action des corps oxygénants sur la narcotine (23ᵉ fam.).

Genre Benzone $R-^{16}O$.

586. **Acétonide**, produit de la distillation sèche du benzoate calcique (417) :

$$2[C^7(H^5Ca)O^2] = CO^2,Ca^2O + C^{13}H^{10}O.$$

Benzone normale. — $C^{13}H^{10}O$. — Lorsqu'on soumet à la distillation le benzoate de chaux cristallisé, il se produit, à une température d'environ 300°, du carbonate de chaux et une matière huileuse brune, plus dense que l'eau, et composée en plus grande partie de B. normale. Toutefois elle renferme aussi du benzène n. et du naphtalène n., produits secondaires de la décomposition de cette dernière ; il est d'ailleurs aisé de les séparer. On distille le produit au bain-marie, de manière à chasser tout le benzène, puis on chauffe à feu nu ; il passe ainsi une seconde huile, qui tient ordinairement en dissolution du naphtalène, qu'on sépare en soumettant le mélange à un froid de — 20° ; la B. normale vient alors surnager à l'état de pureté. Il est probable qu'on l'obtiendrait seule, en ne dépassant pas la température nécessaire à sa formation, et en opérant sur un benzoate parfaitement sec (Péligot).

C'est une huile assez épaisse, incolore quand elle est pure, mais ordinairement d'une couleur ambrée ; son odeur est empyreumatique ; sa densité est moindre que celle de l'eau ; son point d'ébullition est supérieur à 250°.

La potasse et l'acide nitrique ne l'attaquent pas sensiblement, mais l'acide sulfurique la colore en brun, même à froid, et la décompose complétement.

Le chlore l'attaque déjà à la lumière diffuse, et donne un produit cristallisé.

Distillée avec de la chaux vive, la B. normale donne du carbonate calcique (1) et du naphtalène normal (Péligot) :

$$4[C^{13}H^{10}O] + 2Ca^2O = 2[CO^2,Ca^2O] + 5C^{10}H^8.$$

Genre Cocinate RO².

587. Sel unibasique, homologue des g. formiate, acétate, butyrate, margarate, stéarate, etc.; produit de la saponification du beurre de coco.

Cocinate normal (acide cocinique ou cocostéarique). — $C^{13}H^{26}O^6$. — Lorsqu'on saponifie le beurre de coco avec de la potasse, et qu'on précipite le savon par un acide, on obtient un acide gras solide, qu'on soumet à l'action de la presse pour en séparer de l'acide oléique, et on le fait ensuite cristalliser dans l'alcool.

Cristallisé dans ce liquide, le C. normal fond exactement à 35°. Il est parfaitement blanc, et distille sans se décomposer (Bromeis).

On l'avait d'abord confondu avec l'acide élaïdique.

Cocinate sodique (cocostéarate de soude). — $C^{13}(H^{25}Na)O^2$. — On le prépare en saponifiant le C. normal (2) avec du carbonate de soude, exprimant le savon, dissolvant dans l'alcool absolu, et concentrant par l'évaporation.

Cocinate argentique. — $C^{13}(H^{25}Ag)O^2$. — On l'obtient en précipitant le sel précédent par le nitrate d'argent.

Genre Benzanilide R—¹⁵NO.

587 *a*. Alcalamide, homologue du g. benzamide, produit par

---

(1) Page 24 il est dit par erreur qu'il se développe de l'oxyde de carbone dans la formation de la benzone.

(2) M. Bromeis a calculé de ses analyses la formule $C^{27}H^{54}O^4$; mais en admettant le poids atomique 75 pour le carbone, on est conduit à $C^{26}H^{52}O^4$ ou $C^{13}H^{26}O^2$, comme je l'admets.

l'action de l'aniline normale (393) sur le benzoïlol chloré (408) :
$$C^6H^7N + C^7(H^5Cl)O = HCl + C^{13}H^{11}NO.$$

Benzanilide normale. — $C^{13}H^{11}NO$. — Quand on mélange du benzoïlol chloré avec de l'aniline n., les deux liquides se concrètent immédiatement, en se colorant en rouge. On lave la masse à l'eau bouillante, additionnée d'un peu de potasse, et l'on fait cristalliser dans l'alcool.

Le B. s'obtient ainsi en paillettes brillantes, insolubles dans l'eau, et qui, chauffées avec de la potasse fondante, dégagent de l'aniline n. et donnent du benzoate (Gerhardt) :
$$C^{13}H^{11}NO + (KH)O = C^6H^7N + C^7(H^5K)O^2.$$

Genre *Cotarnine* $R^{-13}NO^3$.

588. Alcaloïde; produit de décomposition de la narcotine (23e fam.) par les corps oxygénants (539).

Cotarnine normale. — $C^{13}H^{13}NO^3 + aq$. — Cet alcaloïde (1) se produit, en même temps que l'acide opianique, quand on fait agir le peroxyde de manganèse et l'acide sulfurique sur la narcotine; on le trouve alors dans les eaux-mères. Pour le débarrasser du sulfate de manganèse et de la narcotine non décomposée, on porte le liquide à l'ébullition; on le sature par du carbonate de soude, et on filtre pour séparer le précipité manganique. Le liquide filtré est neutralisé par l'acide hydrochlorique, et transformé en C. chloro-platinique par le bichlorure de platine. En traitant ensuite la C. chloro-platinique par l'hydrosulfate d'ammoniaque, on peut en extraire l'espèce normale (Wœhler, Blyth).

Cet alcaloïde constitue des aiguilles incolores, réunies en étoiles, qui fondent à 100°, en perdant 7 p. c. d'eau. Il est très peu soluble dans l'eau froide, bien mieux à l'ébullition. L'alcool le dissout avec une couleur brune, mais l'alcaloïde ne s'y dépose pas à l'état cristallisé. L'éther et l'ammoniaque le dissolvent aisément; la potasse ne le dissout pas.

(1) Nous avons déjà donné (539) les équations relatives à la formation de ce corps. M. Wœhler le représente par $C^{26}H^{26}N^2O^5 = C^{13}H^{13}NO^2 1/2$, et M. Blyth par $C^{25}H^{26}N^2O^6 = C^{12}1/2H^{13}NO^3$; mais notre formule, quoique exigeant un peu plus de carbone que les précédentes, s'accorde avec celles de la narcotine et de l'acide opianique. D'ailleurs, dans l'analyse du chloroplatinate de cotarnine, qui est le sel le plus combustible, M. Blyth a obtenu exactement les nombres exigés par ma formule.

L'acide nitrique concentré le dissout avec une couleur rouge foncé.

Sa solution aqueuse précipite les sels de fer et de cuivre.

Les sels de C. sont, en général, très solubles, et s'obtiennent directement avec les acides étendus.

Cotarnine hydrochlorique. — $C^{13}H^{13}NO^3, HCl + 2$ aq. — Aiguilles soyeuses et allongées, fort solubles dans l'eau.

Cotarnine chloro-platinique. — $C^{13}H^{13}NO^3, HCl, PtCl^2$. — Elle se précipite à l'état d'une poudre jaune, qui devient rouge par la dessiccation; quand on la précipite à chaud, elle ne se dépose que par le refroidissement à l'état de mamelons transparents de couleur jaune rougeâtre.

Cotarnine chloro-mercurique. — $C^{13}H^{13}NO^3, HCl, 2HgCl$. — Précipité volumineux, jaune, et qui devient cristallin bientôt après. Quand on essaie de faire la précipitation dans des liqueurs chaudes et étendues, elle ne s'opère pas; mais, par le refroidissement, le sel se dépose en petits prismes d'un jaune pâle. Il paraît se modifier quand on le fait cristalliser une seconde fois.

QUATORZIÈME FAMILLE.

GENRES.	FONCTIONS chimiques DES GENRES.	RAPPORTS DE TRANSFORMATION entre les genres de la QUATORZIÈME FAMILLE.	RAPPORTS DE TRANSFORMATION entre les genres DE LA QUATORZIÈME et d'autres familles.
Draconyle R—14.	Hydrocarbure.	?	Distillation du sang-dragon.
Stilbilène R—14.	Hydroc. hyperhal.	Les espèces du g. stilbène fixent Cl^2 ou Br^2.	?
Stilbène R—16.	Hydrocarbure.	?	Distillation sèche du benzòïlol sulfuré (7e fam.).
Hydrobenzile R—16O.	?	Le benzile n. fixe H^2 et perd O sous l'influence du sufhydr. d'ammoniaque.	?
Myristate RO2.	Sel unibasique.	?	Dans la saponification du beurre de muscade.

GENRES.	FONCTIONS chimiques DES GENRES.	RAPPORTS DE TRANSFORMATION entre les genres de la QUATORZIÈME FAMILLE.	RAPPORTS DE TRANSFORMATION entre les genres DE LA QUATORZIÈME et d'autres familles.
OEnanthide $R-^2O^2$.	Anhydride.	L'œnanthate n. élimine H^2O.	?
Créosote $R-^{12}O^2$.	?	?	Distillat. de certaines résines contenues dans le bois.
Benzoïne $R-^{16}O^2$.	?	?	Réunion de 2 moléc. de benzoïlol n. (7e fam.).
Benzile $R-^{18}O^2$.	?	La benzoïne n. perd H^2 par le chlore ou l'acide nitrique.	?
OEnanthate RO^3.	Sel bibasique.	?	Action des alcalis sur l'éther œnanthique (18e fam.).
Salirétine $R-^{14}O^3$.	?	?	Action des acides sur la salicine (26e f.).
Benzilate $R-^{16}O^3$.	Sel unibasique.	Le benzile n. fixe H^2O.	?
Parasalicyle $R-^{18}O^3$.	?	?	Décompos. du salicylol cuiv. par la chaleur.
Orosélone $R-^{18}O^3$.	?	?	Produit de décomposition de l'athamantine (24e fam.)
Azoléate RO^4.	Sel bibasique.	?	Action de l'acide nitr. sur le suif, l'huile de ricin, la cire, etc.
Sébalcool $R-^2O^4$.	Éther bialcooliq.	?	Éthérificat. de l'acide sébacique (10e f.).
Camphoralcool $R-^4O^4$.	Éther bialcooliq.	?	Éthérificat. de l'acide camphorique (18e fam.).
Maynarétine $R-^{16}O^4$.	?	?	Dans la résine de Maynas.
Stilbate $R-^{18}O^4$.	Sel bibasique.	Action de l'acide nitrique sur le stilbène n.	Action du brome sur le benzoate argentique (7e fam.).
Imabenzile $R-^{17}NO$.	Amide.	Action de l'ammoniaq. sur le benzile n.	?
Benzimide $R-^{17}NO^2$.	Amide.	?	Dans l'ess. d'amandes amères brute.
Benzazotide $R-^{18}N^2$.	Amide.	?	Act. de l'ammoniaque sur l'essence d'amandes amères (7e fam.).
Harmaline $R-^{12}N^2O$.	Alcaloïde.	?	Dans les graines de *Peganum Harmala.*
Oxanilide $R-^{16}N^2O^2$.	Alcalamide.	?	L'oxalate d'aniline élimine $2H^2O$.

Genre Draconyle R—14.

589. L'espèce normale se produit dans la distillation sèche du sang-dragon.

Draconyle normal. — $C^{14}H^{14}$. — En distillant jusqu'à 180° le produit brut de la décomposition du sang-dragon par la chaleur, on obtient un liquide qui contient deux carbures d'hydrogène, le dracyle ou benzoène n. (405), et le D. normal. Lorsqu'on a distillé le mélange de ces deux substances au-dessous de son point d'ébullition, et que par conséquent la plus grande partie du premier hydrogène carboné a passé, il reste dans la cornue un liquide visqueux, qui est le D., maintenu en dissolution par une petite quantité de ce dernier. Pour séparer ces deux corps, on verse le mélange dans l'alcool, qui dissout le benzoène, et le D., qui est insoluble dans ce véhicule, se précipite sous l'apparence d'une résine incolore et molle, comme la térébenthine, on le lave plusieurs fois avec de l'alcool, puis on le dessèch dans une étuve, à une température de 150° (Glénard et Boudault).

Le D. normal, d'abord mou au moment où on le précipite, devient entièrement solide par la dessiccation. Il est alors entièrement blanc, d'un aspect brillant et nacré, insoluble dans l'eau, l'alcool, l'éther, la potasse; il se dissout dans les huiles grasses et essentielles à l'aide de la chaleur, et s'y dépose par le refroidissement.

Seul, il n'est pas volatil, ce qui paraît indiquer que son équivalent est bien plus élevé que $C^{14}H^{14}$. Toutefois il peut distiller à la faveur d'un autre hydrogène carboné.

Si l'on en chauffe quelques fragments dans un petit tube fermé aux deux extrémités, il ne tarde pas à se transformer en un liquide volatil, sans laisser de résidu apparent, et sans aucun dégagement de gaz. Ce liquide paraît être identique avec le cinnamène n. (441). La transformation n'est pas aussi nette si l'on distille le D. dans une cornue.

L'acide sulfurique n'agit pas à froid sur le D. normal; mais quand on chauffe le mélange, il se charbonne.

L'acide nitrique ordinaire ne l'attaque pas non plus, mais l'acide fumant le convertit en D. binitrique.

Les propriétés du D. normal le rapprochent du caoutchouc.

Draconyle binitrique. — $C^{14}(H^{12}X^2)$. — Quand on chauffe le D. normal dans l'acide nitrique fumant, il se dissout en dégageant des vapeurs rutilantes. La dissolution, traitée par l'eau, précipite du D. binitrique en flocons caillebottés. Après la dessiccation, ce dernier est jaunâtre, pulvérulent, insoluble dans l'eau, l'alcool et l'éther, insoluble dans la potasse et les acides. Il fuse sur les charbons ardents, et répand, en brûlant, une odeur d'amandes amères. L'acide nitrique concentré ne paraît pas l'attaquer, même par une ébullition de plusieurs heures (Glénard et Boudault).

Genre *Stilbilène* R—14.

590. Hydrocarbure hyperhalide, isomère du g. précédent. Les espèces chlorées et bromées se produisent par la combinaison directe de Cl^2 ou Br^2 avec les espèces du g. stilbène ; elles se dédoublent sous l'influence des alcalis, en donnant des espèces chlorées ou bromées de ce dernier genre.

Stilbilène bichloré (chlorure de stilbilène alpha et béta). — $C^{14}(H^{12}Cl^2)$. — Il s'obtient quand on fait passer du chlore sur le stilbène, maintenu en fusion, soit en petits cristaux transparents (modific. α), très peu solubles dans l'éther, et presque insolubles dans l'alcool bouillant, soit en tables octogonales (modific. β), très solubles dans l'alcool et l'éther.

Une dissolution bouillante et alcoolique de potasse le convertit en stilbène chloré (Laurent).

Stilbilène trichloré (chlorure de chlostilbase).— $C^{14}(H^{11}Cl^3)$.— Il cristallise sous la forme de lentilles blanches et opaques ; il est moins soluble dans l'éther que l'espèce précédente. Il fond à 85°. Une dissolution alcoolique et bouillante de potasse le décompose.

Stilbilène bibromé (bromure de stilbène). — $C^{14}(H^{12}Br^2)$. — On prépare ce composé en versant du brome sur le stilbène normal. C'est une poudre blanche, insoluble dans l'alcool et l'éther ; par la distillation sèche, elle dégage de l'acide hydrobromique et du brome (Laurent).

Stilbilène chloro - bibromé (bromure de chlostibase). — $C^{14}(H^{11}ClBr^2)$.—On l'obtient en faisant agir du brome sur le stilbène chloré ; il forme des cristaux mal déterminés, solubles dans l'éther (Laurent).

Genre Stilbène R—16.

591. Hydrocarbure, produit de décomposition du benzoïlol sulfuré (409) par la chaleur.

Stilbène normal. — $C^{14}H^{12}$. — Quand on chauffe dans une cornue du benzoïlol sulfuré, celui-ci ne tarde pas à fondre ; il se développe de l'hydrogène sulfuré, du sulfure de carbone, et, si l'on renforce le feu, il passe en premier lieu du S. normal, qui se solidifie en écailles, et bientôt après il passe de l'essale sulfuré (26° fam.). Pour obtenir le S. normal à l'état de pureté, on fait bouillir avec de l'alcool les premières parties de la distillation ; on filtre pour séparer l'essale sulfuré, qui est presque insoluble dans l'alcool, et on laisse refroidir la liqueur. Il se dépose alors des lames rhomboïdales, qu'on fait recristalliser dans l'éther (Laurent).

On peut aussi employer les produits bruts qui résultent de l'action du sulfhydrate d'ammoniaque sur une dissolution alcoolique d'essence d'amandes amères ; le tout doit être laissé en contact pendant deux à trois semaines.

Le S. normal cristallise en tables semblables à celles du naphtalène, et qui constituent des prismes obliques à base rhombe ; il est incolore, et possède l'éclat nacré de la stilbite. Il est sans odeur, assez soluble dans l'alcool bouillant, très peu à froid ; il y cristallise en tables rhomboïdales assez aiguës, et ordinairement groupées les unes au bout des autres. Il fond à quelques degrés au-dessus de 100° ; il bout vers 292°, et distille sans altération. La densité de sa vapeur a été trouvée égale à 8,4.

Le chlore et le brome le convertissent en différentes espèces du g. stilbilène.

L'acide sulfurique de Nordhausen le dissout à chaud ; en saturant la liqueur avec de la baryte, on obtient un sel copulé soluble.

L'acide chromique étendu ne le décompose pas ; l'acide concentré le décompose avec violence sous l'influence de la chaleur, et le convertit en benzoïlol normal (Laurent).

L'acide nitrique bouillant donne naissance à plusieurs produits, parmi lesquels on remarque le S. nitrique et le stilbate nitrique.

Stilbène chloré (chlostilbase). — $C^{14}(H^{11}Cl)$. — Lorsqu'on fait bouillir le stilbilène bichloré avec une dissolution alcoolique de potasse, il se forme du chlorure potassique et une matière huileuse, qu'on précipite par l'eau : c'est le S. chloré. Il est soluble dans l'alcool et dans l'éther, et distille sans altération. Le brome le convertit en stilbilène chloro-bibromé (Laurent).

Stilbène nitrique. — $C^{14}(H^{11}X)$. — Quand on fait bouillir du stilbène normal avec de l'acide nitrique, il se forme une matière jaune et résineuse qui paraît renfermer ce corps

Genre *Hydrobenzile* $R-^{16}O$.

592. Produit de l'action du sulfhydrate d'ammoniaque sur le benzile normal :

$$C^{14}H^{10}O^2 + 2H^2S = S^2 + H^2O + C^{14}H^{12}O.$$

Hydrobenzile normal. — $C^{14}H^{12}O$. — Quand on traite le benzile n. par le sulfhydrate d'ammoniaque, on obtient deux ou trois produits, dont un seul a pu être isolé à l'état de pureté. Ce corps, insoluble dans l'eau, mais aisément soluble dans l'alcool et l'éther, cristallise de ces dissolutions en lentilles concaves-convexes, de couleur blanche.

Ces cristaux fondent à 47°, en un liquide incolore, qui distille sans altération, et se prend en masse cristallisée à 42°. Leur odeur ressemble à celle de l'huile d'amandes amères ; leur saveur est à la fois sucrée et piquante.

Ils se dissolvent aisément dans l'acide sulfurique ; l'eau les en reprécipite (Zinin).

Genre *Myristate* RO^2.

593. Sel unibasique, homologue des g. formiate, acétate, butyrate, valérate, caproate, caprate, cocinate, décrits dans les

familles précédentes, ainsi que des g. éthalate, margarate, stéarate, etc.

Lorsqu'on exprime les noix de muscade entre des plaques de fer échauffées, après les avoir exposées à la vapeur de l'eau bouillante, on en sépare une matière grasse (beurre de muscade), qui se compose de deux ou de trois glycérides, dont l'un, huileux ou onctueux, n'a pas encore été examiné, et dont l'autre, concret et cristallisable, porte le nom de *myristine*, et a été étudié par M. Playfair. Pour en séparer cette dernière, on met la matière grasse brute en digestion avec de l'alcool ordinaire, on fait dissoudre dans l'éther bouillant la myristine qui vient surnager, on exprime les cristaux entre des doubles de papier joseph, on les redissout de nouveau, et on les soumet alternativement à l'action de la presse et à la cristallisation, jusqu'à ce que leur point de fusion soit constant à 31°. Cette myristine (1) fournit alors des myristates par la saponification.

Myristate normal (acide myristique).—$C^{14}H^{28}O^2$.—Lorsqu'on fait bouillir une dissolution concentrée de potasse avec de la myristine, celle-ci se saponifie sans former une masse épaisse ou visqueuse. En dissolvant le savon dans l'eau, et ajoutant un excès d'acide hydrochlorique, le M. normal se sépare à l'état d'une huile incolore qui se concrète par le refroidissement, en prenant une texture cristalline. On le traite ensuite à plusieurs reprises par l'eau distillée et bouillante, afin d'enlever l'acide hydrochlorique qui pourrait y adhérer.

Ainsi préparé, le M. normal est d'un blanc de neige, cristallin, fort soluble dans l'alcool bouillant, et s'en précipite en partie par le refroidissement. Sa solution rougit le tournesol. Il est également fort soluble dans l'éther bouillant, mais il s'y dissout peu à froid. Il est entièrement insoluble dans l'eau. La solution alcoolique l'abandonne en cristaux qui possèdent un bel éclat soyeux. Il fond à 49° (Playfair).

Quand on le distille, il se décompose en partie; une autre

(1) Cette substance avait été confondue avec la margarine. Elle est cristalline, douée d'un éclat soyeux, et se dissout en toutes proportions dans l'éther bouillant; elle est moins soluble dans l'alcool bouillant et entièrement insoluble dans l'eau. Par la distillation sèche, elle donne de l'acroléine et un acide gras.

portion passe sans altération ; les produits ne renferment pas d'acide sébacique. L'acide nitrique l'attaque à chaud.

Myristate potassique. — $C^{14}(H^{27}K)O^2$. — On obtient ce sel en chauffant le M. normal avec une solution concentrée de carbonate de potasse. On évapore la masse à siccité, et l'on en extrait le M. potassique à l'aide de l'alcool. Il constitue un savon blanc, cristallin, très soluble dans l'eau et l'alcool, insoluble dans l'éther (Playfair).

Myristate barytique. — $C^{14}(H^{27}Ba)O^2$. — On prépare ce sel par double décomposition, au moyen du M. potassique ; il est blanc, très peu soluble dans l'eau et l'alcool.

Myristate argentique. — $C^{14}(H^{27}Ag)O^2$. — Poudre blanche, légère, insoluble dans l'eau, fort soluble dans l'ammoniaque, et cristallisant dans ce liquide ; par l'évaporation spontanée, en gros cristaux transparents (Playfair).

Genre OEnanthide R—²O².

594. Anhydride.

OEnanthide normal (acide œnanthique anhydre). — $C^{14}H^{25}O^2$. —L'œnanthide normal, soumis à la distillation sèche, abandonne 1 éq. d'eau, et se convertit en un anhydride particulier. Ce dernier possède un point d'ébullition plus élevé que l'œnanthate ; une fois fondu, il ne se solidifie que vers 31° (Liebig et Pelouze).

Genre Créosote R—¹²O².

595. Produit de la distillation sèche de certaines résines contenues dans le bois.

Créosote normale. — $C^{14}H^{16}O^2$ (Deville (1)). — Le vinaigre de bois, et, en général, les liquides provenant de la distillation sèche du bois et d'autres parties végétales, renferment un principe huileux qui a la propriété de préserver de la putréfaction les matières animales. M. Reichenbach, à qui l'on doit la découverte de ce corps (du grec κρεας, chair, et σώζω, je conserve), l'extrait du vinaigre de bois brut par le procédé suivant : il sature ce produit par du sulfate de soude, de manière à en séparer

____

(1) *Annal. de chim. et de phys.*, 3e série, t. XII, p. 228.

toutes les parties huileuses que l'eau tenait en dissolution ; après avoir saturé celles-ci par du carbonate de potasse, il les décante et les distille avec de l'eau. Le produit, plus pesant que l'eau, est ensuite traité successivement par l'eau aiguisée d'acide phosphorique pour enlever l'ammoniaque et les matières brunes, par une solution concentrée de potasse, qui dissout la C., èt par l'acide sulfurique dilué pour mettre celle-ci en liberté. La C. est d'ailleurs assez difficile à purifier.

Elle constitue un liquide incolore, transparent, huileux et assez fluide, d'une densité de 1,037, et d'un fort pouvoir réfringent. Son odeur est désagréable, pénétrante, et ressemble à celle de la viande fumée. Sa saveur est âcre et brûlante.

Une goutte de C., appliquée sur la langue, y produit une tache blanche, en désorganisant la peau ; sa vapeur irrite les yeux, et c'est à elle que la fumée doit son action sur ces organes (Reichenbach).

Elle bout à 203°, et distille sans altération. Lorsqu'elle est entièrement pure, elle ne se colore pas à l'air. Elle est peu soluble dans l'eau ; la dissolution aqueuse se colore en bleu par les persels de fer (Deville).

Les alcalis la dissolvent en produisant des combinaisons dérivées du même genre. L'acide acétique la dissout en toutes proportions.

Elle dissout un grand nombre de sels, et entre autres le chlorure de calcium ; on ne peut donc pas employer celui-ci pour la dessécher.

L'acide sulfurique concentré la dissout aisément en s'accouplant avec elle ; le mélange est rouge.

Le chlore produit une matière résineuse. Traitée par le chlorate de potasse et l'acide hydrochlorique, la C. normale donne du quinoïle perchloré $C^6Cl^4O^2$ (chloranile). Sous l'influence de l'acide nitrique (1), elle donne une matière résineuse brune, ainsi que plusieurs acides cristallisables, parmi lesquels on remarque l'oxalate n., le phénate trinitrique, et deux autres acides nitrogénés (Laurent).

____

(1) *Comptes-rendus de l'Académie des sciences*, 1844, t. XIX, p. 574.

Créosote potassique. — $C^{14}(H^{15}K)O^2$? — La potasse caustique se dissout dans la C. normale en s'échauffant, et en donnant une combinaison huileuse qui se prend peu à peu en paillettes nacrées. Celles-ci fondent par la chaleur, tombent en déliquescence à l'air, et se dissolvent aisément dans l'eau. Quand on soumet la solution à la distillation, il passe de la C. normale. La C. potassique s'altère peu à peu à l'air en brunissant; les acides en séparent la C. normale.

La soude se comporte comme la potasse.

L'eau de chaux et l'eau de baryte donnent des composés onctueux qui durcissent à l'air et sont peu solubles dans l'eau.

L'ammoniaque dissout aussi avec facilité la C. normale.

Créosote octobromée. — $C^{14}(H^8Br^8)O^2$. — Le brome donne, avec la C. normale, un acide cristallisé dans lequel la moitié de l'hydrogène se trouve remplacée par du brome (Deville).

Genre Benzoïne $R^{-16}O^2$.

596. Polymère du benzoïlol n., produit par la réunion de deux molécules de ce corps :

$$2[C^7H^6O] = C^{14}H^{12}O^2.$$

Benzoïne normale (camphoride, camphre de l'huile d'amandes amères). — $C^{14}H^{12}O^2$. — On l'obtient le mieux en mélangeant de l'essence d'amandes amères brute, contenant de l'acide prussique, avec son volume d'une dissolution alcoolique et saturée de potasse caustique; le liquide se prend en masse souvent au bout de quelques minutes. On purifie le produit par de nouvelles cristallisations dans l'alcool.

Cette métamorphose s'effectue presque aussi aisément avec le benzoïlol n. pur, à l'aide d'une solution alcoolique de cyanure de potassium (Zinin).

La B. normale s'obtient en cristaux transparents, très brillants et de forme prismatique. Elle n'a ni odeur ni saveur. Elle fond à 120° en un liquide incolore qui se prend de nouveau en une masse de cristaux radiés : à une température plus élevée, elle bout et distille. Elle s'enflamme aisément et bout avec une flamme claire et fuligineuse (Wœhler et Liebig).

Elle est insoluble dans l'eau froide; à la température de l'ébullition, elle s'y dissout en petite quantité et s'en sépare par le refroidissement à l'état de petites aiguilles cristallines.

Elle se dissout dans l'acide sulfurique avec une couleur violette; à chaud, le mélange noircit.

Traitée à chaud par du chlore, elle se convertit en benzile n. (modif. α) et acide hydrochlorique (Laurent):

$$C^{14}H^{12}O^2 + Cl^2 = 2HCl + C^{14}H^{10}O^2.$$

L'acide nitrique détermine à chaud la même métamorphose (Zinin).

Quand on la dissout dans une solution alcoolique de potasse, elle la colore en violet et se convertit à l'ébullition en benzilate potassique avec dégagement d'hydrogène (Liebig):

$$C^{14}H^{12}O^2 + (KH)O = C^{14}(H^{11}K)O^3 + H^2.$$

En la faisant fondre avec de la potasse, on la convertit en benzoate, aussi avec dégagement d'hydrogène:

$$C^{14}H^{12}O^2 + 2(KH)O = 2[C^7(H^5K)O^2] + 2H^2.$$

Abandonnée avec de l'ammoniaque dans un flacon bouché, elle se convertit en benzoïnamide (Laurent):

$$3C^{14}H^{12}O^2 + 4NH^3 = 6H^2O + 2C^{21}H^{18}N^2.$$

L'acide prussique paraît être sans action sur elle (Zinin).

En dirigeant sa vapeur à travers un tube de verre chauffé au rouge, elle se dédouble de nouveau en benzoïlol n. (Liebig).

Genre Benzile $R^{-18}O^2$.

597. Produit de l'action du chlore ou de l'acide nitrique sur la benzoïne normale:

$$C^{14}H^{12}O^2 + O = H^2O + C^{14}H^{10}O^2.$$
$$C^{14}H^{12}O^2 + Cl^2 = 2HCl + C^{14}H^{10}O^2.$$

Une modification isomère de l'espèce normale se produit par l'action de la chaleur sur le benzoate cuivrique (Ettling, Stenhouse).

Benzile normal (benzoïle). — $C^{14}H^{10}O^2$. — Nous distinguerons les deux modifications suivantes:

α. M. Laurent l'a obtenue en faisant passer un courant de chlore sur de la benzoïne maintenue en fusion, tant qu'il se dégageait du gaz HC*l*. On l'obtient encore plus aisément, suivant M. Zinin, en chauffant doucement la benzoïne avec 2 fois son poids d'acide nitrique concentré ; la substance fond alors, et l'action est complète dès qu'il surnage une huile limpide et que le dégagement de vapeurs rouges a cessé. On purifie le produit par la cristallisation dans l'éther ou dans l'alcool.

Le B. normal s'obtient sous la forme de beaux prismes à 6 pans réguliers, dont les angles sont de 120" ; ils sont terminés par des sommets à 3 faces pentagonales. Il est jaunâtre, sans odeur ni saveur, insoluble dans l'eau, très soluble dans l'alcool et l'éther. Il est fusible et volatil sans décomposition ; par le refroidissement, il se solidifie, entre 90 et 92", en une masse fibreuse (Laurent).

L'acide nitrique bouillant ne l'attaque pas. L'acide sulfurique le dissout à chaud, et l'eau le précipite de la solution.

Une dissolution aqueuse et bouillante de potasse ne l'attaque pas ; mais si l'on y fait agir une dissolution alcoolique de potasse, celle-ci prend la couleur de la teinture de tournesol, se décolore par l'ébullition et renferme alors du benzilate :

$$C^{14}H^{10}O^2 + (KH)O = C^{14}(H^{11}K)O^3.$$

Si l'on met une solution alcoolique et concentrée de B. normale en contact, à chaud, avec de l'ammoniaque aqueuse, il se produit différents corps, parmi lesquels on remarque l'imabenzile normal (Laurent) :

$$C^{14}H^{10}O^2 + NH^3 = H^2O + C^{14}H^{11}NO.$$

M. Zinin (1) a obtenu, dans ces circonstances, un autre corps $C^{21}H^{15}NO$, ainsi que de l'éther benzoïque.

Il se combine directement avec l'acide prussique en produisant du cyanobenzile normal :

$$C^{14}H^{10}O^2 + 2CHN = C^{16}H^{12}N^2O^2$$

Traité par du sulfhydrate d'ammoniaque, le B. normal

(1) *Annal. der Chem. u. Pharm.*, t. XXXIV, p. 191.

donne, entre autres produits, de l'hydrobenzile normal (592) :

$$C^{14}H^{10}O^2 + 2H^2S = S^2 + H^2O + C^{14}H^{12}O.$$

β. Lorsqu'on chauffe le benzoate de cuivre parfaitement sec à 220° environ, il se décompose complétement en un corps qui possède exactement la composition $C^{14}H^{10}O^2$, et en acide benzoïque qui passent à la distillation, tandis qu'on a pour résidu un mélange de salicylate de cuivre (422) et de cuivre métallique ; la plupart du temps, on observe aussi un dégagement d'acide carbonique en même temps qu'il passe du benzène normal et de la benzone n. (Ettling, Stenhouse). On conçoit la réaction en considérant l'équation suivante :

$$4[C^7(H^5Cu)O^2] = C^{14}H^{10}O^2 + 2[C^7(H^5Cu)O^3] + Cu^2.$$

Les autres produits proviennent évidemment d'une décomposition secondaire.

On traite à chaud, par une lessive faible de potasse, le produit de la distillation ; le corps $C^{14}H^{10}O^2$ vient alors surnager sous la forme d'une huile incolore qui se concrète par le refroidissement. On purifie ce produit par la cristallisation à chaud.

Il s'y dépose alors sous la forme d'aiguilles allongées et parfaitement blanches. Il est aussi fort soluble dans l'éther et s'y dépose en prismes quadrilatères obliques qui ont souvent un demipouce de long. Son odeur rappelle celle du géranium.

Il fond à 70°. Chauffé avec de l'hydrate de potasse fondu, il se convertit en benzoate, avec dégagement d'hydrogène :

$$C^{14}H^{10}O^2 + 2(KH)O = 2[C^7(H^5K)O^2] + 2H.$$

Une dissolution alcoolique de potasse le convertit aussi assez rapidement en benzoate, en même temps qu'il se produit un peu d'éther benzoïque.

Benzile chloré. — $C^{14}(H^9Cl)O^2$. — Lorsqu'on sature par un courant de chlore le B. normal, modif. β, maintenu en fusion, il se colore en jaune et se transforme en B. chloré, qui se mélange avec un autre liquide chloré. On l'exprime et on le fait cristalliser dans l'éther. On obtient ainsi des cristaux aplatis, doués d'une odeur faible semblable à celle du chlorure de carbone, et fusibles à 87°. Par la sublimation, ils donnent des prismes quadrilatères aplatis, semblables au chlorate de potasse (1).

Chauffés avec une dissolution alcoolique de potasse, ces cristaux noircissent en donnant du benzoate de potasse, du chlorure de potassium et un peu d'éther benzoïque. En même temps il se forme une certaine quantité d'une résine particulière.

Genre *OEnanthate* RO³.

598. Sel bibasique, produit par la décomposition de l'éther œnanthique (18ᵉ fam.) sous l'influence des alcalis :

$$C^{18}H^{36}O^3 + 2(KH)O = 2C^2H^6O + C^{14}(H^{26}K^2)O^3.$$

OEnanthate normal (acide œnanthique hydraté). — $C^{14}H^{28}O^3$. — Cet acide, séparé de ses combinaisons au moyen de l'acide sulfurique, doit être lavé avec beaucoup de soin à l'eau chaude. On peut ensuite le sécher, soit en l'agitant avec du chlorure de calcium, soit en l'exposant dans le vide sur de l'acide sulfurique. A la température de 13°,2 cet acide est d'un blanc parfait et présente une consistance butyreuse ; mais à une température supérieure, il se fond et forme une huile incolore, sans saveur ni odeur, qui rougit le tournesol, se dissout facilement dans les alcalis caustiques et dans les carbonates alcalins. Il se dissout aisément dans l'éther et dans l'alcool (Pelouze et Liebig).

Soumis à la distillation sèche, il abandonne 1 éq. d'eau en se transformant en œnanthide normal (594).

Les O. métalliques sont difficiles à obtenir purs, et se décomposent aisément.

OEnanthate potassique (sel acide). — $C^{14}(H^{27}K)O^3$. — Lorsqu'on neutralise une dissolution chaude d'O. normal avec de la potasse, jusqu'à ce que la liqueur ne manifeste ni réaction acide ni réaction alcaline, et qu'on laisse refroidir, la liqueur se prend

(1) M. Stenhouse a obtenu à l'analyse de ces cristaux : carbone 66,1 — hydrog. 3,86 — chlore 16,04. Il n'en calcule pas de formule ; celle que j'admets exige : carbone 67,5 — hydrog. 3,7 — chlore 16,0. Dans l'analyse de M. Stenhouse, la combustion n'avait pas été complétée par un courant d'oxygène gazeux.

en une masse pâteuse formée d'aiguilles extrêmement fines et d'un éclat soyeux après la dessiccation (P. et L.).

OEnanthate bisodique (sel neutre).— $C^{14}(H^{26}Na^2)O^3$. — Quand on dissout à chaud de l'O. normal dans du carbonate de soude, qu'on évapore la dissolution à siccité et qu'on reprend par l'alcool, on dissout de l'O. bisodique ; la dissolution se prend, par le refroidissement, en une masse gélatineuse. Elle précipite en blanc le nitrate d'argent et l'acétate de plomb, mais les précipités ne présentent pas une composition constante.

OEnanthate quadrichloré (acide chloroenanthique).— $C^{14}(H^{24}Cl^4)O^3$. — L'huile que les acides minéraux précipitent de la dissolution potassique de l'éther oenanthique, soumis à l'action du chlore, est incolore et sans odeur ; elle a une saveur désagréable et une réaction acide ; elle est très fluide, se décompose avant d'entrer en ébullition, et forme des sels avec les bases métalliques. Ces sels se décomposent déjà pendant les lavages (Malaguti).

Genre Saliretine $R—^{14}O^3$.

599. L'espèce normale de ce g. se produit par l'action des acides sur la saligénine normale (413) :

$$2C^7H^8O^2 = H^2O + C^{14}H^{14}O^3.$$

On l'obtient aussi, ainsi que l'espèce quintichlorée, en même temps que du glucose normal, par l'action des acides sur la salicine normale ou quintichlorée (21e fam.) :

$$C^{26}H^{36}O^{14} + H^2O = C^{12}H^{24}O^{12} + C^{14}H^{14}O^3$$
$$C^{26}(H^{31}Cl^5)O^{14} + H^2O = C^{12}H^{24}O^{12} + C^{14}(H^9Cl^5)O^3.$$

Saliretine normale (rutiline, olivine?). — $C^{14}H^{14}O^3$ (1). — Le plus grand nombre des acides, même en dissolution fort étendue, opère la transformation de la salicine en S. normale, pourvu qu'on élève la température du liquide jusqu'à son point d'ébulli

(1) Cette formule exige : carbone (nouv. poids at.) 73,0, hydrog. 6,0. M. Piria a obtenu dans deux analyses : carbone 72,96 — 72,75 ; hydrog. 5,8 — 6,0. Le produit d'une autre préparation lui a donné moins de carbone. La formule que je propose n'est donc que provisoire ; elle s'accorde d'ailleurs avec toutes les réactions.

tion. La matière résinoïde qui prend alors naissance se rassemble
à la surface du liquide à mesure qu'elle se produit. Elle est ordinairement jaunâtre, quelquefois entièrement blanche ; toutefois
sa teinte varie ; en général, plus l'acide (hydrochlorique ou sulfurique) qu'on emploie est étendu, plus le produit offre les caractères d'un corps pur. Il reste du glucose en dissolution (Piria).

La S. est insoluble dans l'eau et l'ammoniaque ; soluble, au
contraire, dans l'alcool, dans l'éther et dans l'acide acétique
concentré. L'eau la précipite de ces dissolutions. La potasse et la
soude caustiques dissolvent aussi la S., et la solution n'est pas
précipitée par l'eau ; mais les acides en précipitent la S. sous la
forme d'un magma blanc gélatineux ; l'acide carbonique lui-
même opère cette décomposition.

L'acide sulfurique concentré la colore en rouge de sang ; l'a-
cide nitrique concentré la transforme, à l'aide de l'ébullition,
en phénate trinitrique, sans acide oxalique (Piria).

Soumise à la distillation sèche, elle donne du phénate normal,
de l'eau et un abondant résidu de charbon (Gerhardt) :

$$C^{14}H^{14}O^3 = 2C^6H^6O + H^2O + C^2.$$

Salirétine quintichlorée.—$C^{14}(H^9Cl^5)O^3$.—Lorsqu'on fait bouillir
la salicine quintichlorée avec de l'acide hydrochlorique, elle se
dédouble en glucose normal et en un produit rouge (Piria), qui
est probablement la S. quintichlorée.

Genre Benzilate $R^{-16}O^3$.

600. Sel unibasique, produit par l'action des alcalis sur le
benzile normal (modif. α) :

$$C^{14}H^{10}O^2 + (KH)O = C^{14}(H^{11}K)O^3.$$

Les B. se distinguent par la belle couleur cramoisie qu'ils
prennent au contact de l'acide sulfurique concentré.

Benzilate normal (acide benzilique). — $C^{14}H^{12}O^3$. — On dissout à chaud le benzile dans une solution alcoolique et bouillante
de potasse caustique ; il se produit alors une coloration violette,
qui disparaît par une ébullition prolongée. On arrête les additions de benzile quand le liquide présente une réaction franche-

ment alcaline, et qu'il se mélange complétement à l'eau sans la troubler. Il faut alors l'évaporer à siccité, abandonner la masse, après l'avoir broyée, dans une atmosphère d'acide carbonique, jusqu'à ce que toute la potasse soit carbonatée, et que la solution alcoolique du produit ne présente plus de réaction alcaline. Enfin, on dissout le mélange dans l'alcool, on enlève le carbonate à l'aide du filtre, on décolore par le charbon, et l'on évapore le sel. La solution aqueuse de ce dernier étant sursaturée à chaud avec de l'acide hydrochlorique, dépose, par le refroidissement, des aiguilles brillantes de B. normal (Liebig, Zinin).

Cet acide est peu soluble dans l'eau froide, plus soluble dans l'eau bouillante; il est très soluble dans l'alcool et l'éther. Il est sans odeur ni saveur, ne perd pas de son poids à 100°, et fond à 120° en un liquide incolore. A une température plus élevée, celui-ci rougit et finit par développer des vapeurs violettes, qui se condensent en un liquide huileux, âcre et rougeâtre, insoluble dans l'eau, soluble dans l'alcool, et pouvant distiller sans altération; il reste en même temps un charbon brillant.

L'acide benzilique et les B. métalliques se colorent en beau cramoisi au contact de l'acide sulfurique concentré; cette teinte se conserve pendant plusieurs heures, disparaît au contact de l'eau, et reparaît par la concentration du mélange.

L'acide nitrique dissout à chaud le B. normal; l'eau l'en précipite sans altération.

Benzilate potassique. — $C^{14}(H^{11}K)O^3$. — Les cristaux de ce sel sont anhydres, incolores, transparents, très solubles dans l'eau et l'alcool, insolubles dans l'éther. La solution aqueuse se prend, par la concentration, en une bouillie de tables minces. Chauffés au-dessus de 200°, les cristaux fondent en un liquide incolore, et développent, à une température plus élevée, une vapeur blanche, qui se condense en un liquide huileux, insoluble dans l'eau, en même temps qu'il reste du charbon et du carbonate (Zinin).

Benzilate argentique. — $C^{14}(H^{11}Ag)O^3$. — La solution du B. potassique est précipitée par le nitrate d'argent; le précipité constitue une poudre blanche, un peu soluble dans l'eau bouillante. Chauffé à 100°, le B. argentique prend une couleur bleue, sans perdre de son poids; quand on le chauffe plus fort, il développe une vapeur violette.

Benzilate plombique. — $C^{14}(H^{11}Pb)O^3$. — On l'obtient par le B. normal et l'acétate de plomb neutre; c'est une poudre blanche, un peu soluble dans l'eau bouillante. Il ne s'altère pas à 100°, fond à une température plus élevée, en un liquide rouge, et développe une vapeur violette (Zinin).

Genre *Parasalicyle* $R^{-18}O^3$.

600 *a*. Produit de décomposition, par la chaleur, du salicylol cuivrique.

Parasalicyle normal. — $C^{14}H^{10}O^3$. — Quand on chauffe du salicylure cuivrique à 220°, il brunit en dégageant une huile jaune où se déposent peu à peu des cristaux de P. normal; en même temps il se dégage un peu d'acide carbonique, et du salicylate cuivrique reste pour résidu. On agite le produit distillé avec un peu de potasse, et le P. normal reste alors à l'état de flocons blancs.

Ce corps est insoluble dans l'eau, mais il se dissout aisément dans l'alcool et l'éther, et y cristallise en prismes quadrilatères.

Il fond à 127°, en un liquide jaune; à 180° il se sublime en aiguilles incolores.

Les alcalis aqueux ou en dissolution alcoolique ne l'attaquent pas. L'acide nitrique concentré le convertit à chaud en phénate trinitrique. L'acide sulfurique concentré le dissout à froid sans altération; à chaud, il se développe un peu d'acide sulfureux, et il paraît se former un acide copulé.

Le chlore et le brome l'attaquent à chaud en produisant des combinaisons cristallisables.

Genre *Orosélone* $R^{-18}O^3$.

601. Produit de décomposition de l'athamantine normale (24ᵉ fam.) par les acides et les alcalis:

$$C^{24}H^{30}O^7 = C^{14}H^{10}O^3 + 2C^5H^{10}O^2.$$

Orosélone normale.—$C^{14}H^{10}O^3$? — Lorsqu'on dirige du gaz hydrochlorique sec sur l'athamantine, et qu'on chauffe ensuite la masse à 100°, elle développe beaucoup d'acide valérianique, en laissant un résidu d'O. normale.

Cette substance reste à l'état d'une masse poreuse et amorphe, d'un blanc grisâtre. On la purifie par des cristallisations dans l'alcool bouillant, où elle se dépose en mamelons ou en choux-fleurs, qui, considérés à la loupe, présentent de fines aiguilles, groupées concentriquement. Elle est sans odeur ni saveur, ne se dissout pas dans l'eau. Elle se dissout dans les alcalis avec une couleur rouge; les acides l'en reprécipitent légèrement modifiée.

Elle fond vers 190° en un liquide limpide, qui se charbonne à une température plus élevée (Schnedermann et Winckler).

La composition de l'O., ainsi que du corps d'où elle dérive, ne me paraît pas bien établie.

Genre Azoléate RO^4.

602. Sel bibasique, produit par l'action de l'acide nitrique sur le suif, l'acide oléique, l'huile de ricin, la cire, etc. (Laurent, Tilley, Gerhardt).

Azoléate normal (acide azoléique ou œnanthylique).—$C^{14}H^{28}O^4$. — Pour l'obtenir, on chauffe de l'huile de ricin ou une autre huile grasse avec de l'acide nitrique, en ayant soin de condenser les produits volatils; l'action est extrêmement énergique, et l'on fait bien de ne pas opérer à feu nu. Il faut prolonger l'oxydation pendant plusieurs jours, suivant le degré de concentration de l'acide nitrique; quand il ne se dégage plus de vapeurs nitreuses, on retire la cornue du feu. On trouve alors dans le récipient de l'acide nitrique, de l'eau et une huile, qui n'est autre chose que l'A. normal. Le résidu, mélangé avec de l'eau et soumis à la distillation, en donne une nouvelle quantité. On le rectifie avec de l'eau, car il ne distille pas seul sans s'altérer; on le dessèche sur de l'acide phosphorique anhydre, car il dissout une certaine quantité de chlorure de calcium (Tilley).

L'A. normal est incolore et transparent, d'une agréable odeur aromatique, et d'une saveur mordicante. Il est fort peu soluble dans l'eau; toutefois il communique son odeur à ce liquide. Il est soluble dans l'acide nitrique, l'alcool et l'éther. Il entre en ébullition à 148° c. ; une portion se volatilise alors; mais si on le maintient à cette température, il noircit et se décompose, en donnant des produits empyreumatiques, de sorte qu'on ne peut pas le distiller seul.

Il brûle avec une flamme claire, sans beaucoup de fumée. Il ne se solidifie pas encore à — 17° c.

Fondu avec de l'hydrate de potasse, il développe du gaz hydrogène en donnant un sel particulier.

Azoléate potassique. — Il s'obtient en neutralisant le carbonate de potasse par l'A. normal ; il ne cristallise pas, et se prend, par l'évaporation, en une masse épaisse et transparente.

Azoléate bibarytique. — $C^{14}(H^{26}Ba^2)O^4$ (Tilley): — Ce sel se produit lorsqu'on fait bouillir du carbonate de baryte avec une solution alcoolique d'A. normal, jusqu'à neutralisation du liquide. Il faut filtrer tant qu'il est encore chaud ; par le refroidissement, il se dépose alors en belles lames insolubles dans l'éther, solubles dans l'eau et l'alcool.

Azoléate biargentique. — $C^{14}(H^{26}Ag^2)^4$. — On obtient aisément ce sel en précipitant une solution ammoniacale et neutre de l'acide par du nitrate d'argent ; il se dépose alors à l'état d'une poudre floconneuse.

Lorsqu'on distille ce sel, il passe dans le récipient une huile et un corps solide, tous deux sans propriétés acides ; le corps solide se dissout à chaud dans l'alcool, et cristallise, par le refroidissement, en belles aiguilles (Tilley).

Azoléate bicuivrique. — Il cristallise en belles aiguilles vertes, solubles dans l'alcool, et peu solubles dans l'eau.

Genre *Sébalcool* $R^{-2}O^4$.

603. Éther bialcoolique, homologue des g. oxalcool, oxaméthol, succinalcool, pimélalcool, etc.

Sébalcool normal (éther sébacique). — $C^{14}H^{26}O^4$. — On l'obtient aisément en dissolvant de l'acide sébacique (534) dans peu d'alcool, faisant passer dans la solution du gaz hydrochlorique jusqu'à saturation, et chassant par une chaleur modérée l'acétène chloré qui se produit en même temps. On lave le produit avec de l'eau alcalisée par du carbonate de soude, et on le rectifie après l'avoir desséché sur du chlorure de calcium (Redtenbacher).

Genre *Camphoralcool* $R^{-4}O^4$.

604. Éther bialcoolique.

Camphoralcool normal (éther camphorique). — $C^{14}H^{24}O^4$. — Ce corps se forme dans la distillation sèche du camphovinate normal (564) ; on l'obtient en versant de l'eau dans les eaux-mères alcooliques d'où est précipité ce dernier. Pour l'avoir pur, on le fait bouillir avec de l'eau alcalisée, on le dessèche dans le vide, on le distille, et, après l'avoir lavé, on le dessèche de nouveau dans le vide.

C'est une huile d'une couleur légèrement ambrée, d'une saveur amère, fort désagréable et d'une odeur forte. Sa densité est de 1,029 à + 16"; elle entre en ébullition à + 285 ou 287° ; à quelques degrés au-dessus, elle s'altère, brunit, et laisse un résidu noir ; mais le produit de la distillation est très pur après qu'on l'a lavé. Elle est parfaitement neutre, et insoluble dans l'eau (Malaguti).

Une lessive concentrée et bouillante de potasse la décompose lentement à la manière de tous les éthers. L'acide sulfurique la dissout à froid sans la décomposer, et on peut l'en séparer de nouveau en versant la dissolution dans l'eau ; à chaud, il y a décomposition sans dégagement d'acide sulfureux et sans production de charbon. Les acides hydrochlorique et nitrique ne l'altèrent ni à chaud ni à froid.

Le chlore la convertit en C. quadrichloré. La propriété que le C. normal possède de s'altérer à quelques degrés au-dessus de son point d'ébullition fait qu'on n'en peut pas déterminer la densité de vapeur.

Camphoralcool quadrichloré (éther camphorique chloruré). — $C^{14}(H^{20}Cl^4)O^4$. — Le chlore attaque vivement le C. normal, en développe du gaz HCl, et l'épaissit. Le produit est neutre, d'une saveur amère et persistante ; il est soluble dans l'alcool et l'éther. Sa densité est de 1,386 à + 14". Quand on le chauffe, il devient très fluide, et s'altère avant de bouillir. Une dissolution de polasse ne l'attaque presque pas ; mais une dissolution alcoolique de ce corps le convertit en eau, chlorure, camphorate et acétate potassiques (Malaguti) :

$$C^{14}(H^{20}Cl^4)O^4 + 8(KH)O = 4H^2O + 4KCl + C^{10}(H^{14}K^2)O^4 + 2C^2(H^3K)O^2.$$

Genre Maynarétine R—^{10}O^4.

605. *Maynarétine normale.* — $C^{14}H^{18}O^4$? — La résine de maynas s'extrait, par incision, du *Calophyllum Caloba*, arbre qu'on rencontre dans les plaines de Saint-Martin et de l'Orénoque. Par ses caractères extérieurs, elle ressemble à la plupart des résines; mais quand on vient à la purifier, en la dissolvant dans l'alcool bouillant, elle se présente sous la forme de petits prismes transparents. Lorsque la cristallisation s'opère lentement, on obtient de très beaux cristaux d'une belle couleur jaune, et d'une grandeur peu commune pour ces sortes de matières (1).

Cette résine se comporte comme un acide : elle se dissout aisément, même à froid, dans la potasse, la soude et l'ammoniaque. Elle est insoluble dans l'eau, très soluble dans l'alcool, l'éther, les huiles essentielles et les huiles grasses.

Sa densité est de 1,12; elle fond, à 105° environ, en un verre transparent. Une fois fondue, elle reste longtemps liquide, et ne se solidifie que vers 90°.

A la distillation sèche, elle fournit des huiles empyreumatiques, et laisse un résidu charbonneux.

L'acide acétique la dissout même à froid; l'acide sulfurique également; celui-ci lui donne une belle couleur rouge, mais l'eau en précipite la résine non altérée.

Chauffée avec un mélange de bichromate de potasse, elle développe de l'acide carbonique et de l'acide formique.

Le chlore et le brome agissent également sur cette résine, mais fort lentement, et ne donnent rien de bien net.

L'acide nitrique fumant agit très vivement, et donne un acide azoté incristallisable. L'acide ordinaire donne un acide liquide et

____

(1) J'admets provisoirement la formule adoptée par M. Lewy ; mais je ferai remarquer que ses analyses donnent plus de carbone qu'il n'en correspond à cette formule.

volatil qui possède tous les caractères de l'acide butyrique ; le résidu donne, par la concentration, des cristaux d'acide oxalique, ainsi que d'un autre acide (Lewy).

Genre Stilbate R—^{18}O^4.

606. **Sel bibasique.** L'espèce bromée a été obtenue par l'action du brome sur le benzoate argentique :

$$2[C^7(H^5Ag)O^2] + 4Br = 2BrAg + BrH + C^{14}(H^9Br)O^4.$$

Le stilbène n. C^{14}H^{12} a fourni l'espèce nitrique ; on sait que cet hydrogène carboné résulte lui-même de la décomposition de plusieurs molécules de benzoïlol sulfuré (409).

Stilbate normal. — C^{14}H^{10}O^4. — Il n'a pas encore été préparé.

Stilbate bromé (acide bromobenzoïque). — C^{14}(H^{9}Br)O^4 + aq. (Péligot). — On place du brome dans un petit tube ouvert, et on l'abandonne sur du benzoate d'argent, le tout étant renfermé dans un bocal. Les vapeurs de brome sont alors absorbées par le sel d'argent, et se décomposent peu à peu ; l'action est achevée dès qu'on observe des vapeurs rougeâtres. On traite la masse par l'éther, qui dissout le S. bromé, en laissant le bromure d'argent ; la solution éthérée étant évaporée, donne un résidu brun et huileux, qui se concrète peu à peu en une masse cristalline. Ce produit est encore impur, et renferme un peu d'acide benzoïque et une matière huileuse qui le colore. Pour le purifier, on le dissout dans la potasse, et, après avoir traité le sel par du charbon animal, on en sépare le S. bromé à l'aide de l'acide nitrique (Péligot).

Le S. bromé forme une masse cristalline et incolore, qui fond à 100°, et se sublime à 250° en laissant un résidu charbonneux. Il est peu soluble dans l'eau, très soluble dans l'alcool, l'éther et l'esprit de bois. Il brûle avec une flamme fuligineuse, bordée de vert. Sa solution ne précipite pas de bromure d'argent par le nitrate de ce métal.

Il produit des sels solubles, et en partie cristallisables, avec les alcalis et les terres alcalines, avec les oxydes de zinc, de cobalt, de nickel, de mercure et d'argent.

Les S. bromés à base de plomb et de cuivre sont peu solubles. Ces sels exigeraient une étude approfondie.

Stilbate nitrique (acide nitrostilbique). — $C^{14}(H^9X)O^4$ + aq. — Lorsqu'on fait bouillir pendant un quart d'heure quelques grammes de stilbène normal avec de l'acide nitrique, on obtient une matière jaune solide (stilbène nitrique) et une dissolution acide, qui, étant décantée et étendue d'un peu d'eau, laisse déposer, par le refroidissement, une poudre légère et cristalline. Elle renferme le S. nitrique; pour purifier celui-ci, on verse de l'ammoniaque faible sur la poudre jaune; l'acide se dissout; on filtre, et on y verse de l'acide nitrique, qui précipite le S. nitrique sous la forme d'une poudre légèrement jaunâtre, presque insoluble dans l'eau, encore plus dans l'éther. Il fond à une température beaucoup plus élevée que l'acide nitrobenzoïque, et se sublime en paillettes (Laurent).

Stilbate nitro-biargentique. — $C^{14}(H^7Ag^2X)O^4$. — Précipité qu'on obtient en décomposant la solution ammoniacale du corps précédent par le nitrate d'argent.

Genre *Imabenzile* $R^{-17}NO$.

607. Amide, produite par l'action de NH^3 sur le benzile normal (modif. α, 597) :

$$C^{14}H^{10}O^2 + NH^3 = H^2O + C^{14}H^{11}NO.$$

Imabenzile normal. — $C^{14}H^{11}NO$. — Quand on verse de l'ammoniaque dans une solution alcoolique et bouillante de benzile, on obtient des produits qui diffèrent suivant la concentration et la durée du contact. Dans une opération, M. Laurent a obtenu une poudre blanche, composée de cristaux microscopiques, qui étaient des prismes droits à base rhombe, terminés par deux facettes triangulaires.

La potasse fait éprouver à ce corps une modification isomère, en le transformant en aiguilles soyeuses groupées en sphères, que M. Laurent appelle *benzilime*.

En se plaçant dans d'autres circonstances, on obtient d'autres composés (*benzilam*, *benzazotide*, *stilbazide*), toujours d'après le principe de la formation des amides :

$$C^{14}H^{10}O^2 + xNH^3 = Amide + xH^2O.$$

Genre Benzimide $R-^{17}NO^2$.

608. Amide.

Benzimide normale. — $C^{14}H^{11}NO^2$. — Les circonstances dans lesquelles elle se forme ne sont pas connues. Elle a été obtenue par M. Laurent dans la rectification de l'essence d'amandes amères brute ; elle reste ordinairement dans le résidu et se sépare quand on traite celui-ci par l'alcool : elle est blanche, sans odeur, et se présente sous la forme d'une masse floconneuse fort légère, un peu nacrée et composée de petites aiguilles ou lamelles.

Elle est insoluble dans l'eau, très peu soluble dans l'alcool et l'éther bouillants. Elle est fusible et se volatilise sans se décomposer ; par le refroidissement, elle se solidifie à 167° en une masse composée de petits mamelons radiés.

Chauffée avec un peu d'alcool et d'acide nitrique, elle donne de l'éther benzoïque. L'acide hydrochlorique bouillant la dissout.

L'acide sulfurique la dissout à froid en prenant une belle couleur bleu indigo foncé ; mais il faut, pour que cette couleur paraisse, que la B. soit parfaitement sèche, car la présence de l'humidité suffit pour la faire passer au vert-émeraude foncé, puis au jaune. Quand on chauffe le mélange, il noircit et développe de l'acide benzoïque.

La potasse bouillante ne l'attaque pas ; mais si on la chauffe avec de la potasse en morceaux arrosés de quelques gouttes d'alcool, il se dégage de l'ammoniaque, et l'on obtient du benzoate (Laurent) :

$$C^{14}H^{11}NO^2 + 2(KH)O = 2[C^7(H^5K)O^2] + NH^3.$$

Genre Benzazotide $R-^{18}N^2$.

609. Amide.

Benzazotide normal (azotide benzoïlique). — $C^{14}H^{10}N^2$. — Après avoir fait bouillir longtemps le produit de l'action de l'ammoniaque sur l'essence d'amandes amères, on obtient un résidu blanc pulvérulent, sans apparence cristalline, et qui ne renferme que du B. normal.

Celui-ci est inodore, insipide, insoluble dans l'eau. Il se dissout dans 350 ou 400 fois son poids d'alcool bouillant. Par le refroidissement il donne une poudre blanche qui, vue au microscope, offre des prismes droits à bases rhombes, à peu près aussi hauts que larges, tous de la même grandeur et très réguliers. Rarement les arêtes verticales aiguës sont remplacées par des facettes. Ces cristaux ont environ 1 à 2 centièmes de millimètre de largeur ; on ne peut bien distinguer leur forme qu'avec un grossissement de 300 (Laurent).

Après avoir été fondus, ils se solidifient en une masse transparente comme la gomme, et si l'on chauffe plus fort, ils se décomposent en dégageant une huile, une matière cristalline (*amarone* $C^{16}H^{11}N$?), et en laissant un résidu de charbon.

Mis en contact pendant deux mois avec une dissolution de potasse caustique, ils se sont changés en d'autres cristaux de même grosseur, aussi peu solubles.

Il est probable qu'une dissolution alcoolique de potasse les convertirait en ammoniaque et benzoate, car :

$$C^{14}H^{10}N^2 + 2(KH)O + 2H^2O = 2[C^7(H^5K)O^2 + NH^3].$$

Genre *Harmaline* $R^{-12}N^2O$.

610. Alcaloïde renfermé dans les graines de *Peganum Harmala* à l'état de phosphate.

Harmaline normale (1). — $C^{14}H^{16}N^2O$? — Voici comment M. Gœbel obtient cet alcaloïde : il réduit les graines en poudre, et les épuise avec de l'eau aiguisée d'acide acétique ; l'extrait ayant été précipité par une lessive de potasse, il traite le précipité par de l'alcool absolu. Celui-ci dissout la H. et la dépose à l'état cristallisé ; on la redissout dans l'acide acétique, on décolore la solu-

(1) MM. Will et Warrentrapp donnent pour la H. la formule $C^{24}H^{26}N^4O$, qui n'est pas exacte. Leurs analyses, calculées avec $C = 75$, donnent : carbone 73,3 et hydrogène 6,8. Voici les deux formules qu'on en déduit :

	$C^{14}H^{16}N^2O$	$C^{14}H^{14}N^2O$.
Carbone. . .	73,7	74,3
Hydrogène .	7,0	6,2

tion par du charbon animal, on précipite par l'ammoniaque, et l'on fait cristalliser une seconde fois l'alcaloïde dans l'alcool.

Il constitue des prismes à base rhombe, diaphanes, brunâtres, légèrement amers et âcres; il colore la salive en jaune, est peu soluble dans l'eau et l'éther, et assez soluble dans l'alcool.

Il fond par la chaleur, en répandant des vapeurs blanches et en se charbonnant. Quand on le chauffe dans un tube de verre, il donne un sublimé blanc et farineux.

Sous l'influence des agents oxygénants, la H. se convertit en une matière colorante rouge, insoluble dans l'eau, soluble dans l'alcool. Le *rouge de harmala*, employé dans la teinture des étoffes, s'obtient directement avec les graines de harmala, auxquelles on fait subir une préparation particulière.

La H. normale neutralise les acides et donne, avec plusieurs d'entre eux, des sels jaunes, fort solubles et cristallisables (Gœbel).

Harmaline chloroplatinique. — $C^{14}H^{16}N^2O,HCl,PtCl^2$. — La solution de la H. dans l'acide chloroplatinique donne, avec le bichlorure de platine, un précipité jaune renfermant 24,5 p. c. de platine (Will et Warrentrapp).

Genre *Oxanilide* $R^{-16}N^2O^2$.

610*a*. Alcalamide (1) produite par la décomposition de l'oxalate neutre d'aniline (373) sous l'influence de la chaleur (Gerhardt) :

$$[C^2H^2O^4,2C^6H^7N] = 2H^2O + C^{14}H^{12}N^2O^2.$$

Sous l'influence de l'hydrate de potasse en fusion, l'O. normale se convertit de nouveau en oxalate et en aniline normale.

Oxanilide normale. — $C^{14}H^{12}N^2O^2$. — Lorsqu'on chauffe au bain de sable de l'oxalate neutre d'aniline, il fond, entre en ébullition, développe de l'eau et se convertit en O. normale; une partie du sel éprouve une décomposition d'un autre ordre, et l'eau qui se rend dans le récipient se charge de beaucoup d'aniline, en même temps qu'il se développe de l'acide carbonique. Quand l'ébullition a cessé, le résidu est liquide et se prend, par le refroidissement, en une masse radiée qui est un mélange d'O.

---

(1) Voyez à la fin du volume, dans la *Théorie des homologues*, les détails relatifs à cette nouvelle classe de composés organiques.

normale et d'une autre alcalamide, la *formanilide* (voy. dans les additions à la fin du volume). On l'épuise à froid avec de l'alcool qui dissout toute la formanilide, en laissant l'O. en paillettes brillantes très belles. Ce corps est insoluble dans l'eau et l'éther bouillants ; l'alcool absolu et bouillant n'en dissout que fort peu, et l'abandonne en grande partie, par le refroidissement, sous forme de paillettes brillantes douées d'un éclat argentin.

Il fond à peu près à 245° et se prend, par le refroidissement, en une masse radiée. Il entre en ébullition à 320° ; toutefois il donne déjà à une température inférieure des vapeurs qui se condensent en petites paillettes chatoyantes très belles.

Chauffé avec de l'acide sulfurique concentré, il développe, sans noircir, un mélange de volumes égaux d'oxyde de carbone et d'acide carbonique.

Les acides et les alcalis aqueux, même bouillants, ne l'attaquent pas ; mais l'hydrate de potasse en fusion le convertit en oxalate avec dégagement d'aniline. L'acide nitrique l'attaque à chaud en développant des vapeurs nitreuses (Gerhardt).

QUINZIÈME FAMILLE.

GENRES.	FONCTIONS chimiques DES GENRES.	RAPPORTS DE TRANSFORMATION entre les genres de la QUINZIÈME FAMILLE.	RAPPORTS DE TRANSFORMATION entre les genres DE LA QUINZIÈME et d'autres familles.
Copahydrène R.	Hydroc. halhydr.	Le paracamphène n. fixe $3HCl$, et donne du copahydrène trichloré.	?
Cubéhydrène R-2.	Hydroc. halhydr.	Le paracamphène n. fixe $2HCl$, et donne du cubéhydrène bichloré.	?
Paracamphène R-6.	Hydrocarbure.	Le cubébol n. élimine H^2O.	Dans l'essence de cubèbe et de copahu.
Anthracène R-18.	Hydrocarbure.	?	Dans le goudron de houille.
Idrialène R-20.	Hydrocarbure.	?	Dans la mine d'Idria.
Cubébol R-4O.	?	Le paracamphène n. fixe H^2O.	Dans l'essence de cubèbe.
Cocinalcool RO^2.	Éther unialcooliq.	?	Éthérificat. de l'acide cocinique (13e f.).
Linoléate R-6O^2.	Sel unibasique.	?	Saponificat. de l'huile de lin.
Anthracol R-20O^2.	?	Action de l'acide nitrique sur le g. anthracène.	?
Anémonine R-18O^6.	?	?	Dans l'eau distillée d'anémone.
Anémonate R-16O^7.	Sel bibasique?	L'anémonine n. fixe H^2O.	?
Fœniculide R-6N^{4}O^4.	?	?	Action du bioxyde d'azote sur l'essence de fenouil amer.

Genre *Copahydrène* R.

611. Hydrocarbure halhydride, homologue du g. citréhydrène (505).

Copahydrène trichloré (camphre artificiel d'essence de copahu). — $C^{15}(H^{27}Cl^3)$. — Lorsqu'on fait passer du gaz hydrochlorique dans l'essence de copahu rectifiée, elle s'épaissit davantage, et se convertit en une masse cristalline. On l'exprime, et on la fait cristalliser dans l'alcool. On obtient ainsi des prismes rectangulaires, raccourcis, inodores, fusibles à 77°, et se décomposant avant de bouillir; entre 140 et 150°, ils dégagent beaucoup d'acide hydrochlorique. Leur solution alcoolique se décompose aussi en partie quand on l'évapore (Blanchet et Sell, Soubeiran et Capitaine).

Genre *Cubéhydrène* R^{-2}.

612. Hydrocarbure halhydride, homologue du g. téréhydrène.
Cubéhydrène bichloré (camphre artificiel d'essence de cubèbes, hydrochlorate de cubébène). — $C^{15}(H^{26}Cl^2)$. — Lorsqu'on fait passer du gaz hydrochlorique dans de l'essence de cubèbe rectifiée, elle se colore en brun et se prend en une masse cristalline. On exprime celle-ci, et on la soumet à une nouvelle cristallisation. On obtient ainsi des prismes obliques à base rectangulaire, insipides, inodores, fort solubles dans l'alcool, et fusibles à 131°. Ces cristaux dévient vers la gauche les rayons de lumière polarisée (Soubeiran et Capitaine).

Genre *Paracamphène* R^{-6}.

613. Hydrocarbure, polymère du g. camphène (508); homologue du g. cymène (509); il se rencontre dans l'essence de copahu et l'essence de cubèbe.
Paracamphène normal. — $C^{15}H^{24}$. — Nous distinguerons les deux variétés suivantes :
a. Essence de copahu. Quand on distille le baume de copahu avec de l'eau, on obtient une huile essentielle, qui possède exac-

tement la composition de l'essence de térébenthine, mais dont le point d'ébullition est à 260° (d'après ma détermination). Sa densité est de 0,878. Elle absorbe le chlore en devenant visqueuse. L'acide sulfurique lui communique une couleur rouge, et paraît s'accoupler avec elle. L'acide nitrique l'attaque vivement et la résinifie.

Quand on y fait passer du gaz hydrochlorique, elle l'absorbe vivement en produisant des cristaux de copahydrène trichloré :

$$C^{15}H^{24} + 3HCl = C^{15}H^{27}Cl^3.$$

b. Essence de cubèbe. Elle est visqueuse, et présente la même composition et le même point d'ébullition que l'essence de copahu. Souvent elle renferme une matière camphrée (cubébol normal, G.), qui se forme en présence de l'humidité. Quand on y fait passer du gaz hydrochlorique, elle donne peu à peu des cristaux de cubéhydrène bichloré :

$$C^{15}H^{24} + 2HCl = C^{15}(H^{26}Cl^2).$$

J'ai constaté que l'essence de cubèbe donne, avec l'acide sulfurique, un acide copulé, dont la composition paraît être homologue de celle de l'acide sulfocyménique (544).

Genre Anthracène R^{-18}.

614. Hydrocarbure découvert dans les produits de la distillation du goudron de houille par MM. Dumas et Laurent.

Anthracène normal (paranaphtaline, pyrène?). — $C^{15}H^{12}$. — Si l'on fractionne les produits de la distillation du goudron de houille, on obtient, comme produit moyen, une matière huileuse qui renferme en dissolution du naphtalène et de l'A. normal ; on refroidit l'huile brute à 10° au-dessous de zéro, et l'on jette sur un linge le dépôt cristallin que l'on obtient ainsi ; après l'avoir bien exprimé, on le traite par l'alcool, qui dissout le naphtalène et le reste de la matière huileuse, en laissant l'A. presque tout entier. On purifie ce dernier par deux ou trois cristallisations.

L'A. normal fond à 180°, et ne bout qu'à une température supérieure à 300° ; il se condense, par la sublimation, en cristaux lamelleux et contournés, sans forme déterminable. La densité de sa vapeur a été trouvée de $6{,}741 = \dfrac{C^{15}H^{12}}{2}$ (Dumas).

Il est insoluble dans l'eau, et se dissout à peine dans l'alcool, même bouillant, ainsi que dans l'éther. L'essence de térébenthine est son meilleur solvant.

L'acide sulfurique concentré le dissout à chaud, en prenant une couleur vert sale. L'acide nitrique l'attaque à chaud en produisant de l'A. binitrique.

M. Laurent a décrit (1), sous le nom de *pyrène*, un hydrogène carboné qui présente les plus grandes analogies avec l'A. normal.

Anthracène bichloré (chloranthracénèse). — $C^{15}(H^{10}Cl^2)$. — Le chlore attaque lentement l'A. normal, avec dégagement d'acide hydrochlorique; pour que l'action soit complète, il faut pulvériser ce carbure d'hydrogène, l'étaler en couche mince sur une capsule à fond plat, et placer celle-ci dans un flacon à large ouverture, dans lequel on fait arriver le courant de chlore sec. On laisse le gaz en contact avec l'A. normal pendant quarante-huit heures; au bout de ce temps, on fait bouillir le nouveau produit avec de l'éther, qui dissout l'A. bichloré, et l'abandonne, par l'évaporation spontanée, en lamelles allongées, brillantes et jaunâtres (Laurent).

Anthracène binitrique (binitrite d'anthracénèse, nitrite de pyrénase?). — $C^{15}(H^{10}X^2)$. — Quand on fait bouillir de l'A. normal pendant quelques instants avec de l'acide nitrique, il se dégage d'abondantes vapeurs rouges, et l'on voit surnager une masse rougeâtre, composée en plus grande partie d'A. binitrique. On la fait cristalliser dans l'éther bouillant.

L'A. binitrique cristallise en longues aiguilles jaune-orange, insolubles dans l'eau, un peu solubles dans l'alcool bouillant, fort solubles dans l'éther à chaud. Chauffé doucement dans un petit tube, il donne un sublimé (*paranaphtalèse*, *anthracénuse*) jaunâtre; si on le chauffe brusquement, il se décompose avec explosion. L'acide sulfurique le dissout en se colorant en brun. Une solution alcoolique et bouillante de potasse l'attaque aussi

____

(1) *Annal. de chim. et de phys.*, t. LXVI, p. 146.

en se colorant en brun rouge; les acides précipitent de la solution une matière brune.

M. Laurent a décrit deux autres produits (*trinitrite hydraté d'anthracénèse*, *nitrite d'anthracénèse*) dont la composition ne me paraît pas suffisamment établie.

Par une ébullition prolongée avec l'acide nitrique, l'A. binitrique se convertit en anthracol nitrique.

Genre *Idrialène* R−20.

615. Hydrocarbure contenu dans la mine d'Idria; produit de la distillation sèche du succin.

Idrialène normal (idrialine, succistérène). — $C^{15}H^{10}$ (Dumas, Laurent). — Parmi les minerais qu'on rencontre dans la mine à mercure, il en est un, suivant M. Payssé, qui fournit, quand on le chauffe, une foule de paillettes cristallines. M. Dumas les a désignées sous le nom d'*idrialine*.

Pour obtenir cette substance, il faut employer des précautions toutes particulières, car elle n'est pas volatile sans décomposition. M. Schrœtter préfère l'extraire au moyen de l'huile de pétrole. Elle est fort peu soluble dans l'alcool, même bouillant.

Elle est fusible, mais elle ne l'est qu'à une température si élevée, qu'on ne peut guère la faire entrer en fusion sans l'altérer.

Quand on la chauffe avec de l'acide sulfurique concentré, cet acide la dissout en prenant une belle teinte bleue, analogue à celle de l'acide sulfindigotique. Il paraît se produire un acide copulé (Schrœtter).

Suivant les expériences de M. Bœdeker (1), l'idrialine renfermerait de l'oxygène ($C^{42}H^{28}O$); par contre, il y aurait dans la mine d'Idria un hydrogène carboné (*idryle*), ayant la même composition que l'idrialine de M. Dumas, mais bien plus fusible (à + 86°), volatil sans décomposition, et très soluble dans l'alcool, l'éther, l'acide acétique et l'essence de térébenthine bouillants.

Dans la distillation sèche du succin, il passe une matière cris-

____

(1) *Ann. der Chem. u. Pharm.*, t. LII, p. 100.

talline blanche et micacée (*succistérène*), qui est identique avec l'idrialine (Pelletier et Walter).

Idrialène binitrique (nitrite d'idrialase). — $C^{15}(H^8X^2)$. — En faisant bouillir l'I. normal avec de l'acide nitrique concentré, on obtient une poudre rouge, que l'on purifie par des lavages à l'alcool, dans laquelle elle est insoluble. L'I. binitrique est inodore, insipide, insoluble dans l'eau et l'éther, soluble dans l'acide sulfurique, qu'il colore en rouge-acajou. Il se dissout en partie dans la potasse en la colorant en brun; lorsqu'on le chauffe dans un tube fermé, il se décompose avec explosion et dégagement de lumière (Laurent).

Genre Cubébol R−4O.

616. Homologue du g. camphol (518).

Cubébol normal (hydrate de cubébène).—$C^{15}H^{26}O$.—L'huile essentielle de cubèbe, rectifiée avec de l'eau, dépose souvent une espèce de camphre, qui cristallise en rhombes. Ce camphre fond à +68° en un liquide incolore, et se prend, par le refroidissement, en une masse radiée; il bout à 150° environ, et distille sans altération. Il est insoluble dans l'eau, soluble dans l'alcool, l'éther et les huiles essentielles. La potasse caustique le dissout en petite quantité par l'ébullition (1). Il se dissout dans l'acide sulfurique concentré, en donnant une combinaison copulée (Aubergier).

Genre Cocinalcool RO².

617. Éther unialcoolique, homologue des g. formalcool, acétalcool, butyralcool, etc.

Cocinalcool normal (éther cocostéarique). — $C^{15}H^{30}O^2$. — Ce

---

(1) MM. Blanchet et Sell assignent à ce camphre la formule $C^{16}H^{28}O$; mais si l'on calcule leurs résultats en prenant pour base le nouveau poids atomique du carbone, on trouve qu'ils s'accordent parfaitement avec la formule $C^{15}H^{26}O$, d'après laquelle ce camphre dérive de l'essence de cubèbes par la fixation de H^2O.

M. Aubergier (*Revue scientif.*, t. IV, p. 220), a publié aussi sur ce camphre deux analyses qui donnent moins de carbone et sensiblement le même hydrogène que les expériences de MM. Blanchet et Sell, mais elles diffèrent entre elles de 0,8 p. c. dans le carbone.

corps (1) s'obtient très aisément en saturant une solution alcoolique d'acide cocinique (587) par du gaz hydrochlorique sec; l'éther produit surnage le liquide. Pour l'avoir pur, on l'agite d'abord avec de l'eau, puis avec une solution étendue de carbonate de soude. C'est un liquide clair et fluide, qui présente l'odeur des pommes de reinette (Bromeis).

Genre Linoléate R^{-6}O^2.

618. Sel unibasique?

Nous avons vu, t. I, p. 179, que les *huiles grasses siccatives* contiennent un glycéride qui a la propriété de se résinifier promptement au contact de l'air, et qui diffère de l'oléine des huiles non siccatives en ce qu'il ne se concrète pas au contact de l'acide hyponitrique pour former de l'élaïdine. Nous appellerons *acide linoléique* l'acide gras huileux qu'on obtient par la saponification d'une de ces huiles siccatives, l'huile de lin (2).

Linoléate normal (acide oléique de l'huile de lin). — C^{15}H^{24}O^2 ? — Pour obtenir cet acide, on saponifie l'huile de lin par de la litharge; on traite ensuite le savon par l'éther, qui ne dissout que le L. plombique, et laisse le margarate à l'état insoluble. On décompose le L. plombique par l'hydrogène sulfuré; on dissout le L. normal dans l'éther, et on laisse évaporer la solution aussi promptement que possible à l'abri du contact de l'air.

C'est un liquide très fluide, d'un jaune clair et sans odeur, qui possède d'ailleurs toutes les propriétés de l'acide oléique ordinaire.

---

(1) M. Bromeis y a trouvé : carbone 74,8 (anc. poids at.) — hydrog. 12,8; ma formule exige 74,3 (nouv. poids) — hydrog. 12,4. Celle de M. Bromeis (C^{34}H^{62}O^4) n'est pas exacte.

(2) Il résulte des expériences de M. Sacc que l'huile de lin se compose d'un mélange de *margarine* et d'un glycéride huileux, celui-là même qui communique à l'huile la propriété d'attirer si promptement l'oxygène de l'air; elle ne se concrète pas par le froid.

M. Sacc a obtenu à l'analyse de l'acide linoléique : carbone 75,5 — 75,6, hydrogène 10,6 — 10,7; il en déduit la formule C^{46}H^{78}O^6, qui exige : carbone 76,0, hydrogène 10,7. Comme cette formule ne se trouve contrôlée ni par l'analyse d'autres sels ni par l'examen de quelques réactions, on peut admettre tout aussi bien ma formule, dont je suis loin d'ailleurs de garantir l'exactitude.

Traité par l'acide nitrique, il se résinifie en se boursouflant considérablement ; les eaux-mères renferment de l'acide subérique. La résine onctueuse qui se forme dans ces circonstances paraît contenir $C^8H^{14}O^2$, et finit par se convertir elle-même en acide subérique par l'action prolongée de l'acide nitrique (Sacc).

Toute l'histoire de ce corps est encore à faire.

Linoléate plombique. — La solution éthérée du L. plombique se résinifie promptement par l'évaporation de l'éther. Il se dépose une poudre blanche, pendant qu'il surnage un sel gélatineux et brun, dont l'odeur rappelle celle de l'huile de lin. Quand on répand cette solution sur du bois, le vernis qui reste n'est pas souple comme celui de l'huile de lin brute, mais il s'écaille comme la gomme, ce qui prouverait que c'est à la margarine ou à l'acide margarique que les vernis à l'huile doivent leur souplesse (Sacc).

Genre Anthracol $R^{-20}O^2$.

619. Produit de l'action de l'acide nitrique sur l'anthracène n. ou nitrique :

$$C^{15}H^{12} + O^3 = H^2O + C^{15}H^{10}O^2.$$

Anthracol normal. — $C^{15}H^{10}O^2$. — Il n'a pas encore été obtenu.

Anthracol nitrique (nitrite hydraté d'anthracénose). — $C^{15}(H^9X)O^2$. — Lorsqu'on maintient en ébullition l'anthracène avec l'acide nitrique jusqu'à ce que la dissolution soit complète, et qu'on laisse refroidir la liqueur, elle se remplit, au bout de quelques heures, d'aiguilles fines, transparentes et presque incolores.

Ce corps est insoluble dans l'eau, plus soluble dans l'alcool et l'éther. Il est fusible, et cristallise, par le refroidissement, en aiguilles. Lorsqu'on le maintient en fusion, il laisse dégager une matière (1) floconneuse et cristalline (*anthracénuse*), et donne un résidu de charbon. Chauffé brusquement dans un tube, il se décompose avec explosion (Laurent).

(1) M. Laurent y ayant trouvé : carbone 79,8 — 79,4 (anc. p. at.), hydrog. 3,4 — 3,5, représente ce corps par $C^{30}H^{14}O^5$, mais ces analyses correspondent plutôt à $C^{12}H^6O^2$ (carb. 79,4 nouv. p. atom. ; hydr. 3,3).

Le g. anthracol semble être au g. anthracène ce que le g. naphtalol est au g. naphtalène (10ᵉ fam.).

Genre Anémonine R—^{18}O^6.

620. L'espèce normale se rencontre dans les feuilles d'*Ané-mone Pulsatilla*, *pratensis* et *nemorosa* (Vauquelin, Heyer).

Anémonine normale. — C^{15}H^{12}O^6 (Fehling). — L'eau distillée d'anémone laisse déposer, après quelques semaines, une matière blanche, qui possède les propriétés suivantes : elle est sans odeur, se ramollit avant 150°, sans fondre complétement, et dégage, à 150°, de l'eau et des vapeurs âcres ; le résidu est solide, jaune, et se décompose au-dessus de 300°, en laissant un résidu de charbon. On purifie l'A. par des cristallisations réitérées dans l'alcool bouillant (Fehling).

Les cristaux ont la forme d'aiguilles ; à froid, ils sont peu solubles dans l'alcool ; de même, l'éther et l'eau n'en dissolvent que peu, même à la température de l'ébullition ; les solutions sont neutres.

L'acide sulfurique concentré les noircit promptement. L'acide hydrochlorique les dissout sans les altérer sensiblement.

Dans les alcalis aqueux, elles se dissolvent aisément avec une couleur jaune, et en se transformant en anémonate. Elles éprouvent la même métamorphose en présence de l'oxyde de plomb et du carbonate d'argent.

Avec un mélange de peroxyde de manganèse et d'acide sulfurique, elles développent de l'acide formique.

Le chlore les attaque aisément à chaud, en produisant HC*l* et un corps huileux et volatil.

Genre Anémonate R—^{16}O^7.

621. Sel bibasique ? produit par l'action des alcalis sur le g. anémonine :

$$C^{15}H^{12}O^6 + H^2O = C^{15}H^{14}O^7.$$

Anémonate normal (acide anémonique). — C^{15}H^{14}O^7 ? — Quand on ajoute un acide à la dissolution de l'anémonine dans un alcali,

Il s'en précipite une substance jaune et gommeuse, très soluble dans l'eau (Fehling).

Anémonate biplombique (combinaison d'anémonine et d'oxyde de plomb). — $C^{15}(H^{12}Pb^{2})O^{7}$ (Fehling). — Quand on fait bouillir l'anémonine avec de l'eau et de l'oxyde de plomb, il se produit une combinaison qui cristallise aisément dans l'eau ; on la purifie de l'anémonine non décomposée à l'aide de l'alcool bouillant, qui n'attaque pas l'A. biplombique.

Bouillie avec du carbonate d'argent, l'anémonine donne aussi une combinaison cristallisable.

Ce sujet exigerait une étude plus approfondie, car les expériences de M. Fehling et de MM. Lœwig et Weidmann sont loin de s'accorder.

Genre *Fœniculide* $R^{-6}N^{4}O^{4}$.

622. Combinaison de l'essence de fenouil amer avec le bioxyde d'azote.

Fœniculide quadri - oxazotique. — $C^{15}H^{24}N^{4}O^{4}$. — Lorsqu'on fait arriver un courant de bioxyde d'azote dans la partie la plus volatile de l'essence de fenouil amer (521), elle s'épaissit, se trouble, et l'alcool de 0,80 détermine la précipitation d'une matière blanche, soyeuse, qu'on purifie par des lavages réitérés à l'aide de ce véhicule.

Cette matière est solide, blanche, cristallisée en fines aiguilles. Elle s'altère à 100°, jaunit, et se détruit complétement à une température plus élevée. Elle est à peine soluble dans l'alcool de 0,80, un peu plus soluble dans l'alcool absolu, plus soluble dans l'éther, soluble dans une solution concentrée de potasse caustique ; les acides la précipitent de cette dissolution (Cahours).

SEIZIÈME FAMILLE.

GENRES.	FONCTIONS chimiques DES GENRES.	RAPPORTS DE TRANSFORMATION entre les genres de la SEIZIÈME FAMILLE.	RAPPORTS DE TRANSFORMATION entre les genres DE LA SEIZIÈME et d'autres familles.
Éthalène $R+^2$.	Hydrocarbure.	L'éthal n. élimine H^2O et fixe HCl sous l'influence du perchlorure de phosphore.	?
Cétène R.	Hydrocarbure.	L'éthal n. élimine H^2O.	?
Cédrène $R-^8$.	Hydrocarbure.	Le cédrol n. élimine H^2O.	Dans l'essence de cèdre naturelle.
Rétinole $R-^{16}$.	Hydrocarbure.	?	Distillat. des résines.
Rétistérène $R-^{18}$.	Hydrocarbure.	?	Distillat. des résines.
Éthal $R+^2O$.	Alcool.	Action de la potasse sur la cétine n.	?
Cétine RO.	Aldéhyde.	?	Dans le blanc de baleine.
Cédrol $R-^6O$.	?	?	Dans l'ess. de cèdre naturelle.
Éthalate RO^2.	Sel unibasique.	Distillation sèche de la cétine ; action de la potasse sur l'éthal normal.	?
Myristalcool RO^2.	Éther unialcooliq.	?	Éthérificat. de l'acide myristique (16ᵉ f.).
Peucédanine $R-^{16}O^4$.	?	?	Dans la racine de *Peucedanum officinale*.
Hématoxyline $R-^{18}O^6$.	?	?	Dans le bois de campêche.
Hématéine $R-^{20}O^6$.	?	Action simultanée de l'air et de l'ammoniaque sur l'hématoxyline.	Dans le bois de campêche.
Quercitrate $R-^{14}O^{10}$.	Sel bibasique.	?	Dans le quercitron.
Sulfocétate $R+^2SO^4$.	Sel copulé unibas.	L'éthal n. s'accouple avec l'acide sulfurique.	?
Cyanobenzile $R-^{20}N^2O^2$.	?	?	Combinais. de l'acide prussique avec le benzile (44ᵉ f.).
Indigogène $R-^{20}N^2O^2$.	?	?	Action des substances réductrices sur l'indigo (8ᵉ f.).
Indine $R-^{20}N^2O^2$.	?	Action de la potasse sur le g. isathyde.	?

GENRES.	FONCTIONS chimiques DES GENRES.	RAPPORTS DE TRANSFORMATION entre les genres de la SEIZIÈME FAMILLE.	RAPPORTS DE TRANSFORMATION entre les genres DE LA SEIZIÈME et d'autres familles.
Hydrindine $R-^{18}N^2O^2$.	?	Action de la potasse sur le g. indine.	?
Isathyde $R-^{20}N^2O^2$	?	?	Action de l'hydrogène sulfuré sur l'isatine (8ᵉ f.).
Imasatine $R-^{21}N^3O^3$.	Amide.	?	Act. de l'ammoniaque sur l'isatine.
Isamate $R-^{19}N^3O^4$.	Amide, sel unibas.	?	*Idem.*
Isamide $R-^{18}N^4O^3$.	Amide.	?	*Idem.*
Sulfopurpurate $R-^{22}N^2SO^5$.	Sel copulé unibas.	?	Accouplement de l'in-digo (8ᵉ f.).

(*a*) Combinaisons non azotées.

Genre *Éthalène* $R+^2$.

623. Hydrocarbure, homologue des g. formène, acétène, va-lérène, etc.

Éthalène chloré (chlorure de cétyle, chlorhydrate de cétène). — $C^{16}(H^{33}Cl)$. — Quand on mêle dans une cornue à peu près vo-lumes égaux d'éthal n. et de perchlorure de phosphore, l'un et l'autre en fragments, il s'établit bientôt une réaction vive, les deux corps fondent, s'échauffent, une ébullition se manifeste, et il se dégage une grande quantité d'acide hydrochlorique. En chauffant ensuite la cornue, on obtient du protochlorure de phosphore, et enfin de l'É. chloré. On purifie ce dernier par une nouvelle distillation avec un peu de perchlorure de phosphore; on le lave à l'eau bouillante, et on le dessèche dans le vide. S'il contenait encore de l'acide hydrochlorique, il faudrait le distiller sur une petite quantité de chaux éteinte, récemment rougie (Dumas et Péligot).

Genre Cétène R.

624. Hydrocarbure, homologue des g. éthérène, butyrène, amilène, oléène, élaène, etc.

L'espèce normale se produit en même temps que l'acide éthalique, par la distillation sèche de la cétine :

$$2[C^{16}H^{32}O] = C^{16}H^{32} + C^{16}H^{32}O^2.$$

On l'obtient aussi en déshydratant l'éthal par l'acide phosphorique anhydre :

$$C^{16}H^{34}O = H^2O + C^{16}H^{32}.$$

Cétène normal. — $C^{16}H^{32}$. — Pour obtenir ce composé, on distille à plusieurs reprises de l'éthal avec de l'acide sulfurique anhydre (Dumas et Péligot). On peut aussi distiller tout simplement de la cétine, et traiter le produit par la potasse, qui saponifie l'acide éthalique, tandis que le C. normal vient surnager (Smith).

C'est un liquide incolore, huileux et tachant le papier. Il bout vers 275°, et distille sans altération ; la densité de vapeur a été trouvée égale à $8{,}007 = \dfrac{C^{16}H^{32}}{2}$.

Il est insoluble dans l'eau, très soluble dans l'alcool et l'éther, et sans réaction sur les papiers. Il n'a pas de saveur propre. Enflammé, il brûle à la manière des huiles grasses, avec une flamme blanche très pure (Dumas et Péligot).

Dans la distillation sèche des sulfovinates, on obtient une matière huileuse (*huile douce de vin* ou *huile de vin pesante*) d'où l'eau sépare une huile hydrocarbonée (*huile de vin légère*) dont le point d'ébullition est sensiblement le même que celui du C. normal ; si on la soumet à l'action d'un grand froid, il s'en sépare des cristaux (*stéaroptène de l'huile de vin*), qui présentent encore la même composition R. Il est probable que ces deux produits appartiennent à même série homologue, et que l'un d'eux est du C. normal (302).

En distillant de l'amylol n. avec du chlorure de zinc, M. Balard a obtenu, outre l'amylène n. C^5H^{10} et le paramilène n. $C^{10}H^{20}$, un autre hydrogène carboné (*métamilène*), d'une odeur aroma-

tique agréable, et qui bouillait entre 240 et 280° ; ce point d'é-
bullition est à peu près celui du C. normal (1).

Genre Cédrène R⁻⁸.

625. Hydrocarbure, homologue du g. cinnamène (441); se
rencontre naturellement dans l'essence de cèdre, et se produit
aussi par l'action de l'acide phosphorique anhydre sur le cédrol
normal :

$$C^{16}H^{26}O = H^2O + C^{16}H^{24}.$$

Cédrène normal. — $C^{16}H^{24}$. — On l'obtient aisément en traitant
dans une cornue le cédrol n. fondu par l'acide phosphorique
anhydre, en ajoutant ce dernier par petites portions, pour éviter
une trop grande élévation de température. L'acide phosphorique
se colore en noir, et se change en une masse poisseuse, en même
temps que le C. normal vient surnager. On le purifie par quelques
nouvelles distillations sur l'acide phosphorique anhydre.

Ce liquide a une odeur aromatique particulière, qui ne ressemble en rien à celle de l'essence de cèdre cristallisée ; sa saveur est
d'abord faible, mais bientôt elle se développe, devient persistante
et poivrée. Il bout à 248° ; sa densité est de 0,984 à 14°,5 ; à l'état
de vapeur, elle a été trouvée égale à $7,9 = \dfrac{C^{16}H^{24}}{2}$. La partie liquide qu'on obtient en exprimant l'essence de cèdre possède sensiblement les mêmes caractères que le C. normal : seulement, son
odeur est un peu plus suave (Walter).

Genre Rétinole R⁻¹⁶.

626. Hydrocarbure produit de la distillation sèche des
résines.

Rétinole normale. — $C^{16}H^{16}$. — La colophane, exposée à la
chaleur rouge dans des appareils à gaz, donne, outre des hydrogènes carbonés gazeux, plusieurs huiles, dont il y en a une
qui bout à 238°. Celle-ci est limpide, sans odeur ni saveur, douce

(1) Voyez aussi, dans la *Vingtième famille*, le g. hévéène.

au toucher, et d'une densité de 0,9. La densité de sa vapeur a été trouvée égale à $7,11 = \dfrac{C^{16}H^{16}}{2}$.

Elle produit sur le papier une tache grasse. Le chlore la brunit et la rend épaisse. L'acide nitrique la convertit en un liquide huileux très coloré (Pelletier et Walter).

Genre *Rétistérène* R^{-18}.

627. Hydrocarbure et produit de la distillation sèche des résines.

Rétistérène normal (métanaphtaline). — $C^{16}H^{14}$. — Le produit qui passe en dernier à la distillation des résines, dans des appareils à gaz, a reçu des fabricants le nom de *matière grasse*, et se compose en plus grande partie d'un hydrogène carboné solide.

Il est blanc, cristallin, sans saveur, et d'une légère odeur de cire. Il fond à 67°, et bout à 325°. Il est entièrement insoluble dans l'eau, peu soluble dans l'alcool à froid, très soluble à chaud dans l'alcool absolu. L'éther, le naphte et l'essence de térébenthine le dissolvent encore mieux.

L'acide sulfurique le charbonne à chaud. Le chlore l'attaque déjà à froid en produisant une matière résinoïde. L'acide nitrique le convertit aussi en une matière jaune résineuse (Pelletier et Walter).

Genre *Éthal* $R+^2O$.

628. Alcool, homologue des g. méthol, alcool, amylol.

L'espèce normale s'obtient, en même temps que de l'éthalate, si l'on fait agir de la potasse hydratée sur le blanc de baleine.

$$2[C^{16}H^{32}O] + (KH)O = C^{16}(H^{31}K)O^2 + C^{16}H^{34}O.$$

Éthal normal (hydrate d'oxyde de cétyle). — $C^{16}H^{34}O$. — Nous avons déjà indiqué (75) la manière dont MM. Dumas et Péligot obtiennent ce corps.

Il constitue une masse blanche, solide et cristalline, qui fond au-dessus de 48°, et se solidifie à 48°. Par un refroidissement lent, il cristallise en lamelles brillantes. Une dissolution alcoolique, faite à l'ébullition, le dépose sous forme cristalline. Il n'a ni odeur ni saveur, distille sans altération, et passe même avec les vapeurs d'eau. Il est insoluble dans l'eau, et se mêle en toutes proportions avec l'alcool et l'éther (Chevreul).

Chauffé avec de la chaux potassée à une température élevée, il se convertit en éthalate avec dégagement d'hydrogène :

$$C^{16}H^{34}O + (KH)O = C^{16}(H^{31}K)O^2 + H^4.$$

Distillé avec du perchlorure de phosphore, il donne de l'éthalène chloré (623).

Avec de l'acide phosphorique anhydre, il se dédouble, sous l'influence de la chaleur, en eau et cétène normal :

$$C^{16}H^{34}O = H^2O + C^{16}H^{32}.$$

Il se dissout dans l'acide sulfurique concentré, en donnant une combinaison copulée (g. *sulfocétate*).

Sous l'influence simultanée du sulfure de carbone et de la potasse, l'É. se convertit en carbocétate bisulfuro-potassique :

$$C^{16}H^{34}O + CS^2 + (KH)O = H^2O + C^{17}(H^{33}K)(OS^2).$$

Genre Cétine RO.

629. Aldéhyde, homologue des g. acétol, butyrol, cérine, etc., renfermé dans le blanc de baleine.

Cétine normale (éthalate d'éthal). — $C^{16}H^{32}O$. — Les vastes cavités de la tête du cachalot (?) renferment, en dissolution dans une huile particulière, une substance blanche connue sous le nom de *blanc de baleine* ou de *spermacéti*, qui est constituée en plus grande partie de C. normale; l'huile de dauphin en renferme aussi.

Pour obtenir ce corps à l'état de pureté, on traite le blanc de baleine, réduit en poudre, par l'alcool, afin d'enlever les matières huileuses ; puis on fait cristalliser le résidu dans l'alcool absolu et bouillant. On l'obtient ainsi en paillettes nacrées, qui n'ont ni saveur ni odeur, fondent à 49°, et se prennent, par le refroidissement, en une masse radiée.

100 p. d'alcool bouillant de 0,821 en dissolvent 2,5 parties, qui se reprécipitent en grande partie par le refroidissement ; l'alcool absolu et l'éther en dissolvent davantage ; il en est de même de l'essence de térébenthine et des huiles grasses.

A 360°, elle se volatilise sans altération ; mais si l'on en distille brusquement de plus grandes quantités, la C. normale se décompose complétement en éthalate et cétène normal :

$$2[C^{16}H^{32}O] = C^{16}H^{32}O^2 + C^{16}H^{32}.$$

Ces deux produits sont accompagnés de quelques produits secondaires, tels que l'eau, l'acide carbonique, l'oxyde de carbone et le gaz oléfiant. Ils n'apparaissent que vers la fin de l'opération, et proviennent évidemment d'une décomposition ultérieure des premiers produits.

Il résulte des expériences de M. Smith que la C. cristallisée est entièrement exempte de margarine et d'oléine.

Traitée par la potasse hydratée, elle donne de l'éthal n. et de l'éthalate potassique, et comme l'éthal n. se convertit lui-même en éthalate, sous l'influence de la potasse, il est probable qu'en soumettant le mélange à une température fort élevée, on n'obtiendrait que de l'éthalate et du gaz hydrogène :

$$C^{16}H^{32}O + (KH)O = C^{16}(H^{31}K)O^2 + H^2.$$

L'acide nitrique attaque la C. avec lenteur, en développant des vapeurs nitreuses ; si l'on entretient la réaction pendant plusieurs jours, on obtient une masse onctueuse qui a l'odeur du beurre rance, et qui finit par disparaître elle-même. Il se produit, dans ces circonstances, les mêmes acides (azoléique, adipique, pimélique, etc.) que ceux qu'on obtient avec le suif, la cire, et en général les matières grasses.

Genre Cédrol R⁻⁶O.

630. *Cédrol normal* (essence de cèdre concrète). — $C^{16}H^{26}O$. — L'essence de cèdre solide brute se présente sous l'aspect d'une masse cristalline, blanche, légèrement colorée en rouge par la matière colorante du bois de cèdre de Virginie. On la débarrasse des matières étrangères en la soumettant à la distillation, et exprimant le produit dans un linge ; par ce moyen, on parvient à séparer la plus grande partie de l'essence liquide. Cependant il faut encore faire cristalliser le produit dans l'alcool ordinaire, qui dissout bien plus facilement l'essence liquide, de façon que celle-ci reste dans les eaux-mères (Walter).

Le C. normal se présente sous la forme d'une masse cristalline d'une beauté et d'un éclat remarquables ; son odeur est aromatique, et rappelle celle des crayons Conté ; sa saveur n'est pas trop prononcée. Il fond à 74°, et bout à 282° ; la densité de sa vapeur a été trouvée égale à $8,4 = \dfrac{C^{16}H^{26}O}{2}$.

Il se dissout très peu dans l'eau, et beaucoup dans l'alcool, où il se précipite, par le refroidissement, en aiguilles cristallines d'un éclat soyeux.

Distillé avec de l'acide phosphorique anhydre, il se dédouble en eau et cédrène normal :

$$C^{16}H^{26}O = H^2O + C^{16}H^{24}.$$

Quand on y fait agir du perchlorure de phosphore, on obtient un corps aromatique qui n'a pas encore été analysé.

L'acide sulfurique concentré se colore fortement avec lui, et produit une huile ambrée (Walter).

Genre *Éthalate* RO^2.

631. Sel unibasique, homologue des g. formiate, acétate, butyrate, valérate, caproate, margarate, stéarate, etc.

Il se produit par l'action des alcalis sur les g. éthal (628) et cétine (629).

Il se forme aussi, en même temps que de l'acétate et du gaz hydrogène, si l'on fait fondre de l'acide oléique ou élaïdique avec de l'hydrate de potasse :

$$C^{18}H^{34}O^2 + 2(KH)O = C^{16}(H^{31}K)O^2 + C^2(H^3K)O^2 + H^2.$$

Éthalate normal (acide éthalique, palmitique ou cétylique). — $C^{16}H^{32}O^2$. — Cet acide se rencontre souvent, à l'état libre, dans l'huile de palme, surtout quand elle est fort âgée. On se le procure artificiellement par différents moyens.

Quand on mêle 1 p. d'éthal avec 5 ou 6 p. de chaux potassée, et qu'on chauffe le mélange à 210 ou 220° environ, dans un bain d'alliage fusible, il se développe de l'hydrogène, et il se produit de l'éthal. Quand on opère sur une vingtaine de grammes d'éthal, le dégagement de gaz se prolonge pendant quelques heures. On dissout l'éthalate dans l'eau, et l'on précipite l'É. normal par l'acide hydrochlorique. Pour l'avoir plus pur, on le fait bouillir avec de l'eau de baryte, on évapore à siccité, on reprend par l'alcool, afin d'extraire l'éthal qui aurait échappé à la réaction, et l'on décompose de nouveau l'É. barytique par l'acide hydrochlorique (Dumas et Stass).

Un autre procédé consiste à soumettre la cétine à la distillation sèche, à saponifier le produit par la potasse, à séparer l'huile hydrocarbonée surnageante, et à décomposer le savon par l'acide hydrochlorique (Smith).

Voici comment on se le procure au moyen de l'acide oléique : on chauffe cet acide dans une capsule d'argent, avec un léger excès de potasse caustique et quelques gouttes d'eau, de manière à le saponifier ; ensuite on y ajoute une nouvelle quantité de potasse, environ deux fois le poids de l'acide oléique employé, et l'on chauffe doucement le tout de manière à faire fondre la potasse. On fait bien de verser de temps à autre quelques gouttes d'eau sur le mélange, afin qu'il ne s'échauffe pas trop. Si l'on opère avec soin, la masse ne noircit guère et ne prend qu'une teinte jaune. Dès que tout le mélange se trouve porté à la température de la potasse fondante, il se manifeste un dégagement d'hydrogène, qui dure jusqu'à ce que l'opération soit terminée. On enlève rapidement le feu, et l'on jette la masse encore chaude dans de l'eau, qui dissout une grande partie de la potasse libre. Si l'on n'emploie pas trop d'eau, la lessive est tellement concentrée que le savon surnage sans se dissoudre ; on l'enlève, on le dissout complétement dans l'eau, et on le sépare de nouveau à l'aide du sel marin. Finalement, on décompose la solution par de l'acide hydrochlorique (Warrentrapp).

S'agit-il enfin de le préparer à l'aide de l'huile de palme, on la saponifie avec de la soude ou de la potasse caustique, et l'on décompose le savon par l'acide hydrochlorique ou tartrique. On dissout dans l'alcool chaud le mélange d'acide oléique et d'acide éthalique, et on l'abandonne à la cristallisation. On exprime les cristaux entre des doubles de papier joseph, et l'on répète cette opération plusieurs fois, jusqu'à ce que l'acide oléique reste complétement dans les eaux-mères (Frémy, Stenhouse).

L'huile de palme renferme souvent jusqu'à 1/3 de son poids

d'acide éthalique libre, et son acidité augmente par l'âge; c'est le glycéride qu'elle renferme (la palmitine) qui s'altère peu à peu au contact de l'air et de l'humidité, et alors la glycérine et l'acide éthalique deviennent libres (1).

L'É. normal est un corps solide, incolore, inodore, insipide, plus léger que l'eau. Fondu par une douce chaleur, il se solidifie à 55°, et se présente alors sous la forme d'aiguilles fines et brillantes, réunies en groupes radiés. Il est insoluble dans l'eau, et se dissout abondamment, au contraire, dans l'alcool et l'éther bouillants. Ces dissolutions concentrées se prennent en masse par le refroidissement. Quand elles sont étendues, elles le laissent cristalliser en aiguilles fines, pareilles à celles qu'on obtient par le refroidissement lent de l'acide fondu. Lorsqu'il a été chauffé à 250°, il cristallise dans l'alcool, en petits cristaux très durs (Frémy). Soumis à l'action de la chaleur dans une petite capsule, il bout et se volatilise sans laisser de résidu (Dumas et Stass).

Tous les É. sont insolubles dans l'eau, excepté ceux à base de potasse, de soude et d'ammoniaque.

On prépare les É. insolubles en précipitant les sels métalliques dissous dans l'alcool par une dissolution alcoolique d'É. potassique ou sodique.

Éthalate ammoniacal (palmitate d'ammoniaque). — $C^{16}H^{32}O^2$, NH^3 (Frémy). — Ce sel est insoluble dans l'eau froide.

Éthalate potassique. — $C^{16}(H^{31}K)O^2$. — En fondant de l'acide éthalique sur du carbonate de potasse, l'acide carbonique se dégage, et il se produit de l'É. potassique. En reprenant la masse

____

(1) Suivant les observations de M. Stenhouse, l'huile de palme ne renferme que quelques centièmes de *palmitine*. Celle-ci étant presque insoluble dans l'alcool bouillant, peut être séparée, par ce solvant, des acides libres contenus dans l'huile. Elle fond à 48° c. et se prend en une masse diaphane qui, refroidie, possède l'aspect de la cire. L'éther la dissout en toutes proportions.

A la distillation sèche, elle donne de l'acroléine, mais point d'acide sébacique. Elle renferme $C^{35}H^{66}O^4$ et donne par la saponification :

$$C^{35}H^{66}O^4 + 2(KH)O + H^2O = 2[C^{16}(H^{31}K)O^2] + C^3H^8O^3.$$

Le même corps constitue, suivant M. Rochleder, la matière grasse contenue dans les graines de café. (*Revue scientif.*, t. XVI, p. 308.)

par l'alcool bouillant, on obtient une dissolution d'É. potassique qui, en refroidissant, dépose ce sel à l'état cristallisé.

Ce sel est blanc, très nacré. L'eau le décompose quand elle est en quantité suffisante; mais il peut se dissoudre dans une petite quantité d'eau. L'alcool le dissout complétement. L'éther ne lui enlève rien et ne le dissout pas. Il peut éprouver la fusion sans s'altérer (Dumas et Stass).

Éthalate sodique. — Il cristallise en larges lames nacrées, et se décompose plus facilement par l'eau que le sel précédent.

Éthalate barytique. — Précipité blanc.

Éthalate plombique. — Précipité blanc, très fusible.

Éthalate argentique (palmitate d'argent). — $C^{16}(H^{31}Ag)O^2$. — Précipité blanc, peu soluble, qui s'altère avec beaucoup de facilité.

Éthalate quadrichloré (acide chloropalmitique).—$C^{16}(H^{28}Cl^4)O^2$. — Quand on fait agir du chlore sur l'É. normal, en faisant intervenir successivement l'influence de la chaleur et de la lumière, on obtient une série d'acides chlorurés, dont la basicité paraît être la même que celle de l'É. normal. Les premiers acides sont liquides à la température ordinaire; les derniers sont durs et transparents comme une résine. Le composé le plus stable, e qu'on obtient toujours en faisant passer un courant de chlor dans l'É. normal fondu, c'est l'É. quadrichloré (Frémy).

Genre *Myristalcool* RO^2.

632. Éther unialcoolique, isomère du g. éthalate, homologue des g. formométhol, formalcool, acéméthol, acétalcool, butyralcool, margaralcool, stéaralcool, etc.

Myristalcool normal (éther myristique). — $C^{16}H^{32}O^2$. — On obtient cet éther par le procédé ordinaire, en faisant passer de l'acide hydrochlorique dans une dissolution bouillante d'acide myristique (593) dans l'alcool. C'est un liquide transparent, incolore ou légèrement jaunâtre et huileux; sa densité est de 0,864. Il est soluble à chaud dans l'alcool et l'éther, et se décompose par les alcalis comme tous les éthers (Playfair).

Genre *Peucédanine* $R-^{16}O^4$.

633. Produit naturel dont les relations chimiques ne sont pas connues.

Peucédanine normale. — $C^{16}H^{16}O^4$ (Erdmann, Zœppritz). — Quand on épuise par l'alcool la racine de *Peucedanum officinale*, on obtient un extrait qui dépose des prismes transparents, incolores, légers, brillants et groupés en faisceaux. Ce corps fond à 60°; il est insoluble dans l'eau à froid et à chaud; à froid, il est peu soluble dans l'alcool, et s'y dissout mieux à l'ébullition. La solution est d'une âcreté persistante, et n'agit pas sur les couleurs végétales.

La P. est fort soluble dans l'éther, ainsi que dans les huiles grasses et volatiles. Elle se dissout dans les alcalis aqueux, et les acides la précipitent de cette dissolution (Erdmann).

Peudanine cuivrique. — $C^{16}(H^{15}Cu)O^4$. — La dissolution alcoolique de P. normale est précipitée par quelques sels métalliques, entre autres par l'acétate de plomb et l'acétate de cuivre. Le précipité produit par ce dernier a donné à M. Erdmann 45,3 — 44,2 p. c. d'oxyde de cuivre (1).

Genre *Hématoxyline* $R-^{18}O^6$.

634. L'espèce normale se rencontre toute formée dans le bois de Campêche (*Hematoxylon campechianum*).

Hématoxyline normale (hématine). — $C^{16}H^{14}O^6 + 2$ aq. (2). —

(1) Ma formule correspond à 44,2 p. c. d'oxyde de cuivre.

(2) M. Erdmann donne, pour l'hématoxyline sèche et cristallisée, des formules qui ne me paraissent point exactes : $C^{40}H^{34}O^{15}$, $C^{40}H^{34}O^{15} + 8$ aq., et $C^{40}H^{34}O^{15} + 3$ aq. Les formules que j'admets exigent les nombres suivants :

	Hémat. séchée à 100°.		*Hémat. bihydratée.*		*Hémat. monohydratée.*	
	Calcul.	Analyse.	Calcul.	Analyse.	Calcul.	Analyse.
Carbone	63,6 —	63,5	55,0 —	53,8	60,0 —	59,7
Hydrog.	4,6 —	4,7	5,3 —	5,8	5,0 —	5,0.

Mes formules de l'H. sèche et monohydratée s'accordent parfaitement avec les expériences de M. Erdmann ; l'H. est d'ailleurs fort difficile à brûler.

Pour obtenir ce corps, on pulvérise l'extrait du bois de Campêche tel que le fournit le commerce, et, après l'avoir mélangé avec beaucoup de sable quartzeux pour éviter l'agglomération de la masse, on l'abandonne pendant quelques jours avec 5 ou 6 fois son volume d'éther, et on l'agite de temps à autre. L'éther se charge alors de l'H., ainsi que d'une certaine quantité d'autres substances, et se colore en jaune brunâtre. On décante la solution; on enlève l'éther par la distillation, jusqu'à ce que le liquide ait pris une consistance de sirop, et, après avoir mélangé le résidu avec de l'eau, on l'abandonne dans un vase légèrement couvert. Sans l'addition de l'eau, le liquide se dessécherait en une masse gommeuse; mais, si l'on en a pris assez, l'H. cristallise au bout de quelques jours. On lave les cristaux à l'eau froide, et on en sépare l'eau-mère en les exprimant entre du papier joseph. L'eau-mère, réunie aux eaux de lavage, fournit, par l'évaporation spontanée, une nouvelle portion de cristaux (Chevreul, Erdmann).

L'H. normale cristallise en prismes rectangulaires à quatre pans, dont les arêtes latérales sont régulièrement tronquées, et qui sont terminés par des faces disposées symétriquement. Les cristaux renferment 16,5 p. c. $= 2$ éq., qu'ils perdent par la dessiccation dans le vide. Lorsqu'on laisse refroidir, dans un flacon bouché, une solution d'H. saturée à l'ébullition; cette substance se dépose, au bout d'un temps assez long, en cristaux grenus, réunis en croûtes dures et non déterminables; ces cristaux renferment 6,5 $= 1$ éq. d'eau de cristallisation.

La couleur des cristaux d'H. varie, suivant leur grosseur, depuis le jaune paille jusqu'au jaune de miel; en poudre, cette substance est blanche ou jaunâtre. Elle ne se dissout que lentement et en petite quantité dans l'eau froide; l'air ou l'oxygène n'altèrent pas cette solution, mais il suffit de la moindre trace d'ammoniaque dans l'air pour qu'elle se colore en rouge jaunâtre; il se produit alors de l'hématéine biammoniacale :

$$C^{16}H^{14}O^6 + O + 2NH^3 = H^2O + C^{16}H^{12}O^6,2NH^3.$$

Elle est soluble dans l'éther, ainsi que dans l'alcool; si la solution éthérée est anhydre, l'H. reste, après l'évaporation du solvant, sous forme gommeuse. La lumière jaunit aussi la solution.

Chauffée, l'H. fond dans son eau de cristallisation; à une température plus élevée, elle se charbonne complétement.

Les acides hydrochlorique et sulfurique étendus ne l'altèrent pas beaucoup.

L'acide nitrique l'attaque à froid avec une vive effervescence, et produit de l'acide oxalique.

Le chlore la convertit en une substance brune non cristallisable.

L'eau de baryte donne, avec la solution d'H. dans l'eau privée d'air, dans les premiers moments, un précipité blanc ou d'un bleu pâle, mais qui devient bientôt, à l'air, d'un bleu foncé, et plus tard d'un rouge brun.

La potasse communique à la solution de l'H. une teinte violacée; mais si l'air y a de l'accès, cette couleur devient peu à peu pourpre, puis jaune-brunâtre, et enfin d'un brun sale. Une solution alcoolique d'H. donne, avec une solution de potasse dans l'alcool absolu, des flocons bleu foncé.

L'acétate de plomb, neutre ou surbasique, donne un précipité blanc, qui bleuit très rapidement à l'air. Le nitrate d'argent est réduit presque instantanément, même à une température basse; le perchlorure d'or est dans le même cas (Erdmann).

Genre *Hématéine* $R^{-20}O^6$.

635. Produit de l'action simultanée de l'air et de l'ammoniaque sur l'hématoxyline.

Hématéine normale. — $C^{16}H^{12}O^6$. — Lorsqu'on place l'hématoxyline sous une cloche où se trouve déjà une capsule avec de l'ammoniaque liquide, elle prend une teinte pourpre foncé, mais la métamorphose n'est pas complète. Il y a plus d'avantage à opérer de la manière suivante : on arrose une vingtaine de grammes d'hématoxyline dans une capsule avec assez d'ammoniaque pour la dissoudre, et l'on agite continuellement; tant qu'il y a un grand excès d'hématoxyline, on peut, sans inconvénient, favoriser la dissolution par un échauffement modéré. On abandonne le tout au contact de l'air, en remplaçant l'ammoniaque de temps en temps : cependant il ne faut pas non plus prendre celle-ci en excès La dose d'ammoniaque étant convenable, le liquide prend une teinte cerise, de sorte que, vu en masse, il paraît noir. Bientôt il dépose des cristaux grenus d'H. biammoniacale; on les sépare rapidement à l'aide d'un filtre, et on les lave à l'eau froide. On précipite l'eau-mère par fort peu d'acide acétique pour en extraire l'H. normale (1). Lorsqu'on abandonne à l'air l'eau-mère d'où l'H. biammoniacale s'est déposée, elle finit par se dessécher en une masse vert noir, à éclat métallique, et qui n'est aussi que de l'H. normale, ayant perdu toute l'ammoniaque (Erdmann).

Récemment précipitée, l'H. normale se présente sous la forme d'un précipité volumineux, brun-rouge, comme le peroxyde de fer hydraté. La dessiccation le rend vert foncé, et lui donne de l'éclat métallique; en couche mince, la poudre en est rouge.

Elle ne se dissout que lentement dans l'eau froide ; l'eau bouillante la dissout mieux. Lorsqu'on évapore brusquement une solution préparée à l'ébullition, elle se couvre de feuillets verts et brillants, qui s'enfoncent par l'agitation, et sont remplacés peu à peu par d'autres. Quelquefois aussi elle se prend en une masse gélatineuse, qui donne des lamelles micacées et cristallines quand on la délaie dans l'eau.

L'alcool la dissout aussi ; l'éther ne la dissout que fort peu.

Elle se charbonne par la chaleur.

La potasse la dissout avec une teinte bleue, qui brunit à l'air. L'ammoniaque la dissout avec une belle teinte pourpre, qui

---

(1) Je ne puis pas admettre la formule de M. Erdmann pour ce corps. Voici les résultats obtenus par ce chimiste, et mis en regard des nombres exigés par mes formules :

	Hémat. norm.		*Hémat. biammon.*		*Hémat. quadriplombique.*	
	Calcul.	Analyse.	Calcul.	Analyse.	Calcul.	Analyse.
Carbone	64,0	-- 62,7	57,4	— 56,3	31,5	— 31,4
Hydrog.	4,0	— 4,2	5,3	— 5,2	1,3	— 1,8.

On remarque que l'hydrogène cadre parfaitement partout, et il n'y a que le carbone qui soit un peu trop faible dans les analyses de l'H. normale et de l'H. biammoniacale ; mais ces différences s'expliquent par la combustion difficile de ces corps.

brunit également à l'air. Les acides minéraux la dissolvent aussi avec une coloration rouge brun ; l'acide acétique la dissout moins bien.

L'hydrogène sulfuré décolore l'H., mais ne la convertit pas en hématoxyline (Erdmann).

Hématéine biammoniacale (hématéate d'ammoniaque). — $C^{16}H^{12}O^6,2NH^3$. — Cette combinaison paraît, à l'œil nu, sous la forme d'une poudre noir violacé. Examinés au microscope, les grains se présentent à l'état de prismes tétragones, violets et transparents.

Dans l'eau, l'H. biammoniacale se dissout aisément avec une couleur pourpre intense ; avec l'alcool, elle donne une solution rouge brun, qui devient pourpre par une addition d'eau.

Chauffée à 100°, elle perd de l'eau et de l'ammoniaque ; on ne peut donc la dessécher qu'à la température ordinaire sur l'acide sulfurique, et même, dans ce cas, elle se décompose quelquefois. Abandonnée dans le vide sur l'acide sulfurique, sa solution perd toute l'ammoniaque, et ne laisse que de l'H. normale.

L'H. biammoniacale donne des précipités colorés avec le plus grand nombre des solutions métalliques : avec l'acétate de plomb, un précipité bleu foncé ; avec le chlorure de baryum, une coloration pourpre foncé, qui devient bientôt à l'air d'un brun sale ; avec le nitrate d'argent, réduction à l'état métallique ; avec le deutosulfate de cuivre, précipité bleu violacé ; avec le protochlorure d'étain, précipité violet. Elle n'agit pas sur le bichlorure de mercure.

La potasse dissout l'H. biammoniacale en expulsant l'ammoniaque.

Hématéine quadriplombique. — $C^{16}(H^8Pb^4)O^6$. — Lorsqu'on mélange de l'acétate de plomb neutre avec une solution d'H. biammoniacale, il se produit un précipité bleu foncé, et la liqueur devient acide. Si on lave longtemps le précipité au contact de l'air, il finit par s'altérer (Erdmann).

Genre Quercitrate $R^{-14}O^{10}$.

636. Sel bibasique, contenu dans l'écorce du *Quercus nigra*, L. *Quercitrate normal* (acide quercitrique, quercitrin, jaune du

quercitron). —$C^{16}H^{18}O^{10}$ (Bolley). —On l'obtient, suivant M. Chevreul, en épuisant l'écorce par de l'alcool de 0,84, dans un appareil de déplacement, précipitant le tannin par de la chaux ou de la gélatine, et évaporant le liquide filtré. On le purifie par quelques cristallisations dans l'alcool.

Il se présente sous la forme d'une poudre cristalline, d'un jaune de chrome, sans odeur, légèrement amère, et d'une réaction acide.

Il se dissout dans 400 p. d'eau bouillante, et dans bien moins d'alcool absolu. La solution brunit peu à peu à l'air. Elle sature les alcalis.

Sous l'influence de la chaleur, il donne un sublimé jaune, ainsi qu'un résidu de charbon. Avec un mélange de peroxyde de manganèse et d'acide sulfurique, il donne de l'acide formique.

Quercitrate biplombique.—$C^{16}(H^{16}Pb^2)O^{10}$ (Bolley).—On l'obtient en précipitant une dissolution alcoolique de Q. normal par une dissolution également alcoolique d'acétate de plomb.

Genre *Sulfocétate* $R+^2SO^4$.

637. Sel copulé unibasique; homologue des g. sulfométhylate, sulfovinate, sulfamilate, etc.; produit de l'accouplement de l'éthal (628) avec l'acide sulfurique.

Sulfocétate normal (acide sulfocétique, bisulfate d'oxyde de cétyle). — $C^{16}H^{34}SO^4$. — L'éthal, mis en contact à froid avec l'acide sulfurique ordinaire, n'agit pas sur lui; mais en chauffant au bain-marie, et agitant très souvent la masse, les deux corps se combinent, et il se forme du S. normal.

Sulfocétate potassique. — $C^{16}(H^{33}K)SO^4$. — Quand on dissout le produit précédent dans l'alcool, et qu'on le sature par de la potasse également dissoute dans de l'alcool, il se forme du sulfate de potasse qui se dépose, et du S. potassique qui demeure dissous aussi bien que l'excès d'éthal qui ne serait pas accouplé. La liqueur, filtrée et évaporée, laisse cristalliser le produit. En le dissolvant dans l'alcool absolu, on en sépare quelques traces de sulfate de potasse, puis on évapore l'alcool, et l'on fait cristalliser une seconde fois. Le nouveau produit renferme le S. potassique, contenant encore un peu d'éthal, dont on le débarrasse au moyen de l'éther (Dumas et Péligot).

Le S. potassique cristallise en paillettes nacrées d'une blancheur parfaite.

(b) Combinaisons azotées.

Genre *Cyanobenzile* $R - ^{20}N^2O^2$.

638. Produit de la combinaison de l'acide prussique avec le benzile normal (597, modif. α) :

$$C^{14}H^{10}O^2 + 2CHN = C^{16}H^{12}N^2O^2.$$

Cyanobenzile normal (hydrocyanate de benzile). — $C^{16}H^{12}N^2O^2$. — Lorsqu'on dissout du benzile dans l'alcool bouillant, et qu'on y ajoute à peu près un poids égal d'acide prussique presque anhydre, le mélange dépose peu à peu des tables rhombes, d'une blancheur éclatante, assez volumineuses, et d'un aspect vitreux. Les cristaux fondent par la chaleur, en se décomposant et en laissant du benzile normal. Ni l'eau bouillante ni l'acide hydrochlorique concentré et bouillant ne les altèrent. Chauffés avec de l'ammoniaque aqueuse ou avec de l'acide nitrique, ils laissent du benzile normal (Zinin).

Lorsqu'on ajoute à la solution alcoolique de ces cristaux une solution alcoolique de nitrate d'argent, il se précipite du cyanure argentique, et le liquide restant donne des cristaux de benzile normal. La solution alcoolique du C. normal, chauffée avec du bioxyde de mercure, donne du mercure métallique, et l'on remarque en même temps fort distinctement l'odeur de l'éther benzoïque.

Genre *Indigogène* $R - ^{20}N^2O^2$.

639. Produit de l'action des substances réductrices sur l'indigo normal (463).

Le suc de différentes espèces des genres *Indigofera*, *Nerium*, *Isatis*, *Polygonum*, etc., renferme en dissolution une substance incolore, qui a la propriété de se décomposer au contact de l'air en devenant bleue, et à laquelle ces plantes doivent leurs propriétés tinctoriales. En Amérique et dans les Indes orientales, on récolte les feuilles des indigotiers, et on les abandonne, dans l'eau, à la fermentation; de cette manière, la substance incolor et soluble, en devenant bleue et insoluble, se dépose dans l liquide, en société de plusieurs autres substances étrangères : c'est ce produit qu'on rencontre dans le commerce sous le nom d'*indigo*.

Indigogène normal (indigo blanc, désoxygéné ou réduit). — $C^{16}H^{12}N^2O^2$. — Ce corps n'avait jamais été analysé, quand M. Dumas en fit connaître la composition, il y a quelques années. Pour l'obtenir assez pur pour les analyses, ce chimiste a été forcé de mettre en usage une série de précautions que nécessitait la facilité extraordinaire avec laquelle ce corps bleuit et se convertit en indigo.

Sans décrire ici les détails de l'opération (1), nous nous bornerons à dire que, pour obtenir l'I. normal, on met l'indigo bleu, sous l'influence d'un mélange réducteur de chaux et de sulfate de fer, dans un petit tonneau d'où l'accès de l'air se trouve complétement exclu. Dès que la réduction est effectuée, on précipite le liquide, avec les mêmes précautions, par de l'acide hydrochlorique étendu et bouillant, et, après avoir lavé le produit avec de l'eau longuement bouillie, on le dessèche dans le vide d'une bonne machine.

L'I. normal, ainsi préparé, étant exposé à l'air, y bleuit bientôt à la surface; il faut néanmoins plusieurs jours pour que la masse entière soit bleue. Chauffé à l'air, il passe très vite au bleu, en dégageant des vapeurs pourpres; dans le vide, les vapeurs pourpres apparaissent aussi (Dumas).

Il est sans odeur ni saveur, sans action sur les couleurs végétales, insoluble dans l'eau et les acides étendus, fort soluble dans les liquides alcalins, sans qu'il les neutralise. Il se dissout, avec une teinte jaune, dans l'alcool et dans l'éther.

Toutes les solutions de l'I. normal déposent, au contact de l'air, de l'indigo sous forme de poudre bleue.

$$C^{16}H^{12}N^2O^2 + O = H^2O + 2C^8H^5NO.$$

(1) Voyez *Annal. de chim. et de phys.* Nouvelle série t. II, p. 208.

640. *Indigogènes métalliques.* — Les solutions alcalines de l'I. normal sont précipitées par les solutions métalliques; les précipités, quand ils sont incolores, bleuissent à l'air. Quand on les chauffe à l'état sec, ils donnent des sublimés cristallins (Berzélius, Runge).

Il est probable que les I. à métaux très réductibles donnent, dans ces circonstances, de l'indigo normal; on sait du moins que l'I. à base de cuivre et de plomb dégagent, à la distillation sèche, des vapeurs pourpres.

Genre Indine $R^{-20}N^2O^2$.

641. Isomère du g. indigogène; il se produit, en même temps que le g. isatine ou isatate, par l'action de la chaleur ou de la potasse sur les espèces du g. isathyde (643) :

$$3[C^{16}H^{12}N^2O^4] = C^{16}H^{12}N^2O^2 + 4C^8H^5NO^2 + 2H^2O.$$

Indine normale (acide indinique). — $C^{16}H^{12}N^2O^2$. — Pour obtenir ce corps, on met de l'isathyde bisulfuré dans un mortier, puis on y verse une dissolution concentrée de potasse, de manière à former une pâte, que l'on triture pendant quelque temps; on ajoute peu à peu quelques gouttes de potasse, et lorsque la teinte commence à devenir rosée, au bout de cinq à six minutes, on verse peu à peu de l'alcool, en triturant toujours. On continue l'addition de l'alcool et la trituration, jusqu'à ce que la bouillie soit devenue d'un rose foncé. Alors on étend d'alcool, on filtre, on lave à l'alcool, et l'on termine le lavage avec de l'eau. On dissout le produit dans une solution très concentrée de potasse; il se produit alors des aiguilles noires d'I. potassique, qu'on lave avec de l'alcool absolu, et qu'on décompose par quelques gouttes de HC*l* faible. Les cristaux se changent peu à peu par ces lavages en I. normale, pure et pulvérulente.

Ce corps est d'un rose foncé très beau; il est insoluble dans l'eau. L'alcool et l'éther n'en dissolvent, à l'aide de l'ébullition, qu'une très petite quantité. Par la chaleur, il se boursoufle aussitôt qu'il commence à entrer en fusion; il laisse alors dégager des aiguilles, en même temps qu'il laisse beaucoup de charbon.

L'acide nitrique bouillant le décompose. La potasse le conver tit en cristaux noirs d'I. potassique; quand on chauffe le mélange plus longtemps, il se produit de l'hydrindinate potassique.

L'acide sulfurique le dissout en se colorant en rouge; l'eau le précipite non altéré.

Le brome en dégage HBr, et le convertit en I. quadribromée (Laurent).

Indine potassique (indinate de potasse). — $C^{16}(H^{11}K)N^2O^2$? — Lorsqu'on verse une dissolution un peu chaude et très concentrée sur l'I. normale, humectée avec de l'alcool; il se forme une dissolution, qui ne tarde pas à se prendre en une bouillie de cristaux noirs. Ce sel jouit de très peu de stabilité; l'eau le décompose sur-le-champ presque entièrement; il devient rose, et la dissolution n'en retient qu'une très petite quantité. Si l'on neutralise celle-ci par un acide, il se forme un précipité rose d'I. normale (Laurent).

La solution des cristaux noirs se convertit, par l'ébullition, en hydrindinate potassique :

$$C^{16}(H^{11}K)N^2O^2 + H^2O = C^{16}(H^{13}K)N^2O^3.$$

Indine bichlorée (chlorindine). — $C^{16}(H^{10}Cl^2)N^2O^2$? — M. Erdmann a obtenu ce corps en traitant l'isathyde bichloré par la potasse. C'est un corps pulvérulent, violet, insoluble dans l'eau, l'alcool et l'acide hydrochlorique, soluble dans la potasse.

Indine quadribromée (bibromindine). — $C^{16}(H^8Br^4)N^2O^2$? — On peut l'obtenir avec l'I. normale et le brome. C'est une poudre violet noirâtre, peu soluble dans l'alcool et l'éther, et prenant, avec la potasse, une teinte noirâtre, qui jaunit si l'on fait bouillir le liquide étendu d'eau (Laurent).

Indine binitrique (nitrindine). — $C^{16}(H^{10}X^2)N^2O^2$? — C'est un corps pulvérulent, d'un rouge violacé assez intense. La potasse le dissout en se colorant en brun très intense. M. Laurent l'a obtenu en faisant bouillir l'I. normale avec de l'acide nitrique.

Genre *Hydrindine* $R-{^{18}}N^2O^3$.

642. Sous l'influence de la potasse caustique bouillante, l'indine potassée fixe H^2O (?), et se convertit en hydrindine potassique :

$$C^{16}(H^{11}K)N^2O^2 + H^2O = C^{16}(H^{13}K)N^2O^3.$$

Hydrindine normale. — $C^{16}H^{14}N^2O^3$? — Si, après avoir versé de la potasse sur de l'indine normale humectée d'alcool, on chauffe légèrement, il se forme des cristaux noirs d'indine potassée ; mais quand on chauffe un peu trop longtemps, la couleur noire disparaît, et, par le refroidissement, il se dépose des aiguilles soyeuses et jaunâtres d'H. potassique. L'eau décompose celles-ci en séparant de l'H. normale.

On obtient aussi ce corps par l'action de la potasse sur l'isathyde normale et l'isathyde sulfurée ; par l'emploi de ces corps, il se produit en outre de l'isatate (643).

L'H. normale est cristallisée en petits prismes courts, transparents et d'un jaune pâle. Elle est insoluble dans l'eau, et un peu soluble dans l'alcool bouillant.

Chauffée à 300°, elle devient d'un brun violacé, perd de l'eau, et se convertit en indine normale.

L'acide nitrique bouillant la décompose ; elle devient violette, pulvérulente, et paraît donner de l'indine nitrique.

Hydrindine potassique. — $C^{16}(H^{13}K)N^2O^3$? — Quand on verse de la potasse sur l'H. normale, celle-ci se dissout à chaud ; par le refroidissement, l'H. potassique se dépose en aiguilles soyeuses. Si l'on y ajoute de l'alcool, ces aiguilles se dissolvent ; mais, par l'addition de l'eau, il s'en dépose de nouveau des aiguilles d'H. normale. L'H. potassique présente donc peu de stabilité (Laurent).

Genre *Isathyde* $R^{-20}N^2O^4$.

643. Produit de l'action de l'hydrogène sulfuré ou de l'hydrosulfate d'ammoniaque sur les espèces du g. isatine (464) :

$$2C^8H^5NO^2 + H^2S = C^{16}H^{12}N^2O^4 + S.$$

Sous l'influence de la potasse, ainsi que sous celle de la chaleur, les espèces du g. isathyde se dédoublent en espèces des g. indine et isatate (8ᵉ fam.).

$$3C^{16}H^{12}N^2O^4 = C^{16}H^{12}N^2O^2 + C^8H^5NO^2 + 2H^2O.$$

Isathyde normale. — $C^{16}H^{12}N^2O^4$. — M. Laurent donne ce nom à un composé qu'il a découvert en faisant dissoudre à chaud de l'isatine normale dans l'alcool, et en y versant un peu d'hydrosulfate d'ammoniaque. Le mélange ayant été abandonné à lui-même pendant une huitaine de jours, a déposé des cristaux lamellaires et prismatiques d'I. normale, mélangés de cristaux octaédriques de soufre.

L'I. normale est blanche, légèrement grisâtre, sans odeur, sans saveur; elle ne paraît pas être soluble dans l'eau. L'alcool et l'éther n'en dissolvent, par l'ébullition, qu'une très petite quantité; par le refroidissement, ils l'abandonnent sous la forme de paillettes microscopiques, qui sont des prismes obliques, à base rectangulaire.

Chauffée à quelques degrés au-dessus de son point de ramollissement, elle devient brun violet; si l'on pousse la température jusqu'à ce que le corps soit à moitié fondu, il se décompose, et l'on obtient un corps soluble dans l'alcool, qui donne des cristaux brun rouge par l'évaporation (Laurent).

L'acide nitrique bouillant la décompose.

Isathyde sulfurée (sulfisathyde). — $C^{16}H^{12}N^2(O^3S)$. — Ce corps s'obtient en versant goutte à goutte une dissolution de potasse caustique dans une dissolution alcoolique d'I. bisulfurée. La liqueur jaunâtre passe immédiatement au rouge, en laissant déposer, au bout de quelques secondes, un précipité blanc cristallin d'I. sulfurée.

$$C^{16}H^{12}N^2(O^2S^2) + (KH)O = C^{16}H^{12}N^2(O^3S) + (KH)S.$$

On le lave à l'alcool bouillant, et on le dessèche; il possède une légère teinte rosée due à la présence d'un peu d'indine normale, dont il est difficile d'éviter la formation (Laurent).

L'I. sulfurée pure est blanche, cristalline, inodore, insipide, insoluble dans l'eau.

Par la chaleur, elle entre en fusion, devient rouge, et se décompose en se boursouflant et en dégageant de l'hydrogène sulfuré, une huile rose et une matière cristallisée en aiguilles. Elle laisse une volumineux dépôt de charbon.

L'alcool bouillant et l'éther n'en dissolvent que des traces.

L'acide nitrique bouillant la transforme en une poudre violacée. L'acide sulfurique la dissout en se colorant en rouge brun.

Isathyde bisulfurée (sulfésathyde, sulfisatine).—$C^{16}H^{12}N^2(O^2S^2)$. — M. Laurent a préparé ce corps en faisant passer un courant

d'hydrogène sulfuré dans une dissolution alcoolique bouillante
et très concentrée d'isatine normale :

$$2C^8H^5NO^2 + H^2S = C^{16}H^{12}N^2O^4 + S$$
$$C^{16}H^{12}N^2O^4 + 2H^2S = C^{16}H^{12}N^2(O^2S^2) + 2H^2O.$$

C'est une matière gris jaunâtre, pulvérulente, inodore, insipide, insoluble dans l'eau bouillante, dans laquelle elle se ramollit. L'alcool et l'éther la dissolvent très facilement à l'aide de
la chaleur, mais ne la déposent pas à l'état cristallisé.

Lorsqu'on la chauffe dans un tube, elle se boursoufle beaucoup
aussitôt qu'elle commence à entrer en fusion. Il se dégage H^2S,
une huile brune et une matière cristallisée en aiguilles, en même
temps qu'il reste un volumineux dépôt de charbon.

Le brome l'attaque vivement. L'acide nitrique concentré et
bouillant la décompose aussi.

Lorsqu'on met l'I. bisulfurée en contact avec le bisulfite d'ammoniaque, on obtient toujours un sel soluble dans l'eau (*sulfisa-
tanite d'ammoniaque*), et une ou plusieurs autres matières insolubles. Ces produits n'ont pas encore été suffisamment examinés (1).

La potasse la convertit en plusieurs composés particuliers (643).

644. *Isathyde bichlorée* (chlorisathyde, chlorisathydase). —
$C^{16}(H^{10}Cl^2)N^2O^4$. On obtient ce corps en traitant l'isatine chlorée
par l'hydrosulfate d'ammoniaque. C'est un précipité blanc et
pulvérulent, insoluble dans l'eau froide, peu soluble dans l'eau
chaude. L'alcool bouillant le dissout, et le dépose, par le refroidissement, sous la forme de croûtes cristallines, sans forme régulière (Erdmann).

Avec l'ammoniaque, l'I. chlorée se colore en rouge, et s'y dissout en partie, quand on vient à chauffer, en donnant un liquide
qui précipite, par le refroidissement, une poudre rouge.

Isathyde bichloro-quadrisulfurée (sulfochlorisatine). — $C^{16}(H^{10}Cl^2)$
N^2S^4 (Laurent). — Précipité blanc qui se forme par l'action de
l'hydrogène sulfuré sur l'isatine chlorée (Erdmann).

Isathyde quadrichlorée (bichlorisathyde, chlorisathydèse).

(1) LAURENT. *Revue scientif. et industr.* ,,t. X, p. 295.

$C^{16}(H^8Cl^4)N^2O^4$. — La formation et les propriétés de ce corps coïncident avec celles de l'I. chlorée (Erdmann).

Genre *Imasatine* $R^{-21}N^3O^3$.

645. Amide, produite par l'action de l'ammoniaque sur le isatine (464) :

$$2[C^8H^5NO^2] + NH^3 = H^2O + C^{16}H^{11}N^3O^3.$$

Imasatine normale. — $C^{16}H^{11}N^3O^3$. — On l'obtient en faisant bouillir une dissolution d'isatine n. dans l'ammoniaque. C'est un corps jaune-grisâtre, tirant souvent sur le brun ou le verdâtre ; il est tantôt cristallisé en grains lamelleux, tantôt formé de petites sphères radiées plus foncées. Il est insoluble dans l'eau et dans l'éther. L'alcool bouillant n'en dissout qu'une très petite quantité.

Elle se décompose par la distillation sèche, en donnant beaucoup de charbon et un sublimé d'aiguilles incolores.

L'acide hydrochlorique bouillant ne l'attaque pas. La potasse caustique la dissout ; étendue d'eau et neutralisée par un acide, la solution donne un précipité blanchâtre gélatineux.

Imasatine bichlorée (imachlorisatinase). — $C^{16}(H^9Cl^2)N^3O^3$. — On l'obtient avec l'ammoniaque et une dissolution alcoolique d'isatine chlorée ; c'est une poudre légèrement rougeâtre.

Imasatine quadribromée (imabromisatinèse, carmindine bibromée ?). — $C^{16}(H^7Br^4)N^3O^3$. — Paillettes jaune rougeâtre qu'on obtient avec l'isatine bibromée et l'ammoniaque (Laurent).

Genre *Isamate* $R^{-19}N^3O^4$.

646. Amide, sel unibasique ; produit de l'action de la chaleur sur l'isatate ammoniacal (1) :

$$2[C^8H^7NO^3,NH^3] = 2H^2O + NH^3 + C^{16}H^{13}N^3O^4.$$

Les acides bouillants convertissent les espèces de ce genre en ammoniaque et en espèces du g. isatine (464).

Isamate normal (acide isamique, imasatique ou rubindénique).

(1) Voyez aussi page 72.

— $C^{16}H^{13}N^3O^4$. — Voici comment M. Laurent prescrit de préparer ce beau corps : on fait dissoudre une quantité pesée d'isatine normale dans de la potasse jusqu'à saturation ; d'un autre côté, on fait une dissolution très concentrée et chaude de sulfate d'ammoniaque ; il faut prendre un peu plus de 1 éq. de sulfate pour 2 éq. d'isatine. On mêle les deux dissolutions, et il se forme un précipité de sulfate de potasse. Après avoir filtré, on évapore l'isatate ammoniacal jusqu'à consistance de sirop ; ce sel se change alors en I. ammoniacal. On reprend le sel sirupeux par l'alcool bouillant, et on filtre si c'est nécessaire (il peut rester soit des sulfates, soit de l'amasatine n.). On verse ensuite, dans la dissolution alcoolique et chaude, de l'acide hydrochlorique, en ayant soin de ne pas en mettre en excès. L'I. normal reste dans la dissolution ; mais, par le refroidissement, il se dépose sous la forme de magnifiques paillettes, semblables au biiodure de mercure sublimé.

Si l'on versait trop d'acide hydrochlorique, ou si l'on chauffait trop fortement, ou enfin si l'on n'avait pas assez évaporé l'isatate ammoniacal, le précipité d'I. normal pourrait renfermer un peu d'isatine. On reconnaîtrait aisément la présence de cette dernière en versant sur une portion de l'I. normal une solution d'ammoniaque bien diluée ; l'I. se dissoudrait immédiatement en laissant l'isatine.

L'I. normal cristallise en tables rhombes ou hexagonales dont les angles, mesurés au microscope, sont d'environ 110° ; il est un peu soluble dans l'eau bouillante, qui se colore en jaune. Il est assez soluble dans l'éther.

Lorsqu'on y verse de l'acide hydrochlorique, il se dissout en prenant une belle teinte violacée. Avec les acides étendus sous l'influence de l'ébullition, il se change en ammoniaque et en isatine n. :

$$C^{16}H^{13}N^3O^4 = NH^3 + 2[C^8H^5NO^2].$$

Le brome l'attaque vivement, et produit un corps jaune, insoluble dans l'eau (*indélibrome*, $C^{16}H^8Br^4N^3O^4$?).

Isamate ammoniacal (imasatate d'ammoniaque). — $C^{16}H^{13}N^3O^4$, NH^3. — Il peut s'obtenir cristallisé en petites aiguilles ou en rhombes microscopiques très aigus.

Il ne donne pas de précipité avec les sels de baryum, de calcium, de magnésium. Il précipite l'acétate de plomb en jaune orangé, le bichlorure de mercure en rouge, le nitrate d'argent en jaune.

Quand on le dessèche trop fortement, il se convertit en isamide normale, en perdant H^2O :

$$C^{16}H^{13}N^3O^4,NH^3 = H^2O + C^{16}H^{14}N^4O^3.$$

Isamate potassique. — Sa solution ne se décompose pas par l'ébullition.

Isamate bichloré (acide chlorisamique). — $C^{16}(H^{11}Cl^2)N^3O^4$. — Pour obtenir ce corps, on traite l'isamide bichlorée par la potasse faible, et l'on décompose la solution par l'acide hydrochlorique dilué, sans excès. Il se forme alors un précipité rouge-brique et floconneux ; on le reprend par l'alcool chaud pour le faire cristalliser.

Cet acide ressemble entièrement à l'I. normal ; il est d'un rouge vif, cristallin ; au microscope, il présente des lamelles hexagonales, très allongées, dérivant d'un rhombe dont les angles sont d'environ 110°.

Il est plus soluble dans l'alcool et dans l'éther que l'I. normale. La dissolution est jaune.

Il est décomposé par la distillation.

Les acides concentrés le dissolvent en se colorant en violet. Sous l'influence de l'ébullition, ils le convertissent en ammoniaque et en isatine chlorée :

$$C^{16}(H^{11}Cl^2)N^3O^4 = NH^3 + 2[C^8(H^4Cl)NO^2].$$

Isamate bichloro-ammoniacal. — Il précipite les sels d'argent en jaune.

Isamate quadrichloro-argentique. — $C^{16}(H^8AgCl^4)N^3O^4$. — L'alcool bouillant convertit l'isamide quadrichlorée en I. quadrichloro-ammoniacal ; si l'on y ajoute de l'argent, il se forme un précipité floconneux (Laurent).

Genre Isamide $R-^{18}N^4O^3$.

647. Amide ; produit de l'action de la chaleur sur l'isamate ammoniacal :

$$C^{16}H^{13}N^3O^4,NH^3 = H^2O + C^{16}H^{14}N^4O^3.$$

Les acides bouillants convertissent les espèces de ce g. en ammoniaque et en espèces du g. isatine (1).

Isamide normale (amasatine, amide isamique). — $C^{16}H^{14}N^4O^3$. — Le meilleur procédé pour obtenir ce corps consiste à dessécher fortement l'isamate ammoniacal.

C'est une substance d'un très beau jaune, pulvérulente, inodore, insipide. Elle est presque insoluble dans l'éther ; l'alcool aussi en dissout très peu.

Elle est insoluble dans l'eau ; mais sous l'influence de l'ébullition elle s'y dissout en se transformant en isamate ammoniacal ; une petite portion se décompose en ammoniaque et en isatine normale :

$$C^{16}H^{14}N^4O^3 + H^2O = C^{16}H^{13}N^3O^4,NH^3$$
$$C^{16}H^{14}N^4O^3 + H^2O = 2[C^8H^5NO^2] + 2NH^3.$$

L'acide hydrochlorique concentré la colore en violet ; étendu à froid, il donne de l'acide isamique ; à chaud, de l'isatine (Laurent).

Isamide bichlorée (chlorisamide). — $C^{16}(H^{12}Cl^2)N^4O^3$. — Elle se forme quand on évapore à siccité l'isamate bichloro-ammoniacal. On la prépare en dissolvant l'isatate chloro-potassique dans l'alcool, mélangeant avec du sulfate d'ammoniaque, séparant à l'aide du filtre le sulfate de potasse, et évaporant la dissolution jusqu'à consistance pâteuse. Quand on la reprend par l'eau, l'I. bichlorée reste à l'état insoluble.

C'est une matière jaune et pulvérulente ; elle est assez soluble dans l'alcool, et ne se dissout pas dans l'eau bouillante. Les acides concentrés la dissolvent en la colorant en violet ; s'ils sont étendus, ils la convertissent à froid en isamate bichloré, à chaud en isatine chlorée.

Isamide quadrichlorée (bichlorisamide). — $C^{16}(H^{10}Cl^4)N^4O^3$. — Lorsqu'on traite l'isatate bichloro-potassique par le sulfate d'ammoniaque, et qu'on évapore la dissolution, il se dépose une poudre jaune qui est l'I. quadrichlorée. Quand on la dissout dans l'alcool bouillant, elle se convertit en isamate quadrichloro-ammoniacal ; traitée par les acides concentrés, elle se dissout en prenant une couleur violette (Laurent).

(1) Voyez page 72.

Genre *Sulfopurpurate* $R - ^{22}N^2SO^5$.

648. Sel copulé unibasique, produit par l'accouplement de l'indigo bleu (463) avec l'acide sulfurique :

$$2C^8H^5NO + SH^2O^4 = C^{16}H^{10}N^2SO^5 + H^2O.$$

Les S. sont rouges à l'état sec, et bleus en solution aqueuse. Abandonnés avec de l'acide sulfurique concentré, ils se convertissent en sulfindylates (475) :

$$C^{16}H^{10}N^2SO^5 + SH^2O^4 = H^2O + 2C^8H^5NSO^4.$$

Ils se décolorent sous l'influence des corps réducteurs, comme c'est le cas des sulfindylates.

Sulfopurpurate normal (acide sulfopurpurique, phénicine de W. Crum, pourpre d'indigo ou acide sulfophénicique de M. Berzélius). — $C^{16}H^{10}N^2SO^5$ (Dumas). — Cet acide reste sur le filtre dans les préparations de l'acide sulfindylique pour lesquelles on emploie 8 à 10 parties d'acide sulfurique seulement pour une d'indigo pur. Après avoir laissé le produit s'égoutter complétement, on lave avec de l'eau aiguisée par de l'acide hydrochlorique pur, jusqu'à ce que les lavages soient bien exempts d'acide sulfurique (Dumas). Il se produit surtout aussi quand on mélange de l'indigo avec de l'acide sulfurique fumant, et qu'on y ajoute de l'eau immédiatement après la mixtion ; il se sépare alors à l'état d'un précipité pourpre.

Lavé à l'eau pure, cet acide se dissout avec la même couleur bleue, propre à l'acide sulfindylique; mais quand on sature la solution par des alcalis, par l'acétate de potasse ou par d'autres sels, il se précipite des S. en flocons pourpres.

Chauffé à 200°, le S. normal commence à s'altérer. La combinaison précipitée de sa solution par le sel ammoniac donne, par la distillation sèche, un gaz rouge qui se condense sous forme cristalline comme l'indigo (Berzélius).

Sulfopurpurate potassique. — $C^{16}(H^9K)N^2SO^5$. — Il s'obtient en dissolvant le S. normal dans l'eau, et ajoutant de l'acétate de potasse au liquide. Il se précipite alors des flocons pourpres qui peuvent être lavés d'abord au moyen d'une dissolution d'acétate de potasse, et enfin à l'aide de l'alcool (Dumas).

DIX-SEPTIÈME FAMILLE.

GENRES.	FONCTIONS chimiques DES GENRES.	RAPPORTS DE TRANSFORMATION entre les genres de la DIX-SEPTIÈME FAMILLE	RAPPORTS DE TRANSFORMATION entre les genres DE LA DIX-SEPTIÈME et d'autres familles.
Pyromargarol $R-^2O$.	?	Le margarate n. élimine H^2O en présence de l'ac. phosphorique anhydre.	?
Margarate RO^2.	Sel unibasique.	Action des alcalis sur le g. margaramide.	Action des corps oxygénants sur les g. stéarate, oléate, etc.
Butyroléate $R-^2O^2$	Sel unibasique.	?	Dans le glycéride liquide du beurre de vache.
Hydromargaritate $R+^2O^3$.	Sel unibasique ?	Décomposit. du sulfomargarate n. par l'eau.	?
Carbocétate RO^3.	Sel copulé unibas.	?	Action du sulfure de carbone et de la potasse sur l'éthal (16e fam.).
Sulfomargarate RSO^5.	Sel copulé bibas. ?	Accouplem. du margarate n. avec l'acide sulfurique.	?
Margaramide $R+^1NO$.	Amide.	Le margarate ammoniacal élimine H^2O.	Action de l'ammoniaque sur la margarine.
Atropine $R-^{11}NO^3$.	Alcaloïde.	?	Dans la belladone.
Pipérine $R-^{16}NO^3$.	Alcaloïde.	?	Dans le poivre.
Corydaline $R-^{13}NO^5$.	Alcaloïde.	?	Dans la racine de corydalis.

Genre *Pyromargarol* R^{-2}O.

649. L'acide phosphorique anhydre, en agissant sur le margarate n., enlève H^{2}O, et donne naissance au pyromargarol normal :

$$C^{17}H^{34}O^2 = H^2O + C^{17}H^{32}O.$$

Pyromargarol normal. — C^{17}H^{32}O. — Pour obtenir ce corps (1), on fait fondre, au bain-marie, de l'acide margarique avec de l'acide phosphorique anhydre, et l'on épuise le produit par l'eau bouillante. On obtient ainsi une masse gélatineuse, qui surnage l'eau, et qu'on purifie d'acide margarique, en la traitant par la potasse, où elle est presque insoluble.

Le P. normal se dépose alors au fond sous la forme d'une huile épaisse et brunâtre, qu'il est difficile d'obtenir incolore. Refroidi, il se présente sous la forme d'une masse cassante, à peine cristalline, qui se liquéfie complétement entre 60 et 65°. Il est très soluble dans l'éther. La potasse ne l'attaque pas sensiblement, même à la température de l'ébullition. L'acide nitrique l'attaque et le convertit à la longue en une masse cireuse (2) (Erdmann).

Genre *Margarate* RO².

650. Sel unibasique ; homologue des g. formiate, acétate, butyrate, valérate, caprate, cocinate, myristate, éthalate, stéarate, etc. ; produit de la distillation sèche ou de l'oxydation des g. oléate, stéarate, cérine, etc. ; de la saponification de la margarine renfermée dans la graisse d'homme, l'huile d'olive, le beurre (Bromeis), etc. :

$$C^{18}H^{34}O^2 + O^2 = CO^2 + C^{17}H^{34}O^2$$
$$C^{19}H^{38}O^2 + O^6 = 2CO^2 + C^{17}H^{34}O^2 + 2H^2O.$$

L'espèce normale a été rencontrée aussi dans l'huile de l'eau-de-vie de blé (3).

(1) Voyez la note t. 1, p. 111.

(2) M. Erdmann y a trouvé : carbone 77,2 — 77,3 ; hydrogène 12,2. C'est peut-être un corps C^{17}H^{32}O^2 encore impur.

(3) *Kornoel* de M. Mulder (KOLBE. *Annal. der Chem. u. Pharm.*, t. XLI, p. 53.

Margaratenormal (acide margarique). — $C^{17}H^{34}O^2$ (Warrentrapp).
— On peut préparer ce corps de plusieurs manières ; la distillation sèche de la graisse de bœuf ou de porc en fournit beaucoup. Pour cela on chauffe brusquement cette graisse dans une cornue de verre jusqu'à ce qu'elle soit en ébullition, et ensuite on modère le feu, en recueillant les produits qui passent. Ils se composent d'acide margarique, mélangé d'une huile hydrocarbonée ; en même temps, il se développe l'odeur suffocante de l'acroléine (268).

L'huile d'olive et l'acide oléique donnent un produit onctueux, qui renferme également de l'acide margarique.

On exprime le produit brut, afin d'en séparer autant que possible les parties liquides ; ensuite on le fait cristalliser à plusieurs reprises dans l'alcool ; on complète la purification en saponifiant l'acide margarique avec du carbonate de soude, décomposant le savon par un acide minéral, et faisant de nouveau cristalliser.

Le M. normal s'obtient aussi en faisant bouillir l'acide stéarique avec l'acide nitrique. Lorsqu'on traite à chaud 1 p. d'acide stéarique, tel qu'on l'extrait en grand de la graisse de bœuf, par 2 ou 3 p. d'acide nitrique ordinaire, il s'établit, au bout d'une demi-heure, une réaction extrêmement vive.

Quand l'action s'est calmée, le produit est plus fluide, et se solidifie, par le refroidissement, en une masse qui a la consistance du suif. On épuise cette masse par l'eau bouillante, afin d'enlever l'acide nitrique, et on la dissout à chaud dans l'alcool. Par le refroidissement, le M. normal se sépare à l'état cristallin. On l'obtient parfaitement pur en le faisant cristalliser deux fois dans l'alcool bouillant, exprimant et saponifiant le produit, et décomposant le savon par un acide.

On l'obtient aussi avec l'acide nitrique et l'acide oléique. Si l'on arrête l'opération dès la première attaque de l'acide nitrique, l'acide oléique se fige et donne, au bout de quelques heures, une masse jaunâtre, qu'on traite comme précédemment (Bromeis).

Le M. normal ressemble beaucoup à l'acide stéarique, mais il est plus fusible (60°, Chevreul) ; il donne des cristaux nacrés et enchevêtrés. Il est insoluble dans l'eau, fort soluble dans l'alcool et l'éther ; la solution rougit le tournesol, et décompose les carbonates alcalins à l'aide de la chaleur (Chevreul).

Si l'on distille l'acide margarique seul, il passe une grande partie sans altération ; toutefois une petite portion s'en décompose en CO^2, H^2O et *margarone* (1).

$$2[C^{17}H^{34}O^2] = CO^2 + H^2O + C^{33}H^{66}O.$$

Cette métamorphose est plus complète quand on mélange le M. normal avec de la chaux avant de le soumettre à la distillation (Bussy).

Quand on le chauffe avec de l'acide phosphorique anhydre, il se convertit en pyromargarol normal (649) :

$$C^{17}H^{34}O^2 = H^2O + C^{17}H^{32}O.$$

Sous l'influence de l'acide nitrique bouillant, il donne successivement les acides subérique, pimélique, adipique, succinique, etc.

Il se dissout dans l'acide sulfurique concentré, en donnant un corps copulé (654) ; l'eau décompose le produit en séparant de l'acide magarique légèrement modifié dans son aspect physique (*acide métamargarique* (2), ainsi que de l'acide hydromargaritique :

$$C^{17}H^{34}O^2 + H^2O = C^{17}H^{36}O^3.$$

Margarate potassique (sel de potasse neutre). — $C^{17}(H^{33}K)O^2$. — Ce sel se dépose sous forme de grumeaux par le refroidissement d'une solution, dans l'eau bouillante, de parties égales de M. normal et de potasse caustique. Il cristallise dans l'alcool bouillant sous la forme de paillettes nacrées. Délayé dans 10 p. d'eau, il se gonfle, et produit une gelée transparente; si l'on y ajoute plus d'eau, il se décompose, en séparant des paillettes nacrées

---

(1) C'est une matière blanche et nacrée qui fond à 77° ; elle fond et se volatilise sans résidu sur la lame de platine ; mais quand on la chauffe dans une cornue, elle laisse du charbon. L'alcool la dissout, l'éther bien mieux ; elle est insoluble dans l'eau. Les alcalis ne la dissolvent et ne l'attaquent point ; l'acide sulfurique concentré la noircit à chaud.

Ce corps n'a pas encore été étudié; il paraît être l'homologue de l'acétone.

(2) M. Miller (*Traité de chimie organique* de M. Liebig. Ma traduct., t. II, p. 242) a trouvé dans le soi-disant acide métamargarique de M. Frémy : carbone 75,2 ; hydrogène 12,6. Or, la formule $C^{17}H^{34}O^2$ exige : carbone 75,5 ; hydrogène 12,5.

(Chevreul). On admet généralement que le dépôt cristallin constitue un sel acide, tandis qu'il resterait un sel plus basique en dissolution ; mais je ne sache pas que les paillettes présentent une composition constante ; il me semble plutôt que le dépôt n'est que du M. normal plus ou moins mélangé de M. potassique, suivant la quantité d'eau avec laquelle ce dernier a été mis en présence.

Margarate sodique. — $C^{17}(H^{33}Na)O^2$. — Il cristallise d'une solution alcoolique, faite à chaud, en paillettes translucides, qui fondent par la chaleur. L'eau froide n'y agit que fort peu ; mais 10 p. d'eau à + 80° le dissolvent complétement, et la solution se prend en gelée par le refroidissement. L'addition d'une plus forte proportion d'eau détermine la décomposition du sel, comme du M. potassique (Chevreul).

Margarate ammoniacal. —Lorsqu'on dissout le M. normal dans l'ammoniaque caustique, on obtient une masse gélatineuse qui perd aisément une partie de son ammoniaque.

Margarate argentique. — $C^{17}(H^{33}Ag)O^2$. — On l'obtient en précipitant la solution alcoolique d'un des sels précédents par une solution également alcoolique de nitrate d'argent ; il se forme ainsi un précipité blanc, fort volumineux, qui ne se colore que fort lentement à l'air.

Margarate plombique. — $C^{17}(H^{33}Pb)O^2$. — On précipite une solution alcoolique de M. sodique par une solution d'acétate de plomb, préalablement aiguisée avec un peu d'acide acétique. Cette précaution est nécessaire, parce que sans cela il se précipite toujours une quantité variable de sel basique. Le précipité est fort volumineux, et devient très lourd par la dessiccation ; une fois desséché, il ne se mouille plus par l'eau, si on ne le délaie pas d'abord dans l'alcool. A la température de l'ébullition de l'eau, il fond en une masse transparente et visqueuse ; entre 106 et 112°, il est entièrement fluide. L'alcool bouillant n'en dissout que 3 p. c. ; l'éther bouillant n'en dissout environ que 1/100 de son poids ; mais l'essence de térébenthine bouillante le dissout en toutes proportions, et le dépose à l'état gélatineux par le refroidissement.

Margarate calcique. — Précipité blanc, fusible, qu'on obtient par un M. alcalin et les sels de chaux.

Les sels de baryte solubles donnent pareillement le M. barytique.

Genre *Butyroléate* $R^{-2}O^2$.

651. Sel unibasique, homologue du g. oléate (18ᵉ fam.).

La partie liquide du beurre de vache se compose d'un glycéride particulier, que la saponification convertit en B.; la partie concrète se compose de margarine.

Butyroléate normal (acide butyroléique). — $C^{17}H^{32}O^2$? (1). — On fait bouillir avec une lessive de potasse l'huile qu'on obtient par l'expression du beurre; on étend d'eau l'émulsion et on la décompose par l'acide sulfurique. Le produit a besoin d'être bouilli à plusieurs reprises avec de l'eau, afin de se débarrasser des acides gras volatils (butyrique, caproïque, caprique). Comme l'acide brut ainsi obtenu renferme toujours du margarate, il faut le convertir en sel de plomb, et traiter par l'éther le mélange de butyroléate et de margarate; ce dernier sel n'en est pas dissous. Enfin on décompose par l'acide hydrochlorique l'acide butyroléique purifié.

Après avoir été bouilli avec de l'eau, cet acide est parfaitement

---

(1) M. Bromeis adopte pour l'acide butyroléique les rapports $C^{17}H^{31}O^{21/2}$; voici les nombres qu'il a obtenus à l'analyse (calculées avec $C = 75$) :

    Carbone 73,4—73,3—73,3—72,9—73,0—74,1—73,6—73,3.
    Hydrog. 12,0—11,9—11,8—11,6—12,4—11,8—11,9—11,6.

Mais les combustions n'avaient pas été complétées par un courant d'oxygène, de sorte qu'elles présentent nécessairement une perte sur le carbone. Le sel de baryte a donné 22,6—22,2 baryte; 9,2—8,9 hydrogène; le carbone était de 59 à 60 p. c., mais la baryte avait dû en retenir dans le tube à combustion.

Ma formule donne pour le sel de baryte : carbone 60,8, hydrogène 9,2, baryte 22,8. L'acide libre $C^{17}H^{32}O^2$ renfermerait d'après cela 11,9 hydrogène, ce qui s'accorde aussi avec les déterminations de M. Bromeis; mais le carbone devrait être de 76,1; la différence provient sans doute d'une combustion incomplète; d'ailleurs il est à remarquer que les expériences faites par M. Bromeis sur le sel de baryte ne s'accordent nullement avec celles de l'acide libre; ensuite celui-ci absorbe très rapidement l'oxygène de l'air.

limpide, mais très jaune, de manière qu'il faut encore le traiter, en solution alcoolique, par du charbon animal.

L'acide ainsi obtenu absorbe, surtout à chaud, l'oxygène de l'air avec une grande avidité.

Lorsqu'on le chauffe à quelques degrés au-dessus de 100°, il brunit fortement, et dégage, avant de bouillir, une quantité abondante d'hydrogène carboné, un peu d'acide carbonique et d'eau, tandis qu'il distille ensuite, à une température très basse, à l'état incolore, en ne laissant qu'une petite quantité de charbon. Le produit distillé ne renferme pas d'acide sébacique (Bromeis).

Butyroléate sodique. — $C^{17}(H^{31}Na)O^2$? — On saponifie l'acide butyroléique avec du carbonate de soude, on dessèche le savon au bain-marie, et on le dissout dans l'alcool absolu et bouillant. Il ne se dépose pas à l'état cristallin, mais sous forme d'une gelée épaisse.

Butyroléate barytique. — $C^{17}(^{31}Ba)O^2$? — On l'obtient aisément en décomposant par du chlorure de baryum le B. ammoniacal ou sodique récemment préparé, et lavant le précipité avec de l'eau froide, aussi promptement que possible. Le B. barytique forme une poudre blanche légère; il fond, par la chaleur, en une masse claire et jaunâtre.

Butyroléate plombique. — Sel gluant, difficile à obtenir à l'état de pureté.

Le B. argentique et le B. cuivrique sont dans le même cas (Bromeis).

Genre *Hydromargaritate* $R+^3O^3$.

652. Sel unibasique, dérivant du g. margarate par la fixation de H^2O.

Hydromargaritate normal (acide hydromargaritique). — $C^{17}H^{36}O^3$. — Il se dépose quand on fait bouillir l'acide sulfomargarique (654) avec de l'eau. Il est solide, blanc, insoluble dans l'eau, soluble dans l'alcool et l'éther; il cristallise en prismes rhomboïdaux, qui présentent une assez grande dureté. Quand cet acide est bien cristallisé, il diffère par son aspect des acides gras connus

Son point de fusion a été trouvé à 68°. Soumis à la distillation, il se décompose en eau et en acide métamargarique (Frémy) :

$$C^{17}H^{36}O^3 = H^2O + C^{17}H^{34}O^2.$$

Les hydromargaritates à base de potassium, de sodium et d'ammoniaque sont solubles, et ne cristallisent que très difficilement dans l'eau; l'eau les décompose en partie (1).

Genre *Carbocétate* RO³.

653. Sel copulé unibasique, homologue des g. carbométhylate (242) et carbovinate (278).

Carbocétate bisulfuro-potassique (sulfocarbocétate de potasse). — $C^{17}(H^{33}K)(OS^2)$. — On dissout à froid de l'éthal (628) dans du CS^2 jusqu'à complète saturation; dans la liqueur parfaitement transparente, mais qui se trouble légèrement par l'agitation, on ajoute de la potasse en poudre fine; la réaction commence immédiatement, et se termine en quelques heures. La masse prend une consistance pâteuse, presque solide; on la chauffe doucement dans 3 ou 4 fois son volume d'alcool à 40°, de manière à ne pas atteindre l'ébullition; la dissolution se fait immédiatement; elle dépose le sel sous la forme de flocons volumineux, qu'on purifie à froid par des lavages à l'alcool et à l'éther.

Desséché à l'air, le sel ainsi obtenu constitue une poudre cristalline très ténue, d'une odeur très faible, et grasse au toucher; l'eau ne la mouille pas; néanmoins elle est très hygrométrique.

Sa dissolution alcoolique précipite en blanc par le bichlorure de mercure; en jaune-serin par le nitrate d'argent, le précipité noircit en quelques minutes; en blanc par l'acétate de plomb, le précipité noircit aussi rapidement; en blanc gélatineux par les sels de zinc.

Mis en digestion avec l'acide hydrochlorique, il donne une masse élastique, qui, après avoir été lavée, est de l'éthal pur (Desains et Laprovostaye).

Genre *Sulfomargarate* RSO⁵.

654. Sel copulé bibasique, homologue du g. sulfacétate (248).

(1) Notre formule exige : carbone 70,8 — hydrogène 12,4. M. Frémy avait obtenu : carbone 70,5 (nouv. poids at.) — hydrogène 12,3.

Sulfomargarate normal (acide sulfomargarique). — $C^{17}H^{34}SO^5$?
— L'acide sulfurique concentré dissout l'acide margarique, en produisant une combinaison copulée qui est très peu stable, car l'eau en précipite l'acide margarique sans altération. Cette même combinaison se produit quand on traite l'huile d'olive par l'acide sulfurique ; M. Frémy a soumis cette réaction à une étude particulière ; mais les résultats, obtenus à une époque où l'on ne connaissait pas encore le véritable poids atomique du carbone, ne présentent pas toute la netteté désirable ; il est aisé toutefois de les mettre d'accord avec la science d'aujourd'hui.

L'huile d'olive est, comme on sait, un mélange, en proportions variables, de deux glycérides. Les produits de l'action de l'acide sulfurique sur cette huile doivent donc pouvoir se déduire ou de la composition de ces deux glycérides, ou de la composition des corps qui résultent de leur dédoublement en acides gras et en glycérine.

Or, M. Frémy indique qu'en laissant l'huile d'olive en contact avec de l'acide sulfurique, on voit se former une masse visqueuse, renfermant à la fois les acides sulfomargarique, sulfoléique et sulfoglycérique (282). L'eau dissout très bien ces produits ; cependant elle finit par réagir sur leurs éléments, et en opère la décomposition. La formation de l'acide sulfoglycérique prouve que les produits de décomposition, formés par l'eau, dérivent directement de l'acide margarique $C^{17}H^{34}O^2$ et de l'acide oléique $C^{18}H^{34}O^2$.

Lorsqu'on dissout l'acide margarique dans l'eau, à la température ordinaire, il se précipite peu à peu un acide gras, blanc, qui a exactement la composition de l'acide margarique, et qui n'est probablement pas autre chose ; M. Frémy l'appelle *acide métamargarique ;* il l'a obtenu en cristaux mamelonnés et quelquefois en lames micacées et brillantes. Son point de fusion a été trouvé à 50° (51,5, Miller). On sait que les combinaisons copulées, quand on les décompose par l'eau, séparent souvent la copule, légèrement modifiée dans ses propriétés physiques, sans que la composition en soit changée.

Quand tout l'acide métamargarique s'est déposé, et qu'on porte le liquide en ébullition, il s'en dépose de l'*acide hydro-margaritique,* qui est de l'acide margarique plus 1 éq. d'eau

$= C^{17}H^{36}O^3$. Ce que M. Frémy appelle *acide hydromargarique* n'est, selon moi, qu'un mélange des deux acides précédents, comme il est aisé de le voir au mode de préparation indiqué par l'auteur.

Quant à l'acide sulfoléique, il a fourni également un *acide métaoléique*, qui me semble être identique avec l'acide oléique et un *acide hydroléique*, qui est sans doute de l'acide oléique plus 1 éq. d'eau $= C^{18}H^{36}O^3$.

Genre *Margaramide* R+¹NO.

655. Amide, homologue du g. butyramide (t. I, p. 630).

Margaramide normale. — $C^{17}H^{35}NO$. — L'action de l'ammoniaque sur les huiles grasses et sur certains glycérides concrets, diffère de celle qu'exercent sur eux les alcalis fixes. Dans l'action de l'ammoniaque, on distingue, outre les savons ammoniacaux proprement dits, de la M. normale, qui y est toujours en proportion beaucoup plus forte. Pour obtenir ce produit, on fait passer un courant de gaz ammoniac à travers l'huile d'olive ou la graisse, ou bien on abandonne ces corps gras avec l'alcool ammoniacal ou avec l'ammoniaque liquide. On traite ensuite par l'eau bouillante le savon ainsi obtenu ; la M. vient surnager, et se fige par le refroidissement. On la fait cristalliser dans l'alcool bouillant, qui la dépose à l'état cristallin.

Ce corps, entrevu par M. Lassaigne (105), et analysé dernièrement par M. Boullay, est blanc, solide, inaltérable à l'air, parfaitement neutre, insoluble dans l'eau, très soluble dans l'alcool et l'éther, surtout à chaud. Ces dissolutions en abandonnent une partie, par le refroidissement, sous forme d'aiguilles, de mamelons ou de plaques blanches et translucides. Il fond à 60° environ, et brûle, comme les matières grasses, avec une flamme fuligineuse.

Les dissolutions des alcalis, quand elles sont concentrées et bouillantes, saponifient la M. en développant de l'ammoniaque et en la transformant en margarate :

$$C^{17}H^{35}NO + (KH)O = NH^3 + C^{17}(H^{33}K)O^2.$$

Les acides n'agissent sur elle qu'à un certain degré de concentration, et plus activement à chaud qu'à froid.

La plupart des huiles fixes et des graisses sont susceptibles d'é-prouver le même genre de transformation par l'ammoniaque ; telles sont les huiles d'amandes douces, de colza, de noix, de noisettes, de lin, de pavot et de ricin ; cette dernière se distingue par la promptitude et la nature particulière de la réaction (Boullay).

Genre Atropine $R^{-1}NO^3$.

656. Alcaloïde, contenu dans toutes les parties de la belladone (*Atropa Belladonna*).

Atropine normale. — $C^{17}H^{23}NO^3$? (Liebig). — On épuise par l'alcool concentré la racine de belladone, on abandonne l'extrait pendant quelques heures avec de la chaux caustique, on filtre et l'on sursature légèrement par de l'acide sulfurique ; l'alcool ayant été chassé à une douce chaleur, on ajoute peu à peu une solution concentrée de carbonate de potasse, et l'on filtre dès que le liquide commence à se troubler. L'A. normale cristallise alors dans le liquide au bout de quelque temps ; on le purifie par plusieurs cristallisations dans l'alcool. Dans cette préparation, il faut éviter autant que possible d'échauffer trop la matière, car l'A. est assez altérable (Liebig).

L'A. cristallise en aiguilles incolores, soyeuses, et réunies en aigrettes ; souvent, par l'évaporation lente de sa solution alcoolique, elle s'obtient en une masse diaphane, ayant l'aspect du verre.

Elle est peu soluble dans l'eau ; l'alcool la dissout aisément, l'éther la dissout moins. Évaporées à l'air, les solutions s'altèrent en partie, et prennent une odeur nauséabonde. Elle est fort alcaline. Sa saveur est très amère.

Elle fond à la chaleur de l'eau bouillante, et se volatilise à une température plus élevée, en se décomposant en partie.

Son action sur l'économie animale est très énergique ; elle est, en effet, très vénéneuse, et dilate la pupille d'une manière persistante.

Les acides, en général, la dissolvent aisément, et donnent des combinaisons cristallisables qui se colorent promptement à l'air.

Atropine hydrochlorique. — Aigrettes groupées par faisceaux, assez stables, solubles dans l'eau et l'alcool.

On obtient une semblable combinaison cristallisable avec l'acide sulfurique et l'acide acétique.

Genre *Pipérine* $R-^{15}NO^3$.

657. Alcaloïde, contenu dans les différentes variétés de poivre (*Piper nigrum* et *P. longum*).

Pipérine normale (pipérin). — $C^{17}H^{19}NO^3$ (Regnault, Gerhardt). — On l'extrait du poivre blanc à l'aide de l'alcool; on chasse l'alcool de l'extrait, on reprend par la potasse, qui dissout une matière résineuse, en laissant la **P.** impure. On purifie celle-ci par de nouvelles cristallisations dans l'alcool.

Elle cristallise en prismes quadrilatères, incolores ou jaunâtres, fond à 100°, et donne, par la distillation sèche, des produits ammoniacaux. L'eau ne la dissout pas à froid, l'eau bouillante n'en dissout que fort peu, mais l'alcool la dissout aisément; la solution est fort âcre, comme le poivre.

L'acide sulfurique concentré la dissout en se colorant en rouge de sang; l'eau en précipite la **P.** normale. L'acide nitrique l'attaque à chaud, et paraît produire de l'acide oxalique.

Elle absorbe l'acide hydrochlorique; mais la combinaison est détruite par l'eau.

Les alcalis ne la dissolvent pas.

Pipérine hydrochlorique. — La **P.** normale absorbe le gaz hydrochlorique en se colorant en jaune; le produit fond et cristallise par le refroidissement, mais l'eau le décompose; l'alcool le dissout.

L'acide hydrochlorique concentré dissout aussi à chaud la **P.** normale.

Pipérine chloroplatinique. — Lorsqu'on ajoute du bichlorure de platine à la solution alcoolique de la **P.** hydrochlorique, et qu'on abandonne le mélange à l'évaporation spontanée, on voit s'y former des mamelons orangés de **P.** chloroplatinique; ces cristaux sont solubles dans l'alcool (Varrentrapp et Will).

Genre *Corydaline* $R-^{23}NO^5$.

658. Alcaloïde, contenu dans les racines de *Corydalis bulbosa* et de *C. fabacea.*

Corydaline normale. — $C^{17}H^{21}NO^5$? — On précipite le suc de ces racines par l'acétate de plomb, on enlève l'excès de plomb par l'acide sulfurique, et l'on précipite la C. normale par l'ammoniaque. On la dessèche, on la dissout dans l'alcool, et, après avoir décoloré par le charbon, on évapore à cristallisation (Winkler).

Elle s'obtient en prismes incolores ou en paillettes, insolubles dans l'eau froide, légèrement solubles dans l'eau bouillante, solubles dans l'éther. L'eau alcalisée la dissout mieux que l'eau pure. Elle se fonce à la lumière.

L'acide acétique et l'acide sulfurique donnent avec elle un sel cristallin. La combinaison hydrochlorique ne cristallise pas, mais elle donne, avec le bichlorure de mercure, un précipité insoluble (Winkler).

(1) M. Fr. Dœbereiner a trouvé dans la corydaline : carbone (ancien poids at.) 63,0 ; hydrogène 6,8 ; azote 4,3. Notre formule exige : carbone (nouv. poids at.) 63,9 ; hydrogène 6,5 ; azote 4,3.

DIX-HUITIÈME FAMILLE.

GENRES.	FONCTIONS chimiques DES GENRES.	RAPPORTS DE TRANSFORMATION entre les genres de la DIX-HUITIÈME FAMILLE.	RAPPORTS DE TRANSFORMATION entre les genres DE LA DIX-HUITIÈME et d'autres familles.
Chrysène R^{-24}.	Hydrocarbure.	?	Dans le goudron de houille.
Anamirtate RO^2.	Sel unibasique.	?	Dans le glycéride de la coque du Levant.
Éthalalcool RO^2.	Éther unialcooliq.	?	Éthérificat. de l'acide éthalique (16e f.).
Margariméthol RO^2.	Éther unialcooliq.	?	Éthérificat. de l'acide margarique, par l'esprit de bois.
Oléate $R^{-2}O^2$.	Sel unibasique.	?	Dans les huiles grasses.
Hydroléate RO^3.	Sel unibasique.	L'oléate n. fixe H^2O.	Action de l'acide sulfuriq. sur les huiles grasses.
Œnanthalcool RO^3.	Éther bialcooliq.	?	Éthérificat. de l'acide œnanthique.
Ricinate ?	?	?	Dans l'huile de ricin.
Azoléalcool RO^4.	Éther bialcooliq.	?	Éthérificat. de l'acide azoléique.
Tolurétine $R^{-16}O^5$.	?	?	Dans le baume de Tolu.
Tannate $R^{-20}O^{12}$.	?	?	Dans les noix de galle.
Sulfoléate $R^{-2}SO^5$.	Sel copulé bibas. ?	Accouplem. de l'acide oléique.	?
Codéine $R^{-15}NO^3$.	Alcaloïde.	?	Dans l'opium.
Morphine $R^{-17}NO^3$.	Alcaloïde.	?	Dans l'opium.

Genre Chrysène R^{-24}.

659. Hydrocarbure, contenu dans le goudron du gaz de l'éclairage par la houille.

Chrysène normal. — C^{18}H^{12}? — En distillant certaines matières organiques, beaucoup de chimistes ont remarqué que, vers la fin de l'opération, il se condensait dans le col de la cornue une matière jaune rougeâtre plus ou moins solide. MM. Robiquet, Collin et Drapiez l'ont signalée dans la distillation du succin; MM. Bussy et Lecanu dans celle des corps gras; M. Caillot dans celle de diverses térébenthines et du bitume de Pechelbronn ; M. Guibourt dans celle du copal. M. Laurent a trouvé cette même substance dans le goudron qui vient du gaz de l'éclairage et l'a soumise à un examen plus attentif.

Pour l'obtenir, on triture avec de l'éther la matière rougeâtre qui passe avec les dernières portions de la distillation de ce goudron ; l'éther s'empare de plusieurs matières huileuses et laisse le C. normal sous la forme d'une poudre jaune.

A l'état de pureté, ce corps possède une belle couleur jaune; il est pulvérulent, cristallin, inodore, insipide, insoluble dans l'eau et l'alcool. L'éther en dissout à peine ; l'essence de térébenthine le dissout mieux à l'ébullition, et le dépose en flocons jaunes et cristallins.

Il entre en fusion vers 230 à 235°; par le refroidissement, il se solidifie en une masse jaune plus foncée et formée d'aiguilles un peu lamelleuses. A une température plus élevée, il distille, en s'altérant un peu (1).

L'acide nitrique l'attaque vivement à chaud et le convertit en C. trinitrique.

Chrysène trinitrique (nitrite de chrysénase). — C^{18}(H^{9}X^{3}). — Ce corps se produit par l'action de l'acide nitrique concentré et bouillant sur le C. normal. C'est une poudre rouge, inodore, insipide, insoluble dans l'eau. L'alcool et l'éther n'en dissolvent que des traces.

---

(1) Ce point d'ébullition élevé me fait penser que l'équivalent du chrysène est plus élevé que celui qu'adopte M. Laurent. Toutefois je ne donne ma formule qu'avec beaucoup de réserve.

L'acide sulfurique concentré la dissout à froid, et se colore en rouge-brun. La potasse en dissolution dans l'alcool la colore en brun et la dissout en partie. Si l'on neutralise l'alcali par un acide, il s'en précipite des flocons bruns. Chauffée brusquement dans un tube bouché, elle fond et se décompose avec explosion (Laurent).

Genre *Anamirtate* RO^2.

660. Sel unibasique, homologue des g. formiate, acétate, butyrate, valérate, margarate, stéarate, etc. ; se produit par la saponification de l'*anamirtine* ou *stéarophanine* (1), glycéride concret renfermé dans la coque du Levant (*Anamirta Cocculus*).

Anamirtate normal (acide anamirtique ou stéarophanique). — $C^{18}H^{36}O^2$ (2). — On traite la coque du Levant par trois ou quatre fois son poids d'alcool, afin d'enlever toute la picrotoxine et la matière colorante ; on épuise à chaud avec de l'éther, et l'on expose au froid la solution éthérée filtrée. Il se produit alors un dépôt cristallin et blanc d'anamirtine, sous forme d'arborisations ; on en retire encore une plus grande quantité par la distillation de l'éther ; on achève la purification du produit par deux ou trois cristallisations dans l'alcool absolu et bouillant.

Pour préparer l'A. normal, on saponifie ce produit par une lessive de potasse jusqu'à ce qu'on ait un liquide clair, et l'on décompose le savon par l'acide hydrochlorique. Une huile incolore vient alors surnager et se concrète peu à peu en une masse blanche et cristalline. On la traite par l'eau bouillante et on la fait cristalliser dans l'alcool affaibli et bouillant.

(1) Ce glycéride a été examiné par M. Francis. Il fond à 35 ou 36°, ne cristallise pas par le refroidissement, mais se contracte en une masse rugueuse et ondulée. Il n'est point friable et ressemble à la cire.

(2) M. Francis (*Revue scientif.*, t. XI, p. 41) exprime cet acide par $C^{35}H^{70}O^4 = C^{171/2}H^{35}O^2$. Il y a trouvé : carbone 75,2 — 75,8 (anc. poids atom.) ; hydrogène 12,0 — 12,7. En songeant combien les matières grasses sont difficiles à brûler si l'on ne complète pas la combustion par un courant d'oxygène ; en considérant en outre que le point de fusion de l'acide anamirtique est placé entre celui de l'acide margarique $C^{17}H^{34}O^2$ et celui de l'acide stéarique $C^{19}H^{38}O^2$, on est conduit à supposer que la formule de l'acide anamirtique est $C^{18}H^{36}O^2$, comme je l'admets provisoirement. Cette formule exige : carbone 76,0 (nouv. poids atom.) ; hydrogène 12,6.

L'A. normal cristallise, par le refroidissement, en petites aiguilles qui présentent, après la dessiccation, un éclat nacré. Il fond à 68°; par le refroidissement il se prend en groupes radiés, très brillants.

Il se dissout aisément dans l'alcool chaud et affaibli, et s'en dépose en plus grande partie par le refroidissement (Francis).

Anamirtate sodique (stéarophanate de soude). — Il se dépose dans l'alcool en prismes allongés, doués d'un bel éclat nacré. On l'obtient en saturant du carbonate de soude par l'A. normal, évaporant à siccité et reprenant par l'alcool absolu et bouillant. Traité par l'eau, en petite quantité, il se prend en une gelée épaisse; une plus grande quantité le décompose.

Anamirtate argentique. — $C^{18}(H^{35}Ag)O^2$? — On l'obtient en décomposant une solution alcoolique d'A. sodique par une solution neutre de nitrate d'argent. C'est un précipité blanc qui se colore peu à peu au contact de la lumière; l'ammoniaque le dissout aisément (Francis).

Genre Margariméthol RO².

661. Éther unialcoolique, homologue des g. formométhol, formalcool, acéméthol, acétalcool, butyralcool, margaralcool, etc.; isomère du g. anamirtate.

Margariméthol normal (margarate de méthylène). — $C^{18}H^{36}O^2$. — Substance solide et cristallisable (Laurent).

Genre Éthalalcool RO².

662. Éther unialcoolique, isomère et homologue de l'éther précédent.

Éthalalcool normal (éther palmitique ou éthalique). — $C^{18}H^{36}O^2$. — Lorsqu'on fait passer un courant de gaz hydrochlorique dans une dissolution alcoolique et saturée d'acide éthalique, il se sépare une matière huileuse qui se concrète par le refroidissement. A l'état de pureté, ce composé cristallise très bien et fond à une température très basse (Frémy).

Genre Oléate R-O².

663. Sel unibasique, homologue du g. acrylate (273); il se forme par la saponification du glycéride liquide renfermé dans les huiles grasses non siccatives, et en petite quantité dans les suifs, les graisses solides, la bile (21ᵉ f.).

La potasse en fusion convertit les espèces de ce g. en acétate et éthalate, avec dégagement d'hydrogène :

$$C^{18}H^{34}O^2 + 2(KH)O = C^2(H^3K)O^2 + C^{16}(H^{31}K)O^2 + 2H.$$

Les espèces de ce g. se présentent sous deux modifications, connues sous le nom d'*oléates* (*a*) et d'*élaïdates* (*b*).

Oléate normal. — $C^{18}H^{34}O^2$. — Cette espèce offre les deux variétés suivantes (1) :

(*a*) Variété liquide ou acide oléique. L'huile grasse d'amandes douces convient le mieux à la préparation de cet acide. On saponifie cette huile avec de la potasse ou de la soude, et l'on sépare par un acide minéral le mélange d'acide oléique et d'acide margarique ; celui-ci est ensuite mis en digestion avec la moitié de son poids de litharge en poudre fine, pendant quelques heures ; il se produit ainsi un mélange d'O. et de margarate plombiques. On ajoute à ce mélange deux fois son volume d'éther, et on l'abandonne avec ce liquide pendant 24 heures; de cette manière l'O. de plomb se dissout tandis que le margarate reste à l'état insoluble. On décompose la solution éthérée par de l'acide hydrochlorique étendu qui met en liberté l'acide oléique,

---

(1) Les analyses les plus récentes qu'on a faites de l'acide oléique et de l'acide élaïdique me semblent indiquer que ce ne sont que des modifications physiques d'un seul et même corps; leur transformation en acétate et éthalate par la potasse en fusion vient entièrement à l'appui de ma manière de voir. Voici d'ailleurs les analyses de M. Varrentrapp, mises en regard de celles de M. Meyer, et calculées avec le poids atomique 75 :

Acide oléique.		*Acide élaïdique.*	*Ma formule.*
VARRENTRAPP.	MEYER.	LAURENT.	
Carbone 75,4—76,2	76,5—76,6	76,4—76,7	76,5
Hydrog. 11,7—12,2	12,1—12,4	12,1—12.1	12,1.

lequel se dissout dans l'éther et vient se rendre à la surface du mélange.

Après avoir chassé l'éther par l'évaporation, on saponifie l'acide par un alcali, et l'on purifie le savon en le dissolvant dans l'eau, séparant par le sel marin et dissolvant de nouveau. En dernier lieu on sépare l'acide oléique à l'aide de l'acide tartrique, et l'on dessèche le produit au bain-marie (Varrentrapp).

Une semblable marche peut être suivie lorsqu'il s'agit d'obtenir l'acide oléique avec une autre huile grasse.

L'acide oléique se présente sous la forme d'une huile incolore ou légèrement jaunâtre, qui rougit le tournesol et décompose à chaud les carbonates avec effervescence. Sa saveur est âcre et son odeur est légèrement rance. Il est plus léger que l'eau. Refroidi à quelques degrés au-dessous de 0°, il se prend en fines aiguilles; on peut le distiller dans le vide sans qu'il s'altère (Chevreul); mais dans les circonstances ordinaires il se décompose en donnant beaucoup de gaz carburé, de l'acide carbonique, un peu d'acide acétique, une huile hydrocarbonée chargée d'acide sébacique (534). La formation de l'acide sébacique par la distillation sert à distinguer l'acide oléique d'autres acides huileux (Varrentrapp).

Il s'accouple avec l'acide sulfurique; à chaud, le mélange noircit.

Sous l'influence de l'acide concentré et bouillant, il donne successivement les acides margarique, subérique, pimélique, succinique, etc. (Laurent, Bromeis).

Quand on y fait passer quelques bulles de vapeurs nitreuses, en ayant soin de le refroidir, il se concrète, et l'on obtient ainsi la variété suivante.

(*b*) Variété concrète ou acide élaïdique. On peut obtenir ce corps en solidifiant l'huile d'olive par le protonitrate de mercure ou la vapeur nitreuse (102), saponifiant le glycéride et séparant par un acide minéral; mais le produit ainsi obtenu n'est pas exempt d'acide margarique. M. Meyer conseille, par cette raison, d'employer de l'acide oléique obtenu par le procédé que nous avons indiqué plus haut. On y fait passer de l'acide hyponitrique pendant quelques minutes seulement, en même temps qu'on refroidit; il faut avoir soin surtout de ne pas employer un excès d'acide hyponitrique. Il se forme en même temps une très petite quantité d'une matière jaune ou rougeâtre, mais sa production n'est qu'accidentelle et peut être évitée si l'on opère avec soin. Quand l'acide oléique s'est solidifié, on traite la masse à plusieurs reprises par de l'eau bouillante, afin d'enlever l'acide nitrique entraîné par le courant de gaz. On dissout ensuite le produit dans son poids environ d'alcool et on l'abandonne au repos ; il se produit ainsi des tables nacrées d'une parfaite blancheur. Les eaux-mères donnent un résidu onctueux d'où l'on retire quelquefois encore des cristaux.

Préparé par cette méthode, l'acide élaïdique fond entre 44 et 45°. Il se dissout avec facilité dans l'alcool, et se dépose d'une solution concentrée en cristaux superbes qui ressemblent à l'acide benzoïque. Il se dissout également dans l'éther, moins bien cependant. Les solutions ont une réaction acide (Meyer).

A la distillation sèche, il se comporte comme la variété liquide, c'est-à-dire qu'il distille en partie, tandis qu'une autre portion se décompose en carbures d'hydrogène, et probablement aussi en acide sébacique.

Traité par la potasse fondante, il se convertit en acétate et éthalate, avec dégagement d'hydrogène, comme la variété liquide.

Les autres réactions n'ont pas encore été examinées, mais elles sont sans aucun doute les mêmes que celles que présente cette dernière.

Oléate ammoniacal. — Mis en contact avec l'ammoniaque aqueuse, l'O. normal *a* produit une masse gélatineuse soluble dans l'eau froide (Chevreul).

Oléate potassique. — Lorsqu'on chauffe parties égales de potasse avec de l'acide oléique et de l'eau, on obtient une masse visqueuse qu'on purifie en la dissolvant dans l'alcool. Évaporée à siccité, la solution donne un sel blanc, friable, et sans odeur. Il tombe en déliquescence à l'air humide. Il se dissout complétement dans 4 p. d'eau, en donnant un sirop visqueux ; mais une plus grande quantité d'eau le décompose en en séparant une masse gélatineuse (dite oléate de potasse acide).

Oléate sodique (oléate et élaïdate de soude). — Le sel *a* se comporte et s'obtient comme l'O. potassique.

Si on le prépare avec la variété concrète *b* (élaïdate de soude), on peut le faire cristalliser dans l'alcool en feuillets très larges et brillants ; la dissolution alcoolique de ce sel est troublée par l'eau.

Oléate barytique. — On l'obtient, pour les deux variétés, en précipitant l'O. sodique par le chlorure de baryum; c'est un sel blanc et fusible.

Oléate plombique. — $C^{18}(H^{33}Ba)O^2$? — On l'obtient en précipitant une solution alcoolique d'O. sodique par l'acétate de plomb légèrement aiguisé d'acide acétique. Il est solide, blanc, fusible et soluble dans l'alcool et l'éther pour les deux variétés. Le sel obtenu avec l'acide oléique fond à 60 et 65°.

Oléate argentique (élaïdate d'argent). — $C^{18}(H^{33}Ag)O^2$. — En dissolvant dans l'alcool l'O. sodique *b* et en le décomposant par une solution neutre de nitrate d'argent, on obtient un précipité blanc et volumineux d'O. argentique *b*.

Ce sel, une fois desséché, se dissout peu dans l'eau, l'alcool et l'éther, tandis que récemment précipité, il s'y dissout plus aisément ; dans l'ammoniaque aqueuse, il se dissout facilement à chaud, et la solution le dépose en plus grande partie, par le refroidissement, à l'état de petits cristaux prismatiques (Meyer).

Genre *Hydroléate* RO^3.

664. Sel unibasique, dérivant du g. oléate par la fixation de H^2O. Nous avons déjà parlé de sa formation.

Hydroléate normal (acide hydroléique). — $C^{18}H^{36}O^3$? — C'est un acide liquide, légèrement coloré, insoluble dans l'eau, très soluble dans l'alcool et l'éther (Frémy).

Soumis à la distillation sèche, il donne des hydrogènes carbonés dont nous avons déjà parlé (366, 478) :

$$C^{18}H^{36}O^3 = CO^2 + H^2O + \underset{\text{éthérène.}}{C^2H^4} + \underset{\text{oléène.}}{C^6H^{12}} + \underset{\text{élaène.}}{C^9H^{18}}$$

Il est probable qu'on les obtiendra aussi en distillant tout simplement l'acide oléique.

Genre *Œnanthalcool* RO^3.

665. Éther bialcoolique, isomère du g. hydroléate.

On sait qu'un mélange d'alcool et d'eau, dans les mêmes proportions que celles que présente le vin, n'a pour ainsi dire aucune odeur, tandis qu'on peut distinguer avec la plus grande facilité s'il y a eu du vin dans une bouteille vide qui en renferme à peine encore quelques gouttes. Cette odeur caractéristique que tous les vins présentent à un degré plus ou moins marqué est produite par un éther particulier qu'on peut isoler. Lorsqu'on soumet à la distillation de grandes quantités de vin, on obtient à la fin de l'opération une petite quantité d'une substance huileuse qui est cet éther; on obtient également cette substance dans la distillation de la lie de vin, et particulièrement de celle qui se dépose au fond des tonneaux après que la fermentation a commencé (Liebig et Pelouze).

Œnanthalcool normal (éther œnanthique). — $C^{18}H^{36}O^3$. — On l'obtient en distillant la lie de vin avec la moitié de son volume d'eau, en prenant les précautions nécessaires pour que la matière ne se carbonise pas. Le produit brut renferme toujours un peu d'acide œnanthique dont on le dépouille par des lavages au carbonate de soude.

Ainsi purifié et desséché, l'O. normal est très fluide, d'une odeur de vin extrêmement forte et qui est presque enivrante quand on la respire de près. Sa saveur est très forte et désagréable. Il se dissout facilement dans l'éther et dans l'alcool, même quand ce dernier est assez étendu ; l'eau n'en dissout pas sensiblement.

Sa densité est de 0,862 ; à l'état de vapeur, elle a été trouvée par expérience égale à 10,508 = 2 vol. d'après la formule précédente. Il bout entre 225 et 230°.

Les carbonates alcalins ne lui font pas subir d'altération sensible ; mais les alcalis caustiques le décomposent immédiatement en œnanthate (598) et en alcool normal (Liebig et Pelouze).

Œnanthalcool octochloré. — $C^{18}(H^{28}Cl^8)O^3$. — Liquide sirupeux, d'une odeur agréable, d'une saveur amère et repoussante ; sa densité est de 1,2912 à + 16,5 ; il est peu soluble dans l'alcool. Une dissolution aqueuse de potasse l'attaque peu à peu, et finit par le dissoudre complétement. Si l'on ajoute alors un acide minéral, il se précipite de l'œnanthate quadrichloré, tandis que de l'acétate normal et de l'acide hydrochlorique restent en dissolu-lution (Malaguti) :

$$C^{18}(H^{28}Cl^8)O^3 + 4H^2O = C^{14}(H^{24}Cl^4)O^3 + 2C^2H^4O^2 + 4HCl.$$

Genre Ricinate.

666. L'huile de ricin se distingue des autres huiles grasses par plusieurs caractères. Elle se dissout aisément dans son volume d'alcool absolu ; elle se rancit promptement en prenant une saveur âcre et mordicante qui persiste longtemps ; au moyen de la magnésie on peut lui enlever cette âcreté. Les principes gras qu'elle renferme diffèrent aussi de ceux que contiennent les autres huiles grasses.

Quand on la soumet à l'action de l'acide nitrique dans une cornue, il se condense de l'acide azoléique (602), et le résidu renferme de l'acide subérique (Tilley).

Saponifiée avec de la potasse, elle donne un acide dont les acides minéraux séparent un mélange d'acides gras dont l'un est huileux (*acide ricinique*) et l'autre concret (*acide margaritique*) à la température.

MM. Bussy et Lecanu se sont occupés de l'examen de ces acides; mais leur travail est à reprendre, les méthodes d'investigation ayant été perfectionnées depuis.

Sous l'influence de l'acide hyponitrique ou du gaz sulfureux, l'huile de ricin se concrète en donnant un glycéride (*palmine*) qui donne par la saponification un acide (*acide palmique*) cristallisable et fusible à 50°.

Toute l'histoire de ces corps est encore à faire.

Genre Azoléalcool RO⁴.

667. Éther bialcoolique.

Azoléalcool normal (éther œnanthylique). — $C^{18}H^{36}O^4$. — On l'obtient en dissolvant l'acide azoléique (602) dans l'alcool absolu et faisant passer un courant d'acide hydrochlorique à travers la solution. Ensuite on ajoute au mélange du carbonate de potasse, pour neutraliser tout l'acide libre, et l'on distille. L'éther passe alors dans le récipient et peut être purifié. Après l'avoir desséché sur du chlorure de calcium, il faut le rectifier dans un courant d'acide carbonique, car l'air l'altère à la température de l'ébullition.

L'A. normal ainsi obtenu constitue un liquide incolore plus léger que l'eau, d'une odeur aromatique fort agréable; sa saveur est douceâtre et affecte le palais d'une manière désagréable. Il brûle avec une flamme lumineuse sans fumée; il se concrète par un grand froid en une matière cristalline (Tilley).

Genre Tolurétine $R{-}^{16}O^5$.

668. Produit de l'oxydation du cinnamol normal (482) à l'air humide :

$$2C^9H^8O + 2H^2O + O = C^{18}H^{20}O^5.$$

Tolurétine normale (résine de Tolu). — $C^{18}H^{20}O^5$. — Cette résine se trouve dans le baume de Tolu, en société de cinnamol normal, d'une huile hydrocarbonée, et d'acides benzoïque et cinnamique (485). M. Deville l'obtient pure de la manière suivante : il dissout le baume de Tolu dans une très petite quantité de potasse et beaucoup d'eau, et sature la liqueur par du gaz carbonique. Si elle est suffisamment étendue, ce courant prolongé précipite une portion de résine; la solution, d'abord fortement colorée en noir, s'éclaircit alors peu à peu. On complète la séparation de la résine en traitant par du chlorure de calcium. Il se forme du carbonate de chaux et de la T. calcique, et, après la filtration, un liquide qui renferme le benzoate et le cinnamate en dissolution. La masse rosée restée sur le filtre est ensuite traitée par l'acide hydrochlorique qui laisse la T. normale. Il ne reste plus, pour avoir cette substance pure, qu'à la dissoudre dans un peu d'alcool et la précipiter par l'eau.

Elle se présente alors sous la forme d'une poudre rose, d'une odeur faible de vanille, soluble dans l'alcool et la potasse; elle est très hygrométrique; sa couleur, sous certaines influences atmosphériques, peut-être aussi par la lumière, varie très facilement de teinte.

Traitée par l'acide nitrique fumant, elle s'enflamme et brûle comme dans l'oxygène.

Soumise à la distillation sèche, elle donne un peu d'eau, du benzoate, du benzoène (405) et du benzalcool normal (éther benzoïque), ainsi qu'un mélange gazeux d'oxyde de carbone et d'acide carbonique ; il reste aussi du charbon.

Il est intéressant de faire remarquer que le benzalcool n. $C^9H^{10}O^2$ ne diffère du cinnamol n. C^9H^8O, d'où la résine se forme, que par les éléments de H^2O ; d'après cela, on conçoit la possibilité de transformer directement l'éther benzoïque en huile de cannelle.

Genre *Tannate* $R^{--20}O^{12}$.

669. Sel bibasique.

Sous le nom de *tannin*, on a confondu des substances qui n'ont de commun que la saveur astringente et la propriété de précipiter la solution de la gélatine, mais qui diffèrent beaucoup sous le rapport des caractères chimiques. Une semblable matière se rencontre dans le bois, dans les feuilles, et particulièrement dans l'écorce des différentes variétés de *Quercus*; elle se trouve surtout en quantité assez notable dans les noix de galle, espèce d'excroissance qui se forme sur les feuilles du *Quercus tinctoria* du Levant, à la suite de la piqûre d'un insecte, le *Cynips Quercus tinctoriæ*; c'est l'infusion aqueuse ou l'extrait alcoolique de ces noix de galle qui sert de réactif dans les laboratoires (1).

Le cachou (extrait du bois et peut-être des fruits de l'*Acacia Catechu*) donne, quand on l'épuise par l'eau froide, un tannin (*acide mimotannique*) qui possède les mêmes caractères physiques que le tannin de la noix de galle ; on ignore si cette similitude se continue dans les propriétés chimiques (2).

On a distingué plusieurs espèces de tannin, suivant la coloration qu'elles font éprouver aux persels de fer ; mais cette réaction ne présente aucun caractère scientifique, attendu qu'elle

(1) La noix de galle du Levant renferme 30 à 50 p. c. de matières solubles dans l'eau, composées en plus grande partie de tannin ; l'infusion s'altère peu à peu au contact de l'air, se colore alors et se trouve renfermer de l'acide gallique (427).

(2) La portion du cachou insoluble dans l'eau froide renferme une matière cristallisable (*catéchine, acide catéchucique*) qui se dissout

n'a été observée qu'avec des extraits de plantes dont le principe astringent n'avait pas été isolé. D'ailleurs la présence, dans les extraits, de certains acides ou d'autres corps peut singulièrement modifier la coloration que produirait à l'état de pureté un seul et même tannin : ainsi, par exemple, l'infusion de noix de galle occasionne dans les persels de fer un précipité bleu foncé, et si l'on y ajoute de l'acide tartrique, ce précipité devient vert (Geiger).

Tannate normal (acide quercitannique). — $C^{18}H^{16}O^{12}$. — Voici comment M. Pelouze décrit le procédé qu'il emploie pour l'extraction de ce corps ; il se sert d'un appareil de déplacement, c'est-à-dire d'une allonge longue et étroite reposant sur une carafe ordinaire et terminée à sa partie supérieure par un bouchon de cristal.

On introduit d'abord une mèche de coton dans la douille de l'allonge, et par-dessus, de la noix de galle réduite en poudre fine. On comprime très légèrement cette poudre, et lorsque son volume est égal à la moitié de la capacité de l'allonge, on achève de remplir celle-ci avec de l'éther du commerce. On bouche imparfaitement l'appareil et on l'abandonne à lui-même. Le lendemain on trouve dans la carafe deux couches bien distinctes de liquide : l'une, éthérée et très fluide, occupe la partie supérieure ; l'autre, plus pesante, sirupeuse et d'une couleur légèrement ambrée, reste au fond du vase et renferme du tannin. On lave ce dernier avec de l'éther et on le dessèche dans une étuve ou dans le vide.

Il reste ainsi un résidu spongieux, comme cristallin, très brillant, quelquefois incolore, mais plus souvent d'une teinte légèrement jaunâtre. C'est du tannin pur, dont la saveur est franchement astringente, sans amertume.

100 p. de noix de galle donnent par ce procédé de 35 à 40 p.

dans l'eau bouillante et s'y dépose, par le refroidissement, à l'état d'une bouillie cristalline.

Les chimistes (Svanberg, Hagen, Zwenger) ne sont pas d'accord sur la composition de ce corps.

Les alcalis carbonatés ou caustiques le convertissent en des acides rouges ou bruns (*acide japonique*, *acide rubinique*) qui n'ont pas encore été convenablement étudiés.

de tannin. Il est essentiel de se servir d'éther aqueux et non anhydre, autrement on n'obtient pas de tannin.

Le tannin est extrêmement soluble dans l'eau ; la dissolution rougit la teinture bleue de tournesol. Elle décompose les carbonates alcalins avec effervescence et précipite la plupart des solutions métalliques.

Les protosels de fer ne la troublent pas, mais elle précipite abondamment en bleu foncé les mêmes sels peroxydés.

L'alcool absolu et l'éther anhydre ne le dissolvent pas.

Sa solution aqueuse et concentrée est abondamment précipitée en blanc par les acides hydrochlorique, nitrique, phosphorique et arsénique ; mais elle ne l'est pas par les acides oxalique, tartrique, lactique, acétique.

L'acide nitrique le décompose à chaud avec rapidité en produisant beaucoup d'acide oxalique.

Les solutions des alcaloïdes (cinchonine, quinine, brucine, strychnine, etc.) forment avec la solution de tannin des précipités blancs peu solubles dans l'eau, mais très solubles dans l'acide acétique.

Versé dans une dissolution de gélatine en excès, le tannin y produit un précipité blanc, opaque, soluble surtout à chaud, dans la liqueur qui le surnage ; mais si le tannin domine, le précipité, au lieu de se dissoudre par l'échauffement, se rassemble sous la forme d'une membrane grisâtre fort élastique ; il n'est pas tout-à-fait insoluble, et la liqueur surnageante colore en bleu les sels de fer.

Quand on laisse le tannin, pendant quelques heures, en contact avec un morceau de peau dépilée par la chaux et telle qu'on l'introduit dans les fosses avec le tan, le tannin est absorbé en totalité par le morceau de peau ; l'eau qui le tenait en dissolution ne produit plus la plus légère coloration avec les persels de fer, elle est sans saveur et ne laisse aucun résidu par l'évaporation. Si, au contraire, le tannin est mêlé avec de l'acide gallique, n'en contînt-il que 4 à 5 millièmes de son poids, la liqueur colore très sensiblement les persels de fer en bleu. C'est le meilleur moyen, et peut-être le seul connu jusqu'ici, de s'assurer de la présence de cet acide dans le tannin. Cette expérience est d'ailleurs intéressante en ce qu'elle fait voir qu'il existe une grande différence entre la gélatine et la peau, relativement à l'action que ces deux substances exercent sur le tannin. Le *cuir* ne peut, d'après cela, être considéré comme un composé de gélatine et de tannin, mais bien de cette dernière substance et de peau (Pelouze).

Dans beaucoup de circonstances, le tannin se convertit en acide gallique (427); cette métamorphose s'effectue, par exemple, quand on abandonne à l'air une solution diluée de tannin. Si l'expérience se fait dans un tube de verre gradué et avec le contact du gaz oxygène, ce gaz est absorbé lentement et, suivant M. Pelouze, il est remplacé par un volume égal d'acide carbonique. Cette réaction s'accorderait fort bien avec la formule de l'acide gallique, car on a en effet :

$$C^{18}H^{16}O^{12} + O^8 = 2[C^7H^6O^5] + 2H^2O + 4CO^2,$$

$4CO^2$ correspondent à 8 volumes. Robiquet nie la nécessité du contact de l'oxygène dans cette métamorphose; on sait, d'ailleurs, par les expériences de M. Larocque, que la transformation du tannin en acide gallique s'effectue aussi au contact de certains ferments.

Si l'on chauffe le tannin à la température de l'huile bouillante, il ne se forme que de l'eau, de l'acide carbonique et un résidu abondant de cet acide brun $C^{12}H^8O^4$ que M. Pelouze appelle acide métagallique. Si l'on ne chauffe le tannin que vers 210 à 215°, on obtient encore de l'acide carbonique, de l'acide pyrogallique $C^4H^4O^2$ (308) et un résidu considérable d'acide métagallique, c'est-à-dire les mêmes produits que ceux qu'on obtient avec l'acide gallique, avec cette seule différence qu'on ne peut éviter, avec le tannin, la production d'une quantité notable de l'acide brun, quelque soin qu'on apporte à l'opération ; les équations suivantes rendent d'ailleurs compte de la réaction :

$$C^{18}H^{16}O^{12} = 2CO^2 + 4C^4H^4O^2$$
$$3C^4H^4O^2 = 2H^2O + C^{12}H^8O^4.$$

Tannate bipotassique. — Saturée par de la potasse caustique ou carbonatée, la solution concentrée du T. normal donne un précipité abondant qui se dessèche à l'air en une poudre blanche ou cristalline. Ce précipité se dissout dans un excès de potasse;

au contact de l'air, la solution absorbe peu à peu l'oxygène en se colorant en brun (Berzélius). Chauffé avec un excès de potasse, le T. potassique se convertit en gallate et en une matière brune (Liebig).

L'ammoniaque se comporte avec le T. normal comme la potasse.

Tannate bisodique. — Combinaison plus soluble que le sel potassique.

Tannate bibarytique. — $C^{18}(H^{14}Ba^2)O^{12}$. — C'est un composé peu soluble dans l'eau froide, qui se précipite avec une couleur blanche quand on ajoute du chlorure de baryum à une solution de T. potassique. L'eau bouillante le dissout mieux.

Tannate barytique. — $C^{18}(H^{15}Ba)O^{12}$. — Si l'on traite le T. bibarytique par une quantité d'acide sulfurique qui ne suffit pas pour transformer toute la baryte en sulfate, il se produit un sel acide fort astringent et extractiforme (Berzélius).

Tannate biplombique. — $C^{18}(H^{14}Pb^2)O^{12}$ (Pelouze). — On l'obtient à l'état d'un précipité blanc et insoluble par le mélange du T. normal avec une solution d'acétate ou de nitrate de plomb.

Tannate biferrique. — $C^{18}(H^{14}Fe_\beta^2)O^{12}$ (Pelouze). — En versant du persulfate de fer dans une dissolution de T. normal, il se produit du T. ferrique sous la forme d'un précipité noir bleuâtre qui forme la substance colorante de l'encre ordinaire. Si la solution du T. normal est étendue, le liquide devient d'un beau bleu foncé et ne dépose des flocons qu'au bout de quelque temps.

Les protosels de fer ne donnent pas de précipité avec le T. normal ; si les solutions sont très concentrées, il se produit un magma blanc et gélatineux qui se dissout dans plus d'eau.

Tannate biantimonique. — $C^{18}H^{14}Sb_\alpha^2)O^{12}$. — Une dissolution de tartrate antimonico-potassique est précipitée par le T. normal.

Le T. normal précipite aussi les solutions de fécule, d'albumine et de gélatine (1).

(1) L'existence des tannates acides m'oblige de conserver pour le tannin la formule $C^{18}H^{16}O^{12}$, que j'avais cru devoir dédoubler (t. I, p. 470 ; t. II, p. 30 et 31). Cette formule s'accorde d'ailleurs avec les métamorphoses. Il est probable aussi que l'éq. de l'acide pyrogallique est $C^8H^8O^4$.

Genre Codéine R—^{15}NO^3.

670. **Alcaloïde**, contenu dans l'opium, à l'état de méconate.

Codéine normale. — C^{18}H^{21}NO^3 + aq. (Gerhardt). — On l'obtient, en même temps que la morphine, dans le traitement de l'opium, par le procédé de Robertson. L'infusion concentrée de l'opium est décomposée par le chlorure de calcium ; il se produit ainsi du méconate de chaux qu'on sépare, à l'aide du filtre, des hydrochlorates de C. et de morphine qui restent en dissolution. On évapore le liquide à cristallisation et l'on purifie les cristaux par le charbon animal. Le produit étant ensuite dissous dans l'eau, on précipite par l'ammoniaque ; celle-ci sépare la plus grande partie de la morphine qu'on recueille sur un filtre, en laissant toute la codéine en dissolution. On évapore le liquide au bain-marie de manière à chasser tout l'excédant d'ammoniaque ; de cette manière la morphine encore dissoute se précipite aussi. Ensuite on concentre la solution saline et on la précipite par la potasse caustique ; le précipité de C. est lavé, séché et dissous dans l'éther, où il se dépose en cristaux (Robiquet).

Le C. cristallise de sa solution éthérée en octaèdres à base rectangle avec une troncature très développée parallèle à la base et plusieurs modifications secondaires ; ces cristaux sont anhydres (Regnault) et fondent à 150°. Dans l'eau, elle cristallise avec 6 p. c. = 1 éq. d'eau de cristallisation (Robiquet, Gerhardt).

Elle est bien plus soluble dans l'eau que la morphine, surtout dans l'eau bouillante ; l'alcool et l'éther la dissolvent aisément, mais les alcalis aqueux ne la dissolvent guère. Quand on la chauffe avec peu d'eau, elle fond en une masse oléagineuse qui se rend au fond du liquide.

Les acides la dissolvent aisément en donnant des sels en grande partie cristallisables, mais qui n'ont pas encore été étudiés.

Ses solutions sont extrêmement amères ; elles ne sont pas rougies par l'acide nitrique, ne bleuissent pas par les persels de fer, mais sont précipitées par l'infusion de noix de galle.

Codéine hydrochlorique. — Il cristallise avec une grande facilité (1).

Genre Morphine $R-^{17}NO^3$.

671. Alcaloïde (2), contenu dans l'opium, à l'état de méconate.

Morphine normale. — $C^{18}H^{19}NO^3 +$ aq. — Différents procédés peuvent être employés pour l'extraction de ce corps. M. Merck prescrit d'épuiser l'opium par l'eau froide, de concentrer l'extrait par l'évaporation et de le décomposer à chaud par un grand excès de carbonate de soude en poudre, tant qu'il se dégage de l'ammoniaque. Le précipité est lavé à l'eau froide et traité à froid par l'alcool de 0,85; puis, après l'avoir desséché de nouveau, on l'épuise à froid par de l'acide acétique fort étendu. Il faut avoir soin de n'employer celui-ci que par petites portions. Ensuite on précipite la solution d'acétate de M. par l'ammoniaque, qu'on évite de prendre en excès. Le précipité ayant été lavé, on le dissout dans l'alcool bouillant; la M. cristallise alors par le refroidissement.

Ce corps cristallise en octaèdres ou en prismes rectangulaires terminés par un biseau; il est brillant, incolore, transparent, sans odeur, mais d'une amertume fort persistante. Les cristaux

---

(1) On a rencontré dans l'opium au moins six alcaloïdes particuliers : la morphine, la codéine, la thébaïne ou paramorphine, la pseudo-morphine, la narcéine et la narcotine. Parmi ces alcaloïdes, la narcotine est la seule dont on connaisse quelques métamorphoses; les formules de la morphine et de la codéine paraissent assez bien établies, mais celles des autres n'offrent aucune garantie, et leur étude est toute à faire.

(2) Les formules adoptées par M. Liebig et par M. Regnault pour la morphine avaient été calculées avec l'ancien poids atomique du carbone. Leurs analyses ont donné, pour la morphine sèche :

	LIEBIG.	REGNAULT.
Carbone	72,3—72,4	72,8—72,4
Hydrog.	6,7— 6,8	6,8— 6,9
Azote	5,0— 5,0	5,0— 5,0.

Ma formule exige : carbone (nouv. poids atom.) 72,7; hydrog. 6,4; azote 4,8.

fondent par l'échauffement en développant 6 p. c. = 1 éq. d'eau de cristallisation ; la masse fondue devient radiée par le refroidissement ; par une plus forte chaleur elle se charbonne.

Cet alcaloïde est peu soluble dans l'eau froide ; l'eau bouillante en dissout environ 1/500 , dont la plus grande partie se dépose, par le refroidissement, à l'état cristallin. A froid , l'alcool ne le dissout que fort peu ; il en prend davantage à l'ébullition. La solution est fort amère, alcaline et extrêmement vénéneuse.

L'éther et les huiles essentielles ne le dissolvent presque pas ; cette insolubilité dans l'éther permet de séparer la M. de la narcotine. Les alcalis aqueux la dissolvent aisément ; l'ammoniaque, toutefois, n'en dissout que fort peu.

De tous les solvants, les acides , même l'acide acétique dilué, sont ceux qui le dissolvent le mieux , en produisant des *sels de morphine* qui cristallisent en plus grande partie , se dissolvent aisément dans l'eau et l'alcool, et sont insolubles dans l'éther.

La M. et ses sels sont fort sensibles à l'action des corps oxygénants. Au contact de l'acide nitrique , elle se colore en rouge ; si l'acide est concentré , la matière s'échauffe et développe des vapeurs nitreuses. L'acide iodique , même en solution étendue, en est réduit, et colore le liquide en brun ou en jaune par suite de la séparation de l'iode. Le chlorure d'or colore les solutions de M. en bleu par suite de la réduction du métal ; le perchlorure de fer prend une teinte bleu foncé qui toutefois ne persiste pas. Le nitrate d'argent en est aussi réduit au bout de quelque temps ; il en est de même du manganate de potasse, qui prend une teinte verte.

On ne connaît pas les métamorphoses que la M. éprouve de la part de ces agents.

Morphine nitrique (nitrate de morphine). — On l'obtient, avec l'acide nitrique très étendu , sous la forme d'aiguilles groupées en étoiles, fort solubles dans l'eau.

Morphine hydrochlorique. — $C^{18}H^{19}NO^3,HCl + 3$ aq. — Il s'obtient aisément en fibres soyeuses, fort solubles dans l'eau, et renfermant 3 éq. = 14 p. c. d'eau de cristallisation qui se dégagent complétement par la dessiccation. Il précipite le bichlorure de mercure en flocons blancs et caillebotteux.

Morphine semi-sulfurique (sulfate neutre de morphine). — $(C^{18}H^{19}NO^3)^2, SH^2O^4 + x$ aq. — Prismes incolores, groupés en aigrettes, doués d'un éclat soyeux, et fort solubles dans l'eau.

Il paraît exister aussi un sel acide $[C^{18}H^{19}NO^3, SH^2O^4]$ qu'on obtient en sursaturant le sel précédent par l'acide sulfurique.

Morphine acétique (acétate de morphine). — $C^{18}H^{19}NO^3, C^2H^4O^2$? — Il cristallise en aiguilles, groupées en aigrettes, très solubles dans l'eau, moins solubles dans l'alcool. Leur solution se décompose en partie, par l'évaporation, en développant de l'acide acétique et en déposant des cristaux de morphine.

DIX-NEUVIÈME FAMILLE.

GENRES.	FONCTIONS chimiques DES GENRES.	RAPPORTS DE TRANSFORMATION entre les genres de la DIX-NEUVIÈME FAMILLE	RAPPORTS DE TRANSFORMATION entre les genres DE LA DIX-NEUVIÈME et d'autres familles.
Hellénène $R-^{12}$.	Hydrocarbure.	?	Action de l'acide phosphorique anhydre sur l'hellénine.
Cérine RO.	Aldéhyde.	?	Dans la cire des abeilles.
Pyrostéarol $R-^2O$.	Anhydride?	Le stéarate n. élimine H^2O.	?
Campholone $R-^4O$.	Acétonide?	?	Distillation sèche du campholate calcique (10e f.).
Stéarate RO^2.	Sel unibasique.	La cérine n. fixe O.	Saponification de la stéarine.
Margaralcool RO^2.	Éther unialcooliq.	?	Éthérificat. de l'acide margarique (17e f.).
Oléométhol $R-^2O^2$.	Éther unialcooliq.	?	Éthérificat. de l'acide oléique (18e f.) avec l'esprit de bois.
Butyroléalcool $R-^2O^2$.	Éther unialcooliq.	?	Éthérificat. de l'acide butyroléique (17e fam.).
Choloïdate $R-^6O^3$?	Sel unibasique.	?	Action des acides sur la bile (21e f.).
Quinovate $R-^8O^5$?	Sel unibasique.	?	Dans l'écorce de *China nova*.
Usnine $R-^{22}O^7$?	Sel unibasique.	?	Dans certains lichens.

Genre Hellénène R^{-12}.

672. Hydrocarbure, produit de l'action de l'acide phosphorique anhydre sur l'hellénol normal :

$$C^{21}H^{28}O^3 = 2CO + H^2O + C^{19}H^{26}.$$

Hellénène normal — C^{19}H^{26}? — Lorsqu'on distille l'hellénol n.
sur de l'acide phosphorique anhydre, il passe un hydrogène carboné liquide, en même temps qu'il se développe de l'oxyde de
carbone ; l'acide phosphorique retient les éléments de l'eau,
ainsi qu'une masse noire et poisseuse.

Après avoir été rectifié, l'H. normal (1) se présente à l'état
d'un liquide jaunâtre, plus léger que l'eau, d'une odeur faible,
rappelant celle de l'acétone. Il bout entre 285 et 295°. A froid,
l'acide sulfurique fumant n'agit pas sur lui ; mais si l'on chauffe
légèrement le mélange, il se produit un liquide homogène d'un
brun rouge. Étendu d'eau, et saturé par du carbonate de baryte,
ce liquide donne un sel copulé (*sulfohellénate de baryte*), fort
amer, très soluble dans l'eau, et ne s'obtenant pas sous forme
régulière (Gerhardt).

Genre Cérine RO.

673. Aldéhyde, homologue des g. acétol (2° fam.), butyrol
(4° fam.), cétine (16° fam.), etc. L'espèce normale se rencontre
dans la cire des abeilles, et se convertit, par l'oxydation, en
acide stéarique.

Cérine normale (aldéhyde stéarique, cérine, céraïne, acide
cérinique, cire des abeilles). — C^{19}H^{38}O (Gerhardt). — On s'accorde généralement à dire que la cire des abeilles est un mélange,
en proportions variables, de deux principes isomères, la *cérine*
et la *myricine*, ne différant que par leur solubilité (2).

La cérine fond à 62°,5, et se dissout dans 16 p. d'alcool bouil-

____

(1) Voyez mes nouvelles analyses dans les *Annal. de chim. et de
phys.*, 3° série, t. XII, p. 191.

(2) M. Lewy (*Comptes-rendus de l'Académie*, t. XX, p. 36) y admet en outre une troisième substance, la *céroléine*, très molle, fondant
à 28°,5, très soluble à froid dans l'éther et l'alcool, et d'une réaction

lant; la myricine est presque insoluble dans l'alcool et même l'éther bouillants, fond à une douce chaleur, et commence à se solidifier à 66°,5. Dissoute dans l'alcool, la cérine cristallise par le refroidissement en petites aiguilles très fines (Boudet et Boisnot, Ettling, Lewy).

Si je ne me trompe, ces deux principes ne sont que des variétés physiques d'une seule et même substance; la myricine est plus agrégée que la cérine, et c'est ce qui explique jusqu'à un certain point la différence de solubilité; l'amidon et la dextrine (573) présentent le même cas. On pourrait admettre aussi, entre la cérine et la myricine, un rapport semblable à celui qui existe entre l'aldéhyde et le métaldéhyde : cependant la première supposition me paraît plus vraisemblable.

Traitée par une lessive concentrée de potasse, la cire des abeilles se transforme (1) entièrement en un savon soluble, sans production de glycérine. D'ailleurs la cérine fondue présente une réaction acide très prononcée sur le papier de tournesol (Lewy).

Traitée au bain d'alliage par la chaux potassée, la cérine se convertit en stéarate, avec dégagement d'hydrogène (Lewy) :

$$C^{19}H^{38}O + (KH)O = C^{19}(H^{37}K)O^2 + H^2.$$

Soumise à la distillation elle donne une matière butyreuse nageant dans un liquide huileux, et pendant toute la durée de l'opération, il se dégage de l'acide carbonique et de l'hydrogène bicarboné. Le liquide huileux se compose d'hydrocarbures R,

___

acide au papier de tournesol. La cire en contient environ 4 à 5 pour 100. Cette substance est probablement le résultat de l'action de l'air sur la cérine ou la myricine, car elle renferme moins de carbone et moins d'hydrogène (carbone 78,74; hydrogène 12,5).

(1) M. Lewy appelle *acide cérinique* le produit de l'action de la potasse bouillante sur la cérine; il est blanc, cristallisable, fond à 65° : il est très peu soluble dans l'alcool et l'éther, même à chaud, mais il se dissout plus facilement dans l'alcool absolu. L'analyse a donné : carbone 79,8; hydrog. 13,7.

La myricine donnerait de même un *acide myricinique*, fusible à 60°,5.

Ces deux acides ne me semblent encore être que de la cire plus ou moins agglomérée.

homologues du gaz oléfiant ; la matière solide se compose d'acide margarique (659) et de paraffine $C^{24}H^{50}$. On a d'ailleurs :

$$2[C^{19}H^{38}O] = C^{17}H^{34}O^2 + C^{21}H^{42}$$
$$2[C^{19}H^{38}O] = CO^2 + C^{24}H^{50} + C^{13}H^{26}.$$

Sous l'influence de l'acide nitrique, la cire donne successivement de l'acide margarique, de l'acide pimélique, de l'acide adipique, de l'acide succinique, etc., comme l'acide stéarique dans ces circonstances (Gerhardt, Lewy, Ronalds).

En comparant la cire blanchie sur le pré avec la cire non blanchie, M. Lewy a observé que la dernière contient plus de carbone et moins d'oxygène, et que la différence peut aller jusqu'à 1 pour cent.

Cérine potassique (cérinate de potasse). — $C^{19}(H^{37}K)O$. — C'est le savon soluble qu'on obtient en traitant la cire par une lessive de potasse bouillante ; il est l'homologue de l'aldéhydate de potasse (233).

Genre *Pyrostéarol* $R^{-2}O$.

674. L'acide phosphorique anhydre agit à chaud sur le stéarate n. et enlève H^2O :

$$C^{19}H^{38}O^2 = H^2O + C^{19}H^{36}O.$$

Pyrostéarol normal. — $C^{19}H^{36}O$. — On fait fondre au bain-marie de l'acide stéarique avec de l'acide phosphorique anhydre, et l'on épuise le produit avec de l'eau bouillante. Il se produit ainsi une masse gélatineuse, qu'on purifie d'acide stéarique à l'aide de l'alcool bouillant.

Le P. normal constitue une masse jaunâtre, cassante et à peine cristalline, plus légère que l'eau, et fondant entre 54 et 60°. Il est presque insoluble dans l'alcool bouillant, mais il se dissout aisément dans l'éther. La potasse n'y agit pas sensiblement, même à l'ébullition. L'acide nitrique concentré l'attaque à chaud et la convertit en une masse cireuse, qui paraît être la même que celle qu'on obtient avec le pyromargarol (649).

Genre *Campholone* $R^{-4}O$.

675. *Campholone normale.* — $C^{19}H^{34}O$. — Liquide huileux, ob-

tenu par Delalande dans la distillation sèche du campholate calcique (525) :

$$2C^{10}(H^{17}Ca)O^2 = CO^2,Ca^2O + C^{19}H^{34}O.$$

Genre Stéarate RO^2.

676. Sel unibasique, homologue des g. formiate, acétate, butyrate, valérate, myristate, éthalate, margarate, etc.; produit
de l'oxydation de la cire des abeilles (673); produit de la saponification de la stéarine contenue dans la graisse de mouton, etc.:

$$C^{19}H^{38}O + O = C^{19}H^{38}O^2.$$

Stéarate normal (acide stéarique). — $C^{19}H^{38}O^2$ (Gerhardt).—On
obtient ce corps en saponifiant le suif par la potasse ou la chaux,
décomposant le savon par l'acide hydrochlorique ou sulfurique
étendu, et faisant cristalliser le produit à plusieurs reprises dans
l'alcool jusqu'à ce que son point de fusion soit à 75°.

On peut aussi le préparer en mélangeant le suif avec la moitié
de son poids d'acide sulfurique concentré, et faisant fondre la
masse dans l'eau chaude, qui dissout l'acide sulfoglycérique.
L'acide stéarique vient alors surnager, et se purifie comme
précédemment.

Pour purifier l'acide du commerce, avec lequel on fabrique
les bougies dites stéariques, on le soumet d'abord à l'action de
la presse entre deux plaques de fer, et on le fait ensuite cristalliser dans l'alcool.

L'acide stéarique cristallise en lamelles ou aiguilles nacrées; il
se dissout aisément dans l'alcool, et mieux encore dans l'éther;
il est insoluble dans l'eau. Il fond à 75°, et se solidifie à 70° (Chevreul); l'acide fondu se prend, par le refroidissement, en aiguilles blanches, brillantes, grasses au toucher. Fondu ou dissous
dans l'alcool, l'acide stéarique rougit le tournesol.

On peut le distiller dans le vide sans qu'il se décompose; mais
quand on le distille dans les conditions ordinaires, il se convertit
en acide margarique (650); en même temps il passe un peu d'eau
et d'acide cabonique, ainsi qu'une petite quantité d'un hydro-

gène carboné R, et d'une matière neutre oxygénée (*stéarone* ou *oxyde de margaryle*, $C^{37}H^{74}O$) :

$$C^{19}H^{38}O^2 = C^{17}H^{34}O^2 + C^2H^4$$
$$2[C^{19}H^{38}O^2] = CO^2 + H^2O + C^{37}H^{74}O.$$

Lorsqu'on distille l'acide stéarique avec le quart de son poids de chaux vive, on obtient une masse butyreuse composée d'un hydrogène carboné liquide R et de la même matière neutre, fusible à 82° ; celle qu'on obtient avec l'acide margarique (*margarone*) fond à 77° (Redtenbacher, Varrentrapp).

Bouilli avec de l'acide nitrique concentré, il donne de l'acide margarique et, successivement, les mêmes acides que ce dernier produit dans les mêmes circonstances (acides subérique, pimélique, adipique; azoléique, succinique, etc.).

Chauffé avec de l'acide phosphorique anhydre, il donne un corps neutre particulier (674) :

$$C^{19}H^{38}O^2 = H^2O + C^{19}H^{36}O.$$

Stéarate potassique (stéarate de potasse neutre). — $C^{19}(H^{37}K)O^2$. —Pour obtenir ce sel, on met l'acide stéarique en digestion avec son poids de potasse caustique dissoute dans 20 p. d'eau ; par le refroidissement du liquide, le S. potassique se dépose en grains cristallins. On exprime ceux-ci, et on fait cristalliser dans l'alcool; il s'obtient en paillettes brillantes, grasses au toucher, et d'une saveur alcaline. Quand on mélange ce sel avec 10 p. d'eau froide, il se prend peu à peu en une masse visqueuse, le sel, éprouvant une décomposition de la part de l'eau ; par l'addition de plus d'eau, il se sépare des paillettes cristallines. Cette décomposition s'effectue aussi par l'addition de beaucoup d'eau à la solution alcoolique (Chevreul).

On admet communément que, dans ces circonstances, le sel neutre serait décomposé en potasse libre et en sel acide (*bistéarate*), et que ce dernier, à son tour, serait décomposé par l'eau en potasse et en un autre sel acide (*quadristéarate*); mais il n'est pas prouvé que les produits qui se séparent ainsi aient une composition constante, et il me semble plus rationnel d'admettre que ces soi-disant sels acides ne sont que des mélanges de S. potassique avec des quantités de S. normal, qui varient suivant la quantité et la température de l'eau ajoutée.

Le S. potassique est insoluble dans l'éther et dans l'eau chargée de sel marin.

Stéarate sodique. — $C^{19}(H^{37}Na)O^2$. — Il s'obtient comme le sel précédent; sa solution alcoolique, faite à chaud, se prend en gelée par le refroidissement, et finit par déposer des lamelles. L'eau l'attaque moins aisément que le sel précédent; toutefois l'eau bouillante le décompose de la même manière (Chevreul).

Une dissolution alcoolique de S. potassique ou sodique précipite en blanc les solutions de baryte, de chaux, de strontiane, de plomb et d'argent.

Stéarate barytique. — $C^{19}(H^{37}Ba)O^2$. — Poudre blanche, insoluble, sans saveur ni odeur, et fondant à une température élevée (Chevreul).

Stéarate argentique. — $C^{19}(H^{37}Ag)O^2$. — Il se présente sous la forme d'un précipité blanc, volumineux et fort léger (Redtenbacher).

Stéarate plombique. — $C^{19}(H^{37}Pb)O^2$. — C'est le précipité blanc qu'on obtient en mélangeant une solution alcoolique de S. potassique ou sodique avec une solution de sel de Saturne aiguisée d'acide acétique.

Il paraît aussi exister un ou plusieurs sels surbasiques.

Genre *Margaralcool* RO^2.

677. Éther unialcoolique, homologue des g. formométhol (2ᵉ fam.), formalcool (3ᵉ fam.), acéméthol (3ᵉ fam.), acétalcool (4ᵉ fam.), butyralcool (6ᵉ fam.), stéaralcool (21ᵉ fam.), etc.; isomère du g. stéarate.

Margaralcool normal (éther margarique). — $C^{19}H^{38}O^2$. — Cet éther se prépare par l'acide sulfurique, l'acide margarique (650) et l'alcool. On peut ausssi l'obtenir en faisant passer un courant de HCl dans une solution alcoolique et chaude d'acide margarique. On le purifie par l'ébullition avec une dissolution faible de potasse, puis par la distillation (Laurent).

Il est solide à la température ordinaire, il fond à 21°,5, et devient cristallin par le refroidissement. Lorsqu'on en dissout une petite quantité dans l'alcool aqueux et chauffé à 40°, de manière toutefois que la solution n'en soit pas saturée, et qu'on la laisse refroidir à + 8°, l'éther se sépare en beaux cristaux aciculaires, assez gros, et ayant presque l'éclat du diamant (Bromeis).

Genre Oléométhol R-^{2}O^2.

678. Éther unialcoolique, homologue du g. oléalcool (20e fam.).
Oléométhol normal. — C^{19}H^{36}O^2. — Je distinguerai deux modifications :

α. Oléate de méthylène. Huile d'une densité de 0,879 à 18°; le protonitrate de mercure la convertit en la modification suivante.

β. Élaïdate de méthylène. On le prépare comme l'éther élaïdique (20e fam.), soit avec l'élaïdate de soude, l'esprit de bois et l'acide sulfurique, soit en remplaçant le sel de soude par l'acide élaïdique. Il est huileux ; sa densité est de 0,872 à 18° (Laurent).

Genre Butyroléalcool R—2O^2.

679. Éther unialcoolique, isomère et homologue du g. précédent.

Butyroléalcool normal (éther butyroléique). — C^{19}H^{36}O^2. — Cet éther constitue un liquide très fluide et presque incolore, d'une odeur et d'une saveur faibles. La distillation le décompose complétement (Bromeis).

Genre Choloïdate R—^{6}O^3?

680. Sel unibasique, produit de décomposition de la bile (21e fam.) par les acides.

Choloïdate normal (acide choloïdique). — C^{19}H^{32}O^3? — Ce corps (1) est aisé à préparer. On fait bouillir la bile, dissoute dans 12 à 15 p. d'eau, avec un excès d'acide hydrochlorique, pendant trois ou quatre heures, et on laisse refroidir. Le C. normal se réunit alors au fond du vase en une masse solide ; on décante la

---

(1) Les chimistes qui ont analysé ce corps n'ont pas toujours obtenu les mêmes résultats. Suivant M. Demarçay, il y aurait : carbone 73,5— 73,2; hydrogène 9,5. MM. Theyer et Schlosser y ont trouvé : carbone 72,6 ; hydrogène 10,1. Ma formule n'est donc que fort provisoire.

liqueur, et on fait fondre le produit à plusieurs reprises avec de l'eau, afin d'enlever tout l'acide hydrochlorique. On le pulvérise ensuite, on le dissout dans un peu d'alcool, et on agite avec de l'éther pour enlever la cholestérine et l'acide margarique ; finalement, on évapore à siccité au bain-marie. Cependant le produit renferme toujours encore du sel marin (Demarçay).

Si l'action de l'acide hydrochlorique est trop prolongée, on obtient une substance résinoïde, insoluble dans l'alcool absolu, et à laquelle M. Berzélius a donné le nom de *dyslysine*.

Le C. normal est un acide gras fixe, solide à la température ordinaire ; sec, il ne fond qu'au-dessus de 100°. Il est jaune, inodore, d'une saveur très amère, et aisé à réduire en poudre. Échauffé dans l'eau bouillante, il y fond en un magma brun et pâteux.

Il est fort soluble dans l'alcool, même faible, peu soluble dans l'eau, et presque insoluble dans l'éther. Sa dissolution rougit le tournesol, décompose les carbonates avec effervescence déjà à froid.

Les acides le précipitent de sa dissolution dans les alcalis en flocons jaunâtres, qui se réunissent par la chaleur en se liquéfiant.

Les combinaisons de l'acide choloïdique avec les alcalis sont aisément décomposées par l'eau ; il est difficile de les obtenir d'une composition constante.

Les C. à base de plomb, de cuivre, d'argent, de baryum, s'obtiennent par la précipitation avec les sels correspondants ; on ne les a pas obtenus d'une composition constante.

Les C. à base de zinc, de manganèse, de fer, de plomb, de cuivre et d'argent, sont des précipités floconneux qui, chauffés avec précaution, deviennent grenus, et fondent vers 80°. Ils sont tous un peu solubles dans l'eau (Demarçay).

Genre Quinovate $R^{-8}O^5$.

681. Sel unibasique, trouvé par MM. Pelletier dans l'écorce de *China nova*.

Quinovate normal (acide quinovatique, amer de quinova). — $C^{19}H^{30}O^5$. — Voici la méthode employée par MM. Wœhler et Schnedermann pour extraire ce corps : on épuise l'écorce par du lait de chaux, et l'on précipite la solution filtrée par l'acide hydrochlorique. On dissout le précipité dans l'ammoniaque, et on décolore la solution par du charbon animal; on précipite de nouveau par l'acide hydrochlorique, et l'on répète cette opération jusqu'à ce que le produit soit incolore. Ensuite on le dissout dans l'alcool, et on le précipite par l'eau.

De cette manière, le Q. normal s'obtient sous la forme de fragments qui ressemblent à la gomme; il est blanc, friable et très amer. L'eau ne le dissout presque pas; l'alcool le dissout aisément à chaud.

Il se dissout dans les alcalis, en produisant des combinaisons amorphes.

On n'en connaît pas les métamorphoses.

Quinovate cuivrique. — $C^{19}(H^{29}Cu)O^5$. — On l'obtient en précipitant une solution alcoolique de Q. normal par une solution alcoolique d'acétate de cuivre. C'est un précipité brun clair.

Avec l'acétate de plomb, on obtient un précipité blanc qui renferme encore de l'acétate.

Genre Usnine R--$^{12}O^7$.

582. L'espèce normale se rencontre dans plusieurs lichens, tels que *Usnea florida Hoffm.*, *U. hirta*, *U. plicata*, ainsi que dans *Cladonia rangiferina*, *Parmelia purpuracea*, etc.

Usnine normale (acide usnique). — $C^{19}H^{16}O^7$ (1). On met les lichens en digestion avec de l'éther, à la température ordinaire, pendant quelques jours; on filtre et l'on distille la plus grande partie de l'éther; le résidu, étant mélangé, dépose, par le refroidissement, des cristaux d'U., d'un jaune de soufre, et qu'on purifie par des lavages à l'alcool bouillant.

Les cristaux sont cassants, et donnent sous le mortier une poudre fort électrique; ils fondent à 200°, en un liquide résinoïde, qui se concrète par le refroidissement en une masse radiée. Mais à une température plus élevée, il se charbonne, en même temps qu'il développe une vapeur très âcre, qui se condense en aiguilles d'U. non altérée.

(1) Cette formule est extrêmement douteuse, et ne se trouve point contrôlée par des réactions. Voyez, pour plus de détails, *Annal. der Chem. u. Pharm.*, t. XLVIII, p. 12, et t. XLIX, p. 103.

Avec l'eau, l'U. se comporte comme une résine ; elle ne la mouille pas. L'alcool bouillant en dissout à peine des traces ; mais l'éther la dissout aisément.

Elle se dissout dans l'essence de térébenthine bouillante, et s'y dépose, par le refroidissement, à l'état cristallisé.

Les alcalis la dissolvent aisément ; en présence d'un excès d'alcali, les solutions se colorent à l'air en cramoisi, surtout à chaud ; le liquide finit même par devenir tout-à-fait noir. L'ammoniaque détermine aussi une semblable coloration.

L'acide nitrique la convertit, à chaud, en une résine jaune. L'acide hydrochlorique et le chlore n'y agissent pas sensiblement.

Les réactions de ce corps n'ont pas encore été étudiées.

Usnine potassique. — On l'obtient à l'aide d'une solution bouillante de carbonate de potasse ; comme elle est peu soluble, elle cristallise par le refroidissement ; on la fait cristalliser dans l'alcool aqueux. Si l'U. normal employé à la préparation renferme de la résine, celle-ci peut entraver la cristallisation de l'U. potassique.

Usnine bipotassique. — Ce sel ressemble au précédent ; toutefois il est plus altérable, il brunit plus rapidement ; on l'obtient en cristaux soyeux, groupés en étoiles.

Usnine ammoniacale. — On l'obtient, sous forme d'aiguilles, en faisant passer du gaz ammoniacal dans de l'U. normale suspendue dans l'alcool absolu.

Les espèces terreuses et métalliques du genre U. sont presque toutes insolubles dans l'eau, mais elles se dissolvent dans l'alcool. L'éther en extrait de l'U. normale.

Usnine barytique. — $C^{19}(H^{15}Ba)O^7$? — On l'obtient aisément cristallisée dans l'alcool ; la solution brunit rapidement au contact de l'air.

Usnine argentique. — Sel blanc, qui se décompose promptement en noircissant.

Usnine cuivrique. — $C^{19}(H^{15}Cu)O^7$? — On l'obtient sous la forme d'un précipité vert ; il devient électrique quand on le broie. Toutes les espèces métalliques du genre U. sont aisément décomposées par les acides faibles ; leur préparation réussit bien si l'U. normale est exempte de résine (Knop).

VINGTIÈME FAMILLE.

GENRES.	FONCTIONS chimiques DES GENRES.	RAPPORTS DE TRANSFORMATION entre les genres de la VINGTIÈME FAMILLE.	RAPPORTS DE TRANSFORMATION entre les genres DE LA VINGTIÈME et d'autres familles.
Hévéène R.	Hydrocarbure.	?	Distillation sèche du caoutchouc.
Métacamphydrène $R-6$.	Hydroc. halhyd.	?	Action de HCl ou HBr sur le térébène (10e fam.).
Métacamphène $R-8$.	Hydrocarbure.	Distillation sèche du g. pinate (colophane).	Act. de l'acide sulfurique sur l'essence de térébenthine.
Céroxyline RO.	Aldéhyde.	?	Dans la cire de palmier.
Benzostilbine $R-26O$.	?	?	Décomposit. de l'hydrobenzamide (21e fam.) par la potasse.
Stéariméthol RO^2.	Éther unialcooliq.	?	Éthérificat. de l'acide stéarique (19e fam.) avec l'esprit de bois.
Anamirtalcool RO^2.	Éther unialcooliq.	?	Éthérificat. de l'acide anamirtique (18e f.)
Oléalcool $R-2O^2$.	Éther unialcooliq.	?	Éthérificat. de l'acide oléique (18e f.).
Pinate $R-10O^2$.	Sel unibasique.	Le métacamphèn. perd H^2 et fixe O^2 par l'oxydation.	Oxydation de l'essence de térébenthine à l'air (10e f.).
Benzolone $R-26O^2$.	?	?	Décomp. de l'hydrobenzamide (21e f.) par la potasse.
Pyrolithofellate $R-6O^3$.	?	Le lithofellate norm. élimine H^2O.	?
Subéricérine $R-8O^3$.	?	?	Dans le liége.
Oxyfellate $R-10O^3$.	Sel unibasique ?	Action de l'acide nitrique sur le g. lithofellate.	?
Lithofellate $R-4O^4$.	Sel unibasique.	?	Dans des concrétions biliaires.
Cholate $R-8O^4$.	Sel unibasique.	?	Action de la potasse sur la bile (21e f.).
Asarone $R-14O^5$.	?	?	Dans la racine d'asarum.
Subéricérate $R-8O^6$.	Sel unibasique.	La subéricérine n. fixe O^3 sous l'influence de l'acide nitrique.	?
Cnicin $R-14O^7$.	?	?	Dans les feuilles du chardon-bénit.
Amygdalate $R-14O^{12}$.	Sel unibasique.	Action des alcalis sur l'amygdaline n.	?

II.

GENRES.	FONCTIONS chimiques DES GENRES.	RAPPORTS DE TRANSFORMATION entre les genres de la VINGTIÈME FAMILLE.	RAPPORTS DE TRANSFORMATION entre les genres DE LA VINGTIÈME et d'autres familles.
Opiammon $R-^{21}NO^8$.	Amide.	?	Action de l'ammoniaq. sur l'ac. opianique (10ᵉ f.).
Amygdaline $R-^{13}NO^{11}$.	?	?	Dans les amandes amères.
Cinchonine $R-^{16}N^2O$.	Alcaloïde.	?	Dans les quinquinas.
Quinine $R-^{16}N^2O^2$.	Alcaloïde.	?	Dans les quinquinas.
Chélidonine $R-^{21}N^3O^3$?	Alcaloïde.	?	Dans la grande chélidoine.

(*a*) Combinaisons non azotées.

Genre *Hévéène* R.

683. Hydrocarbure, homologue des g. éthérène, butyrène, paramilène, amilène, oléène, cétène, etc.

Hévéène normal. — $C^{20}H^{40}$. — En condensant les produits de la distillation sèche du caoutchouc, M. Bouchardat a recueilli, entre autres produits (508), un hydrogène carboné R, dont le point d'ébullition était à + 315°. Il était d'un jaune d'ambre, d'une consistance huileuse, et possédait une saveur âcre. Il absorbait rapidement le chlore, et prenait alors la consistance de la cire. L'acide sulfurique le colorait en rouge, et le dédoublait en un autre hydrogène carboné, bouillant à 228°.

Si l'on considère que, dans la distillation sèche du caoutchouc, la formation de l'H. est accompagnée de celle du butyrène C^4H^8, du paramilène ou caoutchène C^5H^{10}, et probablement d'autres hydrocarbures R, on est conduit à en conclure que le *caoutchouc* appartient lui-même à cette série homologue, et constitue un hydrogène carboné dont l'équivalent est tellement élevé qu'il s'oppose à ce que ce corps résiste à l'action de la chaleur sans se dédoubler en plusieurs isomères volatils sans décomposition.

Peut-être l'*essence de rose concrète* est-elle aussi $C^{16}H^{32}$ ou

$C^{20}H^{40}$; son point d'ébullition a été observé entre 280 et 300°. L'essence brute renferme en outre une huile oxygénée (de Saussure, Gœbel, Blanchet et Sell).

Dans certains schistes bitumineux, on a trouvé des cires fossiles, dont quelques unes appartiennent probablement à la même série homologue; telle est, par exemple, l'*ozokérite*, qu'on a rencontrée en Moldavie, près de Slamick. Cette substance est un mélange de deux ou plusieurs hydrocarbures; quand on la soumet à la distillation sèche, elle donne des gaz, des substances huileuses, et une substance cristalline, appelée par M. Malaguti *cire de l'ozokérite*. Celle-ci est nacrée, fond à 56° et bout à 300°; M. Malaguti y a trouvé 85,96 carbone et 14,04 hydrogène.

Dans l'action du chlorure de zinc sur l'huile de pommes de terre (345), M. Balard a obtenu un liquide (*métamilène*) doué d'une odeur aromatique agréable, et bouillant entre 240 et 280°. Il est possible que ce soit l'hévéène de M. Bouchardat.

Genre *Métacamphydrène* R^{-6}.

684. Hydrocarbure halhydridé, dont les espèces halides se forment par l'action du gaz HCl ou HBr sur le camphène normal (modific. *b*, 508).

Métacamphydrène chloré (monochlorhydrate de térébène). — $C^{20}(H^{33}Cl)$. — On l'obtient en faisant passer du gaz hydrochlorique dans le térébène de M. Deville. C'est une huile très fluide, d'une densité égale à 0,902 à 20°, et dont l'odeur a quelque chose de camphré (Deville).

Métacamphydrène bromé (monobromhydrate de térébène). — $C^{20}(H^{33}Br)$. — Il se produit par le gaz HBr et le térébène; on enlève l'excès d'acide en filtrant le produit sur de la craie. C'est un liquide incolore, d'une densité de 1,021 à 24°.

Genre *Métacamphène* R^{-8}.

685. Hydrocarbure, formé par la distillation sèche de la colophane, ou par une modification moléculaire du g. camphène.

Métacamphène normal (colophène, résinéine de M. Frémy). — $C^{20}H^{32}$. — Nous avons déjà dit (97) comment on prépare ce corps à l'aide de l'acide sulfurique et de l'essence de térébenthine. On le rectifie par la distillation sur l'alliage de potassium et d'anti-moine.

En distillant la colophane à feu nu et un peu vivement, on obtient de l'eau, un résidu charbonneux, et enfin une grande quantité de M. (Deville).

Le M. est incolore, lorsqu'on le regarde en laissant venir à l'œil la lumière qui le traverse; mais vu dans une autre direction, il est d'un bleu-indigo foncé.

Sa densité est de 0,940 à 9°; son point d'ébullition est à peu près à 310 ou 315°. Il n'a point d'action sur la lumière polarisée.

Il absorbe l'acide hydrochlorique en s'échauffant et en donnant un produit couleur d'indigo (*chlorhydrate de colophène*).

Quand on y fait passer du chlore, il l'absorbe en s'échauffant, et se convertit, sans dégagement de gaz, en une résine qui ressemble beaucoup à la colophane. Le produit cristallise dans l'alcool en petits cristaux aciculaires, qui paraissent renfermer $C^{20}H^{32}Cl^4$ (Deville).

La *résinéine* de M. Frémy n'est probablement que du colophène incomplétement purifié.

Genre *Céroxyline* RO.

686. Aldéhyde, homologue des g. acétol, cétine, cérine, cérosie, etc.; contenu dans la cire de palmier.

Céroxyline normale. — $C^{20}H^{40}O$ (1). — La cire de palmier est produite par le *Ceroxylon Andicola*, qui est très abondant dans la Nouvelle-Grenade. Cette substance se présente sous la forme d'une poudre blanc grisâtre, qui recouvre l'épiderme du palmier. Purifiée, elle est d'un blanc jaunâtre; elle est peu soluble dans l'alcool bouillant, et se précipite par le refroidissement. Son point de fusion est à 72° (Lewy).

La cire des Andaquies est un mélange de cire de palmier et de cérosie.

Les réactions de la cire de palmier n'ont pas encore été étudiées.

(1) L'analogie de la cire de palmier avec la cire des abeilles me fait adopter provisoirement cette formule; elle exige : carbone 84,0 ; hydr. 13,4. M. Lewy y a trouvé : carbone 80,7 ; hydr. 13,3.

Genre *Benzostilbine* R^{-26}O.

687. **Produit de décomposition de l'hydrobenzamide normale** (21ᵉ fam.) par l'hydrate de potasse :

$$C^{21}H^{18}N^2 + 3H^2O = CO^2 + 2NH^3 + H^4 + C^{20}H^{14}O.$$

Benzostilbine normale. — $C^{20}H^{14}O$. — Elle se forme dans la préparation de la benzolone (voyez plus bas); elle se trouve avec l'huile jaune dans la dissolution qu'on obtient en traitant la poudre jaune par l'alcool. L'huile (benzène?) détermine la solubilité de la B. dans l'alcool, car celle-ci ne s'y dissout, à l'état pur, que fort peu à la température ordinaire, et un peu plus à l'ébullition.

Lorsqu'on ajoute à cette solution une petite quantité d'acide hydrochlorique ou de chlore, la B. se précipite en flocons composés de petits cristaux; l'acide hydrochlorique communique au liquide une teinte rouge de sang. Par le repos, ainsi que par l'échauffement, cette teinte disparaît entièrement, et toute la B. se dépose en petits cristaux. Lorsqu'on fait passer du chlore dans la solution jaune, elle se décolore immédiatement, et se prend presque en bouillie, par suite de la grande quantité de B. qui se sépare (1).

Huit ou dix gouttes d'acide hydrochlorique concentré pour une livre de liquide, ou bien quelques centimètres cubes de chlore, suffisent pour produire cet effet.

On obtient les cristaux plus gros en les faisant cristalliser dans l'éther. Ils fondent à 244°,5, et se subliment à une température élevée, en se décomposant en plus grande partie.

La B. se dissout dans l'acide sulfurique avec une couleur rouge. Chauffée avec de la potasse bien concentrée, elle développe une vapeur incolore, qui possède une odeur de géranium (Rochleder).

____

(1) Suivant M. Rochleder, la benzostilbine serait $C^{31}H^{22}O^2$; mais ses analyses sont calculées avec un poids atomique inexact. Elles ont donné : carbone 86,5, hydrogène 5,3; ma formule exige : carbone 86,8 et hydr. 5,18.

Genre *Stéariméthol* RO^2.

688. Éther unialcoolique, homologue des g. formalcool, acétalcool, acétamylol, margaralcool, stéaralcool, etc.

Stéariméthol normal (stéarate d'oxyde de méthyle). — $C^{20}H^{40}O^2$. — Masse cristalline, demi-transparente, fusible à 85°, et insoluble dans l'eau (Lassaigne).

Genre *Anamirtalcool* RO^2.

689. Éther unialcoolique, homologue des g. formalcool, acétalcool, margariméthol, margaralcool, etc.; isomère et homologue du g. stéariméthol.

Anamirtalcool normal (éther stéarophanique). — $C^{20}H^{40}O^2$. — On l'obtient (1) en faisant passer, pendant plusieurs heures, du gaz hydrochlorique dans une solution alcoolique et chaude d'acide anamirtique (660). Il se sépare, à la surface du liquide, en une huile presque incolore, qui se concrète par le refroidissement. Par une addition d'eau au liquide, on en obtient encore davantage. On purifie cet éther en le traitant par une solution bouillante de carbonate de soude, et finalement par l'eau seule (Francis).

C'est une masse blanche, solide, demi-transparente, fort cassante, fusible à 32°. Il est sans odeur à froid, mais quand on le chauffe, il prend une légère odeur. Il fond sur la langue en produisant du froid, et a le goût du beurre.

Il est fort peu volatil, mais la distillation l'altère en partie.

Genre *Oléalcool* $R^{-2}O^2$.

690. Éther unialcoolique.

Oléalcool normal. — $C^{20}H^{38}O^2$? — On l'obtient sous les deux modifications suivantes :

α. Éther oléique. M. Warrentrapp a préparé cet éther en dissolvant 1 p. d'acide oléique dans 3 fois environ son volume d'alcool, et en y faisant passer un courant rapide de gaz hydrochlo-

____

(1) Voyez la note p. 341.

rique. Le mélange s'échauffe légèrement, et l'éthérification s'effectue immédiatement. Au bout de quelques minutes, tout l'O. normal se sépare du liquide alcoolique, bien avant que l'alcool soit saturé d'acide hydrochlorique; il n'est pas avantageux d'y faire passer le gaz jusqu'à ce point, parce que la matière s'altérerait.

On peut aussi obtenir cet éther par un mélange d'acide sulfurique, d'alcool et d'acide oléique (Laurent).

Il est incolore, fort soluble dans l'alcool, et possède une densité de 0,871 à 18° (Laurent). Il ne distille pas sans altération ; il fournit, dans ces circonstances, de l'alcool et un carbure d'hydrogène, avec un résidu sensible de charbon (Warrentrapp).

Abandonné au contact du protonitrate de mercure pendant vingt-quatre heures, il se convertit en la modification suivante.

β. Éther élaïdique. On l'obtient en faisant bouillir pendant quelques heures un mélange de 2 p. d'acide élaïdique, 1 p. d'acide sulfurique et 4 p. d'alcool ; on maintient le mélange en ébullition pendant quelques heures, en cohobant de temps à autre l'alcool qui distille (Laurent). Cet éther se produit aussi quand on sature par l'acide hydrochlorique une solution alcoolique d'acide élaïdique (Meyer).

Ce corps est huileux, incolore, sans odeur à froid, et d'une densité de 0,868 à 18° ; il est insoluble dans l'eau. L'alcool en dissout environ la huitième partie de son volume ; l'éther le dissout en toutes proportions. Il entre en ébullition un peu au-delà de 370°, et distille sans altération (Laurent ; suivant M. Meyer, il se décompose par la chaleur).

Les alcalis, en dissolution alcoolique, le convertissent en élaïdate (oléate, modif. *b*).

Genre *Pinate* $R-{}^{10}O^2$.

691. Sel unibasique, produit de l'action lente de l'air sur l'espèce normale du g. camphène (essence de térébenthine, etc.) :

$$2C^{10}H^{16} + O^3 = H^2O + C^{20}H^{30}O^2.$$

La térébenthine qui s'écoule du *Pinus maritima* est un mélange d'essence de térébenthine et d'un corps oxygéné, l'*acide pimarique*, que M. Laurent considère comme le véritable acide des pins ; c'est lui qui, légèrement modifié par la chaleur, constitue la *colophane*. On admet généralement que cette substance représente l'essence de térébenthine, plus de l'oxygène ($C^{20}H^{32}O^2$); mais toutes les analyses qui en ont été faites par MM. Blanchet et Sell, Trommsdorff, H. Rose, Laurent, ont donné moins d'hydrogène qu'il n'en faudrait d'après cette formule.

Pinate normal. — $C^{20}H^{30}O^2$. — Nous distinguerons les modifications suivantes :

a. Acide pimarique. On l'extrait du galipot de la manière suivante : on le traite à froid par un mélange de 6 p. d'alcool et 1 p. d'éther, de manière à enlever la plus grande partie de l'essence, on dissout le résidu dans l'alcool bouillant, et l'on abandonne la solution dans un endroit peu aéré. Au bout de deux ou trois jours, il se forme au fond du vase une croûte, dont l'épaisseur augmente peu à peu ; il faut la retirer avant que tout l'acide se dépose ; on lave une fois avec de l'alcool bouillant, et on la fait redissoudre dans l'alcool bouillant. L'acide pimarique se dépose alors à l'état de pureté. Les eaux-mères alcooliques abandonnent le restant de cet acide sous la forme d'une poudre blanche et cristalline.

Cet acide peut aussi se préparer avec la colophane de Bordeaux ; on la pulvérise, on la traite à froid par l'alcool, et on dissout le reste dans l'alcool bouillant.

Il se présente en masses ou en croûtes cristallines, tuberculeuses, d'une blancheur éclatante, hérissées de cristaux, tellement serrés les uns contre les autres, qu'il est presque impossible d'en reconnaître la forme.

Il est très soluble dans l'éther ; l'alcool en dissout, à la température de 18° environ, la dixième partie de son poids ; si l'alcool est bouillant, il peut en dissoudre au moins un poids égal au sien. La solution alcoolique est précipitée par l'eau.

Il n'entre en fusion que vers 125°, mais il peut descendre à une température beaucoup plus basse avant de se solidifier complétement ; il se convertit ainsi en la modification *b.*

Il forme, avec la potasse, la soude et l'ammoniaque, des sels solubles dans l'alcool. Sa dissolution alcoolique, versée dans les dissolutions alcooliques des chlorures de calcium, de baryum, de strontium et de magnésium, n'y forme pas de précipité; mais il s'en produit par l'addition d'un peu d'ammoniaque (Laurent).

b. **Acide pyromarique ou sylvique**, résine-bêta de la colophane. Si l'on chauffe dans une cornue munie d'un récipient une dizaine de grammes d'acide pimarique, et si l'on fait le vide dans l'appareil, il distille de l'acide pyromarique qui se fige en grande partie dans la cornue; l'acide pimarique n'a pas changé de composition, mais il se dissout bien plus aisément dans l'alcool. On peut obtenir de très beaux cristaux en faisant dissoudre dans l'alcool bouillant la résine distillée dans le vide; par le refroidissement, et mieux encore par l'évaporation spontanée dans un vase un peu profond, on obtient des groupes de cristaux qui ont la forme de tables ou de lamelles triangulaires, dont les côtés ont deux ou trois lignes de longueur. Pour obtenir cet acide, il n'est pas nécessaire de faire la distillation dans le vide, on peut opérer sous la pression ordinaire, mais alors le produit est mêlé d'un peu d'huile, dont la quantité est d'autant plus abondante qu'on a opéré sur une plus grande quantité d'acide pimarique.

On peut aussi extraire l'acide pimarique de la colophane, en broyant celle-ci et en la lavant à plusieurs reprises avec de l'alcool, à la température ordinaire, pour dissoudre la modification incristallisable *c.* On fait bouillir le résidu avec de l'alcool, et l'on abandonne à la cristallisation; on obtient ainsi des cristaux mêlés d'un sirop jaunâtre, qu'on enlève en agitant rapidement les cristaux avec de l'alcool.

D'ailleurs cette modification *b* fond à 125°, comme la modification *a;* lorsqu'elle a été fondue, elle se comporte avec l'alcool comme l'acide pimarique fondu, c'est-à-dire qu'elle se dissout d'abord dans son poids d'alcool, et s'en précipite au bout de quelques secondes.

On peut distiller l'acide pyromarique plusieurs fois de suite en ne l'altérant que peu; la matière huileuse qu'elle donne dans cette circonstance (*pimarone*) paraît n'en différer que par les éléments de l'eau.

Cette modification *b* se distingue aussi de la précédente par le caractère suivant : si l'on verse sa solution alcoolique et bouillante dans une solution alcoolique, bouillante et très peu concentrée d'acétate de plomb, il ne se forme pas de précipité immédiatement, mais peu à peu on voit se déposer de longues aiguilles de P. plombique. La modification a, qui se dépose dans cette circonstance, est amorphe (Laurent).

c. Acide pimarique amorphe, acide pinique ou résine-alpha de la colophane. Avec le temps, et sous l'influence solaire, la modification a perd la propriété de cristalliser sans changer de composition. Les propriétés de cette modification sont d'ailleurs les mêmes que celles des deux précédentes.

La *résine de copahu*, la *résine élémi*, la *résine animé*, se composent de l'une ou de l'autre de ces trois modifications. L'*abiétine* de M. Caillot est peut-être aussi dans ce cas.

Pinate potassique (savon de résine, pinate et sylvate de potasse). — Combinaison soluble dans l'eau.

Pinate plombique (bipimarate, bipyromarate de plomb). — $C^{20}(H^{29}Pb)O^2$ (Laurent). — Avec la modification b du P. normal, on peut l'obtenir en longues aiguilles très fines, qui sont des prismes à quatre pans, terminés par des pyramides ou des biseaux très aigus.

Ce sel est blanc, fusible, et se solidifie, par le refroidissement, en une masse transparente et jaune.

Genre *Benzolone* $R-^{26}O^2$.

692. Produit de décomposition de l'hydrobenzamide normale (21ᵉ fam.) par l'hydrate de potasse :

$$C^{21}H^{18}N^2 + 4H^2O = CO^2 + 2NH^3 + H^6 + C^{20}H^{14}O^2.$$

Benzolone normale (1). — $C^{20}H^{14}O^2$. — Quand on fait fondre de la potasse avec de l'hydrobenzamide réduite en poudre, la masse jaunit, se fonce, et finit par devenir presque noire, en dégageant de l'ammoniaque et de l'hydrogène, ainsi que de l'hydrogène carboné. On fait bouillir le résidu avec de l'eau tant que les eaux de lavage sont encore alcalines; on obtient ainsi une poudre jaune, qui est un mélange de trois corps. On la traite

(1) M. Rochleder (*Revue scientif.*, t. VIII, p. 180), représente ce corps par $C^{11}H^8O$; mais ses analyses sont calculées d'après l'ancien poids atomique du carbone. Notre formule exige : carbone 83,8 — hydr. 4,9 ; analyses : carbone 83,5 — hydrogène 5,1.

par l'alcool, qui dissout une huile particulière et des cristaux de benzostilbine n., en laissant la B. normale à l'état insoluble. On introduit ce résidu dans de l'acide sulfurique concentré et chauffé modérément; la dissolution présente une belle couleur rouge; on la mélange peu à peu avec de l'alcool fort aqueux, de manière qu'elle se décolore, et dépose la B. en petits cristaux (Rochleder).

Ces cristaux sont insolubles dans l'alcool et l'eau, fondent à 248°, et se subliment à une température élevée en se décomposant légèrement.

L'acide nitrique ordinaire dissout ce corps; l'acide nitrique fumant le résinifie.

Avec la potasse, il se comporte d'une manière indifférente.

La B. paraît se former surtout quand le mélange de potasse et d'hydrobenzamide est porté à une température élevée. Toute cette réaction a d'ailleurs besoin d'être soumise à une nouvelle étude.

Genre *Pyrolithofellate* $R^{-6}O^3$.

693. *Pyrolithofellate normal* (acide lithofellique). — $C^{20}H^{34}O^3$. — Le produit acide et huileux de la distillation sèche de l'acide lithofellique présente cette composition, suivant MM. Malaguti et Sarzeau. Il ne diffère de l'acide lithofellique que par H^2O.

Genre *Subéricérine* $R^{-8}O^3$.

694. L'espèce normale se rencontre dans l'écorce du *Quercus Suber*, L.

Subéricérine normale (cérine ou cire du liége). — $C^{20}H^{32}O^3$ (1). — Lorsqu'on soumet à l'action de l'éther le liége dépouillé de sa partie externe, et divisé au moyen d'une lime, ce liquide se charge d'un corps cireux, auquel M. Chevreul avait donné le

---

(1) M. Dœpping (*Annal. der Chem. u. Pharm.*, t. XLV, p. 290), qui s'est occupé de l'analyse de cette substance, en donne une formule qui n'est point exacte, étant calculée avec le poids atomique 75,8. Il y a trouvé : carbone 74,9 — hydrogène 10,5. Ma formule exige : carbone 75,0 — hydrogène 10,0. Elle explique d'ailleurs fort bien la transformation de cette substance en acide subéricérique (699).

nom de *cérine*. L'alcool absolu extrait le même corps du liége ; si l'on chasse le solvant par la distillation, le corps cireux se dépose sous la forme d'aiguilles jaunâtres, qu'on purifie par de nouvelles cristallisations.

Ce corps se ramollit dans l'eau bouillante ; la potasse bouillante ne paraît pas l'attaquer.

Bouilli avec de l'acide nitrique, il donne un acide gras particulier (acide subéricérique).

C'est lui aussi qui, par l'action prolongée de l'acide nitrique, se convertit en acide subérique.

Il ne faut pas confondre cette substance avec la *subérine* du liége, qui n'est autre chose que du ligneux.

Genre Oxyfellate $R^{-10}O^3$.

695. Produit de l'action de l'acide nitrique sur le g. lithofellate (696).

Oxyfellate binitrique (acide lithazofellique). — $C^{20}(H^{28}X^2)O^3$. — Acide jaune, qu'on obtient en faisant bouillir l'acide lithofellique avec l'acide nitrique (Malaguti et Sarzeau).

Genre Lithofellate $R^{-4}O^4$.

696. Sel unibasique, contenu dans certaines concrétions biliaires (Gœbel).

Lithofellate normal (acide lithofellique). — $C^{20}H^{36}O^4$ (Wœhler). — Les *bézoards des Orientaux* sont presque entièrement composés de L. normal ; ils ont une couleur vert brunâtre, présentent l'éclat de la cire, et se composent de couches concentriques, dont on reconnaît fort bien la disposition quand on scie un semblable bézoard par le milieu. Pour en extraire l'acide lithofellique, il suffit de dissoudre le bézoard dans l'alcool bouillant ; la solution donne, par l'évaporation, de fort petits prismes hexagones et brillants.

Ce corps est aisé à réduire en poudre ; il est insoluble dans l'eau, peu soluble dans l'éther. Il fond à 205°, et se concrète, par le refroidissement, en une masse cristalline.

Si on le chauffe à quelques degrés au-dessus de son point de fusion, il se prend, par le refroidissement, en une masse claire et amorphe; cette modification, une fois refroidie, fond déjà à 110°. Dissoute dans l'alcool, elle devient de nouveau cristallisable (Wœhler).

Par la distillation sèche, il perd H^2O, et se convertit en acide pyrolithofellique (693).

Il se dissout dans l'acide sulfurique concentré; la solution devient laiteuse par l'addition de l'eau. L'acide nitrique le convertit, à chaud, en un acide jaune (696).

Il se dissout et cristallise dans l'acide acétique.

Les alcalis caustiques et carbonatés le dissolvent aisément. La solution ammoniacale précipite les sels de chaux, de baryte, de plomb et d'argent.

Lithofellate argentique. — $C^{20}(H^{35}Ag)O^4$. — Une solution alcoolique donne, avec un mélange de nitrate d'argent et d'ammoniaque, un précipité blanc de L. argentique. Celui-ci se dissout dans une plus grande quantité d'alcool, et cristallise, par l'évaporation, en longues aiguilles incolores (Ettling et Will).

Lithofellate plombique. — $C^{20}(H^{35}Pb)O^4$. — Précipité blanc, qui s'obtient comme le sel précédent.

Genre *Cholate* $R^{-6}O^4$.

697. Sel unibasique? produit de l'action des alcalis sur la bile et le g. bilate (21ᵉ fam.) en général :

$$C^{21}H^{35}NO^6 = CO^2 + NH^3 + C^{20}H^{32}O^4.$$

Cholate normal (acide cholique de M. Demarçay, acide cholinique de MM. Theyer et Schlosser). — $C^{20}H^{32}O^4$? — Pour obtenir ce corps, on fait bouillir une solution concentrée de bile avec de la potasse caustique, en ayant soin de renouveler l'eau, de manière que le tout reste en dissolution; on continue l'ébullition pendant plusieurs jours, jusqu'à ce qu'il ne se développe plus d'ammoniaque. Ensuite on concentre la lessive assez pour que le savon s'en sépare; on dissout celui-ci dans l'eau, et on le décompose par l'acide sulfurique étendu. On fait fondre le produit dans l'eau, et on le lave convenablement avec de l'eau bouillante; de cette manière il devient grenu et cristallin. On le lave avec un peu d'éther, on le dissout dans l'alcool bouillant, et on abandonne à cristallisation.

Il se dépose alors des croûtes cristallines d'acide cholique, qu'on purifie par de nouvelles cristallisations dans l'alcool aqueux.

On obtient ainsi l'acide cholique (1) en petites aiguilles ou en tables, fusibles à 130°. Leur saveur est d'abord légèrement sucrée, puis franchement amère. Leur solution alcoolique est franchement acide.

Il se dissout aisément dans les alcalis caustiques, et décompose avec effervescence les alcalis carbonatés. Ses combinaisons alcalines sont très solubles dans l'eau et l'alcool ; mais il est difficile de les obtenir d'une composition constante.

L'acide cholique de M. Demarçay n'est pas à confondre avec l'acide cholique de M. Gmelin, qui était azoté, mais dont la composition n'est pas connue.

Cholate sodique. — $C^{20}(H^{31}Na)O^4$. — On dissout le C. normal dans le carbonate de soude, on traite par l'alcool pour dissoudre le C. sodique, et l'on mélange la solution alcoolique avec son volume d'éther. Peu à peu le C. sodique se dépose alors en aiguilles allongées, très solubles dans l'eau et l'alcool.

Cholate calcique. — $C^{20}(H^{31}Ca)O^4$. — Précipité blanc, qu'on obtient en précipitant le C. potassique par du chlorure de calcium. Il est soluble dans l'alcool bouillant, et s'y dépose, par le refroidissement, en caillots blancs (Theyer et Schlosser).

Cholate argentique. — Précipité blanc et gélatineux, qui n'a pas été obtenu d'une composition constante.

Cholate barytique. — Précipité blanc, peu soluble dans l'eau, assez soluble dans l'alcool et l'acide acétique.

Genre Asarone $R^{-14}O^5$.

698. L'espèce normale se rencontre dans la racine d'*Asarum europæum*.

Asarone normale (asarine). — $C^{20}H^{26}O^5$. — Cette substance

---

(1) Ma formule exige : carbone 74,4 ; hydrogène 9,5 ; MM. Theyer et Schlosser ont trouvé : carbone 70,4 ; hydrogène 9,8 — 9,9.

passe à l'état cristallisé avec les vapeurs d'eau quand on fait bouillir la racine d'asarum dans l'eau.

Quand on fait bouillir l'A. pendant quelque temps dans l'alcool, elle se dépose à l'état amorphe. Cette modification ne distille pas avec les vapeurs d'eau, et se décompose quand on la chauffe à 300°.

Chauffés avec de l'acide nitrique, les cristaux et la modification amorphe rougissent et finissent par se convertir en acide oxalique (Schmidt).

Asarone quadrichlorée. — $C^{20}(H^{22}Cl^4)O^5$. — Le chlore attaque l'A. normal avec beaucoup d'énergie; la masse, d'abord rouge, finit par devenir verte. Le produit chloré se décompose par la distillation sèche, en développant de l'acide hydrochlorique (1).

Genre *Subéricérate* R⁻⁸O⁶.

699. Sel unibasique, produit par l'oxydation de la subéricérine (694) au moyen de l'acide nitrique :

$$C^{20}H^{32}O^3 + O^3 = C^{20}H^{32}O^6.$$

Subéricérate normal (acide cérique du liége). — $C^{20}H^{32}O^6$? (2). — Lorsqu'on traite à chaud, par l'acide nitrique, la matière cireuse du liége, elle se fluidifie peu à peu, en même temps qu'il se développe des vapeurs rouges. On purifie le produit en le lavant à l'eau bouillante, dissolvant dans l'alcool, filtrant et évaporant la solution (Dœpping).

Il se présente alors sous la forme d'une masse brun jaunâtre, diaphane et cireuse, qui se ramollit déjà à une douce chaleur, et qui fond au-dessous du point d'ébullition de l'eau.

Il se dissout aisément dans les alcalis. Sous l'influence de la chaleur, il donne des produits empyreumatiques.

Subéricérate plombique. — $C^{20}(H^{31}Pb)O^3$. — Ce sel s'obtient sous la forme d'un précipité blanc et pesant quand on mélange une

(1) Voir, pour plus de détails, *l'Institut*, N° 568, 12ᵉ année. Novembre 1844.

(2) Cette formule, qui explique d'une manière fort simple la formation de l'acide subéricérique, exige : carbone 65,2 — hydrogène 8,7 ; M. Dœpping a trouvé dans cet acide : carbone 64,9 — hydrogène 8,7.

solution de sel de Saturne avec une solution alcoolique de S. normal.

Avec le sel de Saturne ammoniacal, on obtient un sel surbasique (Dœpping).

Genre Cnicin $R-{}^{14}O^7$.

700. L'espèce normale a été retirée du chardon bénit (*Centaurea benedicta*) par **M.** Nativelle; elle existe également dans les feuilles du chardon étoilé (*Centaurea calcitropa*) et dans toutes les plantes amères de la nombreuse tribu des cynarocéphales.

Cnicin normal (cnicine). — $C^{20}H^{26}O^7$ (1). C'est un corps neutre, cristallisant en aiguilles blanches, transparentes, d'un éclat satiné, sans odeur, d'une saveur franchement amère. Il est à peine soluble dans l'eau froide; l'eau bouillante le dissout beaucoup mieux, et prend alors une saveur amère et astringente; mais si l'on prolonge l'ébullition, la liqueur se trouble, en déposant un corps oléagineux et épais comme la térébenthine.

Le C. se dissout dans l'alcool et l'esprit de bois, mais il est presque insoluble dans l'éther.

Soumis à la distillation sèche, il abandonne des vapeurs et se charbonne.

L'acide sulfurique le dissout en se colorant fortement en rouge; quand on élève la température, la masse noircit. L'acide hydrochlorique concentré prend subitement une couleur verte; si l'on opère à chaud, le liquide brunit, et dépose des gouttelettes oléagineuses, qui se concrètent, par le refroidissement, en une masse résineuse (Scribe).

Genre Amygdalate $R-{}^{14}O^{12}$.

701. Sel unibasique, produit de l'action des alcalis sur l'amygdaline :

$$C^{20}H^{27}NO^{11} + (KH)O = NH^3 + C^{20}(H^{25}K)O^{12}.$$

(1) Deux analyses concordantes de M. Scribe ont donné : carbone 62,9 et 6,9 — 7,1 ; ma formule exige : carbone 63,3, hydrogène 6,8. Je ne la donne que comme fort provisoire, car on n'a pas encore étudié les réactions du cnicin. La formule $C^{26}H^{34}O^9$ de M. Scribe exigerait : carbone 63,6 — hydrogène 6,9.

Bouillis avec un mélange de peroxyde de manganèse et d'acide sulfurique, les A. développent de l'acide formique, de l'acide carbonique et de l'huile d'amandes amères (408).

Amygdalate normal (acide amygdalique). — $C^{20}H^{26}O^{12}$. — On l'obtient aisément en précipitant avec précaution l'A. barytique par l'acide sulfurique étendu.

C'est une liqueur légèrement acide, qui se dessèche au bain-marie en une masse gommeuse. Lorsqu'on l'abandonne pendant quelque temps dans un endroit chaud, on y remarque des indices de cristallisation.

Cet acide attire promptement l'humidité de l'air en se liqué-fiant; il est insoluble dans l'alcool absolu, froid ou bouillant; il est insoluble dans l'éther.

Il réduit à chaud les sels d'argent.

Amygdalate barytique. — $C^{20}(H^{25}Ba)O^{12}$. — L'amygdaline se dissout à froid dans l'eau de baryte sans se décomposer; mais quand on fait bouillir le mélange, il se dégage de l'ammoniaque sans que la solution brunisse. Après avoir maintenu le mélange en ébullition jusqu'à ce qu'il ne se développe plus d'ammoniaque, on y fait passer un courant d'acide carbonique, qui précipite l'excédant de baryte.

La liqueur étant filtrée, on obtient, par l'évaporation, un sel gommeux, qui retient de l'eau; à 190° le sel devient parfaitement blanc, et prend l'aspect de la porcelaine. Il attire promptement l'humidité de l'air.

Amygdalate plombique. — Quand on mêle une solution d'A. barytique avec de l'acétate de plomb ammoniacal, on obtient un précipité blanc, un peu soluble dans l'eau.

La plupart des autres A. sont solubles dans l'eau.

(*b*) Combinaisons azotées.

Genre *Opiammon* $R-^{21}NO^8$.

702. Amide, formée par l'action de l'ammoniaque (1) sur l'acide opianique (539) :

$$2C^{10}H^{10}O^5 + NH^3 = 2H^2O + C^{20}H^{19}NO^8.$$

(1) M. Wœhler représente l'opiammon par $C^{20}H^{17}NO^8$, mais l'hydro-gène trouvé est de 4,94 — 4,82; tandis que sa formule n'en exigerait que 4,25.

Opiammon normal. — $C^{20}H^{19}NO^8$. — L'acide opianique disparaît instantanément dans l'ammoniaque caustique; en évaporant la dissolution, même à une très douce chaleur, on n'obtient pas de cristaux, mais seulement une masse amorphe et transparente, qui devient d'un blanc de lait quand on la traite par l'eau, et ne se dissout qu'en partie, en laissant un corps blanc, qui est l'O. normal. Le sel d'ammoniaque se métamorphose complétement en ce corps quand on chauffe la masse desséchée à une température un peu supérieure à 100°, tant qu'il se dégage de l'ammoniaque. Elle finit par devenir d'un jaune-citron, et ne se dissout plus dans l'eau; on la purifie par l'eau bouillante des dernières traces de sel.

L'O. normal est une poudre jaune pâle, composée de parcelles cristallines. Elle est insoluble dans l'eau froide; l'eau bouillante la convertit peu à peu en acide opianique, qui se dépose par le refroidissement, et en opianate d'ammoniaque, qui reste en dissolution.

Quand on le chauffe, il grimpe le long du vase sans se sublimer; chauffé plus fort à l'air libre, il dégage l'odeur de l'acide opianique en fusion, en émettant une vapeur jaune. Les acides dilués ne l'altèrent pas à chaud.

La potasse, avant de le transformer complétement en opianate, produit d'abord une combinaison intermédiaire (*xanthopénate de potasse*, Wœhler) qui n'a pas encore été analysée.

Genre Amygdaline $R{-}^{13}NO^{11}$.

703. L'espèce normale se rencontre toute formée dans les amandes amères, et probablement aussi dans les feuilles de laurier-cerise.

Amygdaline normale. — $C^{20}H^{27}NO^{11} + 3$ aq. — Pour obtenir ce corps, on exprime le son d'amandes amères entre deux plaques de fer chaudes, afin d'enlever l'huile grasse; on épuise le résidu par l'alcool bouillant de 94 ou 95 centièmes, et l'on distille l'extrait au bain-marie, jusqu'à consistance de sirop. On étend d'eau le résidu, et on le met à fermenter avec un peu de levûre, de manière à détruire le sucre qui s'y trouve; on filtre de nouveau quand la fermentation a cessé, et on évapore une seconde fois à consistance de sirop. Le résidu étant repris par l'éther, toute l'A. se précipite sous la forme d'une poudre blanche et cristalline, qu'on purifie par de nouvelles cristallisations dans l'alcool (Liebig et Wœhler).

L'A. cristallise en feuillets blancs, d'un éclat nacré; elle est peu soluble à froid dans l'alcool absolu, mais à chaud il la dissout aisément. Cristallisée dans l'eau, on l'obtient en prismes transparents, souvent assez volumineux, et renfermant $10,5 = 3$ éq. d'eau de cristallisation, qui se développe complétement à 120°.

Cristallisée dans l'esprit de vin, elle ne renferme que 2 éq. d'eau de cristallisation.

Mise en contact avec le blanc des amandes amères, à l'état humide, l'A. se dédouble en acide prussique, essence d'amandes amères (benzoïlol n.) et glucose :

$$C^{20}H^{27}NO^{11} + 2H^2O = CHN + C^7H^6O + C^{12}H^{24}O^{12}.$$

Chauffée avec un mélange de peroxyde de manganèse et d'acide sulfurique, elle s'attaque violemment en donnant de l'essence d'amandes amères, de l'acide carbonique, de l'acide benzoïque, de l'ammoniaque et de l'acide formique.

Quand on la fait bouillir avec de la potasse caustique, elle développe de l'ammoniaque, et se convertit en amygdalate (701) :

$$C^{20}H^{27}NO^{11} + (KH,O = NH^3 + C^{20}(H^{25}K)O^{12}.$$

Chauffée doucement avec de la baryte caustique en poudre, l'A. se décompose violemment, en dégageant des vapeurs blanches d'une huile odorante, en même temps qu'il se développe de l'ammoniaque.

Genre *Cinchonine* $R^{-16}N^2O$.

704. Alcaloïde; se trouve particulièrement dans les quinquinas bruns et les quinquinas gris.

Cinchonine normale. — $C^{20}H^{24}N^2O$ (Liebig, Regnault, Gerhardt). — On l'obtient par le même procédé que la quinine, en traitant le quinquina par l'eau acidulée, décomposant l'extrait concentré par le carbonate de soude, épuisant et précipitant par l'alcool bouillant de 90 centièmes, et filtrant le liquide tout chaud; la C.

cristallise alors par le refroidissement. La quinine reste dans les eaux-mères.

On peut aussi séparer la cinchonine de la quinine au moyen de l'éther, qui ne dissout pas cette dernière.

La C. normale cristallise en prismes quadrilatères, ou en aiguilles déliées, incolores et d'un grand éclat. Elle est sans odeur, et ne détermine de l'amertume sur la langue qu'à la longue.

Elle fond un peu plus tard que la quinine, et peut être volatilisée si on la chauffe avec précaution; toutefois, par une forte chaleur, elle se charbonne.

- L'eau ne la dissout qu'en quantité minime; mais l'alcool la dissout fort bien, surtout à chaud; la solution est amère, et possède une réaction alcaline.

Chauffée avec une solution très concentrée de potasse, ou mieux encore avec de la potasse en fusion, la C. dégage de la quinoléine (502) et carbonate la potasse, avec dégagement d'hydrogène (Gerhardt).

Les acides dissolvent fort bien la C., en formant des sels qui sont en grande partie cristallisables; ces sels sont fort amers, insolubles dans l'éther, et se dissolvent, dans la règle, mieux dans l'eau et l'alcool que les sels de quinine correspondants. La teinture d'iode les colore en brun; le manganate de potasse les colore en vert.

Cinchonine hydrochlorique (hydrochlorate de cinchonine dit basique). — $C^{20}H^{24}N^2O,HCl$ (Liebig). — Il cristallise en prismes quadrilatères, aplatis, et doués d'un éclat soyeux. Sa solution précipite les bichlorures de mercure et de platine.

Cinchonine hydriodique (hydriodate dit basique). — $C^{20}H^{24}N^2O$, $HJ + aq.$ (Regnault). — Aiguilles nacrées fort solubles dans l'eau bouillante.

Cinchonine nitrique. — $C^{20}H^{24}N^2O,NHO^3 + aq.$, d'après les analyses de M. Regnault.

Cinchonine semi-sulfurique (sel dit basique). — $(C^{20}H^{24}N^2O)^2$, $SH^2O^4 + 2 aq.$ (Regnault). — Prismes à base rhombe, raccourcis, et doués d'un éclat nacré; ils fondent à quelques degrés au-dessus du point d'ébullition de l'eau, et se détruisent à une température plus élevée.

Cinchonine sulfurique. — $C^{20}H^{24}N^2O,SHO + 3 aq.$ — Ce sel que M. Liebig considère comme le sulfate neutre, correspond aux sels acides; on l'obtient en traitant le sel précédent par une plus grande quantité d'acide sulfurique. Il représente des octaèdres à base rhombe, qui s'effleurissent à l'air sec.

Genre Quinine R—$^{16}N^2O^2$.

705. Alcaloïde, découvert dans les quinquinas par Pelletier et Caventou.

Quinine normale. — $C^{20}H^{24}N^2O^2$. — Pour obtenir cet alcaloïde, on traite le quinquina par de l'eau acidulée, on précipite l'extrait par du carbonate de soude, et on lave le précipité avec de l'eau; on le dissout dans l'alcool, et on traite la solution par du charbon animal. Pour obtenir la Q. en cristaux, on la dessèche d'abord complétement au bain-marie, et on la dissout dans l'alcool absolu; la solution la dépose sous cette forme par l'évaporation spontanée.

On l'obtient aussi en aiguilles soyeuses, quelquefois groupées en aigrettes, à l'aide d'une dissolution aqueuse, bouillante et ammoniacale (Liebig). Mais ordinairement elle n'est pas cristallisée, et se présente sous la forme d'une masse poreuse d'un blanc sale. Les alcalis la séparent de ses combinaisons en flocons caillebotteux.

Elle fond, par la chaleur, en un liquide oléagineux, qui se prend, par le refroidissement, en une masse résinoïde; en la chauffant avec précaution, on peut la volatiliser en partie; toutefois elle se décompose en plus grande partie par la distillation sèche.

Elle est peu soluble dans l'eau à froid; l'eau bouillante en dissout davantage; l'alcool la dissout fort bien, l'éther également. Les solutions ont une réaction alcaline.

La potasse bien concentrée et bouillante convertit la quinine en quinoléine (502), avec dégagement d'hydrogène et formation de carbonate.

Les acides la dissolvent aisément, et produisent des sels en grande partie cristallisables; ces sels sont fusibles et franchement amers.

Quinine hydrochlorique (sel dit basique). — $C^{20}H^{24}N^2O^2$,HC*l* + 2 aq. — On obtient aisément ce sel en dissolvant à chaud de la quinine dans un léger excès d'acide hydrochlorique faible; par le refroidissement, la liqueur laisse déposer le sel en longues fibres soyeuses.

Si l'on dissout la quinine dans un grand excès d'acide hydrochlorique, on obtient par l'évaporation un sel qui renferme deux fois plus d'acide hydrochlorique que le précédent; mais, en le redissolvant dans l'eau, la plus grande partie du sel cristallise à l'état de Q. hydrochlorique (Regnault).

Quinine hydriodique (sel dit basique).— Il s'obtient en cristaux mamelonnés, qui sont capables de fixer une nouvelle quantité d'acide hydriodique; le sel (bihydriodate de M. Regnault) qui en résulte cristallise sous la forme de grandes lames d'un beau jaune, et d'une réaction fortement acide.

Quinine semi-sulfurique (sulfate de quinine dit basique). — $(C^{20}H^{24}N^2O^2)^2,SH^2O^4 + 7$ aq. (Liebig, Regnault). — Pour obtenir ce sel, on traite la Q. normale par de l'acide sulfurique, qu'on a soin de ne pas prendre en excès; quelques gouttes d'alcali ajoutées à la solution du sel en déterminent rapidement la cristallisation en aiguilles très fines, blanches et soyeuses; il est aussi léger que la magnésie, et présente une saveur fort amère. Il fond aisément, et s'effleurit dans l'air sec. L'alcool le dissout mieux que l'eau; l'éther ne le dissout que fort peu.

Quinine sulfurique (sel dit neutre).—$C^{20}H^{24}N^2O^2,SH^2O^4 + 7$ aq. — Pour l'obtenir, on dissout le sel précédent dans un excès d'acide; il se présente sous la forme de petites aiguilles, ayant une réaction acide, et bien plus solubles que le sel précédent.

Quinine ferrico-sulfurique (sulfate double de fer et de quinine). — Un mélange de persulfate de fer et de sulfate de quinine ayant été abandonné pendant quelques mois dans des verres à pied à peine couverts, on y a trouvé de petits octaèdres parfaitement réguliers et incolores, renfermant de la quinine et du peroxyde de fer (Will).

Quinine semi-oxalique (oxalate dit basique). — $(C^{20}H^{24}N^2O^2)^2, C^2H^2O^4$ (Regnault). — Poudre blanche, cristalline et peu soluble.

Quinine quinique (quinate de quinine). — On peut l'extraire directement des quinquinas; il cristallise avec difficulté en croûtes mamelonnées; il est fort soluble dans l'eau, et un peu moins dans l'alcool absolu.

Quinine bichloro-platinique. — $C^{20}H^{24}N^2O^2,(HCl,PtCl^2)^2 + aq.$ (Gerhardt). — Lorsqu'on ajoute du bichlorure de platine à une dissolution de quinine dans un léger excès d'acide hydrochlorique, il se produit d'abord un précipité blanc-jaunâtre et floconneux, qui, par l'agitation, devient orangé, grenu, gagne le fond du vase, et s'attache aux parois. Ce précipité cristallin ne dégage pas d'eau à 100°, mais il en perd $2,37 = 1$ éq. lorsqu'on le porte à 140°.

Genre *Chélidonine* $R^{-21}N^3O^3$.

706. Alcaloïde, contenu dans la grande chélidoine.

Chélidonine normale. — $C^{20}H^{19}N^3O^3 + aq.$ (1). — On extrait les racines de chélidoine avec de l'eau aiguisée par de l'acide sulfurique, on précipite l'extrait par l'ammoniaque, et l'on dissout le précipité dans de l'alcool aiguisé d'acide sulfurique; l'alcool ayant été enlevé par la distillation, on précipite de nouveau le résidu aqueux par l'ammoniaque. Celle-ci met en liberté un mélange de C. et d'un autre alcaloïde, la *chélérythrine* de Proust, identique, suivant M. Schiel, avec la *sanguinarine* que Dana a trouvée dans le *Sanguinaria canadensis*. Après avoir bien lavé et desséché le précipité, on le réduit en poudre, et on l'épuise avec de l'éther. Celui-ci se charge de la chélérythrine, et laisse en grande partie la C. à l'état insoluble. On dissout cette dernière dans fort peu d'eau chargée d'acide hydrochlorique, on évapore à siccité, on lave avec de l'éther, et, après avoir dissous dans l'eau bouillante, on évapore à cristallisation. L'hydrochlorate étant décomposé par l'ammoniaque, on dissout dans l'alcool le précipité de C., et on le fait cristalliser.

La C. normale se présente sous la forme de tablettes incolores, insolubles dans l'eau. Elle fond à 130° en une huile incolore, et se décompose à une température plus élevée. Les cristaux renferment $4,8 = 1$ éq. d'eau de cristallisation, qui se développe entièrement à 100°.

(1) J'ai calculé cette formule sur les analyses de M. Will (*Annal. der Chem. u. Pharm.*, t. XXXV, p. 113). Elle exige : carbone 68,76 — hydrogène 5,30. M. Will a obtenu : carbone (avec 75) 68,4 — hydrog. 5,60 ; sa formule $C^{20}H^{20}N^3O^3$ exige plus d'hydrogène (5,74) que l'analyse n'a donné.

Elle se dissout aisément dans les acides, en donnant des sels qui rougissent le papier de tournesol. Ses combinaisons avec les acides faibles se décomposent déjà en partie par l'évaporation.

Chélidonine nitrique. — Quand on dissout la C. normale dans l'acide nitrique, on obtient, par l'évaporation, de beaux cristaux de C. nitrique, peu solubles dans l'eau.

Chélidonine hydrochlorique. — Ce sel s'obtient en croûtes cristallines, fort amères, peu solubles dans l'eau.

Chélidonine chloroplatinique. — $C^{20}H^{19}N^3O^3,HCl,PtCl^2$. — La C. hydrochlorique donne, par le bichlorure de platine, un précipité floconneux de C. chloroplatinique, qui devient peu à peu grenu. Il est presque insoluble dans l'eau (Will).

Chélidonine sulfurique. — Ce sel cristallise aisément par l'évaporation spontanée de sa solution dans l'alcool; il est insoluble dans l'éther. Il fond entre 50 et 60°.

VINGT ET UNIÈME FAMILLE.

GENRES.	FONCTIONS chimiques DES GENRES.	RAPPORTS DE TRANSFORMATION entre les genres de la VINGT ET UNIÈME FAM.	RAPPORTS DE TRANSFORMATION entre les genres DE LA VINGT ET UNIÈME et d'autres familles.
Stéaralcool RO^2.	Éther unialcooliq.	?	Éthérificat. de l'acide stéarique (19e f.).
Hellénol $R-^{14}O^3$.	?	?.	Dans la racine d'aunée.
Picryle $R-^{27}NO^2$.	?	?	Distillation sèche du benzoïlol sulfuré (7e f.).
Bilate $R-^7NO^6$.	Sel bibasique.	?	Dans la bile.
Hydrobenzamide $R-^{24}N^2$.	Amide.	?	Act. de l'ammoniaque sur le benzoïlol normal (7e f.).
Amarine $R-^{24}N^2$.	Alcaloïde, amide.	?	Act. de l'ammoniaque sur le benzoïlol n.
Hydrosalamide $R-^{24}N^2O^3$.	Amide.	?	Act. de l'ammon. sur les espèces du g. salicylol.

Genre *Stéaralcool* RO².

707. Éther unialcoolique, homologue des g. formalcool, acétalcool, acéméthol, margaralcool; etc.

Stéaralcool normal (éther stéarique). — $C^{21}H^{42}O^2$. — On l'obtient en saturant par du gaz hydrochlorique une solution d'acide stéarique dans l'alcool. Il est solide, sans odeur ni saveur, et présente l'aspect de la cire blanche. Il fond à 31 et distille à 165° en se décomposant entièrement. Il cristallise dans l'alcool sous la forme d'aiguilles blanches et soyeuses. L'eau bouillante ne le décompose pas (Redtenbacher).

On peut aussi l'obtenir en faisant bouillir pendant une demi-heure un mélange d'acide stéarique, d'alcool et d'acide sulfurique concentré (Lassaigne).

Genre *Hellénol* $R^{-14}O^3$.

708. Il n'a pas encore été produit artificiellement.

Hellénol normal (hellénine). — $C^{21}H^{28}O^3$ (Gerhardt). — Ce corps se trouve tout formé dans la racine d'aunée (*Inula Helle-nium*) et paraît en constituer le principe actif. On l'en extrait, par la distillation, avec de l'eau, ou mieux encore en épuisant la racine par l'alcool à chaud. L'extrait dépose des cristaux d'H. par la concentration.

Ce corps cristallise en prismes quadrilatères, parfaitement blancs, d'une odeur et d'une saveur extrêmement faibles. Il est insoluble dans l'eau, très soluble au contraire dans l'éther et l'alcool. Il fond à 72°, et bout entre 275 et 280°, en s'altérant plus ou moins.

Lorsqu'on fait fondre l'H. à une douce chaleur, il cristallise de nouveau en masse par le refroidissement; mais si l'on maintient la chaleur pendant quelques minutes, la masse concrétée ne présente plus aucune texture cristalline et ressemble alors à la colophane.

Les alcalis aqueux ou en dissolution alcoolique ne l'altèrent pas; mais quand on le chauffe avec de la chaux potassée, il s'établit, à 250°, un dégagement d'hydrogène très abondant; quand on dissout ensuite le résidu dans l'eau, et qu'on y ajoute de l'acide hydrochlorique, il se précipite beaucoup de flocons jaunâtres, très gluants, et qui viennent s'attacher aux parois du verre. Ces flocons constituent une résine qu'on n'a pas pu obtenir cristallisée.

L'acide sulfurique concentré le dissout à froid en se colorant en rouge de sang ; à la longue le mélange noircit, et il se produit une certaine quantité d'un acide copulé. L'acide hydrochlorique gazeux en est absorbé en grande quantité.

L'acide nitrique concentré le dissout à froid ; à chaud, il produit une matière rouge et résinoïde (*nitrohellénine*). L'acide phosphorique anhydre le convertit en un hydrogène carboné particulier (672).

Le chlore gazeux n'y agit pas à froid ; mais quand on chauffe la matière pendant qu'on y dirige le gaz, le chlore s'y fixe directement en produisant un corps ($C^{21}H^{28}O^3 + Cl^4$, *chlorhydrate de chlorhellénine*) qui est résinoïde et ne s'obtient pas sous forme régulière. Quand on fait passer ce corps chloré sur de la chaux chauffée au rouge, on recueille de la naphtaline (512).

L'essence d'aunée, quoique fort bien définie, est fort ingrate à l'étude ; elle n'a pas encore donné un seul produit cristallisé (Gerhardt).

Genre *Picryle* $R^{-27}NO^2$.

709. Lorsqu'on soumet à la distillation sèche le produit brut de l'action du sulfhydrate d'ammoniaque sur le benzoïlol sulfuré (7ᵉ fam.), on obtient plusieurs substances parmi lesquelles on remarque le stilbène normal (14ᵉ fam.), la lophine normale (23ᵉ fam.), l'essale sulfuré (26ᵉ fam.) et le picryle normal (Laurent).

Picryle normal. — $C^{21}H^{15}NO^2$. — Pour séparer ces produits les uns des autres, il faut les pulvériser et les traiter par l'éther bouillant, qui dissout les huiles, le P., le stilbène et une très petite quantité des autres matières. Par le refroidissement et par l'évaporation, le stilbène se dépose le premier. Le P. reste dans la dissolution éthérée, où il se dépose par l'évaporation lente en très beaux octaèdres.

Il est incolore, inodore, insoluble dans l'eau. Son point de fusion est peu élevé. En se refroidissant, il reste transparent comme de la gomme, sans cristalliser.

Le brome et le chlore se combinent avec lui en produisant des matières gommeuses ou résineuses (*chlorure et bromure de picryle*) dont la composition ne me paraît pas bien établie. L'acide nitrique bouillant le décompose aussi, et par une ébullition prolongée on obtient une matière jaune, cristalline (*nitripicryle*) que l'eau précipite (Laurent).

Genre Bilate $R-^7NO^6$.

710. **Sel bibasique.** Le B. sodique constitue, en plus grande partie, la bile des animaux.

Bilate normal (acide bilique, choléique ou bilifellique). — $C^{21}H^{35}NO^6$. — Voici comment M. Demarçay l'obtient (1) : on précipite une solution aqueuse de bile avec de l'acétate de plomb ammoniacal ; on chauffe légèrement afin de faire fondre le précipité ; après avoir décanté, on lave par trituration avec de petites quantités d'eau, puis on traite par l'alcool bouillant, qui dissout un sel acide et laisse un sel surbasique ainsi que la combinaison plombique de la matière colorante de la bile. La dissolution alcoolique, filtrée et évaporée à siccité, laisse un magma brun résineux. On le dissout dans aussi peu d'alcool que possible, et on agite avec de l'éther (pour séparer l'acide margarique et la cholestérine) ; on redissout le résidu à froid dans l'alcool, pour séparer le soufre provenant de la décomposition à l'air de l'hydrogène sulfuré, on filtre et l'on évapore à siccité.

MM. Theyer et Schlosser précipitent la bile par l'acétate de plomb surbasique, portent le précipité en ébullition avec de

---

(1) Les analyses (sans courant d'oxygène) de M. Demarçay donnent, pour l'acide bilique, correction faite sur le carbone :

Carbone	62,9 —	62,8 —	62,7
Hydrogène	9,1 —	8,8 —	9,0
Azote	3,3 —	3,3	

La formule que j'ai adoptée exige : carbone 63,5 ; hydrogène 8,8 ; azote 3,5. Il est à remarquer que l'acide bilique, préparé d'après le procédé de M. Demarçay, renferme toujours une quantité fort minime de substance minérale.

l'eau et y ajoutent peu à peu de l'acide sulfurique, jusqu'à ce que le précipité ait perdu sa consistance emplastique; ensuite ils filtrent et séparent l'excès de plomb par l'hydrogène sulfuré. Le produit a également besoin d'être purifié par l'éther.

Enfin M. Liebig emploie une dissolution alcoolique de bile qu'il décompose par l'acide oxalique; l'oxalate de soude se sépare du liquide à l'état cristallin; l'excédant d'acide oxalique s'enlève par du carbonate de plomb, et le plomb, à son tour, par l'hydrogène sulfuré.

Desséché au bain-marie ou dans le vide, le B. normal se présente à l'état d'une masse incolore ou jaunâtre, résinoïde et de l'aspect de la gomme. On ne l'obtient pas cristallisé; il est aisé à pulvériser, et la poudre attire promptement l'humidité de l'air.

Il est fort soluble dans l'eau et l'alcool, insoluble dans l'éther; la solution est fort amère, et présente une réaction très acide. L'acide acétique ne précipite pas la solution aqueuse de l'acide bilique; mais les acides hydrochlorique et sulfurique la rendent laiteuse, en séparant des gouttelettes huileuses qui se dissolvent dans un excès de ces acides.

L'acide bilique se décompose complétement par la chaleur. Sec, il ne fond qu'à demi vers $+ 120°$, et se boursoufle; il ne se décompose que beaucoup au-dessus de $+ 200°$.

Les acides hydrochlorique, sulfurique et phosphorique le convertissent, par l'ébullition, en taurine et acide choloïdique (680) :

$$C^{21}H^{35}NO^6 + 2H^2O = C^2H^7NO^3 + C^{19}H^{32}O^5.$$

Si l'action des acides est incomplète, il se produit un corps résinoïde fort peu soluble dans l'alcool bouillant que M. Berzélius appelle *dyslysine*.

Par l'action de la potasse fondante, l'acide bilique ou la bile donne du cholate (697), du carbonate et de l'ammoniaque; d'ailleurs :

$$C^{21}H^{35}NO^6 = C^{20}H^{32}O^4 + CO^2 + NH^3.$$

Dans des circonstances encore mal déterminées, la potasse paraît déterminer la formation d'un sel de potasse dont l'acide est azoté et cristallisable (*acide cholique* de L. Gmelin).

Bilate sodique (bile, biline, sucre biliaire, bilate acide de soude). — $C^{21}(H^{34}Na)NO^6$. — La bile des animaux se compose en plus grande partie de B. sodique, mélangé d'un peu de cholestérine (26ᵉ fam.), de mucus, et de quelques traces de fer, de phosphate de soude et de sel marin. Pour obtenir le B. sodique à l'état de pureté, on dessèche la bile au bain-marie et on la reprend par l'alcool concentré ; celui-ci laisse le mucus sous forme de gelée, ainsi que la majeure partie des impuretés minérales. Ensuite on la décolore en la chauffant avec du charbon animal ; puis, pour enlever la cholestérine et les autres matières grasses (acide margarique), on agite la solution alcoolique avec le double de son volume d'éther ; le B. sodique ne se dissout pas dans ce dernier liquide.

Ainsi purifié, le B. sodique donne, par la dessiccation, un résidu solide et friable qui ressemble à la gomme arabique, et qui se dissout parfaitement et sans résidu dans l'eau et l'alcool absolu.

La solution aqueuse du B. sodique mousse comme de l'eau de savon; elle est d'une amertume persistante, avec un arrière-goût douceâtre. L'hydrate de potasse en sépare le B. sodique sous la forme d'une résine gluante qui ressemble à la térébenthine.

Les acides minéraux troublent la solution concentrée du B. sodique, en s'emparant de la soude et en mettant en liberté du B. normal.

La solution aqueuse du B. sodique est précipitée par l'acétate de plomb neutre à l'état de B. biplombique, tandis que le liquide prend une réaction acide par de l'acide acétique mis en liberté

$$C^{21}(H^{34}Na)NO^6 + 2[C^2(H^3Pb)O^2] = C^{21}(H^{33}Pb^2)NO^6 + C^2(H^3Na)O^2 + C^2H^4O^2.$$

Cet acide acétique maintient en dissolution une certaine quantité de B. sodique, de façon que tout le sel n'est donc pas précipité; on peut empêcher toute précipitation, en ajoutant de l'acide acétique au B. sodique avant d'y verser l'acétate de plomb. Si l'on neutralise par un alcali l'acide devenu libre, l'acétate neutre détermine une nouvelle précipitation; c'est par cette raison aussi que l'acétate de plomb surbasique précipite complétement le B. sodique; le précipité est soluble dans l'alcool et dans un excès d'acétate de plomb (Liebig, Enderlin). Il est donc bien établi aujourd'hui que la bile est le sel de soude d'un acide parfaitement déterminé.

Les métamorphoses que subit le B. normal sous l'influence des acides et des alcalis ont également été observées avec le B. sodique. Quant aux *acides fellique*, *fellanique*, *cholanique*, etc., obtenus avec de la bile altérée, ce ne sont que des produits plus ou moins impurs et mal déterminés qui ne méritent pas que nous nous y arrêtions.

Bilate bisodique (choléate de soude). — M. Demarçay obtient ce sel en mélangeant des dissolutions alcooliques de soude et de B. normal et faisant passer dans le liquide un courant de gaz carbonique. Celui-ci précipite l'excès de soude. Le B. bisodique possède une légère réaction alcaline, et présente la saveur ainsi que les autres caractères de la bile. A l'état sec, il se présente sous la forme d'une masse spongieuse et friable qui attire vivement l'humidité de l'air.

Bilate bibarytique (choléate de baryte). — Sel soluble dans l'eau et l'alcool, donnant, par l'évaporation, un magma résineux comme tous les B.

Bilate biargentique (choléate d'argent). — $C^{21}(H^{33}Ag^{2})NO^{6}$. — Précipité blanc qu'on obtient en précipitant le B. sodique ou bisodique par le nitrate d'argent.

Bilate biplombique (choléate de plomb). — On l'obtient, en précipitant du B. bisodique par le nitrate de plomb, sous la forme d'un précipité blanc. Avec l'acétate de plomb surbasique il se produit un B. surplombique.

Genre *Hydrobenzamide* $R-^{24}N^{2}$.

711. Amide, produite par l'action de l'ammoniaque sur le benzoïlol (408) et la benzoïne n. (596) :

$$3[C^{7}H^{6}O] \quad + \quad 2NH^{3} = 3H^{2}O \quad + \quad C^{21}H^{18}N^{2}$$
$$3[C^{14}H^{12}O^{2}] + 4NH^{3} = 2[3H^{2}O + C^{21}H^{18}N^{2}.$$

Hydrobenzamide normale. — $C^{21}H^{18}N^{2}$. — Nous en distinguerons les variétés suivantes :

a. Variété très soluble dans l'alcool et non volatile sans décomposition, ou *hydrobenzamide*. Quand on abandonne de l'essence d'amandes amères rectifiée (bouillant à 180°) avec de l'ammoniaque liquide pendant quelques jours, il se produit une masse cristalline assez abondante (1). On la concasse et on la lave rapidement avec un peu d'éther, pour dissoudre l'huile adhérente aux cristaux , puis on fait dissoudre ceux-ci dans l'alcool bouillant, qui laisse une petite quantité de la variété b, et dépose l'hydrobenzamide sous la forme d'octaèdres à base rectangulaire, le plus souvent allongés dans le sens des grandes arêtes du rectangle de la base.

Ces cristaux sont incolores, inodores, insipides; mais la dissolution alcoolique possède une saveur qui rappelle celle des pralines. Ils sont insolubles dans l'eau , très solubles dans l'alcool et l'éther.

Ils entrent en fusion vers 110°, et donnent une huile épaisse qui reste très longtemps liquide et possède une saveur légèrement sucrée. Soumis à la distillation, ils laissent un léger résidu de charbon en donnant une huile volatile odorante et de la lophine n. (23ᵉ fam.).

L'acide hydrochlorique les décompose déjà à froid, en formant du sel ammoniac et du benzoïlol normal (Laurent).

La potasse bouillante ne paraît pas les altérer; mais si on fait fondre l'hydrobenzamide avec de l'hydrate de potasse, il se dégage de l'hydrogène, de l'hydrogène carboné, de l'ammoniaque; la potasse se carbonate, et l'on obtient de la benzolone n., de la benzostilbine n. et une matière huileuse. En faisant abstraction des produits secondaires, on peut formuler la réaction de la manière suivante :

Pour la benzostilbine,

$$C^{21}H^{18}N^2 + 3H^2O = CO^2 + 2NH^3 + H^4 + C^{20}H^{14}O$$

Pour la benzolone,

$$C^{21}H^{18}N^2 + 4H^2O = CO^2 + 2NH^3 + H^6 + C^{20}H^{14}O^2.$$

L'hydrogène carboné et la matière huileuse paraissent résulter de la décomposition ultérieure des deux corps précédents.

b. Variété peu soluble dans l'alcool et non volatile sans dé-

___

(1) Si l'on a préalablement chauffé le mélange jusqu'à l'ébullition de la liqueur ammoniacale, il se concrète déjà dans l'espace de 6 ou 8 heures (Rochleder).

composition, ou *benzhydramide* (azoture de picrène). Elle est moins soluble dans l'alcool que la variété *a*, et cristallise dans l'éther en prismes à base rectangulaire, distincts des cristaux de cette dernière. Elle fond sans se décomposer, et reste ordinairement, par le refroidissement, transparente comme de la gomme, sans apparence cristalline. A une température plus élevée, elle se décompose en donnant une légère odeur prussique, une huile, un corps cristallin et un résidu de charbon. L'acide hydrochlorique ne l'attaque pas à froid (Laurent).

c. Variété presque insoluble dans l'alcool et volatile sans décomposition, ou *benzoïnamide*. Quand on abandonne la benzoïne avec de l'ammoniaque, pendant longtemps, on y trouve une poudre blanche, presque insoluble dans l'alcool et l'éther bouillant. Vue au microscope, elle offre des aiguilles soyeuses, extrêmement fines. Après avoir été fondue, elle se prend, par le refroidissement, en une masse fibreuse. Elle distille sans altération (Laurent).

Genre Amarine R$-^{24}$N^2.

712. Alcaloïde, produit par l'action de l'ammoniaque sur le benzoïlol normal ; isomère du g. hydrobenzamide.

Amarine normale (hydrure d'azobenzoïline). — C^{24}H^{18}N^2. — Pour préparer ce composé, on fait dissoudre de l'essence d'amandes amères dans de l'alcool, puis on y fait passer un courant de gaz ammoniac ; la dissolution étant saturée, on l'abandonne pendant 24 ou 48 heures. Au bout de ce temps, l'essence se prend en une masse cristalline composée de grandes sphères radiées, et probablement mélangée d'autres matières. On fait bouillir le tout avec un peu d'eau, afin de chasser la plus grande partie de l'alcool, puis, pendant que la liqueur est chaude, on la sature avec de l'acide hydrochlorique ; il se dépose alors des matières huileuses, mêlées quelquefois d'aiguilles d'un acide particulier. Si la liqueur est assez chaude, elle retient en dissolution l'A. hydrochlorique. Comme celle-ci est peu soluble, il faut s'assurer par un nouveau lavage à l'eau bouillante que la matière huileuse n'en renferme plus. On décante la dissolution, puis on la neutralise par l'ammoniaque. Il se produit alors peu à peu un précipité cristallin d'A. normale; on lave le produit et on le reprend par l'alcool bouillant additionné d'acide hydrochlorique. Pendant que la dissolution est bouillante, on la neutralise par l'ammoniaque; elle dépose alors, par le refroidissement, de belles aiguilles d'A. normale tout-à-fait pure (Laurent).

Cet alcaloïde est presque insipide; cependant peu à peu il détermine une légère amertume; mis sur du papier de tournesol humide, il le bleuit lentement. Il est insoluble dans l'eau; l'alcool bouillant le dissout assez bien; par le refroidissement, il la dépose sous la forme d'aiguilles à 6 pans, dont les bases sont remplacées par 2 ou 4 facettes conduisant à l'octaèdre rectangulaire.

Il fond et se solidifie, par le refroidissement, en une masse radiée; il se volatilise sans altération à une température supérieure.

Le brome l'attaque vivement.

Amarine hydrochlorique (hydrure de benzoïline, chlorure amarique). — $C^{21}H^{18}N^2,HCl$. — Lorsqu'on verse de l'acide hydrochlorique sur l'A. normale, on obtient une matière huileuse qui avait été prise autrefois pour un isomère de l'essence d'amandes amères. C'est un hydrochlorate peu soluble dans l'eau; par la dessiccation, il se prend en une masse de plus en plus solide, incolore, et qui se laisse tirer en fils pendant qu'elle est chaude. L'alcool et l'éther la dissolvent aisément. Elle distille sans se décomposer, et se condense sous la forme d'une huile qui se solidifie en restant transparente.

Amarine chloroplatinique. — $C^{21}H^{18}N^2,HCl,PtCl^2$. — Pour préparer ce composé, on fait dissoudre l'A. hydrochlorique dans une assez grande quantité d'alcool qu'on porte à l'ébullition; puis on y verse du bichlorure de platine. Par le refroidissement, il se dépose de petites aiguilles jaunes d'A. chloroplatinique.

Amarine sulfurique. — Il s'obtient en petits cristaux, solubles dans l'eau et l'alcool.

Amarine nitrique. — En versant un peu d'acide nitrique, étendu d'eau bouillante, sur de l'A. normale, on obtient une matière molle, non cristalline, qui se dissout ensuite dans une suffisante quantité d'eau bouillante. Par le refroidissement, elle cristallise en prismes microscopiques (Laurent).

Genre *Hydrosalamide* $R-^{24}N^2O^3$.

713. Amide, produite par l'action de l'ammoniaque sur différentes espèces du g. salicylol (414) :

$$3C^7H^6O^2 + 2NH^3 = C^{21}H^{18}N^2O^3 + 3H^2O.$$

Les espèces de ce g. se convertissent, par l'ébullition avec les
alcalis, en ammoniaque et en espèces appartenant au g. salicylol.

Hydrosalamide normale (salicylimide, salhydramide). —
$C^{21}H^{18}N^2O^3$. — On prépare ce corps en dissolvant à froid du
salicylol normal dans 3 ou 4 fois son volume d'alcool, et ajoutant une quantité d'ammoniaque égale à celle du salicylol employé. Il se produit immédiatement des aiguilles blanc jaunâtre, et bientôt tout le liquide se prend en masse. Par une
douce chaleur, le tout se dissout complétement, et la liqueur
dépose, par le refroidissement, des cristaux d'H. normale.

A froid, ce corps est très peu soluble dans l'alcool ; mais il se
dissout assez promptement dans environ 50 p. d'alcool bouillant.
L'eau ne paraît pas dissoudre ce corps.

A 300°, il fond en une masse jaune et brunâtre, en donnant
un sublimé blanc, fort léger. A une température plus élevée, il
se charbonne.

Une lessive de potasse faible peut être mélangée avec la solution de l'H. normale, sans la décomposer ; mais quand on fait
bouillir, il se dégage de l'ammoniaque, en même temps qu'il se
produit du salicylol potassique.

Les acides faibles ne la décomposent pas non plus à froid ;
mais par l'échauffement il se produit de l'ammoniaque, et du
salicylol normal est mis en liberté.

Une solution alcoolique d'H. normale donne, par son mélange
avec l'acétate de cuivre ammoniacal, du salhydramide cuivrique
(434).

Hydrosalamide trichlorée (chlorosamide, chloro-salicylimide).
— $C^{21}(H^{15}Cl^3)N^2O^3$. — M. Piria a obtenu ce corps en faisant passer
de l'ammoniaque sèche sur du salicylol chloré. C'est une matière
jaune, cristallisée en petites paillettes, insipide, presque inso-

luble dans l'eau. Quand on la chauffe dans une liqueur alcaline, elle régénère de l'ammoniaque et du salicylol chloré.

Hydrosalamide tribromée (bromosamide, bromo-salicylimide). — $C^{21}(H^{15}Br^3)N^2O^3$. — L'ammoniaque agit sur le salicylol bromé exactement de la même manière que sur l'espèce normale et l'espèce chlorée. L'H. tribromée ressemble entièrement, par ses caractères, à l'espèce précédente, et éprouve la même décomposition sous l'influence des acides et des alcalis.

VINGT-DEUXIÈME FAMILLE.

GENRES.	FONCTIONS chimiques DES GENRES.	RAPPORTS DE TRANSFORMATION entre les genres de la VINGT-DEUXIÈME FAM.	RAPPORTS DE TRANSFORMATION entre les genres DE LA VINGT-DEUXIÈME et d'autres familles.
Pseudérythrine $R-^{18}O^9$?	Éther ?	?	Produit de l'action de l'alcool sur la lécanorine (9e fam.).
Strychnine $R-^{20}N^2O^2$.	Alcaloïde.	?	Dans les différentes variétés de strychnos.

Genre Pseudérythrine R−^{18}O^9.

714. Produit de l'action réciproque de l'alcool et de la léca-norine normale (1) :

$$2[C^2H^6O + C^9H^8O^4] = H^2O + C^{22}H^{26}O^9.$$

Pseudérythrine normale (pseudérythrine de Heeren, éther lé-

(1) Cette formule, proposée par MM. Rochleder et Heldt, me paraît fort douteuse. Voici les nombres trouvés à l'analyse de cette substance (anc. poids at. du carbone) :

	LIEBIG.	KANE.	SCHUNCK.	ROCHLEDER et HELDT.	$C^{22}H^{26}O^9$ (nouv. poids).
Carbone	60,8	61,2—61,2	61,7	64,4	60,8
Hydrog.	6,3	6,2— 6,3	6,2	6,4	6,0

Ces analyses ne sont pas calculées avec le poids atom. 75 pour le car-

canorique). — $C^{22}H^{26}O^9$. — Lorsqu'on fait passer, à refus, du gaz hydrochlorique dans une dissolution alcoolique de lécanorine saturée à chaud, et qu'on évapore la masse au bain-marie de manière à chasser la majeure partie de l'acide, l'eau en précipite ensuite une matière vert-noirâtre et résineuse qui se compose presque entièrement d'E. normale. Pour préparer celle-ci à l'état de pureté, on traite la masse à l'eau bouillante. La solution filtrée dépose, par le refroidissement, des feuillets cristallins brillants et d'un reflet irisé, qu'on purifie par une nouvelle cristallisation dans l'eau (Schunck, Rochleder et Heldt).

Ce corps est à peine soluble dans l'eau froide; il est très soluble dans l'alcool et l'éther, ainsi que dans les dissolutions alcalines, d'où il se précipite sans altération par un acide. La solution aqueuse brunit rapidement; cette coloration s'effectue rapidement dans les solutions des alcalis fixes. La solution ammoniacale prend à l'air une teinte d'un rouge de vin.

Il fond un peu au-dessus de $+ 120°$, sans perdre d'eau; chauffé dans l'eau, il fond déjà à la température de l'ébullition de ce liquide (Heeren).

Il ne précipite aucune solution métallique neutre. Sa solution ammoniacale précipite en blanc (1) l'acétate et le nitrate de plomb.

Quand on le dissout dans l'eau de baryte, additionnée de quelques gouttes de potasse caustique, et qu'on le fait bouillir dans une cornue, il se produit un abondant précipité de carbonate de baryte, en même temps qu'il passe de l'alcool normal, reconnaissable à l'odeur et à la flamme bleue qu'il donne en brûlant. La solution filtrée donne avec l'ammoniaque, par l'exposition à l'air, la coloration rouge propre aux solutions d'orcine (Rochleder et Heldt).

Genre *Strychnine* $R^{—20}N^2O^2$.

715. Alcaloïde, qu'on rencontre dans la fève de Saint-Ignace,

---

bone; elles n'ont pas été non plus complétées par un courant d'oxygène gazeux. Voyez d'ailleurs la note page 50.

(1) M. Kane, qui a analysé ce précipité, y a trouvé 11,89 carbone, 1,32 hydrogène et $80,59 Pb^2O$; mais il était évidemment surbasique.

la noix vomique, le bois de couleuvre, etc. On ne l'a pas encore
produit par voie artificielle.

Strychnine normale. — $C^{22}H^{24}N^2O^2$ (Gerhardt). — Le procédé
d'extraction de M. Merck consiste à faire bouillir la noix vomique avec de l'eau aiguisée d'acide sulfurique; on écrase la
graine, et après l'avoir réduite en bouillie, on exprime le tout et
l'on précipite l'extrait par un excès de chaux caustique. On dissout le précipité dans l'alcool et on décolore la solution par du
charbon animal; la S. se dépose alors à l'état cristallisé. Les
eaux-mères retiennent la brucine; on les évapore, on reprend
par l'acide acétique et on précipite par l'ammoniaque après avoir
de nouveau décoloré la solution par le charbon animal. On
extrait la brucine du précipité, en l'épuisant par l'eau bouillante;
la strychnine reste à l'état insoluble, et s'obtient cristallisée par
la concentration de la solution alcoolique.

Le même procédé peut être mis en usage, lorsqu'il s'agit
d'extraire la S. de la fève Saint-Ignace ou d'autres strychnos. La
S. s'y trouve en combinaison avec un acide particulier qu'on a
appelé *igasurique*, mais qui n'a pas encore été étudié.

La S. normale cristallise en prismes quadrilatères terminés
par des pyramides à quatre facettes; quelquefois elle s'obtient
aussi en octaèdres. Elle est incolore, sans odeur, fort amère et
d'un arrière-goût extrêmement désagréable; elle agit comme poison, même à faible dose.

Elle n'est pas fusible, et se décompose à une température élevée en se charbonnant.

Elle est insoluble dans l'éther et dans l'alcool absolu; l'alcool
ordinaire la dissout le mieux; l'eau, même bouillante, ne la
dissout presque pas.

Les alcalis caustiques ne la dissolvent pas; d'un autre côté,
les acides, même faibles, la dissolvent aisément en produisant
des sels qui sont en grande partie cristallisables. Le chlore
aqueux trouble ces sels; ils sont aussi précipités par la teinture
de noix de galle et par les autres réactifs qui précipitent les solutions des alcaloïdes.

Quand on fait fondre de la potasse et qu'on y porte de la S.,
elle rougit et développe peu à peu des vapeurs de quinoléine

(502); avant la formation de celle-ci, il se produit un sel de potasse particulier qui n'a pas encore été examiné.

La S. pure ne se colore pas par l'acide nitrique, ou du moins, si l'acide nitrique est concentré, elle ne prend qu'une teinte jaune. Quand on la chauffe légèrement avec de l'acide nitrique concentré, il ne se développe pas de vapeurs nitreuses, mais la substance devient d'un jaune brunâtre qui, refroidie, se présente à l'état d'une masse onctueuse; celle-ci, versée dans l'eau, se transforme en caillots qui ont tout-à-fait la couleur du jaune de chrome (1).

Strychnine hydrochlorique (hydrochlorate de strychnine). — $C^{22}H^{24}N^2O^2,HCl$ + aq. (Gerhardt). — Ce sel s'obtient fort aisément en dissolvant la strychnine dans l'acide hydrochlorique étendu, sous forme d'aiguilles prismatiques, renfermant 4,5 p. c. = 1 éq. d'eau de cristallisation qu'elles ne perdent qu'à 130° environ.

Strychnine chloroplatinique. — $C^{22}H^{24}N^2O^2,HCl,PtCl^2$. — Le bichlorure de platine occasionne dans la S. hydrochlorique un précipité jaune renfermant 17,8 p. c. de platine, et qui présente la composition indiquée.

Strychnine hydriodique. — $C^{22}H^{24}N^2O^2,HI$. — Quand on dissout à chaud la S. normale dans un excès d'acide hydriodique étendu, la liqueur laisse déposer, par le refroidissement, des aiguilles prismatiques de S. hydriodique.

Strychnine nitrique (nitrate de strychnine). — $C^{22}H^{24}N^2O^2$, NHO^3. — Il se dépose d'une solution de S. dans l'acide nitrique, faite à chaud, en longues aiguilles soyeuses.

Strychnine semi-sulfurique (sulfate neutre). — $(C^{22}H^{24}N^2O^2)^2$, SH^2O^4 + 7 aq. (Regnault). — On l'obtient en petits prismes rectangulaires qui deviennent opaques à l'air; il renferme 13,7 p. c. = 7 éq. d'eau de cristallisation qui s'en vont à une tempé-

(1) Cette substance est probablement $C^{22}(H^{23}X)N^2O^2$ ou un autre corps nitrogéné dérivant du type strychnine. Je ne l'ai pas encore analysée. Elle fond dans l'eau bouillante en une résine jaune-brunâtre qui finit par se dissoudre; par le refroidissement, la solution la dépose à l'état de mamelons cristallins, jaunes et brillants. Elle se dissout aussi fort bien dans l'alcool bouillant. La potasse brunit la solution. Quand on chauffe la substance à l'état sec, elle se décompose brusquement avec explosion.

rature élevée; le sel fond alors dans son eau de cristallisation, se solidifie après l'expulsion de celle-ci, et se décompose à une température plus élevée.

Il existe aussi un sel acide qui cristallise en aiguilles.

Lorsqu'on fait bouillir la S. avec du sulfate de cuivre, celle-ci précipite une partie de l'oxyde de cuivre, et il se forme un sel double qui se dépose, par l'évaporation, en longues aiguilles vertes (Liebig).

VINGT-TROISIÈME FAMILLE.

GENRES.	FONCTIONS chimiques DES GENRES.	RAPPORTS DE TRANSFORMATION entre les genres de la VINGT-TROISIÈME FAM.	RAPPORTS DE TRANSFORMATION entre les genres DE LA VINGT-TROISIÈME et d'autres familles.
Narcotine $R^{-21}NO^7$.	Alcaloïde.	?	Dans l'opium.
Lophine $R{-}^{30}N^2$.	Alcaloïde.	?	Distill. sèche de l'hy-drobenzamide (21ᵉ fam.).
Benzhydrocyanide $R{-}^{28}N^2O^2$.	?	?	Réaction du benzoïlol n. (7ᵉ f.) et du cya-nure n. (1ʳᵉ f.).
Cinchovatine $R{-}^{18}N^2O^4$.	Alcaloïde.	?	Dans le quinquina Jaën.
Brucine $R{-}^{20}N^2O^4$.	Alcaloïde.	?	Dans les strychnos.

Genre Narcotine $R^{-21}NO^7$.

716. Alcaloïde, contenu dans l'opium.

Narcotine normale. — $C^{23}H^{25}NO^7$ (analyses de MM. Regnault, Blyth et Hofmann). — Cet alcaloïde s'obtient dans la préparation de la morphine (671), dont on la sépare à l'aide de l'éther; on peut d'ailleurs l'extraire directement de l'opium à l'aide de l'éther; celui-ci la dépose alors par l'évaporation spontanée.

La N. cristallise en prismes droits à base rhombe, ou en ai-guilles groupées en faisceaux, aplaties, incolores, transparentes, et douées d'éclat. Elle ne perd pas d'eau à 130° (Regnault), et fond à 170° en perdant 3 p. c. d'eau (Berzélius).

L'eau froide ne la dissout pas, mais l'eau bouillante en dissout 1/400 ; elle est plus soluble dans l'éther et dans l'alcool. La potasse et l'ammoniaque caustique ne la dissolvent pas. Les solutions sont amères et n'ont pas de réaction alcaline. Elles ne colorent pas en bleu les persels de fer.

Les acides dissolvent la narcotine, en produisant des sels fort peu stables ; la solution de ces sels dépose, par l'évaporation, la plus grande partie de la N. Cette décomposition s'effectue souvent aussi par une addition de beaucoup d'eau.

Beaucoup de sels de N. sont solubles dans l'alcool et dans l'éther.

L'acide nitrique étendu dissout la N. sans décomposition ; mais l'acide concentré la colore en jaune pâle, et si l'on chauffe très légèrement, il se développe de l'éther nitreux, en même temps qu'il se produit une matière jaune-rougeâtre particulière ; si le mélange s'échauffe trop, il se développe des vapeurs nitreuses (Gerhardt).

Lorsqu'on dissout la N. dans l'acide hydrochlorique, et qu'on la fait bouillir avec du bichlorure de platine, elle se dédouble en acide opianique (539) et en cotarnine, (588). Les mêmes produits se forment par l'action d'un mélange de peroxyde de manganèse et d'acide sulfurique sur la narcotine (Wœhler, Blyth). Voici, dans mon opinion (1), les équations qui représentent cette métamorphose :

$$C^{23}H^{25}NO^7 + H^2O + 4PtCl^2 = 4PtCl + 4HCl + C^{10}H^{10}O^5 + C^{13}H^{13}NO^3.$$
$$C^{23}H^{25}NO^7 + O^2 \qquad = H^2O + C^{10}H^{10}O^5 + C^{13}H^{13}NO^3.$$

La potasse aqueuse et diluée n'exerce aucune action sur la N., même à l'ébullition ; mais lorsqu'on la fait bouillir longtemps avec une solution de potasse concentrée, elle produit un corps oléagineux qui paraît être le sel de potasse d'un acide particulier (*acide narcotique*) ; une dissolution alcoolique de potasse dissout la N. en si grande quantité que la matière s'épaissit. M. Wœhler, qui s'est occupé de cette réaction, n'est pas encore parvenu à

(1) J'ai indiqué ailleurs (p. 189) les raisons qui m'ont fait rejeter les formules de M. Wœhler.

isoler l'acide qui se forme dans ces circonstances; il paraît d'ailleurs régénérer la N. dans certains cas.

Quand on chauffe la N. jusqu'à ce qu'elle se fonde, elle se colore peu à peu; à 220°, elle se boursoufle, dégage de l'ammoniaque et se fige subitement en donnant une masse brune friable, que M. Wœhler appelle *acide humopique*.

La N. jaunit dans le chlore gazeux, surtout à 100°; il se dégage de l'acide hydrochlorique, et l'on obtient une matière amorphe, qui n'a pas encore été analysée.

Narcotine hydrochlorique. — $C^{23}H^{25}NO^7,HCl$. — Le gaz hydrochlorique sec se combine avec la N. normale, en donnant un produit qui cristallise dans l'alcool (Robiquet).

Narcotine chloroplatinique. — $C^{23}H^{25}NO^7,HCl,PtCl^2$. (Blyth). —On obtient ce corps en précipitant la N. hydrochlorique par du bichlorure de platine.

Genre *Lophine* $R^{-30}N^2$.

717. Alcaloïde, produit de la distillation sèche de l'hydrobenzamide normale (21° fam.).

Lophine normale. — $C^{23}H^{16}N^2$ (1). — Lorsqu'on chauffe de l'hydrobenzamide, il se dégage d'abord de l'ammoniaque, ainsi qu'une huile très fluide et odorante; dès que le dégagement d'ammoniaque a cessé, il reste dans la cornue une matière fondue, qui peut passer à la distillation si l'on élève considérablement la température. Mais, au lieu de cela, on la coule dans un mortier, et, après l'avoir épuisée par l'éther bouillant, on la porte dans de l'alcool bouillant, auquel on ajoute peu à peu des fragments de potasse caustique, jusqu'à ce que le tout soit dissous. La L. se dépose alors sous la forme de jolies aiguilles soyeuses, groupées en aigrettes, qu'on lave avec de l'alcool (Laurent).

Cette matière se forme aussi dans la distillation sèche du mélange qu'on obtient par l'action du sulfhydrate d'ammoniaque sur le benzoïlol normal.

Elle est incolore, inodore, sans saveur, et insoluble dans l'eau bouillante. Elle fond à 260°; par le refroidissement, elle cristal-

(1) Communication particulière de M. Laurent.

lise en aiguilles, qui se réunissent en bourrelets surmontés d'aigrettes sublimées. Elle peut distiller sans altération. Elle est presque insoluble dans l'alcool et l'éther; une dissolution bouillante assez concentrée de potasse dans l'alcool en est le meilleur solvant; elle ne l'altère nullement après une longue ébullition.

Sa dissolution alcoolique ne bleuit pas le tournesol. Elle forme, avec la plupart des acides, des sels qui sont solubles dans l'alcool et insolubles dans l'eau.

Le brome paraît s'y combiner directement.

Lophine hydrochlorique (chlorure lophique). — On obtient ce sel en traitant la L. normale par l'alcool bouillant et l'acide hydrochlorique. Il s'obtient en paillettes cristallines.

Lophine semi-sulfurique (sulfate lophique). — Petites lamelles allongées et brillantes.

Lophine chloroplatinique. — $C^{23}H^{16}N^2,HCl,PtCl^2$. — Pour préparer ce sel, on fait dissoudre de la L. hydrochlorique et du bichlorure de platine dans l'alcool bouillant; puis on mêle les deux dissolutions. Si celles-ci sont suffisamment étendues d'alcool, il se dépose, au bout de quelques secondes, un sel qui cristallise très bien en lames allongées, obliques, d'un orangé pâle. Après le refroidissement, on décante et on lave les cristaux avec de l'alcool (Laurent).

Lophine nitrique. — $C^{23}H^{16}N^2,NHO^3 + aq.$ — Paillettes fines, légères, sans éclat, solubles dans l'alcool et insolubles dans l'eau; lorsqu'on dessèche jusqu'à ce qu'il commence à se ramollir, il perd son éq. d'eau de cristallisation.

Lophine trinitrée (nitrilophyle). — $C^{23}(H^{13}X^3)N^2 + 2\ aq.?$ — La L. nitrique bouillie avec de l'acide nitrique donne une matière jaune, huileuse, qui se solidifie par le refroidissement. On la purifie en la faisant bouillir avec de l'alcool; elle est jaune-orangé, pulvérulente et cristalline. Sous l'influence de la chaleur, elle entre en fusion, et paraît se volatiliser en partie sans décomposition; puis, tout-à-coup, elle entre en ignition, en laissant un grand résidu de charbon. (Laurent).

Genre *Benzhydrocyanide* $R^{-28}N^2O^2$.

718. Le benzoïlol normal (408) et le cyanure normal se dé-

composent réciproquement, en éliminant les éléments de l'eau, et en produisant du B. normal :

$$3(C^7H^6O) + 2(CHN) = H^2O + C^{23}H^{18}N^2O^2.$$

Benzhydrocyanide normal. — $C^{23}H^{18}N^2O^2$. — Lorsqu'on mélange l'huile d'amandes amères ou le benzoïlol normal avec 1/4 environ de son volume d'acide prussique presque anhydre, et qu'on chauffe doucement le mélange, après l'avoir agité avec son volume d'une teinture de potasse, étendue de 6 p. d'alcool, il se forme, au bout de quelque temps, la liqueur étant abandonnée à elle-même, des flocons blancs, caillebotteux, les mêmes qui se produisent dans la préparation de la benzoïne avec une huile très chargée d'acide prussique.

On décante la portion liquide, et après avoir épuisé les flocons avec de l'eau bouillante, on les fait dissoudre dans l'alcool. Le B. normal s'y dépose sous la forme d'une masse blanche, légère et cohérente, qui déteint, et dont la couleur tire quelquefois sur le vert. Il est peu soluble dans l'alcool et même dans l'éther. L'acide sulfurique le dissout avec une couleur verte, en rougissant peu à peu; l'eau en reprécipite le B. normal (1). L'acide nitrique le dissout en le décomposant. Ni l'acide hydrochlorique ni la potasse ne le dissolvent. Il fond par la chaleur, et se décompose à une température plus élevée, en laissant du charbon (Zinin).

Genre *Cinchovatine* $R^{-18}N^2O^4$.

719. Alcaloïde, découvert par M. Manzini dans le quinquina Jaën (quinquina blanc de La Condamine, écorce du *Cinchona ovata* de la flore du Pérou), qui ne renferme ni quinine ni cinchonine.

Cinchovatine normale. — $C^{23}H^{28}N^2O^4$. — La préparation de cet alcaloïde (2) est exactement la même que celle de la quinine :

(1) Cette substance ressemble beaucoup, par son aspect et ses réactions, à la *benzimide* de M. Laurent, mais elle en diffère par la composition.

(2) M. Manzini y admet 1 éq. d'hydrogène de moins; mais ses analyses s'accordent tout aussi bien avec ma formule, qui me paraît plus probable, vu le nombre pair des équivalents d'azote.

Suivant M. Winckler, la cinchovatine est identique avec l'*aricine* de M. Pelletier.

mêmes décoctions dans de l'eau acidulée, même traitement des liqueurs par la chaux, même traitement du précipité calcaire par l'alcool à 36°. On filtre bouillant, et l'on obtient une liqueur d'une couleur très foncée, et qui dépose, par le repos, la plus grande partie de l'alcaloïde en cristaux. L'eau-mère en fournit de nouvelles quantités si l'on chasse l'alcool par la distillation, qu'on traite le résidu par un léger excès d'acide hydrochlorique, et qu'on précipite la C. par l'ammoniaque, après avoir séparé les matières colorantes par une solution saturée de sel marin. Le précipité dissous dans l'alcool donne une solution qu'on décolore par le charbon, et qui donne de nouveaux cristaux de C. normale.

Ce corps se présente sous la forme de cristaux prismatiques, plus allongés que les cristaux de cinchonine, blancs, inodores, d'une saveur amère, mais longue à se développer, par suite du peu de solubilité de ce corps dans l'eau.

L'alcool le dissout très bien, surtout à chaud ; l'éther le dissout moins bien. La solution ramène au bleu le tournesol rougi, et verdit le sirop de violettes.

Les acides le dissolvent aisément, en produisant des sels fort solubles, ordinairement cristallisables. Les solutions sont précipitées par les alcalis ; l'ammoniaque dissout la C. normale en petite quantité, et la dépose, par l'évaporation, à l'état cristallisé.

Elle ne renferme pas d'eau de cristallisation. Elle fond à + 188°, en un liquide brunâtre, et se charbonne à une température plus elevée, en donnant des produits empyreumatiques d'une odeur très fétide (Manzini).

Cinchovatine hydrochlorique. — $C^{23}H^{28}N^2O^4,HCl + 2$ aq. — On obtient aisément ce sel en traitant la C. normale à chaud par de l'eau alcoolisée et acidulée avec de l'acide hydrochlorique en léger excès. Il cristallise par le refroidissement de la liqueur ; par la dessiccation dans le vide, il perd son eau de cristallisation. L'acide hydrochlorique gazeux s'échauffe beaucoup avec la C. normale, et l'altère en partie (Manzini).

Cinchovatine hydriodique. — $C^{23}H^{28}N^2O^4$. — On la prépare en traitant la C. normale à chaud par un petit excès d'acide hydriodique très étendu. Le sel se dépose en aiguilles d'un jaune-citron par le refroidissement de la liqueur ; il est très peu soluble dans l'eau, plus soluble dans l'alcool, surtout à chaud. Il ne renferme pas d'eau de cristallisation. Vers 250°, il fond en se décomposant.

Cinchovatine sulfurique (bisulfate de cinchovatine, sel acide). — $C^{23}H^{28}N^2O^4,SH^2O^4$. — Ce sel, qui ne contient pas d'eau de cristallisation, s'obtient à l'état cristallisé, en dissolvant à chaud la C. normale dans un léger excès d'acide sulfurique.

Cinchovatine chloroplatinique. — $C^{23}H^{28}N^2O^4,HCl,PtCl^2$. — En versant un léger excès de bichlorure de platine dans une solution de C. hydrochlorique, on obtient un précipité jaune-citron de C. chloroplatinique. Ce corps, très peu soluble dans l'eau, se dissout assez bien dans l'alcool, qui l'abandonne, par l'évaporation spontanée, sous forme de plaques cristallines (Manzini).

Genre *Brucine* $R-{}^{20}N^2O^4$.

720. Alcaloïde, contenu dans les strychnos.

Brucine normale. — $C^{23}H^{26}N^2O^4 + 4$ aq. (1). — Elle s'obtient dans la préparation de la strychnine, où elle reste dans les eaux-mères; on évapore à cristallisation, et on fait redissoudre le produit dans l'alcool.

La B. est bien plus soluble dans l'eau et l'alcool que la strychnine, et s'en sépare conséquemment avec facilité. Elle cristallise, par l'évaporation de sa solution dans l'alcool aqueux, en prismes droits, à base rhombe, souvent assez gros; d'autres fois on l'obtient en aiguilles enchevêtrées. Elle fond, par l'échauffement, dans son eau de cristallisation; quelquefois, quand on la sépare par l'ammoniaque d'un de ses sels, on l'obtient sous la forme d'une huile qui reste longtemps liquide. Elle est fort vénéneuse.

Elle se décompose à une température élevée.

Elle se dissout aisément dans les acides étendus, et produit

---

(1) La formule de la brucine sèche s'accorde parfaitement avec les analyses de M. Regnault. J'ai fait deux analyses de brucine fort bien cristallisée, sans dessiccation préalable; elles m'ont donné : carbone 61,8—61,6; hydrog. 7,8—7,9. En admettant 3 éq. d'eau de cristallisation, on aurait, avec la formule de M. Regnault : carbone 61,7, hydrog. 7,1. M. Regnault admet 4 éq. d'eau de cristallisation = 15,3 p. c. M. Liebig a obtenu 16,6 p. c. d'eau.

des sels fort amers, qui sont en grande partie cristallisables. Les acides concentrés l'altèrent.

L'acide sulfurique concentré la colore d'abord en rose, puis en jaune et en vert jaunâtre.

Lorsqu'on y verse de l'acide nitrique concentré, elle s'échauffe, et il se forme un liquide rouge, qui présente la couleur du sang, en même temps qu'il se produit une effervescence d'*éther nitreux* (221), sans vapeurs nitreuses ni acide carbonique. Le liquide rouge est entièrement soluble dans l'eau ; l'alcool en précipite des flocons orangés, qui se redissolvent dans l'eau en la colorant en rouge de sang ; ces flocons sont encore plus insolubles dans l'éther. La réaction paraît être celle-ci (1) :

$$C^{23}H^{26}N^2O^4 + 2NHO^3 = C^2H^5NO^2 + C^{21}H^{23}N^3O^8.$$

(1) Faute de matière, il m'a été impossible d'étudier ce sujet comme il méritait. J'ai isolé le corps rouge en employant peu d'acide nitrique, et en lavant le produit à froid avec de l'alcool jusqu'à ce qu'il ne fût plus acide ; après la dessiccation à 100°, il était d'un rouge brun. Ce corps est assez difficile à brûler complétement ; deux analyses m'ont donné le même hydrogène, mais elles différaient beaucoup sur le carbone (0,417 matière — 0,817 acide carbon. et 0,202 eau ; 0,304 matière — 0,568 acide carbon. et 0,142 eau ; c'est-à-dire : carbone 53,4—50,9 ; hydrog. 5,3—5,19). Si la formule $C^{21}H^{23}N^3O^8 = C^{21}(H^{23}X)N^2O^6$ est exacte, il faudrait obtenir 56,6 carbone et 5,1 hydrogène.

Le corps rouge se décompose brusquement quand on le chauffe, comme le font d'ailleurs la plupart des corps nitrogénés.

Le corps rouge, une fois desséché, ne se dissout qu'en petite quantité dans l'eau bouillante ; le liquide se trouble légèrement par le refroidissement. Il est moins soluble encore dans l'alcool bouillant.

L'ammoniaque le dissout aisément, en même temps qu'elle fonce la couleur ; à un certain point de concentration, la solution est verte. L'alcool en précipite des flocons vert foncé presque noirs, quand toute l'ammoniaque a été chassée par l'évaporation et que la solution est très concentrée.

La solution aqueuse de ce nouveau produit est verte ; elle paraît être le sel ammoniacal d'un acide amidé ; l'acide acétique en précipite des flocons vert foncé ; mais l'acide hydrochlorique concentré dissout le tout avec la couleur rouge brun, propre à la solution du corps rouge dans l'acide hydrochlorique.

Cette même solution verte donne des flocons vert foncé avec l'acétate de plomb et le nitrate d'argent.

La potasse caustique dissout aisément le corps rouge avec une couleur **jaune-brunâtre.**

Quand on abandonne pendant quarante-huit heures le liquide rouge produit par le mélange de la B. et de l'acide nitrique concentré, on la trouve transformée en une masse jaune orangé, ayant l'aspect du chromate de plomb. Ce produit est peu soluble dans l'eau froide (Gerhardt).

Brucine hydrochlorique. — $C^{23}H^{26}N^2O^4,HCl$. — Quand on dissout à chaud la B. dans de l'acide hydrochlorique très étendu, on obtient, par le refroidissement, de petites houppes cristallines, qui possèdent la composition indiquée (Regnault).

Brucine hydriodique. $C^{23}H^{26}N^2O^4,HJ + 2$ aq. — Ce sel cristallise en prismes quadrilatères, raccourcis, et renfermant 6,36 p. c. d'eau de cristallisation (Regnault).

Brucine nitrique (nitrate de brucine). $C^{23}H^{26}N^2O^4,NHO^3 + 2$ aq. (Regnault).—Obtenu avec l'acide nitrique étendu, il se présente sous la forme de prismes quadrilatères terminés par un biseau, et sans coloration. Ce sel est moins soluble que le sel de strychnine correspondant.

Brucine semi-sulfurique (sulfate neutre). — $(C^{23}H^{26}N^2O^4)^2, SH^2O^4 + 7$ aq. (Regnault). — Il renferme 12 p. c. d'eau de cristallisation, qui s'en va complétement à 130°.

VINGT-QUATRIÈME FAMILLE.

GENRES.	FONCTIONS chimiques DES GENRES.	RAPPORTS DE TRANSFORMATION entre les genres de la VINGT-QUATRIÈME FAM.	RAPPORTS DE TRANSFORMATION entre les genres DE LA VINGT-QUATRIÈME et d'autres familles.
Paraffine $R+2$.	Hydrocarbure.	?	Distillation sèche de la cire (19e fam.).
Cérosie RO.	Aldéhyde.	?	Dans la canne à sucre.
Athamanthine $R-^{14}O^7$.	?	?	Dans la racine d'*Athamanta oreoselinam*.
Rufine $R-^{26}O^9$.	?	La phlorizine n. élimine $3H^2O$ par la chaleur.	?
Phlorizine $R-^{20}O^{12}$.	?	?	Dans la racine de pommier.
Phlorizéate $R-^{16}N^2O^{15}$.	?	?	?

Genre Paraffine $R+2$.

721. Hydrocarbure, homologue des g. formène, acétène, valérène, etc.; produit de la distillation sèche de la cire des abeilles, ainsi que d'autres matières résinoïdes, grasses ou cireuses. Il se rencontre dans la suie et dans le goudron.

Paraffine normale. $C^{24}H^{50}$ (Lewy). — Cet hydrogène carboné peut se préparer en soumettant la cire à la distillation sèche (673); on traite le produit par la potasse pour saponifier l'acide margarique, et on en sépare le mélange de paraffine et d'hydrocarbures huileux. Ce mélange, étant ensuite soumis à la distillation, dégage d'abord ces derniers; la paraffine ne passe qu'en dernier lieu, si l'on renforce beaucoup le feu. On purifie le produit par la cristallisation dans l'alcool bouillant.

La P. cristallise en aiguilles ou en lamelles incolores, douées d'un éclat nacré. Elle est sans odeur ni saveur, ne produit pas de tache grasse sur le papier, et fond à 44°, en une huile incolore, qui distille sans altération à 310°. Elle brûle avec une flamme claire, sans répandre de fumée.

Elle est insoluble dans l'eau ; mais l'éther, les huiles grasses et les essences la dissolvent aisément.

Elle doit son nom (de *parum affinis*) à l'indifférence qu'elle présente envers la plupart des agents chimiques. Ainsi les alcalis, les acides nitrique et sulfurique concentrés ne l'altèrent pas ; toutefois, l'acide sulfurique fumant l'attaque à chaud (Jules Gay-Lussac), et le chlore exerce sur elle une action non équivoque, en donnant un corps cristallisé renfermant beaucoup de chlore (Lewy). Ce dernier paraît être un homologue du formène trichloré (chloroforme).

M. Walter a publié l'analyse d'une cire fossile, découverte il y a quelques années, à Truskawietz en Gallicie, dans des couches de grès et d'argile bitumineux, à une profondeur de 2 ou 3 mètres. Cette cire fossile est d'une couleur noire-brunâtre ; son odeur est pénétrante et bitumineuse ; elle est peu soluble dans l'alcool et l'éther, fond à 59° c., et bout à 350° environ. Elle cristallise dans l'éther à l'état d'une matière blanche nacrée, qui ne paraît être autre chose que de la paraffine.

Genre Cérosie RO.

722. Aldéhyde (1), homologue des g. acétol, butyrol, éthal, cérine, etc. ; renfermé dans la cire de la canne à sucre et dans celle de certains palmiers.

Cérosie normale. — $C^{24}H^{48}O$ (Lewy). — En râclant la surface de l'écorce des cannes à sucre, et particulièrement la variété violette, on obtient une substance cireuse, que M. Avequin a appelée *cérosie*. On la fait dissoudre dans l'alcool bouillant, et on la laisse cristalliser par le refroidissement. Elle se présente alors en fines lamelles nacrées, très légères, qui ne graissent nullement le papier (Dumas).

La C. fond à 82° ; elle est insoluble dans l'éther et l'alcool froids, très soluble, au contraire, dans l'alcool bouillant. Elle est très dure, et se laisse facilement réduire en poudre.

En traitant la C. par de la chaux potassée, M. Lewy a obtenu

(1) Dans le premier volume, p. 134, nous avons classé la cérosie parmi les alcools ; mais les analyses récentes de M. Lewy démontrent que ce corps ne présente pas une semblable composition.

un acide blanc, très peu soluble dans l'alcool et l'éther bouillant; il se dissout aisément dans l'huile de naphte, et fond à 93°,5 c. M. Lewy le représente par $C^{48}H^{96}O^3$, mais cette composition ne me paraît pas exacte; l'auteur n'avait, du reste, pas assez de matière pour approfondir ce sujet (1).

Genre Athamantine $R^{-14}O^7$.

723. L'espèce normale n'a pas encore été obtenue artificiellement.

Athamantine normale. — $C^{24}H^{30}O^7$? — On rencontre cette substance dans la racine et dans la graine presque mûre d'*Athamanta Orcoselinum*; on ne l'a pas trouvée dans les feuilles de cette plante, ni dans quelques autres espèces du même genre, telles que *A. Cervaria* et *A. Libanotis*. On l'obtient au moyen de l'alcool, et l'on abandonne la solution, pas trop concentrée, à l'évaporation spontanée; on exprime les cristaux entre du papier joseph, et on les soumet à quelques nouvelles cristallisations, jusqu'à ce qu'ils soient parfaitement blancs.

Le produit se compose de cristaux fibreux amiantacés, doués d'un éclat soyeux; quelquefois on l'obtient en cristaux plus gros. Il possède une odeur rancide et comme savonneuse, qui devient plus sensible à chaud; sa saveur est légèrement amère et âcre. Il est insoluble dans l'eau, et y fond à la température de l'ébullition en gouttelettes, qui se déposent au fond du vase. L'alcool et l'éther le dissolvent aisément. La solution n'est pas précipitée par les sels métalliques.

Le point de fusion de l'A. normale se trouve compris entre 60 et 80°. Elle ne se volatilise pas sans altération; toutefois elle supporte une température assez élevée avant de se décomposer. A la distillation sèche, elle donné, entre autres produits, de l'acide valérianique.

Quand on y fait passer, à l'état fondu, du gaz hydrochlorique, elle l'absorbe, et si l'on porte la masse à 100°, elle entre en ébul-

(1) Voyez, pour plus de détails sur les cires en général, *Comptes-rendus hebd. de l'Académie des sciences*, t. XX, p. 34. Janvier 1845.

lition, et développe de l'acide valérianique, en laissant de l'orosélone normale (14ᵉ fam.).

$$C^{24}H^{30}O^7 = 2C^5H^{10}O^2 + C^{14}H^{10}O^3.$$

L'acide sulfureux détermine une réaction semblable; il en est
de même de l'acide sulfurique.

La potasse caustique dissout l'A. normale avec une couleur
brune, en produisant du valérate et une substance blanche,
qui est probablement aussi de l'orosélone (Schnedermann et
Winckler).

Genre Rufine R–^{26}O⁹.

724. L'espèce normale se produit par l'action de la chaleur
sur la phlorizine normale :

$$C^{24}H^{28}O^{12} = 3H^2O + C^{24}H^{22}O^9.$$

Rufine normale. — $C^{24}H^{22}O^9$. — Lorsqu'on chauffe la phlorizine normale au bain d'huile, elle perd de l'eau, se fond, et, par
l'élévation de la température jusqu'à 200° environ, donne lieu à
une effervescence de vapeur sans dégagement de gaz. Si l'on arrête
la température à 235°, en la maintenant pendant quelque temps
à ce degré, le résidu consiste en une masse résinoïde (1), d'un
fort beau rouge, très friable, fort soluble dans l'alcool, avec une
teinte orange foncée, et presque insoluble dans l'éther. L'eau la
dissout par l'ébullition, en la décolorant instantanément; par
le refroidissement, la solution devient laiteuse (Mulder).

La R. se dissout avec une belle couleur rouge dans l'acide sulfurique concentré; la solution est décolorée par l'eau; elle renferme une combinaison copulée.

L'acide hydrochlorique ne la dissout pas; l'acide nitrique la
décompose à chaud.

Elle se dissout avec une teinte rouge dans la potasse et l'ammoniaque; les acides la précipitent de cette solution.

(1) M. Mulder y a trouvé : carbone (anc. p. atom.) 64,2—64,1; hydr.
5,3—5,2. Ma formule exige : carbone (nouv. p. atom.) 63,5; hydr. 4,8.

Genre *Phlorizine* R$-^{20}$O^{12} (1).

725. L'espèce normale de ce genre a été rencontrée toute formée, par MM. Stass et de Koninck, dans l'écorce de la racine de pommier.

Phlorizine normale. — C^{24}H^{28}O^{12} + 2 aq. — Pour se procurer ce corps, il suffit de faire une décoction aqueuse et concentrée de l'écorce de la racine du pommier, de décanter cette décoction bouillante, et d'abandonner celle-ci dans un endroit frais. Par le refroidissement du liquide, la P. normale se précipite à l'état d'aiguilles soyeuses et jaunâtres, qu'on purifie par le charbon animal. Si l'on veut préparer de grandes quantités de ce corps, on fait bien de l'extraire avec de l'alcool faible (Stass).

C'est une matière solide, d'un blanc satiné; elle se présente ordinairement en houppes soyeuses, si elle se dépose d'une solution concentrée; les solutions étendues la précipitent, par un refroidissement lent, en aiguilles plates et brillantes.

Elle a une saveur amère peu prononcée, suivie d'un arrière-goût.

(1) Voici les analyses de la phlorizine :

Phl. desséchée.

	Stass.	J. Gay-Lussac.	Petersen.	Erdmann.	Erd. et Marchand.
Carbone (anc. p. at.)	58,1—58,6	56,96	56,95	57,67	57,08
Hydrog.	5,6— 5,7	5,82	5,82	5,89	5,64

Phl. cristallisée.

Carbone (anc. p. at.)	53,8—54,2
Hydrog.	6,1— 6,0

Comme la phlorizine se dédouble, sous l'influence des acides, en glucose et phlorétine, dont l'équivalent renferme C^{12}, on a les formules suivantes, qui ne diffèrent que par H^{2}O :

	C^{24}H^{32}O^{14}	C^{24}H^{30}O^{13}	C^{24}H^{28}O^{12}	C^{24}H^{26}O^{11}
Carbone (nouv. p. at.)	53,0	54,7	56,6	58,7
Hydrog.	5,9	5,7	5,5	5,3

On voit que les différences dans les analyses ne proviennent que d'une dessiccation plus ou moins complète de la substance.

douceâtre. L'eau froide la dissout à peine, l'eau bouillante la dissout en toute proportion. L'alcool et l'esprit de bois la dissolvent très bien; l'éther, même bouillant, n'en dissout que des traces.

Elle dégage, à 100°, 7,6 p. c. $= 2$ éq. d'eau de cristallisation, et fond à 106°; à 109°, la fusion est complète; la matière fondue a l'aspect d'une résine incolore; une fois la fusion achevée, la matière se fige malgré l'élévation de la température, et à 130°, elle est entièrement dure; vers 160°, elle fond de nouveau, et à 200°, elle développe de l'eau, en se colorant en rouge. Elle se trouve alors transformée en rufine normale (724).

$$C^{24}H^{28}O^{12} = 3H^2O + C^{24}H^{22}O^9.$$

A une température plus élevée, elle se charbonne.

La P. chauffée à 130° ne change pas de propriétés chimiques: seulement, elle est moins soluble dans l'eau, et se dépose de sa solution aqueuse sans affecter de forme cristalline; toutefois elle la reprend peu à peu.

Sa solution aqueuse précipite l'acétate de plomb surbasique.

A froid, les acides sulfurique, phosphorique et hydrochlorique ne l'altèrent pas; mais, par un contact prolongé, ces acides la dédoublent en glucose et phlorétine normale. A 90°, l'acide oxalique détermine la même métamorphose:

$$C^{24}H^{28}O^{12} + 4H^2O = C^{12}H^{24}O^{12} + C^{12}H^{12}O^4.$$

L'acide nitrique dilué la dissout à froid; mais, par un contact prolongé, ou s'il est concentré, il détruit la P. normale, en développant de l'acide carbonique et du bioxyde d'azote, et en produisant de l'acide oxalique et de la phlorétine nitrique.

Les alcalis dissolvent la P. sans l'altérer; ces solutions se conservent à l'abri de l'air. Une solution bouillante de potasse détermine la formation d'un corps noir.

La P. normale absorbe de 11 à 12 p. c. d'ammoniaque gazeuse; le produit, abandonné au contact de l'air et de l'humidité, se colore peu à peu en orangé, puis en rouge, et devient finalement d'un bleu foncé; il se produit, dans ces circonstances, du phlorizéate ammoniacal:

$$C^{24}H^{28}O^{12} + O + 3NH^3 = H^2O + C^{24}H^{32}N^2O^{15},NH^3.$$

Phlorizine tricalcique (phlorizate de chaux). $C^{24}(H^{25}Ca^3)O^{12}$. —

En évaporant dans le vide une solution de P. normale dans la chaux, on obtient une masse jaune et cristalline, qui paraît présenter cette composition. Ce corps possède la propriété de dissoudre une quantité considérable d'oxyde de cuivre hydraté (Stass).

Phlorizine tribarytique (phlorizate de baryte). — $C^{24}(H^{25}Ba^3)O^{12}$. — On obtient ce corps d'une composition constante en précipitant une dissolution de P. normale dans l'esprit de bois par une solution de baryte, également dans l'esprit de bois. Le précipité obtenu, lavé avec de l'esprit de bois, exprimé rapidement, et séché à l'abri de l'air, constitue la P. tribarytique. Ce corps, ainsi préparé, contient toujours un peu d'esprit de bois (Stass).

Phlorizine sexplombique. — $C^{24}(H^{22}Pb^6)O^{12}$. — Quand on verse dans une dissolution bouillante de P. normale de l'acétate de plomb surbasique, avec la précaution de laisser de la P. en excès, il se produit un précipité blanc de P. sexplombique (1). Ce corps présente toujours la même composition quand on opère dans les conditions indiquées, autrement les quantités de plomb y varient. Il ne se décompose pas par la dessiccation à 170°, mais alors il perd toute l'eau, et présente la composition indiquée (Stass).

Genre *Phlorizéate* R—$^{16}N^2O^{15}$.

736. Produit de l'action de l'ammoniaque et de l'air sur la phlorizine (725).

Phlorizéate normal (phlorizéine). — $C^{24}H^{32}N^2O^{15}$ (2). — C'est le précipité rouge que déterminent les acides dans la solution du

(1) Les formules de M. Stass sont :

$$C^{32}H^{36}O^{15},2Ca^2O,$$
$$C^{32}H^{36}O^{15},2Ba^2O,$$
$$C^{32}H^{30}O^{12},4Pb^2O.$$

Mais les analyses de ce chimiste s'accordent parfaitement avec les formules que j'ai cru devoir substituer aux précédentes.

(2) Cette formule, calculée sur les analyses de M. Stass, exige : carbone (nouv. p. at.) 48,9 — hydrog. 5,4 — azote 4,9. M. Stass avait obtenu : carbone (anc. poids at.) 48,1—49,2; hydrog. 5,6—5,8; azote 5,0 —5,4.

P. ammoniacal. Voici comment M. Stass procède pour l'obtenir pur : après avoir précipité par l'alcool le produit brut, résultant de l'action de l'ammoniaque humide et de l'air sur la phlorizine, on dissout la matière dans la plus petite quantité d'eau possible. A cette dissolution, on ajoute goutte à goutte de l'alcool aiguisé d'acide acétique. On lave le précipité avec de l'alcool de plus en plus concentré.

Le P. normal est solide et incristallisable ; son aspect diffère selon l'état où on l'examine. Sa saveur est légèrement amère. Il se dissout aisément dans l'eau bouillante ; l'alcool, l'esprit de bois et l'éther le dissolvent à peine.

Il se décompose par la chaleur. Les alcalis fixes lui font perdre peu à peu sa couleur, et le transforment en une matière brunâtre (Stass).

Phlorizéate ammoniacal. — $C^{24}H^{32}N^2O^{15},NH^3$. — Il est difficile d'obtenir ce corps à l'état de pureté ; le mieux est d'abandonner la phlorizine sous une cloche, au-dessus d'une solution de carbonate d'ammoniaque, dans laquelle on jette de temps à autre des fragments de potasse caustique. Si l'on évite tout excès de l'ammoniaque, on obtient, dans certaines circonstances enco e mal déterminées, une matière bleue incristallisable, très soluble dans l'eau ; le plus souvent, le produit est d'un rouge brun.

L'hydrogène sulfuré et le protoxyde d'étain dissous dans la potasse décolorent ce composé. La solution, abandonnée au contact de l'air, perd peu à peu sa belle couleur bleue.

La solution du P. ammoniacal, mise en contact avec l'hydrate d'alumine, est également décolorée ; l'alumine se colore alors en bleu.

Elle précipite les sels de fer, de zinc, de plomb et d'argent.

Phlorizéate argentique. — $C^{24}(H^{31}Ag)N^2O^{15}$? — Précipité bleu, qui se décompose déjà par l'eau.

Genre Isatilime $R-^{32}N^4O^5$.

727. Amide, produite par l'action de l'ammoniaque sur le g. isatine (464).

$$3[C^8H^5NO^2] + NH^3 = H^2O + C^{24}H^{16}N^4O^5.$$

Isatilime normal. — $C^{24}H^{16}N^4O^5$. — Ce corps se forme quelquefois dans la préparation de l'isatimide normale. Il se présente en flocons jaunes non cristallins (1).

L'acide hydrochlorique concentré ne le colore pas en violet; la potasse l'attaque aisément.

Outre ce corps, il s'en produit souvent un autre, appelé *amisatime* par M. Laurent ($C^{48}H^{39}N^{11}O^9$?), dont la nature n'est pas encore bien établie.

Genre Isatimide $R^{-31}N^5O^4$.

728. Amide, produite par l'action de l'ammoniaque sur le g. isatine (2).

$$3[C^8H^5NO^2 + 2NH^3 = 2H^2O + C^{24}H^{17}H^5O^4.$$

Isatimide normale. — $C^{24}H^{17}N^5O^4$. — Ce composé peut s'obtenir en faisant passer de l'ammoniaque anhydre sur de l'isatine normale arrosée d'alcool absolu ou d'alcool ordinaire. Si l'on emploie l'alcool absolu, la première matière qui cristallise, c'est l'imésatine n.; on la reconnaît aisément à la forme des cristaux, qui sont des prismes à base carrée ou rectangulaire. La dissolution décantée laisse ensuite déposer l'I. normale sous la forme d'une poudre jaune, brillante et cristalline.

Elle est insoluble dans l'eau; l'alcool bouillant et l'éther n'en dissolvent presque pas; l'alcool bouillant ammoniacal le dissout assez bien.

La potasse le dissout en se colorant en jaune, et il se dégage de l'ammoniaque; la liqueur renferme de l'isatate (Laurent).

VINGT-CINQUIÈME FAMILLE.

Je ne connais aucun corps qui puisse être classé dans cet échelon.

(1) Voyez aussi p. 72.
(2) Voyez aussi p. 72.

VINGT-SIXIÈME FAMILLE.

GENRES.	FONCTIONS chimiques DES GENRES.	RAPPORTS DE TRANSFORMATION entre les genres de la VINGT-SIXIÈME FAM.	RAPPORTS DE TRANSFORMATION entre les genres DE LA VINGT-SIXIÈME et d'autres familles.
Cholestérine $R-^8O$.	Aldéhyde ?	?	Dans le cerveau, les calculs biliaires, etc.
Essale $R-^{34}O$.	?	?	Distillation sèche du benzoïlol sulfuré (7ᵉ fam.).
Salicine $R-^{16}O^{14}$.	?	?	Dans l'écorce des saules, etc.
Hélicine $R-^{18}O^{15}$.	?	Oxydation de la salicine par l'acide nitrique.	?
Sulforufate $R-^{16}S^2O^{20}$.	Sel copulé bibas.	Accouplement de la salicine par l'acide sulfurique.	?

Genre Cholestérine $R-^8O$.

729. Aldéhyde? peut-être homologue des g. benzoïlol et cuminol.

Cholestérine normale. — $C^{26}H^{44}O$ (d'après les analyses de M. Chevreul et de M. Payen). — Certains calculs biliaires se composent presque exclusivement de C. ; ces calculs surnagent l'eau, possèdent une texture cristalline, et se dissolvent dans l'éther et dans l'alcool.

On rencontre aussi la C. dans le cerveau, dans le sérum du sang et dans le jaune d'œuf.

On l'obtient pure en faisant cristalliser les calculs dans l'alcool bouillant, additionné d'un peu de potasse pour dissoudre les acides gras qui pourraient s'y trouver. La C. se dépose alors sous forme de lamelles nacrées, incolores, sans saveur et plus légères que l'eau.

Elle fond à 137°, en un liquide incolore, qui se prend, par le refroidissement, en une masse feuilletée, devenant électrique par le frottement.

A l'abri de l'air, elle paraît distiller sans altération.

La potasse bouillante ne l'attaque pas; mais, quand on la chauffe avec de la chaux potassée, il se développe, à 250°, du gaz hydrogène, tandis qu'une matière grasse, incristallisable, et presque insoluble dans l'alcool, reste dans le résidu avec la potasse.

L'acide sulfurique concentré décompose la C.; l'acide nitrique bouillant la convertit en un acide cristallisable, fusible à 58°, et désigné, par MM. Pelletier et Caventou, sous le nom d'*acide cholestérine*. On n'en connaît pas la composition exacte.

Genre *Essale* R—^{34}O.

730. Lorsqu'on soumet à la distillation du benzoïlol sulfuré (7e fam.), il se dégage d'abord de l'hydrogène sulfuré et du sulfure de carbone; il reste dans la cornue un mélange de stilbène normal $C^{14}H^{12}$ et d'essale sulfuré (Laurent):

$$8C^7H^6S = 3H^2S + 2CS^2 + 2C^{14}H^{12} + C^{26}H^{18}S.$$

Essale sulfuré (thionessale). — $C^{26}H^{18}S$. — Pour obtenir ce corps, on distille du benzoïlol sulfuré; on sépare le premier produit, qui se solidifie en écailles : c'est le stilbène normal. Quand on élève ensuite la température, l'E. sulfuré vient se condenser dans le col de la cornue, où il se fige en une masse aciculaire. Pour le purifier, on le pulvérise, et on le fait bouillir avec de l'éther, qui dissout le stilbène; il reste une poudre blanche, que l'on fait cristalliser dans l'huile de pétrole bouillante.

L'E. sulfuré est incolore, inodore, cristallise en aiguilles soyeuses; l'alcool bouillant n'en dissout que des traces; l'éther bouillant le dissout difficilement. Il fond à 178°. Sa vapeur possède une légère odeur, qui n'est pas sulfureuse; il brûle avec une flamme rougeâtre et fuligineuse.

Une dissolution alcoolique et bouillante de potasse ne le décompose pas. Le potassium l'attaque à chaud en produisant du sulfure potassique et un abondant dépôt de charbon (Laurent).

Essale quadribromo-sulfuré (brométhionessile). — $C^{26}(H^{14}Br^4)S$. — L'E. sulfuré est vivement attaqué par le brome; le produit est pulvérulent, fond à une haute température, et cristallise, par le refroidissement, en tables incolores. Il se volatilise sans décomposition (Laurent).

Essale quadrinitro - sulfuré (nitréthionessile). — $C^{26}(H^{14}X^4)S$. Masse jaune, transparente et non cristalline; elle est assez fusible, et n'est point attaquée par une dissolution alcoolique de potasse.

Genre Salicine $R—^{16}O^{14}$.

731. L'espèce normale de ce genre, découverte par Leroux, se rencontre toute formée dans l'écorce de différentes espèces de saules, de peupliers (1) et de trembles.

Salicine normale. — $C^{26}H^{36}O^{14}$ (2). — On l'extrait de l'écorce de saule à l'aide de l'eau bouillante; on verse dans l'extrait un petit excès d'acétate de plomb surbasique, on filtre la liqueur, et l'on y ajoute assez d'acide sulfurique pour précipiter l'excès de

---

(1) M. Braconnot a extrait de l'écorce de quelques trembles une substance cristallisable qu'il appelle *populine*, et qui diffère en plusieurs points de la salicine. Cette populine est fort peu soluble dans l'eau; la solution a une saveur sucrée analogue à celle de la réglisse. Elle se dissout mieux dans l'alcool et dans l'acide acétique. Les acides étendus et bouillants paraissent la convertir en salirétine; l'acide nitrique concentré la transforme en phénate trinitrique; enfin, quand on la distille, elle se boursoufle et développe une huile qui se concrète en une matière cristallisée.

(2) Cette formule est la seule qui s'accorde avec les métamorphoses de la salicine et avec les nombreuses analyses qui en ont été faites. Voici les analyses calculées d'après le nouveau poids atomique du carbone :

	Piria.	Marchand.	Otto.	Mulder.	Erdmann.
Carb.	54,88—54,25	54,76—54,44	54,50—54,47	54,63—54,13	54,88
Hydr.	6,36— 6,43	6,22— 6,14	6,39— 6,41	6,30— 6,19	6,35

La formule $C^{26}H^{36}O^{14}$ exige : carbone 54,6, hydrog. 6,3.

plomb. On traite cette liqueur par du charbon animal, et on la filtre bouillante. La S. s'y dépose alors à l'état cristallisé ; on la purifie par de nouvelles cristallisations.

La S. normale est blanche, cristallisée en paillettes, soluble dans l'eau et dans l'alcool, insoluble dans l'éther et l'essence de térébenthine. Elle fond à 120°, ne perd pas d'eau jusqu'à 200°, et se décompose à une température plus élevée. Ses solutions possèdent une saveur amère, et sont sans action sur les couleurs végétales.

Sa solution aqueuse n'est précipitée ni par l'acétate de plomb neutre ou surbasique, ni par la gélatine, ni par l'infusion de noix de galle.

L'acide sulfurique concentré colore la S. normale en rouge de sang ; l'eau décolore le produit ; elle renferme alors en solution un sel copulé (g. *Sulforufate*) et de la S. non altérée (Mulder). Si le mélange est échauffé, il se produit en même temps une matière résinoïde (*olivine* de M. Mulder, *rutiline* de M. Braconnot), et que nous avons déjà décrite dans la 14ᵉ famille (g. *Salirétine*). La coloration rouge de la S. normale par l'acide sulfurique peut servir à en reconnaître la présence dans les écorces de saule.

Bouillie avec de l'acide sulfurique ou hydrochlorique étendu, la S. normale se convertit en glucose et salirétine normale (Piria) :

$$C^{26}H^{36}O^{14} + H^2O = C^{12}H^{24}O^{12} + C^{14}H^{14}O^3.$$

Les dissolutions alcalines bouillantes dissolvent la S. normale, mais ne la décomposent pas. Fondue avec un excès d'hydrate de potasse, elle développe du gaz hydrogène en abondance, et finit par se convertir en salicylate (422) et oxalate (Gerhardt).

Distillée avec du peroxyde de manganèse et de l'acide sulfurique étendu, la S. normale donne beaucoup d'acide formique et d'acide carbonique (Dœbereiner). Mais un mélange de bichromate de potasse et d'acide sulfurique le convertit en acide carbonique, acide formique et salicylol normal (414, Piria).

Elle donne aussi une quantité assez notable de salicylol normal par une distillation pure et simple ; mais alors le produit est mélangé de substance empyreumatique (Gerhardt). Distillée avec de la chaux vive, elle donne un mélange de phénate et de salicylol normal (*saliçone* de M. Stenhouse).

Une solution de synaptase la dédouble en glucose et saligénine normale (413):

$$C^{26}H^{36}O^{14} + 2H^2O = C^{12}H^{24}O^{12} + 2C^7H^8O^2.$$

Si l'on agit sur la S. normale avec de l'acide nitrique très faible et à froid, on la convertit en hélicine normale (Piria) :

$$C^{26}H^{36}O^{14} + O^2 = H^2O + C^{26}H^{34}O^{15}.$$

Quand on porte la S. normale une ou deux fois en ébullition avec de l'acide nitrique étendu de dix fois son volume d'eau, elle jaunit en dégageant des vapeurs rouges, ainsi que l'odeur du salicylol normal ; les persels de fer communiquent alors à la solution une couleur d'encre. Par le repos, elle dépose du salicylol normal, dont la quantité augmente si l'on évapore doucement le mélange sans faire bouillir. Mais si l'on porte le tout de nouveau en ébullition, la liqueur s'éclaircit, et ensuite, au bout de quelque temps, elle dépose, par le refroidissement, des aiguilles qui rougissent par les persels de fer, et qui sont du salicylate nitrique (422). Enfin l'action prolongée de l'acide nitrique finit par transformer la salicine en phénate trinitrique. Dans ces circonstances, il se produit aussi de l'oxalate normal (Gerhardt).

Chauffée avec du peroxyde puce de plomb, elle donne du formiate.

Le chlore la convertit en S. quintichloré.

Salicine octoplombique (salicinate de plomb). — $C^{26}(H^{28}Pb^8)O^{14}$ (1). — Pour obtenir ce composé, M. Piria verse quelques gouttes d'ammoniaque dans une dissolution concentrée et chaudé de S. normale; puis il y ajoute, goutte à goutte, de l'acétate de plomb trisurbasique; il arrête l'addition du sel de plomb dès que la moitié environ de la S. est précipitée. On obtient ainsi un précipité blanc et volumineux, qui, desséché, ressemble à de la fécule. Sa saveur est à la fois amère et douceâtre. La S. octoplombique est soluble dans l'acide acétique et dans une dissolution de potasse.

Les acides, même les plus faibles, le décomposent en mettant

____

(1) Cette formule exige 64,1 p. c. d'oxyde de plomb, $Pb = 650$. M. Piria en avait obtenu 63,6, $Pb = 647,2$.

de la S. normale en liberté. L'acide sulfurique concentré lui communique une couleur rouge.

Il ne perd pas d'eau par la dessiccation à 200°.

Dans d'autres circonstances, il paraît se former des combinaisons plombiques, dont la composition diffère de la précédente.

Salicine quintichlorée (chlorosalicine). — $C^{26}(H^{31}Cl^5)O^{14}$. — Quand on fait arriver un courant de chlore dans de la S. normale délayée dans l'eau, elle commence à se dissoudre, et la liqueur jaunit; si l'on continue d'y faire arriver le gaz, il arrive un moment où la solution se trouble tout d'un coup par la production d'une matière cristalline, qui est la S. quintichlorée (Piria).

Cette substance se présente sous la forme d'une masse jaune et nacrée, composée de cristaux microscopiques. Elle est peu soluble dans l'eau et dans l'alcool absolu, plus soluble dans l'alcool aqueux. Son odeur est désagréable et toute particulière. Sa saveur est poivrée.

Chauffée dans une cornue, la S. quintichlorée fond en un liquide jaunâtre, et donne, à la distillation sèche, de l'eau chargée d'acide hydrochlorique et une matière huileuse presque incolore; dans la cornue, il reste du charbon.

Lorsqu'on la fait bouillir avec de l'acide hydrochlorique étendu, elle se convertit en glucose normal et en salirétine quintichlorée :

$$C^{26}(H^{31}Cl^5)O^{14} + H^2O = C^{12}H^{24}O^{12} + C^{14}(H^9Cl^5)O^3.$$

M. Piria a encore décrit un autre produit, provenant de l'action du chlore à chaud sur la S. normale; mais la composition de ce produit aurait besoin d'être confirmée par de nouvelles recherches.

Genre *Hélicine* $R^{-18}O^{15}$.

732. L'espèce normale se produit par l'oxydation de la salicine normale (731) sous l'influence de l'acide nitrique :

$$C^{26}H^{36}O^{14} + O^2 = H^2O + C^{26}H^{34}O^{15}.$$

Hélicine normale. — $C^{26}H^{34}O^{15}$. — Lorsqu'on agit sur la salicine avec de l'acide nitrique très faible et à la température ordinaire, il se produit un corps plus oxygéné que la salicine, qui a la propriété de se convertir très promptement en salicylol et en glucose norm., sous l'influence de la synaptase, des acides et des alcalis (1) :

$$C^{26}H^{34}O^{15} + H^2O = 2C^7H^6O^2 + C^{12}H^{24}O^{12}.$$

Genre Sulforufate $R^{-16}S^2O^{20}$.

733. Sel copulé bibasique? produit par l'accouplement de la salicine normale (731) avec l'acide sulfurique.

Sulforufate bicalcique (sulforufate de chaux). — $C^{26}(H^{34}Ca^2)$ S^2O^{20}? — Lorsqu'on projette de petites portions de salicine dans de l'acide sulfurique concentré, on obtient un liquide rouge-orangé, que l'eau décolore. Saturé par de la craie, le liquide décoloré prend une teinte rouge, et contient alors du S. bicalcique. Ce sel est insoluble dans l'alcool. Après l'avoir évaporé à siccité, on le reprend par l'alcool, qui dissout la salicine non altérée. Si le sel devient acide par l'évaporation, il faut le saturer de nouveau par de la craie (Mulder).

Le S. bicalcique est une poudre couleur châtain, déliquescente, insoluble dans l'alcool et l'éther. L'acide sulfurique le dissout avec une couleur rouge.

Le S. biplombique est insoluble dans l'eau, et s'obtient par double décomposition. Les sels d'argent, de cuivre et de mercure sont solubles.

Les S. se décomposent par l'ébullition, en produisant des sulfates, et probablement de la salirétine et du glucose normal. L'analyse de ces sels est d'ailleurs toute à refaire.

(1) Je ne connais le travail de M. Piria que par les *Comptes-rendus de l'Académie*, t. XVII, p. 186. Ce chimiste y donne, pour l'hélicine, la formule $C^{52}H^{70}O^{31}$, qui ne me paraît pas assez simple pour offrir de la vraisemblance ; la nôtre, d'ailleurs, n'en diffère que par 1/2 éq. d'eau.

VINGT-SEPTIÈME FAMILLE.

GENRES.	FONCTIONS chimiques DES GENRES.	RAPPORTS DE TRANSFORMATION entre les genres de la VINGT-SEPTIÈME FAM.	RAPPORTS DE TRANSFORMATION entre les genres DE LA VINGT-SEPTIÈME et d'autres familles.
Laurostéarine $R{-}^4O^4$.	Glycéride.	?	Dans les baies de laurier.
Hydrocinnamide $R{-}^{30}N^2$.	Amide.	?	Action de l'ammon. sur le cinnamol n. (9ᵉ fam.).

Genre Laurostéarine $R{-}^4O^4$.

733. Glycéride renfermé dans les baies de laurier ; se convertit par les alcalis en glycérine n. et en laurate (557) :

$$C^{27}H^{50}O^4 + 2(HK)O + H^2O = C^3H^8O^3 + 2[C^{12}(H^{23}K)O^2].$$

Laurostéarine normale. — $C^{27}H^{50}O^4$. — Les baies de laurier renferment une huile volatile, de la résine, de la gomme, une matière grasse fluide, une matière cristallisable et volatile (*laurine*) et de la L. normale.

M. Marsson obtient ce dernier corps en traitant à plusieurs reprises les baies réduites en poudre, par de l'alcool bouillant, filtrant la liqueur aussi chaude que possible, et lavant avec de l'alcool froid la substance déposée par le refroidissement. On purifie celle-ci d'abord par la fusion au bain-marie et la filtration à chaud, pour la séparer d'un corps résinoïde et non cristallisable, qui se dépose en même temps, et finalement par plusieurs cristallisations dans l'alcool.

La L. se présente, à l'état pur, sous la forme d'un corps blanc, brillant, léger, composé d'aiguilles très petites, souvent groupées en étoiles, et à éclat soyeux. A froid, elle est fort peu soluble dans l'alcool, mais elle se dissout assez bien dans l'alcool absolu et bouillant, et s'y dépose, par le refroidissement, presque en totalité à l'état cristallisé.

Elle est également fort soluble dans l'éther, et s'en sépare, par l'évaporation spontanée, sous forme de cristaux. Elle fond à 44 ou 45°, et se prend, par le refroidissement, en une masse semblable à la stéarine, cassante, friable, et n'offrant aucune texture cristalline.

Une lessive de potasse la saponifie assez facilement, et forme une émulsion claire ; le savon, séparé à l'aide du sel marin, est dur, et donne, par les acides minéraux, de l'acide laurique.

Par la distillation sèche, elle fournit de l'acroléine n., ainsi qu'un corps gras solide, qui cristallise dans l'éther (Marsson).

Genre *Hydrocinnamide* $R^{-30}N^2$.

734. Amide, produite par le cinnamol normal (482).

Hydrocinnamide normale (hydrure d'azocinnamyle).—$C^{27}H^{24}N^2$. — Lorsqu'on soumet le cinnamol normal (essence de cannelle) à l'action de l'ammoniaque sèche, il s'épaissit considérablement. En dissolvant le produit dans un mélange chaud d'alcool et d'éther, on obtient, par le refroidissement, de belles aiguilles d'H. normale :

$$3C^9H^8O + 2NH^3 = 3H^2O + C^{27}H^{24}N^2.$$

Ce corps, purifié par une seconde cristallisation, est incolore, inodore, insoluble dans l'eau. Il est fusible, et, par le refroidissement, il se solidifie en une masse transparente comme la gomme, sans traces de cristallisation. Par la distillation, il se décompose en donnant une huile et une matière solide. L'acide hydrochlorique bouillant ne le décompose pas ; la potasse en dissolution dans l'alcool est aussi sans action sur lui. L'acide nitrique bouillant le décompose en donnant une matière fusible dans l'eau bouillante (Laurent).

VINGT-HUITIÈME FAMILLE.

GENRES.	FONCTIONS chimiques DES GENRES.	RAPPORTS DE TRANSFORMATION entre les genres de la VINGT-HUITIÈME FAM.	RAPPORTS DE TRANSFORMATION entre les genres DE LA VINGT-HUITIÈME et d'autres familles.
Olivile $R-^{20}O^{10}$.	?	?	Dans la résine d'olivier.
Benzoïnam $R-^{32}N^2O$.	Amide.	?	Action de l'ammon. sur le benzoïlol n. (7ᵉ fam.).

Genre Olivile $R-^{20}O^{10}$.

735. L'espèce normale est contenue dans la résine d'olivier.

Olivile normale. — $C^{28}H^{36}O^{10} + 2\,aq.$ (Sobrero). — Ce corps s'obtient très facilement en traitant par l'éther la résine d'olivier réduite en poudre, dissolvant ensuite le résidu dans l'alcool bouillant, et faisant cristalliser, par le refroidissement, la dissolution filtrée. On le débarrasse aisément de la matière résineuse dont il est souillé, en le lavant à froid avec de l'alcool, qui ne le dissout qu'en petite quantité. Il s'obtient parfaitement pur par de nouvelles cristallisations.

L'O. normale cristallise en aiguilles brillantes et rayonnées, fort solubles dans l'eau et l'alcool; elle se dissout aussi en petite quantité dans l'éther et dans les huiles.

Lorsqu'elle est en cristaux, son point de fusion est à 120°; elle prend, par la fusion, un aspect résineux, sans perdre de son poids; par le refroidissement, elle ne perd pas sa transparence, mais elle se fendille sans reprendre sa structure cristalline; son point de fusion est alors à 70°. En la dissolvant dans l'alcool, et la faisant cristalliser de nouveau, elle revient au premier point de fusion, c'est-à-dire à 120°.

L'O. normale s'obtient anhydre par la cristallisation dans l'alcool; dans l'eau, elle cristallise avec 2 éq. d'eau, dont elle en perd un par la dessiccation dans le vide et l'autre par la fusion (Sobrero).

L'équivalent élevé de l'O., et la forte proportion d'oxygène qu'elle renferme, semblent indiquer qu'elle serait sensible à l'action des ferments, comme la salicine et la phlorizine. Ses réactions n'ont d'ailleurs pas encore été étudiées.

Olivile quadriplombique. — $C^{28}(H^{32}Pb^4)O^{10} + 2$ aq. ? — Combinaison qu'on obtient par des moyens indirects, que M. Sobrero n'indique pas dans sa note sur ce corps (1).

Genre Benzoïnam $R^{-32}N^2O$.

736. Produit de l'action de l'ammoniaque sur la benzoïne normale (596).

$$2[C^{14}H^{12}O^2] + 2NH^3 = 3H^2O + C^{28}H^{24}N^2O.$$

Benzoïnam normal. — $C^{28}H^{24}N^2O$. — Lorsqu'on abandonne pendant plusieurs mois, dans un flacon bouché, un mélange d'alcool, d'ammoniaque et de benzoïne, on obtient une substance appelée *benzoïnamide*, et qui a été décrite plus haut (711). Si l'on modifie légèrement la préparation, il se forme plusieurs produits, qu'il est extrêmement difficile de séparer les uns des autres. Parmi ces produits, il en est un que M. Laurent (2) a isolé, et qui possède les propriétés suivantes :

Il se précipite sous la forme d'aiguilles blanches, microscopiques, inodores, et insolubles dans l'eau. L'éther et l'huile de pétrole en dissolvent une très petite quantité. Par le refroidissement, ces deux liquides se remplissent tellement d'aiguilles soyeuses, qu'on pourrait croire, au premier aspect, que le B. est assez soluble. Il est fusible, et cristallise en partie en aiguilles par le refroidissement.

La potasse paraît être sans action sur lui.

L'acide hydrochlorique, en présence de l'alcool bouillant, le dissout facilement ; quand on étend d'eau cette dissolution, il se précipite un peu de B. ; l'ammoniaque précipite le reste ; la solution alcoolique et acide très concentrée ne donne pas de précipité avec le chlorure de platine.

(1) *Journal de Pharm.*, 3ᵉ série, t. III, p. 286.
(2) *Comptes-rendus des travaux chimiques*, t. I, février, p. 37.

L'acide sulfurique concentré le dissout à l'aide d'une douce chaleur, en prenant une teinte rougeâtre. L'eau versée dans cette solution en précipite des flocons orangés (Laurent).

Je termine ici la description des corps organiques sur lesquels j'ai pu recueillir des données précises ; j'ai supprimé, à dessein, comme on l'a vu, tous les corps qu'on ne connaît que de nom et dont on ignore les relations chimiques (1).

Il existe un certain nombre de substances azotées, qui présentent le plus haut intérêt sous le rapport physiologique, mais dont l'histoire chimique est toute à faire ; ce sont les substances génératrices de l'organisation animale, connues sous le nom d'*albumine*, de *fibrine*, de *gélatine*, de *caséine*, etc. Ces corps occupent sans doute un rang très élevé dans l'échelle des combinaisons organiques, leur équivalent chimique est probablement fort élevé ; mais, malgré les analyses d'un grand nombre d'expérimentateurs habiles et consciencieux, on ne sait rien de précis sur leur composition ni sur leur manière d'être. D'ailleurs la plupart des expériences qu'on a faites sur eux sont plutôt du domaine de la chimie physiologique, qui n'est pas comprise dans le cadre de cet ouvrage, spécialement consacré à la partie chimique proprement dite, c'est-à-dire aux métamorphoses des corps.

Je renvoie donc, pour tout ce qui concerne les substances organisatrices et leurs dérivés, aux excellents traités de M. Dumas (VII⁰ vol., p. 434), et de M. Liebig (III⁰ vol., p. 199).

(1) Voyez, après les *Additions et Corrections*, quelques détails nouveaux sur ma *Théorie des Homologues*.

TOME PREMIER.

PAGE 287.

Ajoutez au *Méthol normal* :

Chauffé avec de l'acide nitrique et du mercure ou de l'argent, le M. normal ne donne pas de fulminate (Ure).

La potasse caustique en poudre est, selon le docteur Ure, un excellent moyen de reconnaître si l'alcool renferme de l'esprit de bois : en effet, ce dernier prend à l'instant une couleur brune ; la même quantité de potasse en poudre jetée dans l'alcool ne lui fait éprouver aucun changement de couleur pendant plusieurs heures ; ce n'est que dans le courant du jour qu'il s'y développe une teinte jaune faible. Mais si l'alcool contient seulement 2 p. c. d'esprit de bois, il acquiert, en 10 minutes, une teinte jaunâtre, et, au bout d'une demi-heure, une teinte brune.

PAGE 301.

Le genre *Cyanogène* est à transporter dans le deuxième échelon ; l'équivalent du cyanogène est en effet $C^2N^2 = 2$ vol. de vapeur. Le C. normal est un anhydride de l'oxamide normale, car $C^2H^4N^2O^2 = 2H^2O + C^2N^2$.

PAGE 303.

Le genre *Hydrocyanure* doit également figurer dans le deuxième échelon, et se confondre avec le g. oxamide. L'hydrocyanure sulfuré n'est en effet autre chose que l'*oxamide bisulfurée* (Laurent).

(1) Voyez aussi celles qui se trouvent dans le premier volume.

Page 325.

A l'article *Acétène nitrique :*

La formation de l'A. nitrique par l'alcool normal et l'acide nitrique s'exprime par l'équation suivante :

$$2C^2H^6O + NHO^3 = C^2(H^5X) + C^2H^4O + 2H^2O.$$

X est égal à NO^2 ; dans cette réaction, il se forme donc nécessairement de l'aldéhyde.

Lorsqu'on verse de l'acide nitrique sur de la brucine, elle dégage de l'A. nitrique parfaitement pur. La narcotine en dégage aussi si on y fait agir à chaud, avec précaution, de l'acide nitrique concentré (Gerhardt).

Page 329.

Additions au g. *Éthérilène :*

Éthérilène perchloré. — C^2Cl^6. — Il est très probable qu'il faudra ranger dans le g. éthérilène le sesquichlorure de carbone que nous avons décrit sous le nom d'acétène perchloré ; c'est que ce corps se décompose, dans plusieurs circonstances, en $C^2Cl^4 + Cl^2$, c'est-à-dire que R^{+2} devient R, comme c'est le cas de toutes les espèces du g. éthérilène.

Éthérilène quadrichloro-bibromé (bromure de chloréthose). — $C^2(Cl^4Br^2)$. — Il se forme lorsqu'on expose l'éthérène perchloré avec du brome, à la lumière directe. Sa forme cristalline est la même que celle du corps précédent ; sa densité est de 2,3 à $+ 21°$. Il se décompose, par la chaleur, en brome et en éthérène perchloré ; les sulfures alcalins déterminent la même décomposition (Malaguti).

Page 332.

Addition à l'article *Éthérène perchloré :*

Lorsqu'on expose aux rayons solaires l'E. perchloré, sous l'eau, dans une atmosphère de chlore, il se convertit en acétène perchloré C^2Cl^6, en HCl et acide chloracétique (Kolbe) :

$$C^2Cl^4 + Cl^2 = C^2Cl^6$$
$$C^2Cl^6 + 2H^2O = 3HCl + C^2(HCl^3)O^2.$$

PAGE 334.

Additions à l'article *Alcool normal :*

Quant à l'*acétal* de M. Liebig (sauerstoffaether de Dœbereiner),
il ne paraît pas constituer un corps unique. Il se produit par
l'action du noir de platine sur l'alcool. Son point d'ébullition est
à 95° ; ce ne peut être que de l'éther acétique impur. D'ailleurs
les analyses de M. Liebig ne présentent pas assez de concor-
dance. (Voyez *Annal. der Pharm.*, t. XIV, p. 156.)

L'acide perchlorique paraît se comporter avec l'A. normal
comme l'acide sulfurique ; quand on chauffe le mélange, on obtient de l'éther n., et plus tard de l'huile de vin, en même temps
que la masse noircit ; l'éthérification par l'acide perchlorique est
aussi illimitée que par l'acide sulfurique (Weppen).

Lorsqu'on mêle ensemble des poids égaux d'acide borique
fondu réduit en poudre fine et d'alcool absolu, il se manifeste
bientôt un dégagement considérable de chaleur. En cherchant à
chasser l'alcool par la distillation, on trouve que la température
peut s'élever, dans l'intérieur de la cornue, bien au-delà du point
d'ébullition de l'alcool, avant que tout le liquide ait disparu. En
arrêtant la distillation vers 110°, puis traitant la masse refroidie
par l'éther anhydre, décantant la solution éthérée et la chauffant
progressivement au bain d'huile jusqu'à 200°, on obtient, pour
résidu de cette distillation, un liquide un peu visqueux qui répand à cette température des fumées blanches assez abondantes
et qui se solidifient par le refroidissement. Ce composé est ré-
gardé par M. Ebelmen comme l'*éther borique ;* ce chimiste le considère provisoirement comme renfermant $C^4H^{10}O,BO^6$; mais cette
formule ne me paraît pas exacte. (*Comptes-rendus de l'Académie*,
t. XVIII, p. 1202.)

Le même chimiste a aussi obtenu deux *éthers siliciques* par
l'action du chlorure de silicium sur l'alcool. (*Comptes-rendus de
l'Académie*, t. XIX, p. 398.) Les détails analytiques sur ces
produits n'ont pas encore été publiés.

PAGE 344.

Addition au g. *Acétol :*

Acétol quadrichloré (aldéhyde chloré). — C^2Cl^4O. — L'éther perchloré (303) se décompose à + 300° en acétène chloré et en A. quadrichloré (Malaguti) :

$$C^4Cl^{10}O = C^2Cl^6 + C^2Cl^4O.$$

Ce dernier est liquide, volatil, fumant, bouillant entre 100 et 105° c., d'une odeur suffocante et insupportable ; il est neutre, tache la peau en blanc et la cautérise à la longue.

Versé dans l'eau, il tombe au fond comme une huile éthérée ; mais peu à peu il se dissout en se décomposant en acide chloracétique (acétate trichloré G.) et en acide hydrochlorique :

$$C^2Cl^4O + H^2O = C^2(HCl^3)O^2 + HCl.$$

Cette réaction peut être mise à profit pour la préparation de l'acide chloracétique.

Mis en contact avec de l'alcool absolu, l'A. quadrichloré détermine une forte élévation de température, en produisant de l'éther chloracétique (acétalcool trichloré G. 307) et de l'acide hydrochlorique :

$$C^2H^6O + C^2Cl^4O = C^4(H^5Cl^3)O^2 + HCl.$$

Ces réactions ont été étudiées par M. Malaguti.

PAGE 349.

A l'article *Acétate potassique :*

Ce sel a la propriété de se dissoudre dans l'acide acétique, et d'en fixer 1 équivalent en cristallisant : ($C^2(H^3K)O^2 + C^2H^4O^2$, biacétate de potasse, Melsens). Le produit se présente à l'état d'aiguilles prismatiques ou de lamelles, qui, desséchées entre des doubles de papier, présentent l'aspect nacré ; quand on le fait cristalliser lentement, il se dépose sous la forme de longs prismes aplatis, qui paraissent appartenir au système prismatique rectangulaire droit. Ces cristaux sont très flexibles et déliquescents ; l'alcool absolu les dissout mieux à chaud qu'à froid. On peut les dessécher dans le vide sec sans qu'ils s'altèrent ; à 148°, ils fondent, et à 200°, ils entrent en ébullition, en dégageant de l'acide acétique, en même temps que la température s'élève graduellement jusqu'à 300°, auquel point le sel potassique commence à se décomposer.

Quand on y fait passer un courant de vapeur d'eau, l'acide acétique en est déplacé si l'eau se trouve en excès (Melsens).

Il est évident que l'acide acétique remplit dans ce produit le rôle de l'eau ou de l'alcool de cristallisation.

M. Melsens a fondé, sur la décomposition de ce produit par la chaleur, un procédé pour obtenir de l'A. normal parfaitement pur. Il suffit, en effet, de distiller avec précaution le sel potassique jusque vers 300° pour obtenir de l'A. normal cristallisable.

M. Ettling a décrit (*Annal. der Pharm.*, t. I, p. 296) un *acétate cuivrico-calcique :*

$$\left.\begin{array}{l} C^2(H^3Cu)O^2 \\ C^2(H^3Ca)O^2 \end{array}\right\} + 4 \text{ aq., ou plutôt}$$

$$C^2(H^3Cu^{1/2}Ca^{1/2})O^2 + 2 \text{ aq.}$$

Ce sel se décompose déjà vers 75° c., en émettant de l'acide acétique.

PAGE 357.

Addition à l'article *Oxalate normal :*

La décomposition de l'acide oxalique, hydraté ou sec, par l'acide sulfurique, s'effectue d'une manière lente, mais complète, à la température de l'eau bouillante (Turner).

L'acide hydraté fond vers 98° c.; il se décompose déjà à 110°; entre 120 et 130°, le dégagement de gaz est très rapide (Gay-Lussac). Quand il a été préalablement desséché, il se sublime à 165° (Turner, sans se décomposer s'il a été bien sec), et il se décompose à quelques degrés au-dessus.

M. Gay-Lussac. qui le premier a observé la décomposition de l'acide oxalique en oxyde carbonique et acide carbonique, a obtenu 6 vol. CO^2 pour 5 CO, mais il avait opéré avec de l'acide oxalique contenant de l'eau de cristallisation. En opérant sur de l'acide desséché (sublimé), M. Turner a obtenu bien moins d'oxyde de carbone.

PAGE 378.

Genre Gélatate R+^{1}NO^2.

Sel unibasique, isomère du g. uréthylane (254); produit de l'action des acides et des alcalis sur la gélatine.

Gélatate normal (sucre de gélatine). — $C^2H^5NO^2$? — M. Braconnot a obtenu ce corps de la manière suivante : 12 grammes de colle-forte ont été mélangés avec 24 grammes d'acide sulfurique concentré; vingt-quatre heures après, la liqueur n'était pas plus colorée que si, au lieu d'acide, on se fût servi d'eau; on y a ajouté 1 décilitre de ce liquide, et l'on a fait bouillir pendant cinq heures, en ayant soin de renouveler l'eau de temps en temps; la liqueur, suffisamment étendue, saturée avec de la craie, filtrée et évaporée, a fourni un sirop, lequel, abandonné pendant environ un mois, a donné des cristaux grenus de sucre de gélatine. On a décanté le liquide surnageant, lavé les cristaux avec de l'alcool affaibli, et soumis à une nouvelle cristallisation.

Le sucre de gélatine s'obtient également par l'action des alcalis sur la colle-forte; le traitement par les alcalis présente même cet avantage, qu'il ne produit pas de leucine, et que la purification du sucre s'en trouve considérablement simplifiée; mais, par ce moyen, il est peut-être plus difficile de se procurer du sucre brûlant sans résidu. La chaux n'en paraît pas donner (Boussingault).

Ce corps cristallise beaucoup plus facilement que le sucre de canne : pour peu que sa dissolution soit cencentrée par la chaleur, il se forme immédiatement à sa surface une pellicule cristalline. On l'obtient en cristaux grenus, parfaitement durs, craquant sous la dent, et formant des prismes aplatis ou des tables groupées ensemble, souvent flabelliformes. Sa saveur sucrée est à peu près comme celle du sucre de raisin; il est peu soluble dans l'eau froide; sa dissolution n'entre pas en fermentation au contact de la levûre de bière. L'alcool bouillant, même affaibli, n'a aucune action sur lui (Braconnot).

Le sucre de gélatine est moins fusible que le sucre de canne; distillé, il donne un léger sublimé blanc et un produit ammoniacal.

Gélatate argentique. — $C^2(H^4Ag)NO^2$. — L'oxyde d'argent se dissout aisément à chaud dans une dissolution de sucre de gélatine; mais il est difficile d'obtenir un produit d'une composition constante (1); quand on filtre la liqueur pendant qu'elle est

(1) Je ne saurais adopter ni les formules de Boussingault ni celles de M. Mulder pour le sucre de gélatine et ses dérivés.

chaude, il ne tarde pas à s'y déposer des cristaux grenus et parfaitement transparents (Boussingault).

Gélatate cuivrique. — $C^2(H^4Cu)NO^2$. — Si l'on fait bouillir une dissolution de sucre de gélatine sur de l'oxyde de cuivre, la liqueur prend une teinte d'un beau bleu azuré; la liqueur se prend, par le refroidissement, en une masse cristalline. Cette combinaison est très soluble dans l'eau; l'acide carbonique ne la décompose pas (Boussingault).

Gélatate plombique. — $C^2(H^4Pb)NO^2$. — En faisant bouillir une dissolution de G. normal sur du massicot, on obtient une combinaison plombique, qui cristallise en belles aiguilles incolores. L'acide carbonique décompose cette combinaison : aussi doit-on l'évaporer à l'abri de l'air (Boussingault).

En dissolvant les espèces précédentes dans l'acide nitrique, on obtient des espèces nitriques (*nitro-saccharates*), sans dégagement sensible de gaz. On obtient aussi le G. nitro-argentique en dissolvant du G. normal dans une solution de nitrate d'argent. Tous les G. nitriques fusent par l'action de la chaleur (Boussingault).

Gélatate nitrique (acide nitro - saccharique). — $C^2(H^4X)NO^2$

Les voici :

Sucre de gélatine . . . . $C^{16}H^{36}N^8O^{14}$ (Boussingault).
Composés métalliques. . . . . . . $C^{16}H^{30}N^8O^{11},4M^2O$.
Acide nitrosaccharique cristallisé . $C^{16}H^{30}N^8O^{11},4N^2O^5,9H^2O$.
Nitrosaccharate d'argent. . . . . $C^{16}H^{30}N^8O^{11},4N^2O^5,4Ag^2O,2H^2O$.

Il faut considérer que le sucre de gélatine est difficile à purifier, surtout de leucine; l'acide nitrosaccharique s'obtient aisément, et les nitrosaccharates aussi : or, quand on prend pour base l'analyse de M. Boussingault, faite sur l'acide nitro-saccharique cristallisé, on arrive à la formule $C^2H^6N^2O^5$, qui exige :

	Ma formule.	Analyse.
Carbone	17,5	17,3—17,4
Hydrog.	4,4	4,6— 4,5
Azote	20,3	20,1.—20,3.

Il est impossible de trouver une formule qui cadre mieux que la nôtre avec l'expérience. Cette formule représente 1 éq. de sucre de gélatine $C^2H^5NO^2$ + 1 éq. d'acide nitrique NHO^3, ou bien $C^2(H^4X)NO^2$ + aq.

+ aq.? — On le prépare en dissolvant le G. normal dans l'acide nitrique faible. On chauffe légèrement, et par l'effet d'une évaporation ménagée, on voit apparaître des cristaux; en se refroidissant, la dissolution se prend en une masse cristalline, qu'on soumet à la presse. On purifie l'acide en le faisant cristalliser plusieurs fois. Pendant la dissolution du G. normal dans l'acide nitrique, il n'y a pas de dégagement perceptible de gaz.

Le G. nitrique est très soluble dans l'eau, et cristallise avec la plus grande facilité en beaux prismes incolores, transparents, aplatis et légèrement striés. Sa saveur acide, légèrement sucrée, est à peu près semblable à celle de l'acide tartrique. Exposé au feu, il se boursoufle beaucoup, fuse, mais obscurément, et répand une vapeur piquante. Il ne produit aucun changement dans les dissolutions métalliques ou terreuses. Il dissout le fer et le zinc, avec dégagement de gaz hydrogène (Braconnot).

Gélatate nitro-potassique (nitro-saccharate de potasse). — $C^2(H^3KX)NO^2$ + aq.? — Ce sel cristallise facilement; il a une saveur fraîche, nitreuse, avec un arrière-goût sucré (Braconnot, Boussingault).

Gélatate nitro-calcique. — Le G. nitrique dissout le carbonate de chaux avec une vive effervescence. La liqueur, évaporée à une douce chaleur, cristallise entièrement en beaux prismes aiguillés. Ce sel n'attire point l'humidité; il est peu soluble dans l'alcool concentré. Projeté sur des charbons ardents, il se fond dans son eau de cristallisation, et fuse ensuite comme le nitre (Braconnot).

Gélatate nitro-argentique. — $C^2(H^3AgX)NO^2$? — Ce sel cristallise en belles aiguilles, qui s'altèrent promptement par l'action de la lumière. Il ne détone pas (Boussingault).

Gélatate nitro-plombique. — Sel incristallisable et gommeux.

Gélatate nitro-cuivrique. — Ce sel cristallise en aiguilles d'un bleu d'azur; chauffé au-dessus de 160°, il détone.

Il est nécessaire de reprendre l'analyse de tous ces sels et d'en contrôler la composition par l'étude de quelques réactions.

PAGE 382.

Addition au g. *Fulminate* :

Les F. me paraissent être les espèces nitrogénées d'un genre homologue des cyanures :

$$\text{Espèce normale : } C^2H^3N.$$
$$\text{Fulminates : } \quad C^2(H^2X)N.$$

X étant égal à NO^2. Ce qui confirme cette supposition, c'est que, dans les fulminates à deux métaux, un seul métal est indiqué par les réactifs, comme dans les polycyanures; ensuite la formation d'un corps sulfuré (homologue du g. cyanate?) par l'action de l'acide sulfhydrique sur de l'eau tenant en suspension du fulminate d'argent paraît aussi parler en faveur de ma supposition.

PAGE 389.

Le g. *Perhydrocyanate* décrit dans la première famille est à transporter dans la deuxième avec la formule $C^2H^4N^2S^4$.

PAGE 395.

Au g. *Alcargène* :

La formule de l'acide cacodylique n'est pas $C^2H^6AgO^2$, mais $C^2H^5AgO^2$; toutes les réactions sont à modifier en conséquence.

PAGE 407.

A l'article *Acétone normale* :

Quand on fait passer de la vapeur d'A. normale sur de la chaux potassée, il se produit de l'acétate et du formiate (Gottlieb).

$$C^3H^6O + 3H^2O = C^2H^4O^2 + CH^2O^2 + 3H^2.$$

PAGE 411.

Le g. *Anile* est à transporter dans la sixième famille, pour se confondre avec le g. quinoïle. L'anile bichloré est donc le *quinoïle quadrichloré*.

Voici les corps par lesquels M. Hofmann a obtenu le Q. quadri-chloré, avec un mélange de chlorate de potasse et d'acide hydrochlorique : aniline normale ; phénate normal, trichloré, binitrique, trinitrique ; salicylol normal ; salicylate normal et nitrique ; isatine normale, chlorée et bichlorée ; quinoïle normal ; anthranilate normal ; de tous les corps, la salicine normale est la plus avantageuse pour la préparation du Q. quadrichloré. N'en ont pas donné : benzoate normal et nitrique ; benzène normal, nitrique et binitrique ; benzoïlol normal ; phlorizine normale ; phlorétine normale ; coumarate normal ; coumarine normale.

PAGE 413.

Genre Métacétonate RO².

Sel unibasique, homologue des g. formiate, acétate, butyrate, etc.

Métacétonate normal. — $C^3H^6O^2$. — Sous le nom d'*acide métacétonique*, M. Gottlieb, a décrit un nouveau produit, qu'il a obtenu par l'action de la potasse sur le sucre, la fécule, la gomme et la mannite, ainsi que par celle de l'acide chromique sur la métacétone. Ce produit vient se placer, par ses propriétés chimiques, entre l'acide acétique et l'acide butyrique ; c'est le terme homologue qui manquait entre ces deux acides.

Lorsqu'on concentre une solution de potasse assez pour qu'elle se concrète par le refroidissement, et qu'on y ajoute ensuite du sucre (1 p. pour 3 p. d'hydrate de potasse), en continuant de chauffer, la masse brunit, et il se développe beaucoup de gaz hydrogène ; la réaction finit cependant par se calmer, et la coloration brune qui se manifeste dans les premiers moments disparaît peu à peu. Distillé avec de l'acide sulfurique étendu, ce produit donne un mélange d'acide formique, d'acide acétique et du nouvel acide.

L'acide formique est enlevé à chaud par le bioxyde de mercure ; le sel mercuriel est décomposé par l'hydrogène sulfuré, et le liquide restant est saturé par du carbonate de soude. On obtient ainsi un mélange d'acétate et de M. sodique, qu'on sépare en mettant à profit la différence de leur solubilité.

Métacétonate sodique. — Ce sel reste toujours dans les eaux-mères, et cristallise très difficilement.

Métacétonate argentique.—$C^3(H^6Ag)O^2$.—On convertit le M. sodique en sel d'argent à l'aide du nitrate de ce métal. Le précipité, étant dissous dans l'eau bouillante, se dépose, par le refroidissement, en petits mamelons qui se présentent à la loupe sous forme d'aiguilles raccourcies. Ce sel noircit peu à la lumière, mais il s'altère promptement par la chaleur; il fond à une température plus élevée, et se décompose ensuite sans bruit.

Quand on y verse de l'acide sulfurique, il développe l'odeur particulière à l'acide métacétonique, et qui rappelle celle de l'acide butyrique.

Quand on fait bouillir avec de l'oxyde d'argent un mélange d'acide acétique et d'acide métacétonique, on obtient des aiguilles d'un sel qui renferme à la fois de l'acétate et du métacétonate.

M. Gottlieb a aussi préparé l'*éther métacétonique;* c'est un liquide éthéré, doué d'une odeur de fruits.

Enfin, il s'est assuré par des expériences directes et par l'analyse, que la métacétone $C^6H^{10}O$ donne aisément ce nouvel acide, en même temps que beaucoup d'acide carbonique et d'acide acétique, quand on l'oxyde à l'aide d'un mélange d'acide sulfurique et de bichromate de potasse. L'hydrate de potasse ne donne pas de bons résultats. L'acétone n'en fournit pas.

Page 418.

Le g. *Anilate* est à transporter dans la sixième famille, avec la formule double, comme sel bibasique.

Page 419.

A l'article *Glycérine normale :*

Elle se rencontre à l'état de liberté dans l'huile de palme, et peut s'en extraire au moyen de l'eau bouillante (Pelouze et Boudet, Stenhouse).

Page 422.

Addition à l'article *Carbovinate bisulfuro-potassique :*

Lorsqu'on chauffe la solution de ce sel au-delà de 50°, elle devient orangée, et se colore peu à peu davantage, à mesure que la température se rapproche de 100°. La coloration provient d'une huile qui se rassemble au fond du vase ; si l'on concentre le liquide, il se prend en une masse de cristaux de sulfocarbonate de sulfure de potassium ; l'équation suivante démontre qu'il se dégage en même temps de l'alcool normal, de l'acide carbonique et de l'hydrogène sulfuré :

$$2[C^3(H^5K)(OS^2) + H^2O] = CS^2,K^2S + H^2S + 2C^2H^6O + CO^2.$$

Les cristaux se convertissent à l'air, en carbonate, hydrogène sulfuré et hyposulfite.

Si l'on mélange le C. bisulfuro-potassique avec une quantité d'eau qui ne suffit pas pour le dissoudre à froid, et qu'ensuite l'on soumette le mélange à la distillation, on recueille de l'alcool normal, du sulfure de carbone, de l'hydrogène sulfuré, de l'acide carbonique et du monosulfure de potassium :

$$2[C^3(H^5K)(OS^2) + H^2O] = 2C^2H^6O + CS^2 + H^2S + CO^2 + K^2S.$$

Soumis à la distillation sèche, le C. bisulfuro-potassique commence à bouillir à 200°, et se décompose en alcool sulfuré, hydrogène sulfuré, eau, oxyde de carbone, bisulfure de potassium et charbon :

$$2[C^3(H^5K)(OS^2)] = C^2H^6S + H^2S + H^2O + CO + K^2S^2 + C^3.$$

Ces observations ont été faites par M. Sacc.

Page 422.

La formule des *pyruvates* est probablement à doubler, ces sels étant bibasiques.

Page 436.

Aux g. *Mellon* et *Mellonure :*

L'existence du mellon est devenue, dans ces derniers temps, l'objet de quelques contestations, surtout de la part de M. Vœlkel (*Annal. de Poggendorff*, LVIII, 135), et moi-même, j'ai combattu, comme on l'a vu, les formules adoptées par M. Liebig pour les mellonures.

Ces contradictions ont conduit M. Liebig à reprendre ses expériences, et c'est ce nouveau travail que nous allons exposer.

Genre Mellon.

Lorsqu'on fait passer du chlore dans une solution de sulfocyanure de potassium, ou qu'on la traite par de l'acide nitrique, on obtient, comme on sait, un précipité orangé, connu sous le nom de *sulfocyanogène* ou de *sulfure de cyanogène*. La réaction est facile à saisir, car

$$CKNS + Cl = KCl + CNS.$$

Mais le produit orangé n'offrant aucune forme régulière, n'affectant pas de forme cristalline, est fort difficile à purifier, de sorte qu'il donne à l'analyse des nombres extrêmement variables : aussi les analyses faites sur ce corps par MM. Liebig, Parnell et Voelckel, sont-elles loin de s'accorder. En effet, les deux derniers chimistes y admettent de l'hydrogène et de l'oxygène, tandis que M. Liebig y considère ces deux éléments comme accidentels. Il me paraît évident d'ailleurs que l'analyse directe ne saurait décider cette question, attendu que le produit orangé n'offre jamais des garanties de pureté suffisantes.

Dans les cas de cette nature, les chimistes ont recours, pour contrôler les formules, à des métamorphoses qui permettent d'établir une relation simple entre la matière primitive et les produits en lesquels elle se dédouble. C'est sur une semblable métamorphose que M. Liebig se fonde pour établir la composition du sulfocyanogène.

Ce corps, en effet, soumis à la distillation sèche, donne du sulfure de carbone, du soufre, et une substance jaune et pulvérulente, désignée par M. Liebig sous le nom de *mellon;* celle-ci renferme tout l'azote du sulfocyanogène. On a donc, suivant M. Liebig :

$$4[CNS] = CS^2 + S^2 + C^3N^4.$$

Mais ce mellon est amorphe comme le corps d'où il dérive, et présente comme lui, à l'analyse, les mêmes difficultés : aussi M. Voelckel n'admet pas que le mellon possède la composition C^3N^4, et il se fonde sur quelques analyses pour rejeter la formule de M. Liebig, et par conséquent l'équation précédente.

Toutefois les analyses de M. Voelckel ne prouvent absolument rien ; car les chimistes savent combien il est difficile de purifier un corps et de le rendre propre à l'analyse, quand il ne possède pas une forme déterminée.

Voyons cependant les faits que M. Liebig oppose aux assertions de M. Voelckel.

Quand on chauffe au rouge le mellon, il se décompose, selon M. Liebig, en un mélange gazeux, dont les dernières portions offrent une composition constante ; elles sont, en effet, dit-il, absorbées aux 3/4 par la potasse caustique, et laissent 1/4 qui ne s'absorbe pas ; ce mélange gazeux renferme donc 3 vol. de cyanogène et 1 vol. d'azote. De plus, dit M. Liebig, quand on brûle le mellon par l'oxyde de cuivre, après l'avoir chauffé jusqu'au moment où il développe un semblable mélange gazeux de composition constante, on trouve par la méthode qualitative, entre les volumes d'azote et d'acide carbonique, le rapport de 3 : 2.

M. Liebig conclut de là que le mellon renferme véritablement C^3N^4 ; son nouveau travail n'apporte pas d'autre preuve analytique en faveur de cette composition, et l'on conçoit qu'elle puisse être contestée par des chimistes pour qui les données d'une analyse incertaine ont, dans cette question, plus de valeur que le contrôle des métamorphoses.

J'avoue, pour mon compte, que la formule de M. Liebig me paraît exacte, malgré les dénégations de M. Voelckel et l'absence de preuves analytiques directes ; du moins la transformation du sulfocyanogène en mellon n'en comporte pas d'autre, et, si l'on objecte que la formule du sulfocyanogène est elle-même douteuse, M. Liebig peut répondre que celle du sulfocyanure de mercure ne l'est pas, et que ce sel se dédouble aussi par la chaleur en sulfure de carbone, sulfure de mercure, et mellon, sans aucun autre produit (1).

$$4[CHgNS] = CS^2 + 2Hg^2S + C^3N^4.$$

(1) Voir p. 8 du premier Mémoire de M. Liebig, dans les *Annal. de chim. et de phys.*, t. LVI.

Enfin, la transformation du mellon en ammoniaque et cyanate de potasse par la potasse fondante vient aussi à l'appui de l'opinion de M. Liebig, car :

$$C^3N^4 + 3(KH)O = NH^3 + 3(CKNO).$$

En somme, je dirai que la composition du mellon n'a pas été bien établie par l'analyse directe ; mais que la formation et les métamorphoses de ce corps ne sauraient s'interpréter qu'à l'aide de la formule C^3N^4.

Ce mellon posséderait, suivant M. Liebig, les propriétés d'un radical composé, analogue au cyanogène ; il s'unirait directement à certains métaux (potassium, etc.), de manière à former des *mellonures métalliques*, et ceux-ci donneraient par les acides minéraux de l'*acide hydromellonique*.

Je dois dire ici, tout d'abord, qu'avant ses nouvelles recherches, M. Liebig n'avait fondé cette théorie sur aucune analyse de mellonure, et que la seule analyse qu'il pût invoquer à l'appui était celle d'un sel de plomb obtenu par M. Gmelin (1), non pas avec le mellon, mais avec un sel de potasse produit accessoirement dans la préparation du sulfocyanure de potassium.

Voilà, je le répète, l'unique base analytique sur laquelle M. Liebig avait échafaudé sa théorie, que les chimistes, sur son autorité et sans autre examen, ont adoptée sans restriction.

Cependant nous verrons tout-à-l'heure que, tout en conservant la formule que M. Liebig assigne au mellon, on peut contredire très sérieusement cette théorie.

Genre Mellonure.

Dans son nouveau Mémoire, M. Liebig donne deux procédés pour obtenir les mellonures. L'un consiste à faire fondre du sulfocyanure de potassium, et à y introduire peu à peu du mellon ; il se dégage ainsi du sulfure de carbone, mélangé de soufre, et l'on obtient une matière brune et vitreuse, qui se dissout complétement dans l'eau bouillante, et qui donne, par l'évaporation, des cristaux de mellonure de potassium.

L'autre procédé, plus avantageux selon M. Liebig, consiste

(1) *Annal. der Pharm.*, t. XV, p. 252.

à se procurer du sulfocyanure de cuivre, en précipitant le sulfocyanure de potassium par un mélange de 3 p. de protosulfate de fer et de 2 p. de deutosulfate de cuivre. Ce précipité est d'abord lavé avec de l'acide sulfurique étendu, puis avec de l'eau distillée, et enfin desséché sur des briques; on complète la dessiccation en le chauffant à feu nu dans une capsule, jusqu'à ce qu'il commence à brunir. Ensuite on fait fondre 3 p. de sulfocyanure de potassium sec dans un vase de fonte muni d'un couvercle, et l'on y ajoute, par petites portions, 2 p. de sulfocyanure de cuivre. Il se développe alors du sulfure de carbone, qui s'enflamme à l'air. Après que toute la matière a été ajoutée, on pousse la chaleur jusqu'au rouge, et quand le dégagement de sulfure de carbone a cessé, on ajoute, par livre de sulfocyanure de potassium, 1 once 1/2 de carbonate de potasse récemment calciné; le mélange se ramollit alors en développant beaucoup d'acide carbonique. Après le refroidissement, on délaie la masse dans l'eau bouillante, et l'on filtre. Par la concentration et le refroidissement de la liqueur, on obtient, suivant M. Liebig, une quantité considérable de mellonure de potassium. Cette préparation exige beaucoup de sulfocyanure de potassium (1).

En considérant ces deux procédés, M. Liebig est naturellement conduit à admettre que le sulfocyanure de potassium se dédouble, par la chaleur, en mellonure de potassium, sulfure de potassium, soufre et sulfure de carbone :

$$8(CKNS) = 2(C^3N^4K) + 3K^2S + S + 2CS^2.$$

De son côté, le sulfocyanure de cuivre se décompose en sulfure de cuivre, mellon et sulfure de carbone; il ne donne pas de mellonure : on conçoit donc qu'en ajoutant du mellon ou du sulfocyanure de cuivre au sulfocyanure de potassium au lieu de chauffer ce sel seul, M. Liebig prétend s'emparer d'une autre partie de potassium, qui resterait à l'état de sulfure; l'addition du carbonate de potasse doit aussi servir à former une plus grande quantité de mellonure de potassium.

(1) En opérant sur plus d'une livre, je n'ai pas pu réussir, dans plusieurs essais, bien que je me fusse rigoureusement tenu aux prescriptions de M. Liebig. Deux chimistes très connus m'ont dit n'avoir pas été plus heureux.

Tout cela peut être parfaitement exact, bien qu'on ne l'ait pas prouvé directement. Mais M. Liebig ne fait-il pas aussi intervenir, dans cette préparation, un autre corps? Ne dissout-il pas aussi le produit dans l'eau?

Sans rien changer aux faits observés par M. Liebig, on peut donc remplacer l'équation précédente par les deux suivantes :

$$4[CKNS) = C^3K^2N^4S + K^2S + CS^2.$$
$$C^3KN^4S + H^2O = (KH)S + C^3(KH)N^4O.$$

Cette seconde interprétation suppose donc que le sulfocyanure de potassium se dédouble, par la chaleur, en sulfure de carbone, monosulfure de potassium et un sel de potasse sulfuré (mellonure sulfuré) que l'eau décompose à son tour en sulfhydrate de potasse et mellonure de potassium.

Toute la différence qui existe entre l'opinion de M. Liebig et celle que j'ai émise dans une note adressée à l'Académie, c'est que, selon lui, les mellonures renferment du mellon, plus du métal ; tandis que, dans mon opinion, ces mellonures contiendraient en outre de l'hydrogène et de l'oxygène. Le mode de formation de ces sels ne peut donc pas décider la question; voyons si l'analyse en dit davantage.

Si les mellonures secs sont exempts d'hydrogène et d'oxygène, il est évident qu'ils ne doivent pas donner d'eau à l'analyse.

Or, toutes les nouvelles analyses de M. Liebig en ont donné; il est vrai, l'analyse du sel d'argent (1) et du sel de potasse a fourni un peu moins d'eau qu'il n'en faudrait d'après ma formule, mais la différence se confond avec les erreurs d'observation ; d'un autre côté, M. Liebig a constaté que les mellonures de calcium, de baryum, de cuivre, etc., renferment de l'eau de cristallisation, dont une partie seulement, dit-il, s'en va par la dessiccation, sans que le sel se décompose (2). De plus, l'analyse de l'acide hy-

(1) Une analyse du sel d'argent a donné 1,45 p. c., une autre 2,45 p. c. d'eau ; la formule de M. Liebig n'en devrait pas donner du tout.

(2) Suivant M. Liebig, le mellonure de baryum renferme 6 atomes d'eau, dont 5 seulement se dégagent à 130° ; que devient le sixième? Le mellonure de calcium renferme 4 atomes d'eau, dont 3 seulement se dégagent à 120° ; M. Liebig ne parle pas du quatrième. Le mellonure de cuivre renferme 5 atomes d'eau, dont 4 seulement s'en vont à 120°, en même temps que le sel noircit : M. Liebig ne dit rien non plus du cinquième, etc.

dromellonique a donné à M. Liebig des nombres également contraires à sa théorie (1).

Néanmoins M. Liebig persiste dans sa première opinion, à
l'égard de la composition des mellonures. Il est possible que
cette opinion soit justifiée par des raisons que son Mémoire n'indique pas ; mais il paraîtra évident à toute personne impartiale
que les analyses citées par lui ne la soutiennent d'aucune manière.

L'étude des métamorphoses des mellonures conduirait, ce me
semble, à une solution plus décisive de cette question.

Mellonure normal (acide hydromellonique). — Lorsqu'on mélange une solution bouillante d'un mellonure soluble avec l'acide
nitrique ou hydrochlorique, le liquide reste limpide pendant
quelques moments ; mais il ne tarde pas à se troubler, et, par la
concentration, il donne une masse pâteuse, parfaitement blanche. Si la solution est étendue, les acides minéraux déterminent la
formation de flocons blancs.

C'est ce corps que M. Liebig appelle *acide hydromellonique*.
Nous avons vu, plus haut, que sa composition n'a pas encore
été établie par l'analyse.

L'acide hydromellonique, à l'état sec, est blanc, et déteint
comme la craie ; il est très peu soluble dans l'eau froide, plus soluble dans l'eau bouillante ; sa solution rougit fortement le tour-

(1) L'expérience a donné :

$$
\begin{array}{lll}
\text{I. Sur 100 p. d'acide carbonique.} & \ldots\ldots & \text{19,62 p. d'eau.} \\
\text{II.} \quad — \quad — \quad — & & \text{27,27}
\end{array}
$$

Différence entre les deux déterminations. 7,65 p. d'eau.

M. Liebig dit que si l'acide hydromellonique est $C^6N^8H^2$ d'après sa théorie, on doit obtenir sur 100 p. d'acide carbonique, 21,66 p. d'eau ; que
si c'est un corps $C^6N^8H^4O^2$, suivant ma manière de voir, il faudrait en
obtenir 43,32, par conséquent bien plus qu'il n'en a trouvé à l'analyse.

Je ne sais pas comment M. Liebig a fait son compte, mais voici ce que
je trouve :

La formule $C^6N^8H^2$ donne, par la combustion, C^6O^{12} acide carbonique,
et H^2O ; c'est-à-dire, 275,6 = 1650 acide carbonique pour 112,5 eau ; ou
bien pour 100 ac. carbonique, 6,82 eau.

Ma formule $C^6N^8H^4O^2$ donne alors le double d'eau, c'est-à-dire 13,64
eau pour 100 acide carbonique ; *et M. Liebig en a trouvé* 19,62 *et*
27,27.

nésol. Il est assez énergique, et se dissout aisément dans le carbonate de potasse et dans la potasse caustique, en formant du mellonure de potassium.

Mellonure potassique. — Ce sel, obtenu par l'une des méthodes indiquées plus haut, est rarement bien pur; il est mélangé d'un peu de sulfure, qu'on peut enlever au moyen de l'acide acétique; celui-ci ne touche pas au mellonure de potassium dissous dans l'eau, et précipite le corps sulfuré sous la forme de flocons gélatineux. Si le mellonure de potassium, qui cristallise d'ailleurs assez difficilement dans la liqueur, est encore coloré en jaune, on le redissout, et on traite de nouveau la solution par l'acide acétique.

Il s'obtient alors en cristaux aciculaires, complétement insolubles dans l'alcool; on l'obtient parfaitement cristallisé dans un mélange d'alcool et d'eau; les cristaux renferment de l'eau de cristallisation, et sont efflorescents.

Chauffé en vase clos au-delà de son point de fusion, le mellonure de potassium donne de l'azote, du cyanogène et du cyanure de potassium.

Mellonure sodique. — Il cristallise en aiguilles soyeuses, blanches, insolubles dans l'alcool, et assez solubles dans l'eau; il s'obtient en traitant le sel de baryum par le carbonate de soude.

Mellonure ammoniacal. — On l'obtient en décomposant le sel de baryum par du carbonate d'ammoniaque; il ressemble au sel de potassium et renferme, comme lui, de l'eau de cristallisation.

Mellonure barytique. — En traitant le sel de potassium par le chlorure de baryum, on obtient un précipité abondant, blanc, qui se dissout dans une grande quantité d'eau bouillante. La solution saturée dépose le M. barytique en aiguilles raccourcies, transparentes, renfermant de l'eau de cristallisation.

Mellonure argentique. — Il se présente sous la forme d'un précipité blanc et gélatineux.

Le M. cuivrique constitue un précipité vert.

PAGE 463.

A l'article *Éther perchloré* :

Voici quelques nouvelles observations de M. Malaguti sur ce corps.

Exposé à une température de $+ 300°$ environ. l'É. perchloré se décompose d'une manière très nette en acétol quadrichloré (t. II, p. 439) et en acétène perchloré (sesquichlorure de carbone), d'après l'équation suivante (1) :

$$C^4Cl^{10}O = C^2Cl^4O + C^2Cl^6.$$

Le potassium agit sur l'É. perchloré avec une violence extrême; mais cet effet n'a lieu qu'à une température voisine de celle de sa décomposition. Le chlore, le gaz ammoniac, les acides nitrique et hydrochlorique sont sans action sur lui.

L'acide sulfurique agit avec une lenteur extrême, mais d'une manière remarquable; à $+ 240°$, il y a dégagement de vapeurs, qui, condensées dans l'eau, produisent une dissolution d'acide chloracétique (acétate trichloré, **G.**), sulfurique et hydrochlorique. La théorie indique la réaction suivante :

$$C^4Cl^{10}O + SH^2O^4 = C^4Cl^8O^2 + 2HCl + SO^3.$$
$$C^4Cl^8O^2 + 2H^2O = 2HCl + 2C^2(HCl^3)O^2.$$

Soumis à l'influence du monosulfure de potassium, l'É. perchloré se convertit en éthose sexchloré (t. II, p. 457) :

$$C^4Cl^{10}O + 2K^2S = C^4Cl^6O + 4KCl + 2S.$$

Éther sexchloro-quadribromé (bromure de chloroxéthose, éther perchloro-bromé). — L'éthose sexchloré, mêlé à du brome, et exposé à la lumière solaire, se solidifie et prend la même forme géométrique que l'É. perchloré. La densité du produit à $+ 18°$ est de 2,5; il fond à 96°, et se décompose à $+ 180°$, en brome et éthose sexchloré; la même décomposition s'effectue sous l'influence des sulfures alcalins (Malaguti) :

$$C^4(Cl^6Br^4)O = Br^4 + C^4Cl^6O.$$

(1) De ce que l'E. perchloré se décompose sous l'influence de la chaleur en $C^2Cl^4O + C^2Cl^6$, M. Malaguti conclut que l'E. perchloré n'appartient plus au même type que l'E. normal; mais il faut songer que, dans un corps qui renferme du chlore, les conditions d'équilibre ne sauraient être les mêmes, surtout en présence de la chaleur, que celles que présente un corps très hydrogéné; d'ailleurs on sait qu'en faisant passer de l'E. normal à travers un tube chauffé au rouge sombre, on obtient de l'acétol normal C^2H^4O; il pourrait s'y former en même temps le corps C^2H^6. L'analyse du gaz n'a pas été faite.

Page 464.

Genre *Butyral* RO.

Aldéhyde, homologue des g. acétol, cétine, cérine, etc.; produit par la distillation sèche du butyrate calcique.

Butyral normal. — C^4H^8O. — Dans la distillation sèche du butyrate calcique, il passe, outre la butyrone, un liquide limpide et incolore, qui distille complétement à 95°. Ce produit possède une odeur vive et pénétrante, et distille sans s'altérer. Sa densité, à + 22°, est de 0,821; à l'état de vapeur, elle est de 2,61 $=$ 2 vol. Il est légèrement soluble dans l'eau, fort soluble dans l'alcool, l'esprit de bois et les liquides éthérés. Il brûle avec une flamme éclairante, légèrement bordée de bleu.

Il absorbe promptement l'oxygène, et se convertit en acide butyrique; la présence du noir de platine favorise beaucoup cette métamorphose.

L'acide sulfurique fumant attaque le B. normal, et le convertit aussi en acide butyrique.

Butyral argentique (butyrite d'argent). — $C^4(H^7Ag)O$. — Chauffé avec de l'eau et de l'oxyde d'argent, le B. normal réduit ce dernier avec une grande facilité et sans dégagement de gaz; la liqueur retient en dissolution un sel d'argent qui, selon moi, est l'homologue de l'acétol argentique (t. I, p. 342).

M. Chancel a aussi décrit les espèces chlorée, bichlorée et quadrichlorée du g. butyrol.

Page 465.

Genre *Éthose* R^{-2}O.

L'espèce perchlorée de ce g. se produit par l'action du monosulfure de potassium sur l'éther perchloré.

Éthose sexchloré (chloroxéthose). — C^4Cl^6O. — Ce corps, découvert par M. Malaguti, est liquide, limpide, et d'une odeur qui rappelle celle des fleurs d'ulmaire; sa densité est de 1,654 à + 21°; il bout à + 210°, en se colorant un peu; il se conserve très bien sous l'eau, mais point à l'air.

Exposé dans une atmosphère de chlore à l'action de la lumière directe, il se convertit de nouveau en éther perchloré; en présence de l'eau, il se produit en même temps de l'acide chloracétique et de l'acide hydrochlorique.

Mêlé de brome, et exposé à la lumière solaire, il se transforme en éther sexchloro-quadribromé :

$$C^4Cl^6O \; + \; Cl^4 \; = \; C^4Cl^{10}O$$
$$C^4Cl^6O \; + \; Br^4 \; = \; C^4(Cl^6Br^4)O.$$

PAGE 467.

A l'article *Butyrate barytique* :

On obtient souvent le B. barytique en lamelles nacrées ou en croûtes grenues et compactes. Suivant M. Lerch, il ne renfermerait pas d'eau de cristallisation, et ne fondrait pas au bain-marie. Mais il résulte des expériences récentes de M. Chancel que le B. barytique cristallise *à chaud* avec 1 éq. d'eau (10,37 p. c.); ce sel ne fond pas à 100°, comme celui qui cristallise *à froid* avec 2 éq. (18,8). Cette circonstance explique l'assertion de M. Lerch.

PAGE 470.

Au g. *Pyrogallate* :

En considérant la décomposition que le P. normal éprouve par la chaleur, on est conduit à doubler sa formule ; on aurait alors :

$C^8H^8O^4$. P. normal.
$C^8(H^6Pl^2)O^4 \, + $ aq. P. biplombique de Campbell et Stenhouse.

PAGE 475.

Addition à l'article *Succinate biammoniacal*.

Ce sel se produit aussi par la putréfaction de l'asparagine normale (Piria).

PAGE 489.

A l'article *Malate normal* :

L'acide malique se rencontre aussi dans les tubercules de la pomme de terre, en société d'acide phosphorique et d'acide hydrochlorique (Illisch).

PAGE 505.

Paratartrate sodico-potassique. — $C^4(H^4KNa)O^6 + 4$ aq. — Ce sel a été obtenu par MM. Mitscherlich et Frésénius.

PAGE 507.

Genre Sinapol R—^{3}NO.

L'espèce sulfurée de ce g.; l'huile essentielle de moutarde, est le produit de la fermentation d'un principe cristallisable contenu dans la graine de moutarde noire, sous l'influence de l'eau et d'une substance albuminoïde particulière.

La moutarde noire et la moutarde blanche ne renferment pas le même principe cristallisable, comme on le croyait autrefois. Il résulte, en effet, des expériences de M. Bussy, de MM. Boutron et Frémy, et de M. E. Simon, que la moutarde noire, la seule de ces graines qui développe de l'huile essentielle quand on l'humecte, renferme un sel sulfuré, le *myronate de potasse* (1),

(1) On obtient le *myronate de potasse* de la manière suivante : on réduit la moutarde noire en poudre, et, après l'avoir séchée à 100°, on la soumet à l'action de la presse, pour en extraire l'huile grasse ; puis on l'épuise à chaud par de l'alcool, de manière à coaguler la myrosine et à la rendre inactive ; ensuite on l'exprime de nouveau, et on la traite par l'eau froide ou tiède. La solution aqueuse, étant évaporée, donne un extrait auquel on ajoute un peu d'alcool faible, pour précipiter quelques parties mucilagineuses ; finalement on évapore à cristallisation.

Le myronate de potasse cristallise aisément en cristaux transparents, souvent assez gros ; il est inaltérable à l'air, insoluble dans l'alcool absolu, très soluble dans l'eau.

Traité par de l'acide tartrique, il donne l'*acide myronique*, dont la solution aqueuse donne, par la concentration, une masse sirupeuse, amère, acide, non cristallisable et inodore. Sa solution se décompose à la longue, par l'ébullition, en développant de l'hydrogène sulfuré.

Les myronates de soude, d'ammoniaque et de baryte sont aussi cristallisables. La solution du myronate de potasse n'est pas précipitée par le nitrate d'argent, le nitrate de baryte, l'acétate de plomb, le sublimé corrosif, etc. (Bussy).

On ne connaît pas encore la composition des myronates.

Quant à la myrosine, cette matière albuminoïde qui détermine le dé

qui se dédouble en cette huile, en présence de l'eau et d'un principe albuminoïde, la *myrosine*, contenu dans la même graine. La moutarde blanche renferme bien la même substance albuminoïde; mais elle contient, au lieu du myronate, un autre corps cristallisable, la *sulfosinapisine* (1), qui n'est pas susceptible de se dédoubler en huile essentielle. Ces substances n'ayant pas encore été analysées, on ne saurait indiquer l'équation en vertu de laquelle l'huile essentielle prend naissance; mais ce qui est certain, c'est qu'elle ne préexiste pas dans la moutarde noire, et ne se développe que par l'action simultanée de l'eau et de la myrosine. Celle-ci paraît agir comme ferment (190), à peu près comme l'émulsine dans la décomposition de l'amygdaline des amandes amères.

Sinapol sulfuré (huile essentielle de moutarde, de cochléaria ou de raifort). — C^4H^5NS (Lœwig, Will). — Pour préparer ce corps, on réduit la moutarde noire en poudre, et après avoir extrait l'huile grasse au moyen de la presse, on l'humecte avec de l'eau, et on l'abandonne pendant quelques heures; ensuite on distille le mélange avec de l'eau.

Par une forte dessiccation, ainsi que par l'action de l'alcool ou des acides, la farine de moutarde ne développe plus d'huile essentielle, attendu que par là la myrosine est rendue inactive.

doublement des myronates en huile essentielle, elle s'obtient de la manière suivante par la moutarde blanche : on traite celle-ci par l'eau froide, on filtre l'extrait et on l'évapore à une température qui ne dépasse pas 40°. Quand le produit a acquis la consistance d'un sirop, on y ajoute de l'alcool avec précaution ; le coagulum de myrosine qui se sépare alors se dissout entièrement dans l'eau.

La solution aqueuse de la myrosine mousse comme l'eau de savon; elle se coagule par la chaleur, l'alcool et les acides ; et dans cet état elle n'agit pas sur les myronates.

Le blanc d'œuf et l'émulsine des amandes amères ne déterminent pas la fermentation des myronates (Bussy).

(1) Ce corps, appelé aussi *sinapine* par M. Berzélius, s'extrait de la moutarde blanche en la traitant directement par l'alcool. C'est aussi un corps sulfuré que la myrosine transforme, en présence de l'eau, en un principe âcre. — Ce sujet est d'ailleurs encore fort peu étudié; celui qui voudrait le reprendre trouverait les détails nécessaires dans le VIIe vol. de Berzélius, édit. allem., p. 590. — Bussy et Robiquet, Frémy et Boutron, Simon, dans les *Comptes-rendus de l'Académie*, t. IX, p. 815 ; t. X, p. 5, et dans le *Journal de Pharm.*, t. XI, p. 699.

Les feuilles de cochléaria donnent également le même corps par la distillation avec de l'eau ; la myrosine qu'elles renferment perd aussi son efficacité par la dessiccation. Mais elles donnent de nouveau de l'huile essentielle quand, après les avoir desséchées, on les distille avec un mélange d'eau et de moutarde blanche (Simon).

L'huile essentielle qu'on obtient en distillant le raifort avec de l'eau présente aussi tous les caractères de l'essence de moutarde. Le raifort renferme cette huile toute formée ; car, en le coupant ou en le broyant, on observe immédiatement l'odeur caractéristique de celle-ci ; d'ailleurs le raifort renferme beaucoup d'eau, et ne contient pas d'huile grasse, de sorte que si un corps semblable au myronate de potasse se formait dans cette racine, ce corps pourrait immédiatement se métamorphoser en huile essentielle (Hubatka).

Le S. sulfuré (1) est incolore ou jaunâtre, d'une odeur très âcre, et qui irrite les organes de la vue et de l'odorat ; sa densité à l'état liquide est de 1,015 à 20°, à l'état de vapeur de 3,4. Il bout à 143° (Dumas et Pelouze).

Il est très soluble dans l'alcool et dans l'éther ; il est séparé par l'eau de ces dissolutions. Il dissout à chaud une grande quantité de soufre, qui s'en sépare, sous forme cristalline, par le refroidissement ; il dissout également beaucoup de phosphore à chaud. Quand on le chauffe légèrement avec du potassium, il se déve-

---

(1) Voici ce qu'indiquent MM. Robiquet et Bussy sur l'essence de moutarde : soumise pendant plusieurs heures consécutives à une température de 100°, elle laisse volatiliser une petite quantité d'un produit très fluide incolore, d'une odeur faible et comme éthérée, ne se mélangeant point à l'eau, mais lui communiquant la saveur sucrée commune à quelques éthers. Le résidu de cette opération, c'est-à-dire la presque totalité de l'essence, donne, par la distillation avec de l'eau, des produits dont la densité va toujours croissant : les premiers sont plus légers et les derniers plus pesants que l'eau. Si l'on rectifie l'essence de moutarde à feu nu, on voit que l'ébullition commence vers 110°, puis qu'elle monte graduellement jusqu'à 155°, point où elle demeure stationnaire. L'huile recueillie de 90 à 130° avait une densité de 0,986 ; celle qui passait à 155° pesait 1,015.

Il paraîtrait, d'après cela, que l'huile de moutarde renferme en petite quantité un second principe huileux.

loppe un gaz, et le S. sulfuré se convertit en essence d'ail; le résidu renferme du sulfocyanure (Gerhardt).

Longtemps agité en vase clos avec une solution de potasse caustique, le S. sulfuré se dissout presque en totalité, et la solution ne conserve que peu d'odeur, mais elle se colore en brun plus ou moins foncé. Si, après quelques jours de contact, on sature cette liqueur alcaline par de l'acide tartrique, il s'y forme un dépôt de petits cristaux blancs, qui ne sont pas de la crème de tartre (Robiquet et Bussy). Lorsqu'on chauffe (1) le S. sulfuré avec de la potasse en poudre grossière, il y a un fort dégagement de gaz hydrogène, et la potasse produit une combinaison soluble dans l'eau, et d'où les acides forts séparent un acide huileux, soluble dans l'alcool (Boutron et Frémy). Abandonné pendant plusieurs semaines avec de la potasse, le S. normal a déposé une masse cristalline, insoluble dans l'eau et très soluble dans l'alcool (Aschoff).

Le S. sulfuré absorbe rapidement le gaz ammoniac en produisant de la thiosinamine sulfurée (p. 464); une dissolution aqueuse d'ammoniaque détermine la même combinaison :

$$C^4H^5NS + NH^3 = C^4H^8N^2S.$$

L'oxyde de plomb et l'oxyde de mercure hydratés dédoublent le S. sulfuré (159) en sulfure de carbone et sinapoline normale (438) :

$$2(C^4H^5NS) + H^2O = C^7H^{12}N^2O + CS^2.$$

L'eau chargée de S. sulfuré ne rougit pas le tournesol; elle précipite en blanc les sels de mercure, et en brun le nitrate d'argent (Aschoff).

Quand on traite le S. sulfuré par l'acide nitrique moyennement concentré, la réaction est très vive. L'huile s'épaissit, devient verte, et se convertit en une matière résineuse (*Nitrosinapylharz*); l'eau-mère renferme de l'acide oxalique et un autre acide (*Nitrosinapylsaeure*), ayant la consistance de la cire, et insoluble dans l'alcool et l'éther (Lœwig et Weidmann).

Lorsqu'on fait passer un courant de chlore, avec beaucoup de

(1) Voyez aussi ce qui est dit au paragraphe 149, t. 1.

précaution, dans le S. sulfuré, il se précipite des cristaux soyeux d'un corps sublimable, soluble dans l'alcool, insoluble dans l'eau et l'éther; l'hydrate de potasse les convertit en une masse résinoïde; ils s'altèrent au contact de l'air en se colorant. Un excès de chlore rend l'huile de moutarde visqueuse et détruit les cristaux (Boutron et Frémy).

PAGE 512.

Genre Sinamine R$-^2$N^2.

Alcaloïde, produit de la désulfuration de la thiosinamine sulfurée :

$$C^4H^8N^2S = H^2S + C^4H^6N^2.$$

Sinamine normale. — $C^4H^6N^2$. — La T. sulfurée se désulfure complétement quand on la broie avec de l'oxyde de plomb ou de mercure.

Cette réaction a été l'objet d'une étude particulière de la part de M. Will. Il recommande de procéder de la manière suivante: on broie la thiosinamine solide avec de l'oxyde de plomb hydraté, récemment précipité et bien lavé, et on chauffe la masse au bain-marie, jusqu'à ce qu'une petite portion, prise pour essai, ne noircisse plus par le mélange de la partie filtrée avec de la potasse et de l'oxyde de plomb. Dès que la décomposition est arrivée à son terme, on épuise la masse d'abord par l'eau et ensuite par l'alcool. L'extrait étant évaporé au bain-marie donne, par un repos prolongé pendant quelques mois, des cristaux durs et brillants de S. normale, renfermant 9,5 p. c. d'eau de cristallisation, qui s'échappe à 100°, en même temps que la matière se fond.

Après la dessiccation complète, cet alcaloïde est solide et cristallin; mais il attire promptement l'humidité en se liquéfiant.

La S. normale présente d'ailleurs une réaction franchement alcaline; elle est sans odeur, mais d'une saveur fort amère. Elle précipite les sels de deutoxyde de cuivre, de peroxyde de fer, le nitrate de plomb, le nitrate d'argent; elle décompose les sels ammoniacaux, en en expulsant l'ammoniaque.

Quand on la chauffe à 160°, elle commence à s'altérer en développant de l'ammoniaque, dont le dégagement continue jusqu'à 200°. Il paraît alors se former un nouvel alcaloïde, qui précipite les sels de plomb en rouge (Will).

Sinamine chloromercurique. — $C^4H^6N^2$, $2\,HgCl$. — La solution de la S. normale est précipitée par plusieurs solutions métalliques ; mais les précipités ont peu de stabilité. Celui qu'occasionne le bichlorure de mercure paraît présenter la formule indiquée (Will).

Genre *Thiosinamine* RN^2S.

Alcaloïde. L'espèce sulfurée se produit par la combinaison directe du sinapol sulfuré avec l'ammoniaque :

$$C^4H^5NS + NH^3 = C^4H^8N^2S.$$

Thiosinamine sulfurée (combinaison de l'essence de moutarde avec l'ammoniaque, thiosinamine). — $C^4H^8N^2S$. — Pour préparer ce corps, on met dans un flacon à l'émeri l'huile de moutarde ou de raifort en contact avec un excès d'une solution aqueuse d'ammoniaque. Au bout de quelques jours, l'huile a complétement disparu, et, à sa place, on trouve une belle masse de T. sulfurée. Les cristaux, redissous dans l'eau, et traités par le charbon animal, se décolorent parfaitement bien, et se déposent de nouveau par l'évaporation et le refroidissement (Dumas et Pelouze).

Ils sont d'un blanc éclatant, sans odeur, fusibles à 70°, et d'une saveur amère ; ils affectent la forme d'un prisme à base rhomboïdale. Ils se dissolvent dans l'eau, l'alcool et l'éther ; leur solution est neutre.

Chauffés vers 200°, les cristaux donnent une vapeur fort alcaline, qui se condense en une matière huileuse, et il reste un résidu de charbon.

La potasse en dissolution ne les attaque que fort lentement, en produisant du sulfure, du cyanate sulfuré et de l'ammoniaque.

Quand on les distille avec de l'acide sulfurique étendu, on obtient un acide qui, suivant M. Simon, donne, avec les persels de fer, les réactions du cyanate sulfuré (212).

La solution aqueuse et concentrée de la T. sulfurée se comporte comme celle des autres alcaloïdes avec les solutions métalliques ; elle précipite en blanc les deutosels de mercure, en gris le protonitrate de ce métal, en brun jaunâtre le perchlorure d'or, en blanc le nitrate d'argent, etc. (Aschoff).

Elle ne donne pas de sels cristallisables avec les acides sulfurique, nitrique, acétique et oxalique (Will).

Broyée avec de l'oxyde de mercure ou de plomb récemment précipité, la T. sulfurée se dédouble en sinamine normale et hydrogène sulfuré :

$$C^4H^8N^2S = H^2S + C^4H^6N^2.$$

Thiosinamine sulfurée nitro-argentique. — $C^4H^8N^2S, NAgO^3$ (Lœwig et Weidmann). — Une solution concentrée de T. sulfurée donne, avec le nitrate d'argent, un précipité blanc, soluble dans un excès de nitrate d'argent ou de T. sulfurée (Aschoff).

Thiosinamine sulfurée chloro-platinique. — $C^4H^8N^2S, HCl, PtCl^2$. — Précipité jaune et cristallin, qui se forme quand on sature la T. sulfurée par le gaz hydrochlorique, et qu'on précipite à froid la solution par le bichlorure de platine (Will).

Thiosinamine sulfurée chloromercurique. — $C^4H^8N^2S, 4HgCl$. — On l'obtient par le simple mélange du bichlorure de mercure avec une solution hydrochlorique de T. sulfurée (Will).

PAGE 513.

Addition à l'article *Asparagine normale* :

Il résulte des observations de M. Piria que ce corps se développe en grande quantité dans les vesces pendant l'acte de la germination, soit à la lumière, soit dans l'obscurité, pour disparaître de nouveau à l'époque de la floraison de cette plante. On laisse les vesces s'élever jusqu'à un demi-mètre environ ; on en exprime ensuite le jus et on soumet celui-ci à l'évaporation. Il se coagule d'abord de l'albumine en grande quantité ; le liquide rapproché, étant abandonné à lui-même, dépose une grande masse de cristaux qu'on purifie par le charbon animal.

L'A. normale, lorsqu'elle n'est pas d'une pureté parfaite, ne tarde pas à s'altérer au sein de sa solution aqueuse ; au bout d quelques jours, il s'établit dans la liqueur une espèce de fermentation qui entraîne la décomposition totale de la matière; la surface du liquide se couvre de moisissures, et la liqueur exhale l'odeur insupportable des matières en putréfaction. A la place de l'A. on trouve alors du succinate biammoniacal. La même métamorphose se manifeste quand on ajoute à une solution d'A. pure une certaine quantité de jus de vesces (Piria).

Page 516.

Le g. *Alloxantine* devrait se placer dans la huitième famille $= C^8H^{10}N^4O^{10}$.

Page 524.

Le g. *Murexide* devrait se placer dans la huitième famille $= C^8H^8N^8O^4$.

Page 540.

Additions au g. *Valérène* :

Valérène chloré (éther hydrochloramylique). — La densité de sa vapeur a été trouvée égale à 3,77 — 3,84. Chauffé avec une dissolution alcoolique de potasse, sous l'influence d'une certaine pression, il se convertit en amyléther normal (Balard) :

$$2C^5(H^{11}Cl) + (KH)O = C^{10}H^{22}O + KCl + HCl.$$

Page 544.

Additions au g. *Amylol* :

Amylol sulfuré. — La densité de sa vapeur a été trouvée égale à 3,83. Il s'altère spontanément par l'exposition à l'air.

Page 548.

Genre Lactone $R-2O^2$.

Le lactate normal élimine de l'eau et de l'acide carbonique sous l'influence de la chaleur :

$$C^6H^{12}O^6 = 2H^2O + CO^2 + C^5H^8O^2.$$

Lactone normale. — $C^5H^8O^3$. — On l'obtient en soumettant à une douce température les produits de la distillation de l'acide lactique. Lorsque la température a atteint environ 130°, on arrête la distillation ; on lave avec de petites quantités d'eau le liquide distillé ; une partie se dissout dans cette eau, une autre vient nager à la surface ; on enlève celle-ci et on la dessèche sur du chlorure de calcium ; une dernière distillation la donne tout-à-fait pure.

Ce corps se présente sous la forme d'un liquide incolore ou légèrement jaunâtre, dont la couleur se fonce peu à peu au contact de l'air. Il a une saveur chaude et brûlante, une odeur aromatique particulière. Il bout à 92° et brûle avec une flamme bleue (Pelouze).

PAGE 565.

Genre *Séminaphtam* $R-^5N$.

Alcaloïde, produit par l'action du sulfhydrate d'ammoniaque sur le naphtalène binitrique.

Séminaphtam normal (séminaphtalidame). — C^5H^5N. — On dissout le naphtalène binitrique dans l'alcool chargé d'ammoniaque, et l'on sature par l'hydrogène sulfuré. On distille ce liquide tant qu'il dépose du soufre, puis on ajoute de l'eau, on fait bouillir, et l'on filtre vivement la liqueur chaude. Celle-ci dépose, par le refroidissement, une grande quantité d'aiguilles oblongues, déliées, brillantes et d'un rouge de cuivre.

Le S. normal se dissout difficilement dans l'eau froide, mais aisément dans l'alcool et dans l'éther. Sa solution aqueuse est légèrement colorée en jaune brunâtre.

Il fond à 160° et se sublime un peu ; au-dessus de 200°, une partie distille, tandis qu'une autre se décompose.

Si on le met, à l'état sec, en contact avec de l'acide sulfurique concentré, il donne un liquide violet foncé qui reste des mois entiers sans éprouver de changement ; mais une addition d'eau le transforme en une masse de cristaux d'un blanc rougeâtre. Tous les acides hydratés dissolvent d'ailleurs le S. en le décolorant (Zinin).

Séminaphtam sémisulfurique. — $(C^5H^5N)^2,SH^2O^4$. — Poudre blanche et mate, peu soluble à froid dans l'eau et l'alcool ; la solution chaude dépose, par le refroidissement, des lamelles colorées en brun. On voit donc que le sel s'altère par la dissolution.

Séminaphtam hydrochlorique. — C^5H^5N,HCl. — Lamelles blanches d'un éclat argentin, peu solubles dans l'eau et l'alcool. A l'état humide, ce composé s'altère aisément; il ne se sublime pas et se décompose par la chaleur.

Séminaphtam chloromercurique. — Le S. hydrochlorique donne, avec le bichlorure de mercure, un composé très soluble qui cristallise en lamelles d'un éclat argentin et d'un volume souvent considérable.

Séminaphtam oxalique. — Poudre blanche cristallisée, peu soluble dans l'eau et difficilement dans l'alcool et l'éther. Le sel se décompose par la dissolution ; à l'état sec, il se conserve mieux (Zinin).

PAGE 567.

A l'article *Xanthoxyde normal :*

M. Unger a trouvé ce corps dans le guano. Voici comment on l'en extrait : on épuise le guano par l'acide hydrochlorique et l'on précipite la solution par un alcali. Une partie du précipité se dissout dans la potasse caustique ; on sépare l'oxyde xanthique de cette dissolution, à l'aide d'un courant d'acide carbonique ou d'une addition de sel marin ; dans le dernier cas, l'oxyde xanthique se sépare alors à mesure que l'ammoniaque se vaporise. Le corps pulvérulent et jaune ainsi obtenu possède toutes les propriétés que MM. Liebig et Wœhler assignent à l'oxyde xanthique, avec la différence cependant qu'il est soluble dans l'acide hydrochlorique.

M. Unger a observé aussi que l'oxyde xanthique est capable de donner, avec l'acide hydrochlorique et avec d'autres acides, des combinaisons cristallisables.

PAGE 573.

Mésitylène bibromé. — $C^6(H^6Br^2)$. — Quand on verse du brome goutte à goutte dans le M. normal, il se produit beaucoup de chaleur et d'acide hydrobromique, et la masse finit par se solidifier. On purifie le produit par plusieurs cristallisations dans l'alcool (Cahours).

PAGE 574.

A l'article *Ptéléol normal* :

Pour préparer la métacétone, M. Gottlieb recommande de distiller un mélange de 1 p. de sucre et de 3 p. de chaux.

Distillée avec un mélange d'acide sulfurique et de bichromate de potasse, la métacétone donne de l'acide métacétonique $C^3H^6O^2$ de l'acide acétique, et de l'acide carbonique :

$$C^6H^{10}O + O^5 = C^3H^6O^2 + C^2H^4O^2 + CO^2.$$

Genre Allyle $R^{-2}O$?

Isomère des g. ptéléol et valérol.

Quand on distille de l'ail avec de l'eau, il passe une huile pesante, brune et fétide, qui se compose en majeure partie d'un principe sulfuré (sulfure d'allyle), formant le point de départ d'une série de composés nouveaux qui ont été décrits par M. Wertheim (1). L'essence brute renferme en outre une petite quantité d'un autre principe sulfuré, ainsi que d'une huile oxygénée (oxyde d'allyle). 50 kilogr. d'ail fournissent de 100 à 120 grammes d'huile brute.

Allyle sulfuré. — $C^6H^{10}S$? — Pour préparer ce composé, on rectifie l'huile brute dans un bain de sel marin, et l'on distille le produit à plusieurs reprises sur du potassium, jusqu'à ce qu'il n'en soit plus attaqué. Le résidu renferme beaucoup de sulfure de potassium, et il se dégage un gaz inflammable. Ainsi obtenu, l'A. sulfuré possède en plus grande partie les propriétés de l'huile d'ail brute.

C'est un liquide parfaitement incolore, limpide, réfractant beaucoup la lumière; il est moins dense que l'eau. Il est peu soluble dans l'eau, fort soluble dans l'alcool et l'éther.

L'acide nitrique fumant l'attaque avec violence en produisant de l'acide oxalique; la solution étant étendue d'eau, il s'en sépare des flocons jaunâtres.

(1) *Ann. der Chem. u. Pharm.*, t. LI, p. 289.

L'acide sulfurique concentré le dissout avec une teinte pourpre ; l'eau paraît en séparer de nouveau l'huile non altérée.

La plupart des solutions métalliques sont sans action sur le sulfure d'allyle. Mais le bichlorure de platine le précipite en jaune ; le bichlorure de mercure en blanc ; le nitrate d'argent en noir.

Lorsqu'on mélange une dissolution de nitrate d'argent avec de l'essence d'ail, il se produit, au bout de quelque temps, un précipité de sulfure d'argent, en même temps qu'il se forme un corps cristallisé et que la liqueur devient fort acide ; on abandonne le tout pendant 24 heures, puis on fait bouillir et on filtre la liqueur encore bouillante. Par le refroidissement, elle dépose des prismes aplatis et très brillants, souvent groupés sous forme de rayons. Cette combinaison est peu soluble à froid dans l'alcool et l'éther, fort soluble au contraire dans l'eau.

Elle renferme, d'après les analyses de M. Wertheim : $[C^6H^{10}O + 2NAgO^3]$.

Cette combinaison argentique noircit quand on la chauffe à 100° ; chauffée plus fort, elle brûle avec de légères explosions, en laissant de l'argent métallique. L'acide hydrochlorique en précipite tout l'argent à l'état de chlorure, en même temps que le liquide surnageant acquiert une odeur particulière.

L'hydrogène sulfuré en précipite du sulfure d'argent.

Si l'on ajoute de l'ammoniaque à la combinaison argentique, il s'en sépare des gouttelettes huileuses que M. Wertheim considère comme de l'*oxyde d'allyle* $C^6H^{10}O$, mais qu'il n'a pas encore analysées ; l'auteur a seulement constaté que cette huile se concrète au contact d'une dissolution alcoolique de nitrate d'argent, en donnant les cristaux du sel qui vient d'être décrit.

Allyle chloromercurique. — Lorsqu'on mélange ensemble des dissolutions alcooliques concentrées d'essence d'ail et de bichlorure de mercure, il se forme immédiatement un abondant précipité blanc, fort peu soluble dans l'alcool et l'eau. Ce produit noircit à la lumière et encore plus promptement sous l'influence de la chaleur ; délayé dans de la potasse, il met en liberté du bioxyde de mercure jaune.

Allyle chloroplatinique. — Le précipité occasionné dans le sulfure d'allyle par le bichlorure de platine est jaune et presque insoluble dans l'eau, l'alcool et l'éther, et ne s'obtient pas sous forme régulière. L'acide hydrochlorique, l'hydrogène sulfuré et les alcalis ne l'altèrent pas ; mais l'hydrosulfate d'ammoniaque le rend brun et lui enlève tout son chlore sous forme d'hydrochlorate d'ammoniaque, qui reste en dissolution.

Le corps brun dans lequel le corps précédent se convertit par l'hydrosulfate d'ammoniaque renferme : $C^6H^{10}S,2PtS$.

J'ai constaté que l'essence de moutarde se transforme en essence d'ail, par l'action du potassium métallique (1) ; il se forme en même temps du sulfocyanure. Cette métamorphose jette quelque doute sur les formules données par M. Wertheim ; d'ailleurs la propriété que possède l'essence d'ail de se combiner avec les chlorures permet de soupçonner qu'elle renferme de l'azote, comme les alcaloïdes.

PAGE 585.

Addition à l'article *Butyralcool normal :*

Cet éther paraît s'employer fréquemment comme substance aromatisante dans la fabrication du rhum. On peut l'obtenir directement en saponifiant du beurre avec une lessive de potasse concentrée, dissolvant le savon à chaud dans fort peu d'alcool absolu, et traitant la solution par un mélange d'alcool et d'acide sulfurique, jusqu'à ce qu'il se manifeste une forte réaction acide ; ensuite on soumet le tout à la distillation, que l'on continue jusqu'à ce que le produit n'ait plus l'odeur particulière à l'éther butyrique (Will). Naturellement ce produit n'est pas entièrement pur.

Genre Pyrotérébate $R^{-2}O^2$.

Sel unibasique? produit par la distillation sèche de l'acide térébique (425).

Pyrotérébate normal. — $C^6H^{10}O^2$. — Le liquide décrit par M. Rabourdin sous le nom d'*acide pyrotérébique* s'obtient entièrement pur par une ou deux distillations. Il est incolore, oléagineux, réfractant fortement la lumière, et d'une odeur qui rappelle un

(1) *Comptes-rendus des travaux chimiques.* Février 1845.

peu celle de l'acide butyrique; sa saveur est mordicante, un peu éthérée; appliqué sur la langue, il y produit une tache blanche; il est encore liquide à — 20°, et bout au-dessus de 200". Sa densité est de 1,01. Il est inaltérable à l'air. Sa solubilité dans l'eau n'est pas très forte, mais l'alcool et l'éther le dissolvent très bien. Il forme des sels qui ne cristallisent pas; dans les dissolutions un peu concentrées de plomb et d'argent, les sels alcalins font naître un précipité blanc (*Journal de Pharm. et de Chim.*, 3ᵉ série, sept. 1844).

La composition de cet acide en ferait un homologue de l'acide acrylique (3ᵉ fam.) et de l'acide oléique (18ᵉ fam.); pour le vérifier, il faudrait voir si les alcalis hydratés en opéreraient un dédoublement semblable, c'est-à-dire en acétate et en butyrate, car :

$$C^6H^{10}O^2 + 2H^2O = C^2H^4O^2 + C^4H^8O^2 + H^2.$$

PAGE 586.

Addition à l'article g. *Pyroquinol* :

Voici comment M. Wœhler sépare les produits de la distillation sèche de l'acide quinique : on dissout la masse dans une petite quantité d'eau chaude, et on enlève, à l'aide du filtre, la matière goudronneuse qui s'en sépare; la solution dépose, par le refroidissement, des cristaux d'*acide benzoïque;* le liquide filtré est ensuite soumis à la distillation tant qu'il passe une matière huileuse; l'huile condensée est mélangée avec de la potasse, qui la dissout presque tout entière, puis on distille le mélange tant que l'eau qui passe est rendue laiteuse par du *benzène.* La solution potassique est alors brune; on la sature par de l'acide sulfurique étendu, et on distille; de cette manière, il passe du *phénate* et du *salicylol.* Enfin le liquide brun dont ces substances huileuses ont été séparées donne, par la concentration, de nouvelles quantités d'acide benzoïque, et enfin du *pyroquinol.*

M. Wœhler donne à ce dernier corps le nom d'*hydroquinone incolore.*

PAGE 588.

Addition au g. *Quinoïle* :

Nous avons inscrit, t. I, p. 411, dans la 3e famille, le chloranile de M. Erdmann, ainsi que l'acide chloranilique; mais il résulte d'expériences plus récentes que ces corps appartiennent à la 6e famille; le g. anile (p. 411) se confond, en effet, avec le g. quinoïle (p. 588), et le g. anilate devient par cela même bibasique.

Quinoïle quadrichloré. — $C^6Cl^4O^2$. — C'est le chloranile de M. Erdmann, ou notre anile bichloré.

M. Hofmann a obtenu directement le Q. quadrichloré par le Q. trichloré de M. Woskresensky.

En traitant le Q. quadrichloré par l'alcool, et en y versant de l'ammoniaque, M. Laurent obtient de l'anilamide bichlorée (chloranilamide) :

$$C^6Cl^4O^2 + 2NH^3 = C^6(H^4Cl^2)N^2O^2 + 2HCl.$$

Genre *Élaldéhyde* RO^3.

Polymère de l'acétol normal, produit par la réunion de plusieurs molécules de ce corps.

Élaldéhyde normal. — $C^6H^{12}O^3$. — L'acétol normal (233) se convertit souvent, par l'effet d'une influence inconnue, en longues aiguilles transparentes, qui fondent à $+ 2°$, et entrent en ébullition à $+ 94°$. Ce polymère ne brunit pas quand on le chauffe avec la potasse, n'agit pas sur les sels d'argent, et ne se combine pas avec l'ammoniaque. La densité de sa vapeur a été trouvée égale à $4,457 = 2$ vol. (Fehling).

PAGE 592.

A l'article *Lactide normal :*

Ce corps absorbe le gaz ammoniac avec avidité, en produisant de la lactamide normale :

$$C^6H^8O^4 + 2NH^3 = C^6H^{14}N^2O^4.$$

La lactamide normale correspond au lactate biammoniacal moins $2H^2O$.

$$\textit{Genre Lactacide } R^{-2}O^5.$$

Anhydride.

Lactacide normal. — $C^6H^{10}O^5$. — A une température voisine de 130°, le lactate normal élimine H^2O, et se convertit en lactacide normal :

$$C^6H^{12}O^6 = H^2O + C^6H^{10}O^5.$$

Ce dernier résiste à l'action de la chaleur jusque vers 250°; mais alors il se développe du gaz, et l'on obtient du lactide normal :

$$C^6H^{10}O^5 = H^2O + C^6H^8O^4 \text{ (Pelouze)}.$$

Le lactacide normal absorbe $2\,NH^3$, en produisant du lactamate ammoniacal :

$$C^6H^{10}O^5 + 2NH^3 = C^6H^{13}NO^5,NH^3.$$

En qualité d'acide bibasique, le L. normal doit former deux sels ammoniacaux, savoir :

$$C^6H^{12}O^6,2NH^3 \text{ et } C^6H^{12}O^6,NH^3.$$

Or, les amides correspondants à chacun d'eux ont été obtenus par M. Pelouze avec les deux anhydrides de l'acide lactique.

PAGE 593.

Coménate ammoniacal. — $C^6H^4O^5,NH^3 + aq.$ — Quand on mélange une dissolution chaude de C. normal avec un léger excès d'ammoniaque, la liqueur jaunit légèrement; par l'évaporation dans le vide, elle donne une masse confuse de petits prismes, qui perdent 9 p. c. d'eau par la dessiccation à 100° (Stenhouse).

Coménate biplombique. — $C^6(H^2Pb^2)O^5$. — L'acétate de plomb neutre occasionne, dans une solution de C. normal, un précipité blanc et grenu, qui se redissout dans un excès d'acide coménique; le précipité obtenu par l'acétate de plomb et le C. ammoniacal présente la même composition (Stenhouse).

Coménate bicuivrique. — $C^6(H^2Cu^2)O^5 + aq.$ — Si l'on mélange une solution de sulfate de cuivre avec une solution chaude de C.

normal, la couleur bleue du liquide passe au vert foncé, et au bout de quelques instants il se dépose un précipité cristallin, qui a la couleur du vert de Schweinfurt (Stenhouse).

Il est dit par erreur, page 592, que le g. coménate est un sel unibasique; il faut lire *bibasique*.

PAGE 594.

Addition au g. *Mannite* :

M. Stenhouse a constaté la présence de la mannite dans les algues suivantes : *Laminaria saccharina* (12 p. c.), *Halydris siliquosa* (5 à 6 p. c.), *Laminaria digitata* (moins que les précédentes), *Alaria esculenta*, *Fucus serratus* (le produit est un peu mélangé de matière colorante), *Rodomenia palmata* (environ 2 p. c.), *Fucus vesiculosus* (1 ou 2 p. c.), *Fucus nodosus* (fort peu).

Quand on chauffe un mélange de sulfate de cuivre et de mannite, celle-ci empêche complétement la précipitation du cuivre par la potasse; on sait que, dans les mêmes circonstances, le glucose fournit du protoxyde de cuivre. De même, la mannite se dissout sans coloration dans une dissolution bouillante de potasse ou de soude, tandis que le glucose prend par ces agents une teinte brun foncé.

Suivant les expériences de MM. Knop et Schnedermann, la substance sucrée qui a été désignée par M. Braconnot sous le nom de *sucre de champignon*, et qu'il avait extraite de l'*Agaricus pipperatus*, n'est aussi que de la mannite.

PAGE 612.

Genre Sulfomannitate $R+^2S^3O^{15}$.

Sel copulé tribasique. Quand on dissout de la mannite (383) dans l'acide sulfurique concentré, il se produit du S. normal :

$$C^6H^{14}O^6 + 3SH^2O^4 = C^6H^{14}S^3O^{15} + 3H^2O.$$

Les S. se décomposent aisément, par l'échauffement, en mannite normale et en sulfates.

Sulfomannitate normal (acide sulfomannitique). — $C^6H^{14}S^3O^{15}$. — La mannite pure se dissout dans l'acide sulfurique concentré sans coloration ; si l'on étend d'eau et qu'on sature par le carbonate de plomb, à une douce chaleur, on obtient la solution d'un sel de plomb fort acide, et qui se décompose, par une forte concentration, en sulfate de plomb et mannite. Tous les sulfomannitates éprouvent d'ailleurs, par la chaleur, une décomposition semblable (Knop et Schnedermann).

Sulfomannitate potassique. — $C^6(H^{11}K^3)S^3O^{15}$. — On le prépare par double décomposition du sel de plomb avec le sulfate de potasse : c'est un sel gommeux, fort déliquescent. Le *sel de soude* s'obtient de la même manière.

Sulfomannitate barytique. — $C^6(H^{11}Ba^3)S^3O^{15}$. — Il se prépare avec le carbonate, et s'obtient, par une douce évaporation, sous la forme de grains cristallins ; si on le concentre trop, il se prend en une masse gélatineuse, mélangée d'un peu de sulfate ; il est insoluble dans l'alcool, et sa solution en est précipitée sous la forme d'une poudre cristalline. Le *sel de plomb* donne une masse amorphe et déliquescente.

PAGE 612.

Addition au g. *Aniline :*

L'A. normale se forme en très petite quantité quand on fait passer la salicylamide n. (435) sur de la chaux chauffée au rouge faible : cependant il passe beaucoup d'ammoniaque, du phénate n., et il reste beaucoup de charbon.

Elle se produit aisément et en quantité notable quand on fait passer du benzoène nitrique (405) sur de la chaux chauffée au rouge. On a d'ailleurs :

$$C^7(H^7X) = C^7H^7NO^2 = CO^2 + C^6H^7N.$$

Quand on traite le benzoène nitrique par une dissolution alcoolique de potasse, il s'en produit aussi.

On l'obtient aussi dans la préparation de l'azobenzide de M. Mitscherlich (394) ; le résidu retient de l'oxalate, formé par l'oxydation de l'alcool.

Enfin M. Hofmann vient de s'assurer par des expériences directes que l'isatine n. fournit de l'A. normale quand on la dissout dans la potasse et qu'on distille le mélange.

Le même chimiste a soumis à un semblable traitement les espèces chlorées et bromées du genre isatine, et il est parvenu à produire ainsi des alcalis appartenant au genre A. et renfermant du chlore ou du brome. Le travail de M. Hofmann sur ce sujet est fort complet, et se fait remarquer par une précision et une netteté peu communes.

Aniline chlorée. — $C^6(H^6Cl)N$. — Lorsqu'on soumet à la distillation un mélange d'isatine chlorée dissoute dans une lessive de potasse, et de potasse caustique en morceaux, il passe une huile qui se concrète dans le récipient en une masse blanche et cristalline. Si l'on opère avec soin, il ne passe pas d'ammoniaque. Cependant les dernières portions en dégagent, et alors il passe une huile qui ne se concrète plus, en même temps qu'on obtient aussi une matière bleue solide. Nous verrons plus tard que cette huile n'est que de l'A. normale. Dès que cette décomposition secondaire s'établit, on arrête la distillation.

La matière cristalline n'est autre chose que l'A. chlorée. On la lave d'abord sur un filtre avec de l'eau distillée pour enlever l'ammoniaque; puis on la dissout dans l'alcool bouillant qui la dépose par le refroidissement en octaèdres réguliers.

Les cristaux d'A. chlorée ont souvent une assez forte dimension; ils ne s'altèrent pas à l'air; ils se dissolvent aisément dans l'éther, l'esprit de bois, les essences et les huiles grasses. L'eau ne les dissout que fort peu.

L'odeur de ce corps est vineuse et agréable comme celle de l'A. normale pure; sa saveur est âcre et caustique.

Les cristaux fondent à environ 60° c. et se concrètent par le refroidissement en une masse radiée.

Cet alcaloïde est fort volatil; sa solution alcoolique ne peut pas être évaporée sans qu'il s'en perde; de même il passe à la distillation avec les vapeurs d'eau. Distillé seul, il se décompose en partie, en donnant une petite quantité d'un corps bleu, celui-là même qui se produit dans la préparation de l'A. chlorée.

Il est plus pesant que l'eau; sa solution n'altère pas la couleur du curcuma ni du tournesol rougi, mais elle verdit légèrement le papier de dahlia.

Voici les principales réactions du nouvel alcaloïde chloré. Comme celle de l'A. normale, la solution de l'A. chlorée dans les acides colore en jaune intense le bois de pin et la moelle de sureau ; mais elle ne présente pas la coloration violette avec le chlorure de chaux ; elle n'est pas non plus colorée en noir ou en bleu verdâtre par l'acide chromique aqueux. Toutefois, les cristaux de l'A. chlorée se résinifient au contact de l'acide chromique, et la réaction peut aller jusqu'à l'inflammation de l'alcaloïde si l'acide chromique est sec.

Le perchlorure de fer n'en est pas précipité, mais la solution verdit par suite d'une réduction partielle ; et si l'on chauffe, il se sépare un produit noir violacé soluble dans l'alcool. Les solutions des protosels de fer, du sulfate d'alumine et du sulfate de zinc n'en sont pas précipitées. Le chlore a donc affaibli les caractères alcalins du système aniline.

Le deutosulfate de cuivre n'est pas non plus précipité par la solution aqueuse de l'A. chlorée ; mais si l'on jette un cristal de cet alcaloïde dans la solution bouillante du sel de cuivre, elle se décolore peu à peu, en séparant une masse cristalline couleur de bronze, soluble dans l'alcool bouillant, et cristallisant dans ce liquide en paillettes. C'est probablement une combinaison double de sulfate de cuivre et d'A. chlorée.

De semblables composés doubles sont précipités par la solution aqueuse de cet alcaloïde, dans les solutions des bichlorures de mercure, de platine et d'or.

La facilité avec laquelle l'A. chlorée cristallise se retrouve dans presque tous ses sels. La plupart d'entre eux se déposent à l'état d'une bouillie cristalline, quand on mêle avec les acides une solution alcoolique de l'alcaloïde ; on les purifie par une nouvelle cristallisation dans l'eau ou l'alcool. A l'exception du sel de platine et de palladium, ils sont tous incolores ; un excès d'acide leur communique une teinte violette.

Nous avons déjà fait remarquer que l'A. chlorée ne possède aucune réaction alcaline ; cette circonstance est cause que, tout en se combinant avec les acides, cet alcaloïde n'en détruit pas la réaction. En effet, tous les sels de l'A. chlorée ont une réaction acide.

Les alcalis caustiques et carbonatés séparent l'A. chlorée de la solution de ses solutions, sous la forme d'un précipité cristallin ; l'ammoniaque agit de même. D'un autre côté, l'A. chlorée peut déplacer celle-ci , si on la fait agir à l'état sec et à chaud sur le sel ammoniac.

Aniline chlorée semisulfurique. — $[C^6(H^6Cl)N]^2,SH^2O^4$. — On l'obtient sous la forme d'une bouillie cristalline , quand on ajoute quelques gouttes d'acide sulfurique à une solution alcoolique de l'A. chlorée. Cristallisé dans l'eau bouillante, ce sel s'obtient sous la forme de feuillets confus qui ont ordinairement un léger reflet violet. Il ne se volatilise pas sans décomposition.

Aniline chlorée oxalique (sel acide). — $C^6(H^6Cl)N,C^2H^2O^4$ + aq. — On l'obtient en dissolvant l'A. bichlorée à chaud dans une solution aqueuse d'acide oxalique ; le sel se dépose , par le refroidissement , et s'obtient par une nouvelle cristallisation sous la forme de longues aiguilles semblables au salpêtre. Il est peu soluble dans l'eau froide et dans l'alcool ; sa solution se colore à l'air et dépose peu à peu une poudre rouge.

L'oxalate neutre n'a pas pu être obtenu ; il est curieux de voir, d'un autre côté, que l'A. normale ne donne qu'un sel neutre, lors même qu'on la mélange avec un excès d'acide oxalique.

Aniline chlorée nitrique. — Elle s'obtient en beaux feuillets , très solubles dans l'eau et l'alcool, et se fondant par la chaleur en une masse foncée qui se dissout dans l'alcool avec une belle couleur violette.

Aniline chlorée hydrochlorique. — $C^6(H^6Cl)N,HCl$. — Une solution de l'A. chlorée dans l'acide hydrochlorique, saturée à l'ébullition, se prend, par le refroidissement, en gros cristaux qui se laissent sublimer sans altération , comme du sel ammoniac, si on les chauffe avec précaution.

Le chloroplatinate s'obtient en paillettes jaunes ; il s'altère peu à peu au contact de la lumière.

Sous l'influence des agents de décomposition, l'A. chlorée paraît éprouver les mêmes métamorphoses que l'A. normale; le chlore paraît y être tout-à-fait sans influence, et entre dans la composition des nouveaux produits pour y remplacer l'hydrogène. M. Hofmann se propose de revenir sur ces métamorphoses dans un autre travail ; il n'en indique provisoirement que les plus saillantes.

Lorsqu'on jette des cristaux d'A. chlorée dans un mélange de chlorate de potasse et d'acide hydrochlorique, le liquide se colore en violet, se trouble et brunit ; il se produit alors du chloranile ($C^6Cl^4O^2$) en paillettes jaunes.

Si l'on ne laisse pas la réaction aller jusqu'au bout, il se produit les acides chlorés dérivés du g. phénate (acides chlorophénisique et chlorophénusique de M. Laurent).

Lorsqu'on fait agir du chlore sur l'A. normale dissoute dans l'acide hydrochlorique ; le liquide se colore en violet, se trouble et sépare une masse brune et résinoïde. Le tout étant soumis à la distillation, il passe une substance indifférente qui se dépose dans le col de la cornue en cristaux aciculaires ; ceux-ci ne sont autre chose que l'A. trichlorée. Mais cette substance, bien que rentrant dans le type aniline, n'offre plus de caractères alcalins ; on a vu d'ailleurs que l'alcalinité de l'A. unichlorée était déjà plus faible que celle de l'alcaloïde normal. La formation de l'A. trichlorée est d'ailleurs aussi accompagnée de celle d'une certaine quantité d'acide chlorophénisique.

M. Hofmann s'est assuré par des expériences directes que l'aniline chlorée donne les mêmes produits.

On sait, par les expériences de M. Fritzche, que le brome convertit l'A. normale en A. tribromée (bromaniloïde) qui est indifférent comme le corps chloré correspondant ; l'aniline chlorée produit un corps semblable, seulement il renferme $C^6(H^4Cl Br^2)N$.

L'acide nitrique bouillant attaque vivement l'A. chlorée, et produit, suivant les circonstances, une matière résineuse ou des aiguilles dorées semblables à l'acide nitro-picrique, mais dont la composition n'a pas été examinée.

Les exemples de régénération des substances hydrogénées par les corps chlorés appartenant au même type sont, jusqu'à présent, bien peu connus ; M. Hofmann en signale un qui mérite de fixer l'attention des chimistes : c'est la régénération de l'A. normale par l'A. chlorée. Il suffit, en effet, pour la réaliser, de chauffer au rouge faible de la chaux et d'y faire passer l'A. chlorée ; il passe alors une huile qui n'est autre chose que de l'A. normale ; elle est accompagnée d'ammoniaque, en même temps que le résidu retient du chlorure de calcium et une grande quantité de charbon.

Cette régénération explique la formation de l'A. normale qui se manifeste ordinairement dans les derniers moments de l'action de la potasse sur l'isatine chlorée.

Aniline bichlorée. — $C^6(H^5Cl^2)N.$ — L'isatine bichlorée étant assez difficile à obtenir à l'état de pureté, M. Hofmann s'est borné à faire agir la potasse sur le mélange d'isatine chlorée et d'isatine bichlorée, tel qu'on l'obtient par l'action directe du chlore sur l'indigo; le produit de la distillation renfermait, outre l'aniline chlorée, une autre substance cristallisant en prismes allongés, et qui était, sans aucun doute, l'A. bichlorée. Nous verrons d'ailleurs tout-à-l'heure que l'analyse du corps bromé correspondant justifie la formule que M. Hofmann assigne à ce produit.

Aniline trichlorée. — $C^6(H^4Cl^3)N.$ — On sait que l'isatine trichlorée n'a pas encore été obtenue; l'aniline trichlorée ne pouvait donc pas se préparer par le procédé à l'aide duquel les deux bases chlorées précédentes ont été isolées. Du reste, elle se forme toujours par l'action directe du chlore sur l'aniline normale et sur l'aniline chlorée, et M. Hofmann a démontré que le chlorindatmite de M. Erdmann n'est autre chose que cette aniline trichlorée.

Lorsqu'on soumet à la distillation avec de la potasse le produit brut de l'action du chlore sur l'A. normale ou l'A. chlorée, produit qui se compose d'un mélange d'A. trichlorée et d'acide chlorophénisique, ce dernier reste en combinaison avec la potasse, tandis que l'aniline trichlorée passe avec les vapeurs d'eau, et se dépose dans le récipient sous la forme de longues aiguilles. Comme cette substance est fort volatile, il faut avoir soin de refroidir le récipient.

L'A. trichlorée n'est que fort peu soluble dans l'eau, mais elle se dissout aisément dans l'alcool et l'éther. Elle ne possède plus de propriétés alcalines.

Aniline chloro-bibromée. — $C^6(H^4ClBr^2)N.$ — M. Hofmann a essayé d'obtenir une A. renfermant à la fois du chlore et du brome, en préparant d'abord une isatine contenant ces deux éléments; mais il n'a pu réussir à produire une semblable isatine. L'action directe du brome sur l'aniline chlorée lui a donné, à cet égard, de meilleurs résultats.

On sait que l'A. normale, par l'action directe du brome, donne de l'aniline tribromée; il était donc à prévoir qu'en faisant agir du brome sur l'A. chlorée, on enlèverait deux autres équivalents d'hydrogène.

En effet, si l'on arrose de brome les cristaux de cet alcaloïde, la réaction est très vive, et le produit prend une teinte violette. On continue l'addition de brome jusqu'à ce que la matière maintenue en fusion n'en soit plus attaquée. On lave le produit avec de l'eau, et on le soumet à une nouvelle cristallisation dans l'alcool.

On obtient ainsi l'A. chloro-bibromée en prismes incolores ou légèrement colorés en rouge, entièrement insolubles dans l'eau, solubles dans l'alcool et l'éther. Elle fond dans l'eau bouillante en une huile brune qui se volatilise aisément avec les vapeurs d'eau, et se dépose dans le récipient en aiguilles brillantes.

L'A. chloro-bibromée ne possède plus de propriétés alcalines. Elle se dissout dans l'acide hydrochlorique bouillant ; mais la plus grande partie se dépose par le refroidissement sans être altérée. L'acide sulfurique concentré la dissout en se colorant en violet ; la solution est précipitée par l'eau.

L'acide nitrique la décompose. Elle n'est attaquée ni par la potasse ni par l'ammoniaque ; elle ne se combine pas avec les bichlorures de platine et de mercure.

Aniline bromée. — $C^6(H^6Br)N$. — Suivant les expériences de M. Hofmann, l'isatine bromée s'obtient aisément quand on fait agir sur l'isatine normale une dissolution aqueuse de brome ; même à la lumière solaire, il ne se forme alors que de l'isatine bromée. Celle-ci étant soumise à la distillation avec de la potasse, présente absolument les mêmes phénomènes que l'isatine chlorée. En effet, on obtient de l'A. bromée sous la forme d'octaèdres réguliers et incolores, dont la ressemblance physique avec l'A. chlorée est aussi grande que celle qui existe entre le sel marin et le bromure de potassium.

L'A. bromée fond à 50° en une huile violette qui se concrète de nouveau à 46°. Elle possède d'ailleurs l'odeur, la saveur et les autres propriétés de la base chlorée correspondante.

Les sels de l'A. bromée colorent le bois de pin en jaune, comme le font ceux de l'aniline normale et de l'aniline chlorée. La solution aqueuse de l'A. bromée prend, avec une solution de chlorure de chaux, une couleur violette bien plus faible que celle que déterminent les sels d'aniline normale ; les sels de l'A. bromée prennent, par le chlorure de chaux, une teinte brun-rougeâtre.

Parmi les combinaisons de l'A. bromée, M. Hofmann a analysé l'oxalate neutre $[C^6(H^6Br)N]^2,C^2H^2O^4$, l'hydrochlorate $C^6(H^6Br)N$, HCl et le chloroplatinate $C^6(H^6Br)N,HCl,PtCl^2$. Ils sont tous cristallisés ; l'hydrochlorate surtout s'obtient souvent en cristaux assez volumineux.

Aniline bibromée. — $C^6(H^5Br^2)N$. — Quand on distille l'isatine bibromée avec de l'hydrate de potasse, il passe une huile qui se concrète par le refroidissement, et qui constitue l'A. bibromée. Celle-ci cristallise dans l'alcool en prismes tétragones à base rhombe, aplatis, et qui ont souvent une belle dimension.

Cet alcaloïde est peu soluble dans l'eau bouillante. Il fond entre 50 et 90" en une huile foncée qui reste longtemps liquide après le refroidissement, et que l'agitation concrète immédiatement. La solution de l'alcaloïde, comme celle de l'A. normale, dans les acides, colore en jaune le bois de pin.

Les caractères basiques de l'A. bibromée sont bien moins prononcés que ceux de l'A. bromée ; elle se dissout d'ailleurs dans les acides et en est précipitée par les alcalis. Sa solution dans l'acide hydrochlorique donne, avec le bichlorure de platine, le précipité orangé et cristallin qui est si caractéristique pour les bases organiques.

Elle se combine avec les acides en donnant des sels cristallisables ; mais ces combinaisons ont bien moins de stabilité que les sels de l'A. bromée.

Une solution bouillante de l'A. bibromée dans l'acide hydrochlorique dépose, par le refroidissement, des cristaux d'hydrochlorate qui ont la forme de branches de palmier, et qui renferment $C^6(H^5Br^2)N,HCl$. Mais cette combinaison se décompose déjà quand on la dissout dans l'eau chaude, et alors l'A. bibromée vient se rendre à la surface sous forme de gouttelettes huileuses, incolores. Cette décomposition se présente aussi quand on dissout la base dans un grand excès d'acide hydrochlorique et qu'on abandonne le liquide sur de la chaux placée sous une cloche ; on obtient des cristaux qui ne se composent presque que de la base pure.

Aniline tribromée. — Cette combinaison a été découverte, il y a quelque temps, par M. Fritzsche, et désignée par lui sous le nom de bromaniloïde. Il l'avait obtenue par l'action directe du brome sur l'A. normale. M. Hofmann l'a aussi préparée avec l'A. bromée. Il est évident que l'A. bibromée l'aurait pareillement donnée.

Comme l'A. trichlorée, l'A. tribromée est privée de propriétés basiques; elle ne se combine ni avec les acides ni avec les alcalis, ainsi que M. Fritzsche l'a déjà indiqué.

Il faudra nécessairement, à l'avenir, placer l'A. normale et les espèces chlorées et bromées dans des genres distincts de ceux de leurs sels. Cette classification exigera aussi un changement dans la nomenclature; nous l'aurions suivie, si, en commençant cet ouvrage, nous avions eu des matériaux suffisants.

Genre Anilamide $R-{}^6N^2O^2$.

Amide, produite par l'action de l'ammoniaque alcoolique sur le quinoïle quadrichloré (anile bichloré) :

$$C^6Cl^4O^2 + 2NH^3 = C^6(H^4Cl^2)N^2O^2 + 2HCl.$$

On sait qu'il se forme une autre amide par l'action de l'ammoniaque aqueuse sur le même corps (g. anilam, t. I, p. 616); mais alors on a :

$$C^6Cl^4O^2 + NH^3 + H^2O = C^6(H^3Cl^2)NO^3 + 2HCl.$$

Anilamide bichlorée (chloranilamide). — $C^6(H^4Cl^2)N^2O^2$. — Quand on chauffe légèrement un mélange de quinoïle quadrichloré, d'alcool et d'ammoniaque, la liqueur devient rouge-brun, une partie de la matière se dissout (la liqueur renferme de l'anilam bichloro-ammoniacal), tandis qu'une autre reste sous la forme d'un précipité brun-rouge. On le lave d'abord avec de l'alcool, puis on le fait dissoudre dans ce liquide, en y ajoutant un peu de potasse, et en chauffant légèrement. Aussitôt que la dissolution est opérée, on filtre, s'il est nécessaire; puis, pendant qu'elle est encore chaude, on neutralise la potasse par un acide; il se forme presque immédiatement un précipité cristallin rouge-brun qui est d'autant plus beau que l'on a employé plus d'alcool et que la dissolution a été plus chaude. Il ne faut cependant pas trop chauffer; parce que la potasse détruirait le produit. On obtiendrait, sans doute, ce corps en plus grande quantité, si l'on versait de l'alcool absolu sur du quinoïle quadrichloré et qu'on y fît passer un courant de gaz ammoniac (Laurent).

A l'état sec, l'A. bichlorée se présente sous la forme d'une poudre cristalline, aciculaire, cramoisi foncé et à reflet presque métallique. Elle est insoluble dans l'eau, presque insoluble dans l'alcool et dans l'éther. Lorsqu'on la chauffe avec précaution sur une lame de verre, elle se sublime en partie, tandis qu'une autre portion se détruit.

L'acide hydrochlorique, même bouillant, ne l'attaque pas. L'acide sulfurique concentré la dissout, avec une couleur violacée; l'eau l'en sépare presque en totalité. L'ammoniaque ne la dissout pas.

La potasse bouillante en développe de l'ammoniaque et la convertit en anilate bichloro-bipotassique :

$$C^6(H^4Cl^2)N^2O^2 + 2(KH)O = 2NH^3 + C^6(K^2Cl^2)O^4.$$

—

PAGE 21.

En parlant de la décomposition du benzoate calcique par la chaleur, on a donné, par erreur, une équation dans laquelle figure de l'oxyde de carbone. Ce corps ne se forme pas dans la réaction. Voyez d'ailleurs g. *Benzone*.

PAGE 30.

Au lieu de *tannin*, 9ᵉ fam., lisez 18ᵉ *fam*.

PAGE 40.

Genre Formanilide.

Anilide, isomère des g. benzamide et salhydramide ; produit de l'action de la chaleur sur l'oxalate d'aniline.

L'oxalate d'aniline est :

$$[C^2H^2O^4, 2C^6H^7N] = C^{14}H^{16}N^2O^4.$$

Or, on a :

$$C^{14}H^{16}N^2O^4 = 2H^2O + \underbrace{C^{14}H^{12}N^2O^2}_{\text{Oxanilide}}$$

$$= H^2O + CO^2 + \underbrace{C^6H^7N}_{\text{Aniline.}} + C^7H^7NO$$

$$\underbrace{C^7H^7NO}_{\text{Formanilide.}} + CO + \underbrace{C^6H^7N.}_{\text{Aniline.}}$$

Formanilide normale. — C^7H^7NO. — Nous avons dit plus haut (610 *a.*) que la formation de l'oxanilide est accompagnée de celle d'un autre corps qui se dissout dans l'alcool. On chauffe la solution pour en chasser la plus grande partie du véhicule, et on fait bouillir avec de l'eau ; de cette manière, la petite quantité de matière brune ou rouge, qui a pu se former par l'altération du sel d'aniline à l'air, se sépare à l'état insoluble, et l'on a en dissolution de la formanilide parfaitement pure. Si l'on évapore davantage la solution aqueuse, la formanilide se sépare peu à peu à l'état de gouttelettes huileuses et incolores, qui se réunissent au fond du vase ; ce produit conserve l'état liquide, même après le refroidissement : aussi ne faut-il pas pousser l'évaporation jusqu'au point où les gouttelettes huileuses commencent à se séparer. Il vaut mieux abandonner la solution saturée à l'évaporation spontanée.

La F. normale se dépose alors peu à peu en prismes rectangulaires très aplatis, et terminés en pointe comme des fers de lance ; ces cristaux sont ordinairement très longs et enchevêtrés ; j'en ai eu deux ou trois fois qui avaient plus de 3 centimètres de long, et qui étaient parfaitement déterminés. Leur ressemblance avec les cristaux de l'urée est si grande, que je les prenais pour l'urée anilique (la carbanilide), avant que l'analyse m'en eût fait saisir la véritable nature.

Ce corps est assez soluble dans l'eau, et surtout à chaud, mieux encore dans l'alcool ; la solution aqueuse a une saveur légèrement amère, et n'agit pas sur les papiers réactifs. A l'état sec, il fond à 46° ; la matière fondue peut être refroidie bien au-dessous de cette température, avant de se concréter ; mais il suffit alors de l'agiter avec une baguette pour que la solidification se fasse immédiatement. Dans l'eau, il fond encore plus aisément, et, chose singulière, il reste alors liquide ; il conserve aussi sa liquidité quand il a été distillé. Au bain-marie, il émet déjà des vapeurs.

A froid, les acides et les alcalis étendus n'agissent pas sur ce corps ; cependant la décomposition se fait à la longue, et encore plus promptement si l'on fait bouillir. Ainsi, par exemple, l'acide chromique étendu ne le colore pas, le mélange ne verdit qu'au bout d'un temps assez long ; mais si l'on a fait bouillir préalablement la formanilide, pendant quelques secondes seulement, avec de l'acide sulfurique, l'acide chromique y détermine immédiatement la réaction caractéristique de l'aniline.

A froid, la potasse étendue ne l'altère pas ; mais quelques se

condes d'ébullition avec cet agent suffisent pour mettre de l'aniline en liberté. De même, l'acide sulfurique étendu n'y agit pas
à froid ; quand on chauffe, il se développe l'odeur caractéristique
de l'acide formique ; et, si l'on condense les vapeurs, on trouve
que le liquide acide réduit le nitrate d'argent.

Enfin, je me suis assuré que la F. normale, chauffée avec de
l'acide sulfurique concentré, développe de l'oxyde de carbone
pur, sans noircir, tandis que le résidu renferme un sel copulé,
le même qui est fourni, dans ces circonstances, par l'oxanilide,
et qui est une anilide acide, l'acide sulfanilique.

Page 276.

Dans la préparation du parasalicyle, il est dit qu'il reste du
salicylate cuivrique pour résidu ; lisez salicylate cuivreux.

THÉORIE DES HOMOLOGUES.

Dans les pages précédentes, j'ai dû me borner à donner la partie artificielle de ma classification, en rangeant, suivant un ordre méthodique, tous les corps qui ont été analysés, et sur l'histoire desquels on possède quelques renseignements précis. Il m'a fallu nécessairement supprimer les substances qu'on ne connaît que de nom ou dont la nature est douteuse. Aujourd'hui d'ailleurs, où les corps se multiplient si prodigieusement, par suite du perfectionnement de nos procédés d'investigation, la connaissance de leur composition est une condition indispensable pour les classer. Cette connaissance, jointe à celle d'une ou de deux métamorphoses bien nettes, est d'un intérêt scientifique bien plus puissant que ces descriptions longues et détaillées qu'on nous donne souvent, sans analyses, sur des matières nouvelles.

La chimie est la science des métamorphoses ; son but est la recherche des principes d'après lesquels les corps résultent les uns des autres, et l'on n'arrive à ces principes qu'en recherchant la *composition des corps*, pour trouver le plus et le moins dans la proportion de leurs éléments. A cet égard, l'analyse donne les renseignements les plus complets ; mais ce n'est pas tout. Les nombreux travaux qui ont été faits dans ces dernières années ont prouvé jusqu'à l'évidence que les propriétés des corps dépendent non seulement des proportions, mais encore du *groupement des éléments*, c'est-à-dire de la disposition relative des molécules. Souvent même cette condition est plus importante que la *nature des éléments*.

On arrive, par l'observation directe, à connaître d'une manière absolue la composition des corps et la nature de leurs éléments ; mais la disposition des atomes, le mode de groupement, ne peut s'apprécier que d'un manière relative. En se fondant sur la forme cristalline et sur l'analogie des propriétés, on sait, par exemple, que dans tel corps les atomes sont groupés comme dans tel autre, mais on ignore comment ils le sont dans les deux.

Quoi qu'il en soit, il est nécessaire, avant tout, d'étudier à fond les questions dont l'expérience nous donne la solution directe; il faut donc d'abord approfondir les métamorphoses, chercher des rapports de génération entre des substances diverses, et formuler ces rapports par des équations générales. Ce travail conduit à trouver des *séries homologues*, c'est-à-dire des groupes de corps qui présentent entre eux une connexion telle qu'on puisse, à l'aide de la composition, des fonctions chimiques et des métamorphoses d'un seul individu pris dans un semblable groupe, prévoir la composition, les fonctions chimiques et les métamorphoses de tout autre individu faisant partie du même groupe.

Cette étude comparative est indispensable si l'on veut établir une classification naturelle. J'ai déjà essayé, dans la première partie de ce livre (t. I, p. 17), de donner un aperçu de quelques groupes homologues; mais les développements qui s'y trouvent ne sont pas assez complets, et il est nécessaire que j'y revienne avec plus de détails.

Puisque la chimie est la science des métamorphoses, une classification naturelle des substances organiques doit donc se baser, comme je l'ai dit ailleurs (t. I, p. 22), sur leur *parenté chimique*, ou, pour me servir d'une expression de M. Laurent, sur leur *génération;* elle exige, en conséquence, une connaissance exacte de la composition et des métamorphoses d'un corps.

Toutes les substances organiques sont parentes, car elles naissent toutes des mêmes corps générateurs, l'acide carbonique CO^2, l'eau H^2O et l'ammoniaque NH^3, et toutes peuvent de nouveau retourner à ces formes primitives.

Mais elles ne sont pas parentes au même degré; car, par exemple, l'acide formique CH^2O^2, et les autres dérivés de l'esprit de bois, précèdent immédiatement l'acide carbonique, l'eau et l'ammoniaque, tandis qu'entre ces corps générateurs et le sucre $C^{12}H^{22}O^{11}$, par exemple, il existe une infinité de termes intermédiaires; l'acide formique est donc un plus proche parent de l'acide carbonique que ne l'est le sucre.

L'acide benzoïque $C^7H^6O?$ est plus rapproché de l'huile d'amandes amères C^7H^6O qu'il ne l'est de l'huile de cannelle C^9H^8O, et cependant l'une et l'autre huile se convertissent en acide benzoïque sous l'influence des oxydants ; mais l'huile d'amandes amères fixe simplement O, tandis qu'entre l'huile de cannelle et l'acide benzoïque il y a encore une série de corps intermédiaires.

Si nous n'avons pas encore transformé le sucre en acide benzoïque ou en huile de cannelle, ce n'est pas que cela soit impossible, il ne faut s'en prendre qu'à l'imperfection de nos connaissances ; on ne peut donc pas dire qu'il n'y ait aucune parenté entre le sucre et l'acide benzoïque, il en existe une bien certainement ; mais nous ne connaissons pas les agents à l'aide desquels il faut parcourir toutes les métamorphoses pour arriver à ce résultat final.

Quand j'ai adopté mon échelle de combustion et ma classification en échelons ou familles, je l'ai fait dans la conviction que toutes les substances organiques étaient parentes, et que nous devions arriver un jour à les transformer toutes les unes dans les autres. Aujourd'hui, où la science est encore si imparfaite, je conçois qu'on soit surpris de trouver le sucre dans la même famille que le sulfobenzide, par cela seul qu'ils renferment l'un et l'autre C^{12}. Mais qu'un chimiste tombe demain sur une réaction heureuse pour faire de l'acide benzoïque avec du sucre, et cette classification sera naturelle. Quand j'eus placé (t. I, p. 512) l'asparagine à côté de l'acide succinique et la succinamide, dans la quatrième famille, on ne connaissait encore aucune réaction pour convertir l'asparagine en acide succinique ; mais j'avais présent à l'esprit que toutes les substances organiques étaient parentes, et j'avais foi dans les progrès de la science. On sait maintenant que M. Piria a effectué cette métamorphose.

D'ailleurs ma classification n'est pas pour ceux qui commencent l'étude de la chimie ; elle s'adresse plus spécialement à ceux qui la comprennent déjà et qui cherchent des rapports précis pour découvrir, à leur aide, des faits nouveaux. C'est une espèce de dictionnaire où tous les mots sont rangés d'après un ordre méthodique ; elle ne peut que gagner à mesure que la science se développe, car il y a encore énormément de lacunes à remplir. S'il n'y avait à considérer dans la composition des corps que la nature des éléments et les rapports dans lesquels ils sont combinés, la classification par échelons pourrait suffire; mais, comme je l'ai dit, il y a encore autre chose, c'est le mode de groupement des éléments ou la constitution moléculaire des corps qu'on cherche à exprimer par ce qu'on appelle les *formules rationnelles*.

J'ai également fait observer qu'on ne peut connaître cette constitution que d'une manière relative; les formules rationnelles n'ont donc aussi qu'une valeur relative, et doivent varier à l'infini, suivant les relations qu'on cherche à faire ressortir sur le papier.

Une formule rationnelle est toujours l'expression d'une métamorphose, d'une réaction ; un corps dont on ne connaît pas de métamorphose ne peut donc pas s'exprimer par une formule rationnelle, et il serait tout aussi contraire à l'esprit de la science d'exprimer tous les corps par des groupements dualistiques que de n'admettre que des formules brutes. Les formules brutes doivent, autant que possible, trouver place dans un système général de classification, afin que toutes les formules rationnelles puissent s'y appliquer. Ensuite il est essentiel de se servir d'une notation régulière, sans laquelle on ne saisit pas les nombreuses relations que présentent entre elles des substances en apparence fort différentes. J'ai déjà insisté sur cette circonstance (23).

Quand on dispose d'après une espèce d'échelle de combustion les matières organiques notées d'une manière régulière, on y remarque des rapports de composition qui se répètent de distance en distance, et qui reviennent surtout pour des corps dont les propriétés chimiques sont semblables.

Ainsi, on trouve des séries entières de corps dans lesquels l'oxygène et l'azote sont atomiquement les mêmes, et qui ne diffèrent que par $x\mathrm{CH}^2$ (c'est-à-dire par les éléments qui correspondent à la réduction d'équivalents égaux d'acide carbonique CO^2 et d'eau $\mathrm{H}^2\mathrm{O}$); ces substances se métamorphosent d'après les mêmes équations, et il n'est besoin que de connaître les métamorphoses d'une seule pour prédire les réactions des autres.

J'ai recueilli avec beaucoup de soin les séries offertes à cet égard par la science actuelle; elles sont, comme on le verra, fort incomplètes; souvent je n'ai trouvé qu'un seul terme dans une série; mais, par cela même, j'ai voulu tout donner, afin de mettre en lumière les lacunes.

Voici d'abord sur les métamorphoses quelques généralités qui nous permettront de coordonner ces séries, en les classant suivant leurs fonctions chimiques.

DES MÉTAMORPHOSES.

Quand on examine avec attention les métamorphoses si nombreuses et si variées qui se présentent en chimie organique, on remarque qu'elles rentrent toutes dans l'un des quatre cas suivants :

1° Une substance se fixe purement et simplement sur une autre sans que rien se sépare; il y a addition ou *symmorphose*.

2° Une substance, en se fixant sur une autre, en sépare quelque chose; il y a soustraction ou *apomorphose*.

3° Plusieurs molécules d'une substance se réunissent pour n'en former qu'une seule; il y a multiplication ou *polymorphose*.

4° La molécule d'une substance se dédouble en deux ou plusieurs nouvelles substances; il y a division ou *diamorphose*.

Ces différents cas se trouvent quelquefois combinés.

Symmorphoses. — L'eau est, sans contredit, le corps qui donne le plus souvent naissance à des symmorphoses; ainsi, par exemple, elle se fixe sur les anhydrides pour produire des acides, sur les amides pour donner des sels ammoniacaux, sur le sucre pour former du glucose, etc.

L'oxygène se fixe d'une manière directe sur les aldéhydes pour former des acides; le plus souvent, il est vrai, ce n'est pas l'oxygène libre qui se comporte ainsi; mais je ne considère ici que la substance organique sans tenir compte de la transformation de l'agent minéral qui opère la métamorphose.

Certaines substances sont capables de fixer directement de l'hydrogène (*voy.* plus bas, les hydrides, dans les *Oxygénides* et les *Azotides*), cet élément leur étant offert par l'eau, sous l'influence d'oxydes réducteurs, ou par l'hydrogène sulfuré. L'hydrogène ainsi fixé présente des propriétés particulières.

Le chlore et le brome peuvent, à leur tour, se fixer directement sur les hydrocarbures, sans rien enlever (*voy.* plus bas, les hyperhalides, dans les *Halides*); les composés qui en résultent jouissent de propriétés différentes de celles que manifestent les corps chlorés formés par apomorphose.

Il est aussi des hydrogènes carbonés qui fixent directement les éléments de l'acide hydrochlorique ou hydrobromique pour former les camphres artificiels (*voy.* les halhydrides, dans les *Halides*).

Mais de toutes les symmorphoses, la formation des alcalisels, par les alcaloïdes et les acides, est la plus nette et la plus fréquente. L'ammoniaque, l'aniline, la quinine et les alcaloïdes en général s'unissent directement aux acides sans que rien se sépare.

Un fait extrêmement intéressant et qui me paraît général, c'est que les combinaisons formées par symmorphose sont capables d'éliminer, dans certaines circonstances, non pas toujours le corps simple fixé sur la matière organique, mais de l'eau, de l'acide hydrochlorique, etc., c'est-à-dire les composés minéraux qui s'éliminent dans les apomorphoses. On sait, en effet, que les acides cèdent volontiers les éléments de H^2O pour se convertir en anhydrides; si cette déshydratation ne s'opère pas par l'action seule de la chaleur, elle s'effectue du moins par l'emploi de l'acide phosphorique anhydre. De même, les alcalisels cèdent H^2O pour se transformer en amides, en anilides, etc.; les hyperhalides hydrocarbonés (liqueur des Hollandais, chlorure de naphtaline) cèdent HC*l* à la potasse; les halhydrides cèdent HC*l* à la chaux portée au rouge, etc.

Cette tendance des combinaisons produites par symmorphose à éliminer H^2O ou HC*l* est, dans tous les cas, fort remarquable, et mérite de fixer l'attention des chimistes; on la comprendra encore mieux en considérant les apomorphoses, où s'effectuent toujours de semblables éliminations.

Polymorphoses. — Beaucoup de corps se métamorphosent de telle sorte que 2, 3 ou plusieurs molécules se réunissent pour n'en former qu'une seule. Telle est, par exemple l'essence d'amandes amères; $2[C^7H^6O]$ deviennent $C^{14}H^{12}O^2$, et forment la benzoïne, dont les caractères sont tout différents.

Ces complications d'une molécule que j'ai déjà eu l'occasion de signaler (119) ont été désignées par M. Laurent sous le nom d'*homodesmidies*. Elles ont cela de particulier, que les corps ainsi produits se dédoublent aisément, par l'influence d'agents un peu énergiques, pour régénérer la molécule simple d'où ils dérivent, ou l'un de ses plus proches dérivés. La benzoïne, en effet, peut être retransformée en essence d'amandes amères ou en acide benzoïque.

Diamorphoses. — Elles représentent des métamorphoses dans lesquelles une molécule se scinde en deux ou plusieurs autres molécules. La régénération des molécules simples par les homodesmides, les dédoublements effectués par les ferments (188), etc., appartiennent à cette classe de métamorphoses.

Apomorphoses. — Ce sont, sans contredit, les métamorphoses les plus fréquentes. Sur mille réactions prises au hasard, il y en a 990 dans lesquelles il s'élimine quelque chose aux dépens de la matière organique, et ce quelque chose est toujours de l'eau, de l'acide hydrochlorique, ou une autre substance minérale d'une constitution aussi simple. Les agents oxygénants portent leur attaque sur l'hydrogène et, plus rarement, sur le carbone de la matière organique pour former de l'eau ou de l'acide carbonique ; le chlore et le brome, les chlorures et les bromures attaquent à leur tour l'hydrogène pour former de l'acide hydrochlorique et hydrobromique. Qu'on prenne la formation des acides par les alcools, des acides par les huiles essentielles, des éthers par les alcools, des amides par les sels ammoniacaux, de tous les corps chlorés, bromés, iodés, nitrogénés, sulfatés, partout on trouve la génération de ces matières organiques accompagnée d'une formation simultanée d'eau, d'acide hydrochlorique ou d'un autre composé minéral.

En thèse générale, on voit toujours *les substances dans lesquelles prédomine l'hydrogène ou l'un des éléments placés à l'extrémité positive de l'échelle électrique, s'attaquer par l'oxygène, le chlore ou, en général, par les éléments placés à l'extrémité négative de l'échelle électrique, ou par des corps dans lesquels ces éléments prédominent.* Bien entendu, la réciproque a lieu aussi. Ce fait me semble d'une haute importance; car, tout en étant contraire aux idées dualistiques, *telles qu'elles sont généralement reçues*, il laisse entrevoir la possibilité de concilier la théorie électro-chimique avec les phénomènes de chimie organique.

On peut, en partant de ce point de vue, classer les corps ca-

pables de réagir les uns sur les autres, en deux séries : l'une
— E, comprenant ceux qui agissent par leur élément électro-
négatif (O. S, C*l*, B*r*, J); l'autre + E, ceux dans lesquels l'élément électro-positif (H, K et les métaux en général) est actif;
naturellement, cette classification n'est que relative, elle n'est
vraie qu'autant qu'on considère un individu d'une série par rapport à un individu de l'autre série.

<table>
<tr><td align="center">— E.</td><td align="center">+ E.</td></tr>
<tr><td align="center">Corps actifs par l'oxygène.</td><td align="center">Corps actifs par l'hydrogène.</td></tr>
<tr><td>L'acide sulfurique,
L'acide nitrique,
L'acide oxalique,
L'acide benzoïque,
Les acides oxygénés en général,
Les oxydes métalliques.</td><td>Benzine, naphtaline et les hydro-
gènes carbonés.
L'alcool, l'esprit de bois et leurs
homologues.
L'ammoniaque, etc.</td></tr>
<tr><td align="center">Corps actifs par le chlore
ou le brome.</td><td align="center">Corps actifs par les métaux.</td></tr>
<tr><td>Chlore,
Brome,
Gaz phosgène,
Certains chlorures et bromures mé-
talliques,
Chlorure de benzoïle, etc.</td><td>Les sels organiques métalliques.</td></tr>
</table>

Je le répète, cette classification n'est point absolue : l'acide
benzoïque, par exemple, est — E par rapport à l'alcool + E,
dans la formation de l'éther benzoïque; et ce même acide benzoïque devient + E par rapport à l'acide nitrique — E, dans la
formation de l'acide nitrobenzoïque, quand l'oxygène de l'acide
nitrique agit sur l'hydrogène de l'acide benzoïque.

Quoi qu'il en soit, ne nous préoccupons pas, pour le moment,
de cette circonstance, et saisissons bien ce fait que, dans les
apomorphoses des corps organiques, on observe une élimination d'eau, d'acide hydrochlorique ou d'un autre produit simple,
à la formation duquel concourent deux éléments, par exemple,
O et H^2, ou H et C*l*, doués d'électricités contraires, et fournis,
l'un par le corps A, et l'autre par le corps B.

Mais voici une question à laquelle il s'agit de répondre : que
deviennent les éléments qui restent après cette séparation du produit simple?

Deux cas se présentent :

1. *Apomorphoses sans remplacement*. — La matière organique, après avoir cédé au corps réagissant de l'hydrogène ou une autre partie de ses éléments, se sépare ainsi dépouillée.

Dans ce cas rentre, par exemple, la formation de l'aldéhyde par l'alcool, celle des anhydrides par les acides, celle de la benzine par l'acide benzoïque. Les produits de semblables métamorphoses possèdent naturellement des propriétés toutes différentes de celles des corps qui les ont engendrés.

2. *Apomorphoses avec remplacement*. — Le vide occasionné dans une molécule par l'enlèvement de l'hydrogène ou d'un autre élément est comblé.

Ce second cas est le plus fréquent, et comprend les métamorphoses les mieux étudiées ; il se présente le plus souvent dans l'action du chlore, du brome, de l'acide nitrique, de l'acide sulfurique, de l'ammoniaque, et de presque tous les réactifs dont nous faisons usage dans nos laboratoires.

Deux lois, que je regarde comme fondamentales pour la chimie organique, régissent les apomorphoses avec remplacement : l'une, la *loi des substitutions*, concerne le remplacement de l'hydrogène par les corps simples, ayant occasionné l'enlèvement de cet hydrogène ; l'autre, la *loi des résidus*, est applicable dans les cas où l'enlèvement de cet hydrogène ou d'un autre élément a été effectué par un corps déjà composé.

Je le répète, ces deux lois forment la base de la chimie organique.

Loi des substitutions.

Il n'est pas de chimiste quelque peu familiarisé avec les métamorphoses organiques, qui mette encore en doute que le chlore et le brome puissent se substituer à l'hydrogène, équivalent par équivalent, de manière à jouer le même rôle. Ce principe, à la démonstration duquel ont contribué tant de travaux remarquables, a enfin été reconnu et adopté par l'école de Giessen. Le dernier travail de M. Hofmann sur les alcaloïdes chlorés et bromés (t. II, p. 476) vient dignement se placer à côté des belles recherches de MM. Dumas, Regnault, Malaguti, Cahours, et couronner ainsi l'œuvre commencée, il y a huit ans déjà, par M. Laurent, et continuée par l'élite des chimistes français.

Loi des résidus.

En 1839, en m'appuyant sur un grand nombre de faits (1), j'ai avancé que, dans les substitutions d'un corps composé à un corps simple, ce dernier n'est pas purement et simplement déplacé, mais que la réaction s'établit toujours de telle sorte *qu'un élément* (hydrogène) *de l'un des corps en réaction s'unit à un élément* (oxygène) *de l'autre corps pour former un produit* (eau) *qui s'élimine, tandis que les éléments restants demeurent en combinaison.*

Ce principe s'applique, dans toute sa rigueur, à la formation des corps nitrogénés, des amides, des éthers, des sels, etc.; je ne connais pas un seul fait qui lui soit contraire. Des considérations sur la constitution moléculaire des corps (2) ont conduit M. Mitscherlich à renouveler, en 1841, sous une autre forme, cette proposition, que j'avais émise deux ans auparavant.

On peut la généraliser de la manière suivante : si les corps qu'on met en présence sont :

$$[\Delta' + H^2] \text{ et } [\Delta + O],$$

après la réaction, on a :

$$[H^2 + O] \text{ et } [\Delta' + \Delta];$$

c'est-à-dire que l'hydrogène H^2 est remplacé dans le corps $[\Delta' + H^2]$ par le résidu Δ, ou, réciproquement, que l'oxygène O est remplacé dans le corps $[\Delta + O]$ par le résidu Δ'.

La loi des résidus rend entièrement inutile l'adoption de tous ces radicaux hypothétiques, de tous ces êtres imaginaires, sur lesquels les partisans des idées dualistiques basent le raisonnement dans les réactions; elle précise les réactions et permet, dans beaucoup de cas, de les prévoir avec certitude.

Une conséquence inévitable de cette loi, c'est *que si, dans les*

---

(1) *Annal. de chim. et de phys.*, 2ᵉ série, t. LXXII, p. 184.

(2) *Comptes-rendus mensuels de l'Académie de Berlin.* Févr. 1841.

circonstances convenables , on ramène aux composés formés par de semblables résidus , les éléments qui en avaient été éliminés lors de la réaction, on régénère les composés primitifs. On sait que les amides régénèrent alors l'ammoniaque et leurs acides respectifs ; que les éthers régénèrent aussi l'acide et l'alcool qui leur ont donné naissance.

Cette régénération semble prouver que les résidus, en se combinant ainsi, conservent, jusqu'à un certain point, leur groupement moléculaire, et l'entraînent dans le nouveau produit ; du moins on peut affirmer que l'un des résidus maintient le groupement de ses molécules d'une manière indépendante vis-à-vis du groupement de l'autre résidu, jusqu'à ce que des actions énergiques viennent les troubler tous deux. Ainsi, par exemple, tous les éthers régénèrent, en présence des alcalis hydratés, l'alcool et l'acide ; mais si on les chauffe avec de la baryte sèche et caustique, cette disposition relative des deux groupements est sans influence sur la réaction, et l'éther se comporte alors comme si elle n'existait pas. On sait, en effet, que l'éther salicylique de l'esprit de bois se dédouble, dans ces circonstances, comme l'acide anisique, son isomère (t. I, p. 141).

Une question se présente ici. Les résidus composés, après s'être substitués à des corps simples, en remplissent-ils le rôle, comme le ferait le chlore en se substituant à l'hydrogène ?

Pour répondre à cette question, nous serons obligé de passer en revue les principaux faits sur lesquels s'appuie la loi des résidus ; nous verrons alors que cela n'est point, et qu'entre les deux substances qui ont réagi, il y a *partage* des propriétés, de telle sorte que le nouveau produit ne possède rigoureusement ni les propriétés chimiques de l'un ni celles de l'autre corps avant la réaction ; mais les propriétés de ce produit tiennent, pour ainsi dire, le milieu entre celles des deux corps générateurs.

A cette occasion, je dois préciser aussi les mots *accouplement* et *corps copulés*, dont certains chimistes font un abus incroyable. Je les appliquerai désormais à toutes les substitutions par résidus, pour distinguer ces phénomènes de ceux où les remplacements se font par les corps simples.

La loi de saturation, que j'ai discutée t. I, p. 102, s'applique, dans toute sa rigueur, à tous les composés formés par la réunion

Reliure serrée

de semblables résidus. Les amides, les éthers, les corps nitrogénés, etc., seront donc désignés sous le nom de corps copulés.

CLASSIFICATION DES SUBSTANCES ORGANIQUES

D'APRÈS LEURS FONCTIONS CHIMIQUES.

HYDROCARBUR^{es}. — A. HYPERHALIGÈN. — a. *simples.* — b. *copulés.* V. nitrides, thionides.

HALIDES. . . . . —
B. HALHYDRIGÈNES.
C. HYPERHYDRIDES.
C. HALHYDRIDES.
D. ALCALISELS.

MÉTALLIDES. . . —
A. SALINS.
B. NON SALINS.

OXYGÉNIDES. . . —

A. ALCOOLIDES —
a. *simples* ou alcools.
b. *copulés* —
α. acides viniques.
β. éthers neutres.
γ. anhydrides éthérés.
δ. amides éthérés.
ε. pseudéthers.

B. ALDÉHYDES. —
a. *simples.*
b. *copulés.* V. ammonides.

C. ACIDES. —
a. *simples* —
α. unibasiques.
β. bibasiques.
γ. tribasiques.
b. *copulés.* V. alcoolides, nitrides, ammo[nides],
thionides.

D. CORPS-LIMITES. —
a. *simples.*
b. *copulés.* V. nitrides, thionides.

E. ANHYDRIDES. —
a. *simples.*
b. *copulés.* V. alcoolides, ammonides, ni[trides]

F. CAMPHORIDES.
G. ACÉTONIDES.
H. HYDRIDES.
I. GLYCÉRIDES.
K. POLYOXYGÉNIDES.

AZOTIDES . . . .

A. NITRIDES.
- a. *simples.*
- b. *copulés.*

B. AMMONIDES.
- a. *alcaloïdes.*
- b. *acides.*
- c. *alcalisels.*
- d. *amides*
  - α. neutres.
  - β. acides amidés.
  - γ. anhydrides amidés.
  - δ. hydramides ou aldéhyd. amidés.
  - ε. améthanes.
- e. *alcalamides*
  - α. cyanides.
  - β. anilides.
- f. *hydrides.*
- g. *hydrigènes.*

ARSÉNIDES. . . . .

PHOSPHORIDES . . . .

THIONIDES. . . .

A. SULFURES.

B. SULFATES.
- a. *simples.*
- b. *copulés.*

C. SULFITES.

I. HYDROCARBURES.

Corps composés de carbone et d'hydrogène, qui peuvent donner naissance, par substitution, à des espèces halides, renfermant du chlore ou du brome (*voy.* plus bas, *Halides*), ou à des espèces copulées, contenant les éléments nitriques ou sulfuriques à la place de l'hydrogène (*voy.* plus bas, *Azotides*, *Thionides*).

On peut les subdiviser en :

A. HYPERHALIGÈNES. — Hydrogènes carbonés, capables de fixer en sus, sans substitution, les corps halogènes, chlore ou brome, de manière à produire des *hyperhalides* chlorés ou bromés.

a. *Hyperhaligènes simples.* — Les séries connues sont :

Série homologue R.

C^2H^4. Éthérène (gaz oléfiant).
C^3H^6. Ptéléène ?
C^4H^8. Butyrène (quadricarbure de Faraday).
C^5H^{10}. Paramilène.
C^6H^{12}. Oléène.
C^7H^{14}. Pyrobutyrène ?
C^8H^{16}. Naphtène.

$C^{10}H^{20}$. Amilène.
$C^{12}H^{24}$. Naphtole ?
$C^{16}H^{32}$. Cétène.
$C^{20}H^{40}$. Hévéène.

Chacun des hydrogènes carbonés placés dans cette série doit fixer Cl^2 ou Br^2 sous l'influence du chlore ou du brome.

Série homologue R‑⁶.

C^6H^6.   Benzène.
C^7H^8.   Benzoène.
C^9H^{12}.   Cumène.
$C^{10}H^{14}$.   Cymène.
$C^{15}H^{24}$.   Paracamphène.

Ces hydrogènes carbonés fixeront Cl^6 ou Br^6 si on les place en contact avec ces halogènes sans faire intervenir la chaleur; ils donneront des sels copulés avec l'acide sulfurique, etc.

Série homologue R—⁸.

C^8H^8.   Cinnamène.
$C^{16}H^{24}$.   Cédrène.

Ces hydrogènes carbonés fixent probablement Cl^2 ou Br^2.

Série homologue R—¹².

$C^{10}H^8$. Naphtalène.

Série homologue R—¹⁶.

$C^{14}H^{12}$. Stilbène.
$C^{16}H^{16}$. Rétinole ?

b. *Hyperhaligènes copulés.* — Les hyperhaligènes simples peuvent s'accoupler avec l'acide nitrique et l'acide sulfurique (voy. *Nitrides* et *Thionides*).

B. HALHYDRIGÈNES. — Hydrogènes carbonés, capables de fixer directement HCl ou HBr de manière à former des *halhydrides* (camphres artificiels) chlorés ou bromés :

Série homologue R—².

C^9H^{16}.   Campholène de Delalande ?
$C^{10}H^{18}$. Menthène ?

Série homologue R−4.

C⁶H⁸. Mésitylène ?
C¹⁰H¹⁶. Camphène (essence de térébenthine, etc.).

C. Hyperhydrides. — Hydrogènes carbonés dont certaines espèces chlorées ou bromées se comportent comme des éthers, et s'obtiennent par l'action des chlorures sur les alcools.

Série homologue R+2.

CH⁴. Formène (gaz des marais, etc.).
C²H⁶. Acétène (éthyle de Lœwig).
C⁵H¹². Valérène.
C¹⁶H³⁴. Éthalène.
C²⁴H⁵⁰. Paraffine.

Les éthers hydrochlorique, hydrobromique ; le chloroforme, le bromoforme, etc., sont des espèces halides dérivées des g. précédents.

II. HALIDES.

Les corps halogènes, chlore, brome, iode et fluor, de même que les sels haloïdes, peuvent se fixer sur les matières organiques dans des conditions bien différentes, et donner ainsi naissance à des composés dont les propriétés ne sont pas les mêmes. Nous distinguerons donc les classes suivantes :

A. Métaleptides. — Composés dans lesquels les corps halogènes remplacent l'hydrogène (t. I, p. 60), et dans lesquels ces corps halogènes ne sont pas accusés par les réactifs ordinaires.

Nous les considérons, dans notre classification, comme autant d'espèces appartenant à des genres dont l'espèce normale peut faire partie des hydrocarbonides, des oxygénides, des azotides ou des thionides.

Le chlore et le brome, en se substituant à l'hydrogène dans une substance organique, y apportent néanmoins, jusqu'à un certain degré, le caractère électro-négatif qu'ils présentent à l'état libre ; ce caractère s'imprime à la combinaison de plus en plus, à mesure que le nombre des équivalents de chlore ou de brome, remplaçant l'hydrogène, vient à y augmenter. Ainsi, par exemple, M. Hofmann a démontré que l'aniline chlorée $C^6(H^6Cl)N$, et l'aniline bromée $C^6(H^6Br)N$, sont des alcaloïdes comme l'aniline normale (*voy*. t. II , p. 476), mais leur alcalinité est déjà plus faible; l'aniline bichlorée $C^6(H^5Cl^2)N$, et l'aniline bibromée $C^6(H^5Br^2)N$, sont encore alcalines, mais bien plus faibles, et enfin dans l'aniline trichlorée ou bibromée, $C^6(H^4Cl^3)N$ et $C^6(H^4Br^3)N$, l'alcalinité n'existe plus.

B. HYPERHALIDES. — Produits de la combinaison directe du Cl ou du Br avec des hydrocarbures ou des oxygénides. Traités par la potasse ou par le sulfure de potassium , ils se décomposent en chlorure ou en bromure, et en espèces halides dérivées du genre hyperhaligène, qui leur avait donné naissance; cette réaction indique que le chlore ou le brome que les hyperhalides renferment en sus, par rapport au g. hyperhaligène, figure toujours en nombre pair. Souvent le dédoublement de l'hyperhalide s'effectue déjà par l'action de la chaleur. Dans les hyperhalides , les corps halogènes ne sont pas non plus accusés par les réactifs ordinaires.

α. HYPERHALIDES HYDROCARBONÉS.

Série homologue R+2, bi-hyperhalide.

C^2H^4,Cl^2. Éthérilène bichloré (liqueur des Hollandais).
C^4H^8,Cl^2. Butyrilène bichloré (chlorure de ditétryle).
C^9H^{18},Cl^2. Élaïlène bichloré (chlorure d'élaène).

Série homologue R , sex-hyperhalide.

C^6H^6,Cl^6. Benzilène sexchloré (chlorure de benzine).
C^7H^8,Cl^6. Benzoénilène sexchloré.

Série homologue R—6, bi-hyperhalide.

C^8H^8,Cl^2. Cinnamilène bichloré.

Série homologue R—8, quadri-hyperhalide.

$C^{10}H^8,Cl^4$. Naphtessarène quadrichloré.

Série homologue R—10, bi-hyperhalide.

$C^{10}H^8,Cl^2$. Naphduène bichloré.

Série homologue R—14, bi-hyperhalide.

$C^{14}H^{12},Cl^2$. Stilbilène bichloré.

β. HYPERHALIDES OXYGÉNÉS.

Série homologue $R-^2O^3$.

$C^7H^8O^3,Cl^4$. Pyromucyle quadrichloré (éther chloro-pyromucique).

C. HALHYDRIDES. — Cette subdivision comprend les combinaisons appelées *camphres artificiels*, et produites par la fixation de HCl ou HBr sur des hydrogènes carbonés ; le chlore et le brome n'y sont pas accusés par le nitrate d'argent.

Série homologue R, *bi-halhydride*.

$C^{10}H^{16},2HCl$. Citréhydrène bichloré (camphre de citron).

Série homologue $R-^2$, *uni-halhydride*.

$C^{10}H^{16},HCl$. Téréhydrène chloré (camphre d'essence de térébenthine).

Les halhydrides se décomposent sous l'influence de la chaux caustique, à une température élevée, et régénèrent les hydrogènes carbonés qui leur ont donné naissance.

D. ALCALISELS. — Les combinaisons directes des alcaloïdes avec HCl, HBr, ainsi qu'avec les chlorures, les bromures, etc., se distinguent des classes précédentes, en ce que les alcalis minéraux en séparent l'alcaloïde déjà à froid, et que le nitrate d'argent les précipite. Dans notre classification, nous avons réuni en un même genre les alcaloïdes et leurs sels, mais cette disposition est à changer.

III. MÉTALLIDES.

Le plus grand nombre des substances organiques renfermant des métaux, se comportent comme des combinaisons salines(29), et peuvent échanger, par double décomposition, leur métal pour de l'hydrogène ou pour d'autres métaux. Cependant il existe quelques corps, comme les polycyanures et plusieurs combinaisons platinées, où cet échange ne s'effectue pas par les moyens ordinaires, et où les métaux ne sont pas accusés par les réactifs usuels. Nous distinguerons donc :

A. MÉTALLIDES SALINS. — Ceux-ci seront toujours considérés

comme des espèces appartenant au même genre que l'acide correspondant.

B. MÉTALLIDES NON SALINS. — La classification de ces corps est plus difficile, attendu que nous manquons encore de renseignements précis sur le rôle qu'y jouent les métaux.

IV. OXYGÉNIDES.

Substances renfermant du carbone, de l'hydrogène et de l'oxygène, qui se produisent, ou qu'on peut concevoir comme ayant été produits par l'action de l'oxygène et des agents oxygénants sur les hydrocarbures. Elles sont toujours considérées comme les espèces normales d'un genre déterminé, comprenant en outre, comme espèces dérivées, des corps renfermant du chlore ou du brome à la place de l'hydrogène (voy. *Halides*), ou les éléments nitriques à la place de cet hydrogène (voy. *Azotides*), ou du soufre, du sélénium à la place de l'oxygène.

Voici comment se subdivisent les corps qu'on a étudiés :

A. ALCOOLIDES. — Ils comprennent les alcools (73), ainsi que les corps qui en dérivent par accouplement.

a. *Alcoolides simples* ou alcools. — Nous les avons déjà définis. Les agents de déshydratation les convertissent en hydrocarbures hyperhaligènes R ; les agents d'oxydation, en aldéhydes RO ou en acides monobasiques RO^2.

Série homologue $R+^2O$.

CH^4O.	Méthol (esprit de bois).
C^2H^6O.	Alcool.
$C^5H^{12}O$.	Amylol (huile de pommes de terre).
$C^{16}H^{34}O$.	Éthal.

D'après les nouvelles analyses de M. Lewy, la cérosie, que nous avions classée parmi les alcools, ne posséderait pas une semblable composition.

b. *Alcoolides copulés.* — Les alcools simples, en qualité de corps très hydrogénés, succombent aisément à l'action des corps oxygénés, et en général à celle des corps qui se portent sur l'hydrogène ; de même que le chlore, par exemple, commence toujours par leur enlever H^2, de même aussi l'oxygène des acides se porte sur cet hydrogène pour former de l'eau , tandis que les éléments restants demeurent en combinaison.

Nous distinguerons d'après cela :

α. Acides viniques. — Ils sont unibasiques s'ils ont été produits par l'accouplement de 1 éq. d'un acide bibasique avec 1 éq. d'alcool ; d'ailleurs les acides unibasiques ne produisent que des éthers neutres. Bouillis avec de la potasse, ils régénèrent l'alcool simple.

Série homologue RO^3.

$C^2H^4O^3$. Carbométhylate.
$C^3H^6O^3$. Carbovinate.
$C^6H^{12}O^3$. Carbamilate.
$C^{17}H^{34}O^3$. Carbocétate.

Série homologue $R-^2O^4$.

$C^4H^6O^4$. Oxalovinate.
$C^7H^{12}O^4$. Oxalamilate.

Série homologue $R-^4O^4$.

$C^{12}H^{20}O^4$. Camphovinate.

Série homologue $R-^2O^6$.

$C^5H^8O^6$. Tartrométhylate.
$C^6H^{10}O^6$. Tartrovinate.
$C^9H^{16}O^6$. Tartramilate.

(V. aussi les Thionides.)

Si l'on représente par E le résidu $C^2H^6O - H^2$, il est clair que l'acide tartrovinique se représentera de la manière suivante :

$$\text{Acide tartrique} \qquad C^4H^6O^6.$$

$$\text{— tartrovinique} \qquad C^4H^6\begin{Bmatrix} O^5 \\ E \end{Bmatrix}$$

Ou, réciproquement, T représentant le résidu de l'acide tartrique $C^4H^6O^6 - O$, on a aussi :

$$\text{Alcool} \qquad C^2H^6O.$$

$$\text{Acide tartrovinique} \quad C^2\begin{Bmatrix} H^4 \\ T \end{Bmatrix}O.$$

Si les éléments H^2O manquants sont ramenés dans les circonstances convenables, l'acide tartrovinique se dédouble de nouveau en alcool et acide tartrique.

β. **Éthers neutres.** — La formation et la constitution de ces corps sont entièrement semblables à celles des acides viniques. Mais les éthers neutres ne rougissent pas le tournesol, sont volatils sans décomposition si les acides dont ils renferment les éléments le sont, et ne décomposent pas les carbonates. Il en est qui sont capables d'échanger de l'hydrogène pour du métal; mais les composés qui en résultent ne sont pas stables, et se détruisent ordinairement par l'eau.

La composition des éthers neutres dépend entièrement de la basicité des acides qui les produisent. Si l'on considère notre loi de saturation $S = \Sigma - 1$, on voit que la loi de composition, énoncée t. I, p. 334, en est une conséquence nécessaire. Voici comment on peut figurer cette composition, en tenant compte des accouplements :

$$\text{Acide formique (unibasique)} \quad CH^2O^2$$
$$\text{Éther formique (unialcoolique)} \quad CH^2 \left\{ \begin{array}{c} O \\ E \end{array} \right\}$$

$$\text{Acide oxalique (bibasique)} \quad C^2H^2O^4.$$
$$\text{Éther oxalique (bialcoolique)} \quad C^2H^2 \left\{ \begin{array}{c} O^2 \\ E^2 \end{array} \right\}$$

$$\text{Acide citrique (tribasique)} \quad C^6H^8O^7$$
$$\text{Éther citrique (trialcoolique)} \quad C^6H^8 \left\{ \begin{array}{c} O^4 \\ E^3 \end{array} \right\}$$

Une semblable notation peut s'appliquer, bien entendu, à tous les éthers ; ces corps correspondent aux amides neutres, que nous décrirons plus bas.

Sous l'influence de la potasse, à la température de l'ébullition, les éthers régénèrent l'alcool simple.

aa. **Éthers unialcooliques.**

Série homologue RO^2.

$C^2H^4O^2.$	Formométhol.
$C^3H^6O^2.$	Formalcool — Acéméthol.
$C^4H^8O^2.$	Acétalcool.
$C^5H^{10}O^2.$	Butyrométhol.
$C^6H^{12}O^2.$	Butyralcool.

$C^7H^{14}O^2$.   Acétamylol — Caprométhol — Valéralcool.
$C^8H^{16}O^2$.   Capronalcool.
$C^9H^{18}O^2$.   Caprylométhol.
$C^{10}H^{20}O^2$.   Valéralcool — Caprylalcool.
$C^{12}H^{24}O^2$.   Capralcool.
$C^{15}H^{30}O^2$.   Cocinalcool.
$C^{16}H^{32}O^2$.   Myristalcool.
$C^{18}H^{36}O^2$.   Éthalalcool — Margariméthol.
$C^{19}H^{38}O^2$.   Margaralcool.
$C^{20}H^{40}O^2$.   Stéariméthol — Anamirtalcool.
$C^{21}H^{42}O^2$.   Stéaralcool.

Série homologue $R^{-2}O^2$.

$C^{12}H^{22}O^2$. Campholalcool.

Série homologue $R^{-8}O^2$.

$C^8H^8O^2$.   Benzométhol.
$C^9H^{10}O^2$.   Benzalcool.
$C^{11}H^{14}O^2$.   Cumiméthol.
$C^{12}H^{16}O^2$.   Cuminalcool.

Série homologue $R^{-10}O^2$.

$C^{11}H^{12}O^2$. Cinnalcool.

Série homologue $R^{-6}O^3$.

$C^7H^8O^3$. Pyromucalcool.

Série homologue $R^{-8}O^3$.

$C^8H^8O^3$.   Saliméthol.
$C^9H^{10}O^3$.   Salialcool — Anisométhol.
$C^{10}H^{12}O^3$.   Anisalcool.

Série homologue $R^{-4}O^4$.

$C^9H^{14}O^4$. Térébalcool.

Série homologue $R^{-8}O^4$.

$C^{11}H^{14}O^4$. Vératralcool.

bb. Éthers bialcooliques.

Série homologue RO^3.

$C^3H^6O^3$. Carbométhol.
$C^5H^{10}O^3$. Carbalcool.

Série homologue R—²O⁴.

$C^4H^6O^2$.   Oxaméthol.
$C^6H^{10}O^4$.   Oxalcool — Succiméthol.
$C^8H^{14}O^4$.   Succinalcool — Adipométhol.
$C^9H^{16}O^4$.   Piméliméthol — Pyrotartralcool.
$C^{10}H^{18}O^4$.   Subériméthol.
$C^{12}H^{22}O^4$.   Oxamylol — Subéralcool.
$C^{14}H^{26}O^4$.   Sébalcool.

Série homologue R—⁴O⁴.

$C^8H^{12}O^4$.   Fumaralcool.
$C^9H^{14}O^4$.   Citraconalcool.
$C^{12}H^{20}O^4$.   Camphométhol.
$C^{14}H^{24}O^4$.   Camphalcool.

Série homologue R—¹⁰O⁴.

$C^{12}H^{14}O^4$.   Phtalalcool.

Série homologue R—²O⁸.

$C^8H^{14}O^8$.   Muciméthol.
$C^{10}H^{18}O^8$.   Mucalcool.

cc. Éthers trialcooliques.

Série homologue R—⁶O⁶.

$C^{12}H^{18}O^6$. Aconitalcool.

Série homologue R—⁴O⁷.

$C^{12}H^{20}O^7$. Citralcool.

γ. Anhydrides éthérés. — Ils correspondent aux anhydrides simples et aux anhydrides amidés. Par la potasse bouillante, ils régénèrent l'alcool simple.

Jusqu'à présent, je n'en connais qu'un seul exemple; c'est l'alcosuccinol $C^6H^8O^3$ de M. Fehling (t. I, p. 634).

On a évidemment :

Anhydride succinique ou acide succinique dit anhydre, $C^4H^4O^8$.

$$-\qquad-\qquad\text{amidé ou succinidam.}\ \ldots\ldots\ C^4H^4\left\{\begin{array}{l}O^2\\Am\end{array}\right\}$$

$$-\qquad-\qquad\text{éthéré ou alcosuccinol.}\ \ldots\ldots\ C^4H^4\left\{\begin{array}{l}O^2\\E\end{array}\right\}$$

δ. Amides éthérés ou améthanes. Voir plus bas *Azotides*.

ϵ. Pseudéthers. — J'appelle ainsi les substances qu'on a désignées improprement sous le nom d'éthers (oxyde d'éthyle, oxyde de méthyle, etc.), mais qui s'y rattachent cependant par quelques propriétés.

Les pseudéthers renferment les éléments de 2 éq. d'un alcool simple moins 1 éq. d'eau; ce sont donc des homodesmides :

$$\underbrace{\text{Alcool} = 2 \text{ vol.}}_{C^2H^6O.} \qquad \underbrace{\text{Éther} = 2 \text{ vol.}}_{C^4H^{10}O = 2[C^2H^6O] - H^2O.}$$

Ils peuvent être considérés comme des alcools copulés, dans lesquels O est remplacé par le résidu $C^2H^6O - H^2 = E$, de la manière suivante :

$$\begin{array}{ll} \text{Alcool} & C^2H^6O. \\ \text{Pseudéther} & C^2H^6E. \end{array}$$

On peut concevoir, en effet, que, dans les circonstances où se forme ce corps, l'hydrogène d'une molécule d'alcool réagit sur l'oxygène d'une autre molécule pour former de l'eau, tandis que les éléments restants demeurent en combinaison. Les réactions des pseudéthers viennent d'ailleurs à l'appui d'une semblable constitution. Ils ne sont pas attaqués, comme les éthers proprement dits, par les alcalis bouillants, et cela se conçoit, puisqu'un alcali, après y avoir ramené les éléments H^2O éliminés, ne trouverait pas, comme dans le cas des véritables éthers, un acide pour s'y combiner. Mais les pseudéthers peuvent, dans d'autres circonstances, régénérer l'alcool simple; ainsi, par exemple, si l'on dissout le pseudéther dans l'acide sulfurique concentré, et qu'on sature par du carbonate de baryte, on obtient du sulfovinate, comme si l'on opérait sur l'alcool, et ce sulfovinate régénère l'alcool simple par l'action de la potasse. Il résulte également des expériences de M. Malaguti que le pseudéther $C^4H^{10}O$ peut produire de l'aldéhyde C^2H^4O et du chloral $C^2(HCl^3)O$ par l'action du chlore, comme le ferait l'alcool simple ; enfin le même chimiste a fait voir que l'espèce perchlorée $C^4Cl^{10}O$ se dédouble, par l'action de la chaleur (t. II, p. 456), en aldéhyde perchloré C^2Cl^4O et perchlorure de carbone C^2Cl^6, ce qui prouve également que les pseudéthers sont des homodesmides.

Série homologue R+²O.

C^2H^6O. Méther.
$C^4H^{10}O$. Éther.
$C^{10}H^{22}O$. Amyléther.

A chacun de ces genres correspondent des espèces sulfurées, des espèces chlorées, etc. Cette série homologue est isomère de la série des alcools simples; mais, en vertu même de sa formation, elle ne peut compter des termes que dans les échelons pairs : C^2, C^4, C^6, C^8,..... etc.

B. ALDÉHYDES. — Substances oxygénées capables de fixer directement O, sans combustion d'hydrogène, pour se convertir en acides.

a. *Aldéhydes simples.* — Dans certaines circonstances, ils peuvent échanger de l'hydrogène pour du métal, comme les acides proprement dits ; mais ils ne rougissent pas le tournesol ne décomposent pas les carbonates, et sont incapables de s'éthérifier. Le chlore, en agissant sur eux, attaque l'hydrogène et le remplace équivalent par équivalent.

Un autre caractère, propre à un grand nombre d'aldéhydes c'est de produire des homodesmides ou corps polymères, par la réunion de plusieurs molécules.

Série homologue RO.

C^2H^4O. Acétol (aldéhyde).
C^4H^8O. Butyral.
$C^{10}H^{20}O$. Menthol (essence de menthe concrète, essence de rue) ?
$C^{16}H^{32}O$. Cétine.
$C^{19}H^{38}O$. Cérine ou cire des abeilles.
$C^{24}H^{48}O$. Cérosic (Lewy) ?

Série homologue R−²O.

C^3H^4O. Acroléine.
C^5H^8O. Pyrogaïol ? (1).
$C^8H^{14}O$. Subérone ?

Série homologue R−⁸O.

C^7H^6O. Benzoïlol (hydrure de benzoïle).
$C^{10}H^{12}O$. Cuminol.
$C^{26}H^{44}O$. Cholestérine ?

(1) Peut-être le pyrogaïol et la subérone sont-ils des anhydrides ; leurs réactions n'ont pas été bien étudiées.

Série homologue R—^{10}O.

C^{9}H^{8}O.   Cinnamol (essence de cannelle).

Série homologue R—^{8}O^2.

C^{6}H^{4}O^2.   Quinoïle ou quinone.
C^{7}H^{6}O^2.   Salicylol ou hydrure de salicyle.
C^{8}H^{8}O^2.   Anisyle ou hydrure d'anisyle.
C^{10}H^{12}O^2.   Eugénol — Santonine ?

Série homologue R—^{14}O^2.

C^{10}H^{6}O^2.   Naphtalol.

Série homologue R—^{16}O^2.

C^{14}H^{12}O^2.   Benzoïne.

b. *Aldéhydes copulés.* — L'ammoniaque se porte sur l'oxygène de certains aldéhydes pour former de l'eau, tandis que les éléments restants demeurent en combinaison ; l'acide prussique se comporte d'une manière semblable. Nous reviendrons sur les produits en nous occupant des ammonides.

C. ACIDES. — Substances renfermant de l'hydrogène qui puisse s'échanger pour des métaux, rougissant le tournesol, décomposant les carbonates avec effervescence, pouvant s'éthérifier.

a. *Acides simples.* — On y compte le plus grand nombre des acides qui se forment naturellement dans la végétation ou qu'on produit artificiellement par les agents oxygénants.

α. Acides monobasiques. — Dans ces acides, un seul équivalent d'hydrogène peut être échangé pour du métal ; ils ne donnent pas d'acide vinique, mais seulement un éther simple ; de même ils ne produisent pas d'acide amidé. Ils se forment en général par la fixation directe de l'oxygène sur les aldéhydes.

Série homologue RO^2.

Points d'ébullition.

		Trouvés.		Calculés (1).
CH^{2}O^2.	Formiate.	100°	Bineau.	100°
C^{2}H^{4}O^2.	Acétate.	120°	Dumas.	120°
C^{3}H^{6}O^2.	Métacétonate.	?		140°

(1) On a supposé une différence de 20° d'un point à l'autre, pour CH^2 ; cette différence coïncide précisément avec le nombre qui résulte de mes expériences sur les hydrogènes carbonés. (T. 1er, p. 160.)

$C^4H^8O^2$.	Butyrate.	164°	Pelouze.	160°
$C^5H^{10}O^2$.	Valérate.	175°	Dumas et Stass.	180°
$C^6H^{12}O^2$.	Caproate.	202°	Fehling.	200°
$C^8H^{16}O^2$.	Caprylate.	240°	Fehling.	240°
$C^{10}H^{20}O^2$.	Caprate.			
$C^{12}H^{24}O^2$.	Laurate.			
$C^{13}H^{26}O^2$.	Cocinate.			
$C^{14}H^{28}O^2$.	Myristate.			
$C^{16}H^{32}O^2$.	Éthalate.			
$C^{17}H^{34}O^2$.	Margarate.			
$C^{18}H^{36}O^2$.	Anamirtate.			
$C^{19}H^{38}O^2$.	Stéarate.			

De toutes les séries homologues, celle des acides précédents est, sans contredit, la mieux déterminée.

Série homologue $R{-}^2O^2$.

$C^3H^4O^2$.	Acrylate.
$C^6H^{10}O^2$.	Pyrotérébate.
$C^{10}H^{18}O^2$.	Campholate.
$C^{17}H^{32}O^2$.	Butyroléate ?

Série homologue $R{-}^8O^2$.

$C^7H^6O^2$.	Benzoate.
$C^{10}H^{12}O^2$.	Cuminate.

Série homologue $R{-}^{10}O^2$.

$C^8H^6O^2$.	Dracylate ?
$C^9H^8O^2$.	Cinnamate.

Série homologue $R{-}^4O^3$.

$C^6H^8O^3$.	Gaïate (acide gaïacique de M. Thierry).

Série homologue $R{-}^6O^3$.

$C^5H^4O^3$.	Pyromucate — Pyroméconate.

Série homologue $R{-}^8O^3$.

$C^7H^6O^3$.	Salicylate.
$C^8H^8O^3$.	Anisate.

Série homologue $R{-}^{10}O^3$.

$C^9H^8O^3$.	Coumarate.

Série homologue $R{-}^{14}O^3$.

$C^{10}H^6O^3$.	Naphtalate.

Série homologue $R-^{16}O^3$.

$C^{14}H^{12}O^3$.   Benzilate.

Série homologue $R-^4O^4$.

$C^7H^{10}O^4$.   Térébate.
$C^{20}H^{36}O^4$.   Lithofellate.

Série homologue $R-^8O^4$.

$C^9H^{10}O^4$.   Vératrate.

Série homologue $R-^{10}O^5$.

$C^{10}H^{10}O^5$.   Opianate.

Série homologue $R-^{14}O^{12}$.

$C^{20}H^{26}O^{12}$.   Amygdalate.

β. Acides bibasiques. — Ils sont capables d'échanger deux
équivalents d'hydrogène pour des métaux, donnent deux sels
ammoniacaux, un acide vinique et un éther neutre bialcoolique,
un acide amidé et une amide neutre biamidée.

Série homologue RO^3.

CH^2O^3.   Carbonate.
$C^{14}H^{28}O^3$.   OEnanthate.

Série homologue RO^4.

$C^{14}H^{28}O^4$.   Azoléate.

Série homologue $R-^2O^4$.

$C^2H^2O^4$.   Oxalate.
$C^4H^6O^4$.   Succinate.
$C^5H^8O^4$.   Pyrotartrate.
$C^6H^{10}O^4$.   Adipate.
$C^7H^{12}O^4$.   Pimélate.
$C^8H^{14}O^4$.   Subérate.
$C^{10}H^{18}O^4$.   Sébate.

Série homologue $R-^4O^4$.

$C^4H^4O^4$.   Maléate — Fumarate.
$C^5H^6O^4$.   Citraconate — Lipate.
$C^{10}H^{16}O^4$.   Camphorate.

Série homologue R—^{6}O^4.

C^{4}H^{2}O^4.　　Mellate.

Série homologue R—^{8}O^4.

C^{6}H^{4}O^4.　　Anilate.

Série homologue R—^{10}O^4.

C^{8}H^{6}O^4.　　Phtalate.

Série homologue R—^{8}O^5.

C^{5}H^{2}O^5.　　Croconate.
C^{6}H^{4}O^5.　　Coménate.

Série homologue RO^6.

C^{6}H^{12}O^6.　　Lactate.

Série homologue R—^{2}O^6.

C^{3}H^{4}O^6.　　Mésoxalate.
C^{4}H^{6}O^6.　　Tartrate — Paratartrate.
C^{7}H^{12}O^6.　　Quinate.

Série homologue R—^{4}O^6.

C^{6}H^{8}O^6.　　Pyruvate.

Série homologue R—^{10}O^6.

C^{10}H^{10}O^6.　　Hémipinate.

Série homologue R—^{2}O^8.

C^{6}H^{10}O^6.　　Mucate — Saccharate.

γ. Acides tribasiques. — Ils peuvent échanger 3 éq. d'hydrogène pour du métal, donnent un éther neutre trialcoolique, et probablement un ou deux acides viniques. En perdant les éléments de CO^2, ils se convertissent en acides bibasiques.

Série homologue R—^{6}O^6.

C^{6}H^{6}O^6.　　Aconitate.

Série homologue R—^{4}O^7.

C^{6}H^{8}O^7.　　Citrate.

Série homologue R$-^{10}$O^7.

C^{7}H^{4}O^7.   Méconate.

b. *Acides copulés.* — L'oxygène des acides simples bibasiques peut être attaqué par les corps hydrogénés, tels que l'ammoniaque ou l'alcool et ses homologues, de manière à former de l'eau, tandis que Am ou E restent en place de cet O. On a alors, par exemple, pour l'acide oxalique :

Acide oxalique simple.   C^{2}H^{2}O^4.

$$- \quad - \quad \text{copulé} \begin{cases} \text{amidé} \ \ C^2H^2 \begin{Bmatrix} O^3 \\ A m \end{Bmatrix} \\ \text{vinique} \ C^2H^2 \begin{Bmatrix} O^3 \\ E \end{Bmatrix} \end{cases}$$

Les acides unibasiques ne donnent pas d'acides copulés, mais seulement des corps neutres (amides ou éthers) copulés.

De même, l'hydrogène des acides simples en général peut être attaqué par l'oxygène de l'acide sulfurique, de l'acide nitrique, etc., et il se produit alors d'autres acides copulés. Dans le cas de l'acide sulfurique qui est bibasique, la basicité change ($S = \Sigma - 1$), et un acide simple unibasique donne alors un acide copulé bibasique (acide sulfobenzoïque, sulfacétique, etc.); mais, si l'accouplement se fait par l'acide nitrique, qui est unibasique, la basicité de l'acide copulé est la même que celle de l'acide simple. (*Voy.*, pour plus de détails, *Alcoolides*, *Nitrides*, *Ammonides* et *Thionides.*)

D. CORPS-LIMITES.—Ces corps tiennent le milieu entre les acides unibasiques et les corps entièrement neutres; ils forment des sels unibasiques avec beaucoup de métaux; mais ils ne rougissent pas le tournesol, ne font pas effervescence avec les carbonates, et ne s'éthérifient point. S'ils pouvaient se convertir en acides proprement dits en fixant directement O, je les rangerais parmi les aldéhydes. En s'accouplant, ils suivent la loi de saturation des corps neutres.

a. *Corps-limites simples.* — La potasse les dissout. Ils paraissent résister à l'action de l'acide phosphorique anhydre, et ne semblent pas donner d'anhydrides.

Série homologue R—^{6}O.

C^{6}H^{6}O. Phénate.
C^{7}H^{8}O. Anisol ou dracol ?

Série homologue R—^{6}O^2.

C^{7}H^{8}O^2. Gaïacile.

Série homologue R—^{12}O^2.

C^{14}H^{16}O^2. Créosote.

Ces corps deviennent, en général, plus franchement acides si l'hydrogène y est remplacé par du chlore ou du brome : cependant les espèces halides ne semblent pas capables de s'éthérifier.

b. *Corps-limites copulés.* — Les corps-limites simples sont sensibles à l'action de l'acide nitrique et de l'acide sulfurique, et donnent aisément avec eux des combinaisons copulées (voy. *Nitrides* et *Thionides*).

E. ANHYDRIDES. — On appelle ainsi les substances neutres qui dérivent des acides par l'élimination de H^{2}O , et qui sont capables de régénérer les acides ou leurs sels par l'action de la potasse à une température élevée.

a. *Anhydrides simples.* — On les obtient, en général, en soumettant les acides à l'action de l'acide phosphorique anhydre ; cet agent est surtout nécessaire pour la décomposition des acides unibasiques, qui ne cèdent H^{2}O qu'avec la plus grande difficulté, tandis que les acides bibasiques se décomposent déjà par une distillation pure et simple.

α. Anhydrides correspondant aux acides unibasiques.

Série homologue R—^{2}O.

CO. Oxyde de carbone (anhyd. formique).
C^{5}H^{6}O. Pyrogaïol ?
C^{6}H^{10}O. Ptéléol ?
C^{8}H^{14}O. Subérone ?
C^{17}H^{32}O. Pyromargarol.
C^{19}H^{36}O. Pyrostéarol.

L'oxyde de carbone fixant Cl^2 sous l'influence du chlore, les autres substances se comporteront de la même manière si elles sont homologues de ce gaz.

β. Anhydrides correspondant aux acides bibasiques.

Série homologue $R-^2O^2$.

CO^2.   Anhydride carbonique.
$C^{14}H^{26}O^2$.   OEnanthide.

Série homologue $R-^4O^3$.

$C^4H^4O^3$.   Succinide.

Série homologue $R-^6O^3$.

$C^4H^2O^3$.   Maléide.
$C^5H^4O^3$.   Citraconide.
$C^{10}H^{14}O^3$.   Camphoride.

Série homologue $R-^{12}O^3$.

$C^8H^4O^3$.   Phtalide.

Série homologue $R-^{10}O^4$.

$C^7H^4O^4$.   Gallide.

Série homologue $R-^2O^5$.

$C^6H^{10}O^5$.   Lactacide.

Série homologue $R-^4O^5$.

$C^4H^4O^3$.   Tartride.

γ. Bianhydrides, résultant de l'élimination de $2H^2O$ par un acide bibasique.

Série homologue $R-^4O^4$.

$C^6H^8O^4$.   Lactide.

b. *Anhydrides copulés.* — Ils sont aux anhydrides simples ce que les acides copulés sont aux acides simples. Nous avons déjà parlé des anhydrides éthérés (p. 510); nous reviendrons tout-à l'heure sur les anhydrides amidés et nitrogénés.

F. CAMPHORIDES. — Corps neutres et volatils, qui ont quelques rapports avec les précédents, et qui se produisent, en général, par la fixation des éléments de l'eau sur les hydrocarbures ; sou mis à l'action de l'acide phosphorique, ils se convertissent en hydrocarbures. Ils comprennent les corps vulgairement appelés *camphres*.

Série homologue RO.

$C^{10}H^{20}O$.   Menthol.

Série homologue $R^{-2}O$.

$C^{10}H^{18}O$.   Bornéol.

Série homologue $R^{-4}O$.

$C^{10}H^{16}O$.   Camphol (camphre des laurinées).
$C^{15}H^{26}O$.   Cubébol (camphre de cubèbes).

Série homologue $R^{-6}O$.

$C^{10}H^{14}O$.   Carvacrol ?
$C^{16}H^{26}O$.   Cédrol (essence de cèdre concrète).

Série homologue RO^2.

$C^{10}H^{20}O^2$.   Térébol.

Série homologue $R^{-10}O^2$.

$C^{10}H^{10}O^2$.   Sassafrol.

G. Acétonides. — Soumis à l'action de la chaleur, les sels de chaux de certains acides unibasiques se convertissent en carbonates, et dégagent des huiles volatiles (t. I, p. 149). L'acétone, qui est le prototype de ces produits, résulte de la décomposition de 2 éq. d'acide acétique moins CO^2 et H^2O ; soumise à l'action des oxydants (acide chromique), elle peut régénérer l'un des équivalents d'acide acétique.

Série homologue RO.

C^3H^6O.   Acétone.
$C^7H^{14}O$.   Butyrone.
$C^9H^{18}O$.   Valéronç.

Série homologue $R^{-16}O$.

$C^{13}H^{10}O$.   Benzone.
$C^{14}H^{12}O$.   Hydrobenzile ?

H. Hydrides. — Corps formés par l'action des agents réducteurs sur les aldéhydes, et dans lesquels H^2 peut être de nouveau enlevé par les corps oxygénants pour régénérer les aldéhydes.

Série homologue $R—^6O^2$.

$C^6H^6O^2$.   **Pyroquinol.**
$C^7H^8O^2$.   **Saligénine.**

Série homologue $R—^{14}O^4$.

$C^{12}H^{10}O^4$.   **Hydroquinone verte.**

Cette dernière série comprend des homodesmides.

J. GLYCÉRIDES. — Corps gras neutres, donnant par la saponification de la glycérine (t. I, p. 175).

K. POLYOXYGÉNIDES.—Cette classe, mal déterminée, comprend les substances fixes et très oxygénées qui sont surtout sensibles à l'action des ferments. Il faut y ranger le sucre, le tannin, la salicine, la phlorizine, etc., toutes substances dont on ne connaît pas encore d'homologues. Ces substances sont neutres au papier de tournesol ; néanmoins elles possèdent la propriété d'échanger une partie de leur hydrogène pour certains métaux, surtout pour plomb ; elles en échangent même 4, 6 et même 8 éq. Mais elles sont incapables de s'éthérifier.

V. AZOTIDES.

Substances azotées, engendrées par l'action de l'acide nitrique ou de l'ammoniaque. On peut les subdiviser en deux grandes classes.

A. NITRIDES. — Substances formées par l'action de l'acide nitrique, et qui s'enflamment en vase clos, sous l'influence de la chaleur.

a. *Nitrides simples*. — Ils comprennent les nitrates des alcaloïdes, et en général les combinaisons directes de l'acide nitrique avec d'autres corps sans élimination d'eau.

L'acide nitrique NHO^3 s'unit directement aux alcaloïdes, en produisant des sels qui correspondent au nitrate d'ammoniaque ; l'acide sulfurique en déplace l'acide nitrique.

Il faudra probablement ranger parmi les nitrides simples la combinaison du bioxyde d'azote et de l'essence de fenouil (t. II, p. 296).

b. *Nitrides copulés.* — L'acide nitrique NHO^3, en agissant sur les corps hydrogénés, s'empare de leur hydrogène H^2 pour former de l'eau, tandis que les éléments restants $NHO^3 — O = NHO^2$ demeurent en place; il n'est donc pas exact de dire que la vapeur nitreuse $NO^2 = X$ remplace l'hydrogène; et si, dans ma classification, je me suis servi de cette dernière notation, j'ai cédé à un usage qu'au fond je n'approuvais pas.

L'acide nitrique est un acide unibasique. Si l'on considère notre loi de saturation pour les corps copulés, on voit qu'en s'accouplant avec un corps neutre il doit produire un corps neutre; on sait, en effet, qu'on n'a pas pu produire avec l'acide nitrique et l'alcool un acide nitro-vinique semblable à l'acide sulfovinique; et tandis que 1 éq. d'alcool, en s'accouplant avec 1 éq. d'acide sulfurique, donne un acide unibasique, 1 éq. d'alcool, en s'accouplant avec 1 éq. d'acide nitrique, produit un corps neutre comme l'alcool.

Les hydrogènes carbonés donnent aussi des corps copulés neutres, quel que soit le nombre des équivalents d'acide nitrique qui s'accouplent avec eux; de même les acides unibasiques restent unibasiques, les acides bibasiques restent bibasiques, etc.

Ainsi l'accouplement de l'acide nitrique n'altère pas la basicité des corps, et c'est ce qui m'a conduit à placer les corps nitrogénés dans le même genre que les espèces normales correspondantes. Mais, je le répète, le véritable remplaçant de H^2 est NHO^2, résidu des éléments de l'acide nitrique. J'ai cité (t. I, p. 97) un exemple bien frappant en faveur de ce mode de remplacement.

La régénération des substances primitives par les nitrides copulés présente quelque difficulté à cause de l'action oxydante que le résidu tend à exercer sur le carbone ou sur l'hydrogène de la matière organique; on ne connaît pas encore les circonstances qui sont le plus favorables à cette régénération. L'alcool et le méthol nitriques (éther nitrique de M. Millon et nitrate de méthylène) régénèrent l'alcool et le méthol normal par l'action de la potasse aqueuse; mais les corps nitrogénés placés plus haut dans l'échelle résistent à cet agent et sont bien plus stables; j'ai cependant réussi à régénérer le naphtalène n. en faisant passer le naphtalène nitrique sur de la chaux chauffée au rouge sombre.

Les corps nitrogénés s'attaquent bien mieux par la potasse

alcoolique ; mais alors les éléments de l'alcool semblent aussi intervenir dans la réaction ; du moins cela a lieu dans la formation de l'azobenzide par le benzène nitrique (Hofmann). Ils sont aussi attaqués par l'hydrogène sulfuré et le sulfhydrate d'ammoniaque, et se convertissent alors en ammonides.

B. **AMMONIDES.** — Comme toutes les substances azotées donnent de l'ammoniaque quand on les traite par l'hydrate de potasse, on pourrait les considérer toutes comme autant de combinaisons copulées, renfermant le résidu $NH^3 - H^2 = Am$ à la place de O ; cependant il y aurait de l'inconvénient à généraliser dès à présent, pour les corps azotés, le principe des résidus, car cela conduirait à l'adoption d'une foule de composés hypothétiques.

a. *Alcaloïdes.* — Ils s'unissent directement aux acides de toute espèce, sans éliminer d'eau. L'ammoniaque est le prototype des alcaloïdes.

α. Alcaloïdes non oxygénés. — Ils sont généralement volatils sans décomposition ; plusieurs d'entre eux sont liquides.

Série homologue $R-^1N.$

$C^8H^{15}N.$ Conine.

Série homologue $R-^3N.$

$C^5H^7N.$ Nicotine.

Série homologue $R-^5N.$

$C^6H^7N.$ Aniline.
$C^5H^5N.$ Séminaphtalidam ?

Série homologue $R-^{11}N.$

$C^9H^7N.$ Quinoléine ?
$C^{10}H^9N.$ Naphtalidam.

Série homologue $R-^2N^2.$

$C^4H^6N^2.$ Sinamine.

β. Alcaloïdes oxygénés ou sulfurés. — Ils ne sont pas volatils sans décomposition. L'alcalinité y décroît à mesure que l'oxygène augmente.

Série homologue $R-^{13}NO^3.$

$C^{13}H^{13}NO^3.$ Cotarnine.

Série homologue $R-^{15}NO^3.$

$C^{17}H^{19}NO^3.$ Pipérine.

Série homologue R—^{17}NO^3.

C^{18}H^{19}NO^3.   Morphine.

Série homologue R—^{21}NO^7.

C^{23}H^{25}NO^7.   Narcotine.

Série homologue R+^{2}N^{2}O.

CH^{4}N^{2}O.   Urée.

Série homologue RN^{2}S.

C^{4}H^{8}N^{2}S.   Thiosinamine.

Série homologue R—^{2}N^{2}O.

C^{7}H^{12}N^{2}O.   Sinapoline.

Série homologue R—^{16}N^{2}O.

C^{20}H^{24}N^{2}O.   Cinchonine.

Série homologue R—^{16}N^{2}O^2.

C^{20}H^{24}N^{2}O^2.   Quinine.

Série homologue R—^{18}N^{2}O^4.

C^{23}H^{28}N^{2}O^4.   Cinchovatine.

Série homologue R—^{20}N^{2}O^4.

C^{23}H^{26}N^{2}O^4.   Brucine.

Série homologue R—^{2}N^{4}O^2.

C^{3}H^{4}N^{4}O^2.   Ammélide.

Série homologue R—^{6}N^{4}O^2.

C^{8}H^{10}N^{4}O^2.   Théine.

Série homologue R—^{1}N^{5}O.

C^{3}H^{5}N^{5}O.   Amméline.

Plusieurs de ces alcaloïdes sont de véritables amides.

b. *Acides*. — Parmi les acides azotés qui ne correspondent pas à des corps oxygénés actuellement connus, il faut nommer :

Série homologue R—^{9}NO^3.

C^{9}H^{9}NO^3.   Hippurate.

L'acide hippurique pourrait correspondre à un acide bibasique non azoté, renfermant $C^9H^8O^4$.

c. *Alcalisels.*—Sels des alcaloïdes; leurs combinaisons directes avec les acides de toute espèce.

d. *Amides.* — Corps copulés, formés par la substitution du résidu $NH^3 — H^2 = Am$ à O, et capables de régénérer, sous l'influence des acides et des alcalis bouillants, l'ammoniaque et la substance organique qui s'était accouplée avec elle.

α. Amides neutres. — Elles correspondent aux éthers neutres.

αα. Uniamidées, correspondant aux éthers neutres des acides unibasiques.

Série homologue $R+^1NO$.

C^4H^9NO.	Butyramide.
$C^{17}H^{35}NO$.	Margaramide.

Série homologue $R—^7NO$.

C^7H^7NO.	Benzamide.

Série homologue $R—^7NO^2$.

$C^7H^7NO^2$.	Salicylamide.

Série homologue $R—^{13}NO^{11}$.

$C^{20}H^{27}NO^{11}$.	Amygdaline.

On connaît aussi les amides neutres de quelques acides déjà azotés.

Série homologue RN^2O^3.

$C^4H^8N^2O^3$.	Asparagine.

Série homologue $R—^3N^3O^3$.

$C^4H^5N^3O^3$.	Uramile.

On remarque que ces amides représentent leurs acides respectifs, dans lesquels Am remplace O.

Acide butyrique $C^4H^8O^2$.

Butyramide $C^4H^8 \begin{Bmatrix} O \\ Am \end{Bmatrix}$

De même, on aurait pour le cas des acides azotés :

$$\text{Acide aspartique } C^4H^7NO^4.$$

$$\text{Asparamide} \qquad C^4H^7N \left\{ \begin{array}{l} O^3 \\ Am \end{array} \right\}$$

$$\text{Acide dialurique } C^4H^4N^2O^4.$$

$$\text{Uramile} \qquad C^4H^4N^2 \left\{ \begin{array}{l} O^3 \\ Am \end{array} \right\}$$

Rien n'empêche d'ailleurs que ces acides azotés soient déjà les amides acides d'un corps non azoté.

Certains acides unibasiques donnent des amides neutres qui se forment par la réaction de 1 éq. d'ammoniaque sur 2 éq. de l'acide ; un semblable cas d'homodesmidie se présente dans l'opiammon (702), et probablement encore dans d'autres corps.

bb. Biamidées, correspondant aux éthers neutres des acides bibasiques; à chaque amide biamidée correspond un acide uniamidé. Ces amides ont été obtenues de différentes manières : par la décomposition du sel biammoniacal correspondant sous l'influence de la chaleur, par l'action de l'ammoniaque sur l'éther bialcoolique correspondant, par l'union du gaz ammoniac avec l'anhydride correspondant.

Série homologue RN²O².

$C^2H^4N^2O^2.$ Oxamide.
$C^4H^8N^2O^2.$ Succinamide.
$C^8H^{16}N^2O^2.$ Subéramide.

Série homologue R−²N²O².

$C^4H^6N^2O^2.$ Fumaramide.
$C^{10}H^{18}N^2O^2.$ Camphamide.

Série homologue R+²N²O⁴.

$C^6H^{14}N^2O^4.$ Lactamide.

Pour faire ressortir les relations qui existent entre ces amides et leurs acides, nous allons représenter le résidu $NH^3 - H^2$ par Am ; on a alors :

$$\text{Acide oxalique } C^2H^2O^4.$$

$$- \text{ oxamique } C^2H^2 \left\{ \begin{array}{l} O^3 \\ Am \end{array} \right\}$$

$$\text{Oxamide} \qquad C^2H^2 \left\{ \begin{array}{l} O^2 \\ Am^2 \end{array} \right\}$$

De même, on a :

$$\text{Acide lactique} \qquad C^6H^{12}O^6.$$

$$\text{— lactamique} \quad C^6H^{12} \left\{ \begin{array}{l} O^5 \\ Am \end{array} \right\}$$

$$\text{Lactamide} \qquad C^6H^{12} \left\{ \begin{array}{l} O^4 \\ Am^2 \end{array} \right\}$$

cc. Triamidées, qui correspondent aux éthers neutres des acides tribasiques, et qui sont formés par l'élimination de $3H^2O$ opérée dans le sel triammoniacal.

Série homologue RN^6.

$C^3H^6N^6$.   Mélamine.

Ce corps est une amide cyanurique :

$$\text{Acide cyanurique} \quad C^3H^3N^3O^3.$$
$$\text{Mélamine} \qquad\qquad C^3H^3H^3Am^3.$$

L'amméline et l'ammélide se présentent, d'après cela, de la manière suivante :

$$\text{Ammélide} \quad C^3H^3N^3 \left\{ \begin{array}{l} O \\ Am^2 \end{array} \right\}$$

$$\text{Amméline} \quad C^3H^3N^3 \left\{ \begin{array}{l} O^2 \\ Am \end{array} \right\}$$

β. Acides amidés. — Ils correspondent aux acides viniques ; les acides bibasiques sont seuls capables d'en donner.

Série homologue $R^{-1}NO^3$.

$C^2H^3NO^3$.   Oxamate.
$C^4H^7NO^3$.   Succinamate.

Série homologue $R^{-3}NO^3$.

$C^{10}H^{17}NO^3$.   Camphamate.

Série homologue $R^{-7}NO^3$.

$C^6H^5NO^3$.   Anilam.

Série homologue $R^{-9}NO^3$.

$C^8H^7NO^3$.   Phtalamate.

$$\textit{Série homologue R}+^1NO^5.$$

$C^6H^{13}NO^5.$ Lactamate.

Ces acides amidés sont unibasiques.

γ. Anhydrides amidés. — Ils sont aux acides amidés ce que les anhydrides simples sont aux acides simples. On les obtient par l'action de la chaleur sur les sels ammoniacaux, par l'action de l'ammoniaque sur l'anhydride simple, etc.

$$\textit{Série homologue R}-^9N.$$

$C^7H^5N.$ Benzonitrile.

$$\textit{Série homologue R}-^3NO^2.$$

$C^4H^5NO^2.$ Succinidam.

$$\textit{Série homologue R}-^7NO^2.$$

$C^4HNO^2.$ Paramide (anhydride amidé mellitique).

$$\textit{Série homologue R}-^{11}NO^2.$$

$C^8H^5NO^2.$ Phtalamide.

Voici comment on peut faire ressortir les relations que présentent ces composés avec leurs acides respectifs.

Acide succinique $C^4H^6O^4.$ Anhydride succinique $C^4H^4O^3.$

— succinamique $C^4H^6\left\{{O^3 \atop Am}\right.$ Succinidam $C^4H^4\left\{{O^2 \atop Am}\right.$

Le benzonitrile correspond évidemment à un corps C^7H^4O différant de l'acide benzoïque par H^2O, et qu'on obtiendrait peut-être par l'action de l'acide phosphorique anhydre sur cet acide.

Dans certaines circonstances, encore mal déterminées, les anhydrides amidés peuvent devenir acides; ainsi, par exemple, l'acide prussique et les cyanures représentent l'anhydride formique amidé.

Acide formique $CH^2O^2.$ Anhydride formique ou
                                          oxyde de carbone   CO.

—   —   (inconnu) $CH^2\left\{{O \atop Am}\right.$ Acide prussique $CAm.$

Voici de même l'acide cyanique et les cyanates qui correspondent à l'anhydride carbonique amidé.

Acide carbonique CH^2O^3. Anhydride carbonique. CO^2.

— carbamique $CH^2 \begin{cases} O^2 \\ Am \end{cases}$ Acide cyanique $C \begin{cases} O \\ Am \end{cases}$

Carbamide ou urée $CH^2 \begin{cases} O \\ Am^2 \end{cases}$

δ. **Hydramides ou aldéhydes amidés.** — Ils résultent de l'action directe de l'ammoniaque sur les aldéhydes simples. Ils diffèrent des amides précédentes, en ce que plusieurs équivalents d'aldéhyde interviennent dans la réaction; en effet, l'hydrogène H^6 de 2 éq. d'ammoniaque se porte sur O^3 de 3 éq. d'aldéhyde pour former $3H^2O$ qui s'éliminent, tandis que N^2 reste à la place des 3O enlevés. On a donc, dans le cas de l'aldéhyde benzoïque:

$$\text{Aldéhyde benzoïque } 3[C^7H^6O] = C^{21}H^{18}O^3.$$
$$\text{Hydramide benzoïque} \qquad C^{21}H^{18}N^2.$$

Ou, si l'on veut :

$$\text{Aldéhyde benzoïque} \qquad C^7H^6O.$$
$$\text{Hydramide benzoïque} \quad C^7H^6N^2/3.$$

Les hydramides appartiennent évidemment à la classe des homodesmides; bouillis avec des acides concentrés, ils régénèrent les aldéhydes simples.

$$\textit{Série homologue } R-^{24}N^2.$$

$C^{21}H^{18}N^2.$ Hydrobenzamide.

$$\textit{Série homologue } R-^{30}N^2.$$

$C^{27}H^{24}N^2.$ Hydrocinnamide.

$$\textit{Série homologue } R-^{24}N^2O^3.$$

$C^{21}H^{18}N^2O^3.$ Hydrosalamide.

ε. **Améthanes ou éthers amidés.** — Les éthers neutres bialcooliques peuvent échanger E des éléments de l'alcool contre le résidu Am des éléments de l'ammoniaque. Ainsi, par exemple, l'éther oxalique, avant de se convertir en amide, donne d'abord de l'oxaméthane, en même temps qu'il dégage de l'alcool.

Série homologue $R+^1NO^2$.

$C^2H^5NO^2$.   Uréthylane.
$C^3H^7NO^2$.   Uréthane.

Ces corps représentent de l'urée, dans laquelle Am est remplacé par $C^2H^6O - H^2 = E$, ou par $CH^4O - H^2 = Me$:

$$CH^2 \quad O^3. \qquad \text{Carbonates.}$$

$$CH^2 \begin{cases} O \\ Am^2. \end{cases} \qquad \text{Urée.}$$

$$CH^2 \begin{cases} O \\ Am. \\ E \end{cases} \qquad \text{Uréthane.}$$

$$CH^2 \begin{cases} O \\ Am. \\ Me. \end{cases} \qquad \text{Uréthylane.}$$

Voici une autre série :

Série homologue $R-^1NO^3$.

$C^4H^7NO^3$.   Oxaméthane.
$C^7H^{13}NO^3$.   Oxamylane.

Ces améthanes représentent de l'acide oxalique, dans lequel O^2 sont remplacés par les résidus de l'alcool ou de l'huile de pommes de terre, et de l'ammoniaque.

Série homologue $R+^3NSO^3$.

CH^5NSO^3.   Sulfaméthylane.

C'est l'éther sulfurique du méthylène, renfermant Am à la place du résidu de l'esprit de bois :

$$\text{Acide sulfurique} \qquad\qquad SH^2O^4.$$

$$\text{Éther sulf. de l'esprit de bois} \quad SH^2 \begin{cases} O^2 \\ Me^2 \end{cases}$$

$$\text{Sulfaméthylane} \qquad\qquad SH^2 \begin{cases} O^2 \\ Me \\ Am \end{cases}$$

e. *Alcalamides.* — Le principe des résidus n'aurait qu'une médiocre valeur s'il se bornait aux réactions de l'ammoniaque, de l'alcool et de quelques acides; mais, comme je l'ai déjà dit, c'est une loi fondamentale dont on retrouve l'application dans le plus grand nombre des métamorphoses organiques. On conçoit, en effet, qu'une substance dans laquelle une partie de l'hydrogène ou de l'oxygène a déjà été remplacée par le résidu d'un corps composé, puisse elle-même présenter, à l'égard d'une autre, une tendance électrique contraire, de façon qu'une nouvelle partie de son hydrogène et de son oxygène puisse s'échanger contre un nouveau résidu. Ce cas s'est d'ailleurs déjà présenté dans les éthers amidés, ainsi que dans beaucoup d'autres combinaisons.

On comprend de même que l'hydrogène et l'oxygène renfermés dans un résidu puissent être attaqués à leur tour par les agents qui se portent sur ces deux éléments ; la chimie organique nous en offre de nombreux exemples.

Ainsi l'acide prussique, qui est une amide, correspondant à l'anhydride formique, agit par son hydrogène sur certains corps oxygénés, pour former de l'eau, tandis que les éléments restants (cyanogène) demeurent en combinaison avec le résidu de ces derniers. L'aniline, qui est l'amide phénique, agit à son tour sur les composés oxygénés, comme le ferait l'ammoniaque, et détermine la formation de l'eau, tandis que les éléments restants demeurent en combinaison. L'urée, qui est l'amide carbonique, offre également, dans l'acide oxalurique, une combinaison à laquelle manquent les éléments de H^2O pour reconstituer l'acide oxalique et l'urée ; jusqu'à un certain point, l'acide oxalurique est donc à l'oxalate d'urée ce que l'acide oxamique est à l'oxalate d'ammoniaque.

Je donnerai le nom d'*alcalamides* à cette classe de composés où un corps déjà amidé, par exemple un alcali organique, a fonctionné, comme l'ammoniaque elle-même, en agissant par son hydrogène (ou par un métal) sur l'oxygène ou sur le chlore d'une autre substance, de manière à éliminer de l'eau ou un chlorure, et à mettre en combinaison deux nouveaux résidus.

α. Cyanides. — L'acide prussique CHN (ainsi que les cyanures métalliques CMN) attaque certains corps oxygénés, et donne un résidu qui est $2[CHN] - H^2 = Cy$ dans le cas des corps oxygénés, et $[CHN - H] - H = Cy'$ dans le cas des corps chlorés.

$$\text{Série homologue R}-^{28}\text{N}^2\text{O}^2.$$

$C^{23}H^{18}N^2O^2$.   Benzhydrocyanide.

Ce corps, formé par l'action de l'acide prussique sur l'essence d'amandes amères (718), est évidemment :

$$C^{21}H^{18}\begin{cases} O^2. \\ Cy. \end{cases}$$

3 éq. d'essence étant $C^{21}H^{18}\ O^3$,

et Cy remplaçant O, qui a été enlevé par H^2. La benzhydrocyanide correspond donc, jusqu'à un certain point, à l'hydrobenzamide.

$$\text{Série homologue R}-^1\text{N}.$$

C^3H^5N.   Cyanure d'éthyle de M. Pelouze.
$C^6H^{11}N$.   Cyanure d'amyle de M. Balard.

$$\text{Série homologue R}-^{11}\text{NO}.$$

C^8H^5NO.   Cyanure de benzile.

M. Balard a fait voir que le cyanure d'amyle s'obtient par le valérène chloré (chlorure d'amyle) et le cyanure de potassium ; il se forme alors du chlorure de potassium, et le résidu $CN = Cy'$ reste à la place de Cl ; on a donc :

Acétène chloré (chlorure d'éthyle) $C^2(H^5Cl)$.
—   cyanique (cyanure d'éthyle) $C^2(H^5Cy')$.

Dans ces combinaisons, les éléments cyaniques ne sont pas accusés par les sels d'argent.

Quant aux *hydrocyanates* des alcaloïdes, ce sont des combinaisons directes d'acide prussique, sans élimination d'eau ou de chlorure, et dans lesquelles l'acide prussique est précipité par les sels d'argent.

β. Anilides. — L'aniline se comporte avec les acides comme l'ammoniaque ; elle produit de semblables composés, dans lesquels O est remplacé par le résidu $(C^6H^7N — H^2) =$ An, et Cl par le résidu $[C^6H^7N — H] =$ An'. Chauffés avec des acides ou avec des alcalis concentrés, les anilides régénèrent de l'aniline. J'ai tout récemment découvert quelques uns de ces composés (t. II, p. 257, 285 et 486).

Série homologue R—⁷NO.

$C^7H^7NO.$ Formanilide.

Série homologue R—¹⁵NO.

$C^{13}H^{11}NO.$ Benzanilide.

Série homologue R—¹⁶N²O².

$C^{14}H^{12}N^2O^2.$ Oxanilide.

Série homologue R—⁵NSO³.

$C^6H^7NSO^3.$ Sulfanilate normal (acide sulfanilique , sulfate d'aniline anhydre).

L'oxanilide est évidemment. de l'acide oxalique dans lequel O^2 est remplacé par An^2. Il est probable qu'on obtiendra aussi l'acide oxanilique correspondant à l'acide oxamique. L'acide anthranilique peut être considéré comme de l'acide carbanilique.

$$\text{Acide carbonique} \qquad CH^2O^3.$$

$$\text{— carbanilique} \qquad CH^2 \begin{Bmatrix} O^2 \\ Am \end{Bmatrix}$$

$$\text{Urée anilique (inconnue)} \quad CH^2 \begin{Bmatrix} O \\ An^2 \end{Bmatrix}$$

On peut prédire qu'avec la nicotine, la conine, la quinoléine et les alcaloïdes volatils en général, on obtiendra des nicotides, des conides, etc.

Voici, pour faire saisir l'analogie qui existe entre les éthers, les amides et les anilides, un tableau qui résume ces corps copulés, tels que les produit l'acide oxalique.

ACIDE OXALIQUE

Simple . . . . $C^2H^2O^4$

Copulé.

Amidé (acide oxamique). . . . . $C^2H^2 \begin{cases} O^3 \\ Am \end{cases}$

Bi-amidé (oxamide). . . . . $C^2H^2 \begin{cases} O^2 \\ Am^2 \end{cases}$

Éthéro-amidé (oxaméthane). . . . . . $C^2H^2 \begin{cases} O^2 \\ Am \\ E \end{cases}$

Bi-éthéré (éther oxalique). . . . . . . $C^2H^2 \begin{cases} O^2 \\ E^2 \end{cases}$

Éthéré (acide oxalovinique). . . . . . $C^2H^2 \begin{cases} O^3 \\ E \end{cases}$

Anilidé (oxanilide) . . . . $C^2H^2 \begin{cases} O^2 \\ An^2 \end{cases}$

L'oxygène de l'acide oxalique est enlevé par l'hydrogène de l'ammoniaque, de l'alcool, de l'aniline, et remplacé par les résidus suivants :

Ammoniaque NH^3 — H^2 = Am.
Alcool . . . . C^2H^6O — H^2 = E.
Aniline. . . . C^6H^7N — H^2 = An.

f. *Hydrides*. Substances azotées homodesmides formées par l'action des corps réducteurs, et pouvant régénérer par les oxydants les corps qui leur ont donné naissance.

Série homologue $R-^{20}N^2O^2$.

$C^{16}H^{12}N^2O^2$. Indigogène (indigo blanc).

Série homologue $R-^{20}N^2O^4$.

$C^{16}H^{12}N^2O^4$. Isathyde.

Série homologue $R-^6N^4O^{10}$.

$C^8H^{10}N^4O^{10}$. Alloxantine.

g. *Hydrigènes*. Substances azotées capables de se doubler par l'action des corps réducteurs (hydrogène sulfuré, etc.) en fixant de l'hydrogène et en produisant des hydrides.

plaçant l'oxygène d'une espèce normale. Sous l'influence de certains réactifs, ils abandonnent le soufre soit comme hydrogène sulfuré, soit comme sulfure de carbone, soit même à l'état libre. Les composés volatils présentent ordinairement une odeur fétide.

Il y a entre l'espèce normale et l'espèce sulfurée d'un même système moléculaire la même différence d'activité chimique qu'entre l'eau et l'hydrogène sulfuré : aussi l'espèce sulfurée jouit-elle souvent de propriétés acides, alors que l'espèce normale est entièrement neutre. Ainsi, par exemple, l'oxamide normale $C^2H^4N^2O^2$ est neutre, tandis que l'oxamide bisulfurée $C^2H^4N^2S^2$ constitue un acide bibasique (1). Une différence entièrement semblable se présente entre l'alcool normal C^2H^6O et l'alcool sulfuré ou mercaptan C^2H^6S.

B. SULFATES. Corps dans lesquels le soufre est entré à l'état d'acide sulfurique.

a. *Sulfates simples* ou sulfates proprement dits. — L'acide sulfurique SH^2O^4 se combine avec les alcaloïdes, d'une manière directe et sans élimination d'eau, en formant des sels dans lesquels cet acide est précipité par les sels de baryte ; de même les alcaloïdes sont déplacés de ces combinaisons par la potasse et les alcalis minéraux en général.

En qualité d'acide bibasique, l'acide sulfurique est capable de s'unir à l'ammoniaque en deux proportions :

$$\text{Sulfate d'ammoniaque acide} \quad SH^2O^4, NH^3.$$
$$\text{— \quad — \quad neutre} \quad SH^2O^4, 2NH^3.$$

Or, les mêmes rapports se présentent avec les alcaloïdes A :

$$\text{Sel acide} \quad SH^2O^4, A.$$
$$\text{— neutre} \quad SH^2O^4, A^2.$$

Et de même que, pour l'ammoniaque, il correspond à chaque sel une combinaison copulée, c'est-à-dire une amide ou un éther neutre, et une amide ou un éther acide, de même aussi les alcalisels de l'acide sulfurique et des acides bibasiques en général

---

(1) L'oxamide bisulfurée est le corps qui a été décrit t. I, p. 303, sous le nom d'*hydrocyanure sulfuré*, et dont la formule doit être doublée (Laurent).

devront avoir leur sulfamide ou éther sulfurique et leur acide sulfamique ou sulfovinique.

J'ai déjà démontré par l'expérience l'existence de semblables composés (oxanilide , acide sulfanilique) ; les progrès de la science ne tarderont pas à nous en faire connaître beaucoup d'autres.

b. *Sulfates copulés.* — L'acide sulfurique s'unit à un grand nombre de substances organiques, en même temps que les éléments de l'eau sont éliminés; dans ces circonstances, l'oxygène de l'acide sulfurique se porte sur l'hydrogène de la matière organique pour former l'eau , tandis que les éléments restants demeurent en combinaison. Les sels de baryte n'y accusent pas l'acide sulfurique.

On a, dans ces combinaisons, $SH^2O^4 — O = SH^2O^3$, qui remplace H^2.

α. Acides copulés unibasiques. — Ils se produisent par l'accouplement de 1 éq. d'une substance neutre avec 1 éq. d'acide sulfurique, en même temps que H^2O est éliminé, d'après la loi $S = \Sigma — 1$ (t. I p. 102). Quelquefois ces mêmes combinaisons se produisent avec l'anhydride sulfurique SO^3, mais alors il ne s'élimine pas d'eau.

Série homologue $R—^6SO^3$.

$C^6H^6SO^3$.	Sulfobenzidate.
$C^7H^8SO^3$.	Sulfobenzoénate.
$C^{10}H^{14}SO^3$.	Sulfocyménate.

Série homologue $R—^{12}SO^3$.

$C^{10}H^8SO^3$.	Sulfonaphtalate.

Ces combinaisons représentent des hydrogènes carbonés , dans lesquels H^2 est remplacé par le résidu SH^2O^3, ou de l'acide sulfurique, dans lequel O est remplacé par l'hydrogène carboné moins H^2. Elles correspondent aux acides amidés , les éléments de l'ammoniaque y étant remplacés par ceux d'un hydrogène carboné.

Série homologue $R+^2SO^4$, dite des acides viniques.

CH^4SO^4.	Sulfométhylate.

$C^2H^6SO^4$.   Sulfovinate (isomères : iséthionate — althionate).
$C^5H^{12}SO^4$.   Sulfamilate.
$C^{16}H^{34}SO^4$.   Sulfocétate.

Ces acides correspondent à des alcools dans lesquels H^2 est remplacé par SH^2O^3, ou à de l'acide sulfurique dans lequel O est remplacé par les éléments d'un alcool moins H^2.

Si on représente par Bz le benzène normal moins H^2, par E l'alcool n. moins H^2, on a :

$$\text{Acide sulfurique} \qquad SH^2O^4.$$

$$\text{— sulfovinique} \qquad SH^2 \left\{ \begin{matrix} O^3 \\ E \end{matrix} \right\}$$

$$\text{— sulfobenzidique} \quad SH^2 \left\{ \begin{matrix} O^3 \\ Bz \end{matrix} \right\}$$

$$\text{— sulfamique} \qquad SH^2 \left\{ \begin{matrix} O^3 \\ Am \end{matrix} \right\}$$

Voici encore les premiers termes de quelques autres séries d'acides copulés unibasiques produits par des substances neutres :

Série homologue $R{-}^6SO^4$.

$C^6H^6SO^4$.   Sulfophénate.

Série homologue $R{-}^8SO^4$.

$C^{10}H^{12}SO^4$.   Sulfanéthate.

Série homologue RSO^5.

$C^4H^8SO^5$.   Sulfacévinate (Melsens).

Cette dernière série comprendra des acides doublement copulés, produits par l'accouplement d'un acide bibasique déjà copulé avec un alcool.

Série homologue $R{+}^2SO^6$.

$C^3H^8SO^6$.   Sulfoglycérate.

Série homologue $R{-}^{11}NSO^4$.

$C^8H^5NSO^4$.   Sulfindylate.

Il paraît que les acides copulés sont d'autant plus stables qu'ils ont été produits par des substances moins oxygénées ; on sait du moins que ceux qui ont été produits par les hydrocarbures résistent quand on fait bouillir leur solution.

β. Acides copulés bibasiques. — Ils résultent de l'accouplement de 1 éq. d'acide sulfurique avec 1 éq. d'un acide unibasique, ou de l'accouplement de 2 éq. d'acide sulfurique avec 1 éq. d'un corps neutre, toujours d'après la loi de saturation $S = \Sigma - 1$.

Série homologue RSO^5.

$C^2H^4SO^5$.	Sulfacétate.
$C^{17}H^{34}SO^5$.	Sulfomargarate.

Série homologue $R^{-8}SO^5$.

$C^7H^6SO^5$.	Sulfobenzoate.

Série homologue $R^{-10}SO^5$.

$C^9H^8SO^5$.	Sulfocinnamate.

Série homologue $R^{+2}S^2O^6$.

$CH^4S^2O^6$.	Méthionate ?

Série homologue $R^{+2}S^2O^7$.

$C^2H^6S^2O^7$.	Éthionate.

Série homologue $R^{-10}S^2O^7$.

$C^{10}H^{10}S^2O^7$.	Sulfonaphtinate de Berzélius ?

Il faut aussi mentionner ici un acide bibasique, dont la formation ne rentre pas dans les cas d'accouplement simple : c'est l'acide sulfocamphorique de M. Walter ; il résulte de l'action de l'acide sulfurique sur un anhydride, avec dégagement d'oxyde de carbone (501). Je présume qu'il correspond à un acide unibasique $C^9H^{16}O^3$, qui est encore à découvrir, et avec lequel on l'obtiendra un jour, comme les corps précédents.

Série homologue $R^{-2}SO^6$.

$C^9H^{16}SO^6$.	Sulfocamphorate.

On peut prédire que les anhydrides, homologues du camphoride, le maléide et le citraconide, se comporteront comme lui en présence de l'acide sulfurique.

γ. Acides copulés tribasiques. — Ils résultent de l'accouplement de 1 éq. d'acide sulfurique avec 1 éq. d'un acide bibasique, ou de l'accouplement de 3 éq. d'acide sulfurique avec 1 éq. d'un corps neutre, d'après la loi de saturation $S = \Sigma - 1$.

Série homologue $R{-}^2SO^7$.

$C^4H^6SO^7$ **Sulfosuccinate.**

Série homologue $R{+}^2S^3O^{15}$.

$C^6H^{14}S^3O^{15}$.   **Sulfomannitate** (1).

δ. Corps copulés neutres. — Nous avons vu plus haut que l'accouplement de 1 éq. d'acide sulfurique avec 1 éq. d'un corps neutre donne naissance à un acide unibasique : or, d'après notre loi de saturation, un acide unibasique, en s'accouplant avec un corps neutre, donne aussi un produit neutre. Cela revient à dire que l'accouplement de 1 éq. d'acide sulfurique avec *deux* éq d'un corps neutre doit produire un corps neutre : or, voici une nouvelle confirmation de cette loi :

Série homologue $R{-}^{14}SO^2$.

$C^{12}H^{10}SO^2$.   **Sulfobenzide.**

Série homologue $R{+}^2SO^4$.

$C^2H^6SO^4$.   **Sulfométhol** (sulfate de méthylène).

Ces combinaisons correspondent aux éthers neutres et aux amides neutres :

Acide sulfurique SH^2O^4.

$$\text{Sulfométhol} \qquad SH^2 \left\{ \begin{matrix} O^2 \\ Me^2 \end{matrix} \right\}$$

$$\text{Sulfobenzide} \qquad SH^2 \left\{ \begin{matrix} O^2 \\ Bz^2 \end{matrix} \right\}$$

Me représente le résidu $[CH^4O - H^2]$ et Bz le résidu $[C^6H^6 - H^2]$.

L'analogie qui existe entre le mode de formation du sulfométhol et de la sulfobenzide fait pressentir qu'on découvrira bientôt l'oxabenzide, la formobenzide, l'acébenzide, etc., c'est-à-dire

____

(1) Voyez page 475, ainsi que ma critique des formules de MM. Knop et Schnedermann, dans les *Comptes-rendus mensuels des travaux chimiques*. Janvier 1845, p. 20.

des combinaisons copulées correspondant aux éthers, mais formées par les hydrogènes carbonés. Leur grande stabilité et leur insolubilité dans l'eau exigeront, sous ce rapport, des conditions particulières. J'ai fait un essai en chauffant la sulfobenzide avec de l'oxalate de potasse sec ; mais la sulfobenzide a passé à la distillation avant que l'oxalate fût attaqué.

C. Sulfites. — Corps dans lesquels le soufre est entré à l'état d'acide sulfureux.

Nous n'en avons jusqu'à présent que fort peu d'exemples ; je ne connais, sous ce rapport, que les thionurates (337), les isatosulfites (476) et les opianosulfites (547). Les deux derniers développent du gaz sulfureux par l'addition des acides, en régénérant les substances qui leur ont donné naissance ; les thionurates, étant formés dans des circonstances particulières, avec de l'ammoniaque, se comportent différemment, et donnent du sulfate.

Il est impossible d'établir sur ces données défectueuses quelques règles générales.

DES SUBSTANCES ORGANIQUES

RANGÉES D'APRÈS LEUR PARENTÉ CHIMIQUE (page 490).

Les nombreuses lacunes que présente encore la science ne permettent pas aux commençants de saisir les métamorphoses organiques dans toute leur étendue, en suivant rigoureusement l'échelle de combustion telle que je l'ai donnée. J'ai donc recueilli les substances les mieux étudiées, pour les ranger en *séries*, d'après leur mode de génération, tel qu'il est connu aujourd'hui ; mais je rappellerai, ce que j'ai déjà dit ailleurs, que *toutes les substances sont parentes :* on arrivera un jour à faire de l'indigo avec du bois, ou de la quinine avec du sucre, de la même manière qu'on peut transformer aujourd'hui la salicine en sucre de raisin, la cire en acide succinique, l'huile de pommes de terre en acide valérianique, etc. Toutes les métamorphoses, comme nous l'avons vu, consistent dans l'élimination ou la fixation de O, Cl^2, H^2O, HCl, CO^2, NH^3, H^2S. Mais nous ne pouvons pas multiplier à notre gré ces éliminations ou ces fixations ; il est rare, dans *une seule* métamorphose, de voir ces substances minérales excéder le nombre de 3 ou 4 équivalents, de sorte qu'il faut souvent parcourir une série de métamorphoses intermédiaires avant d'arriver au résultat final, et ce sont elles précisément qui, dans une foule de cas, nous manquent encore.

Il peut arriver, par exemple, que deux substances ne diffèrent dans leur équivalent que par H^8 ; elles ont, je suppose, le même carbone et le même oxygène ; pour convertir la substance plus hydrogénée en l'autre, on est naturellement conduit à faire usage d'un agent comburant ; mais il arrive le plus souvent que cet agent ne brûle que H^2 ou H^4, et se porte ensuite sur le carbone avant de brûler le reste de l'hydrogène. On ne peut donc, dans ce cas , opérer la transformation qu'à l'aide d'une troisième substance , dérivant déjà elle-même de celle qu'on a voulu convertir.

Ensuite le groupement moléculaire influe aussi sur les conditions d'équilibre. Deux substances peuvent avoir exactement la même composition centésimale et le même équivalent chimique, sans se métamorphoser de la même manière sous l'influence du même agent. Toutefois il est vrai de dire qu'elles peuvent, dans d'autres circonstances, conduire au même produit : ainsi, par exemple, le benzoène nitrique $C^7H^7NO^2$, qui est isomère avec l'acide anthranilique, se comporte bien différemment dans toutes les réactions, hormis une seule, où il fournit identiquement le même corps (aniline), en éliminant CO^2, comme le fait l'acide anthranilique lui-même; la liqueur des Hollandais $C^2H^4Cl^2$ (éthérilène bichloré, G.), isomère de l'éther hydrochlorique chloruré (acétène bichloré, G.) donne, par l'action prolongée du chlore sous l'influence des rayons solaires, le même chlorure de carbone C^2Cl^6.

Toutes ces circonstances rendent assez difficile *la démarcation des séries*; il est impossible d'affirmer au juste où une série commence et où elle finit; il est plus exact de dire qu'en réalité elles se confondent toutes, et ne sont pas circonscrites. Mais il faut cependant répondre aux besoins actuels de la science, et voici donc comment j'ai construit les séries suivantes.

Toutes les substances qui dérivent directement les unes des autres sont placées dans la même série, si elles ont le même nombre d'équivalents de carbone, et qu'elles représentent une molécule non accouplée; on sait d'ailleurs que le carbone d'une substance étant une fois brûlé, on ne peut régénérer la substance primitive ou ses plus proches dérivés qu'à l'aide d'une polymorphose (par exemple, l'acide acétique par l'acétone).

Les substances résultant des polymorphoses sont placées dans des séries particulières, si elles diffèrent par le carbone de celles d'où elles résultent.

Les composés chlorés, bromés, sulfurés, formés par métalepsie, ainsi que les sels métalliques, sont notés, dans les formules, *en parenthèses.*

Comme les corps accouplés rentrent dans deux séries quand

ils résultent de deux matières organiques, et qu'il est utile d'indiquer les relations qu'ils présentent avec les molécules simples primitives, j'ai fait ressortir les accouplements à l'aide d'*accolades*, comprenant les résidus avec les éléments pour lesquels ils figurent. Voici les abréviations dont je me suis servi :

$$\left.\begin{array}{ll}
\text{Résidu de l'ammoniaque} & [NH^3 - H^2] = Am \\
\text{— de l'hydrogène arsénié} & [AsH^3 - H^2] = Ar \\
\text{— de l'alcool} & [C^2H^6O - H^2] = E \\
\text{— de l'esprit de bois} & [CH^4O - H^2] = Me \\
\text{— de l'aniline} & [C^6H^7N - H^2] = An
\end{array}\right\} \text{remplaçant O.}$$

$$\left.\begin{array}{lll}
\text{Résidu de l'acide nitrique} & & [NHO^3 - O] = Ni \\
\text{—} & \text{sulfurique} & [SH^2O^4 - O] = Su \\
\text{—} & \text{phosphorique} & [PH^3O^4 - O] = Ph \\
\text{—} & \text{formique} & [CH^2O^2 - O] = Fo \\
\text{—} & \text{acétique} & [C^2H^4O^2 - O] = Ac
\end{array}\right\} \text{remplaçant H}^2.$$

M représente l'équivalent d'un métal quelconque dont l'oxyde correspond à H^2O.

SÉRIE FORMIQUE.

Elle se rattache directement à la série acétique (C^2), ainsi qu'au plus grand nombre des séries supérieures.

Hyperhydride. — L'acétate normal élimine CO^2; le méthol n. élimine H^2O et fixe HCl.

CH^4.   Formène normal (gaz des marais).
$C(H^3Cl)$.   —   chloré (éther hydrochlorique de l'esprit de bois).
$C(H^2Cl^2)$.   —   bichloré (éth. hydr. monochloruré de l'esprit de bois).
$C(HCl^3)$.   —   trichloré (chloroforme).
CCl^4.   —   perchloré (chlorure de carbone).
$C(HBr^3)$.   —   tribromé (bromoforme).
$C(H^3I)$.   —   iodé (hydriodate de méthylène).
$C(HI^3)$.   —   triiodé (iodoforme).
$C(HICl^2)$.   —   iodo-bichloré (chloro-iodoforme).

Alcool. — Diamorphose de la cellulose (C^{12}) dans la distillation sèche.

CH^4O.   Méthol normal (esprit de bois).
$C(H^3K)O$.   —   potassé.
CH^4S.   —   sulfuré (sulfhydrate de sulfure de méthyle).

$C\left\{\begin{array}{l}H^2\\Ni\end{array}\right\}O$ ou $C(H^3X)O$. Méthol nitrique (nitrate de méthylène).

$C\left\{\begin{array}{l}H^2\\Su\end{array}\right\}O$ ou $SH^2\left\{\begin{array}{l}O^3\\Me\end{array}\right\}$ — sulfurique ou sulfométhylate normal (acide sulfométhylique).

$C\left\{\begin{array}{l}(HM)\\Su\end{array}\right\}O.$ — sulfurique métallique ou sulfométhylate métallique.

$C\left\{\begin{array}{l}H^2\\Su\end{array}\right\}Am$ ou $SH^2\left\{\begin{array}{l}O^2\\Am\\Me\end{array}\right\}$ — sulfurique amidé ou sulfaméthylane norm.

$CH^4Me = C^2H^6O.$ — méthylé (v. *Série biformique* C^2).

$C\left\{\begin{array}{l}H^2\\Fo\end{array}\right\}O = C^2H^4O^2.$ — formique ou formométhol normal.

Tous les éthers formés par l'esprit de bois et les acides oxygénés pourraient naturellement se placer ici.

Acide unibasique. — Le méthol n. élimine H^2 et fixe O^2.

$CH^2O^2.$ — Formiate normal (acide formique).
$C(HM)O^2.$ — métallique.

$CH^2\left\{\begin{array}{l}O\\Me\end{array}\right\} = C^2H^4O^2.$ — méthylé ou formométhol normal (formiate de méthylène).

$CH^2\left\{\begin{array}{l}O\\E\end{array}\right\} = C^3H^6O^2.$ — éthéré ou formalcool normal (éther formique).

Tous les éthers produits par l'acide formique peuvent se mettre ici.

Anhydride de l'acide unibasique. — Le formiate n. élimine H^2O.

$CO.$ — Formide normal (oxyde de carbone).
$CAm = CHN.$ — amidé (acide prussique) ou cyanure normal.
$CMN.$ — amidé métallique ou cyanure métall.

Acide bibasique. — Le formiate n. fixe O.

$CH^2O^3.$ — Carbonate normal (acide carbonique).
$CM^2O^3.$ — bimétallique (carbonate neutre).
$C(HM)O^3.$ — unimétallique (carbonate acide).

$CH^2\left\{\begin{array}{l}O\\Am^2\end{array}\right\}$ — biamidé ou urée normale.

$CH^2\left\{\begin{array}{l}O^2\\Am\end{array}\right\}$ — uniamidé ou carbamate normal (acide carbamique dans le carbonate d'ammon. anhydre).

$CH^2\left\{\begin{array}{l}O\\E^2\end{array}\right\}$ — biéthéré ou carbalcool normal (éther carboviniq.).

$CH^2 \begin{Bmatrix} O^2 \\ E \end{Bmatrix}$ —   éthéré ou carbovinate normal (acide carbovin.).

$CH^2 \begin{Bmatrix} O \\ E \\ Am \end{Bmatrix}$ —   éthéro-amidé ou uréthane normal.

$CH^2 \begin{Bmatrix} O \\ Me \\ Am \end{Bmatrix}$ —   méthylo-amidé ou uréthylane normal.

Tous les éthers produits par l'acide carbonique pourraient se mettre ici.

Anhydride de l'acide bibasique. — L'anhydride de l'acide uni-basique fixe O ; l'acide bibasique élimine H^2O.

CO^2.   Carbonide normal, gaz carbonique.
CS^2.   —   sulfuré, sulfure de carbone.
$C(OCl^2)$.   —   chloré, gaz phosgène.
$C \begin{Bmatrix} O \\ Am \end{Bmatrix} = CHNO$.   —   amidé ou acide cyanique, cyanate normal.
      $CMNO$.   —   amidé-métall., cyanates.

SÉRIE BIFORMIQUE.

Elle résulte des polymorphoses de la série formique (C^1).

Pseudéther. 2 molécules de méthol n. éliminent H^2O.

C^2H^6O.   Méther normal (monohydrate de méthylène).
$C^2(H^4Cl^2)O$.   —   bichloré.
$C^2(H^2Cl^4)O$.   —   quadrichloré.
C^2H^6S.   —   sulfuré.
C^2Cl^6S.   —   sulfuro-perchloré.
$C^2 \begin{Bmatrix} H^4 \\ Su \end{Bmatrix} O$.   —   sulfurique ou sulfométhol normal (sulfate de méthylène.

Il est évident que tous les éthers du méthylène formés par les acides bibasiques et dans lesquels figure le résidu de *deux* équivalents d'esprit de bois, pourraient être placés ici. Ainsi, par exemple, au lieu de placer l'oxalate de méthylène dans le groupe oxalique (C^2) en y représentant O^2 remplacés par $2[CH^4O — H^2]$ $= Me^2$, ou pourrait tout aussi bien le ranger dans le groupe précédent en y représentant H^2 du méther normal comme remplacé par le résidu $[C^2H^2O^4 — O]$.

SÉRIE ACÉTIQUE.

Elle se rattache aux séries formique (C^1), malique, citrique (C^4), saccharique (C^{12}), etc.

Hyperhaligène. — L'alcool n. élimine H^2O.

C^2H^4.   Ethérène normal (gaz oléfiant).
$C^2(H^3Cl)$.   —   chloré (chlorure d'aldéhydène).
$C^2(H^2Cl^2)$.   —   bichloré (perchlorure d'acétyle).
$C^2(Cl^4)$.   —   perchloré (chlorure de carbone).
$C^2(H^3Br)$.   —   bromé (bromure d'aldéhydène).

Hyperhydride. — Action des hydracides sur l'alcool normal.

C^2H^6.   Acétène normal (éthyle de Lœwig).
$C^2(H^5Cl)$.   —   chloré (éther hydrochlorique).
$C^2(H^4Cl^2)$.   —   bichloré
$C^2(H^3Cl^3)$.   —   trichloré
$C^2(H^2Cl^4)$.   —   quadrichloré $\Big\}$ Corps de M. Regnault.
$C^2(HCl^5)$.   —   quintichloré
$C^2(H^5Br)$.   —   bromé (éther hydrobromique).
$C^2(H^5I)$.   —   iodé (éther hydriodique).

$C^2\left\{ \begin{array}{c} H^4 \\ Ni \end{array} \right\}$ —   nitrique (éther nitreux).

Hyperhalide. — L'éthérène n. fixe Cl^2 ou Br^2.

C^2H^4,Cl^2.   Ethérilène bichloré (liqueur des Hollandais).
$C^2(H^3Cl),Cl^2$.   —   trichloré.
$C^2(H^2Cl^2),Cl^2$.   —   quadrichloré.
C^2Cl^4,Cl^2.   —   perchloré (sesquichlorure de carbone).
C^2H^4,Br^2.   —   bibromé.
C^2H^4,I^2.   —   biiodé.

Alcool. — Diamorphose du glucose normal (C^{12}) dans la fermentation.

C^2H^6O.   Alcool normal.
$C^2(H^5K)O$.   —   potassé.
C^2H^6S.   —   sulfuré (mercaptan).
$C^2(H^5M)S$.   —   sulfuré-métallique.

$C^2\left\{ \begin{array}{c} H^4 \\ Su \end{array} \right\}O$.   —   sulfurique ou sulfovinate normal.

$C^2\left\{ \begin{array}{c} (H^3M) \\ Su \end{array} \right\}O$.   —   sulfurique métallique ou sulfovinate métallique.

$C^2\left\{ \begin{array}{c} H^4 \\ Ph \end{array} \right\}O$.   —   phosphorique ou phosphovinate normal.

$C^2\left\{ \begin{array}{c} (H^2M^2) \\ Ph \end{array} \right\}O$.   —   phosphorique métallique ou phosphovinate métallique.

$C^2\left\{ \begin{array}{c} H^4 \\ Ni \end{array} \right\}O$.   —   nitrique (éther nitrique).

$C^2 \begin{Bmatrix} H^4 \\ Fo \end{Bmatrix} O = C^3H^6O^2.$ — formique (éther formique).

$C^2H^6E.$ — éthéré (V. *Série biacétique* C^2).

Aldéhyde. — L'alcool n. cède H^2 sous l'influence des corps oxygénants ou du chlore.

$C^2H^4O.$ Acétol normal.
$C^2(H^3Ag)O.$ — argentique (aldéhydate d'argent).
$C^2(HCl^3)O.$ — trichloré (chloral).
$C^2Cl^4O.$ — quadrichloré.
$C^2H^4S.$ — sulfuré.
$C^2H^4Ar.$ — arsénié ou arsine normale.

Acide unibasique. — L'acétol n. fixe O.

$C^2H^4O^2.$ Acétate normal (acide acétique).
$C^2(H^3M)O^2.$ — métallique.
$C^2(HCl^3)O^2.$ — chloré (ac. chloracétique).
$C^2(MCl^3)O^2.$ — chloré-métallique (chloracétate).

$C^2 \begin{Bmatrix} H^2 \\ Su \end{Bmatrix} O^2.$ — sulfurique (acide sulfacétique) ou sulfacétate norm.

$C^2 \begin{Bmatrix} M^2 \\ Su \end{Bmatrix} O^2.$ — sulfurique-métallique ou sulfacétate métall.

$C^2H^4 \begin{Bmatrix} O \\ E \end{Bmatrix} = C^4H^8O^2.$ — éthéré ou acétalcool normal (éther acétique).

Tous les éthers formés par l'acide acétique pourraient se placer ici.

Anhydride de l'acide unibasique. — L'alcool n. perd H^4 par les oxydants.

$C^2H^2O.$ Acétide normal (inconnu).
$C^2NiAm.$ — amidé-nitrique ou fulminate normal (acide fulminique).

Acide bibasique. — L'alcool n. perd H^4 et fixe O^3

$C^2H^2O^4.$ Oxalate normal (acide oxalique).
$C^2M^2O^4$ — bimétallique (oxalate neutre).
$C^2(HM)O^4.$ — unimétallique (oxalate acide).

$C^2H^2 \begin{Bmatrix} O^3 \\ Am \end{Bmatrix}$ — amidé ou oxamate n. (acide oxamique).

$C^2(HM) \begin{Bmatrix} O^3 \\ Am \end{Bmatrix}$ — amidé-métallique ou oxamate métallique.

$C^2H^2 \begin{Bmatrix} O^2 \\ Am^2 \end{Bmatrix}$ — biamidé ou oxamide normale.

$C^2H^2 \begin{Bmatrix} S^2 \\ Am^2 \end{Bmatrix}$ — biamidé-bisulfuré ou oxamidé bisulfurée (combinaison de cyanog. et d'hydrog. sulfuré).

$C^2M^2 \begin{Bmatrix} Am^2 \\ S^2 \end{Bmatrix}$ — biamidé-bisulfuré bimétallique (précipités formés par le corps précéd. dans les sels métalliques).

$C^2H^2 \begin{Bmatrix} O^3 \\ E \end{Bmatrix}$ — éthéré ou oxalovinate normal (acide oxalovinique).

$C^2(HM) \begin{Bmatrix} O^3 \\ E \end{Bmatrix}$ — éthéré-métallique ou oxalovinate métallique.

$C^2H^2 \begin{Bmatrix} O^2 \\ E^2 \end{Bmatrix}$ — biéthéré ou oxalalcool normal (éther oxalique).

$C^2H^2 \begin{Bmatrix} O^2 \\ An^2 \end{Bmatrix}$ — bianilidé ou oxanilide normale.

$C^2H^2 \begin{Bmatrix} O^2 \\ E \\ Am \end{Bmatrix}$ — éthéré-amidé ou oxaméthane normale.

Tous les éthers formés par l'acide oxalique pourraient se placer ici.

Amide déshydratée. — L'amide de l'acide bibasique élimine $2H^2O$.

C^2N^2. Cyanogène normal.

SÉRIE PYROACÉTIQUE.

Elle se rattache directement aux séries formique (C^1) et acétique (C^2), ainsi qu'à la série saccharique (C^{12}).

Hyperhaligène. — L'acétone n. élimine H^2O et fixe HCl.

$C^3(H^5Cl)$. Ptéléène chloré (hydrochlorate de mésitylène).

Aldéhyde. — La glycérine n. élimine $2H^2O$.

C^3H^4O.   Acroléine normale.
$C^3(H^3Ag)O$. — argentique.

Acide unibasique. — Diamorphose du glucose n. par la potasse.

$C^3H^6O^2$.   Métacétonate normal.
$C^3(H^5Ag)O^2$.   —   argentique.
$C^3H^6 \begin{Bmatrix} O \\ E \end{Bmatrix}$ —   éthéré ou métacétalcool normal (éther métacétonique).

Acide unibasique. — L'acroléine n. fixe O.

$C^3H^4O^2$.   Acrylate normal.
$C^3(H^3M)O^2$.   —   métallique.

Acétonide. — Polymorphose de l'acétate normal ; 2 éq. éliminent $CO^2 + H^2O$.

C^3H^6O.   Acétone normale.
$C^3(H^4Cl^2)O$.   —   bichlorée.

Polyoxygénide. — Diamorphose des glycérides.

$C^3H^8O^3$.   Glycérine normale.

$C^3 \left\{ \begin{matrix} H^6 \\ Su \end{matrix} \right\} O^3$.   —   sulfurique ou sulfoglycérate normal (acide sulfoglycérique).

$C^3 \left\{ \begin{matrix} (H^5M) \\ Su \end{matrix} \right\} O^3$.   —   sulfurique-métallique ou sulfoglycérate métallique.

SÉRIE BIACÉTIQUE.

Elle résulte des polymorphoses de la série acétique (C^2).

Pseudéther. Deux molécules d'alcool n. éliminent H^2O. (Voyez l'observation p. 547.)

$C^4H^{10}O$.   Ether normal.
$C^4(H^8Cl^2)O$.   —   bichloré.
$C^4(H^6Cl^4)O$.   —   quadrichloré.
$C^4Cl^{10}O$.   —   perchloré.
$C^4(Cl^6Br^4)O$.   —   sexchloro-quadribromé (bromure de chloroxéthose).
$C^4H^{10}S$.   —   sulfuré.
$C^4(H^2Cl^8)S$.   —   octochloro-sulfuré.
$C^4H^{10}Se$.   —   sélénié.
$C^4H^{10}Se$.   —   telluré.

. . . . . . L'éther perchloré perd Cl^4 par l'action du monosulfure de potassium.

C^4Cl^6O. Ethose perchloré (chloroxéthose). (V. t. II, p. 456 et 457.)

. . . . . . Le sulfovinate potassique (alcool sulfurico-potassique, C^2) donne par le persulfure de potassium :

$C^4H^{10}S^2$.   Thialol bisulfuré.

On peut dériver du corps précédent le cacodyle $C^4H^{12}As^2$:

$C^4H^{10}Ar^2$.   —   biarsénié.

Alcaloïde. — L'oxydation directe du cacodyle donne l'alcarsine $C^4H^{12}As^2O$, qui correspond aux corps suivants :

$C^4H^{10}O^3$.   . . . . . normal.

$C^4H^{10} \left\{ \begin{matrix} O \\ Ar^2 \end{matrix} \right\}$ —   biarsénié ou alcarsine.

$C^4H^{10} \left\{ \begin{matrix} O \\ Am^2 \end{matrix} \right\}$ —   biamidé.

SÉRIE BUTYRIQUE.

Elle se rattache directement aux séries saccharique (C^{12}), margarique (C^{17}), stéarique (C^{19}), etc.

Hyperhaligène.

C^4H^8.   Butyrène normal (quadricarbure de Faraday).
$C^4(H^7Cl$.   —   chloré de M. Chancel.

Hyperhalide. — Le butyrène n. fixe Cl^2.

C^4H^8,Cl^2. Butyrilène bichloré (chlorure de ditétryle).

Aldéhyde. — Le butyrate n. perd O.

C^4H^8O.   Butyral normal.
C^4 $H^7Cl)$ —   chloré.
$C^4(H^6Cl^2)$.   —   bichloré:
$C^4(H^4Cl^4)$.   —   quadrichloré.

Acide unibasique. — Diamorphose du glucose n. dans la fermentation ; le butyral n. fixe O.

$C^4H^8O^2$.   Butyrate normal (acide butyrique).
$C^4(H^7M)O^2$.   —   métallique.
$C^4(H^6Cl^2)O^2$.   —   bichloré.
$C^4(H^4Cl^4)O^2$.   —   quadrichloré.

$C^4H^8 \left\{ \begin{matrix} O \\ Am \end{matrix} \right\}$ —   amidé ou butyramide normale.

$C^4H^8 \left\{ \begin{matrix} O \\ E \end{matrix} \right\}$ —   éthéré ou butyralcool normal (éther butyrique).

Acide bibasique. — Il a été obtenu par l'oxydation du stéarate n. (C^{19}), du margarate n. (C^{17}), etc., et il est à présumer qu'il se produira aussi avec les corps précédents.

$C^4H^6O^4$.   Succinate normal (acide succinique).
$C^4(H^4M^2)O^4$.   —   bimétallique (sel neutre).

$C^4(H^5M)O^4$. — unimétallique (sel acide).

$C^4H^6 \begin{Bmatrix} O^3 \\ Am \end{Bmatrix}$ — uniamidé ou succinamate normal (acide succinamique).

$C^4H^6 \begin{Bmatrix} O^2 \\ Am^2 \end{Bmatrix}$ — biamidé ou succinamide.

$C^4H^6 \begin{Bmatrix} O^2 \\ E^2 \end{Bmatrix}$ — biéthéré ou succinalcool normal (éther succinique).

$C^4 \begin{Bmatrix} H^4 \\ Su \end{Bmatrix} O^4$. — sulfurique ou sulfosuccinate normal (acide sulfosuccinique).

$C^4 \begin{Bmatrix} (HM^3) \\ Su \end{Bmatrix} O^4$. — sulfurique-trimétall. ou sulfosuccinate (neutre).

Anhydride de l'acide bibasique. — Le succinate n. élimine H^2O.

$C^4H^4O^3$. Succinide normal.

$C^4H^4 \begin{Bmatrix} O^2 \\ Am \end{Bmatrix}$ — amidé ou succinidam normal (t. I, p. 507).

$C^4H^4 \begin{Bmatrix} O^2 \\ E \end{Bmatrix}$ — éthéré ou alcosuccinol normal (t. I, p. 634).

Acide azoté bibasique. — L'asparagine n. se convertit en aspartate n., en fixant H^2O, et éliminant NH^3; dans certaines fermentations, elle se convertit en succinate d'ammoniaque (Piria).

$C^4H^7NO^4$. Aspartate normal.
$C^4(H^5M^2)NO^4$. — bimétallique.

$C^4H^7N \begin{Bmatrix} O^3 \\ Am \end{Bmatrix}$ — amidé ou asparagine normale.

SÉRIE MALIQUE.

Elle n'a encore été rattachée à aucune série supérieure; mais, par les oxydants, elle rentre dans la série acétique.

Acide bibasique.

$C^4H^6O^5$. Malate normal (acide malique).
$C^4(H^4M^2)O^5$. — bimétallique (malate neutre).
$C^4(H^5M)O^5$. — unimétallique (malate acide).

Acide bibasique. — Le malate n. élimine H^2O.

$C^4H^4O^4$. Maléate et fumarate normal.
$C^4(H^2M^2)O^4$. — — bimétallique.

$C^4H^4 \begin{Bmatrix} O^2 \\ E^2 \end{Bmatrix}$ Maléate et fumarate biéthéré ou fumaralcool normal (éther fumarique).

$C^4H^4 \begin{Bmatrix} O^2 \\ Am^2 \end{Bmatrix}$ —   —   biamidé ou fumaramide normale.

Anhydride. — Le maléate n. élimine H^2O.

$C^4H^2O^3$.   Maléide normal (acide maléique anhydre).

SÉRIE TARTRIQUE.

Elle n'a encore été rattachée à aucune série supérieure ; les oxydants la font rentrer dans la série acétique.

Acide bibasique.

$C^4H^6O^6$.   Tartrate normal (acide tartrique) — Paratartrate.
$C^4(H^5M)O^6$.   —   unimétallique (acide).
$C^4(H^4M^2)O^6$.   —   bimétallique (neutre).

$C^4H^6 \begin{Bmatrix} O^5 \\ E \end{Bmatrix}$ —   éthéré ou tartrovinate normal.

$C^4H^6 \begin{Bmatrix} O^5 \\ Me \end{Bmatrix}$ —   méthylé ou tartrométhylate normal.

Anhydride. — Le tartrate n. élimine H^2O.

$C^4H^4O^5$.   Tartride normal.

SÉRIE MELLITIQUE.

On ne l'a encore rattachée à aucune autre série.
Acide bibasique.

$C^4H^2O^4$.   Mellate normal (acide mellitique).
$C^4M^2O^4$.   —   bimétallique (neutre).
$C^4(HM)O^4$.   —   unimétallique (acide).

Anhydride. — Le mellate n. élimine H^2O.

C^4O^3.   Mellide normal (inconnu).
$C^4 \begin{Bmatrix} O^2 \\ Am \end{Bmatrix}$ —   amidé ou paramide normale.

SÉRIE VALÉRIANIQUE.

Elle se rattache directement à la série saccharique (C^{12}), et probablement à la série tartrique (C^4).

Hyperhydride. — L'amylol normal élimine H^2O et fixe HCl.

$C^5(H^{11}Cl)$.   Valérène chloré (chlorhydrate d'amilène).
$C^5(H^3Cl^9)$.   —   novemchloré.
$C^5(H^{11}Br)$.   —   bromé.
$C^5(H^{11}I)$.   —   iodé.
$C^5\begin{Bmatrix} H^{10} \\ Ni \end{Bmatrix}$ —   nitrique (éther nitreux de l'huile de pommes de terre).

Hyperhaligène. — L'amylol n. élimine H^2O.

C^5H^{10}.   Paramilène.

Alcool. — Diamorphose du glucose n. dans certaines fermentations.

$C^5H^{12}O$.   Amylol normal (huile de pommes de terre).
$C^5H^{12}S$.   —   sulfuré.
$C^5\begin{Bmatrix} H^{10} \\ Su \end{Bmatrix}O$.   —   sulfurique ou sulfamilate normal (acide sulfamilique).
$C^5\begin{Bmatrix} (H^9M) \\ Su \end{Bmatrix}O$.   —   sulfurique-métallique (sulfamilates).
$C^5\begin{Bmatrix} H^{10} \\ Ac \end{Bmatrix}O$.   —   acétique ou acétamylol normal.

Tous les éthers formés par l'huile de pommes de terre pourraient se placer ici.

Acide unibasique. — L'amylol normal perd H^2 et fixe O.

$C^5H^{10}O^2$.   Valérate normal.
$C^5(H^9M)O^2$.   —   métallique.
$C^5(H^7Cl^3)O^2$.   —   trichloré.
$C^5(H^6Cl^4)O^2$.   —   quadrichloré.
$C^5(H^5AgCl^4)O^2$.   —   quadrichloro-argentique.
$C^5H^{10}\begin{Bmatrix} O \end{Bmatrix}$ —   éthéré ou valéralcool normal (éther valérianique).

Acide bibasique. — Polymorphose du tartrate normal; 2 éq. éliminent $3CO^2 + 2H^2O$.

$C^5H^8O^4$.   Pyrotartrate normal.
$C^5(H^7M)O^4$.   —   unimétallique (sel acide).
$C^5(H^6M^2)O^4$.   —   bimétallique (sel neutre).
$C^5H^8\begin{Bmatrix} O^2 \\ E^2 \end{Bmatrix}$ —   biéthéré ou pyrotartralcool normal (éther pyrotartrique).

SÉRIE CAPROÏQUE.

Elle se rattache aux séries margarique (C^{17}), stéarique (C^{19}), etc.
Hyperhaligène.

C^6H^{12}.   Oléène normal.

Acide unibasique.

$C^6H^{12}O^2$.   Caproate normal (acide caproïque).
$C^6(H^{11}M)O^2$.   — métallique.
$C^6H^{12}\begin{Bmatrix} O \\ E \end{Bmatrix}$ — éthéré ou capralcool normal (éther caproïque).

Acide bibasique. — Oxydation du margarate n. par l'acide nitrique.

$C^6H^{10}O^4$.   Adipate normal (acide adipique).
$C^6(H^8M^2)O^4$.   — bimétallique.

SÉRIE PHÉNIQUE.

Elle se rattache aux séries benzoïque (C^7), indigotique (C^8), etc.
Hyperhaligène. — Le benzoate n. élimine CO^2.

C^6H^6.   Benzène ou phène normal (benzine).
$C^6(H^3Cl^3)$.   —   — trichloré.
$C^6(H^3Br^3)$ —   — tribromé.
$C^6\begin{Bmatrix} H^4 \\ Ni \end{Bmatrix}$ —   — nitrique (nitro-benzide).
$C^6\begin{Bmatrix} H^2 \\ Ni^2 \end{Bmatrix}$ —   — binitrique (binitro-benzide).
$C^6\begin{Bmatrix} H^4 \\ Su \end{Bmatrix}$ —   — sulfurique ou sulfobenzidate normal (acide sulfo-benzidique).

Hyperhalide. — Le benzène n. fixe Cl^6 ou Br^6.

C^6H^6,Cl^6. Benzilène sexchloré.
C^6H^6,Br^6.   —   sexbromé.

Corps-limite. — Le salicylate élimine CO^2.

C^6H^6O.   Phénate normal (acide phénique).
$C^6(H^5K)O$.   — potassique.
$C^6(H^4Cl^2)O$.   — bichloré (acide chlorophénésique).

$C^6(H^3Cl^3)O$.	—	trichloré (acide chlorophénisique).
$C^6(H^2MCl^3)O$.	—	trichloro-métallique (chlorophénisate).
$C^6\left\{\begin{array}{l}H^2\\Ni^2\end{array}\right\}O$.	—	binitrique (acide nitro-phénésique).
C^6Ni^3O.	—	trinitrique (acide nitro-picrique ou nitro-phénisique).
$C^6\left\{\begin{array}{l}H^4\\Su\end{array}\right\}O$.	—	sulfurique ou sulfophénate normal.
C^6H^6Am.	—	amidé ou anilide normale (phénamide).
$C^6(H^5Cl)Am$.	—	amidé-chloré ou aniline chlorée (chloraniline).
$C^6(H^4Cl^2)Am$.	—	amidé-bichloré ou aniline bichlorée (bichloraniline).
$C^6(H^3Cl^3)Am$.	—	amidé-trichloré ou aniline trichlorée.
$C^6(H^5Br)Am$.	—	amidé-bromé ou aniline bromée.
$C^6(H^4Br^2,Am$.	—	amidé-bibromé ou aniline bibromée.
$C^6(H^3Br^3)Am$.	—	amidé-tribromé ou aniline tribromée.
$C^6\left\{\begin{array}{l}H^4\\Ni\end{array}\right\}Am$.	—	amidé-nitrique ou anilide nitrique (nitraniline de M. Hofmann).

Hydride. — Le quinoïle n. fixe H^2.

$C^6H^6O^2$. Pyroquinol normal.

Aldéhyde. — Le pyroquinol perd O ; oxydation des quinates (C^7).

$C^6H^4O^2$.		Quinoïle normal (quinone).
$C^6(HCl^3)O^2$.	—	trichloré (chloroquinone).
$C^6Cl^4O^2$.	—	quadrichloré (chloranile).

Acide bibasique. — Le quinoïle n. fixe O^2.

$C^6(H^2Cl^2)O^4$.		Anilate bichloré (acide chloranilique).
$C^6(M^2Cl^2)O^4$.	—	métalliques.
$C^6(H^2Cl^2)\left\{\begin{array}{l}O^3\\Am\end{array}\right\}$	—	amidé-bichloré ou anilam bichloré (chloranilam de M. Erdmann).
$C^6(HAgCl^2)\left\{\begin{array}{l}O^3\\Am\end{array}\right\}$	—	amidé-bichloré argentique.
$C^6(H^2Cl^2)\left\{\begin{array}{l}O^2\\Am^2\end{array}\right\}$	—	biamidé-bichloré (chloranilamide de M. Laurent).

SÉRIE LACTIQUE.

Elle se rattache à la série saccharique (C^{12}).

Polyoxygénide. — Diamorphose du glucose normal.

$C^6 H^{14}O^6$.   Mannite normale.
$C^6(H^{10}H^4)O^6$.   —   quadriplombique.

Acide bibasique. — Diamorphose du glucose n. ; peut-être l'obtiendra-t-on en enlevant H^2 à la mannite.

$C^6H^{12}O^6$.   Lactate normal (acide lactique).
$C^6(H^{10}M^2)O^6$.   —   bimétallique.

$C^6H^{12}\begin{Bmatrix} O^5 \\ Am \end{Bmatrix}$ —   amidé ou lactamate normal (acide lactamique).

$C^6H^{12}\begin{Bmatrix} O^4 \\ Am^2 \end{Bmatrix}$ —   biamidé ou lactamide normale.

Anhydride. — Le lactate normal élimine $2H^2O$.

$C^6H^8O^4$.   Lactide normal.

Anhydride. — Le lactate n. élimine H^2O.

$C^6H^{10}O^5$.   Lactacide normal (acide lactique anhydre).

Acide bibasique. — La mannite n. perd H^4 et fixe O^2 ; oxydation du sucre de lait (C^{12}).

$C^6H^{10}O^8$.   Mucate et saccharate n. (acides mucique et saccharique).
$C^6(H^8M^2)O^8$.   —   —   bimétallique.

$C^6H^{10}\begin{Bmatrix} O^6 \\ E^2 \end{Bmatrix}$ —   —   biéthéré ou mucalcool normal (éth. mucique).

$C^6H^{10}\begin{Bmatrix} O^6 \\ Me^2 \end{Bmatrix}$ —   —   biméthylé ou muciméthol normal (mucate de méthylène).

SÉRIE CITRIQUE.

Elle se rattache directement à la série acétique (C^2).
Acide tribasique.

$C^6H^8O^7$.   Citrate normal (acide citrique).
$C^6(H^7M)O^7$
$C^6(H^6M^2)O^7$ —   métallique.
$C^6(H^5M^3)O^7$

$C^6H^8\begin{Bmatrix} O^4 \\ E^3 \end{Bmatrix}$ —   triéthéré ou citralcool normal (éther citrique).

Acide tribasique. — Le citrate n. élimine H^2O.

$C^6H^6O^6$.   Aconitate normal (acide aconitique).
$C^6(H^3M^3)O^6$.   —   métallique.

SÉRIE PYROBUTYRIQUE.

Elle se rattache à la série butyrique (C^4), ainsi qu'aux séries margarique (C^{17}) et stéarique (C^{19}).

Hyperhaligène. — La butyrone n. élimine H^2O et fixe HCl.

$C^7(H^{13}Cl)$.   Pyrobutyrène chloré (chloro-butyrène).

Acétonide. — Polymorphose du butyrate n. ; 2 éq. éliminent $CO^2 + H^2O$.

$C^7H^{14}O$.   Butyrone normale.

Acide bibasique. — Action de l'acide nitrique sur les acides margarique et stéarique.

$C^7H^{12}O^4$.   Pimélate normal (acide pimélique).
$C^7(H^{10}M^2)O^4$.   — bimétallique.

SÉRIE BENZOÏQUE.

Elle se rattache aux séries phénique (C^6), indigotique (C^8), cinnamique (C^9).

Hyperhaligène.

C^7H^8.   Benzoène normal (dracyle, rétinaphte).
$C^7(H^7Cl)$.   — chloré.
$C^7(H^2Cl^6)$.   — sexchloré.
$C^7\left\{\begin{array}{c} H^6 \\ Ni \end{array}\right\}$ — nitrique (protonitrobenzoène).
$C^7\left\{\begin{array}{c} H^4 \\ Ni^2 \end{array}\right\}$ — binitrique.
$C^7\left\{\begin{array}{c} H^6 \\ Su \end{array}\right\}$ — sulfurique ou sulfobenzoénate normal.
$C^7\left\{\begin{array}{c} (H^5M) \\ Su \end{array}\right\}$ — sulfur.-métallique (sulfobenzoénates).

Hyperhalide. — Le benzoène chloré fixe Cl^6.

$C^7(H^6Cl^2),Cl^6$.   Benzoénilène octochloré.

Aldéhyde. — Action des oxydants sur le cinnamol et le cinnamate normal.

C^7H^6O.   Benzoïlol normal (essence d'amandes amères).

$C^7(H^5Cl)O.$ Benzoïlol chloré.
$C^7(H^5Br)O.$ — bromé.
$C^7H^6S.$ — sulfuré.

Acide unibasique. — Le benzoïlol n. fixe O.

$C^7H^6O^2.$ Benzoate normal (acide benzoïque).
$C^7(H^5M)O^2.$ — métallique.

$C^7\left\{\begin{matrix}H^4\\Ni\end{matrix}\right\}O^2.$ — nitrique (acide nitro-benzoïque).

$C^7\left\{\begin{matrix}(H^3M)\\Ni\end{matrix}\right\}O^2.$ — nitro-métallique.

$C^7\left\{\begin{matrix}H^4\\Su\end{matrix}\right\}O^2.$ — sulfurique ou sulfobenzoate normal.

$C^7\left\{\begin{matrix}(H^2M^2)\\Su\end{matrix}\right\}O^2.$ — sulfurico-métall. ou sulfobenzoate métall.

$C^7H^6\left\{\begin{matrix}Am\\O\end{matrix}\right\}$ — amidé ou benzamide normale.

$C^7H^6\left\{\begin{matrix}E\\O\end{matrix}\right\}$ — éthéré ou benzalcool normal (éther benzoïque).

Anhydride. — Le benzoate n. élimine H^2O.

$C^7H^4O.$ Benzoïde normal (inconnu).
$C^7H^4Am.$ — amidé ou benzonitrile de M. Fehling.

Acide bibasique.

$C^7H^{12}O^6.$ Quinate normal.
$C^7(H^{10}M^2)O^6.$ — bimétallique (sel neutre).
$C^7(H^{11}M)O^6.$ — unimétallique (sel acide).

Aldéhyde. — Distillation sèche du quinate normal (Wœhler).

$C^7H^6O^2.$ Salicylol normal (hydrure de salicyle).
$C^7(H^5K)O^2.$ — potassé (salicylure de potassium).
$C^7(H^5Cl)O^2.$ — chloré (chlorure de salicyle).

$C^7\left\{\begin{matrix}H^4\\Ni\end{matrix}\right\}O^2.$ — nitrique (acide spiroïlique).

$C^7(H^5Cu)\left\{\begin{matrix}O\\Am\end{matrix}\right\}$ — amidé-cuivrique ou salhydramide de M. Ettling.

Acide unibasique. — Le salicylol n. fixe O ; action de la chaleur sur le benzoate cuivrique (Ettling, Stenhouse).

$C^7H^6O^3.$ Salicylate normal.
$C^7(H^5M)O^3.$ — métallique.
$C^7(H^5Br)O^3.$ — bromé.

$C^7(H^4Br^2)O^3$.   Salicylate bibromé.

$C^7 \begin{Bmatrix} H^4 \\ Ni \end{Bmatrix} O^3$.   —   nitrique (acide indigotique ou nitro-salicyliq.).

$C^7 \begin{Bmatrix} (H^3M) \\ Ni \end{Bmatrix} O^3$.   —   nitro-métallique (indigotate).

$C^7H^6 \begin{Bmatrix} O^2 \\ E \end{Bmatrix}$ —   éthéré ou salialcool normal (éther salicylique).

$C^7(H^5Cl) \begin{Bmatrix} O^2 \\ E \end{Bmatrix}$.   —   éthéré-chloré ou salialcool chloré.

$C^7H^6 \begin{Bmatrix} O^2 \\ Am \end{Bmatrix}$.   —   amidé ou salicylamide norm. de M. Cahours.

Acide azoté unibasique.

$C^7H^7NO^2$ Anthranilate normal.
$C^7(H^6M)NO^2$.   —   métallique.

L'anthranilate n. élimine CO^2 par la chaux, et se convertit en phénate amidé ou aniline. Le salicylate amidé ou salicylamide donne également ce dernier corps (Hofmann).

SÉRIE GALLIQUE.

Elle est jusqu'à présent isolée.
Acide bibasique.

$C^7H^6O^5$.   Gallate normal.
$C^7(H^4M^2)O^5$.   —   bimétallique.

Anhydride. — Le gallate n. élimine H^2O.

$C^7H^4O^4$. Gallide normal.

SÉRIE SUBÉRIQUE.

Elle se rattache aux séries margarique (C^{17}), stéarique (C^{18}), etc.
Hyperhaligène.

C^8H^{16}. Naphtène normal.

Aldéhyde? — Le subérate n. perd O^3.

$C^8H^{14}O$.   Subérone normale.
$C^8H^{14}Am$.   —   amidée ou conine ?

Acide unibasique.

$C^8H^{16}O^2$.   Caprylate normal (acide caprylique).
$C^8(H^{15}M)O^2$.   —   métallique.

Acide bibasique. — La subérone n. fixe O^3; oxydation des acides margarique, stéarique, etc.

$C^8H^{14}O^4$.   Subérate normal.
$C^8(H^{12}M^2)O^4$.   —   bimétallique.

$C^8H^{14}\begin{Bmatrix} O^2 \\ Am^2 \end{Bmatrix}$ —   biamidé ou subéramide normale.

$C^8H^{14}\begin{Bmatrix} O^2 \\ E^2 \end{Bmatrix}$ —   biéthéré ou subéralcool normal.

SÉRIE ANISIQUE.

Elle se rattache aux séries cinnamique (C^8), benzoïque (C^7), etc.
Hyperhaligène. — Le cinnamate n. élimine CO^2.

C^8H^8.   Cinnamène normal.

$C^8\begin{Bmatrix} H^6 \\ Ni \end{Bmatrix}$ —   nitrique.

Hyperhalide. — Le cinnamène n. fixe Cl^2.

C^8H^8,Br^2. Cinnamilène bibromé.

Aldéhyde.

$C^8H^8O^2$.   Anisyle normal (hydrure d'anisyle).
$C^8(H^7Cl)O^2$.   —   chloré (chlorure d'anisyle).

Acide unibasique. — L'anisyle n. fixe O.

$C^8H^8O^3$.   Anisate normal (acide anisique ou draconique).
$C^8(H^7M)O^3$.   —   métallique.
$C^8(H^7Cl)O^3$.   —   chloré (acide chloranisique).
$C^8(H^7Br)O^3$.   —   bromé (acide bromanisique).

$C^8\begin{Bmatrix} H^6 \\ Ni \end{Bmatrix}O^3$.   —   nitrique (acide nitranisique).

$C^8\begin{Bmatrix} (H^5M) \\ Ni \end{Bmatrix}O^3$.   —   nitro-métallique.

$C^8H^8\begin{Bmatrix} O^2 \\ E \end{Bmatrix}$ —   éthéré ou anisalcool n. (éther anisique).

Acide bibasique.

$C^8H^6O^4$.   Phtalate normal (acide phtalique).
$C^8(H^4M^2)O^4$.   —   bimétallique (sel neutre).
$C^8(H^5M)O^4$.   —   unimétallique (sel acide).
$C^8(H^3Cl^3)O^4$.   —   trichloré (acide chlophtalisique).

$C^8 \left\{ \begin{array}{l} H^4 \\ Ni \end{array} \right\} O^4.$ Phtalate nitrique ou nitrophtalique.

$C^8 H^6 \left\{ \begin{array}{l} O^2 \\ E^2 \end{array} \right\}$ —   biéthéré ou phtalacool normal (éther phtalique).

$C^8 H^6 \left\{ \begin{array}{l} O^3 \\ Am \end{array} \right\}$ —   amidé ou phtalamate normal.

Anhydride. — Le phtalate élimine H^2O.

$C^8 H^4 O^3.$ Phtalide normal (ac. phtal. dit anhydre).

$C^8 H^4 \left\{ \begin{array}{l} O^2 \\ Am \end{array} \right\}$ —   amidé ou phtalamide normale.

SÉRIE INDIGOTIQUE.

Elle se rattache aux séries phénique (C^6), benzoïque (C^7), bi-indigotique (C^{16}), etc.

Hydrigène.

$C^8 H^5 NO.$ Indigo normal.

$C^8 \left\{ \begin{array}{l} H^3 \\ Su \end{array} \right\} NO.$ —   sulfurique ou sulfindylate norma.

$C^8 \left\{ \begin{array}{l} (H^2M) \\ Su \end{array} \right\} NO.$ —   sulfurico-métallique ou sulfindylate métallique.

Acide unibasique. — L'isatine n. fixe H^2O.

$C^8 H^7 NO^3.$ Isatate normal (acide isatique).
$C^8 (H^6 K) NO^3.$ —   potassique.
$C^8 (H^6 Cl) NO^3.$ —   chloré.
$C^8 (H^5 KCl) NO^3.$ —   chloro-potassique.
$C^8 (H^5 Cl^2) NO^3.$ —   bichloré.
$C^8 (H^4 MCl^2) NO^3.$ —   bichloro-métallique.

Anhydride. — L'isatate n. élimine H^2O ; l'indigo n. fixe O.

$C^8 H^5 NO^2.$ Isatine normale.
$C^8 (H^4 K) NO^2.$ —   potassique.
$C^8 (H^4 Cl) NO^2.$ —   chlorée.
$C^8 (H^3 Cl^2) NO^2.$ —   bichlorée.
$C^8 (H^3 Br^2) NO^2.$ —   bibromée.

$C^8 H^5 N \left\{ \begin{array}{l} O \\ Am \end{array} \right\}$ —   amidée ou imésatine normale.

$C^8 (H^4 Cl) N \left\{ \begin{array}{l} O \\ Am \end{array} \right\}$ —   amidée-chlorée ou imésatine chlorée.

SÉRIE PYROVALÉRIQUE.

Cette série est mal déterminée.
Hyperhaligène.

C^9H^{18}.   Élaïlène normal.

Hyperhalide. — L'élaïlène n. fixe Cl^2.

C^9H^{18},Cl^2.   Élaïlène bichloré.

Acétonide. — 2 éq. de valérate n. éliminent $CO^2 + H^2O$.

$C^9H^{18}O$.   Valérone normale.

SÉRIE PYROCUMINIQUE.

Elle se rattache à la série cuminique (C^{10}).
Hyperhaligène. — Le cuminate normal élimine CO^2.

C^9H^{12}.   Cumène normal.

$C^9 \left\{ \begin{array}{c} H^{10} \\ Su \end{array} \right\}$ —   sulfurique ou sulfocuménate normal.

$C^9 \left\{ \begin{array}{c} (H^9M) \\ Su \end{array} \right\}$ —   sulfurico-métallique (sulfocuménates).

Acide unibasique. — On ignore son mode de formation, et je ne le place ici que provisoirement.

$C^9H^{10}O^4$.   Vératrate normal.

$C^9(H^9M)O^4$.   —   métallique.

$C^9H^{10} \left\{ \begin{array}{c} O^3 \\ E \end{array} \right\}$ —   éthéré ou vératralcool normal.

SÉRIE CINNAMIQUE.

Elle se rattache à la série benzoïque (C^7).
Aldéhyde.

C^9H^8O.   Cinnamol normal (huile de cannelle).

$C^9(H^4Cl^4)O$.   —   quadrichloré.

$C^9 \left\{ \begin{array}{c} H^6 \\ N? \end{array} \right\} O$.   —   nitrique (nitrate d'huile de cannelle).

Acide unibasique. — Le cinnamol normal fixe O.

$C^9H^8O^2$.   Cinnamate normal.

$C^9(H^7M)O^2$.   —   métallique.

$C^9H^8 \begin{Bmatrix} O \\ E \end{Bmatrix}$ —   éthéré ou cinnalcool normal (éther cinnamiq.).

$C^9 \begin{Bmatrix} H^6 \\ Ni \end{Bmatrix} O^2$.   —   nitrique (acide nitro-cinnamique).

$C^9 \begin{Bmatrix} (H^5M) \\ Ni \end{Bmatrix} O^2$.   —   nitro-métallique (nitro-cinnamates).

$C^9 \begin{Bmatrix} H^6 \\ Ni \end{Bmatrix} \begin{Bmatrix} O \\ E \end{Bmatrix}$ —   nitro-éthéré (éther nitro-cinnamique).

$C^9 \begin{Bmatrix} H^6 \\ Su \end{Bmatrix} O^2$.   —   sulfurique ou sulfo-cinnamate normal.

$C^9 \begin{Bmatrix} (H^4M^2) \\ Su \end{Bmatrix} O^2$.   —   sulfurico-métallique (sulfo-cinnamates).

Anhydride. — Le cinnamate normal élimine H^2O.

$C^9H^6Am = C^9H^7N$.   Quinoléine ? Anhydride cinnamique amidé.

Anhydride ?

$C^9H^6O^2$.   Coumarine normale ?

Acide unibasique. — La coumarine n. fixe H^2O.

$C^9H^8O^3$.   Coumarate normal (acide coumarique).

$C^9(H^7Ag)O^3$.   —   argentique.

Acide bibasique. — Le coumarate n. fixe O ?

$C^9H^8O^4$.   . . . . . . normal (bibasique).

$C^9H^8 \begin{Bmatrix} O^3 \\ Am \end{Bmatrix}$ —   amidé ou hippurate normal (unibasique).

$C^9H^8 \begin{Bmatrix} O^2 \\ E \\ Am \end{Bmatrix}$ —   amidé-éthéré ou hippuralcool normal (éther hippurique).

SÉRIE CAPRIQUE.

J'y place provisoirement des corps divers, qui me paraissent avoir des relations très intimes.

Hyperhaligène.

$C^{10}H^{20}$.   Amilène normal

Halhydrigène ?

$C^{10}H^{18}$.   Menthène normal.
$C^{10}(H^{17}Cl)$.   —   chloré.
$C^{10}(H^{13}Cl^5)$.   —   quintichloré.

Aldéhyde ?

$C^{10}H^{20}O$.   Menthol normal.

Acide unibasique.

$C^{10}H^{20}O^2$.   Caprate normal.
$C^{10}(H^{19}M)O^2$.   —   métallique.

$C^{10}H^{20}\begin{Bmatrix} O \\ E \end{Bmatrix}$ —   éthéré ou capralcool normal (éther caprique).

Acide bibasique.

$C^{10}H^{18}O^4$.   Sébate normal (acide sébacique).
$C^{10}(H^{16}M^2)O^4$.   —   bimétallique.

$C^{10}H^{18}\begin{Bmatrix} O^2 \\ E^2 \end{Bmatrix}$ —   biamidé (éther sébacique).

SÉRIE CAMPHORIQUE.

Elle est fort bien déterminée, mais isolée jusqu'à présent.
Halhydrigène. — Le bornéol et le térébol n. éliminent H^2O.

$C^{10}H^{16}$.   Camphène normal.
$C^{10}(H^{12}Cl^4)$.   —   quadrichloré.
$C^{10}(H^{14}Cl^2)$.   —   bichloré.
$C^{10}(H^{12}Br^4)$.   —   quadribromé.

Hyperhaligène. — Le camphol n. perd H^2O.

$C^{10}H^{14}$.   Cymène normal.
$C^{10}\begin{Bmatrix} H^{12} \\ Su \end{Bmatrix}$ —   sulfurique ou sulfocyménate normal.

$C^{10}\begin{Bmatrix} (H^{11}M) \\ Su \end{Bmatrix}$ —   sulfurico-métallique ou sulfocyménate mét.

Halhydride. — Le camphène n. fixe $2HCl$.

$C^{10}H^{16},2HCl$.   Citréhydrène bichloré ou camphre de citron.

Halhydride. — Le camphène n. fixe HCl.

$C^{10}H^{16},HCl$.   Téréhydrène chloré ou camphre de térébenthine.

Camphoride. — Le camphène n. fixe H^2O.

$C^{10}H^{18}O$.   Bornéol normal.

Camphoride. — Le bornéol n. perd H^2 par les oxydants.

$C^{10}H^{16}O$.   Camphol normal (camphre des laurinées).
$C^{10}(H^{12}Cl^4)O$.   —   quadrichloré.

Camphoride. — Le camphène n. fixe $2H^2O$.

$C^{10}H^{20}O^2$.   Térébol normal.

Acide unibasique. — Le camphol n. fixe H^2O.

$C^{10}H^{18}O^2$.   Campholate normal.
$C^{10}(H^{17}M)O^2$.   —   métallique.

Acide bibasique. — Le camphol n. fixe O^3.

$C^{10}H^{16}O^4$.   Camphorate normal (acide camphorique).
$C^{10}(H^{14}M^2)O^4$.   —   bimétallique.
$C^{10}H^{16}\begin{Bmatrix} O^3 \\ Am \end{Bmatrix}$ —   amidé ou camphamate normal (acide camphamique).
$C^{10}(H^{15}M)\begin{Bmatrix} O^3 \\ Am \end{Bmatrix}$ —   amidé-métallique ou camphamate métall.
$C^{10}H^{16}\begin{Bmatrix} O^2 \\ Am^2 \end{Bmatrix}$ —   biamidé ou camphamide normale.
$C^{10}H^{16}\begin{Bmatrix} O^2 \\ E^2 \end{Bmatrix}$ —   biéthéré ou camphalcool normal.
$C^{10}H^{16}\begin{Bmatrix} O^3 \\ E \end{Bmatrix}$ —   uniéthéré ou camphovinate normal.
$C^{10}(H^{15}M)\begin{Bmatrix} O^3 \\ E \end{Bmatrix}$ —   uniéthéré-métallique (camphovinates).

Anhydride. — Le camphorate n. élimine H^2O.

$C^{10}H^{14}O^3$.   Camphoride normal (acide camphorique dit anhydre).

SÉRIE NAPHTALIQUE.

Elle se rattache à la série benzoïque (C^7).
Hyperhaligène. — Polymorphose du benzoate calcique.

$C^{10}H^8$.   Naphtalène normal (naphtaline).
$C^{10}(H^7Cl)$.   —   chloré.
$C^{10}(H^6Cl^2)$.   —   bichloré.

$C^{10}(H^5Cl^3)$.   Naphtalène trichloré.
$C^{10}(H^4Cl^4)$.   —   quadrichloré.
$C^{10}(H^2Cl^6)$.   —   sexchloré.
$C^{10}Cl^8$.   —   perchloré.
$C^{10}(H^7Br)$.   —   bromé.
$C^{10}(H^6Br^2)$.   —   bibromé.
$C^{10}(H^4Br^4)$.   —   quadribromé.
$C^{10}(H^5BrCl^2)$.   —   bromo-bichloré.
$C^{10}(H^4Br^2Cl^2)$.   —   bibromo-bichloré.
$C^{10}(H^4BrCl^3)$.   —   bromo-trichloré.
$C^{10}(H^3Br^2Cl^3)$.   —   bibromo-trichloré.

$C^{10}\begin{Bmatrix} H^6 \\ Ni \end{Bmatrix}$ —   nitrique.

$C^{10}\begin{Bmatrix} H^4 \\ Ni^2 \end{Bmatrix}$ —   binitrique.

$C^{10}\begin{Bmatrix} H^2 \\ Ni^3 \end{Bmatrix}$ —   trinitrique.

$C^{10}\begin{Bmatrix} H^6 \\ Su \end{Bmatrix}$ —   sulfurique ou sulfonaphtalate normal.

$C^{10}\begin{Bmatrix} (H^5M) \\ Su \end{Bmatrix}$ —   sulfurico-métallique ou sulfonaphtalate mét.

$C^{10}\begin{Bmatrix} H^4 \\ Su \\ Ni \end{Bmatrix}$ —   sulfurico-nitrique ou sulfonaphtalate nitriq.

$C^{10}\begin{Bmatrix} (H^4KCl) \\ Su \end{Bmatrix}$ —   sulfurico-potassique chloré ou sulfonaphtalate chloro-potassique.

Hyperhalide. — Le naphtalène n. fixe Cl^4.

$C^{10}H^8,Cl^4$.   Naphtessarène quadrichloré (chlorure de naphtaline).
$C^{10}(H^7Cl),Cl^4$.   —   quintichloré.
$C^{10}(H^6Cl^2),Cl^4$.   —   sexchloré.
$C^{10}(H^6Br^2),Br^4$.   —   sexbromé.
$C^{10}(H^6ClBr),Br^4$.   —   chloro-quintibromé.
$C^{10}(H^6Cl^2),Br^4$.   —   bichloro-quadribromé.
$C^{10}(H^5Br^3),Br^4$.   —   septibromé.
$C^{10}(H^6Br^2),Cl^4$.   —   bibromo-quadrichloré.
$C^{10}(H^5Br^2Cl),Cl^4$.   —   bibromo-quintichloré.

Hyperhalide. — Le naphtalène n. fixe Cl^2.

$C^{10}H^8,Cl^2$.   Naphduène bichloré (sous-chlorure de naphtaline)
$C^{10}(H^5Br^3,Br^2$.   —   quintibromé.
$C^{10}(H^7Br),Cl^2$.   —   bromo-bichloré.

Aldéhyde. — Le naphtalène perd H^2 et gagne O^2.

$C^{10}H^6O^2$.   Naphtalol normal (inconnu).

$C^{10}(H^4Cl^2)O^2$.　　　Naphtalol bichloré (oxyde de chloroxénaphtose).
$C^{10}Cl^6O^2$.　　　　　—　　sexchloré.

Acide unibasique. — Le naphtalol n. fixe H^2O.

$C^{10}H^6O^3$.　　　Naphtalate normal (inconnu).
$C^{10}(H^5Cl)O^3$.　　　—　　chloré (acide chloronaphtalique).
$C^{10}(H^4MCl)O^3$.　　　—　　chloro-métallique.

Acide bibasique. — Le naphtalol n. perd H^2 et gagne O^4.

$C^{10}H^6O^4$.　　Naphtésate normal ?

Le naphtalène n. fixe O^2; le naphtalène nitrique est réduit par H^2S.

$C^{10}H^8O$.　　. . . . . normal (inconnu).
$C^{10}H^8Am$.　　　—　　amidé ou naphtalidam normal.

SÉRIE CUMINIQUE.

Elle se rattache à la série pyrocuminique (C^9).
Aldéhyde.

$C^{10}H^{12}O$.　　　Cuminol normal.
$C^{10}(H^{11}Cl)O$.　　　—　　chloré.
$C^{10}(H^{11}K)O$.　　　—　　potassique.

Acide unibasique. — Le cuminol n. fixe O.

$C^{10}H^{12}O^2$.　　　Cuminate normal.
$C^{10}(H^{11}M)O^2$.　　　—　　métallique.

$C^{10}H^{12}\begin{Bmatrix} O \\ E \end{Bmatrix}$　　　—　　éthéré ou cuminalcool normal (éther cuminique).

A ces corps se rattachent peut-être les g. carvacrol, anéthol, santonine, eugénol. (*V*. 10ᵉ fam.)

SÉRIE SACCHARIQUE.

Elle se rattache directement aux séries formique (C^1), acétique (C^2), butyrique (C^4), valérianique (C^5), lactique (C^6), etc.
Polyoxygénide.

$C^{12}H^{20}O^{10}$.　　　Saccharigène n. (cellulose, amidon, dextrine).

$C^{12}(H^{18}Ba^2)O^{10}$.   Saccharigène bibarytique (dextrinate de baryte).
$C^{12}(H^{16}Pb^4)O^{10}$.   —   quadriplombique.
$C^{12}\left\{\begin{array}{l}H^{18}\\Ni\end{array}\right\}O^{10}$.   —   nitrique (xyloïdine).

Polyoxygénide. — Le saccharigène n. fixe H^2O dans des circonstances qu'on ne connaît pas encore.

$C^{12}H^{22}O^{11}$.   Sucre normal.
$C^{12}(H^{21}K)O^{11}$.   — potassique.
$C^{12}(H^{21}Ba)O^{11}$.   — barytique.
$C^{12}(H^{20}Ba^2)O^{11}$.   — bibarytique.
$C^{12}(H^{18}Pb^4)O^{11}$.   — quadriplombique.

Polyoxygénide. — Le saccharigène n. fixe $2H^2O$; le sucre n. fixe H^2O.

$C^{12}H^{24}O^{12}$.   Glucose normal.
$C^{12}(H^{21}Ba^3)O^{12}$.   — tribarytique.
$C^{12}(H^{18}Pb^6)O^{12}$.   — sexplombique.

SÉRIE BIBENZOÏQUE OU STILBIQUE.

Elle se rattache directement à la série benzoïque ; plusieurs corps qu'elle renferme se produisent par des polymorphoses des corps faisant partie de la série benzoïque.

Hyperhaligène. — Polymorphose du benzoïlol sulfuré par la distillation sèche.

$C^{14}H^{12}$.   Stilbène normal.
$C^{14}(H^{11}Cl)$.   — chloré.
$C^{14}\left\{\begin{array}{l}H^{10}\\Ni\end{array}\right\}$ — nitrique.

Hyperhalide. — Le stilbène n. fixe Cl^2.

$C^{14}H^{12},Cl^2$.   Stilbilène bichloré.
$C^{14}(H^{12}Cl).Cl^2$.   — trichloré.
$C^{14}H^{12},Br^2$.   — bibromé.
$C^{14}(H^{11}Cl),Br^2$.   — chloro-bibromé.

Hydride. — Le benzilé normal perd O et fixe H^2 sous l'influence de l'hydrogène sulfuré.

$C^{14}H^{12}O$.   Hydrobenzile normal.

Aldéhyde. — 2 éq. de benzoïlol n. se réunissent pour former une seule molécule.

$C^{14}H^{12}O^2$.   Benzoïne normale.

Anhydride. — La benzoïne n. élimine H^2 par les oxydants ou le chlore.

$C^{14}H^{10}O^2$.   Benzile.

$C^{14}H^{10}\begin{Bmatrix} O \\ Am \end{Bmatrix}$ —   amidé ou imabenzile normal.

Acide unibasique. — Le benzile n. fixe H^2O.

$C^{14}H^{12}O^3$.   Benzilate normal.
$C^{14}(H^{11}M)O^3$.   —   métallique.

Acide bibasique. — Le stilbène n. perd H^2 et fixe O^4.

$C^{14}H^{10}O^4$.   Stilbate normal (inconnu).
$C^{14}(H^9Br)O^4$.   —   bromé (acide bromobenzoïque).

$C^{14}\begin{Bmatrix} H^8 \\ Ni \end{Bmatrix}O^4$.   —   nitrique (nitrostilbique).

$C^{14}\begin{Bmatrix} (H^7M) \\ Ni \end{Bmatrix}O^4$.   —   nitro-métallique.

SÉRIE ÉTHALIQUE.

Hyperhydride. — L'éthal n. élimine H^2O et fixe HCl.

$C^{16}(H^{33}Cl)$.   Éthalène chloré.

Hyperhaligène. — L'éthal n. élimine H^2O.

$C^{16}H^{32}$.   Cétène normal.

Alcool.

$C^{16}H^{34}O$.   Éthal normal.

$C^{16}\begin{Bmatrix} H^{32} \\ Su \end{Bmatrix}O$.   —   sulfurique ou sulfocétate normal.

Aldéhyde. — L'éthal n. perd H^2 par les oxydants.

$C^{16}H^{32}O$.   Cétine normale.

Acide unibasique. — La cétine n. fixe O.

$C^{16}H^{32}O^2$.   Éthalate normal (acide éthalique).

$C^{16}(H^{31}M)O^2$.   Éthalate métallique.
$C^{16}(H^{28}Cl^4)O^2$.   —   quadrichloré.

$C^{16}H^{32}\begin{Bmatrix} O \\ E \end{Bmatrix}$ —   éthéré ou éthalalcool normal.

SÉRIE BI-INDIGOTIQUE.

Elle se produit par des polymorphoses des corps de la série indigotique (C^8).

Hydride. — 2 éq. d'indigo fixent H^2.

$C^{16}H^{12}N^2O^2$.   Indigogène normal (indigo blanc).
$C^{16}(H^{11}M)N^2O^2$.   —   métallique.

Hydride. — 2 éq. d'isatine n. fixent H^2.

$C^{16}H^{12}N^2O^4$.   Isathyde normale.
$C^{16}H^{12}N^2(O^3S)$.   —   sulfurée.
$C^{16}H^{12}N^2(O^2S^2)$.   —   bisulfurée.
$C^{16}(H^{10}Cl^2)N^2O^4$.   —   bichlorée.
$C^{16}(H^{10}Cl^2)N^2S^4$.   —   bichloro-quadrisulfurée.
$C^{16}(H^8Cl^4)N^2O^4$.   —   quadrichlorée.

..... — Deux molécule d'indigo n. se réunissent pour former une seule :

$C^{16}H^{10}N^2O^2$.   . . . . . . normal

$C^{16}\begin{Bmatrix} H^8 \\ Su \end{Bmatrix}N^2O^2$.   —   sulfurique ou sulfopurpurate normal.

..... — Deux molécules d'isatine n. se réunissent pour former une seule :

$C^{16}H^{10}N^2O^4$.   . . . . . . normal (A).

$C^{16}H^{10}N^2\begin{Bmatrix} O^3 \\ Am \end{Bmatrix}$ —   amidé ou amasatine normale.

Acide bibasique. — La molécule (A) fixe H^2O.

$C^{16}H^{12}N^2O^5$.   . . . . . . normal (bibasique).

$C^{16}N^{12}N^2\begin{Bmatrix} O^4 \\ Am \end{Bmatrix}$ —   amidé ou isamate normal (unibas.).

$C^{16}(H^{11}M)N^2\begin{Bmatrix} O^4 \\ Am \end{Bmatrix}$ —   amidé-métallique (isamates).

$C^{16}H^{12}N^2\begin{Bmatrix} O^3 \\ Am^2 \end{Bmatrix}$ —   biamidé ou isamide normale.

SÉRIE MARGARIQUE.

Elle se rattache à la série stéarique.

Acide unibasique. — Le stéarate n. donne de l'acide carbonique, de l'eau et du margarate n. par l'acide nitrique.

$C^{17}H^{34}O^2$.　　　Margarate normal (acide margarique).

$C^{17}(H^{33}M)O^2$.　　　—　　métallique.

$C^{17}H^{34}\begin{Bmatrix} O \\ Am \end{Bmatrix}$　　　—　　amidé ou margaramide normale.

$C^{17}H^{34}\begin{Bmatrix} O \\ E \end{Bmatrix}$　　　—　　éthéré ou margaralcool normal (éther marg.).

$C^{17}\begin{Bmatrix} H^{32} \\ Su \end{Bmatrix}O^2$.　　　—　　sulfurique ou sulfomargarate normal.

Acide unibasique. — Le margarate n. fixe H^2O.

$C^{17}H^{36}O^3$.　　Hydromargaritate normal.

Anhydride. — Le margarate élimine H^2O.

$C^{17}H^{32}O$.　　Pyromargarol normal.

SÉRIE STÉARIQUE.

Elle se rattache à la série margarique.
Aldéhyde.

$C^{19}H^{38}O$.　　Cérine normale (cire des abeilles).

$C^{19}(H^{37}K)O$.　　—　　potassée (cérinate de potasse de M. Lewy.

Acide unibasique. — La cérine n. fixe O.

$C^{19}H^{38}O^2$.　　Stéarate normal.

$C^{19}(H^{37}M)O^2$.　　—　　métallique.

$C^{19}H^{38}\begin{Bmatrix} O \\ E \end{Bmatrix}$　　　—　　éthéré ou stéaralcool normal (éther stéarique).

Anhydride. — Le stéarate n. élimine H^2O.

$C^{19}H^{36}O$.　　Pyrostéarol normal.

FIN DU SECOND ET DERNIER VOLUME.

TABLE DES MATIÈRES

DANS LE TOME SECOND.

—

QUATRIÈME PARTIE.

Histoire et Classification.

(Suite.)

(1) Elle a été décrite dans le tome 1er.

FIN DE LA TABLE DES MATIÈRES

CONTENUES DANS LE SECOND VOLUME.

TABLE GÉNÉRALE,

PAR ORDRE ALPHABÉTIQUE,

DES MATIÈRES CONTENUES DANS LES DEUX VOLUMES

DU

PRÉCIS DE CHIMIE ORGANIQUE,

Par M. CHARLES GERHARDT.

(Le chiffre romain indique le volume; et le chiffre arabe la page).

A

B

C

D

E

____

(1) Les éthers qui ne se trouvent pas sous cette rubrique sont à chercher sous leur nom systématique (t. I, 143).

F

G

H

I

K

L

M

S

T

U

V

X

FIN DE LA TABLE GÉNÉRALE DES MATIÈRES.